U0725431

化学实验室建设与发展报告

Report on the Construction and Development of Chemical Laboratory

亚太建设科技信息研究院有限公司　组织编写

中国建筑工业出版社

图书在版编目（CIP）数据

化学实验室建设与发展报告 ＝ Report on the
Construction and Development of Chemical
Laboratory / 亚太建设科技信息研究院有限公司组织编
写. — 北京：中国建筑工业出版社，2023.8（2024.6重印）
ISBN 978-7-112-28906-6

Ⅰ. ①化… Ⅱ. ①亚… Ⅲ. ①化学实验－实验室－建
设－研究报告－中国 Ⅳ. ①06-31

中国国家版本馆 CIP 数据核字（2023）第 126103 号

责任编辑：张文胜
责任校对：芦欣甜
校对整理：张惠雯

化学实验室建设与发展报告

Report on the Construction and Development of
Chemical Laboratory

亚太建设科技信息研究院有限公司　组织编写

*

中国建筑工业出版社出版、发行（北京海淀三里河路 9 号）
各地新华书店、建筑书店经销
北京红光制版公司制版
建工社（河北）印刷有限公司印刷

*

开本：880 毫米×1230 毫米　1/16　印张：22¾　字数：699 千字
2023 年 8 月第一版　2024 年 6 月第二次印刷
定价：**99.00** 元
ISBN 978-7-112-28906-6
（41270）

学术指导委员会

主　任：丁力行

副主任：刘　东　吕　京　张　杰

委　员：胡竹萍　艾德生　赵赤鸿　邢云梁　徐光明　陈晓春　赵　侠

陈　滨　谢景欣　刘承军　曹国庆　刘毅军　肖　鹏　袁永健

于承志　赵国雄　刘培源

审　查　委　员　会

主　任：丁力行（仲恺农业工程学院机电工程学院，院长）

副主任：刘毅军（中国石油和化工勘察设计协会暖通专委会，主任）

赵赤鸿（中国疾病预防控制中心实验室管理处，处长）

徐光明（浙江大学，主任）

张　杰（北京市建筑设计研究院有限公司，总工）

赵　侠（中国中元国际工程有限公司建筑三院，顾问总工）

邢云梁（深圳市建筑工务署设计管理中心，教授级高级工程师）

吕　京（原中国合格评定认可中心，研究员）

刘培源（中国电子系统工程第四建设有限公司生命科学第一事业部实验室医疗
设计中心，总经理）

编　写　委　员　会

主　　编：刘　东（同济大学，研究员）

执行主编：胡竹萍（亚太建设科技信息研究院有限公司《暖通空调》杂志社，副主编）

副　主　编：陈晓春（亚太建设科技信息研究院有限公司《暖通空调》杂志社，总
工）

赵　侠（中国中元国际工程有限公司建筑三院，顾问总工）

陈　滨（中国天辰工程有限公司，主任工程师）

艾德生（清华大学实验室管理处，副处长）

3

谢景欣（江苏省疾病预防控制中心，研究员）

曹国庆（中国建筑科学研究院有限公司，专业副总工程师）

编写分工：

第1章 化学实验室发展历程

负责人：陈晓春（亚太建设科技信息研究院有限公司《暖通空调》杂志社，总工）

主笔人：程　岩（中国科学院化学研究所园区建设与管理办公室，主任/高级工程师）

　　　　龚　坚（中国建筑标准设计研究院有限公司，所总建筑师）

　　　　夏本明（上海埃松气流控制技术有限公司，技术总监）

参编人：胡竹萍（亚太建设科技信息研究院有限公司《暖通空调》杂志社，副主编）

　　　　刘承军（亚太建设科技信息研究院有限公司《暖通空调》杂志社，主编）

　　　　郭晓芳（亚太建设科技信息研究院有限公司《暖通空调》杂志社，编辑）

　　　　陶柏成（亚太建设科技信息研究院有限公司《暖通空调》杂志社，副主任）

审　核：丁力行（仲恺农业工程学院机电工程学院，院长）

　　　　刘毅军（中国石油和化工勘察设计协会暖通专委会，主任）

第2章 化学实验室标准发展

负责人：赵　侠（中国中元国际工程有限公司建筑三院，顾问总工）

主笔人：李　顺（第2.1节）（中电系统建设工程有限公司，总经理助理）

参编人：刘　昆（第2.2.2节）（北京成威博瑞实验室设备有限公司，技术总监）

　　　　郁　亮（第2.1节）（中电系统建设工程有限公司，总经理）

审　核：赵赤鸿（中国疾病预防控制中心实验室管理处，处长）

第3章 化学实验室工程建设

负责人：陈　滨（中国天辰工程有限公司，主任工程师）

主笔人：宋国军（第3.1节、第3.2.1节、第3.2.9节、第3.6节）（中国天辰工程有限公司，主任工程师）

　　　　王欣月（第3.2.2节）（中国寰球工程有限公司北京分公司，高级工程师）

　　　　何　川（第3.2.3.1～3.2.3.5节）（中科院建筑设计研究院有限公司，副总建筑师/教授级高工）

　　　　刘　英（第3.2.3.6节）（中科院建筑设计研究院有限公司，高级工程师）

　　　　丁　颂（第3.2.4节）（中石化上海工程有限公司，技术副总监）

　　　　李　顺（第3.2.4节）（中电系统建设工程有限公司，总经理助理）

　　　　范　鹏（第3.2.5节）（中国天辰工程有限公司，高级工程师）

　　　　褚　芳（第3.2.6.1节、第3.2.6.6节）（上海埃松气流控制技术有限公司，技术部经理）

　　　　路陶鹏（第3.2.6.2节）（中国海诚工程科技股份有限公司，高级工程师）

张雁翔（第 3.2.6.3 节、第 3.2.6.5 节、第 3.2.6.8 节）（珠海昊星自动化系统
　　　有限公司，总经理）

程训建（第 3.2.6.4 节、第 3.2.6.9 节）（上海瀚广科技（集团）有限公司，设
　　　计部经理）

庄江婷（第 3.2.6.7 节、第 3.2.6.10 节）（妥思空调设备（苏州）有限公司，
　　　系统顾问）

王　波（第 3.2.7 节）（中国中元国际工程有限公司，副总工）

张亦静（第 3.2.8 节）（中国中元国际工程有限公司，副总工）

崔燕军（第 3.2.9 节）（中国天辰工程有限公司，高级工程师）

许　涓（第 3.2.10 节）（生态环境部固体废物与化学品管理技术中心，标准技
　　　术室主任）

滕　洁（第 3.3 节）（上海沪试实验室器材股份有限公司，技术总监）

程　岩（第 3.4 节）（中国科学院化学研究所园区建设与管理办公室，主任/高
　　　级工程师）

王宇飞（第 3.5 节）（上海同济工程咨询有限公司，副总经理）

参编人：刘立森（第 3.2.3.1～3.2.3.5 节）（中科院建筑设计研究院有限公司，教授级
　　　　　高工）

郭　琳（第 3.2.3.2～3.2.3.3 节）（中科院建筑设计研究院有限公司，工程师）

潘　华（第 3.2.3）（中科院建筑设计研究院有限公司，教授级高工）

顾冬明（第 3.2.4 节）（中石化上海工程有限公司，主任工程师）

夏本明（第 3.2.6.1 节、第 3.2.6.6 节）（上海埃松气流控制技术有限公司，技
　　　术总监）

谈东星（第 3.2.6.3 节、第 3.2.6.5 节、第 3.2.6.8 节）（珠海昊星自动化系统
　　　有限公司，市场总监）

朱启明（第 3.2.6.7 节、第 3.2.6.10 节）（妥思空调设备（苏州）有限公司，
　　　中国区实验室行业经理）

王学东（第 3.2.6.7 节、第 3.2.6.10 节）（妥思空调设备（苏州）有限公司，
　　　产品经理）

姜　卓（第 3.2.8 节）（中国电子系统工程第四建设有限公司（电子工程设计
　　　院），技术质量部经理）

刘祖一（第 3.2.10 节）（北京即鸿科技有限公司，副总经理）

汤　毅（第 3.3 节）（上海市安装工程集团有限公司，主任/高级工程师）

审　核：徐光明（浙江大学，主任）

赵　侠（中国中元国际工程有限公司建筑三院，顾问总工）

肖　鹏（浙江美阳国际工程设计有限公司，副总经理）

汪洪军（中国计量科学研究院热工所，所长）

梁　磊（中国建筑科学研究院有限公司，副所长）

任兆成（中国恩菲工程技术有限公司，总工）

阎宇宏（中国寰球工程有限公司北京分公司　教授级高级工程师）

胡晓明（中国建筑东北设计研究院有限公司，高级工程师）

刘培源（中国电子系统工程第四建设有限公司生命科学第一事业部实验室医疗
设计中心，总经理）

第4章　化学实验室关键设备

负责人：刘　东（同济大学，研究员）

主笔人：刘　昆（第4.1.1节）（北京成威博瑞实验室设备有限公司，技术总监）

阮红正（第4.1.2节）（倚世节能科技（上海）有限公司，总经理）

马延年（Yannick Martin）（第4.1.3节）（昆山依拉勃无管过滤系统有限公司，
总经理）

庄江婷（第4.2.1节）（妥思空调设备（苏州）有限公司，系统顾问）

胡崔健（第4.2.2节）（上海科仕控制系统有限公司，总经理）

王　冰（第4.3节、第4.8节）（上海台雄科技发展集团有限公司，总经理）

何娜娜（第4.4节）（康斐尔过滤设备（太仓）有限公司，化学过滤产品与业务
发展经理）

陈建峰（第4.5节）（诚创智能科技（江苏）有限公司，总经理）

周　良（第4.6节）（双城风机（上海）有限公司，中国区销售和市场总监）

徐　军（第4.7节）（上海榕德新材料科技（集团）有限公司，总经理）

参编人：朱启明（第4.2.1节）（妥思空调设备（苏州）有限公司，中国区实验室行业
经理）

王学东（第4.2.1节）（妥思空调设备（苏州）有限公司，产品经理）

刘　蓬（第4.2.1节）（妥思空调设备（苏州）有限公司，系统顾问）

丁桃丽（第4.5节）（诚创智能科技（江苏）有限公司，总工）

胡建刚（欧菲尔（北京）环境设备科技有限公司，董事长）

许叶棋（第4.1.3节，硕士）

庞家玭（第4.1.3节）（昆山依拉勃无管过滤系统有限公司，中国区销售总监）

审　核：邢云梁（深圳市建筑工务署设计管理中心，教授级高级工程师）

袁永健（贵阳铝镁设计研究院，总工）

于承志（中国食品药品检定研究院，高级工程师）

赵国雄（中国食品药品检定研究院，副研究员）

第5章　化学实验室安全管理

负责人：艾德生（清华大学实验室管理处，副处长）

主笔人：郭玉凤（清华大学实验室管理处，高级工程师）

参编人：李　款（第5.1节、第5.3节、第5.4节）（清华大学实验室管理处，安全专员）

张朝阳（第5.1节、第5.4节）（西北农林科技大学实验室安全与条件保障处，
处长）

徐可培（第5.3节）（北京即鸿科技有限公司，总经理）

马国玉（第5.4节）（中国农业大学实验室管理处，处长）

梁　勇（第5.2节）（中国地质大学（北京）实验室与设备管理处，处长）

于　斌（第5.1节）（北京林业大学实验室与设备管理处，处长）

刘　刚（第5.1节、第5.3节、第5.4节）（北京航空航天大学资产与实验室管理处，处长）

高建村（第5.3节）（北京石油化工学院，教授）

冯　丽（第5.3节）（北京市安全生产工程技术研究院，副教授）

第6章　化学实验室典型案例

负责人：谢景欣（江苏省疾病预防控制中心，研究员）

　　　　胡竹萍（亚太建设科技信息研究院有限公司，副主编）

主笔人：艾德生（第6.1节）（清华大学实验室管理处，副处长）

　　　　吴祝武（第6.2节）（中国矿业大学实验室与设备管理处，处长）

　　　　白向玉（第6.2节）（中国矿业大学环境与测绘实验中心，副主任）

　　　　徐宏勇（第6.3节）（华东理工大学安全环保办公室，主任）

　　　　高建村（第6.4节）（北京石油化工学院安全工程学院，院长）

　　　　徐健峰（第6.5节）（盘锦检验检测中心，主任）

　　　　郝　玲（第6.6节）（北京科住建筑工程有限公司，教授级高工）

　　　　任兆成（第6.7节、第6.8节）（中国恩菲工程技术有限公司，总工）

　　　　杨　丹（第6.9节）中国寰球工程有限公司北京分公司，高级工程师）

　　　　迟海鹏（第6.10节、第6.11节）（北京戴纳实验室科技有限公司，总经理）

　　　　丁　颂（第6.12节）（中石化上海工程有限公司，技术副总监）

　　　　阮红正（第6.13节）（倚世节能科技（上海）有限公司，总经理）

参编人：丁　立（第6.1节）（清华大学化学工程系，高级工程师）

　　　　孙志华（第6.2节）（中国矿业大学）

　　　　陈小雨（第6.2节）（中国矿业大学）

　　　　陈　平（第6.2节）（中国矿业大学）

　　　　刘　宏（第6.2节）（中国矿业大学）

　　　　何士龙（第6.2节）（中国矿业大学）

　　　　张人友（第6.4节）（北京石油化工学院，讲师）

　　　　武司苑（第6.4节）（北京石油化工学院，讲师）

　　　　任绍梅（第6.4节）（北京石油化工学院，高级实验师）

　　　　冯　丽（第6.4节）（北京市安全生产工程技术研究院，副教授）

　　　　孙晓丽（第6.5节）（盘锦检验检测中心，副主任）

　　　　龚长华（第6.10节）（北京戴纳实验室科技有限公司，销售事业部总经理）

　　　　邢希学（第6.10节）（北京戴纳实验室科技有限公司，执行事业部总经理）

　　　　王　帅（第6.10节）（北京戴纳实验室科技有限公司，研发工程师）

张睿婕（第 6.11 节）（北京戴纳实验室科技有限公司，技术经理）

于松波（亚太建设科技信息研究院有限公司《暖通空调》杂志社，执行主编）

李丽萍（亚太建设科技信息研究院有限公司《暖通空调》杂志社，主任）

审　核：吕　京（原中国合格评定认可中心，研究员）

第 7 章　化学实验室低碳发展路径

负责人：曹国庆（中国建筑科学研究院有限公司，专业副总工程师）

主笔人：谭　鹏（第 7.1 节）（建科环能科技有限公司，高级工程师）

党　宇（第 7.2 节）（建科环能科技有限公司，高级工程师）

张　景（第 7.3 节）（建科环能科技有限公司，技术总监）

张铭健（第 7.4 节）（建科环能科技有限公司，工程师）

郑　坤（第 7.5 节）（中国建筑设计研究院有限公司，副所长）

王子佳（第 7.3.1.1 节）（深圳市建筑工务署设计管理中心，高级工程师）

参编人：刘　东（第 7.3 节、第 7.4 节）（同济大学，研究员）

李　顺（第 7.3.4 节）（中电系统建设工程有限公司，总经理助理）

陈晓春（第 7.2 节、第 7.3 节）（亚太建设科技信息研究院有限公司《暖通空调》杂志社，总工）

赵　辉（第 7.3 节）（中国建筑科学研究院有限公司，检测主管）

审　核：刘　东（同济大学，研究员）

刘培源（中国电子系统工程第四建设有限公司生命科学第一事业部实验室医疗设计中心，总经理）

附　录　化学品管理

负责人：赵　侠（中国中元国际工程有限公司建筑三院，顾问总工）

主笔人：李　顺（中电系统建设工程有限公司，总经理助理）

李玉梅（中电系统建设工程有限公司，资深工程师）

审　核：赵赤鸿（中国疾病预防控制中心实验室管理处，处长）

艾德生（清华大学实验室管理处，副处长）

参编单位：

同济大学

仲恺农业工程学院

中国石油和化工勘察设计协会暖通专委会

中国中元国际工程有限公司

中国疾病预防控制中心实验室管理处

中国天辰工程有限公司

中国恩菲工程技术有限公司

浙江大学

深圳市建筑工务署设计管理中心

清华大学实验室管理处
江苏省疾病预防控制中心
中国建筑科学研究院有限公司
中电系统建设工程有限公司
中国电子系统工程第四建设有限公司
上海市安装工程集团有限公司
上海埃松气流控制技术有限公司
北京成威博瑞实验室设备有限公司
上海瀚广科技（集团）有限公司
欧菲尔（北京）环境设备科技有限公司
倚世节能科技（上海）有限公司
昆山依拉勃无管过滤系统有限公司

支持单位：
青岛沃柏斯实验室工程有限公司
上海沪试实验室器材股份有限公司
天津中发建设集团有限公司
妥思空调设备（苏州）有限公司
康斐尔过滤设备（太仓）有限公司
上海榕德新材料科技（集团）有限公司
珠海昊星自动化系统有限公司
上海科仕控制系统有限公司
诚创智能科技（江苏）有限公司
双城风机（上海）有限公司
上海台雄科技发展集团有限公司

序

创新一直是人类文明进步的驱动力：创新不但改变着人们的生活和经济方式，也会对社会价值观念产生深刻的影响。创新是不断变化的过程，其影响无处不在，为人类带来了各种各样的改变；作为建筑工作者，应该更加关注可再生能源、环保和绿色建筑等领域的科技创新，更加关注环境保护和可持续发展的新技术和理念，为人们提供更可持续的生活方式，推动社会进步和发展。

实验室在整个创新体系中发挥着至关重要的作用，实验室所依托的科研建筑是支撑创新发展的重要基础。对于这类影响着科技创新、稳定和谐、可持续发展的科研建筑，我们需要保持开放性和创造性，基于整体性和前瞻性的思考，才能学习和掌握其规律，设计出满意的科研建筑作品。

首先，科研建筑的设计不是建筑师单方面能够完成的，而是一个包含科学家、工程师、设计人才、服务商在内的，更广泛的"科学共同体"来完成的工作。科研建筑的设计有别于一般的"楼堂馆所"，它独特且有自己的发展和设计规律，其中最根本的规律是设计流程。在建筑师熟知的设计流程中，最为重要的是熟悉任务书、了解业主需求、考察环境等，但是对于科研建筑设计项目，在这些流程之前，还需要建构科学体系，即对学科和科研方向的规划设计。为此先需要一个战略性科学家将科学问题和科学研究最本质的内容传达给总工艺师；总工艺师将它翻译成可以被操作的工艺流程——科学工艺；最终是总工艺师将科学工艺传达给建筑师，这时建筑师才能进行策划、规划、建筑设计、室内设计等后续流程。传统意义上的建筑设计，往往缺少科研规划设计和科学工艺这两个流程。在创造合理、科学流程的基础上，科学家们需要共同建立一个平台，形成一个包含科学设计和设计科学的完整系统，这也是科研建筑设计的基石。

其次，科研建筑设计面对新时代、新问题，需要新方法。在多年建设的基础上，科研建筑的设计虽然已有一定的规律可循，但仍需要创造新方法，以此解决其中隐含或已经呈现出来的问题。例如：从传统的追求功能、功效，工艺流程机械化，到以人为核心，拓展建筑设计。

再次，原本单一的实验室建筑，已经拓展成维度更大的科研建筑。需要以"实验室"为核心功能，科研建筑已经扩展到科研教育、科研博览、科研测试、科考站、大科学装置等，其已经由单一的研究实验室拓展成科研建筑系统。关于学科交叉，在如今的每一个研究过程中，学科都是在交叉中演进的状态，传统意义上的"数、理、化、天、地、生"六个学科不断迭代，衍生发展成现在大学科背景下的多学科交叉融合。于是，单一学科的研究室、实验室空间已经转化成复合空间。复合空间的设计能够应对学科交叉产生的问题，并创造符合科学家独特身份的物理空间。以前，我们可能会将科研实验室划分为湿性实验室和干性实验室，或分为生化实验室和物理实验室，但现在两者之间的界限越来越模糊，因此建筑学探讨一种新的复合空间便格外重要。同时，我们希望科研建筑不是冷冰冰的机器，而是能够激发科学精神的场所。科研建筑需要从原本的封闭式发展逐渐走向开放式发展，从被打破、解体，走向由人文、绿色景观和透明介质所形成的，连续且自由的大空间，从而展现出科学实验室的新面貌。灵活多变的流通空间，让科研建筑变成可面向公众、面向自然、面向社会开放的体系。

最后，科研建筑不断向立体交叉的方向发展。一方面，在产学研整合的背景下，新型科研生产关系发生变化；另一方面，科研建筑将从水平方向不断复制和发展的模式，走向立体化、网络化、有智慧、有人机互动的发展模式。社会形态和空间形态的立体化、有形和无形的立体化、网络化发展模式，均让科研建筑走向新局面。

亚太建设科技信息研究院与同济大学发起编著"实验室建设与发展报告"系列丛书，组织协调实验室建造类科技人员与科学家们、实验室环境控制装备制造及系统集成企业、设施运行维护等实验室的建设、应用和管理者们，共同建立一个平台，逐渐构建一个包含科学设计和设计科学的完整系统。已经出版的《生物安全实验室建设与发展报告》反响热烈；这本《化学实验室建设与发展报告》调研总结了化学安全实验室的历史和发展现状，全面分析研究了关键技术，对存在问题探讨可行的解决方案，提出了加强化学实验室智能化领域的产品研发，用以提升实验室安全保障能力。此项工作为我国化学实验室的规划、建设、运行、管理、维护提供了宝贵的经验，在化学实验室的发展中发挥着很重要的作用。

全国工程勘察设计大师
中国中建设计研究院有限公司首席总建筑师
中国科学院大学建筑研究与设计中心主任、教授、博士生导师
中科院建筑设计研究院有限公司特聘首席总建筑师
中国建筑学会科研建筑学术委员会主任委员

前　　言

在全球新一轮科技革命和产业变革与中国建设创新型国家的历史交汇期，对科技创新总体布局、体制机制、评估评价等方面提出了新要求，实验室在科学前沿探索和解决社会重大需求方面发挥着至关重要作用。

化学实验室是提供开展化学实验条件及进行科学研究的重要场所，分布于多个行业，如石油化工、医药、海关、质检、医疗、疾控、科研院所和高等院校等。不同行业化学实验室的建设与管理水平参差不齐，化学实验室的安全事故时有发生，安全意识亟待提高。

化学实验室的建设全过程包含勘察、设计、施工、验收等，但因其涉及多行业工艺，需要多学科、多专业的协同。工艺及为工艺服务的公用动力等的适配性是实验室建设成功的关键。现代化学实验室的建设，还兼顾了办公，甚至小型生产开发等功能，因此实验室是民用建筑与小型工业建筑的综合体。

我国的化学实验室建设发展大体上经历了三个阶段：20世纪中期至20世纪末，采用水泥瓷砖的实验台和木质加油漆的实验室家具，自然通风为主，冬季供暖，实验室用气以就地钢瓶为主，气体检测报警很少涉及，操作人员以口罩为主要防护工具；20世纪末至21世纪初，实验室建设主要考虑的是实验目标，以实验设备和仪器、实验操作等为主导，机械通风系统、空调系统、排风净化系统、气路系统、气体报警系统、信息管理系统等开始逐步应用到化学实验室中，实验室环境有所改善；21世纪初至今，实验室建设进入全方位考虑的整体性设计阶段。随着科学技术的发展，对实验数据的准确性和精确性、实验操作人员的安全与健康、环境保护等要求不断提高，使得实验室的复杂程度和建设标准不断提高，实验室的规模也不断变大。近20年来，随着科学技术的迅猛发展，国内实验建筑如雨后春笋般在各行各业（各地的企业、高校、科技园区等）涌现，新建的综合实验室对业主、工程建设人员、管理人员、使用人员等提出了更高的要求，各方的紧密结合才能建设出品质、适用性、灵活性等俱佳的实验室。新的时代背景，对化学实验室建设提出了新的需求，数字化、智能化和节能低碳是化学实验室建设的发展趋势。

及时总结我国化学实验室建设和管理的发展成就、经验及存在问题，是非常重要且迫切的工作。2018年，亚太建设科技信息研究院有限公司《暖通空调》杂志社和同济大学共同发起并立项了"实验室建设与发展报告"系列课题，第一项课题主题为"生物安全实验室"，其课题成果——《生物安全实验室建设与发展报告》已于2021年7月出版，本书为第二项课题"化学实验室建设与发展报告"的成果。

"化学实验室建设与发展报告"课题于2022年1月召开正式启动会，一年半以来，编制组专家广泛调研，深入总结，多次交流研讨；由于疫情期间多项工作受限，编制组克服重重困难，终成此稿。本书以发展和建设为主线，着眼于国际视角，对化学实验室的发展历程、标准发展、工程建设、关键设备、安全管理、典型案例、低碳发展路径7个方面作了全面阐述。发展的主线体现在每一章，从中外化学实验室发展历程梳理，到标准发展的对比分析、设计理念和技术发展，再到关键设备设施的技术发展，以及化学实验室低碳发展，都做了系统总结分析。化学实验室安全管理是科技创新、化学教学及检测工作的重要保障，本书从制度管理、物品管理、人员管理、安全检查几个方面介绍了实验室安全管理要点，以高校为主，兼顾其他领域。典型案例从安全设计及管理、智能智慧实验室、绿色低碳实验室等方面，对不同领域的化学实验室建设成果进行了详细呈现，力求起到相互借鉴的作用。

在本书编写过程中，由北京市建筑设计研究院有限公司张杰总工担任课题验收主审专家的专家组在课题验收过程中提出了很多宝贵意见和建议；教育部高等学校科学研究发展中心曾艳处长对全书内容指导把关，并在案例推荐和筛选工作中给予了大力帮助和支持；临近付梓之际，中国中元国际工程有限公司建筑三院赵侠顾问总工再次通读书稿，并提出了关键改进意见，在此一并感谢。

化学实验室涉及内容多，课题时间紧，书中疏漏与错误之处在所难免，请广大读者批评指正。

刘　东　胡竹萍　张　杰

2023 年 5 月 15 日

目　　录

第 1 章　化学实验室发展历程

化学实验室的发展伴随着化学学科的演变和发展，本章详细梳理了国内外化学实验室的发展历程。

化学实验室发展历史上经历了两次重大变革才演化为现在格局，一是英国人罗伯特·波义耳（Robert Boyle，1627—1691 年）将化学从炼金术中脱离出来成为一门独立学科；二是德国人尤斯图斯·冯·李比希（Justus von Liebig，1803—1873 年）在吉森大学建设教学和科研用途的实验室，使得实验室成为专门的社会化组织，从此实验室建设有了制度保证。李比希创造的这种新型的实验室建设模式，经过德国几所大学和欧洲其他国家大学的不断尝试，发展出化学实验室建设的标准模式并在全世界广泛使用，影响至今。

在西方国家，化学实验室先后经历了私人化学实验室、教学演示实验室、大学化学实验室、工业化学实验室、国家化学实验室等发展形式，推动了大量的创新，是经济飞速发展的引擎。在我国，尽管古代有着伟大的化学实践成就，但并没有发展出现代化学学科。近代在救亡图存、兴邦自强的思潮下开始学习西方先进知识，民国时期是化学学科建制化发展时期（1927—1937 年），化学实验室建设形成第一次大发展。改革开放后，尤其是最近 20 年，随着学科发展，国家经济实力增强，实验室建设正在经历第二次大发展。

1.1　化学实验室的定义与分类

按照《科研建筑设计标准》JGJ 91—2019 对科研建筑的定义，化学实验室可以定义为"进行化学实验的建筑空间和场所"。这是从建设角度对化学实验室进行定义，本章的主题也是化学实验室建设发展历程，用这种定义比较合适。但事实上，在"实验室"这个词的使用上，有着更加广泛的含义，有时它也指包含这些实验室的建筑物，有时也被认为是一种社会组织。

化学实验室的分类方法很多，但不管用什么方法划分，很难将所有化学实验室的类型都包括在内。按照学科细分领域可以分为：分析化学实验室、有机化学实验室、无机化学实验室、高分子化学实验室等。按照实验室应用行业领域可划分为：冶金行业化学实验室、化工行业化学实验室、医药行业化学实验室、检测行业化学实验室等。按照社会组织方式可以划分为：私人化学实验室、大学化学实验室、工业化学实验室和国家化学实验室。

从建设角度对化学实验室进行分类，可以分为以下三类：

1. 检测类实验室：实验方法是确定的，实验结果是不确定的，实验的目的是根据实验结果判定被检测物的各项参数是否满足"相关标准"。

2. 科研类实验室：实验方法是不确定的，实验结果也是不确定的，实验的目的是探索科学或技术领域的未知内容。

3. 教学演示类实验室：实验方法是确定的，实验结果也是确定的；实验的目的是不断重复相同的实验过程，用于教学和演示。

1.2 国外化学实验室的发展历程

1.2.1 化学实验室的起源

英语中表示"化学"的单词 Chemistry 来自炼金术。炼金术最早在古埃及兴起，由阿拉伯传入欧洲后，其名称从 Al kimiya 演变成拉丁语 Alkimia，进而演变为英语单词 Alchemy，从事炼金术的人就是炼金术士（Alchemist）（图 1-1），他们是最初的化学家。16 世纪 80 年代，"实验室"（Laboratory）这个词首次出现在拉丁语中，1592 年，这个词出现在英语中，表示炼金术士的工作场所。拉丁语"实验室"的本意是指"车间"，炼金术士和其他工匠一样都有工作车间。

图 1-1 工作中的炼金术士

1.2.2 化学实验室的诞生

在化学成为一门独立学科之前，医药化学和冶金化学已经发展了上百年甚至更久时间，它们或者依附于炼金术或者独立发展。1556 年，德国医学家、冶金学家阿格里科拉（Georgius Agricola，1494—1555 年）的遗作《论金属》出版（明末时期，该书由耶稣会传教士汤若望同中国学者合作译成中文，名为《坤舆格致》）。书中对工作场所和实验方法进行了说明和讨论，是早期化学实验室的雏形，同时，阿格里科拉被认为是科学实验方法的创始人。德国冶金学家埃克尔（Lazarus Ercker，1530—1594 年）于 1574 年发表《主要矿石加工和采矿方法的描述》，书中详细介绍了酸、碱、盐、矿物的分析、制造方法，以及实验室的设备和操作方法（图 1-2）。

德国医药化学家兼炼金术士利巴维尤斯（Andreas Libavius，约 1560—1616 年）有许多重要的化学发现，但其主要以第一部近代化学教科书的作者而闻名。这部以《炼金术》为书名的"第一部真正的化学教科书"出版于 1597 年，书中设计了一座理想的炼金术实验建筑，画出了建筑的立面图和底层平面图以及其中的各种仪器（图 1-3）。

利巴维尤斯设计的化学实验室建筑内部最重要的方面是侧面的房间，它不仅仅是一个个单间实验室，有几个储藏室，包括化学品和设备的综合仓库，更重要的是为特定操作留出的房间，如结晶室、调剂室和装备室。实验大楼内有熔炉、天平、水浴、蒸汽浴、水槽、升华装置、蒸馏装置等设备，并配有上下水系统。在墙壁周围，专用的加热炉以精确的排列方式放置：蒸汽浴和灰浴靠近入口，然后是水浴、蒸馏装置和升华装置。另一侧是反射炉、普通蒸馏装置和具有螺旋冷凝器的蒸馏装置，粪浴被放置在主入口附近，房间内有为熔炉准备的风箱。

图 1-2　Ercker 的实验室"车间"

(a)

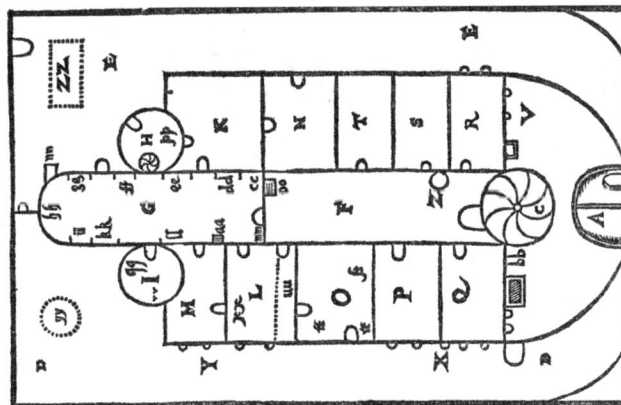

(b)

图 1-3　利巴维尤斯设计的炼金术实验大楼
（a）实验室立面图；（b）底层平面和仪器布置图

　　由于这个时期化学还不是一门独立的学科，它更多是炼金术的部分内容，加热是炼金术和早期化学的核心操作，用于分解材料、蒸馏液体和加速反应。热量通过几种不同方式提供，加热炉处于实验室的核心位置。

1.2.3 化学实验室的早期发展

化学作为一门独立的学科是在 17 世纪由英国科学家波义耳建立的，化学史家把 1661 年作为近代化学的元年，标志性事件是波义耳所著的《怀疑派化学家》（The Skeptical Chemist）。关于研究化学的目的问题，波义耳提出了与以前的炼金术家、医药学家和冶金化学家有本质不同的见解。他认为研究化学的目的不是醉心于炼金术和医药，而是在于认识物质的本性。为此就需要进行专门的实验，收集所观察到的事实，使化学从炼金术和医药学中解放出来，发展成为一门专为探索自然界本质的科学。

波义耳通过许多实验的论证后，给化学元素下了一个比较科学的定义："我指的元素应当是某些不同任何其他物质所构成的原始的和简单的物质或完全纯净的物质"，"是具有一定确定的、实在的、可觉察到的实物，它们应是同一般化学方法不能再分解为更简单的某些实物"，这是世界上第一个科学的元素定义。

波义耳之后，化学研究方向发生重大转变，气体化学是当时化学研究的重要内容，实验室中的设备开始发生变化。一个装满水的水槽来收集气体，并在某个地方放置玻璃仪器来制备和处理气体，它与炼金术时代的加热炉和蒸馏器主导实验室有了很大区别。

气体化学不需要大量的热源，加热炉可以放置在角落或沿着一面墙放置，甚至可以在桌子上放置小型便携式火炉。安托万-洛朗·拉瓦锡（Antoine-Laurent de Lavoisier，1743—1794 年）有一个实验室，里面有放置仪器的架子和一张中央工作台，用来做实验，实验室中没有熔炉，设备主要是玻璃器皿和一个大型气体槽（图 1-4）。

图 1-4 巴黎兵工厂实验室

1.2.4 化学实验室的发展形式

1.2.4.1 私人化学实验室

化学作为一门独立的学科建立后，直到 19 世纪初，几乎所有的化学实验室都是以私人实验室的形式存在，属于个别研究者或者是他的保护者所有。私人化学实验室一般是科学家在自己住宅里腾出一两间房随机添置一些科学仪器和实验设备而形成的，一般规模很小，供自己外加一两个助手研究使用。私人化学实验室非常简单，它的显著特征是实验室内配置一张工作台和一些实验仪器，炼金术时代的加热炉不再是实验室的核心配置。图 1-5 为 17 世纪典型化学实验室，可以看到实验室内部与炼金术时期有了很大区别，工作台是实验室的核心配置。

图 1-5　17 世纪典型化学实验室

　　私人实验室最早什么时候在哪里出现难以考证，但是根据史料记载近代自然科学的先驱们比如波义耳、拉瓦锡、盖-吕萨克等人都拥有私人实验室或在朋友的私人实验室工作过。19 世纪初著名的瑞典化学家约恩斯·雅各布·贝采利乌斯（Jöns Jacob Berzelius，1779—1848 年）在两张普通的餐桌上完成了他的化学工作。

1.2.4.2　教学演示实验室

　　教学演示是早期化学实验室的主要功能之一，教师通常在助手的帮助下进行演示。图 1-6 展示了法国药物炼金术士安尼巴尔·巴莱（Annibal Barlet）于 17 世纪中叶在巴黎的教学实验室。19 世纪 30 年代，美国化学家罗伯特·黑尔（Robert Hare，1781—1858 年）在宾夕法尼亚大学医学院的实验室更像一个演讲台，台上有一个长长的工作台用于教学演示，在工作台后面有一个设备齐全的实验室（图 1-7），台下则是观看实验演示的学生。这类实验室不是用来研究的，它更多用来演示。这种"演讲台＋实验室"的模式直到 19 世纪中叶才逐渐消失。但我们知道，现在中学和大学化学课程中，教学演示仍然是一种常见的教学方式。

图 1-6　安尼巴尔·巴莱
（Annibal Barlet）巴黎教学实验室

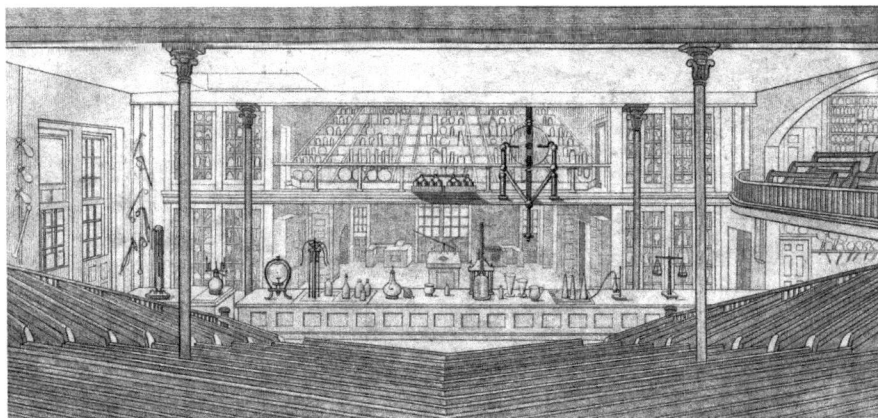

图 1-7　宾夕法尼亚大学医学院的实验室和演讲厅

1.2.4.3 大学化学实验室

随着化学学科的发展，私人实验室不能满足需要，一种更先进的实验室建设及组织模式开始兴起并一直影响至今，这种模式始于德国化学家李比希在吉森大学开创的"吉森大学模式"。

1822 年，年仅 19 岁的李比希受到德国政府资助去法国学习化学，进入法国著名化学家约瑟夫·路易·盖-吕萨克（Joseph Louis Gay-Lussac，1778—1850 年）的私人实验室工作。在 1824 年学成回国后，受到盖-吕萨克的推荐，李比希成为吉森大学的编外教授。1824 年 7 月 20 日，李比希得到了一所刚刚腾空的旧兵营的房子，他们改造建立了化学实验室，图 1-8 为吉森大学化学实验室建筑外观。

图 1-8　吉森大学化学实验室建筑外观

最初的吉森大学实验室只有木制工作台、瓶架和一些排风柜（图 1-9），规模相对较小。1833 年和 1839 年，又经历了 2 次扩建。这种模式的实验室经过德国几所大学和欧洲其他国家大学的不断尝试，发展出化学实验室建设的标准模式并在全世界广泛使用：它由一排排木制工作台组成，工作台上方有瓶架，下方有抽屉和储物柜；工作台装有管道煤气和自来水，在工作台的末端有脸盆，有一个排水系统，可以把所有的液体废物排入下水道，沿着墙壁有排风柜。工作台排成两组，中间隔着一条宽

图 1-9　吉森大学化学实验室内部

阔的过道。这些实验室装有强制通风设备，许多在排风柜中无法开展的操作则是在开放式工作台上进行的。图 1-10～图 1-13 展示了 19 世纪 40 年代到 20 世纪初化学实验室的发展历程。

　　李比希开创的吉森大学化学实验室，一反传统的做法，他建立的实验室是一个相对独立且具有传承性的社会组织，实验室建设可以在前人的基础上不断迭代发展，实验室亦成为培养专门化学人才的场所。尽管吉森大学实验室建设之初非常简陋，但其意义重大，实验室建设逐步变成大学化学教育的一种制度安排。

图 1-10　伦敦大学伯贝克学院实验室（1846 年）

图 1-11　格里夫斯瓦尔德大学实验室（1864 年）

图 1-12　萨格勒布学术广场的旧化学研究所实验室（1884 年）

图 1-13　瑞士联邦理工学院化学实验室（1905 年）

19 世纪 50 年代末，德国已经普及了煤气，煤气管道也已经铺设到实验室，在海德堡大学任教的罗伯特·本生（Robert Bunsen，1811—1899 年）设计了利用煤气加热的装置，这就是著名的"本生灯"。它可以安全地燃烧气体，火焰不会倒流进管内，旋转灯管可以调节进气量，控制火焰大小和温度。从外观上看，本生灯最大的特点是火焰纯净，几乎无色，没有酒精灯、普通煤油灯的黄色，温度最高可达 1500℃。本生灯的出现，加快了加热炉退出历史舞台的步伐。

1.2.4.4　工业化学实验室

工业化学实验室是指由企业为主要参与者的实验室。从有关史实可以推断，工业化学实验室最早萌芽于英国，经过法国的发展，在德国成熟。法国化学家拉瓦锡任硝石火药厂总监后，于 1775 年在炮兵工厂设立的化学实验室通常被认为是世界上第一个工业化学实验室。

19 世纪 60 年代，德国染料工业的大型实验室相继建立，这些实验室风格因公司而异，甚至在公司内部也各不相同，比如 1862 年巴斯夫公司（BASF）在路德维希港设立的实验室与其学术同行非常相似，而染料公司拜耳（Bayer）于 1891 年建立的实验室则相当实用，更像是一座工业建筑。随着拜耳公司开始从染料到药品的多元化发展，其制药研究实验室建设也紧随其后，到了 20 世纪 20 年代以后，几乎每个化学或制药公司都有某种研究实验室。表 1-1 展示了最早一批工业化学实验室。

最早一批工业化学实验室　　　　　　　　　　　　　　　表 1-1

年份	国家	设置人	地址或归属	备注
1811 年	普鲁士	赫梅斯塔耶特	柏林	
1860 年	英国	R. W. 亨特	坎布里亚炼铁公司约翰斯顿工厂	化学实验室
1862 年	德国	克虏伯钢铁公司	克虏伯	化学实验室
1865 年	德国	巴斯夫公司	路德维希港	化学实验室
1891 年	德国	拜耳公司	拜尔公司	化学实验室

工业化学实验室 20 世纪初开始在美国出现，公认美国最早的工业实验室是通用电气实验室，创建于 1900 年，而美国最早的工业化学实验室则后来归入杜邦公司的东方实验室，该实验室创建于 1905 年。工业实验室是美国经济获得飞速发展的引擎，它的演变曾经延续了整整一世纪，推动了大量的创新，被誉为 20 世纪最重要的发明之一，成为 20 世纪最突出的特征。

1.2.4.5　国家化学实验室

1877 年德国成立的国立化学工业研究所，设立了第一个国家级化学实验室。在德国的刺激下，英国、法国、美国等也先后建立了国家一级的科研实验室。

20 世纪初，在基金会和企业的资助下，美国大学建立起专业的科研体系，化学学科的发展拉开了"大科学时代"的序幕。大科学装置的出现是这一时期化学学科发展的重要特征。在第二次世界大战及之后的一段时间内，这一体系依靠联邦政府的资金得到了巨大的扩张。美国依托大学建立起一批诸如阿贡国家实验室（芝加哥大学）、洛斯阿拉莫斯国家实验室（加州大学伯克利分校）、劳伦斯伯克利国家实验室（加州大学伯克利分校）和布鲁克海文国家实验室（纽约大学石溪分校）等大型实验室，这意味着科学研究得以从分散走向聚合，在这些大型实验室中跨学科合作的研究项目得以开展，需要巨额投入的大型设施得以投入使用。

在美国大学化学学科崛起的历程中，实验室的建设无疑是见证了学科快速发展的物质存在。美国大学化学实验室由最初的单科实验室逐步发展成为集合多学科、多领域、多种设备以及众多实验团队的综合性大科学装置实验群。

1.2.5　化学实验室建筑发展

1.2.5.1　化学实验室建筑空间演变

以熔炉和蒸馏装置为核心的实验空间构成了炼金术时期化学实验室的雏形。到 18 世纪 70 年代，随着气体化学的兴起，蒸馏装置替代熔炉主导了实验空间。拉瓦锡于 1777 年在巴黎兵工厂建立了新型实验室，实验室中间摆放着大桌子和气体设备，存放设备的架子出现在化学实验室中。

19 世纪初期，化学教学模式的改变以及有机化学的发展促进了化学实验室空间布局的调整，排风柜、工作台、橱柜、瓶架的设置，对后续实验室的空间布局产生了深远影响。有机化学的发展使实验室提高了排风柜的使用需求，同时李比希创造了一种新型大学化学实验室制度，以培训大量化学科研人员，并在吉森大学创建了专用实验室，其空间内设置了可容纳多人同时进行实验操作的排风柜、工作台、橱柜、瓶架等设施。

19世纪60年代早期，德国率先意识到化学是科技进步的关键，进而建设规模宏大的新型实验建筑。其实验室单元包含了当时所有可大规模生产的标准化实验设施，如排风柜、工作台、配套的燃气、水管、试剂架、洗漱池及废物处理系统，并为提升实验室舒适度配备了经过改善的暖气和照明，同时增加了存放室和暗室等专用房间的布局，产生了实验室建设的"标准模式"。

19世纪中期开始，化学实验室的范畴已经从大学拓展到多种工业实验室，科学技术的发展引发了化学实验室空间的变革，出现以仪器设备为主导的专用实验室空间，与经典实验室并存。到20世纪30年代末，迅速发展的石油精炼技术及石化工业迫切需要精确而快速的方法来进行分析，进而诞生了核磁共振仪、气相色谱仪、火焰电离探测器等新型化学仪器。工业实验室不受传统束缚，投入资金率先引进新仪器并单独设置在类似物理实验室的专用实验室里。从此，工业实验室由研究实验室的模仿者转变为引领者。到20世纪50年代，电子仪器开始大量应用，进而出现了仪器专业操作人员和相应空间。

进入21世纪，随着科技的快速发展和新型研究领域的不断出现，仪器和实验设备已不再是影响实验室品质的主导要素，现代化学实验室要求更高的系统性和前瞻性，并关注数字技术。现代科研活动所具有的集约复杂、团队协作和持续变化的特点要求实验室空间布置具有统一性、开放性和灵活性。同时，现代化学实验室要求综合系统地考虑包含设备管网布局的工程技术设备；实验室的设计不仅要满足不断变化的实验工艺需求，还要形成各类灵活便捷的人流、物流交通体系，并为研究员提供宜人、可促进研讨交流的创新空间环境。

在化学实验室五百多年的发展历程中，从以装置为核心的"工作车间"到以教学为核心的实验空间模式，从经典实验室的出现到其后续的快速变革，科技的进步、教研模式的转变以及设备的迭代，不断促进着化学实验室空间的演变。如今，随着科学和技术变革步伐的不断加快，化学实验室也在不断增加灵活性、开放性和人性化特征，以更适应现代科学研究的新模式。

西方化学实验室空间发展历程如表1-2所示。

西方化学实验室空间发展历程　　　　　　　表1-2

年代	发展阶段	空间演变原因	空间特点	空间组织图解	案例
1590—1820年	萌芽阶段	早期化学实验对热量和光的需求很高	由熔炉和蒸馏装置主导工作空间		巴黎兵工厂的拉瓦锡实验室，约1790年
1820—1850年	过渡阶段	化学教学模式的改变及有机化学的发展	实验室内出现通风柜、工作台、试剂架等设备		伯克贝克实验室、伦敦大学学院，1846年
1850—1890年	发展阶段	现代设施引进实验室	经典化学实验室模型产生，设备实现标准化		格里夫斯瓦尔德大学教学实验室，1864年
1890—1990年	变革阶段	工业化学及电子技术的发展	出现工业实验室及以仪器为主导的新型实验室		壳牌公司仪器专用实验室，20世纪50年代
1990年至今	优化阶段	科技快速发展新型研究领域不断出现	追求实验室的集约化、灵活化、开放性，关注实验室安全，追求空间品质		美国西北大学生物医学研究中心，2019年

1.2.5.2　"服务空间"与"被服务空间"

伴随着第二次世界大战科技研发水平日新月异，实验室的使用需求也日渐复杂。同时，新的化学物质及新型科技设备的出现，直接影响了化学实验场所中相关职业的分工和异化。

位于纽约的布鲁克海文国家实验室由马塞尔·布劳耶设计，在其开放的 50 年里一直以功能卓著和技术领先而闻名，直到今天业主方才开始策划关于此实验室的更新工作。在项目的初期阶段，马塞尔·布劳耶和他的助手罗伯特·盖杰采访了这些实验室的未来使用者，并对使用需求进行了研究，研究成果被绘制成了一张关系图表，上面表明了这些化学家如何与相邻子领域专家进行合作以及哪些实验设备有最高的使用需求（图 1-14、图 1-15）。

图 1-14　布鲁克海文国家实验室外观

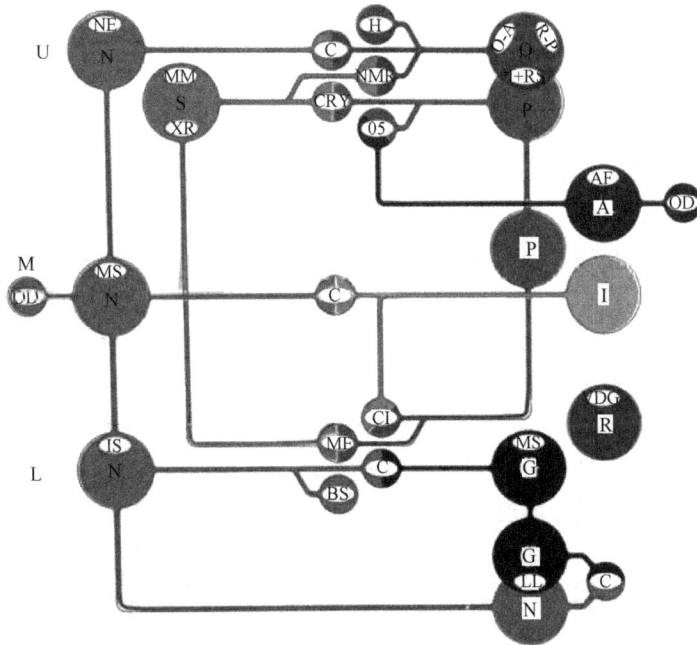

图 1-15　马塞尔·布劳耶及其助手绘制的角色及功能关系图

图 1-15 被分为横纵各三列的九宫格，其中，竖向三列从左至右分别为建筑的西翼、北翼、东翼；该建筑共 3 层，所以关系图横向三排从上至下分别表示建筑顶层、中层、底层。各类大"气泡"示意学科子领域及其相关领域专家，小"气泡"表示各类实验设备。该研究及设计成果明确了使用需求至上的设计方法，同时也代表了现代主义建筑"形式追随功能"的主流思潮。

设计中，布劳耶将个人办公室放在实验室的正对面，并为初级工作人员和博士后研究员提供了相邻的开敞办公空间。同时代，著名建筑师萨里宁认为，人工照明和现代暖通空调使实验室的窗户变得过时，而布劳耶则坚信科学家同样需要获得自然采光。他在实验室墙壁的上半部分安装上玻璃，用以采光。他还为实验室和办公室的配置提供了弹性选择，从个人实验室到足以容纳三四个研究人员的空间，所有需求都基于 12 英尺×12 英尺①的规划模块展开。设计时，化学家们也贡献了他们自己的一些创意，包括对台面、水槽和排水管的材料进行了新的调整，对通风柜进行了新的设计，提供可以快速方便地重新安排和重新连接的实验台以及无二次回收的通风系统。

1959 年，路易斯·康在为施工中的宾夕法尼亚大学理查德医学研究所进行的讲座，引起了小儿麻痹症疫苗发现者萨尔克的注意。加利福尼亚州拉由拉市在太平洋海岸区有一处风景别致的场地，而萨尔克希望在此建设他的研究中心，他要为每 10 位做研究的科学家提供 1 万平方英尺（约 929m²）的科研空间，建筑的整体规模和理查德医学研究所差不多。

萨尔克研究所于 1965 年建成，开放的中部广场成为研究中心的"公众广播"。在设计中，路易斯·康抓住了乔纳斯·萨尔克（Jonas Salk）对科学事业的描述，认为科学是"类似于修道院对更高知识的追求，研究所内应具有公共仪式和私人沉思的独特空间"。萨尔克认识到开放的标志性建筑不仅可以提高使用者的工作效率，甚或成为争夺人才，向公众进行机构展示的宣传手段。

萨尔克研究所建筑夹层空间的出现将实验室建筑分为"服务空间"和"被服务空间"，进而优化了实验室标准控件单元的设备管网系统。而真正的实验室实际上只有 3 层，另 3 层作为"夹层"，承担所有的维修、贮藏、电力和通风功能，同时还兼顾了建筑的结构功能。建筑中著名的空腹桁架，是由与康合作的杰出工程师奥古斯特·考曼丹特（August Komendant）设计的。每 65 英尺（约 19.8m）就架设 9 英尺（约 2.7m）的悬链曲线钢筋混凝土梁，在足够坚固的同时，也足够灵活，可以保证

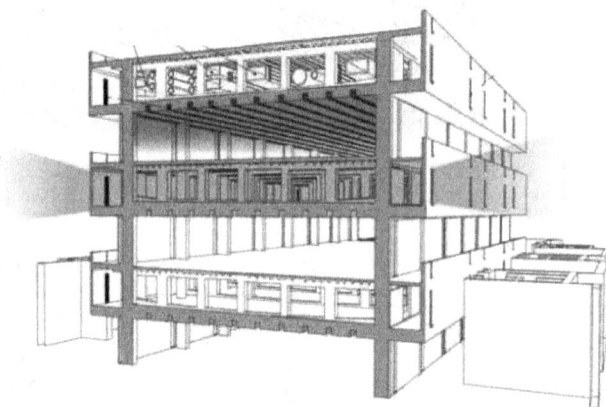

图 1-16　萨尔克研究所中心轴测图

实验室从一端到另一端保持开阔，而无须用承重墙或是廊柱来阻断实验室内部空间（图 1-16）。

1.2.5.3　化学实验室通风

美国 ASHRAE 手册中排风柜使用的专用术语是"Fume hood"，欧洲用的专用术语是"Fume cupboard"（比如欧盟排风柜标准 EN 14175），用词的不同反映的是欧洲和美国在排风柜发展历史上具有显著的文化和历史差异，"Fume cupboard"一词保留了欧洲早期尤其是炼金术时期的化学实验室发展过程中利用壁炉进行通风的痕迹，美国没有这段历史，美国学者认为"Fume cupboard"是一种原始简陋的排风柜，欧洲学者则指责美国人不尊重历史。我国《供暖通风与空气调节术语标准》GB/T 50155—2015 定义"排风柜"用的英文单词与美国保持一致。

通风是化学实验室建设的重要内容，从通风的手段来看，化学实验室可以显著分为两个时期，分

---

① 约 3.7m×3.7m。

水岭是 19 世纪末风机技术的发展并得到广泛应用，在此之前，通风主要采用的手段是热力方法，在此之后，主要采用机械方法。排风柜作为化学实验室最重要的通风设备，长期被认为是简单的，直到20 世纪 40—50 年代对有毒化学物质认识的深入才迎来了第一次重大发展，出于安全考虑，对排风柜技术性能提出更高要求，各种形式和功能的排风柜被开发出来。排风柜第二次重大发展是在 20 世纪70—80 年代，这次发展的主要原因是全球的能源危机，出于节能的考虑，各种高效排风柜和控制手段被开发出来。20 世纪 80 年代后，欧洲和美国的排风柜的检测标准陆续制定出来后，排风柜迎来了规范化发展。

1. 热力通风

早期化学实验室利用壁炉的热效应进行通风，比如炼金术时期的排风橱柜（图 1-17），这大概是化学实验室最早使用的排风设备。17 世纪后，实验室的建设者普遍采用了金属或砖排风管来专门去除实验室内的有毒烟雾，这种方式一直持续到 19 世纪初，它们虽然尺寸很大，但也很有效。

图 1-17 炼金术时期的排风橱柜

更具创新性的是位于实验室中心的独立式钟形排风罩（图 1-18），这在 1765 年刘易斯实验室的雕刻中可以非常清楚地看到，这种设计曾在帕多瓦大学使用，但并未被广泛采用。18 世纪中叶后，出现了一种新型排风柜，它通常沿着实验室的一侧设置，有时甚至沿着实验室的整个长度设置（图 1-19）。

图 1-18 刘易斯实验室的钟形排风罩（1765 年）

图 1-19 伦敦研究所的化学实验室排风柜（1822 年）

吉森大学化学实验室首次开创性地在化学家和排风柜之间安装玻璃隔板，以防止化学实验过程中的有毒气体和爆炸伤害到化学家，玻璃隔板还有一个好处，它有利于化学家观察化学反应过程。吉森大学实验室排风柜没有使用传统的加热炉，而是使用专用铸铁炉为通风提供必要的热量。苏黎世大学的化学实验室借鉴了吉森大学的经验并做了改进，图 1-20 就是这种中央岛式排风柜布置方式，排风柜采用了玻璃面板。

图 1-20 苏黎世大学化学实验室中央岛式排风柜（1850 年）

一个极端的排风柜设计是将整个工作台置于排风柜之下，这可以从 1889 年爱丁堡新 Teviot Place 医疗大楼的化学实验室的照片中看到（图 1-21）。使用这种排风柜是为了去除硫化氢，但它们既昂贵又难以维护，没有被广泛采用。

事实上，直到 19 世纪末 20 世纪初期，经典的化学实验室排风柜前面有一个玻璃窗户，在进行危

图 1-21　Teviot Place 医疗大楼的化学实验室（1889 年）

险操作时可以将其拉下，气流则由煤气燃烧器的热气流通过通风管道排出室外。煤气燃烧器是由德国化学家奥古斯特·威廉·霍夫曼（August Wilhelm Hofmann，1818—1892 年）发明的。

　　现代通风理论研究表明，热力通风受到两个关键因素影响：室内外温差和高差，从历史保留的实验室建筑图片可以发现（图 1-22～图 1-24），那个时代的实验室普遍具有较大的高度空间，并且借助排风烟囱来进一步加大高差；温差的加大则主要是通过煤气加热装置来实现，煤气量可以通过阀门进行调节，进而调节加热量。

图 1-22　悉尼大学化学实验室内部（1915 年）

　　如果说热力通风的化学实验室是一种传统、古典的实验室发展阶段，这个阶段的实验室建设基本是由化学家主导，威廉·霍夫曼是集大成者。霍夫曼在实验室规划建设、实验室安全、实验室文化、

图 1-23　帝国理工学院的化学实验室内部（1915 年）

图 1-24　里海大学化学楼外部（1893 年）

实验室推广等方面均作出了杰出贡献。到了机械通风发展阶段后，实验室朝着专业化和精细化方向发展，其建设逐渐由化学家主导演变为工程师主导。

2. 机械通风阶段

19 世纪 60 年代以后，两项伟大的发明深刻地影响了人类，同时也改变了化学实验室通风方式：风机和电力。19 世纪末，利用电力驱动的风机技术开始在化学实验室中得到应用，并逐渐取代利用热力驱动通风的方式。最早利用机械方式进行排风是在英国的诺丁汉大学的化学实验室（图 1-25）。

从 1930 年到 1950 年，针对工业用排风罩的研究已经比较充分，但有关实验室排风柜的文献却很少。排风柜作为化学实验室通风系统核心设备在早期被认为是简单的，可以沿用工业排风罩理论，没有必要对其开展特别研究工作。1945 年后放射化学飞速发展，极大地引起了对实验室工作人员健康和安全的关注，不久之后，大量全新的有机化学物质和未知毒性的药物被引入科学界和工业界。许多新化学物质被证明比铅和汞等常见的危害物毒性更高，这种担忧导致对当时实验室排风柜提供的保护措施需要进行更严格的审查。美国原子能委员会的健康和安全人员通过赞助实验室排风柜研究和建立处理放射性同位素的排风柜面速度标准来达到更严格的安全保护措施。例如，1953 年 9 月 21 日至 23

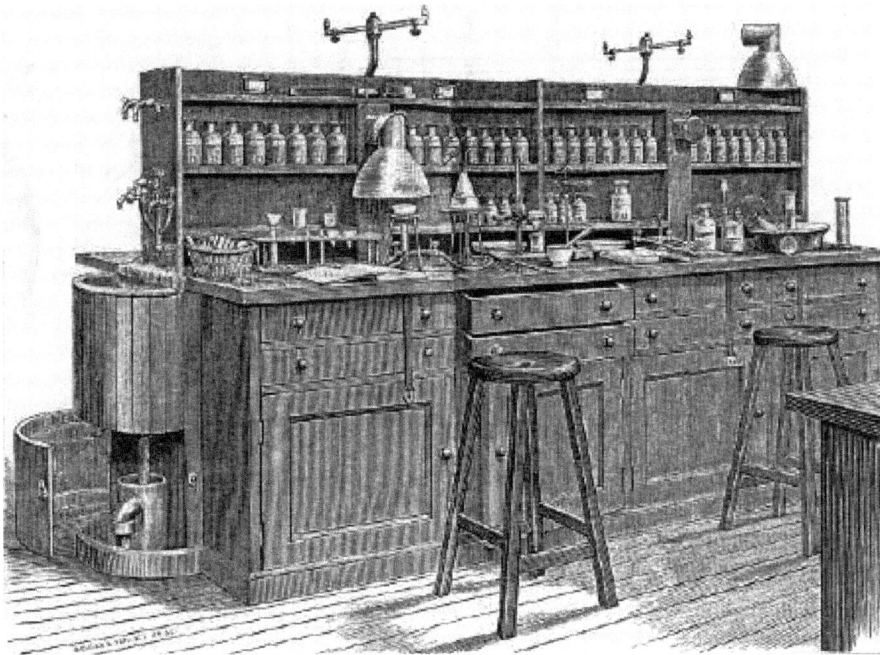

图 1-25　诺丁汉大学化学实验室机械排风罩（1893 年）

日在洛斯阿拉莫斯科学实验室举行的第三次原子能委员会空气清洁会议的记录（WASH-170，AEC，华盛顿特区，1954 年 11 月，第 222 页）。

　　1980 年，美国国家安全委员会（NSC）编写了一份与实验室排风柜相关的出版物，它对各种类型的排风柜进行了区分。NSC 将"Fume cupboard"定义为"带有顶盖和开放式前部的排风罩"（图 1-26），这是一种相当原始的排风柜，被警告不适合使用有毒或放射性化学物质；将"Fume hood"定义为基本型排风柜（图 1-27），它配备了一个可以滑动的垂直推拉窗，一个开槽的后挡板用于产生均匀的面速度，以及防止液体溢出的工作表面。

　　ACGIH（American Conference Of Governmental Industrial Hygienists）工业通风手册的早期版本中显示，采用与垂直推拉窗位置相关的机械阻尼器来调节面风速。图 1-28 显示了三个此类设备，这些设备用于处理放射性物质。这类顶盖设计的起源尚未确定，它们可能是在洛斯阿拉莫斯国家实验室（LANL）开发的，因为 LANL 正在处理大量有毒、细碎的铍粉末，这些粉末需要防止被高速气流吹散，几十年来 LANL 一直是实验室排风柜开发的活跃中心。

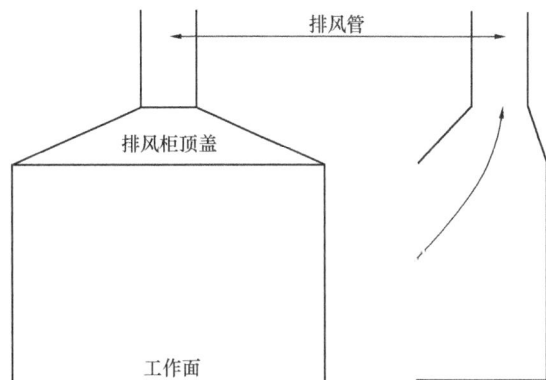

图 1-26　原始排风柜结构形式

　　后挡板槽不足以确保均匀的面风速，同时也为了消除开口边缘处的湍流效应，改善排风柜入口的空气动力学性能，补风型排风柜被开发出来。这从 NSC 的同一出版物可以看出（图 1-29），喇叭状进风口抑制了开口边缘的湍流效应，提高了面风速，控制住工作区域中空气的逆向流动，顶盖还配备了一个旁路，在窗扇上下移动时保持均匀的面风速。这种补风型的排风柜在当时及以后的很多年都被认为是一种先进的排风柜结构形式。

　　在排风柜的研究和开发方面，美国的很多研究机构做出了重要贡献，尤其是美国的国家实验室，这些实验室往往站在科研的最前端，对需求的了解也最为深刻。1943 年，艾姆斯实验室（后并入

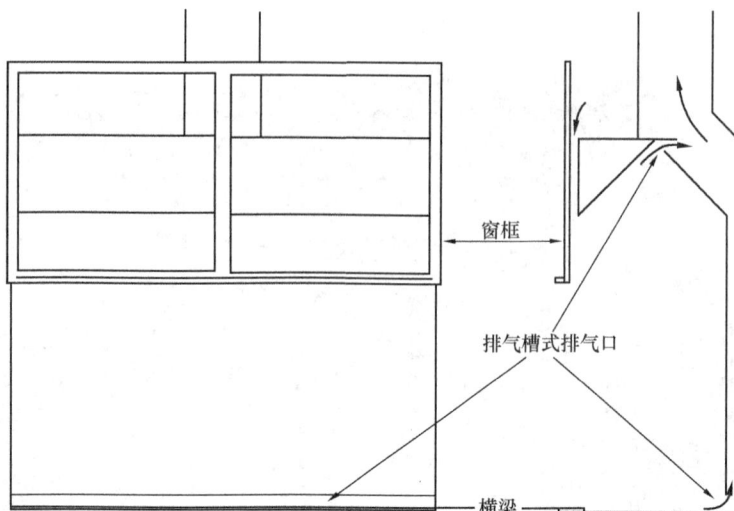

图 1-27 基本型排风柜结构形式

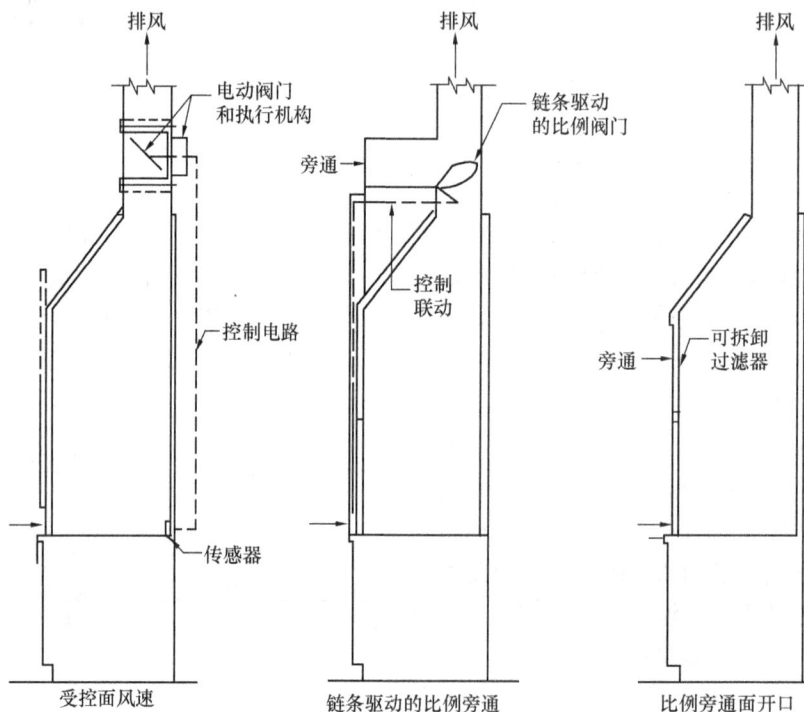

图 1-28 适用于放射性物质的排风柜结构形式

NASA，成为其下属的研究机构）的科学家提出了恒定面风速，可变流量排风柜控制的概念，这些概念最终成为化学实验室中许多排风柜的标准功能，尤其是在排风柜内的控制上起到至关重要的作用。1945—1950 年期间，洛斯阿拉莫斯国家实验室（LANL）的科学家开发了很多新型排风柜，以适应该实验室的实验研究需要，对当时排风柜的发展起了极大的促进作用。20 世纪 50 年代初期，在美国橡树岭国家实验室（ORNL）的工程师建议用水平滑动窗扇代替垂直上升窗扇，以减少能源消耗，他们还使用机械阻尼器来消除外部和内部压力之间的不平衡；20 世纪 70 年代开始，美国劳伦斯伯克利国家实验室（LBNL）开始尝试发展补风型的排风柜，目的是为了节约能源，以应对当时的能源危机；1995—2001 年期间，该实验室由 Dale.Sartor 任首席研究员，Geoffrey.Bell 任项目负责人的"伯克利排风柜"项目投入开发，该项目主要围绕"高性能实验室排风柜开发和商业化"进行工作。

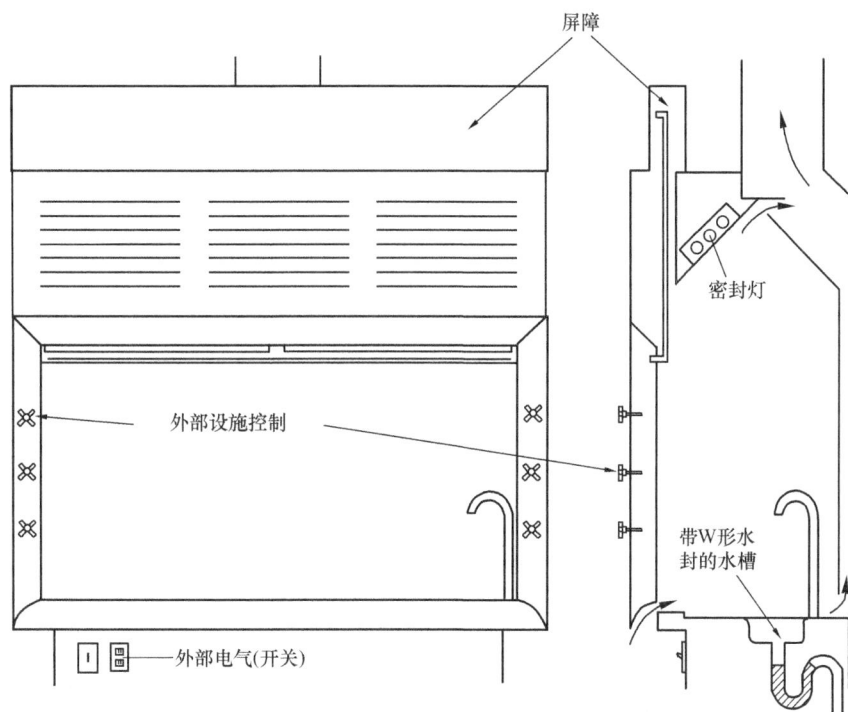

图 1-29　补风型排风柜结构形式

3. 化学实验室通风标准及规范发展

1985 年，美国 ASHRAE 推出排风柜性能测试标准 ASHRAE 110-1985，排风柜发展逐渐进入规范化的发展时期。1992 年，美国引入了 ANSI／AIHA Z9.5 作为实验室通风的国家标准，1995 年推出了改进版的 ASHRAE 110-1995，相对于 ASHRAE 110-1985，ASHRAE 110-1995 完善度大大提高，在业内被广泛接受。ASHRAE 110 目前已经更新到 2016 版，在数据收集和测试流程上做了更新，此版本最大的更新是减少了 SF6 的使用总量。

1990 年，英国发布了排风柜标准 BS 7258，在英国标准基础上，结合德国标准和法国标准发展出欧盟标准 EN 14175，并被大部分欧洲国家和世界其他地区接受。EN14175 由 7 个部分组成，分别为：第一部分：术语；第二部分：安全性和性能要求；第三部分：型式试验方法；第四部分：现场试验方法；第五部分：安装和维护建议；第六部分：变风量排风柜；第七部分：用于高热和酸性载荷排风柜。2019 年，EN 14175 推出了 2019 版，在数据收集和计算方式上做了修改，评价标准更科学合理。

我国现行标准《排风柜》JB/T 6412—1999 由同济大学李强民教授等在《排风柜型式基本参数和尺寸》ZBJ 72049—90、《排风柜　试验方法》JB/T 5150—91 和《排风柜　技术条件》JB/T 6412—92 等标准基础上修订而来，已实施 22 年之久，亟需对该标准进行修订，以满足行业快速发展的需要。

1.2.6　西方化学实验室发展历程小结

西方化学实验室发展历程如表 1-3 所示。

西方化学实验室发展历程　　　　　　　　　　　　　　表 1-3

时间	发展阶段	主要特征	核心配置
1500—1660 年	雏形阶段	化学还不是一门独立的学科，它更多是炼金术的部分内容；加热是炼金术和早期化学的核心操作，用于分解材料、蒸馏液体和加速反应；实验室主要利用壁炉的热效应进行通风	熔炉（加热炉）

时间	发展阶段	主要特征	核心配置
1660—1825 年	探索阶段	化学成为一门独立学科，研究内容发生重大转向，私人实验室是主要的社会组织方式，工作台是实验室的核心配置，通风方式主要采用了金属或砖排风管来专门去除实验室内的有毒烟雾	
1825—1910 年	多元发展阶段	实验室成为具有传承性的社会组织，实验室建设可以在前人的基础上不断迭代、发展，实验室也成为专门培养训练化学人才的场所；发展出实验室建设的"标准模式"，工作台仍然是该阶段的核心配置；探索了多种热力通风的方式和手段，实验室以高大空间为主；形成了大学/工业/国家实验室多种社会组织方式	工作台
1910—1980 年	稳定发展阶段	电力和风机的引入改变了实验室建设方式，机械通风逐渐成为主流，学科发展促成排风柜飞速发展，排风柜逐渐成为实验室的核心配置，建筑空间上发展出"服务空间"和"被服务空间"，实验室的空间利用率得到极大提高；重大仪器设备的使用推动了实验室工艺变化	排风柜
1980 年至今	成熟阶段	安全、环保、节能、绿色、智能化	

1.3　国内化学实验室的发展历程

1.3.1　中国古代化学实践

中国是世界文明古国，中国各族人民自古以来就在辽阔的土地上各地从事着辛勤的劳动，与大自然进行过长期的斗争。在化学实践领域，中国古代劳动人民取得了惊人的成就，其中火药、陶瓷、造纸术、金属的冶炼和炼丹术等令世人瞩目。正如著名英国科学史家李约瑟博士所指出的，在西方近代科学诞生以前，中国曾长期在许多科技领域内居于世界先进水平。

1.3.1.1　中国古代化学实践成就

新石器时期，我国古代劳动人民就掌握了原始的制陶技术，制瓷技术也可以追溯到 3000 年前的商代。瓷器是用含有高岭土、长石、石英等成分的瓷土为原料制坯，表面涂釉，经 1200℃ 以上的高温焙烧而成。唐代烧制的青瓷胎质细薄，釉色晶莹，工艺精湛程度已接近现代细瓷标准。明代烧制的白瓷含氧化铝和二氧化硅的成分很高，使得其釉色洁白如乳。清代创造的粉彩和珐琅彩，分别是用掺有铅粉的色彩和珐琅彩在瓷器上作画，使得瓷器色彩协调，瑰丽精美，享誉中外。

火药是我国的一项伟大发明，至今有一千多年的历史。人们在长期的生产实践中，对木炭、硝石和硫磺的性质有所认识。早在商周时期，人们就感到木炭比木柴更容易燃烧，在冶金生产中，木炭的优越性更明显。发现硫的性质活泼，着火后容易飞升，难以控制；硝的化学性质更为活泼，将硝撒在木炭上，就会产生火焰，并能和许多物质发生作用。南北朝的炼丹家陶弘景总结了识别硝石的方法，即"以火烧之，紫青烟起，云是硝石也"。人们对炭、硫、硝的性质有了一定的认识，这就为火药的发明创造了条件。到了唐代，人们在"硫磺伏火"的多次实验中，认识到点燃硝石、硫磺和木炭的混合物，会出现非常剧烈的燃烧。这些现象使人们获得了一个重要的认识：硫、硝、炭三种物质按一定比例的混合物具有燃烧、爆炸的性质，即"火药"。从此，火药被我国古代劳动人民所发明。火药的出现，推动火药武器的研制，北宋时期曾公亮等编写的《武经总要》里，描述了多种火药武器，记载了当时不同的火药配方。配方中按其使用要求，调整了不同成分的比例，使其分别具有燃烧、爆炸、放毒和制造烟雾功能。

造纸术也是我国古代的四大发明之一，始于汉代。最初人们是用蚕丝造纸，东汉时期的蔡伦则用树皮、破布、麻头、旧的渔网为原料造纸。其工艺过程为：首先将原料清洗、切碎、浸泡后，加入草木灰水进行蒸煮，脱去木素、果胶、色素和油脂等，再用清水漂洗，入臼捣碎，放入水中制成悬浮的浆液，最后用多孔致密的纸模捞取纸浆，沥水后形成一薄层纸料，将其取下干燥砑光即成纸。这种造纸的工艺，已有两千多年的历史，至今纸业仍然基本沿用这个程序。

早在夏代我国就进入了青铜器时代，到了商周时期，能够冶炼出数量众多、工艺精湛的青铜器，战国时期就能调配制成铜锡合金，创造了我国古代灿烂的青铜文化。我国也是掌握冶炼铅技术最早的国家之一。铅的熔点低，冶炼方法简单，考古发现，西周时期的一件铅戈的含铅量达到了 97.5%，说明当时冶铅技术有了一定水平。代表一个国家冶炼技术的标志应该主要表现为炼铁和炼钢。我国铁的冶炼不迟于春秋中期，从江苏六合程桥出土的一件铁条和长沙杨家山的一座春秋晚期墓葬出土的一把钢剑都说明了我国的冶铁技术在春秋晚期已经相当成熟了。到了秦朝，冶铁工业相当昌盛。西汉时期，炼铁高炉已经开始使用石灰石作为熔剂，同时发明了坩埚炼钢，一次可炼 1t 左右。在汉代刘胜墓发现的一些钢制兵器，钢质已接近现代优质钢。西汉晚期发明了"炒钢"，即从生铁含量较高的炭被氧化而逐渐除去，最初产品就是钢；如果脱炭继续进行，最后得到的产品是熟铁。在河南方城县汉代冶铁遗址可以找到那时的炒钢炉。特别值得一提是在河南渑池出土的汉代铁斧，其中的炭具有球状石墨结构，球化率相当于现代铸铁的一级标准。

我国最早的医药经典《黄帝内经》已载有方剂、丸、散、膏、丹及药材加工法。西汉的《淮南子》中记载"神农尝百草、一日而遇七十毒"。战国时代的《山海经》中记载动物、植物、矿物性药物达 120 多种，指出了这些药物的疗效。明朝时期《本草纲目》总结前人成果，收集了 1892 种药材和近 40 种剂型。当今已有 5000 多种中药，其中 98% 为有机药物，无机药物约占 2%。中药成分及其作用机理复杂，是我国重要的物质文化遗产，至今在继续发展并发挥重要作用。

中国古代化学是中华文明史上的重要组成部分，为世界科学的发展起到了奠基作用。

1.3.1.2　炼丹术及其对化学实验室的探索

与欧洲炼金术相对应，中国古代发明了炼丹术。炼丹术最早可以追溯到战国时期，秦汉时期逐渐盛行，到了唐朝达到顶峰，宋元时期开始走下坡路，明朝时期炼丹术已经名存实亡。

从现代科学角度来看这些古代的炼丹术群体实际上是在进行着一种化学活动。虽然最终炼丹术群体并没有研制出仙丹灵药，但是在炼制丹药的过程中，炼丹家们所研制的炼丹仪器从其精密程度和实用性、功能性等相对现代的化学仪器也是毫不逊色的。在炼制丹药的过程当中，炼丹家们探索自然，发现自然界中存在金、银、玉石等性质稳定的矿石，于是炼丹家们想要模拟出与自然界相似的环境，同时通过温度、压力，甚至是炼丹场所的位置和构造的不断变化来加快整个模拟过程，从而炼制出丹药。整个模拟过程就是炼制丹药的过程，而从现代化学研究角度来看待炼丹术这一行为其实也是一种化学实验过程，因此在整个化学实验过程中炼丹术群体发明了许多实验仪器和实验设备。

事实上，中国的炼丹术和欧洲的炼金术在发展初期具有极大相似，主要体现在以下几点：

1. 两者都有相应的基础理论进行指导。欧洲炼金术的理论基础是亚里士多德"四元素说"，中国炼丹术的理论基础是"阴阳五行"，这两种基础理论都是实践过程中产生的自觉行为，本质上差异不大，"阴阳五行"学说相对于"四元素说"更为复杂。

2. 两者的理论都具有类比性和想象性。中国的炼丹术看到不宜存放的五谷杂粮能够使人生命延续，联想类比丹药能使人延年益寿；欧洲炼金术在金属矿物质里提炼出金属，联想类比金属具有自我完善的变化能力，人可以加速这一活动。

3. 两者都观察到物质的变化性，思维方式都具有直观性。炼金术士观察到不同物质颜色推定颜色是物质本质的属性；炼丹术士观察到金石的恒久性以推及人类自身。

4. 两者都希望借助人力来实现超高目标，都是希望通过人的智慧和劳动生产出自然界稀缺的物质，中间过程亦都包含神秘主义。

中国古代炼丹家主张"著在实验",建构起一套"择友—择地—筑炉—火候—开炉"的完整、规范的实验活动程序。这种实验活动模式,虽然还夹杂着古代道教的神学仪式内容,但其同时也发挥了一种"理论"或"实践"范式的作用,客观上对炼丹实验活动的形成具有架构性的功能。

1.3.2 近代化学在中国的传播和化学实验室建设

炼丹术在明朝逐渐式微,现代化学作为一门学科并没有在中国产生。清朝后期,现代化学知识主要通过三条途径由西方传入中国:传教士、京师同文馆和江南兵工厂。

图 1-30 徐寿,中国近代化学的启蒙者

1862 年,清政府创办了京师同文馆,这是最先开办化学教育的官办学校。京师同文馆是清末最早设立的"洋务学堂",是清政府通过同文馆的翻译、印刷出版活动了解西方世界的窗口。1871 年京师同文馆开设化学课,1872 年进一步规定在 8 年制学程的第 7 年、5 年制学程的第 3 年开设化学课,并在 1876 年创建化学实验室,进行实验教学演示,这是中国第一个化学教学演示实验室。京师同文馆是清政府官方主办的第一所外语专门学校,被视为中国近代新式学校的发端,也是中国最早采用班级授课制的学校。

1876 年,由中外士绅集资创办,徐寿(图 1-30)与英国传教士傅兰雅(John Fryer)等主办的民办书院——上海格致书院成立,这是中国第一所技术学校(图 1-31)。书院开课之初便设有化学课程,使用的教材是徐寿与傅兰雅翻译的《化学鉴原》,它是晚清时期最早的化学教科书,该书阐述了 64 种化学元素以及性质和用途等;介绍了化学的基本定律,如定比定律、倍比定律和道尔顿原子论等,这些内容均为当时西方化学的最新成就。课堂演示化学实验,教学效果较好。

图 1-31 上海格致书院——中国近代第一所技术学校

在救亡图存、兴邦自强的思潮下,清政府派数批留学生至西方各国学习先进的军事科技。如 1872—1875 年共派出 120 名幼童赴美留学,虽因顽固派阻挠而提前回国,但也受到了西方教育的洗礼。同时期,福州船政学堂、北洋水师学堂也派遣部分留学生赴英、法、德等国学习驾驶、枪炮等技术。虽然派遣的留学生中以化学为专业者不多,也未受到系统的化学教育,但这些留学生是我国近代第一批科技人才,他们将西方先进的化学知识引进到中国,推动了中国近代化学学科的发展。这个时期,中国化学学科处于萌芽状态,发展非常缓慢,化学实验以演示为主,实验室建设处于起步阶段。

1904 年,清政府颁布新学制后(癸卯学制),化学教育才被纳入国家教育体系,直到中华民国国民政府时期,除一些教会大学在进行有限的化学研究外,中国人自己创办的大学大都没有进行化学研究。至于专门的职业化化学研究机构,则主要有北京协和医学院和黄海化学工业研究社两处。

　　1917 年，北京协和医学院在洛克菲勒基金会资助下成立，该院的目标是建立一个与欧洲、美洲同样标准的医学院，具有优秀的教师队伍，装备优良的实验室，高水平的教学医院和护士学校。北京协和医学院最终实施是由美国建筑师 Charles A . Coolidge 规划，加拿大建筑师 Harry H. Hussey 设计，按照中国传统建筑形式并赋予现代建筑功能建造的建筑群（图 1-32）。

图 1-32　北京协和医学院

　　黄海化学工业研究社成立于 1922 年，是我国历史上第一家私人化学研究机构。黄海化学工业研究社前身为久大塘沽盐场的化验室，创办人范旭东（图 1-33）对化验室进行扩建改造，成为一座新型的化学工业研究室，可供 100 人研究使用。研究社聘任孙学悟（图 1-34）为社长，孙学悟毕业于美国哈佛大学，获博士学位。从实验室外观和内部结构（图 1-35、图 1-36）可以看出，实验室虽然较小，但工作台较为标准，旁边有药品柜，拐角处有排风柜，这些重要设施在该实验室里都有，这与孙学悟早年留学经历有很大关系。

图 1-33　范旭东

图 1-34　孙学悟

图 1-35　实验室外观

图 1-36　实验室内部

1.3.3 化学学科建制化发展和大学化学实验室建设

1927 年以后，国家的相对统一使政府能够顾及科学事业的发展。随着政府对科学事业的重视和大力资助，现代化学在中国的建制化也迅速展开，至 1937 年抗战爆发，已取得长足的进步。从整体情况看，1927—1937 年是现代化学在中国建制化发展较为重要的十年，这十年的发展为其后中国化学的发展奠定了基础。

1927—1937 年现代化学在中国的建制化历程中，高等化学教育取得了显著成绩，推动化学研究工作迅速兴起，并促成中国现代化学共同体从形成到发展壮大。现代化学在中国的建制化从 1927 年前的萌芽阶段或幼稚阶段进入基本成熟的阶段。从建制化的特点看，这一时期现代化学在中国的建制化进程是一种自上而下的进程，即在官方的支持下将西方已经建制化的、成熟的学科制度移植到中国，这点在化学实验室建设中也得到体现。特别是 1932 年中国化学会成立以后，化学学科在中国得到了明显的发展。

图 1-37　金陵女子大学 200 号楼（科学馆）

金陵女子大学是教会背景大学，1913 年在南京创立，1923 年 7 月迁至随园永久校址，校园由中国古典宫殿式建筑群组成，聘请耶鲁大学毕业的美国建筑师亨利·墨菲设计，中国建筑师吕彦直作为助手参与设计（吕彦直曾经在美国康奈尔大学留学）。

金陵女子大学 200 号楼是科学馆（图 1-37），该馆建筑平面呈倒"上"形，高 2 层，内廊式布局。在一层平面内布置有生物实验室 1 间、标本存贮室 1 间、物理实验室 1 间、化学实验室 2 间、化学制剂室 1 间、光学实验室 1 间、实验教师室 1 间、办公室 1 间，并配置有教室和演讲大厅各 1 间。二层设置普通化学实验室 1 间，配套化学准备室、指导教师室，盥洗室；物理实验室 1 间，配套有仪器室和暗室；设有机化学实验室、工业化学实验室各 1 间，两者合用贮藏室；设实验示范教室、普通教室和小型图书室各 1 间。

金陵女子大学的化学实验室按实验要求进行建筑设计，基础课教学用的实验室主要为台式，实验过程一般在实验台上进行，建筑空间及管网配置主要由实验台的布置及活动要求而定（图 1-38）。根据供水、排水设施特点，分为湿式及干式两种，化学实验室以湿式为主。实验室内部空间取决于实验活动过程的特点和特殊要求，根据实验要求进行布置。

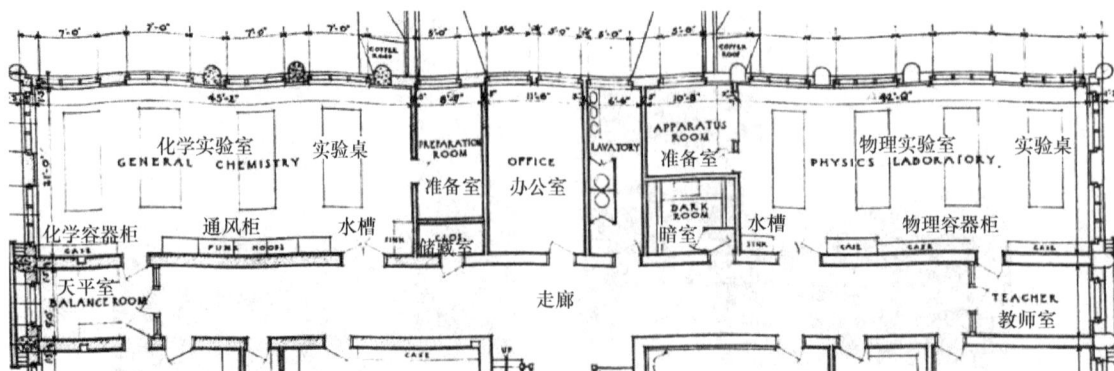

图 1-38　金陵女子大学科学馆（200 号楼）内部的化学实验室与物理实验室平面图

（1）教师办公室、实验准备室：在实验开始之前，由教师讲解和学生进行实验准备。

（2）工作台：为实验室的主要设施，在室内中央设置4组工作台，方便师生进行实验工作。

（3）水槽：化学实验过程需要用水，在南侧墙角设有一处水槽。

（4）排风柜：因化学实验会产生有毒或刺激性气体，在南侧墙面设有一排排风柜。

（5）化学药品贮藏室、化学容器贮藏柜。

（6）天平室：实验用的化学药品需要通过天平量取，与化学容器柜就近设置。

从实验室布局、功能、设备来看，和当时西方国家主流化学实验室接近。

到清王朝灭亡时止，中国人创办的近代大学只有4所，分别为北洋西学学堂（国立北洋大学前身）、京师大学堂（北京大学前身）、山西大学堂（山西大学前身）和南洋公学上院（交通大学前身）。然而，至1937年抗战爆发时，我国高等化学教育的建制化发展及学术研究的进步，可以说超过新教育制度建立以来的任何时期。表1-4是20世纪30年代中国主要高校开设化学系情况。

20世纪30年代中国主要高校开设化学系 表1-4

	公立大学	私立大学
国立大学	山东大学、中山大学、中央大学、四川大学、北平师范大学、北京大学、交通大学、同济大学、武汉大学、浙江大学、清华大学、暨南大学	大同大学、大夏大学、中法大学、光华大学、东吴大学、武昌中华大学、武昌华中大学、金陵大学、南开大学、厦门大学、辅仁大学、复旦大学、震旦大学、沪江大学、岭南大学、齐鲁大学、燕京大学、之江文理学院、金陵女子大学、南通学院
省立大学	安徽大学、东北大学、河南大学、湖南大学、北洋工学院、山西大学、吉林大学、东北交通大学	

中华民国国民政府时期的中央大学在化学学科建设和实验室建设方面是当时中国众多高校的典型代表。该大学地处当时的国家政治中心南京，1927—1937年，该大学化学系在政府的资助下建立了一种较为完善的建制，逐渐发展成中国南方的化学中心，与北方的清华大学化学系和北京大学化学系遥相呼应。图1-39和表1-5分别为当时中央大学化学实验室和设施情况。

(a)   (b)   (c)   (d)

图1-39 民国时期中央大学化学实验室

1937 年中央大学化学系主要实验设施状况 表 1-5

名称	间数	可供实验人数	主要设备说明
理论化学实验室	4	20	真空抽气机，偏光计，折光计，吸收光波检定器，比色计等
分析化学实验室	5	40	天平，砝码，白金器及电解分析、微量分析等仪器
有机化学实验室	3	40	天平，抽气机，电炉等
无机化学实验室	3	250	天平，分析天平，示教仪器等
煤气厂			供各院系实验室用

1.3.4 新中国成立后中国化学实验室建设

新中国成立后，我国化学实验室的建设发展大致分为三个阶段：起步阶段、发展阶段和提高阶段。

1.3.4.1 起步阶段（1949—1978 年）

1949 年，新成立的中国科学院的 21 个研究所中，从事化学研究的主要有物理化学研究所和有机化学研究所。至 1956 年，中国科学院化学类研究所已有 4 个，分别是上海有机所、大连化物所、长春应化所、（北京）化学所，和当时的中国医学科学院、高等院校共同组成了中国化学研究的主要力量。以有机化学、药物化学、物理化学、分析化学、生物化学、无机化学研究为主，推动了中国现代化学迅速发展。

图 1-40 1955 年秋落成的中科院化学所实验大楼

1955 年 8 月，中国科学院化学研究所化学实验大楼完工（图 1-40），该楼建筑面积 7959m²，地上 5 层，砖混结构，是新中国成立后具有代表性的化学实验楼。规划了无机化学、有机化学、分析化学、物理化学、高分子化学等化学实验室。平面功能上由办公室、准备间、实验室为组团，形成多个研究单元，设置少量的仪器室和药品室。办公室面积约 25m²，独立设置。准备间面积 25m²，实验室面积有 25m² 和 50m² 两种，准备间和实验室设连通门。每间实验室内布置 1～2 处给水排水点，独立配电箱，对于有机化学等污染较重的实验室建设了独立的排风系统和简易的排风柜，实验台以木质为主。实验室采用标准的模块式方式进行布局，为后续实验室设计标准化、模块化奠定了基础。

1956 年，国务院着手编制中国第一个科学技术发展规划《1956 年至 1967 年科学技术发展远景规划》，对我国化学的发展起了极大的推动作用。以基础研究与国家急需的重大应用任务相结合，在广州、成都、兰州、新疆、青海、北京、上海、山西、福建成立了多个化学研究机构。这时期，高分子学科建设被提上了日程，1958 年，中国科学技术大学在国内率先建立了高分子科学系，1960 年，中国科学院化学研究所组建了第一个高分子物理研究室。同时，长春应用化学研究所以合成橡胶为目标开展研究。

20 世纪六七十年代，化学实验室的实验台仍是以木质为主，台面做了防腐蚀处理，实验室可做的实验种类也多了起来。随着实验仪器和试剂种类的增多，试剂架开始普遍出现在实验台上，实验室设备也逐步丰富（图 1-41）。这一阶段受建筑材料及建设技术制约，化学实验室的建筑结构主要以单层、多层砖混结构为主。

图 1-41　20 世纪 70 年代某化学实验室

在此时期，国内的化学实验室基本为大楼内局部设置化学实验室的方式，大规模的实验楼建设处于起步阶段，机电支撑系统也无标准化、智能化的做法，各专业做法大致可分为：①电气专业：多个房间设置一个配电箱，所有电线及管道通过预埋在楼板及地面面层中间敷设至用电点位。②给水排水专业：基本通过埋地方式敷设。③通风系统：仅个别简易通风橱设置排风，排风基本为直接排放至大气中的方式。④建筑及装饰专业：实验室采用的维护材料相对粗放，无特异性，未考虑密闭性、洁净等要求。⑤实验室家具：早期，较多实验室实验台采用砌筑水泥台的方式，然后逐渐被木质家具所代替。

在起步阶段，实验室的设计及建设尚无规范或标准可参照，也没有相应专业厂家，较多情况为科研一线人员参与设计及建设管理。

1.3.4.2　发展阶段（1978—2000 年）

1978 年全国科学大会的召开，成为"科学的春天"到来的标志，1983 年国家编制了《1986 年至 2000 年中国科学技术发展长远规划》，对化学科学有了新的部署，金属有机化学、物理有机化学、静态与动态结构化学、分子反应动力学、表面化学、光化学、高分子化学与物理、无机固体化学等方向获得长足发展。

经过 20 世纪 70 年代末到 90 年代初的调整与发展，化学学科已比较完善，我国高校共有 250 多个化学院系，各类化学研究机构近千个。其中二级学科有物理化学、无机化学、有机化学、高分子化学、分析化学、化学工程学、环境化学，此外还有生物化学、感光化学、冶金化学、农业化学等。按照国家自然科学基金委员会课题申请的专业统计，三级基础学科有 60 多个。

1984 年，为支持基础研究和应用基础研究，原国家计委组织实施了国家重点实验室建设计划，主要任务是在中国科学院、教育部等部门的有关研究所和大学中，建设一批国家重点实验室。随着国家重点实验室的落地，迎来了化学实验室建设的新时期。

这一时期的化学实验室在建筑结构上普遍采用了钢筋混凝土框架，楼板承重和跨度有了进一步提升，实验室空间布置因此也可以做到更加灵活。随着电脑和一些先进的科学仪器装备进入实验室，化学实验室平面功能布局相对更加完善，普遍配备了大型仪器室、学术交流室、钢瓶间、备件间等，普通的仪器室、药品间配置比例有了明显提高。化学实验室机电系统相对起步阶段更加完善，开始考虑使用安全性、灵活性、人性化等措施。各专业的设计及建设做法大致可分为：①电气专业及给水排水专业设置优化内容较少。②通风及空调专业：对于有排风需求的通风柜及排气罩等开始进行系统性设计，相对于分散式排风进行了优化，新风系统逐步开始设置，初步有了压差控制、气流组织等理念，但系统性的联动控制、变频控制等尚无应用。与此同时，对于温度有要求的实验室开始设置分体空调和中央空调。③装饰装修专业：随着科技进步，应用材料逐步多元化，如地面做法已有环氧树脂自流平、环氧彩砂、PVC、水磨石、地砖等多种材料可供选择使用，满足使用功能的同时开始考虑科研人员在材料应用及色彩搭配等方面的心理感受。④工艺专业（气体）：随着钢制材料生产能力的提升及使用需求规模日益庞大，不锈钢小口径管道逐步铺设到化学实验室中。

在安全性方面，国家对消防安全的规范化，建筑消防设施可以按照规范标准进行配置。人性化、安全性等意识受到更多的关注，紧急喷淋器、洗眼器已成为化学实验室的标准配置，样品、试剂、废液等危化品的使用管理、存放等相对进行了规范化处理（图 1-42）。

20 世纪 90 年代初，随着进口实验家具的引入和国产实验家具的大规模兴起，实验室内的家具配置有了显著提升，成品排风试剂柜、排风柜、化学边台、仪器台、水盆柜成为标配。给水排水管线、电气管线及配套插座、气体管路等逐步在实验家具上集成安装，为相关实验提供了安全、便捷的实验条件。与此同时，木质家具普遍更新为钢木或全钢家具，产品的使用可靠性得到大幅度提升，钢制家具形式更加多样化，具有落地式、框架式、C 形框架式等多种样式可供选择。

图 1-42　北京某研究所化学实验室内部

国家层面陆续推行部分设计标准，如《建筑设计防火规范》GBJ 16—87、《科学实验建筑设计标准》JGJ 91—93 等，同时，相关配套机电专业也具备了设计规范或措施标准。自此，化学实验室的设计及建设有了基本的设计依据，但相对化学实验室庞大的细节要素而言，较多内容仍无规范可循。

1.3.4.3　提高阶段（2000 年至今）

21 世纪伊始，我国面临的挑战有人口、健康、环境、能源、资源与可持续发展等，为经济发展和民族振兴，国家在基础性、战略性、前瞻性等科学研究领域做了新的部署。

1995 年 11 月，经国务院批准，原国家计委、原国家教委和财政部联合下发了《"211 工程"总体建设规划》，面向 21 世纪，重点建设 100 所左右的高等学校和一批重点学科；1998 年，党中央、国务院作出建设国家创新体系的重大决策，决定由中国科学院开展知识创新工程试点；1999 年，国务院批转教育部《面向 21 世纪教育振兴行动计划》，"985 工程"正式启动建设。

化学在新的起点上迎接生命科学、高新技术和国家发展提出的种种挑战，在我国成为一门中心学科已是不争的事实。若干化学基本问题的解决，使化学学科自身在不同层次上得到了丰富发展，如反应过程与控制、合成化学、绿色化学、纳米化学、化学与生物、化学与材料的交叉等领域研究。化学实验室迎来了新的建设高峰，逐步向多学科可交叉平台发展，更为综合。由实验为主的单一模式变为由基础实验、综合实验、创新设计实验等多种模式一条龙的实验体系，并使实验室由封闭逐渐走向开放。

化学实验室出现高层建筑，各系统日趋完善，供电、给水、排水、通信、网络、采暖、通风、空气净化、安全消防、环境保护等逐渐形成标准化、系统化、模块化。实验室内功能设置体现集约、集成、共享的先进建设理念，布局更加合理，充分考虑操作安全、方便，并能避免污染，在能够满足工作需要的同时，进一步保证实验、检验结果不受干扰。如 Dry Lab 与 Wet Lab 分别设置并应各自相对集中，细菌室与其所使用的仪器设备靠近，设置独立的灭菌室、更衣室、储藏室等。化学实验室室内的中小型仪器种类逐步增多，所需安装条件更加多样化。

化学实验室的灵活性、模块化、可持续性等涉及化学实验室布局及相应配套水电暖等方面。具体理念及做法主要概括如下：

1. 功能布局

化学实验室的建设需要满足多种使用情况，应考虑到研发方向的改变、仪器设备的更新、课题组的变换等多种情况，因此需要在布局阶段考虑灵活性、模块化措施，通常在设计阶段尽可能地将相互之间无干扰禁忌的同类型实验室合并，可提高实验台、排风柜等设备的使用率，节约初期投资及运行投资。以北京某研究所实验室为例，可根据需要进行灵活化分隔（图 1-43、图 1-44）。

在以化学实验室为主要功能的实验楼设计过程中，应权衡好建筑适应功能还是功能适应建筑物的关系。随着科技的发展，建筑物建设模数通常为 300mm 的模数，极端情况下可根据需要调整，考虑到停车位数量等问题，逐渐演化成柱网为 8.4m 的框架体系，但在实验室的应用中，考虑到实验台的标准模数及人体工学尺寸、消防疏散尺寸等多种因素，通常面宽方向以 3.3m 为基本模数更有利于化学实验室使用效率的最大化，可根据使用需要、造价性价比等设置 6.6m、9.9m 的柱跨尺寸。

2. 电气专业

实验室内的配电系统充分考虑到实验室未来可拓展性，每间实验室设置独立的总电源开关，回路有漏电保护，对于有持续供电需求的冰箱、生物安全柜等，均通过双电源或 UPS 独立电源线路供给。通过二次配线，电源插座已全面布置在实验家具上，进一步保障用电安全、可靠。管线的布置路由较之前进行了较大程度优化。化学实验室存在清洁等日常行为，以及漏水等极端可能，随着管线老化，存在漏电致命风险。因此，将配电系统路由更改至空间上部，可最优化解决此问题，并利于检修及标准化、模块化的设计（图 1-45）。

3. 给水排水专业

为避免受到污染或者污染周围环境，给水排水系统独立设立，实验区用水与生活区分开设置。成套废水处理系统得到了普遍应用，纯水、冷却循环水实现系统化供应。在化学实验室使用过程中存在高层为用水实验室，低层为大型仪器室等浸水损毁的贵重精密仪器，这种情况下，排水与疏水要求成为矛盾点。基于实际问题，可采用一种"集成柱"的设计方法，具体方案如图 1-46 所示。

4. 暖通专业

自 2000 年以来，通风空调系统的设计建设质量得到很大改善，更多的产品应用到化学实验室的建设中。化学实验室环境气流进行有组织规划是确保实验环境安全的核心内容（图 1-47）。化学实验室的建设中应重点关注通风换气系统的分区设计、实验区内整体的压力梯度设计、房间的压差管理等。通风空调设备是实验室运行中的能耗"大户"，随着近年变频器、变风量阀等的应用，使得通风空调设备能耗大幅降低，在建设期小幅增加初期投资的情况下，大幅减少后期运维成本。

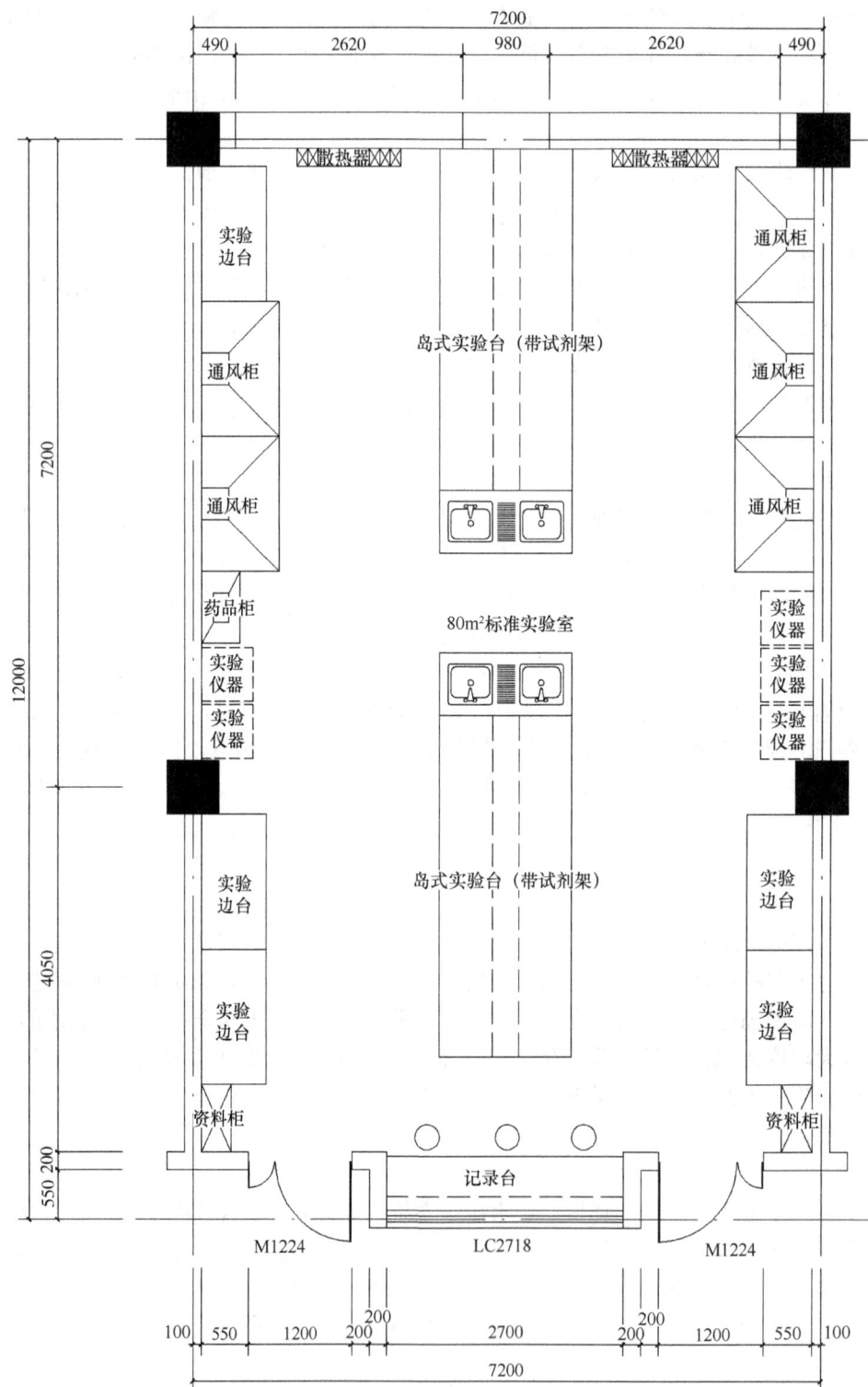

图 1-43　开放、灵活化的实验室

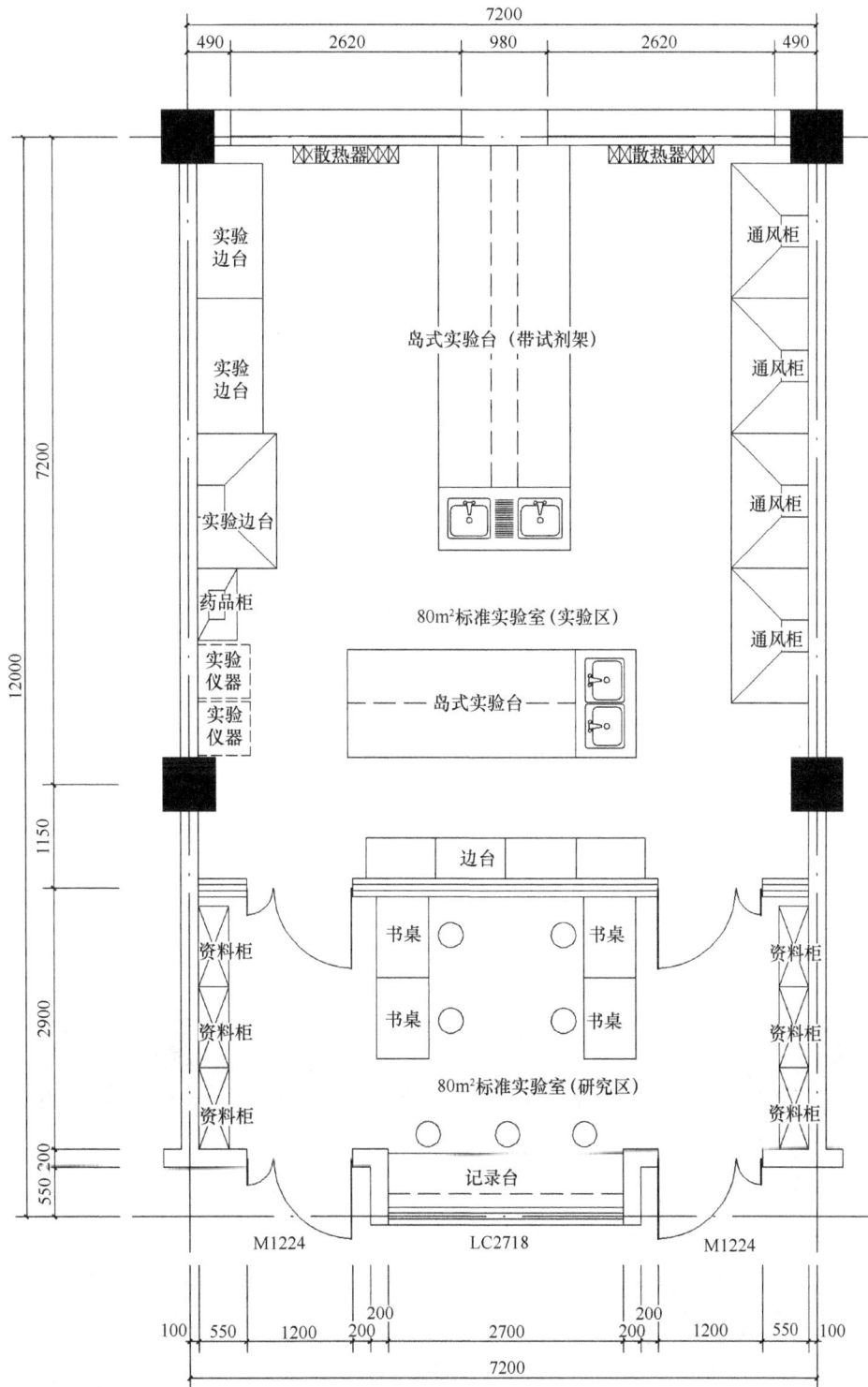

图 1-44 灵活分隔后的实验室

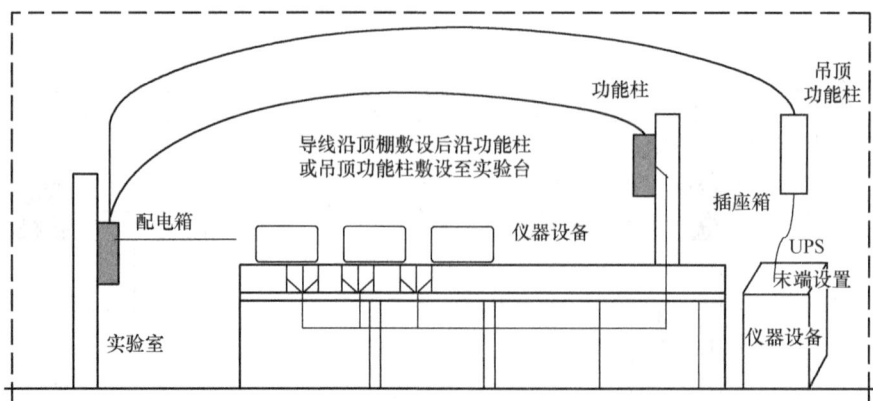

图 1-45 配电系统路由示意图

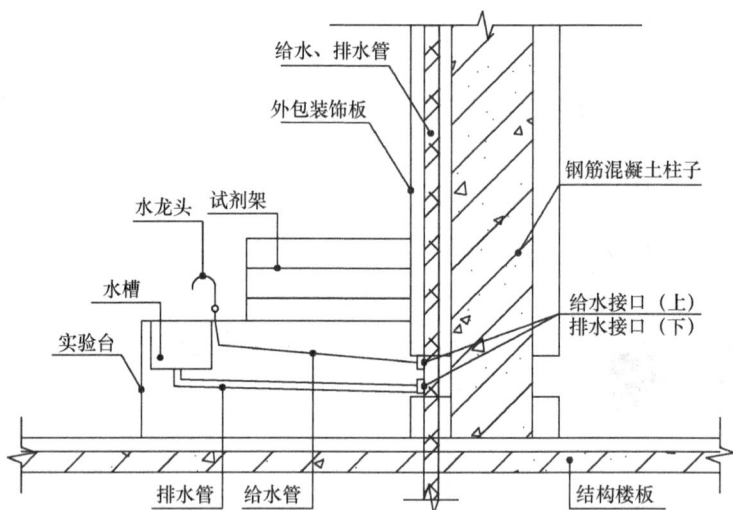

图 1-46 集成柱示意图

图 1-47 国内某能源研究所新风及排风系统

在化学实验室的实际使用过程中，应考虑对化学实验室内的空气进行定期置换，根据实验内容的不同，可考虑 $2\sim12h^{-1}$ 的换气次数，局部有挥发污染的试剂或实验应在排风柜、排风试剂柜、万向排风罩、原子吸收罩等防护下进行。为确保实验室内实验人员的使用安全，并保证气流的有组织运行，实验室应避免开窗，需要配置新风设备供给温度预调节后的新鲜空气，并与排风设备联动控制，确保维持实验室内外压差的同时，提高实验人员使用的舒适性。

5. 工艺专业（气体）

实验室供气系统实现多元化，有气瓶间集中供气系统、气站气源（空压站、氮气站、氢气站等）供气系统、实验室气瓶柜供气系统及附属的供气管道等多种方式（图 1-48）。气瓶属于特种设备，具有较高压力，如果大量气瓶放置在室内就会成为危险源，存在惰性气体泄露、可燃气体爆炸等风险，同时又受限于建筑设计防火规范规定甲乙类物质存量要求，因此在当前阶段，将气瓶间划分为惰性气体气瓶间及可燃气体气瓶间，设置在室外或与室外直接连通处，以规避相关风险。

为保障实际使用安全，对于危险性气体设置气体泄漏报警系统，根据气体探头检测到气体浓度监测报警，同时启动相应的保障措施，如切断供气气源、启动事故排风功能等，使得实验室用气更加安全可靠。针对使用可燃气体的实验室，应采用无吊顶系统。从美观角度考虑，无吊顶实验室对顶部空间管线布置的要求更高，建议在设计及建设期间采用 Revit 进行设计，相关精准度应达到 LOD400 级别。

图 1-48　某研究所大开间化学实验室

随着国内化学实验室规模日益庞大，相关规范也推陈出新，如《科研建筑设计标准》《实验室危险化学品安全管理规范》《化工实验室化验室供暖通风与空气调节设计规范》等。总体而言，针对化学实验室的规范、标准日趋完善。

实验台、边台、器皿柜、药品柜、排风柜由专业的公司制作加工、现场安装，不但符合各种技术指标要求，同时更加规范，使用更安全、便捷。

伴随着智能楼宇控制系统、视频监控系统、门禁系统、计算机网络系统技术逐步成熟，基于实验安全的安防管理水平得到大幅提高。

1.4 化学实验室发展趋势

1.4.1 可持续发展

实验室可持续发展是指在实验室的建设过程中，综合考虑环境、社会和经济等因素，以确保实验室在满足当前需要的同时，不会对未来的需求造成不良影响。可持续发展旨在减少实验室的能源和资源消耗，降低实验室对环境的负面影响，并最大限度提高实验室的效率和生产力。实验室可持续发展包括多个方面，如节能、减少废物和污染物的排放、采用可持续材料等，同时也需要考虑实验室的管理和监测，以确保实验室的可持续性和环境保护。

实验室是一个重要的研究和开发场所，但它们通常需要大量的能源和资源来支持其运行和实验活动。因此，实验室的可持续发展至关重要。实验室需要可持续发展的原因：

（1）节省能源和资源：实验室可以通过使用高效能的设备、减少能源浪费、采用可持续的资源等方法来降低其能源和资源消耗。

（2）降低环境影响：实验室通常会产生大量的废弃物和污染物，因此可持续发展设计可以减少其对环境的负面影响，保护生态系统。

（3）提高研究成果的准确性：可持续发展可以改善实验室环境和研究员的健康状况，从而提高研究成果和数据的准确性。

（4）遵守法规：随着环保法规和标准的不断提高，实验室需要遵守更加严格的规定，进行可持续发展可以帮助实验室满足相关法规要求。

因此，实验室可持续发展不仅有益于环境和社会，还可以提高研究成果的准确性和降低运营成本。

1.4.2 模块化设计

模块化实验室是近年来逐渐发展起来的一种实验室建设方式，随着绿色建筑和可持续发展的理念逐渐被重视，模块化实验室逐渐向环保和可持续方向发展。各种新型环保材料和节能技术的应用使得模块化实验室更加绿色环保。在这个时期，模块化实验室也逐渐被应用于学校、医院、工厂等各个领域。

模块化实验室是一种创新的实验室建设方法，它通过采用模块化构造技术来提高实验室建设的效率和质量，减少实验室建设的成本和时间，并实现更高的质量控制和环保效益。这种方法通过将实验室分为多个相互独立的模块，每个模块都可以单独设计、制造、运输和安装，从而使得实验室的建设过程更加简单、快捷和经济。

模块化实验室的优势在于它可以节省大量的时间和成本。在传统实验室建设中，建筑和设备的设计、制造、安装和调试需要进行大量的人力和物力投入，而模块化实验室则可以大大减少这些工作量。由于模块化实验室的组成部分可以在工厂中预制并测试，所以在现场的安装和调试时间也会大大减少，从而缩短了实验室建设的总时间。另外，模块化实验室可以实现更高的质量控制。每个模块都可以在工厂中进行质量检查，确保其符合标准。此外，由于每个模块都是相互独立的，所以可以更容易地进行后期维护和升级。

随着科技的不断进步和实验室建设的不断发展，模块化实验室也在不断完善和扩展。例如，现在的模块化实验室设计已经可以满足不同类型实验室的需求，如生物实验室、化学实验室和物理实验室等。此外，模块化实验室设计也开始注重绿色环保，采用可持续材料和节能技术，使得实验室建设更加环保和可持续。

模块化实验室越来越受欢迎，它具有以下诸多优点：

（1）提高建设效率：模块化实验室将实验室分为多个相互独立的模块，每个模块都可以单独设计、制造、运输和安装。这种方法可以减少现场施工时间，提高建设效率，缩短实验室建设周期。

（2）降低建设成本：模块化实验室设计的模块化结构可以实现工厂化制造，模块的制造成本可以得到控制，这样可以降低整个实验室的建设成本。同时，模块化实验室设计可以减少现场施工时间和人工成本，进一步降低建设成本。

（3）提高建设质量：模块化实验室的每个模块都可以在工厂中预制和测试，保证了每个模块的质量。这种方法可以减少现场安装和调试的工作量，提高建设质量和安全性。

（4）提高实验室的灵活性和可拓展性：模块化实验室可以根据不同实验室的需求进行模块化组合，实现灵活的空间配置，同时可以根据需要随时增加或减少模块，实现可拓展性。

（5）环保可持续：模块化实验室设计注重绿色环保，采用可持续材料和节能技术，使得实验室建设更加环保和可持续。同时，模块化实验室可以减少建设过程中的废弃物和污染物，减少对环境的影响。

综上所述，模块化实验室具有诸多优势，可以提高建设效率、降低建设成本、提高建设质量、提高实验室的灵活性和可拓展性，以及实现环保可持续等方面的效益，因此越来越受到实验室建设领域的青睐。

1.4.3　智慧实验室

智慧实验室通常是指应用人工智能、物联网、云计算等前沿技术，通过实验室数据的自动采集、传输、存储、处理、分析和应用，实现实验室自动化、数字化、智能化、可持续发展的一种新型实验室。智慧实验室可以实现实验设备、设施、数据等资源的智能化管理，使得实验过程更加智能化、高效化、安全化，同时能够更好地满足科学研究和工业应用的需求。

智慧实验室可以应用于各个领域，如医疗、生命科学、物理、化学、材料、能源等。智慧实验室的应用可以大大提高实验效率和质量，加速科学研究和技术创新的进程。

智慧实验室的特点包括：

（1）自动化：智慧实验室能够自动采集、传输和存储实验室数据，并自动控制实验室设备的运行；

（2）数字化：智慧实验室将实验室数据数字化，使其可以更方便地被传输、存储、处理和分析；

（3）智能化：智慧实验室利用人工智能技术，对实验室数据进行分析和应用，实现实验室自主学习和决策；

（4）可持续发展：智慧实验室通过优化实验室的能源和资源使用，降低对环境的影响，实现实验室的可持续发展。

智慧实验室可以提高实验室的效率、安全性和数据质量，同时也能够降低实验室的运营成本和环境影响，具有广泛的应用前景。

智慧实验室具有以下优点：

（1）提高实验室效率：智慧实验室可以实现实验室自动化的数据采集、传输、存储、处理和分析，减少人工干预，提高实验室效率。

（2）保障实验室安全：智慧实验室可以实现实验室自动化控制和监测，减少人为因素的干扰，提高实验室的安全性。

（3）改善实验室数据质量：智慧实验室可以自动采集、传输、存储和处理实验室数据，减少数据录入和处理中的错误，提高数据质量。

（4）优化实验室资源利用：智慧实验室可以实现实验室设备的自动化控制和调节，优化实验室的能源和资源利用，降低实验室运营成本。

（5）实现实验室数字化转型：智慧实验室将实验室数据数字化，使其可以更方便地传输、存储、处理和分析，实现实验室的数字化转型。

（6）提高实验室可持续发展水平：智慧实验室可以通过优化实验室能源和资源利用，减少能源消耗和废弃物的产生，提高实验室的可持续发展水平。

总之，智慧实验室可以提高实验室的效率、安全性和数据质量，同时也能够降低实验室的运营成本和环境影响，具有广泛的应用前景。

本章参考文献

[1] 林承志. 化学之路—新编化学发展简史[M]. 北京：科学出版社，2011.

[2] 杨勇勤. 文艺复兴时期阿拉伯炼金术对欧洲的影响[D]. 成都：四川大学，2006.

[3] 山岗望. 化学史传—化学史与化学家传[M]. 北京：商务印书馆，1995.

[4] Morris, Peter J. T. The history of chemical laboratories：a thematic approach[J]. ChemTexts, 2021, 7(3)：21-38.

[5] Morris, Peter J. T. The Matter Factory：A History of the Chemistry Laboratory[M]. Reaktion Books Ltd., 2015.

[6] 郭金明. 实验室的演化历史及其对我国组建国家实验室的启示[J]. 自然辩证法研究，2019，35(3)：76-82.

[7] 中华人民共和国住房和城乡建设部. 科研建筑设计标准：JGJ 91—2019[S]. 北京：中国建筑工业出版社，2019.

[8] 王璇. 学派勃兴与学科崛起——李比希学派的变迁及其对吉森大学化学学科的历史贡献[D]. 保定：河北大学，2021.

[9] 张铭. 学者·导师·学派领袖——李比希的学术角色及其理念[D]. 保定：河北大学，2020.

[10] 雷明珠，崔彤. 我国科研建筑研究领域知识图谱可视化分析[J]. 西安建筑科技大学学报（自然科学版），2022，54(1)：60-67.

[11] 二战前后美国大学化学学科的快速崛起及其影响因素探析[D]. 保定：河北大学，2017.

[12] 科学的社会体制化视角下近代德国化学工业发展研究[D]. 南京：南京航空航天大学，2010.

[13] 赵乐静，郭贵春. 美国工业实验室的研究传统及其变迁[J]. 科学学研究，2003，21(1)，25-29.

[14] 李阳. 基于比较视角的中美国家级实验室建设研究[D]. 长春：吉林大学，2021.

[15] 王贻芳，白云翔. 发展国家重大科技基础设施引领国际科技创新[J]. 管理世界，2020(5)，172-189.

[16] 黄振羽，丁云龙. 美国大学与国家实验室关系的演化研究[J]. 科学学研究，2015，33(6)，815-823.

[17] 蔡林波，杨蓉. 中国古代炼丹术的实验程序及知识体系之脉络探析[J]. 广西民族大学学报（自然科学版），2021，27(2)，1-10，30.

[18] 中华人民共和国住房和城乡建设部. 供暖通风与空气调节术语标准：GB/T 50155—2015[S]. 北京：中国建筑工业出版社，2015.

[19] Hao Chang. Getting to the Heart of the Matter：The Changing Concepts and Names of Western Chemical Elements in Late Qing Dynasty China[C]//The 6th International Conference on the History of Chemistry, Neighbours and Territories：The Evolving Identity of Chemistry, Imprimé en Belgique, 2008, 581-596.

[20] W. H. Brock. British School Chemistry Laboratories, 1830-1920[J]. Ambix, 2017, 64(1), 1-23.

[21] Catherine M. Jackson. Chemistry as the defining science：discipline and training in nineteenth-century chemical laboratories[J]. Endeavour, 2011, 35(2-3)：55-62.

[22] Ilinka Sencar-Cupovic. The Foundation of The First Modern Chemical Laboratories in Yugoslav Countries[J]. Ambix, 1990, 37(2)：74-84.

[23] Geoffrey. Bell, Dale. Sartor, Evan. Mills. The Berkeley Hood：Development and commercialization of an innovative high-performance laboratory fume hood. Progress report and research status：1995—2001[R]. Lawrence Berkeley National Laboratory, 2001.

[24] Melvin W. First . Laboratory Chemical Hoods：A Historical Perspective[J]. AIHA Journal, 2003, 64：251-259.

[25] Robert G. W. Anderson. Chemistry laboratories, and how they might be studied[J]. Studies in History and Philosophy of Science, 2013, 44：669-675.

［26］　江家发，丁婉婉. 中国近代化学教育的萌芽——洋务运动时期的化学教育［J］. 化学教育，2019，40（23）：92-96.

［27］　徐振亚. 徐寿父子对中国近代化学的贡献［J］. 大学化学，2000，15(1)：58-62.

［28］　霍益萍. 上海格致书院评述［J］. 华东师范大学学报（教育科学版），1984，2(4)：57-62.

［29］　尚智丛. 1886—1894 年间近代科学在晚清知识分子中的影响——上海格致书院格致类课艺分析［J］. 清史研究，2001，(3)：72-82.

［30］　兰栋琪. 中国科学社与近代中国化学的发展［D］. 太原：山西大学，2020.

［31］　袁振东. 现代化学在中国的建制化，1927—1937［D］. 北京：中国科学院研究生院，2006.

［32］　王荷池. 南京近代教育建筑研究(1840—1949)［D］. 江苏：东南大学，2018.

［33］　胡端. 民国前中期交通大学实验室建设概述(1921～1937)［J］. 实验室研究与探索，2017，36(2)：256-258.

［34］　徐振亚. 京师同文馆中的化学教育［J］. 中国科技史料，1987，8(5)：28-36.

［35］　冯占军，胥维昌，安笑南，许光文. 百年"黄海"的科技贡献和人文精神［J］. 化工学报，2022，73(8)：3776-3785.

［36］　马佳怡，崔彤，王一钧. 化学实验室建筑空间演变研究［J］. 建筑技艺，2022，28(5)：106-109.

［37］　张昕玮，崔彤. 实验室建筑历史沿革与空间演变研究［J］. 建筑技艺，2022，28(4)：107-110.

［38］　张文朴. 中国古代化学的重大科技成就［J］. 化学教育，2012，(9)：135-136.

［39］　杨光. 中国古代化学的成就及缺憾［J］. 阜阳师范学院学报（自然科学版），2006，23(2)：41-47.

［40］　潘吉星. 中国古代化学的成就［J］. 中国科技史杂志，1981，(4)：1-12.

［41］　侯远贵. 谈谈中学化学实验室的建设和管理［J］. 中学化学教学参考，1984(1)：23-26.

［42］　钮雪芬，方国女. 无机化学实验室的建设和管理［J］. 实验室研究与探索，1990(4)：35-36.

［43］　洪丽雅. 高校绿色化学实验室的建设［J］. 实验室研究与探索，2008，148(7)：161-164.

第 2 章　化学实验室标准发展

在化学科学的发展过程中，化学实验室一直作为重要的支撑手段，与学科的进步同行。在长期的实践过程中，结合化学科学的特点，化学实验室的化学品、实验室安全、实验流程等逐渐形成了较为科学的体系。本章对化学实验室相关标准主要内容及其发展做一定的对比分析，对化学实验室标准的发展进程进行简要的梳理及介绍。

2.1　中外标准综述

2.1.1　国外标准

单纯关于化学实验室的法规不多，一般是标准和指南，通常属于建筑、装饰、环境、家具和实验设备的标准，也大多侧重于高等院校实验室、实验室通风及实验室废弃物处理等方面。实验室通风则侧重于通风柜的产品性能和测试标准。发达国家关于化学实验室的主要标准和指南见表 2-1。

发达国家关于化学实验室的主要标准和指南　　　　　　　　　　　表 2-1

发布标准的国家或组织	标准或规范名称	主要内容
美国供暖、制冷与空调工程师协会（ASHRAE）	2015-ASHRAE-D-90558，2015ASHRAE	实验室设计指南
	Method of Testing Performance of Laboratory Fume Hood，ANSI/ ASHRAE 110	实验室通风柜性能测试方法
美国国家消防协会（US-NFPA）	Standard on Fire Protection for Laboratories Using Chemicals，NFPA 45—2019	化学实验室防火标准
美国国家标准学会（US-ANSI）	Standard on Fire Protection for Laboratories Using Chemicals，ANSI/NFPA 45—2015	化学实验室防火标准
美国职业安全与健康管理局（OSHA）	The Occupational Exposure to Hazardous Chemicals in Laboratories Standard，29 CFR 1910.1450	实验室危险化学品职业暴露标准
美国国家标准学会（US-ANSI）	ANSI AIHA Z9.5 2012	实验室通风
欧洲标准化委员会（IX-CEN）	The Air Contaminants Standard，29 CFR 1910.1000，OSHA	空气污染物标准
美国环境保护局（US-EPA）	CFR Part 260 Hazardous Waste Managent Syst	实验室废弃物管理基本准则
	Laboratory Safety Guidance 2011，OSHA	实验室安全指南
美国联邦法规	Code of Federal Regulation，40 CFR261	通风柜橱、安装和维修推荐标准
	BS DD CEN TS 14175-5—2006	
美国科学设备及实验室专用家具协会	Laboratory Fume Hoods，SEFA1—2020	实验室通风柜
德国标准化学会（DE-DIN）	Laboratory furniture - Fume cupboards，DIN12924—2012	实验室家具-通风柜
英国国家标准协会	BS 7258	
欧盟/英国国家标准协会	EN/BS 14175	

发布标准的国家或组织	标准或规范名称	主要内容
法国	Guide D'amenagement Des Laboratoires	实验室设计和装饰指南
	Laboratory Installations-Ventilation Systems in Laboratories：CEN/TS 17441—2020	实验室设备、实验室通风系统
美国（US-CRC）CRC 出版社	CRC LE 1346—2000	化学：基于工业的实验室手册
	Green Chemistry Laboratory Manual for General Chemistry：CRC KE 25695—2015	通用化学绿色化学实验室手册
美国（US-WILEY）威利出版商	Laboratory Safety for Chemistry Students (2nd Edition)	化学学生实验室安全（第二版）
美国环保局（US-EPA）	GLP 管理体系	

以上标准、指南和手册，涵盖了化学实验室设计、操作、设备测试等方面的规定或指导性意见。

2.1.2 中国标准

2.1.2.1 化学实验室相关标准

我国涉及化学实验室的标准规范，按照标准级别分为国家标准、地方标准、行业标准和团体标准；按照标准的功能分为设计标准、技术标准、验收标准和管理标准；按照标准的属性分为工程和设备标准；按照对室内外环境保护分为室内卫生标准和污染物排放标准。采用标准时，需注意适用的建筑性质、行业和地域。我国与化学实验室相关的主要标准见表 2-2。

我国与化学实验室相关的主要标准　　　　　　　　　　　　　表 2-2

序号	标准规范	标准规范级别	主编单位
1	《大气污染物综合排放标准》GB 16297—1996	国家标准	国家环境保护总局
2	《检验检测实验室技术要求验收规范》GB/T 37140—2018	国家标准	全国实验室仪器及设备标准化技术委员会
3	《工程检测移动实验室通用技术规范》GB/T 37986—2019	国家标准	全国移动实验室标准化技术委员会
4	《移动实验室实验舱通用技术规范》GB/T 29477—2012	国家标准	全国移动实验室标准化技术委员会
5	《移动实验室用温湿度控制系统技术规范》GB/T 29600—2012	国家标准	全国移动实验室标准化技术委员会
6	《职业病危害因素检测移动实验室通用技术规范》GB/T 35396—2017	国家标准	全国移动实验室标准化技术委员会
7	《危险废物贮存污染控制标准》GB 18597—2001	国家标准	国家环境保护总局
8	《化学品分类和危险性公示通则》GB 13690—2009	国家标准	全国危险化学品管理标准化技术委员会
9	《化学实验室废水处理装置技术规范》GB/T 40378—2021	国家标准	全国废弃化学品处置标准化技术委员会
10	《实验室废弃化学品收集技术规范》GB/T 31190—2014	国家标准	全国废弃化学品处置标准化技术委员会
11	《工业企业设计卫生标准》GBZ 1—2010	国家标准	中国疾病预防控制中心职业卫生与中毒控制所/环境与健康所
12	《工作场所有害因素职业接触限值　第 1 部分：化学有害因素》GBZ 2.1—2019	国家标准	中国疾病预防控制中心职业卫生与中毒控制所

续表

序号	标准规范	标准规范级别	主编单位
13	《航空工业理化测试中心设计规范》GB 50579—2010	国家标准	中国航空规划建设发展有限公司、北京航空材料研究院
14	《实验室危险废物污染防治技术规范》DB11/T 1368—2016	地方标准	北京市固体废物和化学品管理中心、北京金隅红树林环保技术有限责任公司
15	《实验室挥发性有机物污染防治技术规范》DB11/T 1736—2020	地方标准	北京市环境保护科学研究院、北京市固体废物和化学品管理中心等
16	《实验室危险化学品安全管理规范 第1部分：工业企业》DB11/T 1191.1—2018	地方标准	北京化学工业协会
17	《实验室危险化学品安全管理规范 第2部分：普通高等学校》DB 11/T 1191.2—2018	地方标准	北京石油化工学院、北京市安全生产工程技术研究院等
18	《科研建筑设计标准》JGJ 91—2019	行业标准	中科院建筑设计研究院有限公司
19	《理化实验室工程技术规范》T/CECS 770—2020	行业标准	中国计量科学研究院
20	《化工实验室化验室供暖通风与空气调节设计规范》HG/T 20711—2019	行业标准	中国石油和化工勘察设计协会、北京戴纳实验科技有限公司
21	《吸附法工业有机废气治理工程技术规范》HJ 2026—2013	行业标准	中国环境保护产业协会、中国人民解放军防化研究院等
22	《化工企业安全卫生设计规范》HG 20571—2014	行业标准	中国天辰工程有限公司
23	《石油化工中心化验室设计规范》SH/T 3103—2019	行业标准	中石化广州工程有限公司
24	《石油化工采暖通风与空气调节设计规范》SH/T 3004—2011	行业标准	中国石油化工集团宁波工程公司
25	《化工采暖通风与空气调节设计规范》HG/T 20698—2009	行业标准	化工暖通设计技术委员会
26	《化验室暖通空调设计规定》T-HV 03202C—2017	行业标准	中国石化工程建设有限公司
27	《易制爆危险化学品储存场所治安防范要求》GA 1511—2018	行业标准	公安部治安管理局
28	《机械工厂中央实验室设计规范》JBJ/T 33—1999	行业标准	机械工业部第八设计研究院
29	《城镇供水与污水处理化验室技术规范》CJJ/T 182—2014	行业标准	天津市供水管理处、中国城镇供水排水协会
30	《化学品测试合格实验室规范导则》HJ/T 155—2004	行业标准	环境保护部化学品登记中心
31	《化学化工实验室安全管理规范》T/CCSAS 005—2019	团体标准	中国化学品安全协会
32	《化学化工实验室安全评估指南》T/CCSAS 011—2021	团体标准	中国化学品安全协会
33	《实验室设计与建设技术规范 第1部分：通用技术要求》	团体标准	上海实验室装备协会
34	《实验室用通风机技术规范 第1部分：玻璃钢防腐离心通风机》	团体标准	上海实验室装备协会
35	《实验室用安全储存柜技术规范》	团体标准	上海实验室装备协会
36	《实验室用台柜技术规范》	团体标准	上海实验室装备协会
37	《实验室用水气配件技术规范 第1部分：水龙头》	团体标准	上海实验室装备协会
38	《实验室用水气配件技术规范 第2部分：应急喷淋和洗眼设备》	团体标准	上海实验室装备协会
39	《实验室用水气配件技术规范 第3部分：水槽》	团体标准	上海实验室装备协会
40	《实验室用水气配件技术规范 第4部分：气阀》	团体标准	上海实验室装备协会
41	《化学化工实验室安全管理规范》T/CCSAS 005—2019	团体标准	中国化学品安全协会

注：无标准号的标准尚在编制中。

从表 2-2 中可见，石油化工行业制订的化学实验室的标准较多，作为科研单位和高等院校等民用建筑采用的标准主要有《科研建筑设计标准》JGJ 91—2019，还可以参考《实验室危险化学品安全管理规范 第 2 部分：普通高等学校》DB11/T 1191.2—2018、《实验室设计与建设技术规范 第 1 部分：通用技术要求》等标准。另外，尚在编撰中的上海实验室装备协会团体标准（表 2-2 中 32～40 项）使用时亦可参考。

2.1.2.2 通风柜相关标准

通风柜作为化学实验室必需的基础设备，其在保护操作者安全、缩小污染范围、尽快排除气态污染物等方面发挥重要作用。通风柜的选择及使用对实验室意义重大，所以在谈及化学实验室标准的同时，也需要特别关注通风柜的相关内容。

我国有关通风柜的标准见表 2-3。

我国有关通风柜的标准 表 2-3

序号	标准规范	标准规范级别	主编单位
1	《排风罩的分类及技术条件》GB/T 16758—2008	国家标准	首都经济贸易大学、北京市疾病预防控制中心
2	《机械工厂中央实验室设计规范》JBJ/T 33—1999	行业标准	机械工业部第八设计研究院
3	《排风柜》JB/T 6412—1999	行业标准	同济大学、宜兴市展宏环保设备有限公司
4	《实验室变风量排风柜》JG/T 222—2007	行业标准	同济大学
5	《无风管自净型排风柜》JG/T 385—2012	行业标准	同济大学
6	《实验室建筑设备》07J901	国家建筑标准图集	中国建筑标准设计研究院
7	《化学实验室通风系统设计与安装》22K523	国家建筑标准图集	同济大学、中国建筑标准设计研究院、同济大学建筑设计研究院（集团）有限公司

2.2 中外标准对比分析

2.2.1 危险划分

国外对于重大危险源定义主要分为两类，一种按功能单元来确定，如欧盟颁布的《塞韦索法令I》中重大危险源是指重大危险装置（major hazard installation），国际劳工组织的《预防重大工业事故公约》（第 174 号公约）中也采用此概念。美国对重大危险源管理主要采用过程安全管理（process safety）的概念。另一种是将重大危险源按整个企业区域来确定。

参考国外重大危险源辨识，我国在 2000 年首次颁布了国家标准《重大危险源辨识》GB 18218—2000。2002 年《中华人民共和国安全生产法》和《危险化学品安全管理条例》的颁布与实施，为重大事故预防和重大危险源监督管理提供了法律依据。2009 年我国颁布修订后《危险化学品重大危险源辨识》GB 18218—2009，2011 年颁布了《危险化学品重大危险源监督管理暂行规定》（安监总局令第 40 号），对重大危险源分级、评估、安全管理、监督检查等内容进行进一步详细规定。

这些标准主要针对化工企业，化学实验室使用的化学品数量相对而言少很多，可以参照。

2.2.2 通风柜

2.2.2.1 通风柜标准选用

从通风柜相关标准使用在全球的分布情况看，ASHRAE 110 的采用范围较广。

2.2.2.2　通风柜测试标准对比

　　通风柜主要由面风速、污染物控制浓度和抗干扰性来表征性能。同济大学李斯玮和刘东两位学者对欧洲标准（EN 14175）、美国标准（ASHRAE 110）和我国标准（《排风柜》JB/T 6412—1999）中排风柜的测试方法进行了对比研究。对于基本测试条件的比较，EN 14175 中提到的要求更加细致和全面；ASHRAE 110 提出化学实验室的空间压力相对相邻区域应保证一定的负压差；ASHRAE 110 与 EN 14175 对示踪气体的背景浓度要求相同，而 JB/T 6412—1999 的要求相对要低一些（其中规定的浓度上限值是 0.5ppm）；三种标准对避免干扰的要求基本一致。与 JB/T 6412—1999 相比，《实验室变风量排风柜》JG/T 222—2007 中增加了对试验室尺寸、环境温度和压力，试验区风速、发热设备和排风的要求，并在 JB/T 6412—1999 的基础上，针对变风量通风柜的特点，对响应时间、测试箱和试验步骤作出规定。

　　国内外通风柜测试标准对比见表 2-4。

国内外通风柜测试标准比较　　　　　　　　　　　　　　表 2-4

项目		我国 JB/T 6412—1999	我国 JG/T 222—2007	美国 ASHRAE 110-2016	欧洲 EN 14175
测试项目		流动显示试验； 面风速试验； 浓度试验； 阻力试验	变风量（VAV）响应时间试验； 流动显示试验； 面风速试验； 阻力试验； 浓度试验	面风速测量； 变风量（VAV）面风速控制测试； 变风量（VAV）响应测试； 局部可视化测试； 大烟雾可视化测试； 示踪气体测试； 周沿扫描； 拉门移动影响测试	排风量测试； 面风速测试； 内平面测试； 外平面测试； 干扰测试； 空气交换效率； 压损试验； 调节门防坠测试； 调节门阻力测试； 调节门机械限高和超高报警； 调节门液体防滴； 气流监视； 照度； 变风量（VAV）响应测试
测试 条件	测试间大小	无明确要求	$L\geqslant3.5m$ $W\geqslant3.5m$ $H\geqslant2.5m$	无明确要求	$L\geqslant4.0m$ $W\geqslant4.0m$ $H\geqslant2.7m$
	测试间压力	无明确要求	负压	$-5Pa$	无明确要求
	测试间温度	无明确要求	18~28℃	(22±2.7)℃	(23±3)℃
	测试间横向气流	<0.1m/s	<0.1m/s	<0.15m/s	<0.1m/s
	测试间背景浓度	控制浓度的10%以下	控制浓度的10%以下	低于10%控制浓度	≤0.01ppm
	调节门测试高度	全开	最小位置-最大	设计高度，一般 18in(457mm)	500mm
	测试假人	有	有	有	无
	示踪气体	SF_6，浓度无明确要求	SF_6，浓度无明确要求	$SF_6(\geqslant99\%)$	10% SF_6（氮气）
	示踪气体释放流量	4.0L/min	4.0L/min	4.0L/min	内测 2.0L/min； 外测 4.5L/min； 抗干扰 4.5L/min

续表

项目		我国 JB/T 6412—1999	我国 JG/T 222—2007	美国 ASHRAE 110-2016	欧洲 EN 14175
性能要求	面风速	0.4~0.5m/s 最大值、最小值与算术平均值的偏差应小于 15%	0.3~0.5m/s 最大及最小面风速与算术平均风速值的偏差应小于 15%	0.3~0.6m/s, Z9.5-2022	无明确要求
	VAV 面风速控制	不做	不做	测试高度 100%/50%/25%	不做
	VAV 响应时间	不做	≤3s	<5s, Z9.5-2022	无明确要求
	示踪气体	<0.5mL/m³	≤0.5mL/m³	AM 0.05ppm，AU/AI 0.1 ppm, Z9.5-2022	各国要求不同，无统一要求
	阻力	<70Pa	<70Pa	0.25in. w. g(62.5Pa),EPA-2009	无明确要求
	可视化	全部通过排风口排出，无外溢	全部通过排风口排出，无外溢	无外溢或逃逸，EPA-2009	不做

ASHRAE 110 是世界上第一个排风柜试验方法标准。它的第一个版本诞生于 1985 年，第二个版本更新于 1995 年，目前最新版本是 2016 年版。经过几十年的实践，ASHRAE 110 试验方法趋于完善，主要包括干扰流、烟雾可视化试验、面风速试验、VAV 面风速控制、VAV 稳定性试验、SF_6 示踪气体试验。ASHRAE 110 在排风柜管理周期上，也给出详细的阐述，将排风柜整个运作周期上划分为 AM，AI，AU。这一创造性的划分，为排风柜的管理提供了很好的思路和依据。

ANSI/AIHA Z9.5 试验方法参照了 ASHRAE 110 的要求，并在其中规定了面风速范围（0.4~0.6m/s），烟雾可视化的要求（目视无泄漏），SF_6 浓度要求（不大于 0.05ppm），VAV（变风量）响应时间不高于 5s 等要求。对排风柜的不同类型进行了系统和详细的描述，其中包括 VAV 排风柜、旁通型排风柜、CAV（定风量）排风柜、落地式排风柜、补风型排风柜等。

SEFA 1 是在 ASHRAE 110 和 ANSI/ASSP Z9.5 的基础上进行了扩写，增加了更加详细的排风柜分类、结构要求等内容。特别是对特殊型排风柜，给出了详细和系统的描述（如高氯酸用排风柜、放射性同位素用排风柜、CAV 排风柜要求等）。

BSI 的试验方法分为：气流试验（面风速试验、内平面试验、外平面试验、抗干扰试验、空气交换效率试验、压损试验）、拉门试验、气流指示器试验、结构和材料试验及照明试验五大部分。与 ASHRAE 110 比较，增加了抗干扰试验和空气交换效率试验。抗干扰试验模拟人在排风柜前面走动对排风柜污染物控制性能的影响。通过示踪气体来定量在干扰情况下排风柜的泄漏。抗干扰试验可以很好地体现排风柜在正常使用状态下的污染物控制性能。空气交换效率试验是为了量化排风柜排出污染物的效率。其在高热和酸负荷排风柜部分，给出了一些特殊排风柜的特殊要求，包括酸消解排风柜、高氯酸排风柜、氢氟酸排风柜的要求。

2.2.3 职业安全卫生

2.2.3.1 我国 GBZ 2.1 与美国 ACGIH 工作场所化学有害因素职业接触限值

李文捷等人将我国 GBZ 2.1 与美国 ACGIH 工作场所化学有害因素职业接触限值进行了比较研究，包括限值的数量、具体职业性有害因素的具体值及其关键效应、法律地位、制定原则、制定依据、制定条件、制定程序、关键效应、化学有害因素的致癌性标识的应用、化学有害因素的致敏性标识的应用、化学有害因素的经皮标识的应用、非常规工作制下对 OELs 的调整、联合作用的概念及其应用、超限倍数的概念和应用及对颗粒物的标识等方面的比较分析。得出结果如下：

（1）GBZ 2.1 中共规定了 339 种化学有害因素的 OELs，美国 ACGIH 在 2013 年已采纳 TLVs 的化学有害因素有 656 种；GBZ 2.1 有 OELs 而 ACGIH 未规定 OELs 的化学有害因素只有 52 个；ACGIH 有 OELs，GBZ 2.1 中无 OELs 的化学有害因素共有 371 个；在 GBZ 2.1 和 ACGIH 中均规定了 OELs 的化学有害因素共 260 种，涉及 302 个 OELs，其中 GBZ 2.1 有 47 个比 ACGIH 宽松，96 个比 ACGIH 严格，81 个与 ACGIH 相近，77 个与 ACGIH 相等。

（2）化学有害因素的致癌性、致敏性和经皮标识的应用方面我国尚未制定评估的指南性文件。

（3）在非常规工作制调整指南方面我国即将出台更详细的标准。

（4）我国与 ACGIH 在限值制定和管理程序的多个方面仍存在较大差距。

2.2.3.2 我国 GBZ 2.1 与德国 MAK 工作场所化学有害因素职业接触限值

李祈等人将我国 GBZ 2.1 中规定的 OELs 与德国 MAK 于 2015 年公布的化学有害因素 OELs，按不同类型建立比较分析数据库，并进行比较分析，分析结果表明：

（1）中德两国在职业接触限值的制定原则，化学有害因素的来源、数量与标识等方面有显著差异。

（2）在选择化学性有害因素制定 OELs 时各有侧重，我国在重金属方面制定的 OELs，如：钴、钼、铍、铊等，是德国 MAK 以及美国 ACGIH 中所未有的，而德国则不再为致癌物质制定 OELs。

（3）中、德均制定有 OELs 的化学性有害因素在数值上差异较大，中国有部分 OELs 同时高于德国 MAK 和美国 ACGIH。

2.2.3.3 GBZ 2.1 的修订

我国对《工作场所有害因素职业接触限值 第 1 部分：化学有害因素》GBZ 2.1—2007 进行了修订，更新为 GBZ 2.1—2019。与技术和化学方面相关的主要修订内容有：

（1）增加 9 个与职业接触相关的概念或定义，引进峰接触浓度概念。

（2）增加近年来研制、修订的 28 种化学有害因素职业接触限值。

（3）增加 16 种物质的智敏标识、4 种物质的皮肤标识、14 物质的致癌标识，调整了 7 种物质的致癌标识。

（4）将一氧化氮接触限值并入二氧化氮的接触限值。

（5）明确列出制定接触限值时依据的不良健康反应。

（6）增加了职业接触生物限值（生物监测指标和限值），对已发布的卫生行业标准职业接触生物限值及检测方法标准进行了确认。

（7）进一步完善了监测检测方法的相关要求。

（8）增加了工作场化学所有害因素职业接触控制原则及要求。

本章参考文献

[1] 李斯玮，刘东. 实验室排风柜测试方法的比较与分析[J]. 建筑热能通风空调，2010(3)：92-96.
[2] 生态环境部. 生态环境部固体废物与化学品司有关负责人就《新化学物质环境管理登记办法》修订发布答记者问[EB/OL].（2020-05-07）[2023-04-30]https：//www. mee. gov. cn/xxgk2018/xxgk/xxgk15/202005/t20200506_777861. html.
[3] 柏睿咨询. 27 家中国实验室具备 OECD GLP 资质，14 家同时具备境内外农药登记试验资质[EB/OL].（2020-08-20）[2023-04-30]. http：//www. jsppa. com. cn/news/zhiliang/3302. html.
[4] 美国《化学与工程新闻》. 2021 年全球化工企业 50 强[R]，2021.
[5] 李文捷，张敏，王丹，中国 GBZ 2.1 与美国 ACGIH 工作场所化学有害因素职业接触限值比较研究[J]. 中华劳动卫生职业病杂志，2014，32(1)：1-26.
[6] 李祈，张敏，中国 GBZ 2.1 与德国 MAK 工作场所化学有害因素职业接触限值比较研究[J]. 中国安全生产科学技术，2017，13(4)：166-175.
[7] 武志刚. 美国西北太平洋国家实施科研人员实验室全管理及借鉴——反思我国化不类研究生实验安全管理[J]. 浙江化工，2020(9)：31-35.

第3章 化学实验室工程建设

化学实验室是提供化学实验条件及进行化学实验活动的重要场所，广泛应用于科研、教学、检测等领域。作为实验室的一个主要分支，化学实验室经常同物理实验室、生物实验室等共同存在，协同使用。

化学实验室的工程建设全过程，和其他建筑物一样，包括勘察、设计、施工、运行维护等，但因其涉及多行业工艺，是多学科、多专业的协同体现，所以工艺及为工艺服务的其他专业的特殊性是实验室建设的关键。现代实验室的建设，功能上还综合了办公，甚至小型生产开发功能，实验室是民用建筑与小型工业建筑的综合体。

3.1 化学实验室工程建设现状

我国的化学实验室建设发展大体上经历了三个历史阶段：

第一阶段，20世纪中期的化学实验室，采用水泥瓷砖的实验台和木质加油漆的实验室家具，自然通风为主，冬季供暖，很少涉及气体检测报警，实验室用气以就地钢瓶为主（图3-1、图3-2）。

第二阶段，20世纪末至21世纪初，实验室建设主要考虑的是实验目的，以实验设备和仪器、实验操作等为主导。机械通风系统、空调系统、排风净化系统、气路系统、气体报警系统、信息管理系统等开始逐步应用到化学实验室中，实验室环境建设有所改善。

第三阶段，21世纪初到现在，实验室建设进入全方位考虑的整体性设计阶段。随着科学技术的发展，对实验数据的准确性和精确性、对实验操作人员的安全与健康、对环境的保护等要求不断提高，使得实验室的复杂程度和建设标准不断提高，实验室的规模也不断变大，引入智能化和数字化，对实验室建设和使用提出了越来越规范的要求（图3-3～图3-6）。国家在政策和经费上也大力扶持，《中共中央关于制定国民经济和社会发展第十三个五年规划的建议》中要求"实施一批国家重大科技项目，在重大创新领域组建一批国家实验室，积极提出并牵头组织国际大科学计划和大科学工程"，另外还提出"强化企业创新主体地位和主导作用，形成一批有国际竞争力的创新型领军企业，支持科技型中小企业健康发展。依托企业、高校、科研院所建设一批国家技术创新中心，形成若干具有强大带动力的创新型城市和区域创新中心"。我国政府的研发投入目标是从2011年国内生产总值（GDP）的1.75%到2020年的2%，2020年我国投入研究与试验发展（R&D）经费支出为24426亿元，占国内生产总值的2.4%。可以说近20年，在政策和技术的带动下，我国化学实验室的设计和建造有了很大的进步。

图 3-1　早期的化学实验室　　　　　图 3-2　20世纪70年代医技人员在做检验

图 3-3　某高校化学实验室

图 3-4　化学实验室——铝木结构

图 3-5　通风化学实验室

图 3-6　某中学化学实验室

3.2　化学实验室设计

3.2.1　设计阶段

化学实验室建设过程包括策划、评估、决策、设计、施工到竣工验收、交付使用等，其中策划、评估、决策属于前期工作，设计是项目的起点，也是决定项目成败的关键环节。化学实验室的设计目标，无论对业主还是设计人员，概括来说即"合规高效、安全舒适的工作环境"。为实现这一目标并使项目顺利进行，通常由业主或业主委托设计单位编制设计任务书，将业主的需求体现其中。设计任务书是确定工程项目和建设方案的基本文件，是设计工作的指令性文件，也是编制设计文件的主要依据，是需要在设计开展之前就确定的，并随着设计阶段的推进而细化。

根据《建设工程勘察设计管理条例（2017 修正）》，化学实验室的设计通常分为三个阶段，即方案设计、初步设计和施工图设计，常见于民用项目的高校实验楼、科研楼等类建筑。

1. 方案设计

对于化学实验室，方案设计是整个设计工作的基础，是设计人员根据业主对实验室用途、定位和规划等目标进行工程化的第一步，同时方案设计综合反映项目在技术先进性、工期、造价、质量以及安全等多个方面的要求。方案设计阶段应本着"抓大放小"的原则，从整体和宏观层面考虑业主的要求，并结合建设地的气候条件、自然环境条件以及地形状况、周边公用工程供应情况等进行整体布局。

方案设计的深度应当满足编制初步设计文件和控制概算的需要，并满足方案审批或报批的需要。方案设计文件包括：

（1）设计说明书，包括各专业设计说明以及投资估算等内容；对于涉及建筑节能、环保、绿色建筑、人防等设计的专业，其设计说明应有相应的专门内容。

（2）总平面图以及相关建筑设计图纸、实验室工艺设计图纸、复杂通风空调系统图纸等方案性图纸和主要设备表等。

（3）设计委托或设计合同中规定的透视图、鸟瞰图、模型等。

2. 初步设计

初步设计阶段是确定建筑设计重大技术问题、方案和标准的主要阶段，设计的内容基本定型，并且指导后面的施工图设计，所以初步设计的内容深度直接影响到后续工作的连贯性和细化程度。初步设计一方面简单介绍设计依据、工程概况、地质情况、施工工艺、结构选型、抗震等级等基本的内容和参数，将建筑、结构、给水排水、电气、供暖、空调与通风、热能动力、智能、消防、节能、人防、环保、劳动安全卫生等各个方面的相关设计思路、设计标准和相关的参数指标等进行详细的说明；另一方面，该阶段的工程概算书完整并准确地反映设计内容，同时真实地反映其编制时工程项目所在地的物价水平，是对工程项目造价的控制。这样能够使工程项目的基本情况形成一个比较具体的形象，对于控制工程项目的造价也有积极的意义，同时方便业主和相关部门在审图的过程中发现设计的缺陷和不足，以便完善和补充。

初步设计应当满足编制施工招标文件、主要设备材料订货和编制施工图设计文件的需要，并满足初步设计审批的需要。初步设计经主管部门审批后，建设项目被列入国家固定资产投资计划，方可进行下一步的施工图设计。初步设计文件包括：

（1）设计说明书，包括设计总说明、各专业设计说明。对于建筑节能、环保、绿色建筑、人防、装配式建筑等，其设计说明应有相应的专项内容。

（2）有关专业的设计图纸。

（3）主要设备或材料表。

（4）工程概算书。

3. 施工图设计

施工图设计文件应包括合同要求的所有专业的设计图纸；对于涉及建筑节能设计的专业，其设计说明应有建筑节能设计的专项内容；涉及装配式建筑设计的专业，其设计说明及图纸应有装配式建筑专项设计内容。

施工图设计应当满足设备材料采购、非标准设备制作和施工的需要，并注明建设工程合理使用年限。

施工图审查，是指建设主管部门认定的施工图审查机构（以下简称审查机构）按照有关法律、法规，对施工图涉及公共利益、公众安全和工程建设强制性标准的内容进行的审查。施工图未经审查合格的，不得使用。

对于工业项目，化学实验室作为生产辅助用房，设计阶段又有所不同，比如化工项目，化学实验室以中心化验室（楼）的形式存在，参照《石油化工装置设计文件编制标准》GB/T 50933—2013，在可行性研究报告、总体设计、基础工程设计、详细工程设计等阶段体现其设计内容。基础工程设计解决技术方案和工程化问题；详细工程设计解决工程建设实施问题，按照确定的技术方案和原则，绘制建设图纸，编制安装、检验和验收标准方面的要求。

3.2.2 实验室工艺

化学实验室根据用途的不同有诸多分类，常见的有科研类化学实验室、教学类化学实验室、生产企业类化学实验室、检测类化学实验室等。不同类型的化学实验室在设计中存在许多共同之处，但是因为用途和需求的不同也会在设计理念以及设计细节处理上存在一些不同。对于共同之处，本节将统一进行描述，对于不同之处也会进行相应说明，并以生产企业类化学实验室作为示例对设计中的一些做法进行具体阐述。

3.2.2.1 化学实验室的设计依据

1. 化学实验室设计概述

建设一个现代化的化学实验室，不论是新建、扩建还是改建，都应该在项目前期对实验室的建设方案做合理的规划。在构建化学实验室的流程中，"构"的部分至关重要，它包括实验室的定位和规划，是整个实验室建设的基础。实验室的定位是指实验室在国际、国内、行业或系统内，以及所处地理区域内的定位；实验室规划则包括工艺规划和建筑规划，实验室工艺规划主要是明确定位、需求调研、吸取同类工程设计经验和教训，建筑规划包括建筑外观、风格、高度、园区布局等。因此，设计团队需要首先明确实验室的建设目的、建设地点、性质、功能、业主方的需求、投资规模等信息，这些信息的收集使得工程师对即将设计的实验室的功能需求、规模、建筑形式等建立初步概念。另外，实验室除了具备检验、质控、教学、科研等专属功能外，还是个独立的建筑物，有其美学上的属性，在实现同样功能的前提下，实验室在表达形式上可以多种多样。一个优秀的实验建筑设计注重与周边环境的和谐统一，能够为城市、高校以及现代化生产企业增加一道亮丽的风景线。为了更好地开展实验室的设计工作，前期与业主方对同类、同规模实验室进行调研，借鉴同类实验室设计的成功经验和失败教训，规避设计中的缺陷，对优化设计方案是十分必要和有效的。

2. 实验室设计主要依据

实验室的设计依据主要包括实验室承载的功能和任务，周边可以依托的配套设施，以及业主方对实验室的特殊需求及期待的建筑形式等内容。

（1）化学实验室的功能和任务

从生产企业类化学实验室为例，其功能和任务决定，可在估计工作量的基础上稍做预留，但要避免资源的不足或者闲置、浪费。

工厂实验室的功能和任务紧密围绕生产开展，各工艺装置及公用工程和辅助设施的离线分析任务均由实验室承担。为了避免仪器设备和人员配置的冗余，降低投资和运营成本，提高生产和管理效率，设置一个中心实验室负责承担全厂的分析化验任务，这样的集中化一体化设计理念被广泛采纳，环境监测站在许多炼油、化工项目中也会与中心实验室合建。因此，生产企业类化学实验室的主要功能和任务包括以下内容：

1）进厂原料、助剂、辅助材料的质量检测；

2）各工艺生产装置提供的离线分析化验条件；

3）各公用工程装置及辅助设施提供的离线分析化验条件；

4）出厂产品、副产品的质量检验；

5）开停车、检维修及动火作业前的分析检测任务；

6）装置、厂界的环保监测要求，包括水质、大气及土壤的环保监测指标要求；

7）职业卫生及安全相关的监测要求，例如辐射、噪声的监控等。

科研类实验室的主要功能通常体现在科研的任务和方向有哪些，包含哪些课题组，科研的未来发展规划如何。教学类实验室则在关注上述因素的同时还需要关注承担的教学任务有哪些。科研类实验室的功能和任务往往不会像教学类、检测类或者生产企业类实验室那样具体、明确且固定，在未来发展中，科研类实验室的不确定性因素会更多，例如科研类实验室的功能往往因为引进了新的学者，就会随着引进学者的研究方向而进行调整；科研类实验室往往也会因为新的课题替代已经完成的课题而对实验室功能提出新的要求。所以在此类实验室的设计中，在满足现有需求的前提下应该考虑更多的可扩展性，以及功能灵活调整的空间。

（2）周边可依托的配套设施

在生产企业类实验室建设中，实验室供水、供气、供电、光缆、污水排放等设施通常在生产企业整体规划中都会涵盖，在实验室设计前期将上述各种需求提供给工厂设计的相关专业就会在工厂整体设计规划中考虑此部分需求。同时，在实验室前期设计规划中应该充分了解建设地对安全环保的强制性要求。

但是科研类、教学类、检测类实验室通常设置在成熟的产业园区、高校或者研究院所内，现有的设施不一定能够满足新建实验室的需求，这就需要在前期做相应的调研和信息收集，主要包括：

1）供电、供水、排水等公用设施管道的设置和可依托情况；

2）地区工业情况，周边是否有振动、电磁、噪声、粉尘污染源，是否临近居民区；

3）建设区域政府对污水排放、大气排放、固体废弃物的存放和处理是否有相应的文件要求及可依托的设施。

以上信息的收集对于实验室设计的方案选择会带来实质性影响，例如是否需要设置尾气处理设施，污水排放前是否需要进行预处理等。

（3）业主方对实验室的特殊需求及期待的建筑形式

收集和初步明确了上述信息后，对实验室的建设规模就有了大概的预估，在同样的规模下，设计一个怎样的实验室，这就需要与业主方进行更多细节上的沟通，有效的沟通主要涉及以下内容：

1）业主方倾向选择的建筑物形式，是"一"字形、"U"字形、"回"字形、"L"形或者其他不规则形状的组合。当然，建筑物形式的选择会受到总图的限制，在实验室的设计中，总图规划是不能忽视的一个重要因素，实验室的方案设计要在总图面积允许的情况下开展，以避免后期因总图布置不下而造成返工，浪费人力和财力。

2）建筑物的楼层数，业主方是倾向低层建筑物还是高层建筑物。在同样建筑面积的情况下，通常建议优先选择低楼层建筑，这样可以有效提高实验类房间面积的占比，减少走廊、卫生间、空调机房等辅助空间面积，提高建筑物的利用率；其次低楼层建筑在公用工程管线的设计和施工时会更加灵活，材料的损耗也会较高层建筑物有所减少；另外，单层建筑面积越大，越有利于大型开放式实验空间的设置，更加符合现代化学实验室的设计理念。

3）实验室的定员情况，以及为人员服务的功能房间需求。

4）房间内进深、宽度、高度；走廊的宽度、高度等建筑模数的选择。

5）实验室的门、窗、吊顶设置需求，结合标准规范要求、地域特点和业主的需求选择合理的方案。例如业主偏爱落地窗，在日照不充分的地方可以考虑采用落地窗，但是在南方湿热天气较多的地区，落地窗的设计可能带来运行能耗过大的问题。

6）实验室化学试剂和样品的存储需求，是否会涉及剧毒化学品等管控类化学品。

7）实验室内温度、湿度、换气次数等环境要求，是否需要全新风补风，是否有特殊洁净度要求等。

8）实验室的用气需求以及对气体供应方式的要求。

9）实验室网络、电话、监控、门禁、广播等的设置要求。

经过前期信息的收集和与业主方在细节上的充分沟通，实验室的雏形就勾勒出来了，实验室的具体方案将在雏形框架下，并且在符合强制性国家及地方标准规范的基础上开展设计工作。

3.2.2.2　化学实验室的平面布局及内部组成

1. 化学实验室平面布局

封闭式实验室。在早期化学实验室设计中，仪器分析较少，多采用化学分析，另外高校及企业对实验室的投资较少，实验室的面积通常比较小，受各种条件限制以及设计理念的影响，早期的实验室常常是小开间的封闭式的布局（图 3-7）。

开放式实验室。随着高校及企业管理理念的变化，实验室的投资越来越受到重视，实验室的建设规模日趋增大，自动化仪器使用率也在不断提高。在大型的生产企业实验室及检测类实验室的设计中，经常考虑把同类型的仪器设备摆放在一起，这样有利于仪器设备的优化整合，也利于公用工程管线的铺设以及运营管理；而在科研型实验室设计中，倾向于将同类研发方向涉及的所有仪器摆放在一

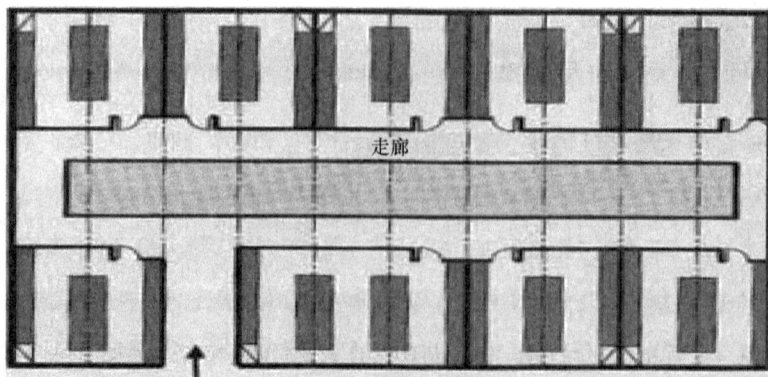

图 3-7　封闭式实验室布置图

起，有利于研发工作的开展和课题组的管理（图 3-8）。在这样的需求下，开放式的大型实验室越来越多地被设计者所采用，这类实验室对团队工作也有很好的促进作用，在开放式实验室工作的人员之间的交流更加便利，这对现今以团队工作为主要形式的工作模式是十分有利的。

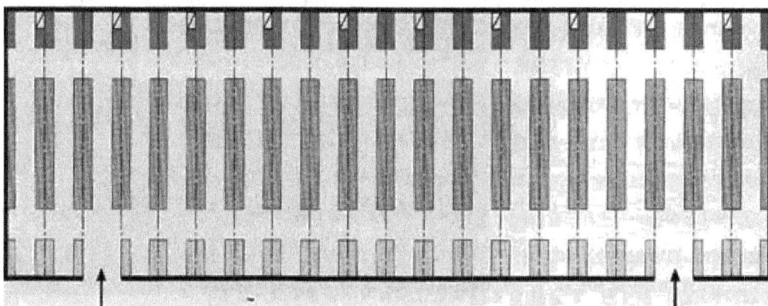

图 3-8　百分之百开放式实验室

即使开放式实验室得到了广泛的认同并被越来越多地采用，但是因为恒温、恒湿、少扰动、避光、防止气流干扰等原因，许多实验仍旧需要在独立的封闭房间内进行，例如大型的核磁共振仪（NMR），X-射线荧光光谱仪，高精度的电子天平室，组织培育实验室等。这时，封闭式实验室与开放式实验室的组合形式是合理的选择（图 3-9）。另外，在科研类实验室中，封闭式房间与开放式实验室的组合也被较多地采用，封闭式房间除满足特殊实验和仪器需求以外，还常被设计为科研小组的办公室或者数据处理室，这样的设置使得科研人员可以方便地进入实验室，有利于随时关注和处理正在进行的科学实验。

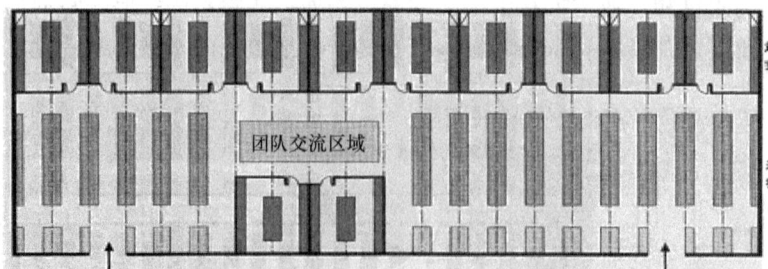

图 3-9　封闭式实验室与开放式实验室的组合形式

除房间布局外，走廊是实验室的交通枢纽，实验室走廊布局可分为单走廊平面和双走廊平面。单走廊平面在实验室布局中较为常见，可以是中间设置走廊，两边设置实验室，也可以走廊设置在一侧，单侧布置实验房间。双走廊适合进深较大的建筑物，走廊两侧布置房间，中间可以设置暗房类特殊实验室。此种设计面积利用率高，单层使用面积大，有利于公用工程管线布置，同时交通便捷，有利于意外情况下的人员疏散。这种走廊布局如图 3-10～图 3-12 所示。

图 3-10　单走廊单侧房间布局

图 3-11　单走廊双侧房间布局

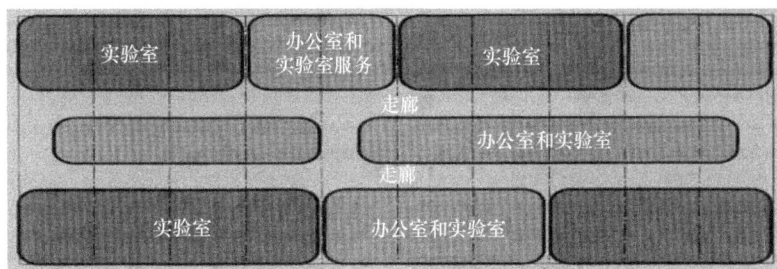

图 3-12　双走廊布局

2. 实验建筑房间组成

化学实验室建筑按照功能划分，通常包含以下房间：

（1）实验类房间：实验类房间是实验建筑的核心，其他房间设置都是为实验类房间服务的。在生产企业类实验室及检测实验室设计中，实验类房间通常会按照仪器设备类型来划分，如：有机前处理室、无机前处理室、气相色谱室、液相色谱室、光谱室、质谱室、电化学分析室等。在科研类实验室设计中，实验房间通常会按照科研小组来划分，但是对于精密贵重仪器，通常也会按照仪器名称命名，不同的科研小组共用同一台仪器开展研究工作。教学类实验室通常按照教学内容或者学科来划分，如：无机化学实验室、有机化学实验室、物理化学实验室、分析化验实验室、高分子化学实验室等。

（2）公共工程类房间：不论是哪种类型的化学实验室，通常都会设置以下公用工程类房间：空调机房、新风机房、电信间、配电间、气瓶间等。

（3）辅助类房间：辅助类房间与业主方的习惯和需求关系比较密切，不同的业主方会有不同的想法，实验室通常会设置以下一些辅助类房间：试剂间、备品备件间、天平间、加热间、蒸馏水制备间、玻璃器皿室、资料室等。

生产企业类实验室通常还会设置更衣间、消防值班室、调度室、交接班室、培训室、配餐室等。科研类实验室通常还会设置办公室、研究室、会议室等。

3. 化学实验室内部布局设计案例

（1）案例1：该实验室建设地点在我国北方地区，考虑到北方地区的气候和采光特点，结合项目总图的面积，该实验室采用"一"字形建筑形式，南北向设计，对光照要求较高的实验房间及办公类房间布置在南侧，需要避免阳光照射的房间设置在北向。该项目为化工中心实验室，需要设置大型塑料制样设备，为避免噪声、振动对其他房间的影响，制样间设置为单层，布置在一层西侧。受单层面积所限，该实验室房间布局采用大型开放实验室和小型实验房间相结合的方式进行布置。该中心实验室因为总图限制，设计为四层建筑，因为三层、四层的布置与二层接近，此处展示一～二层平面布置，供参考（图3-13、图3-14）。

（2）案例2：该实验室建设地点在我国西南地区，该地区气候四季如春，植被长青，业主方在对同类项目调研中较偏爱"回"字形建筑，考虑到当地的气候优势，对"回"字形建筑做了改进，设计了3个中庭，中庭与走廊间采用落地窗设计，将中庭中的植被景观和充足的日照通过落地窗引入到室内，使得实验室在环境的舒适度上得到了极大提升。该项目总图面积比较宽松，将整体6000m² 的建筑设计为两层，有效减少了走廊、卫生间等非实验类房间的面积，提高了建筑物的利用率（图3-15、图3-16）。

3.2.2.3 化学实验室常见分析仪器设备

不同功能和类型的化学实验室所用到的分析仪器设备的种类有所不同，炼化一体化工厂实验室所用分析仪器设备种类较为全面，此处以炼化一体化工厂实验室为例，列举化学实验室主要分析仪器设备，如表3-1所示。

炼化一体化工厂实验室主要分析仪器设备表　　　　　　　　　　　　　　表3-1

序号	仪器设备类别	主要仪器设备名称
1	色谱类	气相色谱仪，液相色谱仪，离子色谱仪，凝胶色谱仪，薄层色谱仪
2	质谱类	同位素质谱仪，无机质谱仪，有机质谱仪，气相色谱-质谱联用仪，液相色谱质谱联用仪，ICP-质谱联用仪
3	光谱类	电感耦合等离子发射光谱仪，原子吸收分光光度计，紫外-可见分光光度计，核磁共振光谱仪，总氮分析仪，总硫分析仪，波长型X-射线荧光光谱仪，能量色散X-射线荧光光谱仪，冷原子吸收光谱仪，冷原子发射光谱仪，原子荧光光谱仪，红外光谱仪，激光粒度仪，元素分析仪
4	电化学分析类	极谱仪，自动电位滴定仪，pH计，卡尔费休水份分析仪（库仑法），卡尔费休水份分析仪（容量法），微库仑仪，毛细管电泳仪，微量氧分析仪，露点仪
5	塑料样品制备类	压片机，注塑机，造粒机，流延膜挤出机，吹膜机，挤管机，气动冲压机，电动缺切口机，铣割制样机，振筛机，研磨机，球磨机，混合机，切膜机
6	塑料产品物性测试类	万能试验机，拉伸试验仪，摆锤冲击试验仪，维卡软化点/热变形温度测试仪，落镖冲击试验仪，落球冲击试验仪，邵氏硬度计，洛氏硬度计，热differential扫描热量计，熔融指数仪，密度梯度管，堆积密度计，光泽计，雾度计，黄色指数仪，环境应力开裂试验仪，薄膜撕裂仪，摩擦系数试验仪，毛细管流变仪
7	油品分析类	实沸点蒸馏仪，开口闪点仪，闭口闪点仪，十六烷值机，辛烷值机，蒸馏试验仪，减压蒸馏试验仪，自动黏度计，航煤润滑性试验仪，柴油润滑性试验仪，航煤烟点仪，航煤水分离指数仪，航煤电导率仪，动态氧化安定性试验仪，自动热值仪，饱和蒸气压试验仪，酸值酸度仪，机械杂质测定仪，氧化安定性试验仪，全自动色度计，油品水份测定仪，铜片腐蚀测定仪，残炭分析仪，实际胶质测定仪，凝点测定仪，倾点测定仪，冰点测定仪，溴价溴指数测定仪
8	水质及环保分析类	pH计，电导仪，BOD分析仪，COD分析仪，折光仪，全自动水质分析仪，多元素水质分析仪，溶解氧测定仪，离子计，水中油分析仪，生物培养箱，恒温培养摇床，菌落计数器，TOC分析仪，流动注射仪，超净工作台，浊度计，烟道气分析仪，大气采样器，便携气体检测仪，声级计，风向风速仪，黑度计
9	实验室辅助类小型设备	天平，烘箱，加热板，恒温水域，带磁力搅拌加热器，电阻炉，马弗炉，真空烘箱，防爆烘箱，鼓风干燥箱，低温浴，纯水仪，离心机，超声波清洗仪，移液器

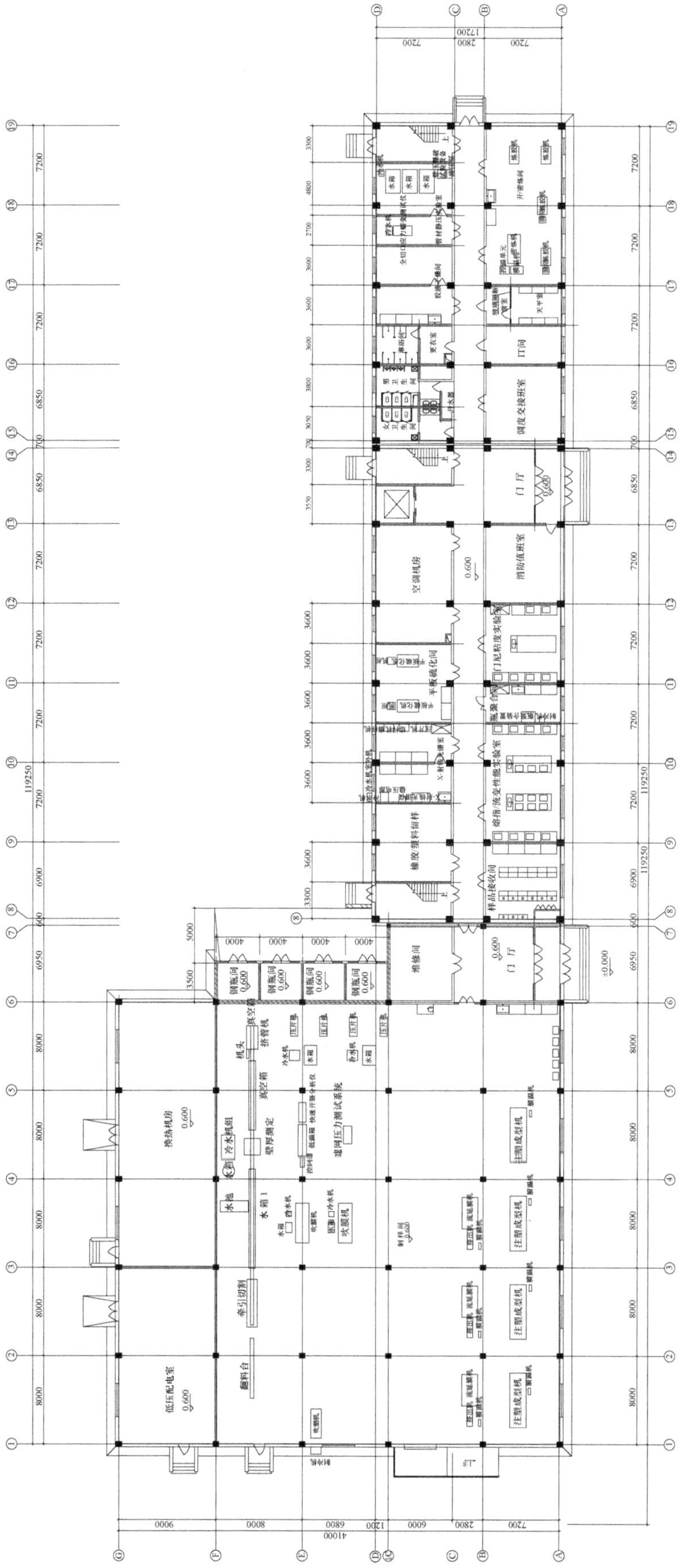

图 3-13　某北方化学实验室一层平面图

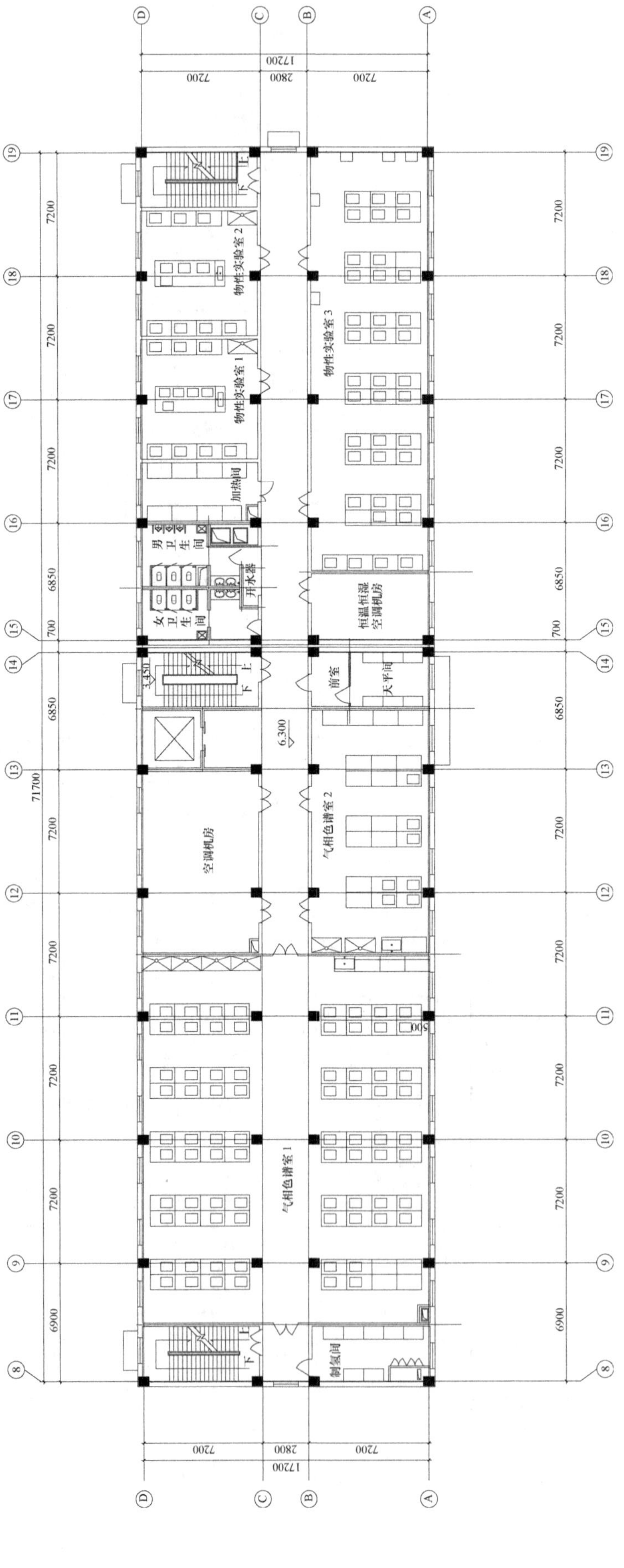

图 3-14 某北方化学实验室二层平面图

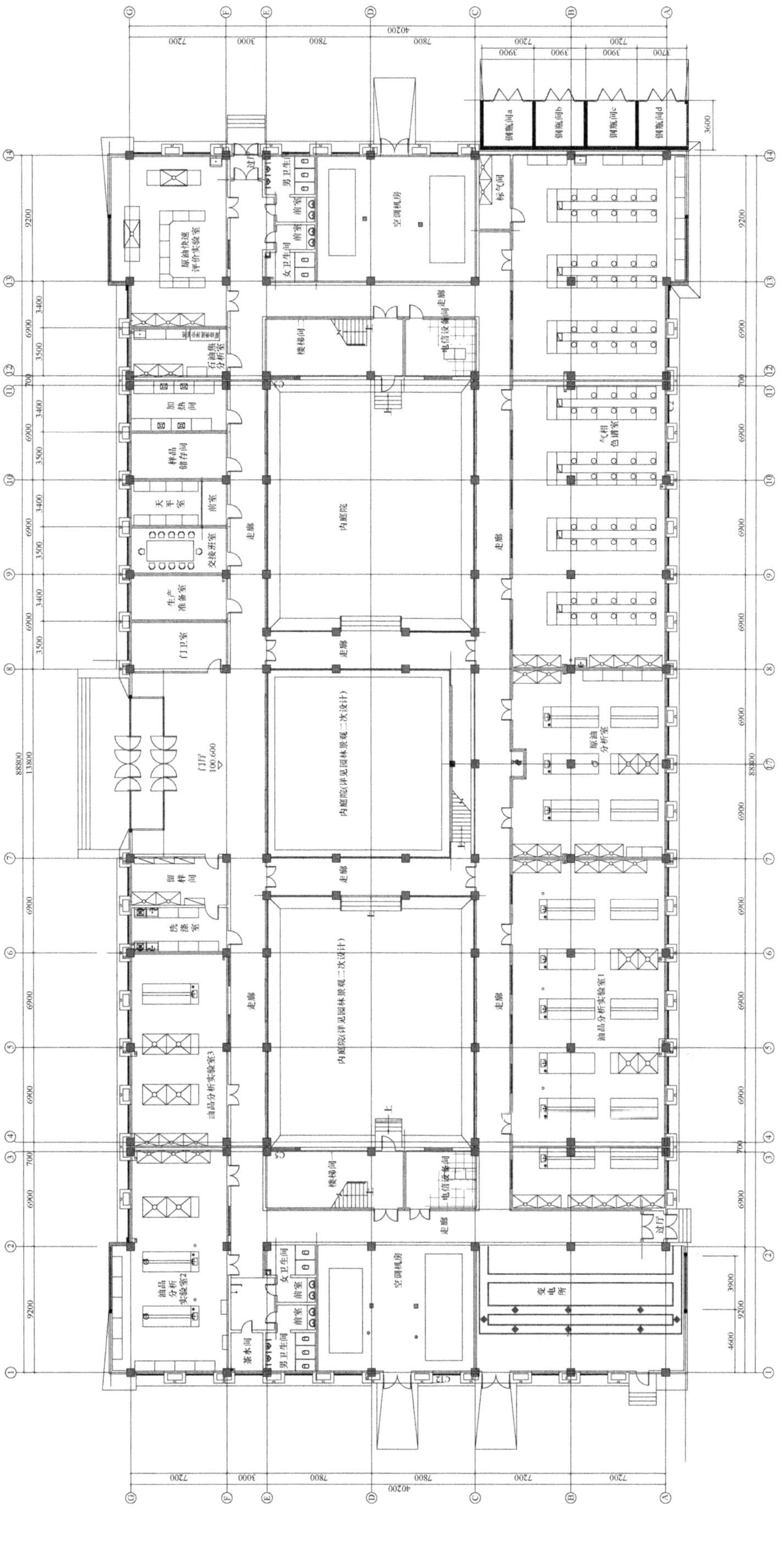

图 3-15　某南方化学实验室一层平面图

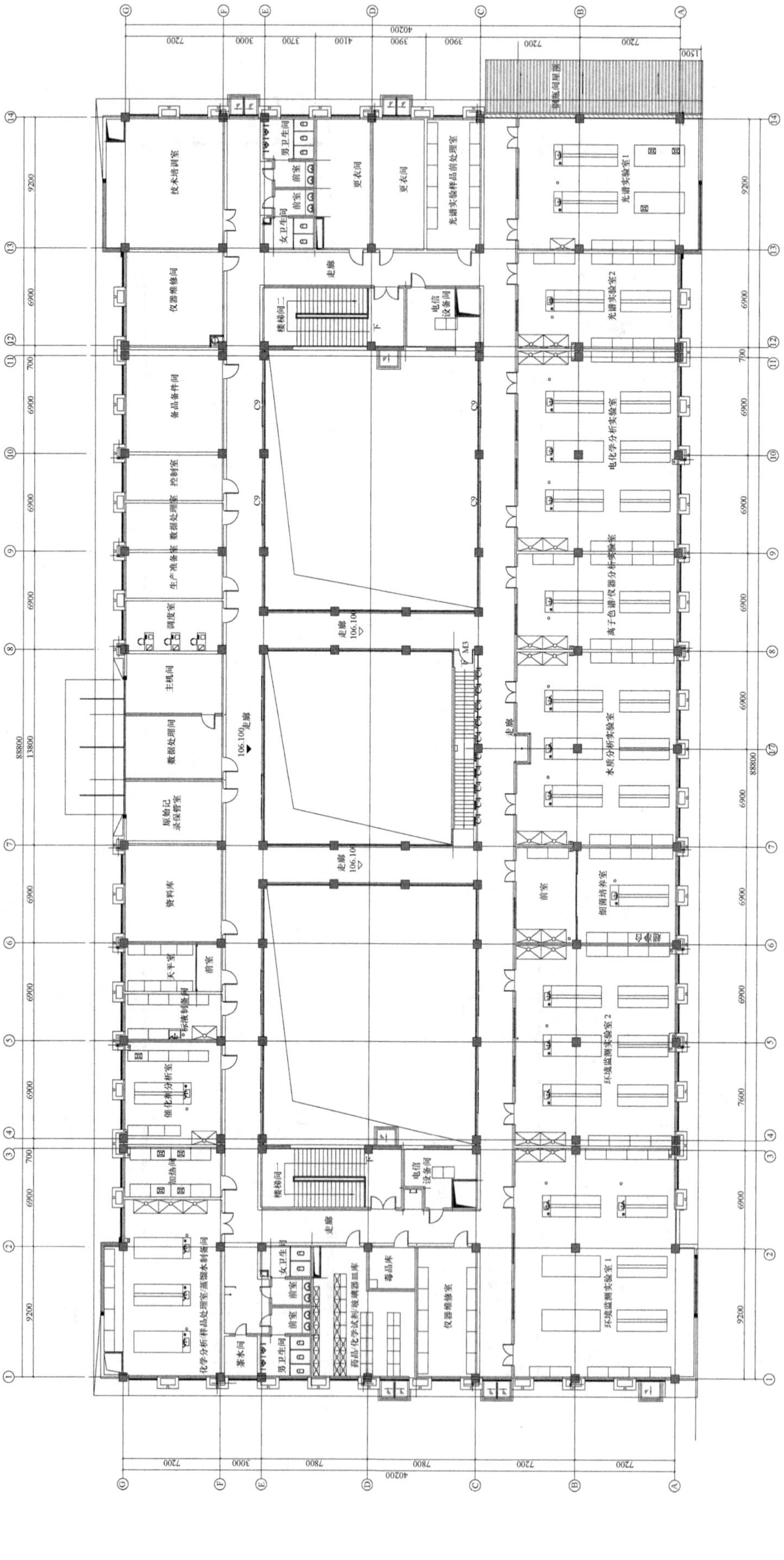

图 3-16 某南方化学实验室二层平面图

3.2.2.4　化学实验室公用工程配套设施

化学实验室的主要公用工程配套设施主要包括供水、供电、供气设施。

1. 化学实验室供水设施

化学实验室水消耗包括生活水消耗和实验用水消耗。生活水主要是实验室卫生间的用水，与办公类建筑设计相同。实验用水主要包括用于实验室玻璃器皿的初次清洗的常规用水，用于玻璃器皿二次清洁的除盐水/二级纯净水，用于精密仪器分析的一级纯净水以及用于油污等特殊清洗的热水。

（1）常规用水：在生产企业类实验室、检测类实验室、科研及教学类实验室设计中，常规用水通常来自生活水给水。

（2）除盐水/二级纯净水：在生产企业类实验室设计中，因为生产企业会生产除盐水，所以实验室在设计中常常会引入生产企业生产的除盐水，用于玻璃器皿清洗，除盐水质量较高时，可以替代二级纯净水使用。在研发、教学及检测类实验室设计中因为不具备生产企业类实验室的条件，通常需要自行制备二级纯净水用于玻璃器皿的二次清洗和部分实验，当用水量不大时，可以采用纯水机用于二级水的制备，如果用水量较大，可以设计纯水制备系统，为整个实验室的纯水提供水源。

（3）一级纯净水：在生产企业类实验室、检测类实验室、科研及教学类实验室设计中，用于精密仪器分析的一级纯净水通常由纯水仪制备，如果用水量较大，可以设计纯水制备系统，为整个实验室提供纯水水源。

（4）热水：有些实验用玻璃器皿和采样瓶的清洗需要用到热水，例如用于油品分析的玻璃器皿，所以实验室在设计中也需要考虑热水的设置。鉴于热水使用较少，用途较为单一，通常在清洗任务较集中的房间内设置快速加热器来提供热水。

2. 化学实验室供电设施

实验室电消耗主要包括照明用电和动力用电两大部分。动力用电除了分析仪器设备用电外，还需要考虑电梯、空调、风机等设备和机组的用电。因此，在设计前期需要充分预估实验室的电消耗，并根据需求设计合理的供电方案，这是实验室设计中的一个重要的环节。

生产企业类实验室、检测类实验室和教学类实验室因为任务相对固定，在设计中对实验室的功能和需要采购的仪器设备已经有了大致的概念，所以可以相对准确地提供分析仪器的用电需求，工程师在设计中明确特殊耗电设备的摆放位置，以确保电气设计与设备用电需求匹配。对于常规用电仪器设备，就不需要在设计中定位，业主方可根据管理习惯在实验室交付后灵活布置此类仪器设备。尽管此类化学实验室的任务和功能相对固定，但是在设计中也应该考虑适当的预留，以满足实验室未来更新仪器设备的电气需求。

科研类实验室的功能和任务往往有较大的不确定性，为了满足科研需求，仪器设备更新换代也较为频繁，不确定因素给设计工程师提出了较大的难题，如何能将电气设计考虑充分，是设计中需要解决的一个重点和难点。一种灵活的公用工程模块设计可以满足类似不确定性实验室的设计要求，即在实验台上方设置悬空的公用工程模块，模块内部可以铺设电线、电缆、气路管线及上下水管，模块外设置有插座、供气阀、水阀、网线等，可灵活地为新增的仪器设备提供相应的水、电、气。

3. 化学实验室供气设施

实验室还是个"用气"大户，在进行实验室气路设计前，需要充分了解分析仪器设备的用气情况，并明确用气仪器设备的摆放位置。表 3-2 中列出了炼油工厂实验室主要用气的分析仪器设备。除了分析仪器设备需要用气以外，防爆烘箱、氮吹仪等部分辅助仪器也会消耗气体，另外一些实验中还会遇到用空气作为吹扫气、用氮气作保护气等情况，都应该在设计中充分考虑。

炼油工厂实验室主要用气分析仪器设备表 表 3-2

序号	仪器设备名称	可能用到的气体种类
1	气相色谱仪	H_2，He，N_2，Air，Ar
2	原子吸收光谱仪	Ar，Air，C_2H_2，N_2O
3	电感耦合等离子发射光谱仪	Ar，Air，N_2
4	紫外荧光光谱仪（总硫分析仪）	O_2，Ar
5	化学发光光谱仪（总氮分析仪）	O_2，Ar
6	元素分析仪	He，O_2
7	冷蒸气发生原子吸收光谱仪（测汞仪）	Air 或者 N_2
8	微库仑仪	O_2，Ar
9	量热仪	高压 O_2，N_2
10	柴油氧化安定性测定仪	O_2
11	汽油氧化安定性测定仪	O_2
12	全自动蒸馏仪	N_2
13	荧光指示剂吸附法烃含量测定仪	Air
14	辛烷值机、十六烷值机	Air
15	全自动闭口闪点燃点测定仪	N_2
16	微量残炭测定仪	N_2
17	实际胶质试验器	Air
18	石油产品蒸气压试验器（雷德法）	O_2
19	全自动运动黏度测定仪	Air

早期实验室设计中对气路管线的设计没有形成一套完整系统的理念，往往是"用到"才"想到"，所以气瓶通常与用气的分析仪器放置在一个房间，高压气瓶作为实验室的危险源分散在各个房间既不利于管理，还会带来较大的安全隐患。随着设计理念的更新，实验室的设计中对供气系统的设计越来越受到重视，集中供气方案越来越多地被采用，在供气室/气瓶间设置相应的安全设施，既有利于气瓶的集中管理，也有效降低了实验室安全风险。

3.2.2.5 化学实验室"三废"排放

1. 废液排放

化学实验室排放的废液主要包含两部分：实验后废弃的化学试剂、化学样品；清洗产生的含有化学试剂的废水。针对不同的废液有不同的处理要求。

（1）实验后废弃的化学试剂、化学样品。此部分试剂因为含有较高浓度的化学品，应在实验后根据化学品的性质分类收集，并按照安全规范的要求暂存在专属区域，按期及时交由专业的机构处理，避免超量存放和违反安全要求混放带来安全隐患。

（2）清洗产生的含有化学试剂的清洗废水。在生产企业实验室设计中，通常会在实验室外设置废液收集池，用于集中收集实验室排放的此类废液，并进行预处理，处理后的废水排放至全厂污水处理厂再集中处理。但是在研发、科研及教学类实验室的设计中，往往不具备设置废水收集池的条件，可以在设计中考虑在实验室内设置废水无害化预处理系统，处理后的废液排放至生活污水管网。

2. 废气排放

新建的化学实验室，大部分采用的是集中排风系统，实验室内的气体通过屋顶设置的风机集中排放，因为化学实验室排放的废气中会含有一定浓度的挥发性化学组分，有些化学组分是环保排放标准中要求严格控制的指标，随着各地的环保排放要求越来越严格，对化学实验室的废气排放也提出了越来越高的要求。为了满足环保排放的要求，新建化学实验室的排风末端需要设置尾气处理设施，通过对排放气体中有害化学品的物理吸附或者化学反应进行无害化处理，使得处理后的排放气体满足环保要求。

3. 固体废弃物

化学实验室还会产生一定的固体废弃物，包括废弃的化学药品、测试样品、化学试剂的包装盒、试剂瓶、废弃实验材料等。固体废弃物应分类收集存放在专属区域，并定期及时由专业公司进行无害化处理，避免超量存放和违反安全要求混放给实验室带来安全隐患。

3.2.3　规划与建筑

化学实验建筑的规划及建筑设计需要根据项目的类别，包括科研类、教学类或生产企业类等，结合投资属性、实验工艺，经过选址规划、功能平面布局、实验室内部设计等不同阶段，逐步细化的系统设计过程。

3.2.3.1　规划选址及总体布局

1. 选址原则

选址是化学实验室建设过程落地的第一步，需要结合前期策划和项目定位，衡量以下4点来选择适合的地块进行项目建设：

（1）满足实验需求：场址及周边市政配套能有效支撑化学实验的建筑物、构筑物及其他辅助实验装置的布局和发展。

（2）满足配套需求：场址便于开展辅助实验的各项科研交流、生活等社会性活动。

（3）环境安全：项目建成后对地块周边产生的声、光、热、气、水、粉尘、病菌乃至爆炸、燃烧、辐射等环境影响因素，需要进行前期评价。在后期建设过程中，针对评估结果进行设计与治理，使其符合国家、地方及建设主管部门有关环境保护的各项规定。

（4）经济性：统筹考虑上述原则兼顾场址选择，便于控制和降低投资造价。

2. 总体规划

（1）规划原则

化学实验室建筑的规划布局，其特殊性在于需要重点考虑将其产生污染物排放的建筑布置于下风向及下游地段，保持一定的建筑间距和良好的通风廊道，设置绿化隔离，做好排毒和排污处理，前置环保综合评估、通过设计修正进行同步治理。

规划主体实验建筑的同时，需要规划出其他公共设施用房，尤其应注意科研实验所需的三废处理用房、危险品库房和需要进行防爆设计的实验室的布置，建议设置在非人群集中的边缘区域或临近园区次要出入口的园区支路上，适度离开科研楼座的同时便于后期使用时外部人员的处理和取放。与各实验楼座的距离，考虑服务半径的同时需要满足各项法律、法规的设计要求。

（2）规划布局的发展

随着化学学科的发展以及学科边界的扩展，化学实验室建筑规模和需求越来越大。以往多用单一楼座集中式设置，即将科研用房、科研辅助用房、公用设施用房、行政及生活服务用房设置在一栋楼内。随着现代化学学科研究的不断扩展，更多的实验室以组团甚至园区的形式出现，这也就更需要前期进行高效、合理的整体规划布局。多栋楼座的园区设计有以下几种布局形态：

1）核心式（单中心式）：以实验建筑为中心，其他辅助功能楼座围绕其设置。

2）单元式（多中心式）：每个单元体都由一组实验室组团构成，每个单元体都有各自的实验核心，单元体再组合形成复合多样的整体园区。复合型单元体可复制可延展，有利于实验室建筑的模块化、标准化发展，更兼具现代科学实验室发展需具备的通用性、灵活适用性，也便于较大园区的分期发展，在现在园区规划中广被采用。

3）集团式（园区集合式）：不论在高等院校内还是在科研院所园区内，交叉学科的扩展都呈现出更多大规模、多学科的集团式发展的研究中心、实验平台和科学园的规划布局。该类布局可由多个研究所组成，形成一定规模，成为地区型或跨学科的研究中心。也可形成更大规模的由科研、教学、生产、经营、生活等多组团构成的大型高科技园区、科学城。这类布局形态多呈现出区域组合式并可持续发展的态势。

（3）规划功能配置

化学实验室建筑的功能配置分为以下四大类，可综合进单体建筑一体化设计，也可以组团形式出现：

1）科研实验用房：通用实验室、专用实验室、大型仪器实验室、研究工作室、化学品库房等。

2）科研辅助用房：图书阅览、学术活动室、暗室、冷库、气瓶间、展陈、会议及交流讨论用房。

3）公共设施用房：淋浴间、卫生间、开水间、库房；水、电、制冷、空调、低温及热力系统、压缩气体等配套用房；通信、智能化、消防、三废处理间、车库等。

4）行政及生活服务用房：行政办公、宿舍、接待用房、库房和车库。

各种功能用房的配置比例关系针对化学学科研究类别有所不同，又可以分为化学和化工两个类别。化学类实验室主要是以理论研究为主，化工类实验室是以理论为基础和方法，侧重于实践和应用的研究。化工类实验室多跟能源类、应用生产类相关，实验空间尺度大、通风量大，因此管井及相应机房的面积会相应提高。因此，化工类科研用房占比明显低于化学类，科研辅助用房占比大。各类用房比例参考表 3-3。

化学实验室建筑工程各类用房比例 表 3-3

学科类别		总计	科研	科研辅助	公用设施	行政及生活用房
化学学科	化学	100%	50%～56%	15%～19%	7%～9%	19%～25%
	化工	100%	46%～51%	20%～24%	7%～9%	19%～24%

注：出自《建筑设计资料集（第三版）》第四分册。

（4）场地竖向设计

场地竖向设计中应重点注意以下几点：

1）提前进行场地内的土方平衡，减少外运，通过景观设计结合海绵城市的措施，实现其经济性合理性；同时，危废品库房和有防爆要求的实验用房等可以结合地形地景进行规划设计，以达到既安全可靠又不影响主体布局的效果。

2）化学实验室产生大量废气，建筑内通过设立管井将废气有组织地向高点排放，考虑最大化减少对下风向建筑的影响。

3）场地进行有效排水组织，避免和减少地表积水对建筑物尤其是对有物料堆放要求的堆场、室外气瓶、气罐等的影响。

3.2.3.2 建筑功能及平面布局

化学实验室建筑设计与实验工艺设计密不可分，在前期调研和实验工艺的梳理中应逐步明确和细化使用需求及实验工艺流程，在前期选址和总体布局完成后进行建筑功能组织、形态布局和平面设计。

1. 功能布局模式

（1）布局原则和特点

化学实验建筑的特点是需要将实验时产生的有毒、有害、刺激性气体进行高效气流组织，有效处理和快速排放，达到实验目的的同时改善实验空间环境品质。利用建筑形态上的布局进行物理分隔和高效组织气体回路是功能布局中的重点。

实验单元模件化组合也是科研实验建筑常用的布局模式。通常可结合实验需求设置实验单元，根据工艺和规模选取一种或多种布局类型，以基本平面单元为基础，形成多种单元模块的组合模式（图 3-17）。这种模块化组合适合当下化学学科快速发展的需要，有利于灵活性的提高和便于集中设置实验室管网或管道夹层。在遇到改扩建时，也可以根据需要增加若干单元模块，而不影响建筑外部形态的一体性。

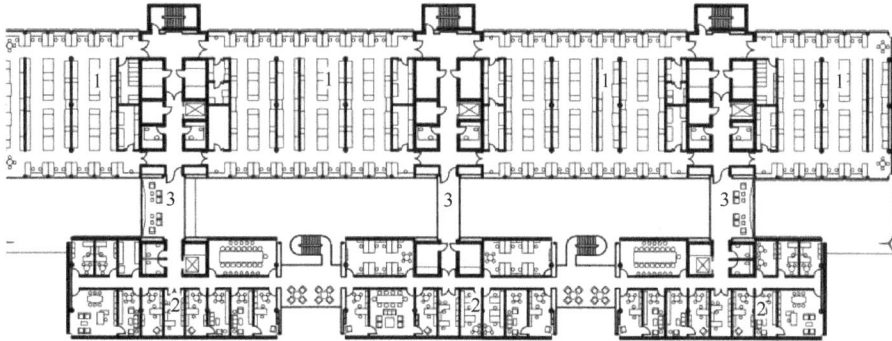

图 3-17　普林斯顿大学弗里克化学实验楼（美国）
1—实验室；2—办公室；3—学术讨论区

（2）布局模式

1）线性布局：线性布局中每个模块单元相对均等和独立。这种均好性，多设于临景观面和狭长地段。也可以通过线性组合把化学的实验单元与研究室单元通过公共设施空间进行物理性分隔（图 3-18）

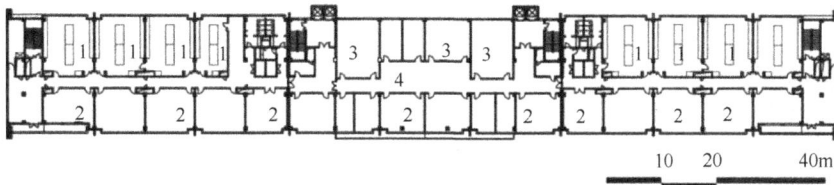

图 3-18　中国科学院苏州纳米仿生研究所科研办公楼
1—物理实验室；2—办公室；3—会议室；4—走廊

2）L 形布局：L 形布局的长、短肢可用于设置不同空间需求的功能体块。例如长肢为常规的通用实验室空间，短肢可设置大开间的开放实验室和结构形式不同的无柱或高大空间，以满足一些化工类实验和小型中试空间的需求（图 3-19）。

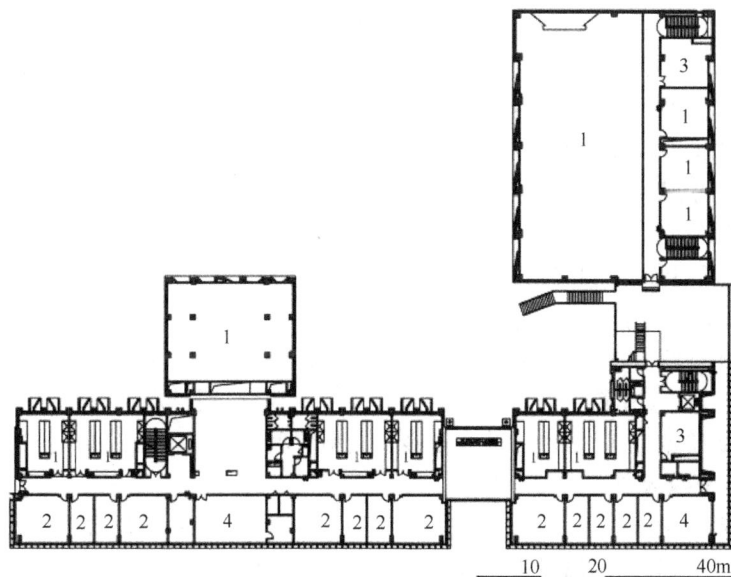

图 3-19　中国科学院山西煤化研究所能源楼
1—实验室；2—研究室；3—设备用房；4—会议室

3）U形布局：U形或"工"字形布局是化学实验室的常用布局模式。多个通用实验模块单元之间、实验模块单元和办公研究模块之间可以通过连接模块进行组合，连接模块内设置特殊实验空间或楼栋的公用设施等用房。既能实现实验单元的气流组织在各自模块单元内独立又高效的排放；同时不同单元模块的各类水、电、气的能耗计量，以及通风、空调也能有针对性的灵活控制。

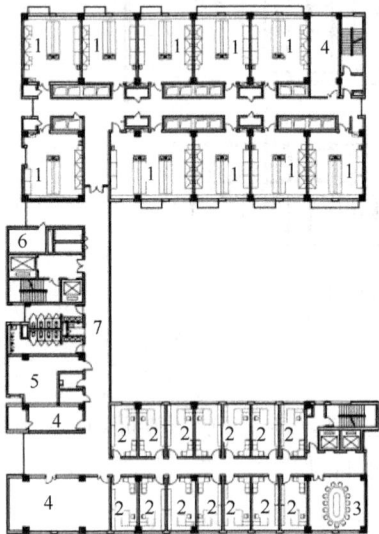

图 3-20 中国科学院化学研究所 5 号楼
1—标准实验室；2—研究工作室；3—学术交流室；4—公用仪器室；5—机房；6—杂物间；7—走廊

如果业主方对办公单元空气环境质量要求相对较高，即可将科研实验单元和办公等非实验单元作为两个独立模块按此分段分区域的设置，这种物理空间的分隔依然是保证空气环境质量最简单有效的方式(图 3-20)。

4）梳型布局、回字形布局、多向生长型：以一个模块单元为原型，结合功能需求和地段条件可以组合出多种平面布局模式。这种通过复制、重组多个模块单元形成多种复合模块体系的方式，是针对实验建筑适宜又高效的功能布局方式，同时能形成多样而富于变化的有趣味和人性化的实验建筑空间形态。

2. 建筑平面布局设计

（1）化学实验室的通用性布局原则

化学实验的主要特点是化学学科分类较多，实验内容多样，工艺要求复杂，工程管线较多，通风量较大，因此平面设计中需要遵循下列原则：

1）同类实验室宜集中设置。分类方式：化学、化工类；有机、无机类等。

2）相同工程管网类型的实验室宜集中设置。管网集中有利于提高平面使用效率。针对化学实验特点，通风量要求大的在高楼层设置，便于有害气体迅速排放和减少竖向管井穿越造成的平面面积损失。

3）有洁净要求的实验室宜集中设置，便于组织竖向管井和能源负荷相对集中。

4）有隔振要求的实验室及大荷载的大型仪器室宜设于底层或地下室，有条件时，宜将实验室与其他建筑物隔开。

5）服务型公共仪器设施用房宜集中设置。现今的化学实验中对于大型仪器房间的面积需求越来越大，这类房间通常对楼板荷载和避振要求较高，同时便于在室外增设空调设备进行独立控制，因此通常是以整层的底层空间进行集中设置或预留，层高建议相对提高。

6）有防辐射要求的实验室宜集中设置。

7）有毒性物质产生的实验室宜集中设置。

8）现代化学学科的发展、多学科交叉以及研究主体的团队型发展，为实验建筑布局带来新的需求，即实验室空间灵活可变，可持续性发展；辅助空间便于交流，促进交往。

（2）特殊设计需求的化学实验室特点

1）有机类化学实验室（图 3-21）：实验产生有毒、有害、刺激性气体较多，因此通风量需求大，排风柜数量多，通常设置于建筑上部楼层，可有效减少排风井道长度和数量。

2）分析类化学实验室（图 3-22）：设备较多，大型仪器对于荷载要求高，需要减少振动干扰，多设置于建筑底层，便于搬运和维修。

3）化工类实验室（图 3-23）：实验单元需要较大进深空间，便于设置大尺寸排风罩、落地排风柜和适应不同实验工艺流程，通风量视实验类别而不同。同时，它还存在进行小型成果转化的试验需要，因此可能出现局部高大空间和非常规尺寸的实验空间。

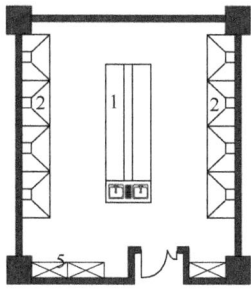

图 3-21　有机类化学实验室　　　图 3-22　分析类化学实验室　　　图 3-23　化工类实验室

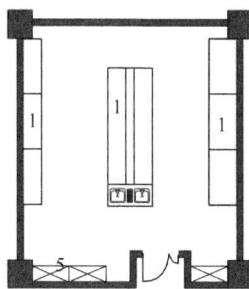

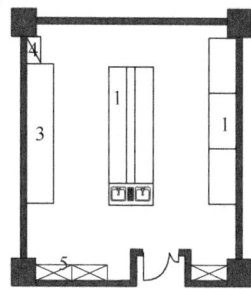

注：图 3-21～图 3-23 中 1—实验台；2—排风柜；3—落地排风柜；4—防爆气瓶；5—药品柜

（3）交通组织模式

1）单走廊系统：是化学实验建筑中最常见的平面形式，多选择中间设走廊，两侧布置实验室和研究室，管道体系多靠近走廊空间进行设置。该方式形体简洁、便于施工，易于综合布线和节约管道空间；有良好的自然采光和通风。设计中可增加交往空间节点，避免走廊空间过长带来的枯燥和压抑感。也有单侧设走廊方式，可用于开放式实验室布置中。

2）双走廊系统：在单走廊系统的基础上，加大平面进深，两外侧空间设置实验室和研究室，中间布置对自然通风采光要求低的特殊实验室、仪器室等；双走廊可呈现平行或环状连接的方式。此类平面进深大，两侧用房被中部房间分隔，使化学实验中产生的刺激性气体对研究室的干扰进一步减小。这种大进深的布局方式有利于节约土地，便于内部管网设置；中部房间宜于设置有洁净要求和其他无自然采光通风要求的实验室及服务设施用房（设备间、恒温室、冷库、暗室等）。该类型体形系数小、室内温度波动小、利于节约能源。内部空间形态相对多变而丰富。

3）组合走廊系统：根据具体实验需求和地段情况，可以选择基本走廊形式进行组合，产生较为复杂的平面交通形式（表 3-4）。

走廊组合形式　　　　　　　　　　　　　　　　　　　　　　　表 3-4

单走廊系统	双走廊系统	组合走廊系统

3. 化学实验室平面设计

实验室和研究室是化学实验室建筑平面设计中最主要的功能房间和最小基本单元，是实验单元模块的主要房间组成。实验室承载了具体实验功能；研究室是供研究人员书写研究报告、论文，阅读有关资料的房间。

这两种基本功能单元之间有多种组合模式，且随着化学学科研究的发展也在不断变化。通常业主和设计者会依据具体研究方向、实验类型和需求，同时结合实验人员的工作方式，研究团队的人数、组织形式和研究机构的管理运维模式等进行综合考虑后，最终选用一种或多种模式进行。

（1）实验和研究用房的平面布局原则

1）尽可能避免实验产生的有害气体和实验设备噪声对于研究人员的影响。

2）布局时应综合考虑不同化学学科的实验需求和经济性等多方面因素。

3）设计中需要实验用房和研究用房之间联系相对便捷。由于计算机分析和自动化控制已经逐渐融入化学实验研究，也使得实验用房和研究用房的空间距离限制进一步缩小。

4）实验室内、实验室间可适度增加交流研讨空间的设置。

（2）实验和研究室的组合模式

1）包含融合式：实验室与研究室在同一平面空间内，即在实验室或开放实验区里敞开式设置专门进行记录、书写和研究的区域。这种模式实验室和研究室融合在一个空间内，便于实验观察，实验和研究紧密相连，但是不适用于产生较多有毒有害气体的化学实验室，如有机化学实验室等。

2）独立贴临式：研究室房间贴临实验室周边相对独立设置。研究室可以设置在临外墙或内墙侧，设在外墙侧自然采光效率高；而设在走廊侧能远离排风柜，通常为送风端，能降低与实验气流的双向干扰；隔墙可以使用砌块墙体或透明隔断进行分隔。这种模式研究室空气环境质量有较大改善，受实验室内有害、有毒、有刺激性气体的影响小；研究室临近实验室便于随时观察，联系密切，又具有一定独立性，便于研究团队工作。

3）分离分区式：研究室与实验室各自相对集中，可以被走廊或其他公共房间整体分离开两端设置，或分区布置在同一建筑的不同区段。这种方式研究室与实验室相互干扰最小，各专业管网设置相对集中，便于有针对性地解决不同区域的气流组织需求。这种方式是现有化学实验室中最常用的模式，可结合具体实验需求衍生出多种分离、分区形式。

4）开放组合式：当今化学学科研究正逐步向智能化、多学科融合的方向发展，研究方法和课题方向也在不断延展和变化。为适应这种需求，出现了将实验室、研究室、仪器室、服务设施等空间融合在一个开放式大空间内的布局形式。这种混合式布局的多功能复合型"大空间实验区"兼具通用性，又可以进行二次灵活布局。这种开放式布局能发挥学科交叉优势，高效利用空间，创造共享开放的学术空间和便于后期二次改造。通常用于刺激性气体少、通风量小的化学实验室设计中。

（3）化学实验室内部功能布局特点

化学实验室是实现化学实验的主要功能空间，其内部功能布局有一定通用性。

1）实验台：通常垂直外墙设置，便于天然照明，增加舒适度；实验台尽端有条件预留横向通道，增加便利性；可在临窗设置通长书写板，便于临时记录。

2）排风柜：通常设置于临窗区域，远离门口，避免人员出入对实验产生干扰；同时利于进风、排风的回路增长，有效调整室内的空气质量。当排风柜过多，有机械补风系统进行风量补偿时，对其位置要求即可降低。

3）药品柜：化学实验室内均需要设置药品柜，存放有挥发性或少量有毒性的特殊化学试剂。药品柜通常设置不间断独立运行的排风系统。

4）水槽设置：化学实验属于典型湿性实验室，实验需要纯水、实验后需要大量试剂容器的冲洗，因此通常每列实验台尽端均需配置一组水槽，有些实验室在临走廊一侧边台还需增设水槽，便于使用。

5）压缩气体的使用：实验中的特殊实验气体通常可以使用移动气瓶或气体管道输送的方式。使用气瓶需要在实验室内预留气瓶的临时存放空间；气体管道输送的方式可选择建筑物内设置压缩气体机房，再通过气体管道将实验所需气体引入实验室内；或房间内设置气瓶柜或防爆气瓶柜；还可选择在室外设置气瓶存放区，再将气体管道附着墙面进入对应的实验室室内，这种方式具有较大灵活性，可结合实验的变化进行后期调整。

6）废液、废固临时存放区：化学实验室内需设置废液、废固等的临时存放区域，并用明显标识标注出类别。

7）紧急冲洗设施：化学实验中如果出现研究人员被有毒有害药剂侵蚀伤害时，应能在本实验区迅速进行紧急冲洗处理。开放型较大实验用房可以在实验室入口处或室内相对居中的显著位置设置；中小型实验室可以在本实验区域走廊的局部放大区域设置紧急冲洗设施。该设施应位于通道的显著位置，但不可影响消防疏散。

8）防爆冰箱：用于在较低温度下冷却储存药品试剂等，如常温下不易保存、易挥发、易燃易爆危险物品。严禁存储火源（火柴、打火机等）、放射性物质、动物活体等不适合本设备的物品。

9）开放性透明墙体的应用：沿走廊设置透明墙体的化学实验室越来越被业主方选用，将实验室走廊墙体设置成落地玻璃隔断或将位于实验边台上部的墙体设置通长玻璃窗。这种方式既可以增加通透性，将自然采光引入走廊，减少实验室的压抑感，又便于满足参观和观察需要，在增加实验安全性的同时给实验室内人员保持室内整洁有一定监督促进作用。

（4）化学实验室管网系统与管井平面的布局模式

化学实验室需要配置大量给水排水、强弱电、通风空调、压缩气体等各种管道体系，这些设备管网在平面布局和吊顶高度上均会占据相当大空间，因此依据实验需求选用适宜且高效的管网系统和管井布局很大程度影响着建筑平面的形成。

管网系统按照干管设置逻辑主要分为垂直式和水平式，按照管井平面设置位置分为分散式和集中式。结合以上两种模式的特点和实验需求，在一栋建筑内不同区域的平面中也可以同时使用上述两种管网系统和布局模式（表3-5）。

1）垂直式管网系统＋分散式平面布局：各专业总管水平设置在底层、顶层或技术夹层，干管垂直设置于竖向管井中。竖井多点、分散布置在各个实验室周边。这种方式支管即末端到干管的距离短，吊顶高度占用小；但平面面积大，房间布局常常受此限制不够开阔和灵活。根据管井位置可分为内部分散式和外部分散式，是化学实验建筑最常用的管网布局模式。内部分散式适用于中小型实验室，外部分散式内部空间灵活性高。

2）水平式管网系统＋集中式平面布局：各专业总管垂直设置在设备间或管井内，干管水平设置在吊顶或水平设备夹层中，连接支管到楼层内的每个实验单元。这种方式水平管线路径较长、吊顶高度占用大；单平面管井占用小，管井量少而集中设置易于形成大空间布局，并可以二次改造再灵活划分。根据管井位置可分为内部集中式和外部集中式。适用于较大型实验室或开放型实验室。

管网布局模式　　　　　　　　　　　　　　　　　　　表 3-5

垂直式管网系统		分散式竖井布局	外部	
			内部	
水平式管网系统		集中式竖井布局	内部	
			外部	

注：1—总管；2—干管；3—支管。

3.2.3.3 化学实验建筑外部造型设计

1. 化学实验建筑外立面设计特点

（1）常规外立面的影响因素

化学实验建筑立面设计同样需要首要考虑外部影响因素，如：场地周边环境、气候特点、地域文化特点、城市规划要求，以及业主需求、机构背景和投资造价标准等。

（2）化学实验特色的影响因素

化学实验建筑有其特殊的功能形态组合和通风管网系统，这些内在因素很大程度上有着外在的体现，会形成特殊的建筑形态和立面效果。这些"实验基因"在建筑的外观设计中形成了一种独有的实验建筑语汇，由内向外渗透着其独特的实验内涵。

1）单元秩序感：实验单元组合的秩序感往往会在外立面设计中体现出其单元节奏和韵律感（图 3-24）。

图 3-24　中国科学院化学研究所实验大楼立面

2）管网外置的实用主义艺术化处理：化学实验排风量大，管道回路多。立面设计时将排风管道、烟囱、压缩气体等管道体系不再进行遮蔽而将其外置，结合立面造型给外部管道或其他设备预留廊道回路或夹壁空间的方式，或直接塑造外露的管道形态形成新的外立面构成。通过这些设计方法使实验元素真正成为实验建筑的一部分。这种化学实验属性的外向性表达，体现出实验建筑的独特和真实（图 3-25）。

图 3-25　中国科学院大学化学实验楼立面

3）顶部处理：由于化学实验排风、补风设备大量设置在屋面层，考虑降噪、散热的需要，屋面层设计中会考虑利用加高墙体、设置百叶、利用斜屋面等方式进行第五立面的处理，在体现实验特色的同时解决工艺性问题（图 3-26）。

图 3-26　青岛科教园化学楼鸟瞰

2. 立面设计发展趋势

化学实验建筑的立面造型设计已经从仅仅满足需求、质朴低调的节制简约型立面，向寻求实验建筑的内在秩序、探究其实验特质和寻求由功能需求引发的外立面逻辑方面发展。"实验"的精神内核正由内向外地渗透出来，更多的外化体现在建筑形态和立面造型的塑造中，因此其外部造型语言与立面表情中也越来越多地体现出其内在的"实验基因"。

3.2.3.4　化学实验室内部空间尺度及装修设计

1. 实验室内部空间尺度

实验室内部空间尺度一般指实验室的开间、进深、层高、走廊的尺度，是实验室设计中的基本要素。通常根据学科特性、科研人员的活动范围及实验设备布置要求而确定。

（1）柱网尺度

化学实验室常用柱网开间尺寸为 6.6～7.2m，从经济高效到舒适适用可以根据投资情况选择；高层建筑考虑兼顾地下停车的需要也可以扩展为 8.1～8.4m，但经济性稍差。柱网进深常用尺寸在 6～9m，进深过大梁高会影响吊顶下净高空间。

（2）层高尺度

化学实验室建筑实验区域层高通常在 4.2m～4.5m，设计中可以结合具体房间净高需求、通风量大小、内部管井布局形式、投资造价等因素进行上下浮动；首层通常设置门厅及大型仪器室等大空间实验室，建议适当加高到 5.1m～5.4m。

（3）吊顶尺度

房间与走廊的吊顶高度与其管网设置数量、路由宽度和布局模式关联较大，应尽可能紧凑立体布局管网空间，最大化提高室内管线标高，提升舒适度。常规实验室走廊吊顶高度宜达到 2.7m 以上。

2. 实验室内装修设计特点

（1）主要饰面选材原则

所有饰面材料均需满足化学实验的特殊属性：耐久、耐磨、耐压、耐腐蚀。

（2）重要选材和构件的要求

1）楼地面：化学实验室有大量实验设备和推车的搬运需求，楼地面饰面材料要满足耐久性、耐压性、耐化学腐蚀性的要求，应保证基层坚实，如有特殊荷载要求可使用配筋重载地面。同时需考虑造价和美观。

2）墙面：化学实验室内墙面通常使用防水、防霉、耐擦洗的墙面涂料，主要通道的转角部位可设置护角板保护；隔断墙可使用石膏板、彩钢板或铝塑型材玻璃隔断。

3）顶棚：化学实验室内不宜设置封闭式吊顶。开放式吊顶式无吊顶有利于降低投资、增加室内净高、易于清洁和避免吊顶内积蓄危险气体，同时便于实验的灵活调整，属于当今实验室的发展趋势。但同时需优化管网路由，否则会降低实验室品质。

4）实验室门：实验室门可选用钢制门或木质门，如造价许可优选钢制门；因有实验设备的搬运需求，实验室门净宽宜不小于 1.5m，需设置观察窗。

3.2.3.5 化学实验室建筑的发展变化及未来空间趋势

近现代几个世纪以来，化学学科在不断与其他学科交叉与渗透，产生了很多边缘学科。与此同时，适应这些实验研究的实验空间形式也在不断发展、变化及创新。"平台式整合发展、通用兼具多变型、开放共享人性化的复合空间"已经成为化学实验室的现在和未来。

（1）整合——平台式集群型发展：化学学科的发展和其他自然学科的发展密不可分，同时也衍生出大量交叉融合学科。因此出现了越来越多的大尺度、集合型实验空间，提供进行更多学科交融、可不断延展的学术平台，甚至是集群式的建筑实验组团。

（2）通用——通用布局+灵活多变：随着化学学科快速而多元化发展，设置更多的通用性实验单元来满足学科方向的不断变化需要，使之能最大限度地进行适应性调整和进行更灵活的二次更新。

（3）复合——开放式+流动交往：从单一基础学科到多学科交叉；从封闭的小开间实验室到开敞的大空间实验室。学科间的"跨界"带来空间的"融合"，开放和共享的流动空间又不断"模糊"着学科之间、研究者间交往的边界。

多类型空间的叠加交融，透明的墙体，模糊的边界，可随时交流分享的人性化休闲空间。这种复合型的实验空间是当代化学实验室建筑不断追求的目标，更是未来化学实验室设计继续创新向前的方向。

3.2.3.6 结构设计

1. 结构选型

化学实验室建筑根据建筑功能和工艺要求，一般有"一"字形、"L"形、"U"形等平面布局。由于其建筑层高较高，同时实验仪器、大型设备、排风柜等对荷载的要求也较高，其结构形式通常可采用钢筋混凝土结构和钢结构。

（1）混凝土结构

对于没有政策性要求采用装配式的化学实验室建筑，钢筋混凝土结构刚度大，耐久性好，且工程造价经济。针对不同的设防烈度地区以及建筑物高度，可采用框架结构、框架—剪力墙结构等结构形式。

框架结构：由梁和柱共同组成的框架来承受房屋全部荷载的结构。其优点是空间分隔灵活，自重轻，节省材料，具有可以较灵活地配合建筑平面布置的优点，有利于实现对于平面空间要求较高的实验室。框架结构的缺点是侧向刚度较小，在地震作用下，结构所产生水平位移较大，高烈度地区适宜的建筑高度较小。

框架—剪力墙结构：在框架结构的基础上增加一定数量的剪力墙，利用剪力墙侧向刚度大的优点，在地震作用下，结构所产生水平位移较小，在高烈度地区也可建造较高的建筑。剪力墙可结合建筑功能和平面布局，利用楼梯、电梯、卫生间等进行合理布置，同时框架部分可以实现灵活地配合建筑平面。

对于化学实验室建筑，在地震烈度较低地区，建筑物高度较小时，可采用框架结构。当地震烈度较高，建筑物高度较高时宜采用框架—剪力墙结构。

（2）钢结构

近年来，随着装配式建筑的发展，钢结构逐渐成为政府投资项目的重要结构形式。钢结构与混凝土结构相比，强度更高，抗震性能更好，并且由于构件可以工厂化制作，现场安装，因而大大减少工期，更能适应国家对于装配式建筑的政策要求。但钢结构建筑比混凝土结构工程造价更高，对于建设资金紧张的项目审慎采用。

对于化学实验室建筑，可采用钢框架结构和钢框架—支撑结构。钢框架结构，由钢梁和钢柱共同组成的框架来承受房屋全部荷载的结构，具有同钢筋混凝土框架结构类似的优点，可以较灵活地配合建筑平面布置。由于其良好的抗震性能，在高烈度区也可以实现较高的建筑高度。

钢框架—支撑结构，在钢框架结构的基础上，结合电梯间及卫生间等功能房间，增加一定数量的钢支撑，增加结构的侧向刚度，在高烈度地区可建造高度更大的建筑。

2. 柱网选择

（1）柱网尺度

化学实验室建筑常用的柱网为：6.6m、6.9m、7.2m、8.1m、8.4m、9.2m 等，具体数值可根据实验室功能和工艺要求确定。根据实验室及走廊位置，可将框架柱设置在走廊两侧，这样可减小走廊范围梁高，有利于机电管线通过，增加走廊的净高。或者将框架柱设置在走廊的一侧，另一侧不设置框架柱，框架梁的跨度含走廊，这种方式适用于走廊一侧实验室净深要求较小的情况。

（2）柱网设置和竖井布局的结合

根据工艺要求，化学实验室通风竖井分为分散布置和集中布置两种情况。竖井分散布置，管线的走向一般为竖向，不占用高度空间，此范围柱网可采用较大柱网，提供更加开阔和灵活的平面空间。竖井集中布置，管线水平通过较多，占用高度空间，此范围可采用较小柱网，减小梁高，以获得较大的净高。实际实施时可根据建筑功能、工艺条件等因素结合采用不同的柱网尺寸。

3. 振动控制

在化学实验室建筑中，有些设备或仪器对振动有要求。有隔振要求的实验室或仪器室宜设于底层或地下室，有条件时宜将实验室与其他建筑物隔开。无法隔开时，可在设备底部设置隔振支座或设置隔振沟，以减小外部环境对实验设备及仪器的影响。

3.2.4 暖通空调

3.2.4.1 室内环境参数

化学实验过程对室内空气参数的要求，比如温湿度、新风量或换气次数等，呈现多样性，有时会很高，比如恒温恒湿要求、洁净度要求、风速要求等。室内空气设计参数应根据具体实验使用要求确定。对于没有特殊要求的化学实验室，兼顾工作人员的舒适度，室内空气设计参数一般可按表 3-6 选取。根据《科研建筑设计标准》JGJ 91—2019 实验室内噪声级宜小于或等于 45dB。考虑到本书涉及各行各业的化学实验室，如工业企业内部的化学实验室、石化企业化学实验室。根据《工业企业噪声控制设计规范》GB/T 50087，工业企业办公室、会议室、实验室噪声限值为 60dB，考虑到 60dB 对人员在化学实验室及办公室工作的影响较大，所以本次建议取值 45～55dB。

室内设计参数　　　　　　　　　　　　　　　　　　　　表 3-6

房间名称	室内温度（℃）		相对湿度（%）		人员新风量 [m³/（人·h）]	噪声标准 [dB（A）]
	夏季	冬季	夏季	冬季		
办公用房	26	20	≤60	≥30	30	45～55
化学类实验室	26	20	≤65	≥30	30	45～55

房间名称	室内温度（℃）		相对湿度（%）		人员新风量 [m³/(人·h)]	噪声标准 [dB(A)]
	夏季	冬季	夏季	冬季		
物理类实验室	26	20	≤60	≥30	30	45～55
高精度天平室	26±2	20±2	50±10	50±10	30	45～55
一般仪器室	26	20	≤60	≥30	30	45～55

放散有害物质的化学实验室，通常应保持负压，其与相邻走道或房间的负压值通常为5～10Pa。

化学实验室的室内空气参数要求，直接影响到暖通空调的设计方案和系统划分，最终影响到项目费用和运行维护等，所以参数要求不宜过于分散，应尽量统一，使其易于工程化。

3.2.4.2 供暖系统

严寒或寒冷地区的化学实验室可选择集中供暖，当实验室内设有空调系统，且空调系统能够满足冬季室内温度要求、经济上合理时，也可不设置集中供暖。供暖方式可选择散热器供暖、地板辐射供暖等方式，集中供暖承担围护结构的基本热负荷。

化学实验室另一项重要的热负荷是新风热负荷，新风热负荷由新风处理设备承担。由于化学实验室的排风量是不稳定的，为保证室内压差，新风量应根据排风量的变化进行调节。因此，新风热负荷也是随时变化的。

3.2.4.3 通风空调系统

化学实验室的通风空调系统，应在提供给实验室工作人员舒适、健康、安全的环境的基础上，确保周边环境的安全。简而言之，化学实验室的通风空调系统，应具有以下主要功能：

(1) 确保实验过程要求的环境空气参数。

(2) 确保室内温度及相对湿度满足人员舒适性要求。

(3) 确保实验过程中产生的污染物被及时消除，避免对室内工作人员产生影响。

(4) 确保实验排风柜面风速达标，避免柜内有害气体进入室内。

(5) 确保散发有害物质的实验室保持稳定的负压，以保证周边环境的安全。

(6) 确保实验室废气及时有效处理，避免污染大气。

1. 空调方式

化学实验室常用的空调方式有两种，第一种是由风机盘管、分体空调或多联式空调机来承担室内冷热负荷，由新风空气处理机组承担自身新风负荷补充室内新风。这种方式新风量选取下列两项中的较大值，满足房间风量动态平衡要求以及人员卫生要求：

(1) 每人不小于30m³/h的新风量；

(2) 补偿排风和维持室内压力所需的风量。

第二种空调方式是新风在承担室内冷热负荷的同时，承担自身新风负荷补充室内新风。这种方式新风量选取下列三项中的最大值，满足房间温湿度要求、风量动态平衡要求以及人员卫生要求：

(1) 满足室内温湿度所需的最小送风量；

(2) 每人不小于30m³/h的新风量。

(3) 补偿排风和维持室内压力所需的风量。

2. 补偿排风和维持室内压力所需的风量排风方式

为控制室内污染物浓度，满足卫生标准，化学实验室应根据工艺要求设置排风。排风方式应遵循局部排风优先、全面排风辅助的原则，并通过计算确定排风量。全面通风和局部稳定通风的总换气次数一般不小于4～6h⁻¹，一些较特殊的实验室换气次数需要12h⁻¹以上。

按照排风方式的不同，化学实验室排风一般分为两种类型：

第一类为定风量排风系统，通常应用于仅设置全面通风的房间，如储藏室、试剂存放间等；或者房间内的局部排风设施持续稳定运行，且风量、气流组织等和全面排风相契合，排风柜为定风量型，也可以酌情采用定风量系统。

第二类为变风量排风系统，通常应用于房间内布置有若干间歇使用的局部排风实验设备，如排风柜、万向罩、原子吸收罩等的实验室。排风柜通常用于过程中会散发有害化学气体的实验，排风柜的主要功能是将实验时产生的各种有害物质直接通过风管排出，避免这类有害物质进入房间影响实验及操作人员的健康以及环境的安全；万向排气罩一般采用高密度材料，耐腐蚀、使用方便，在一定范围内可自由伸缩导管，导管上设旋钮，可自由开关。原子吸收罩为不锈钢集气罩，一般用于排放火焰燃烧的废气，其配有不锈钢导风管且在一定范围内可自由伸缩，导风管上配有手动调节阀用来调节风量。原子吸收罩及万向排气罩的功能也均是快速排出有害物质，避免影响实验操作人员的健康以及环境的安全。

对于第一类实验室，排风量需要根据实验室内实际的排风柜运行台数及操作口开度、万向罩及原子吸收罩的实际使用台数等因素的变化而变化，排风系统既要保证有害物质的有效及时排除，又要保证排风系统易于控制管理，稳定、低能耗运行。

由于化学实验室种类较多，内部设施及实验类型不一，所以对排风系统的要求也不尽相同。前期应对各类实验室进行梳理，详细了解实验室工艺要求，并根据实验室功能、实验内容、使用时间、排风中含有的有害物特性以及房间正负压特性等设计排风系统。排风系统可以跨楼层竖向布置，按照实验室功能将同一类型或者相似类型的实验室列入一个排风系统；也可以横向布置，将同一楼层的实验室按照类型分成几个排风系统。

实验室排风一般由排风机组经过必要的净化处理后集中排放，排风量的选取应根据实验室功能、特性以及用户实际实验操作的习惯综合考虑，并且需要考虑排风柜、原子吸收罩、万向罩等的同时使用系数。

3.2.4.4 气流组织与风量平衡

化学实验室应通过合理的气流组织，将实验室内产生的污染物直接排出室外安全区域，避免在室内造成二次污染；实验室内气流应从低污染区流向高污染区，送风口应远离排风柜前实验区，避免干扰排风柜气流；实验室室外排风口和新风入口的布置也应避免短路和交叉污染。

采用定排风量系统的实验室，排风量一般按最小换气量、设备排风量两者的最大值确定。为保持室内负压稳定，排风量大于送风量，且送风也是定风量运行。多出来的空气由实验室的门缝和墙上百叶风口渗入房间，达到风量平衡。

采用变排风量系统的实验室，排风量随实验室排风柜等设备使用状况的变化而变化。同样为保持室内负压稳定，排风量大于送风量，且送风量随着排风量的变化而变化。多出来的空气由实验室的门缝和墙上百叶风口渗入房间，达到风量平衡。随着科学技术的发展，从节能角度考虑，排风柜通常都为变风量型排风柜，即随着排风柜操作面面板开度的变化，快速调整排风柜的排风量，确保排风柜风速不变。这就对系统提出了如下要求：

（1）化学实验室内的每一台排风柜均设置变风量调节阀，可以快速响应排风柜面板的移动。

（2）化学实验室内的其他通风设备，例如：原子吸收罩、万向抽气罩、试剂柜等，一般采取定风量排风控制。根据受控设备需求风量设置定风量调节阀固定风量，可以在其他设备或管路调节风量时，保证通过的风量恒定不受影响。

（3）空调送风管设置变风量调节阀，适应房间不同的排风量，快速追踪控制，满足房间相对负压要求。

（4）服务于实验室的排风机、空调送风机均需要有变频功能，以适应房间排风量及送风量的变化。

图3-27是一个典型的实验室空调通风系统原理图，系统共两个房间，分别是聚合实验室及试剂间。聚合实验室内布置5台普通排风柜、4台步入式排风柜、实验台上两个万向抽气罩，试剂间包括

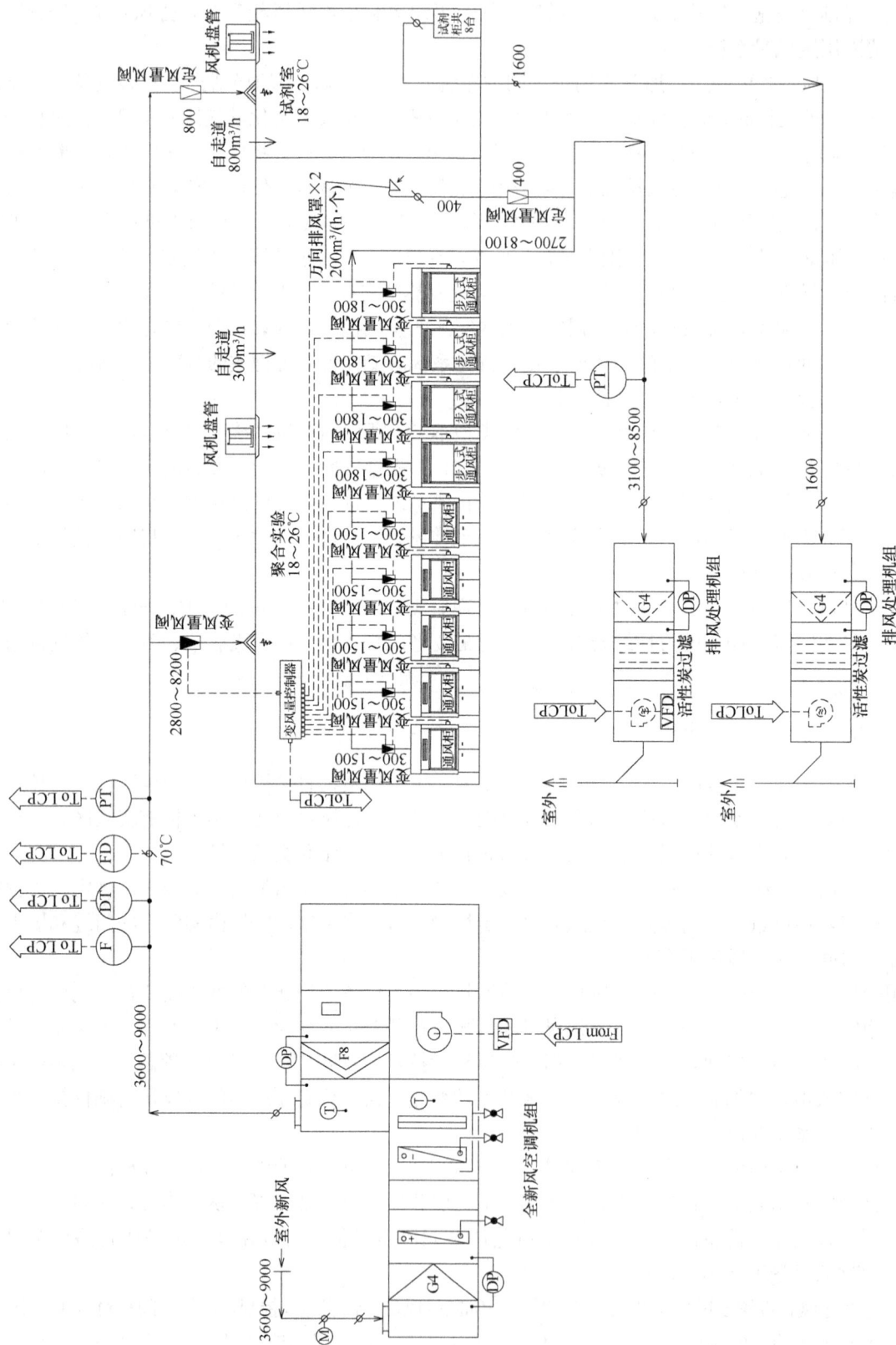

图 3-27 典型实验室空调通风系统原理图

8 台试剂柜。实验室空调系统设计为风机盘管＋全新风空调系统。两个房间分别设置若干风机盘管满足房间本身冷热负荷需求；全新风系统采用组合式空调机组的形式，补充两个房间的室内排风。

聚合实验室每个排风柜的排风管上设变风量阀门，根据排风柜操作面高度变化调节排风量，以保持排风柜的操作面风速恒定；在万向抽气罩的排风管上设定风量阀门，以保持万向抽气罩排风量恒定。在聚合实验室送风总管上设置变风量阀门，匹配房间总送风量需求，保持房间相对负压。试剂间定送风量、定排风量运行，单独设置排风机并常开。在试剂间送风管上设置定风量阀门，由于服务于试剂柜的排风机仅为该房间服务，所以试剂间排风管不再设置定风量阀门。

聚合实验室排风机、空调机组设变频器，送、排风系统管道上设静压传感器，变频器根据不同工况变频调节风机转速，使排风机、送风机可以随各排风柜运行状态的变化而调节运行工况。

3.2.4.5　节能措施

化学实验室排风量及空调送风量都很大。在国内大部分地区，空调送风产生的新风冷热负荷是实验室本身冷热负荷的好几倍。因此，回收排风系统中的能量对降低化学实验室的能耗具有重要意义。能量回收应根据项目具体情况，如气候、成本、回收期等因素综合考虑，不可以盲目应用。

目前，市场上排风热回收的方式较多，不同热回收换热器对比分析见表 3-2。

不同热回收换热器对比分析　　　　　　　　　　　　　　　表 3-2

热回收方式	转轮热回收	板翅式/板式热回收	热管热回收	液体循环热回收
能量形式	全热/显热	全热/显热	显热	显热
芯体材料	非金属/金属	非金属/金属	金属	金属
效率种类	焓/温度	焓/温度	温度	温度
热交换效率（%）	50～85	50～80	45～65	55～65
压力损失（Pa）	100～300	100～1000	150～500	150～500
泄露量（%）	0.5～10	0～5	0～1	0
初投资	中	低/中	中	低
对气体其他要求	温度及腐蚀性	温度及腐蚀性	一般	一般

由于化学实验室的排风通常会含有有害物质，所以回收方案中对于防止新风、排风交叉污染的要求会更严格，因此在化学实验室中不建议采用转轮及板式热回收。在国家大力提倡节能、节能指标越来越高的环境下，节能设备越来越被重视，后文将对两种热回收装置进行详细描述。

3.2.4.6　主要设备

1. 排风柜

排风柜是减少实验者和实验过程产生的有害气体、粉尘或异味接触的常用设备，并且防止实验中的有害物质向整个房间扩散。

排风柜分类的方法很多，从通风角度，主要分为标准型排风柜及补风型排风柜两大类。有时也分为三类，即全排风型、无风管自净型和补风型。

（1）标准型排风柜

标准型排风柜是目前使用最广泛的排风柜，通常为旁通型定风量排风柜和变风量排风柜，通过控制面风速达到防止有害物外溢的目的。目前大多数排风柜产品结构是基于操作高度 500mm、面风速 0.5m/s 设计的，这也是被通常认可的参数。但是，如工艺对操作高度 600～800mm 时也有面风速要求，或面风速要求为 0.75m/s 等其他值，则需要进一步核实排风柜的控制浓度，否则不仅仅是增大系统风量，增加能耗，还增加了柜内产生的有害物外溢的风险。

（2）补风型排风柜

补风型排风柜因其节能特点而一直被关注。近几年新兴的层流风幕补风型排风柜，在进行排风时，一部分空气由排风柜操作口处补入排风柜，一部分由室外新风不经冷热处理，或仅处理到满足实验需求后，直接补入排风柜内，有效降低通风空调冷热处理的能耗，降低补风对室内温湿度的影响。该排风柜可以定风量或变风量运行，不是主要通过控制操作口的面风速防止有害气体外溢，而是通过其独特的补风和排风结构，达到有害气体泄漏率合格的安全水平。

2. 空气处理设备

空气处理设备及其各组成单元的选用，应满足现行国家标准《组合式空调机组》GB/T 14294 及其他相关规范的规定，同时应能够达到设计能力的 1.1 倍，以满足需求量增大或未来扩容的要求。

空气处理设备应具有较高的可靠性，并且重要部位的维护符合要求。为了便于操作人员工作（特别是在大型空气处理机组中），内部照明灯可能比便携式照明装置更为方便。照明装置应采用电压不超过 36V 安全照明，每个有检修门的功能段设置一个灯具。照明装置应采用防水型全密封的。

箱体应采用绝热、隔声材料，应无毒、无腐蚀、无异味和不易吸水，其材料外露部分和箱体应具有不燃或难燃特性。

（1）风机及其驱动装置

空调机组的通风机一般多采用离心式通风机，不同的使用场所也可根据其性能特点选用不同的风机类型。驱动方式可采用直接驱动或皮带驱动。

另一种配置方式是以一系列较小的无蜗壳风机来代替传统的单个大型风机。这种布置方式可减小空气处理机的总占地面积，便于灵活设计、简化维修工作、缩短停机时间、降低空气处理机的低频噪声，通常还能够节约能源。这种多个直接驱动风机并联运行的方式具有一定的冗余度，因此可提高可靠性。

为保证空调系统的送风量能达到设计要求，空气处理设备中的风机应根据额定风量和机组全静压进行选型。风管管道及送风管道末端风口所需求的机外静压要求，和设备自身各功能段在额定风量运行时的阻力降，如冷热盘管、空气过滤器、消声器、连接风口等各段的阻力之和即机组全静压。

风机段应配置检修门，方便更换检修。检修门上装有观察窗，或将检修门做成可视形式，便于观察风机运行情况。

（2）加热、冷却盘管

冷却盘管属于热传导装置，由一根带有传热翅片的盘管组成，冷却介质可以是水或者制冷剂。用于冷却的盘管主要有表面冷却器和直接蒸发器。

用于空气加热的盘管，根据其介质有蒸汽盘管，以及热水、乙二醇或者高温气态盘管，属于热传导装置，由一根带有传热翅片的盘管组成，可提高所经过的空气流的显热量。空气电加热元件也可称为"加热盘管"。

加热、冷却盘管性能应符合现行国家标准《空气冷却器与空气加热器》GB/T 14296 的规定。盘管规格、配置和安装将对是否满足调节空气输送要求产生影响。空气处理机的冷盘管和热水盘管宜采用铜管串铝片结构，铜管和铝片的厚度应满足结构所需的刚度。蒸汽盘管建议使用钢管串片或绕片结构，以避免液击对蒸汽盘管的损伤。盘管外壳和框架采用防腐蚀的材料，具有较长的使用寿命，且不易生锈。

（3）加湿器

根据加湿方式，加湿器可分为直接喷干蒸汽、加热蒸发式、喷雾蒸发式、红外式等几种。加热蒸发式加湿方式的空气机理与技术效果与直接喷干蒸汽大体相同，对空气处理的过程是一个近似等温加湿的过程；而喷雾蒸发式加湿方式为等熵加湿过程。

（4）空气过滤器

空调机组内过滤器的配置根据实验过程对空气洁净度的要求和建设方对室内空气品质的要求确定，必要时可以达到洁净室送风的标准。常用的过滤器标准有国家标准《空气过滤器》GB/T 14295、《高效空气过滤器》GB/T 13554，国际标准《一般通风用空气过滤器检测标准》ISO 16890 等。当化学实验室没有特殊要求时，可在空调机组内设置一级粗效过滤器，或粗效加中效两级过滤器。滤料大多是干式纤维材质。

3. 排气处理设备

化学实验室产生的废气是伴随化学反应而产生的化学废弃物，主要包括各种难闻、有毒、有害和有腐蚀性的气体，成分包括各种氮氧化物、硫氧化物、碳氧化物，如氨、三甲胺、硫化氢、甲硫醇、甲硫醚 H_2S、VOC 类、苯类和其他非金属氢化物等。这些气体的排放，应严格遵守国家相关法律法规及排放标准，当排风系统排出的有害物浓度超过有关排放标准时，应采取净化措施。

大气环境保护是当前我国环境治理的一项重要内容，国家和各地方生态环境监管部门相继发布了大气污染的防治规定。如《恶臭污染物排放标准》GB 14554、《大气污染物综合排放标准》GB 16297、《环境空气质量标准》GB 3095、上海市《大气污染物综合排放标准》DB 31/933 等。随着人们环保意识的增强以及国家对废气排放的监管力度加大，化学实验室的排风处理势在必行。因此，开展针对实验室废气治理的研究，提出实验室废气处理有效且可行的措施，有着十分重要的现实意义。

现有的废气处理技术主要有：氧化处理法、生化处理法、物理吸附法、焚烧法、吸收法、低温等离子法等。这些方法能够有效地中和或改变废气中有毒有害气体的结构特性，消除恶臭气味。但每一种技术均有其适用对象和技术局限性，目前尚没有一种可以处理所有废气污染物的技术。对于化学实验室废气而言，由于其自身的特殊性，不能简单地统一采用某一种方法来处理。应针对不同废气类型采用不一样的处理方式和装置。同时要对实验室排风柜的使用进行分类，尽可能避免混合使用。

在化学实验室废气处理方法的应用中，活性炭吸附法技术相对成熟，应用较为广泛。该方法对处理大风量、常温、低浓度有机废气比较有效且费用低。一般情况下，活性炭吸附有机废气可达到95%的净化率，且设备简单、投资小。

4. 热回收装置

如前所述，热回收装置在化学实验室设计及建造中应用逐渐广泛，为此下面详细介绍两款可在化学实验室中使用的热回收装置。

（1）热管热回收装置

热管是一种借助工质（如氨、氟利昂、水等）的相变进行热传递的换热元件，其结构示意如图 3-28 所示，一端是蒸发器（蒸发段），热能通过蒸发器从外部热源经管壁传给管内工质，管内工质因得热而气化，吸热后的气态工质，沿管流向另一端凝结器（冷凝段），在这里将热量释放给被加热介质，气态工质因失热而冷凝成为液态，冷凝后的液体通过吸液芯的毛细孔和沟槽返回至蒸发段，从而完成一个热力循环。热管热回收装置是由多根热管组成，为了增加传热面积，管外加有翅片，选用时需注意以下问题：

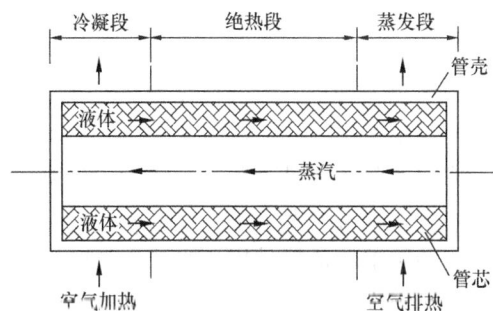

图 3-28　热管元件结构示意图

1）热管热回收装置新风与排风是由分隔板隔开的，分隔板的密封性是防止交叉污染的关键，也是判断产品是否合格的标准，建议采用双层分隔板结构。

2）重力热管必须向蒸发段保持一定的倾斜度，由于实验动物设施中的空调系统是全年使用，因此在冬夏季使用时需要改变倾斜方向。

3）在新风和排风的入口处，必须设置空气过滤器，以减少热管外表面的积尘，保证其较高的换热效率。

4）当新风出口温度低于露点温度或热气流的含湿量较大时，应考虑设计安装凝水排出装置。

5）启动热回收器时，应使冷、热气流同时流动，或使冷气流先流动；停止时，应使冷热气流同时停止，或先停止热气流。

(2) 液体循环式热回收装置

液体循环式热回收装置又称中间热媒式换热装置，它是由装置在排风管和新风管内的两组"中间热媒—空气"热交换器通过管道的连接而组成的系统，为了保证管道中的液体不停地循环流动，管路中装置有循环泵。由于新风与排风互不接触，而且可以将新风机组与排风机组设置于不同位置，对于防止新风、排风交叉污染提供了便利的条件和有力的保证。因此，在实验动物设施中应被优先考虑选用，尤其适用于感染动物等特殊的实验动物设施。

液体循环式热回收系统，一般采用以下两种模式：

1) 带水量调节装置的液体循环湿热回收（图 3-29）；

2) 带风量调节装置的液体循环式热回收（图 3-30）。

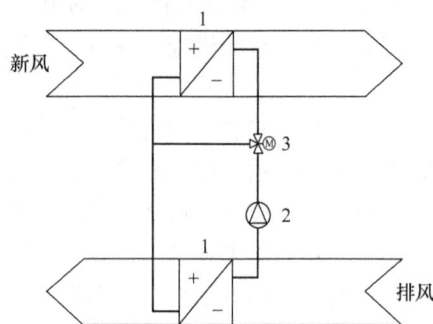

图 3-29 带水量调节装置的液体循环湿热回收
1—换热器；2—溶液循环泵；3—电动三通调节阀

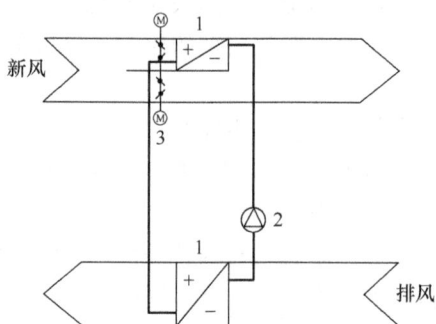

图 3-30 带风量调节装置的液体循环湿热回收
1—换热器；2—溶液循环泵；3—电动风阀

3.2.4.7 通风空调控制系统

随着科学技术的发展及实验室现代化管理要求的提升，对化学实验室通风空调控制系统的要求也随之提高。化学实验室需要有一套完整的通风空调控制系统，它可以是一套独立的控制系统，也可以是实验室智能楼宇控制系统的一部分。一般按照楼层或不同的通风空调系统设置 DDC 或者 PCL 控制系统，通过现场总线的方式与相应的中央管理机相连接，中央管理机将下游所有控制系统集中显示、控制以及报警。

化学实验室通风空调控制系统的组成，主要围绕以下几个方面展开。

1. 空调机组的监控

空调机组的监控是化学实验室通风空调控制系统的重要组成部分。一般对空调机组的监控有如下要求：

(1) 监测功能

监视空调机组风机的运行/停止/故障状态；监测空调送风、回风管道的空气温湿度参数；监测空调机组内部过滤器两侧压差；监测电动风阀、水阀、蒸汽阀的开关状态及开度；监测空调服务区域的温湿度参数；监测空调服务区域各房间的相对压差参数等；监测空调风机变频器的转速；监测送风管静压。

(2) 控制功能

控制空调机组风机的启动、停止；控制表冷器、加热器、加湿器调节阀的开度（满足空调服务区域温湿度要求）；控制空调机组电动风阀的开度；控制空调风机变频器的转速（满足设计要求）。

(3) 保护功能

有些空调机组需要设置保护功能，比如机组内部或者风管内设置电加热的情况，或者寒冷地区新风预热温度低于一定值时，需要停机保护设备。

2. 房间末端空调设备的监控

在化学实验室设计中，房间末端空调设备通常是风机盘管、分体空调或者多联式空调机。这类设备自带控制器（遥控器或者液晶控制面板），设置在房间内，不需要集中控制，通风空调控制系统可以仅监测房间温湿度即可。

3. 排风机组的监控

在化学实验室中，排风设备的监控同样是重要的组成部分，一般对排风设备的监控有如下要求：

（1）监测功能

监视排风机组的运行/停止状态；监测排风机组内部过滤器两侧压差；监测电动风阀的开关状态；监测排风机组变频器的转速；监测排风管静压。

（2）控制功能

控制排风机组风机的启动、停止；控制排风机组变频器的转速（满足设计要求）。

4. 通风空调系统末端风阀的监控

（1）定风量排风、定风量送风系统

对于采用定风量排风、定风量送风的房间，通常在服务于房间的末端风管上安装定风量风阀，由于房间风量恒定，阀门经安装初调后不再监控。

（2）变风量排风、变风量送风系统

对于采用变风量排风、变风量送风的房间，通常在服务于房间的末端风管上安装变风量风阀。排风管上的变风量风阀可以自动根据排风柜操作面大小变化快速调节排风量，以保持排风柜的操作面风速恒定；送风管上的变风量风阀快速适应排风量的变化，以保障室内相对压差恒定。

而这里的控制模式也有两种：一种为本地控制系统，由变风量风阀及其控制器件、排风柜数据采集等组成，本地系统自身采集所有排风柜的参数，联动控制排风、送风变风量风阀风量及开度，一般由风阀供应商成套提供软件及相关设备。另一种由通风空调控制系统集中控制，控制系统采集每个排风柜的参数，经过一定的运算逻辑控制每一个变风量风阀，满足同样的功能。

3.2.5　电气

3.2.5.1　配电

1. 负荷等级

化学实验室的用电负荷一般包括化验负荷、照明负荷、暖通负荷、消防负荷、电信及安防负荷等。

一般情况下，试验过程中突然断电，不致造成试验仪器损坏的化验负荷一般定为三级负荷；可能造成试验仪器损坏的化验负荷，一般可定为二级负荷；可能造成人身伤害或重大事故的，一般应定为一级负荷。

照明负荷基本为三级负荷。

部分化验室房间需要不间断通风换气以排除有毒有害气体，此类暖通负荷需按不低于二级负荷考虑，其他暖通负荷一般按三级负荷考虑

消防负荷的负荷等级划分，应依据现行国家标准《建筑设计防火规范》GB 50016 的要求，根据室外消防用水量进行负荷等级划分。

电信及安防负荷应按数据中心的相关要求进行负荷划分，其他市电负荷一般为三级负荷。

化学实验室一般为多层建筑，电梯为客货兼用，因此电梯一般需按二级负荷考虑。

2. 负荷计算

化学实验室用电多为仪器设备用电，因此采用《工业与民用配电设计手册》中的需要系数法进行负荷计算，计算方法较为简单，过程较为明晰。

根据不同的负荷使用需求，化学实验用电负荷的需要系数取 0.15～0.40，其中电热类的试验设备取 0.2～0.4，仪表类的试验设备不高于 0.2；其他负荷的需要系数，一般情况下，照明负荷取 0.80～0.90，暖通负荷取 0.60～0.80，电信及安防负荷取 0.95～1.0。

根据上述手册所述，负荷的同时系数可取 0.80～1.0。

3. 配电方案

化学实验室实验仪器众多，需要设多台动力配电箱，因此一般设置装置配电室，由就地低压配电柜为各动力配电箱供电。装置配电室电源一般由区域变电所供低压电源，总容量较大时也可设置低压干式变压器。接线方式常采用单母线，回路数较多或总容量较大时可分段设置。

图 3-31 为某化学实验室配电干线图设计实例，电源分别取自上级变电所两段低压母线，设置两段低压配电柜，以满足实验室照明负荷、实验负荷、暖通负荷等用电需求；电梯为保证消防迫降功能，采用双回路供电，并设置末端双电源自动切换；另外从两段低压配电柜分别取一回路电源，经双电源切换开关后，为消防负荷（本设计实例主要为消防应急照明）供电。

电信负荷由不间断电源 UPS 供电，UPS 主回路及旁路回路分别引自不同的低压柜，以保障供电的连续性。

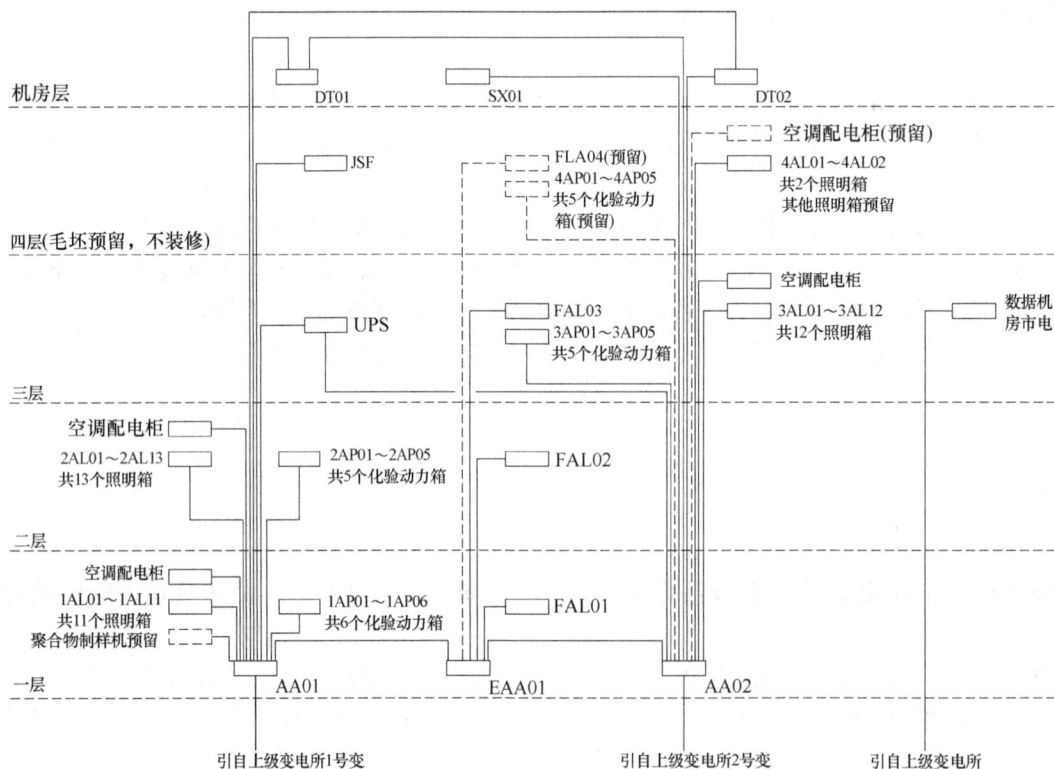

图 3-31 某化学实验室配电干线设计

化学实验室的配电系统保护，除进线采用三段式保护外，装置内各配电回路一般采用速断、过流二段式保护。

3.2.5.2 照明

1. 灯具选择

考虑到节能、寿命、成本等因素，化学实验室照明一般采用 LED 照明灯具，功率因数不低于 0.95，显色指数因实验室需求一般不低于 80，色温宜为 4000～5300K，整灯光效能不应低于 100lm/W。

有爆炸危险气体存在的场所应设置防爆灯具，灯具的防爆等级应按照现行国家标准《爆炸危险环境电力装置设计规范》GB 50058 的要求确定。

化学实验室的灯具安装方式，应结合吊顶形式，选用平板灯、吸顶灯、吊杆灯、吊链灯等不同形式的灯具。

2. 照明方案

化学实验室照明应保证视觉作业，采用一般照明配合局部照明的混合照明方案。

一般照明在房间内均匀布置，对于采用吸声矿棉板等固定尺寸的吊顶，还应考虑灯具间距与布置应配合吊顶尺寸；对于采用抗震吊架的吊顶，应考虑支架的布置与灯具的摆放协调一致。

为限制眩光，灯具原则上应放置在实验台正上方，当与气路管道、通风管道等碰撞时可适当微调。

除公共走廊外，化学实验室一般可不设置备用照明，有逃生需求的场所，应设置消防应急照明，供紧急情况的逃生使用。

3. 照度计算

一般化学实验室照度常按 300lx 设计，有特殊需求的色谱室等房间可按 500lx 设计。当一般照明难以实现时，必要时可增加局部照明。

4. 照明配电

化学实验室内一般不存在大容量电动机，因此一般不需要设置专用的照明变压器，采用照明、动力共用电源的方式。一般照明灯具的供电电源采用 AC 220V。

三相配电干线的各相负荷宜平衡分配，三相不平衡度一般不大于 15%。

一般情况下单个照明回路的灯具数量不超过 25 个，且单个回路电流不大于 16A。照明分支线路应彩铜芯绝缘电线。

公共走廊应设置声光控开关、延时自熄开关等措施；大型化学实验室还可按使用需求设置智能照明控制系统、智能建筑控制系统。

5. 消防应急照明

化学实验室应设置消防应急照明系统，可根据整体项目情况选用集中电源集中控制系统或集中电源非集中控制系统，其中集中电源应保证蓄电池至少连续供电 0.5h。

消防应急照明灯具可选用集中电源 A 型灯具，应能快速点亮；指示灯具应选用集中电源型灯具，且设置在距地面 1m 以下的墙上，应保持常亮。

消防应急照明照度以及疏散指示标志灯的选型、疏散指示标志灯的间距应符合现行国家标准《消防应急照明和疏散指示系统技术标准》GB 51309 的要求。

消防应急照明系统的配电，应采用专用的集中电源型消防应急照明箱配电至各用电灯具，正常情况时市电供电并保持蓄电池浮充电，市电电源消失时或火灾时，由蓄电池供电。消防应急照明灯具及疏散指示标志灯的供电电压一般为 DC 24V 或 DC 16V。

消防应急照明线路的敷设，应符合现行国家标准《建筑设计防火规范》GB 50016 对于消防配电线路的强制要求。

3.2.5.3 接地

1. 设备接地

化学实验室内设备较多，且与水路、气路交叉，为保证安全，全部设备应做接地，各实验台也均应可靠接地，各试验仪器正常运行时不带电的设备外壳应可靠接地。

化学实验室的接地系统应采用 TN-C-S 或 TN-S 形式，保护导体自低压干式变压器中性点引出，与整个实验室的接地系统相连。

设备、插座等回路，均需要敷设独立的 PE 线。

电梯接地，一般做法是沿电梯基坑四周布置接地线，电梯底座与基坑内接地线相连，并采用两根接地线引出至室外接地网。

2. 安全防护

化学实验室插座、试验仪器、微型断路器等均应设置漏电保护器，以确保人身安全。

化学实验室宜设置剩余电流式电气火灾监控系统，以避免内部故障引起的电气火灾事故扩大。

3.2.5.4　防雷

化学实验室防雷应根据现行国家标准《建筑物防雷设计规范》GB 50057 进行防雷计算，相关防雷措施可按照 GB 50057 进行设置。

实验室从室外引入电源的总进线处，应设置一级浪涌保护器，在二次配电箱处，应设置二级浪涌保护器。

3.2.6　智能化

3.2.6.1　实验室智能化的发展历程及现状

化学实验室智能化的发展分别从实验室通风变风量及自控系统、实验室信息管理系统、实验室环境管理系统、实验室运维管理系统几方面来分析说明。

化学实验室内有较多的排风柜、原子吸收罩、万向排气罩等局部排风设备，目的是通过"源头控制"的理念，最大限度减少实验室科研人员与化学物质接触的风险。20 世纪 40 年代，国外化学实验室通风控制采用的是定风量控制手段，但对于排风柜来说，需要在其在上下拉门的时候维持稳定的面风速来控制有害物质的泄漏，因此定风量的控制方式不仅不安全，能耗也非常大，于是出现了双稳态控制方式，排风柜排风控制采用高低风量切换的方式，在一定程度上节约能源，但是这种控制方式还是不能有效解决化学实验室排风安全的问题。在进入 20 世纪 90 年代后，美国 ASHRAE 110-1985 对实验室通风进行了详细的规范说明，将排风柜的面风速作为评价其性能的主要指标，排风柜开始采用变风量控制方式，通过变风量控制系统控制排风柜面风速的稳定，从而保证排风柜对有害物质的最大抑制力，且有效降低了能耗。同时，实验室变风量控制系统结合风机、水泵等设备变频控制系统，实现了整个通风系统的变风量控制。直到现在，又陆续出现了区域传感器、自动门管理系统等，实现了自适应变风量控制。排风柜变风量控制系统、房间微负压控制系统及设备变频控制系统等通过通信的方式集成至楼宇自控系统中，实现了化学实验室通风系统的智能化。

在实验室智能化建设中，实验室使用人员最为关注的应是实验室信息管理系统。20 世纪 60 年代，国外出现了实验室信息管理系统（Laboratory Information Management System），也称为 LIMS 技术，石油行业实验室有大量数据需要进行分析处理及存储，第一套商品化的 LIMS 于 1982 年正式推出，首先应用在国外的石油、化工等企业的实验室中。20 世纪 90 年代，我国开始真正应用 LIMS，1998 年，国内商业版的 LIMS 网络系统由石油化工科学研究院首次开发应用。此后，LIMS 逐渐成熟，形成了比较完整的一个系统，我国同国外先进系统的差距也日益缩小。LIMS 系统将实验室的业务流程、环境、人员、仪器设备、标物标液、化学试剂、标准方法、图书资料、文件记录、科研管理、项目管理、客户管理等影响分析数据的因素有机结合起来，采用先进的计算机网络技术、数据库技术和标准化的实验室管理思想，组成一个全面、规范的管理体系，目前在国内实验室智能化系统中得到广泛应用。

近年来，除了 LIMS 系统，实验室环境管理系统及实验室运维管理系统也陆续被开发使用，实验室不再只是注重信息化管理，也更加关注实验室环境安全及运行维护。实验室环境管理系统及运维管理系统均依托于本地智能化系统，利用接入楼宇自控系统的环境数据、设备数据等，进行数据采集、监控分析、自动巡检、智能预警、故障报修、工单管理等，实现实验室微环境、周界环境的管理及运维管理。实验室环境管理系统包括能耗管理、室内环境监控、室外环境监控、废气处理监控等，对化学实验室的温湿度、噪声、关键气体含量、压力、废气、能耗等具体数据进行收集、传输、储存及分析，保证化学实验室始终保持安全、节能、环保、舒适。实验室运维管理系统告别了传统的被动式维修的实验室运维现状，可以实现实验室的主动式运维，通过智能化的自动巡检，对风机、控制器、传感器等智能终端设备进行故障收集，主动上报，并可以分析采集到的数据，预测故障的发生，提前预警并提醒运维人员进行及时维护，不仅可以保证实验室的安全使用，更能提高工作效率，减少因为故障带来的影响。

目前应用于化学实验室智能化设计依托于物联网、大数据、人工智能、5G 应用、边缘计算、云计算及 BIM 等前沿技术，实现了实验室全生命周期的智能化管理，而随着这些技术的进步，实验室的智能化建设将快速发展，迈入新的高度。

3.2.6.2　实验室智能化建设的需求

实验室智能化建设的目标和方向需要围绕实验室的需求展开。化学实验室需要使用各类化学品，包含易燃、易爆、有毒有害的化学物质。学校及科研单位、质监质检单位、医院、第三方检验检测单位以及各类工业企业都会建设满足各自需求的化学实验室。以下从化学实验室的操作、管理和运维三个方面对化学实验室智能化建设的需求进行分析。

1. 化学实验室操作

（1）实验前的准备工作：包括对实验目标、实验步骤、实验条件的确认，化学品用料及用量的确认，人员防护措施准备，应急预案准备等。

（2）化学品的取用：根据化学品的特性及危险等级的不同，需要在不同的设施环境内完成化学品的定量取用，确保取用过程安全，避免化学品混淆、泄漏等意外发生。对于易制毒易制爆的危险化学品的取用过程还需根据相关标准进行全程监控。

（3）化学实验操作：在化学实验室内利用化学品和化学实验室仪器设备完成实验操作，在实验过程中包含加热、冷却、搅拌、离心、过滤、仪器检测分析等实验操作环节。由于化学实验过程中大多数化学试剂具有挥发性，为了保护实验人员的安全，实验操作一般需在通风橱内进行，挥发量较小的实验操作可在实验台的排气罩下方进行。

（4）实验数据记录：实验数据包括化学品使用种类、用量、实验条件、各个实验操作环节的时间、化学实验中间产物及最终目的化学物质的具体量等。这些数据是作为教学、科研、检测分析的重要依据，也是化学实验室的核心价值所在。

（5）实验完成后的处理工作：化学实验完成后的处理工作包括化学废液废渣的收集处理、未使用化学品的处理以及实验仪器及设备的清洁整理等。

根据上述化学实验室操作的分析，实验室智能化系统可以应用到各个操作环节，包括利用智能化系统对实验室准备工作进行确认，对危险化学品的取用量进行记录，对化学实验室环境进行控制，对实验室数据进行记录与分析，对实验后的处理工作进行确认。

2. 化学实验室管理

（1）人员管理：由于化学实验具有不同程度的安全危害以及职业健康危害风险，因此化学实验室的人员管理需要格外关注实验人员的培训，对于有特殊危害的实验还需要具有特定资格的专人进行操作。

（2）实验设备管理：主要包含两个方面，一方面是实验室的设备规划，针对特定的实验目标选择合适的实验仪器设备；另一方面是实验室的设备使用管理，使实验室设备得到高效利用。

（3）实验材料及化学品管理：实验材料及化学品的入库及出库需要有准确的台账记录，对于具有易制毒易制爆高危害风险的化学品的取用还需要遵守安全防范标准进行管理。

（4）实验数据管理：实验数据是化学实验的重要产出，包含实验数据的收集、整理与分析，智能化系统可以充分提高实验室数据管理效率。

（5）安全管理：化学实验室的安全管理是整个实验室管理的基础和重点，可以利用实验室智能化系统从人员培训、风险危害探测预警、应急设施控制等多方面提高安全管理水平。

3. 化学实验室运行维护

（1）实验设备运行维护：为了使实验设备始终保持良好的运行状态，需要进行有计划、持续的运行维护，可以利用实验室智能化系统自动提醒维护人员按时维护，并追踪记录每一台实验设备的状态。

（2）实验室通风及空调系统运行维护：实验室通风及空调系统是维持实验室环境的重要系统，同时也是实验室能耗占比最高的辅助设施系统，可以利用实验室智能化系统进行智能控制，在实现实验室环境控制的同时，尽可能降低能耗。

（3）其他辅助公用工程设施系统运行维护：其他辅助设施包括有电气系统、实验室工艺用水系统、气体供应系统、废气处理系统、废水处理系统等，这些系统的控制均可纳入实验室智能化系统，实现辅助设施系统与末端实验室需求的匹配，并提高系统的稳定性和可靠性。

3.2.6.3 实验室智能化系统架构设计

化学实验室智能化建设经过近 10 年的大力发展，在信息化、自动化等各个领域均具有相对成熟的解决方案及实施案例，但是目前在设计规划时由于对智能化设计的理解不同，受重视程度不够，或因部门预算不足等原因，造成目前化学实验室智能化建设整体缺少顶层设计，各系统独立运行，数据不易打通，能局部解决问题，不易形成统一的领导及决策。

化学实验室智能化设计在进行规划时，应综合考虑信息化、自动化程度，做好人、物、环境及物联网等层面的管控设计，形成统一平台架构，整合各分、子系统，为实验室人、机、料、环、法等几大要素服务，让系统起到帮助管理者决策甚至实现智能化决策的作用，并为下一步扩展预留空间。

化学实验室智能化建设大致分为以下六种（《智能建筑设计标准》GB 50314）：信息化应用系统、信息设施系统、建筑设备管理系统、公共安全系统、机房工程、智能化集成系统等，涵盖从基础建设、智能设备、自动化到信息化的全部内容，详见图 3-32。

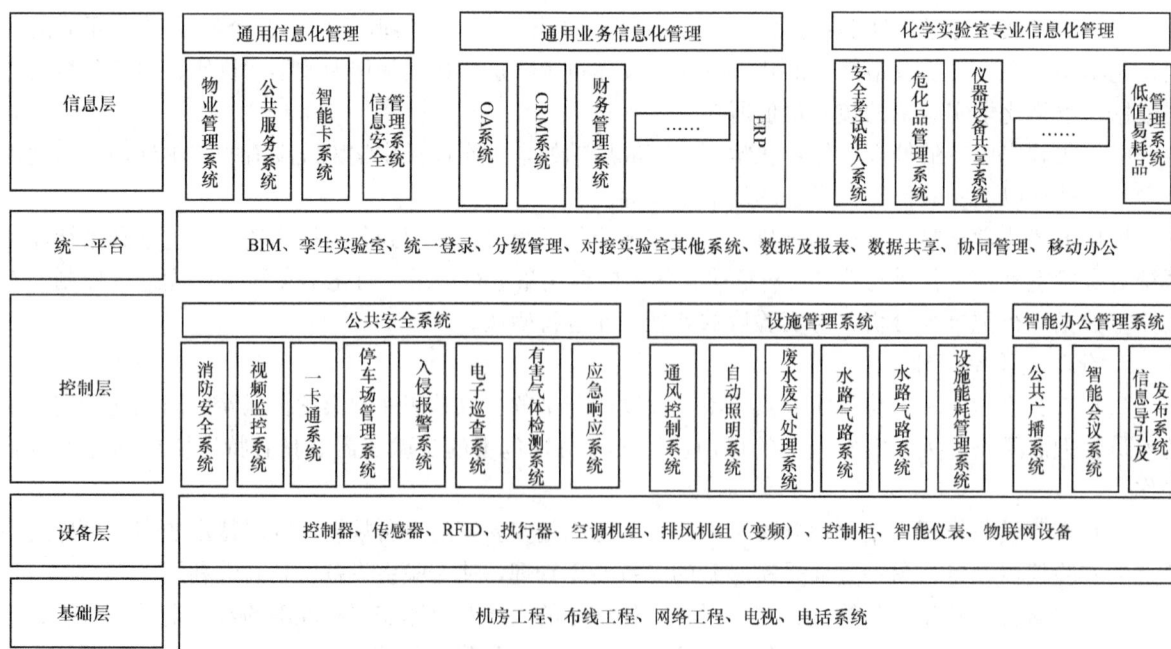

图 3-32 化学实验室智能化系统架构

3.2.6.4 信息化应用系统设计

实验室信息化系统是计算机软件技术、网络通信技术、自动化技术及传感器技术相结合的产物。计算机软件技术为信息化系统打造最新的数据存储管理平台，网络通信技术为信息化系统建立数据链接桥梁，自动化技术为信息化系统构建信号转换手段，传感器技术为信息化系统提供实验室各项指标的基础。

实验室信息化应用系统是以实验室信息设施和设备等为基础，同时它也是智能化系统的基础，为满足实验室内各类实验工艺、流程、环境更科学化、规范化的需求，由多种类信息设施、操作程序和相关应用设备等组成的系统集成。实验室信息化应用系统的优势主要体现在实时性、先进性、集成性、扩展性、安全性及经济性等方面。

实验室信息化管理系统网络由计算机网络通信管理层和设备监控通信层两级网络组成，由计算机软件数据层级、自动化控制层级、现场传感器三级控制构成。结合实验室对信息化管理系统的建设需求。网络架构如图3-33所示。

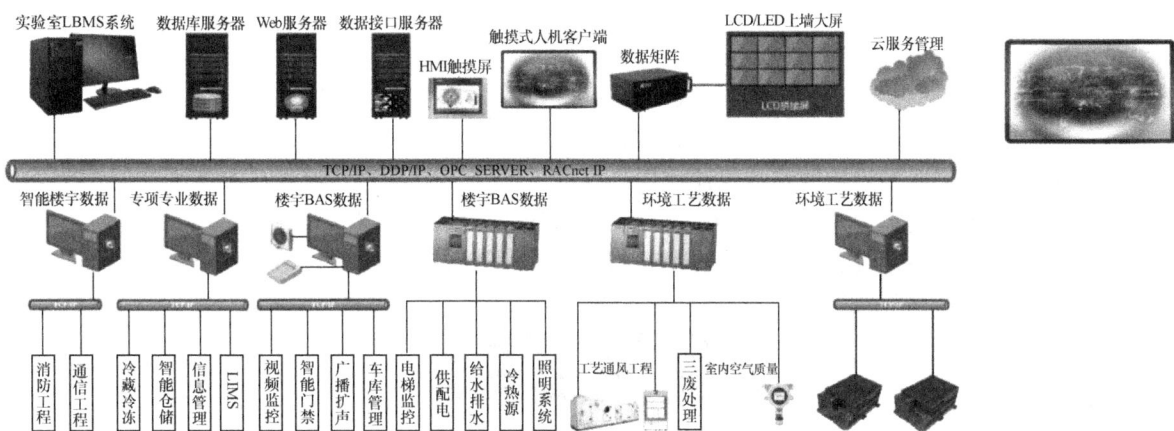

图 3-33 实验室信息化应用系统架构图

实验室信息化应用系统主要包含危化品信息管理系统、仪器设备信息管理系统、气体报警信息管理系统、环境监测信息管理系统等。

3.2.6.5 智能化集成系统设计

目前化学实验室在信息化、自动化上都有相对成熟的解决方案，LIMS系统在国内也已经发展了20多年，实验室管理者也相对重视，基于环境安全、节能的需求以及业务管理的需要，陆续有更多针对化学实验室的自动化信息化应用被开发使用，但各个应用的数据在时间上、空间上的不统一造成信息数据之间不能有效地关联，也就是俗称的"信息孤岛"。"信息孤岛"的出现严重制约了互联网＋大数据的优势，使这些数据的管理、应用、分析、预测的价值不能完全体现，对管理者进行管理决策的帮助较小，容易演变成形象工程。

实验建筑智能化集成系统平台设计应包括公共安全平台、设施运维平台、信息设施平台及信息化平台等部分。该平台以实现智能化实验室为目标，需同时满足实验室业务需求、物业管理需求，业务需求以房间或实验室为单位，整合该实验室人员、环境、仪器、试剂、安全等信息，为实验室管理及决策提供支持。物业管理需求以设备信息管理为主，如新风、空调、排风、配电、废气等提供能耗管理、运维管理，并对数据进行整理、分析。

1. 平台的特点
（1）基于云平台，可云部署、本地部署、跨终端（手机、平板）远程监控；

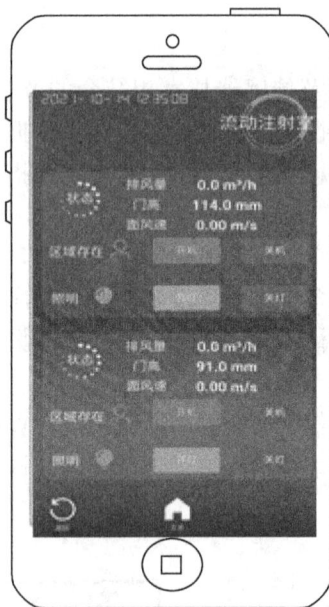

图 3-34 远程数据监控

（2）支持多种标准通信协议，满足多子系统的数据对接，具备可开放性，并可根据需求对接外部系统（如财务系统等）；

（3）打通当前多系统管理模式，形成统一登录、统一应用、统一数据共享，实现跨系统数据应用，跨系统智能响应；

（4）跨系统数据统计分析，定制报表及自由报表相结合，多维度综合分析，为工作管理及决策提供支撑。

2. 平台应用示例

（1）实验室环境监控

可实时监控实验室环境信息（温度、湿度、房间压差、通风量等），并对异常情况进行预警及报警。所有环境数据均可写入实验数据报告，为实验的环境参数提供可靠依据（图 3-34）。

（2）BIM 运维管理系统

通过 BIM 运维管理系统可以可视化检测设备的运行状态、故障情况、维修保养记录等，并可设置提前通知、定期维护。对运行数据进行分析，预测风险、自动建立维修保养计划等，保障设备的正常运行，规避风险，有效延迟设备的使用寿命。

（3）跨系统应用场景（图 3-35）

1）通过智能化集成平台提前预约仪器使用，生成二维码，通过门禁管理系统在预约时间到达实验室验证进入，照明系统自动打开，通风系统提前将室内温湿度、压差等提前调整到实验状态；

2）应急响应将消防系统、有害气体检测与监控系统、通风系统、门禁系统、公共广播、信息引导等联动，快速将危害降至最低，并通知相关人员人为介入。

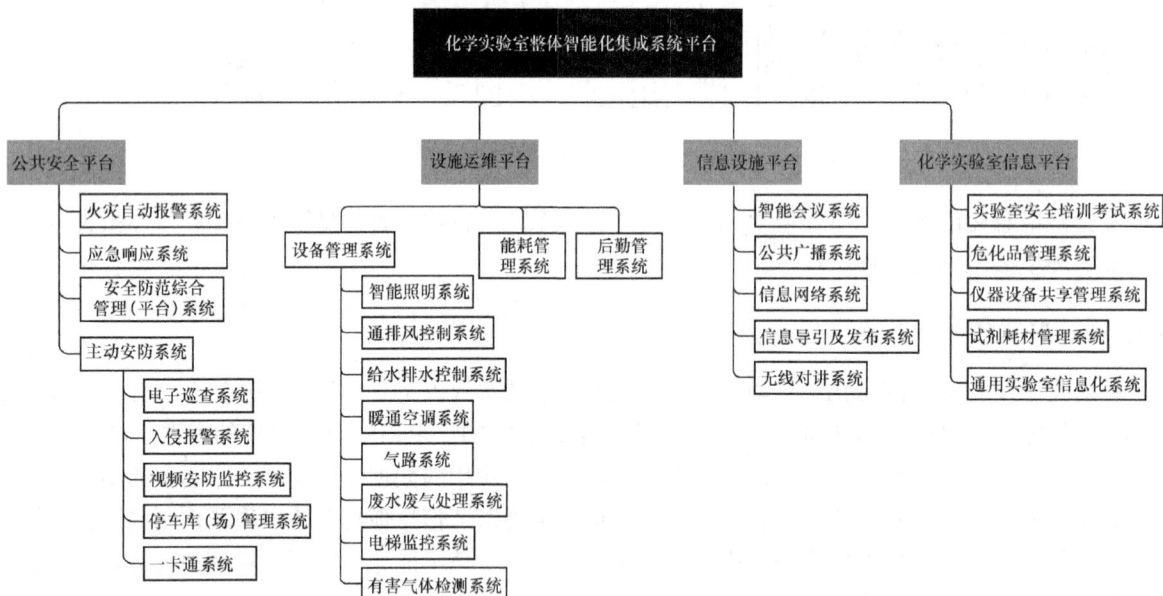

图 3-35 一体化平台架构

3.2.6.6 信息设施系统设计

信息设施系统是为满足建筑物的应用与管理对信息通信的需求，将各类具有接收、交换、传输、处理、存储和显示等功能的信息系统整合，形成建筑物公共通信服务综合基础条件的系统。其作用是支持建筑物内语音、数据、图像、多媒体等信息的传输，确保建筑物与外部信息通信网的互联及信息畅通，满足不同用户对建筑物内各种信息的需求。

对于化学实验室来说，在数据量、危险性、保密性等方面均高于普通建筑，各类智能化仪器、传感器、智能设备、智能控制器等数量多，因此有更多的数据需要被传输、分析及储存。同时，化学实验室的危险系数也更高，需要考虑各类危险气体监测、废气废液监测、试剂监测等危险性数据的实时传输和报警。另外，在数据内部传输与外部互联时也要更加注重保密性和安全性。

化学实验室信息设施系统配置包括信息接入系统、综合布线系统、移动通信室内信号覆盖系统等，对于有精确计时要求的实验室，还应配置时钟系统。化学实验室具体信息设施系统配置可参考表 3-8。

化学实验室信息设施系统配置　　　　　　　　　　　　　　　表 3-8

子系统名称	科研类化学实验室	教学类化学实验室
信息接入系统	●	●
综合布线系统	●	●
移动通信室内信号覆盖系统	●	●
用户电话交换系统	●	●
无线对讲系统	⊙	●
信息网络系统	●	●
有线电视系统	○	●
公共广播系统	●	●
会议系统	●	●
信息导引及发布系统	⊙	●
时钟系统	○	○

注：●应配置；⊙宜配置；○可配置。

1. 信息接入系统设计

信息接入系统是为了满足对于信息通信的需求而接入的网络，该系统一般由当地电信部门进行设计并免费安装。

2. 综合布线系统

综合布线系统是为建筑物整体信息通信提供物理传输条件的通道，采用线缆与连接器件传输语音、数据、图像及多媒体等信息。实验室综合布线系统需要根据实际需求，提供具备 TCP/IP 通信协议的各智能化系统的信息传输，应满足实验室业务流程、环境、人员、仪器设备、化学试剂、文件管理、科研管理、项目管理等的数据传输要求。

3. 移动通信室内信号覆盖系统

随着移动通信的发展，化学实验室智能化系统也越来越依赖于移动通信传输，其覆盖范围也越来越广泛。随着各种终端设备的无线网功能升级，也可通过移动通信信号来实现对人员、仪器设备、化学试剂等的定位、管理、监控功能。

4. 用户电话交换系统

化学实验楼应在入口门厅、休息室等公共区域配置公用电话和无障碍专用的公用电话。

5. 无线对讲系统

化学实验室应根据其实验业务及管理需求来配置无线对讲系统。

6. 信息网络系统

化学实验室可以根据其业务需求划分为业务信息网和智能化设施信息网，系统模型如图 3-36 所示。

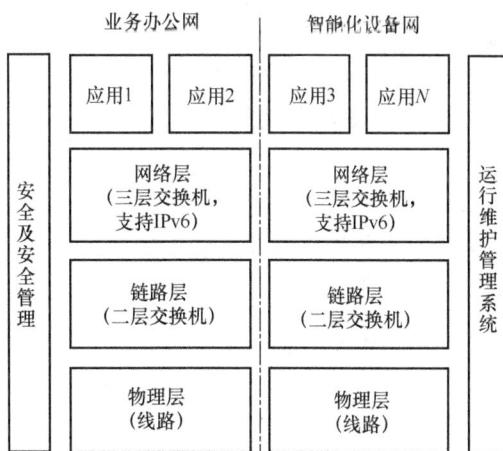

图 3-36　信息网络系统模型图

业务信息网络一般包括化学实验室的业务流程智能化管理，智能化设施信息网则包括建筑公共广播、信息导引及发布、出入口控制等系统设施信息，信息网络系统配置如表 3-9 所示。

信息网络系统配置　　　　　　　　　　　　　　表 3-9

子网	业务	设计要点
业务信息网	办公自动化	需采用可靠性、安全性、稳定性高的标准化设计，同时具备可扩展性和可管理性。设计时需要根据系统应用的等级规定，严格遵照国家标准的网络安全要求
	内部组织管理系统	
	客户管理系统	
	项目管理系统	
	仪器管理系统	
	样品试剂管理系统	
	报告管理系统	
	安全管理系统	
	信息检索、查询、发布系统	
智能化设施信息网	一卡通	需采用可靠性高，关键节点冗余设计，接口需具备开放性、灵活性
	信息引导与发布系统	
	公共广播系统	
	建筑设备监控系统	
	建筑能耗监管系统	
	安防系统	
	应急响应系统	
	时钟系统	

化学实验室业务信息网络通常涉及安全问题，在进行设计时需要加强网络安全建设，确保系统安全稳定。

7. 有线电视系统

有教学需求的化学实验室应设置有线电视系统。

8. 公共广播系统

化学实验室应根据其业务需要设置公共广播系统，并且宜与消防应急广播系统合用。

9. 会议系统

化学实验室应根据其业务需要设置会议系统，若有远程视频会议的需求，还应配置视频会议系统终端。

10. 信息导引及发布系统

信息导引及发布系统宜设置在科研实验区、科研教学区、科研展示区、科研试验区等公共区域。

11. 时钟系统

对于具有精确计时要求的化学实验室，需要设置时钟系统，时钟系统应具备高精度标准校时功能及故障告警功能。

3.2.6.7　建筑设备管理系统设计

建筑设备管理系统（Building Management System，BMS）是对建筑设备监控和公共安全系统等实施综合管理的系统。一个完整的 BMS 由软件应用、基础设施、网络通信、物理实体层四个部分构成，如表 3-10 所示。

BMS 系统架构 表 3-10

软件应用	BMS 软件
基础设施	服务器，存储设施，路由，网关
网络通信	BACnet，TCP/IP，KNX 等协议
物理实体层	传感器，执行器，DDC，PLC，机电设备

使用正确的技术创新服务于实验室，旨在提高安全性，减少基础设施能耗。进行 BMS 设计时必须以安全、节能、舒适、灵活、经济为目标。

基于以上几点目标，对设计要求如下：

(1) 采用分散式控制、集中管理的方式提高系统的可靠性和安全性。

(2) 优先选用标准化、模块化产品，方便后续维护升级。

(3) 总线式系统，通信采用通用接口，以及开放的协议和标准。

(4) 数据采集及时，存储安全，并进行有效的分析和处理，以提升建筑能效。

(5) 进行状态监测、故障报警、诊断和记录，具有预警功能，保证安全，减少维护工作。

(6) 友好的人机界面，方便调取系统的实时或历史数据，优先可视化展现。

(7) 考虑适应未来的升级可能性，如多媒体、远程访问、移动扩展、云存储计算等。

整个 BMS 设计涉及的项目众多，既包含了不同设备的监控管理，也纳入了其他系统的集成。

机电设备监控：配备传感器、控制器、执行器等自动化硬件，实现对机电设备的监控。包括暖通空调系统（含通风幕墙联动）、给水排水系统、供配电系统、照明（可与遮阳联动），电梯等一系列建筑设备。

集成其他系统：纳入安防和消防系统，实现消防与通风联动，门禁与通风控制配合等功能，既提升了安全性，也优化了系统管理。

3.2.6.8 公共安全系统设计

化学实验的工艺特点决定了化学实验室内存放有易燃易爆、腐蚀性或易挥发有害气体的化学物品，可能会对实验室操作人员带来一定的伤害，很多化学实验室同时还承担有教学或其他任务，给实验室的人员及设备管理带来挑战。因此，化学实验室的智能化安全系统设计尤为重要，为满足实验室的安全需求，就必须建立起以预防为主的安全防范措施。

传统的化学实验室安全基本都匹配了视频监控、火灾预警及一卡通等系统，但是整体也存在多业务模块分散，无法达到统一管理，防火、防盗及单纯的视频监控，无法保证对实验室的实时监控。同时，实验条件（如温度、湿度、压力、光照等）对实验安全也相当重要，当事故发生时，系统无法及时响应并提出解决方案，同时管理人员无法远程获取化学实验室湿度、温度、烟雾浓度、有害气体浓度等信息，使得化学实验室的安全管理存在着很多问题，安全性无法得到保证。基于智能化化学实验室公共安全建设，完成各系统的整合，实现物与物、人与物的智能通信。充分利用无线传感技术，包括红外感应器、射频识别、激光扫描器、全球定位系统等信息传感设备，将化学实验室的人和物全面覆盖，建立起环境监控＋传统意义的安全监控，通过客户端及时做出提醒以及自主启动应急设施（图 3-37）。

1. 火灾消防系统

需满足国家相关规定要求，系统设计应符合现行国家标准《火灾自动报警系统设计规范》GB 50116、《建筑防火通用规范》GB 55037、《消防设施通用规范》GB 55036、《建筑设计防火规范》GB 50016 的有关规定，并重点考虑化学实验室重要防火区域，如危险化学品区、实验操作区等；在布局设计时就需设置区域自动喷淋装置、消火栓位置，在房间、走廊显著位置设置火警标志、说明及应急通道指示，并匹配响应的手持式灭火器；火灾探测器为感烟型、感温型、感光型或可燃气体敏感

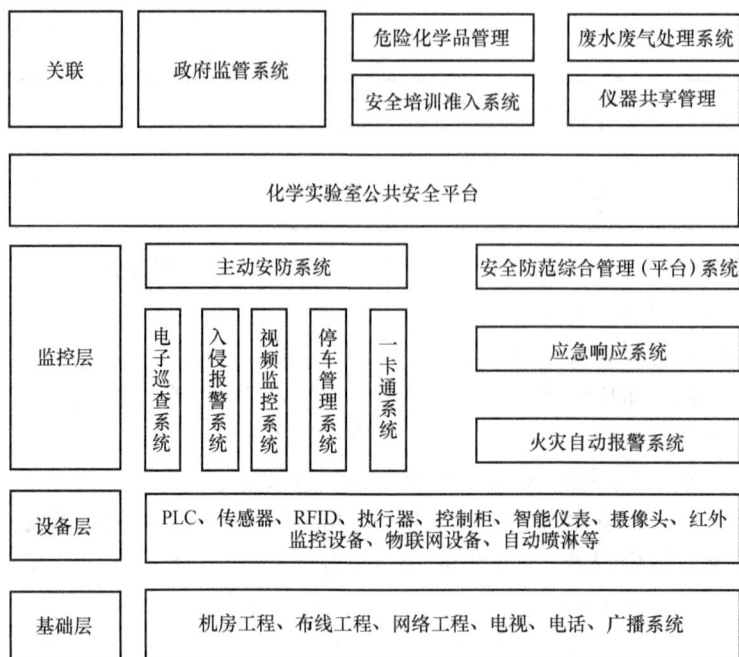

图 3-37　化学实验室智能化公共安全信息平台

型，根据实验室的危险性质与安全防护要求合理选择。火灾探测器发出的火灾信号，可由声、光报警显示装置现场显示，同时将火灾发生部位、时间等上传至系统，并联动视频安防系统，火灾自动报警装置与自动灭火装置相连，组成自动报警灭火系统。

2. 电子巡查系统

规范安保人员的巡查时间、顺序、地点，提高效率，保障人员及设备的安全，在重要场所，如实验室操作区域、危险化学品区域、出入口、防火防爆区域、停车场、水电气设备区、通风口设备等设置电子巡更点。

3. 入侵报警系统

入侵报警系统的作用一般为检测非法进入，分主动报警及检测报警，在重要场所，如实验室操作区域、危险化学品区域、出入口、防火防爆区域、水电气设备区、通风口设备等设置，报警系统与摄像头联动，实时查看报警区域；结合红外、激光探测技术、人脸识别技术、电子标签技术等综合应用，设计时需注意不得有漏报警，同时应有防误触装置，并可手动复位。

4. 视频安防监控系统

在重要区域根据不同的场景选择不同类型的摄像机，完成人脸识别、系统定位、智能分析等功能，主动分辨人员是否为准入人员；有必要的单位可连接公安系统后台；对实验过程要求追溯区域、危险化学品仓库、防火防灾重点区域等加装摄像，与入侵报警系统、火灾消防系统等联动，第一时间监控现场情况。

5. 一卡通系统

通过一卡通智能系统实现"一卡通行"，满足停车、门禁、电梯、签到、签退、设备使用、设备管理、访客管理等功能，配合 IC 卡、人脸、虹膜、指纹、二维码、密码等多种验证手段，联动视频、报警、考勤、巡更、一卡通、应急响应、设备共享、危险化学品管理、实验室准入、设备管理等系统。

6. 应急响应系统

化学实验室作为防火防爆的重要场所，应急响应系统应充分利用通风系统、消防系统、安全系统等，在设计时规划各种预案，根据火灾、爆炸、有害气体泄漏等不同等级，在发生事故前做好预案教育培训、事故发生后联动广播、显示系统做好信息引导，逃生指示、自动打开逃生通道，加大通排风、打开排烟、关闭防火阀、防火门、有害气体总阀等，并报警通知应急反应小组紧急处理。

7. 智能化安全系统应用

以仪器共享实验室安全防范举例：实验人员通过手机 APP 预约实验室使用时间，系统通过化学实验室安全培训考试系统确认该实验人员为准入人员，批准使用后发放一卡通（IC 卡、二维码、人脸识别、指纹等），按时进入实验室，通风系统、空调系统提前打开，实验仪器设备上电，自动调整至实验人员要求的温度、湿度、压力等，通过视频监控、人脸识别、红外、射频等技术完成人员定位，进入非批准区触发入侵报警系统。事后由入侵报警系统、视频监控系统、一卡通系统，配合危险化学品管控系统、出入库管理、仪器监控、通风系统、空调系统、智能照明等系统，结合物联网技术完成该实验过程的追溯。

3.2.6.9 机房工程设计

机房工程是为提供机房内各类信息化系统、智能化设备及设施的安装和运行条件，以确保各信息化、智能化信息化系统安全、可靠和高效地运行与便于维护的建筑功能环境而实施的综合工程。现行国家标准《智能建筑设计标准》GB 50314 结合工业建筑（厂房、仓库等）、民用建筑（单、多层建筑、高层建筑）等众多建筑的使用特点，概括性规定机房工程宜包括信息接入机房、有线电视前端机房、信息设施系统总配线机房、智能化总控室、信息网络机房、用户电话交换机房、消防控制室、安防监控中心、应急响应中心和智能化设备间等，并可根据工程具体情况独立配置或组合配置。一个完整的机房综合管理系统架构如图 3-38 所示。

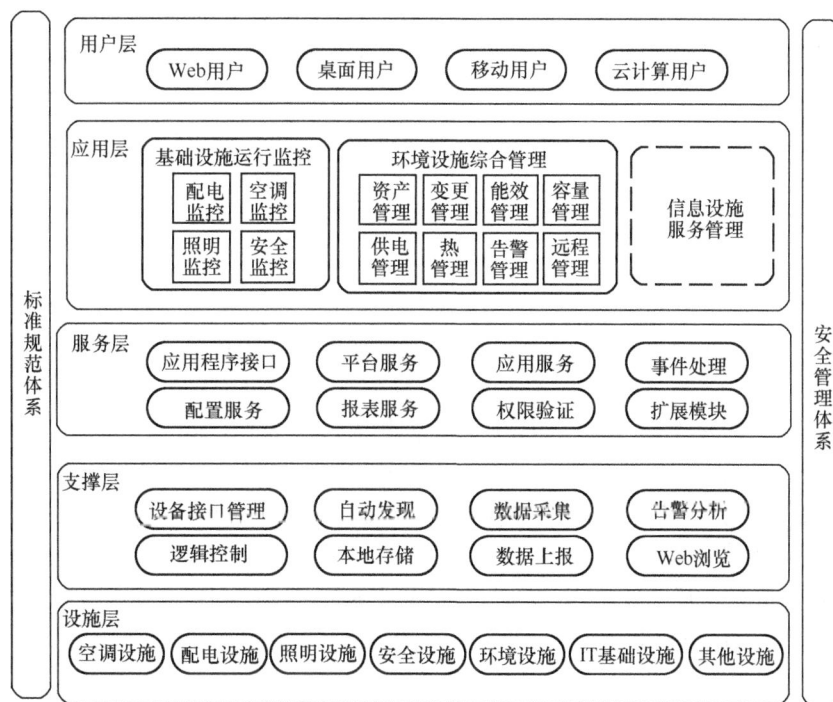

图 3-38　机房综合管理系统架构图

化学实验室建筑是为单一特定功能而建设，因此，机房工程宜包括信息设施系统总配线机房、智能化总控室、信息网络机房、用户电话交换机房、消防控制室、安防监控中心和智能化设备间等。结合对建筑的最大功能性利用，一般宜将信息设施系统总配线机房、用户电话交换机房及智能化设备间组合使用，智能化总控室与安防监控中心组合使用。

传统的实验室建筑，甚少考虑机房工程的设置，随着实验室建筑对信息化和智能化建设的迫切需求，根据化学实验室建筑性质，同时为了最大化利用建筑面积，并结合化学实验室建筑对机房工程的使用需求，机房工程设计为满足功能需求宜分为消防监控室、弱电机柜间、操作室和楼层弱电间。

1. 消防监控室

消防监控室设计区域宜包含隔离前室、工程师站和消防控制室。

2. 弱电机柜间

弱电机柜间为实现信息网络机房、用户电话交换机房及智能化设备间组合使用功能而衍生的特定功能间，弱电机柜间设计应满足弱电设备、智能化控制设备的安装设置。

3. 操作室

操作室为实现智能化总控室与安防监控中心组合使用功能而衍生的特定功能间，操作室设计应满足弱电设备操作系统和智能化控制操作系统的安装设置。

4. 楼层弱电间

楼层弱电间为实现建筑内各楼层的信息机房使用功能而衍生的特定功能间，化学实验室建筑各楼层弱电间设计宜满足进人操作维修所需要的空间，楼层弱电间一般设置楼层交换机柜、消防接线端子箱等设备，特别是建筑首层，宜考虑满足安装设置电信进户弱电接线箱所需的空间。

5. 机房工程设计基本要求

（1）实验室机房工程设计包含建筑、结构、机房通风空调、照明、接地、防静电、安全、机房综合管理系统等。

（2）机房位置选择应远离强腐蚀、易燃、易爆、强震源、强噪声源，避开强电磁场干扰的场所。

（3）机房建设应满足机房设备尺寸要求，并留有足够的操作维护空间，建筑荷载应充分考虑设备重量要求。

（4）机房应独立设计空调系统，空调系统应满足设备对环境温湿度要求，并充分考虑设备散热等特殊性要求。

（5）机房供配电应采用双重电源供电，并应设置备用电源，接地形式宜采用 TN 系统。

（6）机房照明照度要求不小于 300Lux，照明灯具不宜布置在设备正上方。

（7）机房地板或地面应有静电泄放措施和接地构造，且应具有防火、环保、耐污耐磨性能。

（8）机房内所有设备的金属外壳、金属管道、金属线槽、建筑物金属结构等必须进行等电位并联接地。

（9）机房建设应预留可拓展空间，考虑实验室设备仪器数据的接入，保证数据的安全性和稳定性。

（10）应根据重要级别、机房规模、设备状态和建设要求，配置机房综合管理系统。

6. 机房工程设计规范要求

机房工程设计应符合现行国家标准《数据中心设计规范》GB 50174、《建筑电子信息系统防雷术规范》GB 50343、《电磁环境控制限值》GB 8702 等有关规定。

3.2.6.10 实验室智能化系统的发展趋势

国家"十四五"规划和 2035 年远景目标中，新一代人工智能在战略科技攻关领域中占据首位。除此之外，在多个行业及应用领域，如服务业、农业、城市、基础设施、能源体系等，也都强调了智能化发展。实验室作为生产和研发的重要单位，推动其数字化和智能化可以提高生产效率，缩短创新历程。

智能实验室发展可大致分为实验室自动化、实验室信息管理、基础设施优化、数字化几个发展方向。

1. 实验室自动化

实验室自动化是指使用技术来简化或替代手动操作设备和过程。实验室自动化领域包括不同的自动化实验室仪器、设备、软件算法和方法，用于实现、加快和提高实验室科学研究的效率和有效性。实验操作经历了从 20 世纪的自动化实验操作到现在的智能化实验设计的变化。随着人工智能技术，特别是机器学习领域的进步，算法程序将自动根据实验结果调整实验方案并不断迭代直到获得预设目标，将大大减少实验室人员尤其是科研人员的重复工作量。

2. 实验室信息管理

实验室信息学一般是指将信息技术应用于实验室数据和信息的处理，优化实验室操作。实验室信息管理从之前的数据记录保存，发展到现在 SDM、LIMS 等形式的信息管理阶段。目前，大量的实验数据录入仍需事先访问 PC，但移动技术发展和相关应用的开发将使得记录更为及时，如此一来，也能有效减少错误。另外，诸如 RFID 技术有助于物品管理，自动进行库存预警，甚至自动发送采购订单用以补充库存。声音识别、AR 技术可以将实验过程进行数字化存储。不久的将来，在数据挖掘技术加持下，各种管理工具，如 SDMS、LIMS、ELN、CDS、LES 等，有整合的趋势，完成从简单的信息采集到知识管理的转化。

3. 实验室智能化基础设施

智能实验室基础设施从实验室解决方案方法开始，并以数据、预测性设备维护和数字实验室服务为基础，以提高实验室性能和居住者舒适度，并促进未来的创新研发。基础设施的优化以建筑设备管理系统为核心，在计算机网络、大数据、物联网以及人工智能等技术支持下，逐步向智能化演化。在物理实体层，各种传感器和设备采集能力大幅提升，并引入 AR/VR 等装备，提升交互能力。在网络通信基础设施层面，从以总线或 TCP/IP 通信为主的方式转向 5G、ZigBee 等多种物联模式，本地服务器和存储向云基础设施转变，多站点部署，通用信息共享。在软件应用方面，不同于目前简单的模式管理和调配，将在更高层面引入智能分析，自主学习，不仅实现本地设施能源的优化管理，更可以使整个网络内的能源调配更加合理。

4. 数字化

数字化是一种手段，实验室智能化的目的在于通过智慧管理，减少资源和时间耗费。数字孪生正是匹配于这一目标的技术。在建筑设施方面，BIM 技术建立建筑实体的虚拟映设，各种无线传感器或智能传感器将数据实时地传输至虚拟世界，甚至于集成安防数据。目前的楼宇管理系统即可以对这些设备或系统进行监控。而数字孪生技术则可以将这些数据用于建立模型并迭代，最终实现诊断分析和预测优化，延长设备的使用寿命，提升系统效率。在实验操作和信息管理方面，数字孪生技术在设定的规则下，通过操控机器人执行实验室流程，并自动返回源数据。制药领域已经有可以应用的软件了，它们可以自动实现数字孪生的仿真与映射、监控与操作、诊断与分析过程。下一步需要优化的是通过人工智能技术，将返回的元数据用于优化实验设计，减少实验次数，缩短研发过程。

3.2.7　气体管路

3.2.7.1　气体管道系统设计

气体供应系统应分为管道输送系统及使用终端。

1. 化学实验室气体管道的设置及要求

实验室用气主要有不燃气体（氮气、二氧化碳）、惰性气体（氩气、氦气等）、易燃气体（氢气、一氧化碳）、剧毒气体（氟气、氯气）、助燃气体（氧气）构成，实验室供气宜采用集中供气系统，在适当位置设置集中汇流排间，通过管道供应实验室用气。每组汇流排应设有报警箱，具有声光报警功能。当供气系统压力低于报警压力时，应有声、光同时报警，报警压力误差不大于 3%，声、光报警要求在 55dB（A）噪声环境下，在距 1.5m 范围内可以听到，光报警为红色指示灯。

实验室、汇流排间、管道井等使用危险气体的场所，全部安装气体泄漏探测设备，配合自动控制系统，随时监测气体泄漏点，报警或通过阀门切断主供气管道，甚至排空气瓶，同时与通风自动控制系统联动进行事故通风，以保证用气安全。

除不燃气体、惰性气体外，其余气体瓶组不得进入实验室，可以通过输气管道接入各实验室内。一般实验室配置氮气（N₂）、氦气（He）；气质联用室配置氮气、氢气、氧气。氢气管道连接件要求全部采用焊接，禁止有泄漏的可能。所有管线在安装完成后需要做气密性实验，并在使用前先除油。因为管道的管径较小，管间距小，安装过程中可根据现场情况进行调整，保证净距不小于45mm。

2. 气体配管系统

（1）气体管道应选用无缝铜管或不锈钢管，管道、阀门和仪表附件安装前应进行脱脂。

气体用无缝铜管管材与规格，应当符合现行行业标准《医用气体和真空用无缝铜管》YS/T 650的有关规定。

气体用无缝不锈钢管管材与规格，除应符合现行国家标准《流体输送用不锈钢无缝管》GB/T 14976的有关规定外，还应当符合现行国家标准《医用气体工程技术规范》GB 50751的相关规定。

（2）实验室内的气体管道应做等电位接地；气体的汇流排、切换装置、各减压出口安全放散口和输送管道，均应做防静电接地；气体管道接地间距不应超过80m，且不应少于一处；除采用等电位接地外宜为独立接地，其接地电阻不应大于10Ω。

（3）气体输送管道的安装支架应采用不燃烧材料制作并经防腐处理，管道与支架接触处应作绝缘处理。

（4）输送干燥气体管道可无坡度敷设，输送潮湿气体的管道应有不小于0.3%的坡度，坡向冷凝液体收集器。

（5）可燃、助燃气体管道应设放空管，放空管道应高出屋面1m或1m以上，并采取防雷措施。

3. 气体末端系统

气体末端宜设阀门及二级减压阀。

3.2.7.2 气体管道的压力试验和泄漏性试验

（1）气体管道应分段、分区以及全系统做压力试验和泄漏性试验。

（2）气体管道压力试验应符合下列规定：

1）低压气体管道应做气压试验，试验介质采用洁净的空气或干燥无油的氮气。低压气体管道试验压力应为管道设计压力的1.15倍，气体管道压力试验应维持试验压力至少10min，管道无泄漏、外观无变形为合格。

2）气体管道在安装终端组件之前应使用干燥无油的空气或氮气吹扫，在安装终端组件之后，应进行颗粒检测并符合下列规定：①吹扫和检测的压力不得超过设备及管道的设计压力，应从距离区域阀最近的终端开始直至该区域内最远的终端。②吹扫效果验证或颗粒物检测时，应在150L/min流量下至少进行15s，并应使用含50μm孔径滤布，直径50mm的开口容器进行检测，不应有残留物。

3）气体各系统应分别进行防止管道交叉错接的检验及标识检查。

3.2.7.3 抗震设计

气体气源站及各单体楼内的管道应有可靠的侧向和纵向抗震支撑。多根管道共用支吊架或管径大于等于300mm的单根管道支吊架，宜采用门形抗震支吊架。

3.2.7.4　室内气体管道与其他管线之间距离

室内气体管道与其他管线之间距离如表 3-11 所示。

室内气体管道与其他管线之间距离　　　　　　　　　　　　表 3-11

管线名称	乙炔管		氧气管		不燃气体管		氢气管		燃气管	
	最小平行间距（m）	最小交叉间距（m）	最小平行间距（m）	最小交叉间距（m）	最小平行间距（m）	最小交叉间距（m）	最小平行间距（m）	最小交叉间距（m）	最小平行间距（m）	最小交叉间距（m）
给水管、排水管	0.25	0.25	0.25	0.10	0.15	0.10	0.25	0.25	0.25	0.02
热力管（蒸汽压力不超过1.3MPa）	0.25	0.25	0.25	0.10	0.15	0.10	0.25	0.25	0.25	0.02
不燃气体管	0.25	0.25	0.25	0.10	0.15	0.10	0.25	0.25	0.25	0.02
燃气管、燃油管	0.50	0.25	0.50	0.25	0.25	0.10	0.50	0.25	0.25	0.02
氧气管	0.50	0.25	—	—	0.25	0.10	0.50	0.25	0.25	0.02
乙炔管	—	—	—	—	0.25	0.25	—	—	0.25	0.02
滑触线	3.00	0.50	1.50	0.50	1.00	0.50	3.00	0.50	0.25	0.10
裸导线	2.00	0.50	1.00	0.50	1.00	0.50	2.00	0.50	1.00	1.00
绝缘导线和电路	1.0	0.50	0.50	0.30	—	—	1.00	0.50	明装 0.25 暗装 0.05	明装 0.10 暗装 0.01
穿有导线的电线管	1.00	0.25	0.50	0.10	0.10	0.10	1.00	0.25	0.50	0.10
插接式母线、悬挂式干线	3.00	1.00	1.50	0.50	—	—	3.00	1.00	0.30	不允许
非防爆型开关、插座、配电箱等	3.00	3.00	1.50	1.50	—	—	3.00	1.00	0.30	不允许

3.2.8　给水排水

3.2.8.1　给水

1. 给水量及用水定额

实验给水系统的用水定额、水压、水质、水温及用水条件，应按实验工艺要求确定。当工艺无特殊要求时，可参照表 3-12 进行计算。

用水定额及小时变化系数　　　　　　　　　　　　表 3-12

序号	建筑物名称		单位	生活用水定额（L）		使用时数（h）	最高日小时变化系数 K_h
				最高日	平均日		
1	科研楼	化学	每人每日	460	370	8~10	2.0~1.5
		生物		310	250		
		物理		125	100		
		药剂调制		310	250		
2	教学、实验楼	中小学校	每学生每日	20~40	15~35	8~9	1.5~1.2
		高等院校		40~50	35~40		

序号	建筑物名称	单位	生活用水定额（L）		使用时数（h）	最高日小时变化系数 K_h
			最高日	平均日		
3	办公	每人每班	30～50	25～40	8～10	1.5～1.2
4	后勤	每人每日	80～100	60～80	8～10	2.5～2
5	食堂	每顾客每次	20～25	15～20	10～12	1.5～1.2
6	洗衣	每千克干衣	40～80	40～80	8	1.5～1.2

实验室用水器具给水的额定流量、当量、连接管管径及最低工作压力应按表3-13确定。

卫生器具的给水额定流量、当量、连接管公称尺寸和工作压力 　　　表3-13

序号	给水配件名称		额定流量（L/s）	当量	连接管公称直径（mm）	工作压力（MPa）
1	洗涤盆	单阀水嘴	0.15～0.20	0.75～1.00	15	0.10
		混合水嘴	0.15～0.20 (0.14)	0.75～1.00 (0.70)		
2	洗脸盆	单阀水嘴	0.15	0.75	15	0.10
		混合水嘴	0.15 (0.10)	0.75 (0.50)		
3	洗手盆	感应水嘴	0.10	0.50	15	0.10
		混合水嘴	0.15 (0.10)	0.75 (0.50)		
4	淋浴器	混合阀	0.15 (0.10)	0.75 (0.50)	15	0.10～0.20
5	大便器	冲洗水箱浮球阀	0.10	0.50	15	0.05
		延时自闭式冲洗阀	1.20	6.00	25	0.10～0.15
6	小便器	手动或自动自闭式冲洗阀	0.10	0.50	15	0.05
		自动冲洗水箱进水阀	0.10	0.50		0.02
7	实验室化验水嘴（鹅颈）	单联	0.07	0.35	15	0.02
		双联	0.15	0.75		
		三联	0.20	1.00		

　　注：1. 表中括号内的数值系在有热水供应时，单独计算冷水或热水时使用。

　　　　2. 卫生器具给水配件所需额定流量和工作压力有特殊要求时，其值应按产品要求确定。

热水水量、水温、水压应按工艺要求确定。卫生器具的一次和小时热水用水定额及水温按表3-14确定。

卫生器具的一次和小时热水用水定额及水温 　　　表3-14

序号	卫生器具名称		一次用水量（L）	小时用水量（L）	使用水温（℃）
1	办公楼	洗手盆	—	50～100	35
2	实验室	洗脸盆	—	60	50
		洗手盆		15～25	30
3	公共浴室	淋浴器	有淋浴小间	100～150	200～300	37～40
			无淋浴小间	—	150～540	

2. 系统设置要求

（1）给水系统应根据科研、生产、生活、消防各项用水对水量、水压、水质和水温的要求，并结合室外给水系统，经技术经济比较后确定。

（2）实验给水系统与生活给水系统应分开设置，并按付费或管理单元，分项、分级安装满足使用需求和经计量检定合格的计量装置。各实验室给水管道应单独引入并设检修阀门。

（3）给水管道严禁穿过毒物污染区。通过腐蚀区域的给水管道应采取安全保护措施，如采用耐腐蚀的管道、对管道外壁作防腐处理或设置专用管沟等，保证管道在使用期不出事故，水质不受污染。给水管道不得布置在遇水会迅速分解、燃烧、爆炸或损坏的物品的存储或实验区上方。

（4）在使用一般性有毒、有腐蚀性化学药剂的场所应设置紧急淋浴洗眼器，其保护距离应不大于15m。在使用剧毒、强腐蚀性化学药剂的场所，紧急淋浴洗眼器必须设置在事故易发处 3～6m 内。洗眼器采用自减压型，流出水头不大于 1m。紧急淋浴洗眼器应同层设置，不得越层使用，通向紧急淋浴洗眼器的通道应畅通无阻。

（5）实验用仪器、设备的冷却循环水系统应满足节水、节能要求。

（6）给水排水设备与管道的布置应满足安装、调试、检修和维护的要求。

3. 纯水

制剂和实验用纯水处理工艺流程应合理、优化，满足布置紧凑、节能、自动化程度高、管理操作简便、运行安全可靠和制水成本低等要求。纯水系统可采用的供水方式：设有机械的管道供应系统；集中设置供水处理设备，配送桶装成品水；用水点处设小型水处理装置。纯水供水量应根据实验工艺需求进行设计。

根据《分析实验室用水规格和试验方法》GB/T 6682—2008，分析实验室用水共分为三个级别：一级水、二级水和三级水。一级水用于有严格要求的分析试验，包括对颗粒有要求的试验，如高效液相色谱分析用水；二级水用于无机痕量分析等试验，如原子吸收光谱分析用水；三级水用水一般化学分析试验。以循环供水为例，一级水质要求电导率≤0.01ms/cm，电阻率≥10MΩ·cm，纯水处理工艺可参照图 3-39 进行设计；二级水质要求电导率≤0.1ms/cm，电阻率≥1MΩ·cm，纯水处理工艺可参照图 3-40 进行设计；三级水质要求电导率≤0.5ms/cm，电阻率≥0.2MΩ·cm，纯水处理工艺可参照图 3-41 进行设计。

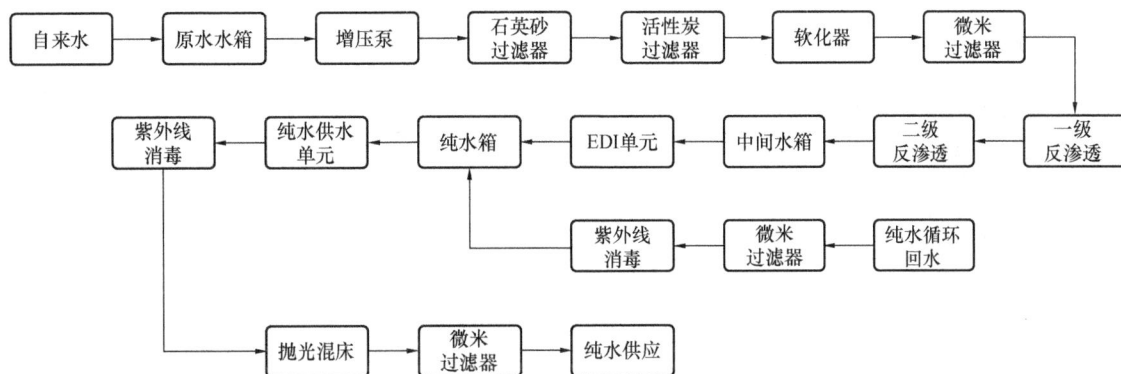

图 3-39　一级水质纯水处理工艺

纯水系统采用循环供水方式时，宜采用单管式循环供水系统或设有独立回水管的双管式循环供水系统。纯水系统不循环支管的长度不应大于管径的 6 倍，干管应设置清洗口。纯水管道系统必须密封，不得有漏气现象。

4. 管材及卫生器具

（1）室内的给水管道、热水管道应选用耐腐蚀和安装连接方便可靠的管材，可采用薄壁不锈钢管、金属塑料复合管、塑料给水管等。高层实验建筑给水立管不宜采用塑料管。

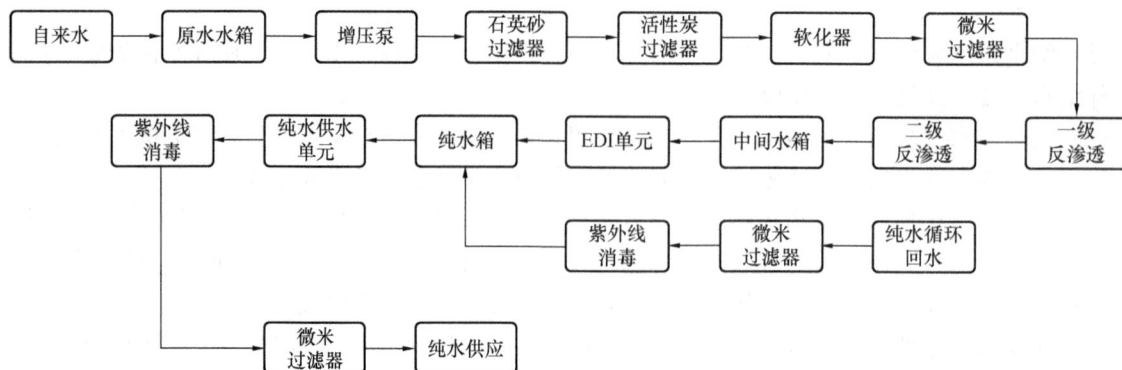

图 3-40 二级水质纯水处理工艺

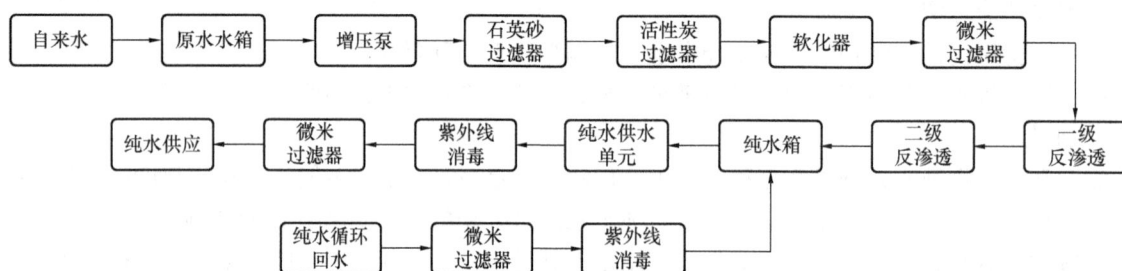

图 3-41 三级水质纯水处理工艺

（2）当热水管道采用塑料热水管或金属塑料复合管时，管道的工作压力应按相应温度下的许用工作压力选择，设备机房内的管道不应采用塑料热水管。

（3）纯水管道根据实验用水的水质要求可采用不锈钢管道、洁净塑料管等。

（4）给水排水设备、卫生器具等应为节水、节能型。卫生器具水效等级分为 3 级，其中 3 级水效最低。卫生器具水效等级应符合表 3-15 的规定。

卫生器具水效等级指标   表 3-15

类别	流量（L/s）		
	1 级	2 级	3 级
洗脸盆水嘴	≤4.5	≤6.0	≤7.5
普通洗涤水嘴	≤6.0	≤7.5	≤9.0
小便器平均用水量	≤0.5	≤1.5	≤2.5
坐便器平均用水量	≤4.0	≤5.0	≤6.4
双冲坐便器全冲用水量	≤5.0	≤6.0	≤8.0

注：每个水效等级中双冲坐便器的半冲平均用水量不大于其全冲用水量最大限定值的 70%。

3.2.8.2 排水

1. 系统设置要求

（1）实验污水及废水的水量、水质、温度应按工艺要求确定。

（2）生活排水系统应与实验排水系统分设。腐蚀性废水的排水系统应采取防腐措施。实验室有毒有害废水应设置独立排水系统。

（3）实验室排水系统通气管与生活排水系统通气管应分别设置。

（4）实验废液应分类收集并加以处理，或交送有处理能力的部门消纳。

（5）排水管道不得布置在遇水会引起燃烧、爆炸的原料、产品和设备上方。酸、碱排水管道应尽量明装或敷设在管沟中。

（6）屋面雨水宜采用建筑外排水方式有组织排放，当采用内排水方式时，不得在室内设置检查井。

（7）存储、分配、收集液态化学品的房间应设置能够存储事故排水的设施，可采用防火堤、围堰或排水沟、集水坑等形式，并能满足事故时产生的最大污染水量。

2. 事故池

危险品库、化学品库、废水处理站等存在事故发生时会产生对周边水体环境污染及危害污水的区域，通常设置事故水池。

（1）事故水池有效容积的计算：

$$V_{总} = V_{1max} + V_{2max} - V_3 + V_4 + V_5$$

式中　V_{1max}——发生事故的一个最大储罐或一套装置的最大物料量，m^3；

　　　V_{2max}——发生事故时同时使用的消防水量，m^3；

　　　V_3——发生事故时可以转输到其他储存设施的容积，m^3；

　　　V_4——发生事故时仍必须进入该收集系统的实验废水量，m^3；当无明确要求时，按 6h 实验废水计算；

　　　V_5——发生事故时可能进入该收集系统的降雨量，m^3。

（2）事故时同时使用的消防水量的计算：

$$V_{2max} = \sum Q_{消} \times t_{消}$$

式中　$Q_{消}$——发生事故的储罐或装置的同时使用的消防设计流量，m^3/h；

　　　$t_{消}$——消防设施的火灾延续时间，h。

（3）进入事故池雨水量的计算：

$$V_5 = 10 \times q \times F$$

式中　q——降雨强度，mm，按平均日降雨量；

　　　F——必须进入事故废水收集系统的雨水汇水面积，hm^2。

（4）年平均降雨量的计算：

$$q = q_a / n$$

式中　q_a——年平均降雨量，mm；

　　　n——年平均降雨日数。

事故水池平时需作他用时，占用容积不得超过有效容积的 1/3，并应设有在事故时紧急排空的技术措施，同时确保未受污染的排水进入事故水池。

3. 化学实验室排水管材

（1）排水管道及附件的材质应根据水质、水温、浓度等特点进行选择，接口安装连接应可靠、安全。

（2）无机化学实验室排水管道采用塑料排水管，如：PP 聚丙烯排水管、PVC-U 排水管等；有机化学实验室排水管道采用金属排水管，如：机制排水铸铁管等。

（3）生活污水管道采用金属排水管或塑料排水管。

3.2.8.3　实验废水处理

化学实验室废水同时具有城市污水和工业废水的性质，按化学性质可分为有机化学废水、无机化学废水和综合废水。实验废水处理应符合现行国家标准《污水综合排放标准》GB 8978 的有关规定。

严禁实验废水未经处理或处理未达标直接排入市政排水系统或自然水体。

当园区设置集中污水处理站时，应结合园区排水水量、水质、温度的整体情况，确定污水处理工艺。当实验废水确需单独处理时，应采用恰当的处理工艺，满足水质达标排放的要求。

实验废水收集、处理构筑物应防腐、防渗、防漏；当废水收集构筑物直接埋地时，应采取监测废水收集构筑物渗漏状况的措施。

1. 有机化学废水处理

有机废水含有机溶剂、有机酸、醚类、多氯联苯、有机磷化合物、酚类、石油类、油脂类等物质，具有有机物浓度高、SS 高、pH 低，水质变化大等特点。

处理高浓度的有机废水可以利用焚烧法、活性炭吸附法，还可以利用溶剂萃取法、氧化分解法、水解法以及生物化学处理法等。

采用以水解酸化＋接触氧化为主体的生化处理工艺，不仅能有效去除水中有机物、悬浮物，而且运行可靠、处理费用低、处理效果好。

对于有机物浓度高、毒性强、水质水量不稳定的实验室废水，采用 Fenton 试法具有更好的处理效果。

当水量较少且不具备就地处理条件时，可设置暂存罐，定期委外处理。

2. 无机化学废水处理

（1）酸、碱废水的处理

对于高浓度的废酸液、废碱液，可设置暂存罐，定期委外处理。

对于酸含量低于 5%～10%或碱含量低于 3%～5%的低浓度酸性废水或碱性废水，由于其中酸、碱含量低，回收价值不大，常采用中和法处理，使废水的 pH 恢复到中性附近，消除其危害。

中和法相对较为常见，但废水浓度超过既定标准时，工作人员可在废水中加入定量中和药剂；比如 pH<7 的酸性废水中可添加适量的 $Ca(OH)_2$ 和 CaO，pH>7 的碱性废水中可加入稀盐酸或硫酸溶液。通过控制废水的酸碱度，使废水的 pH 维系在 6～8 之间，最后再根据相关规定排放即可。

当实验过程中，酸、碱废水排出水质水量均匀稳定，酸碱含量能互相平衡时，可不单独设置中和池，在吸水井及管道内进行混合反应。考虑实验过程随机性较强，酸、碱废水水质水量均波动较大，应设置中和池。酸性废水经进水管进入中和池，在通过池底穿孔管使之得到更充分混合后再由出水管排出。

根据化学基本原理，酸碱中和应符合一定的等摩尔关系。

酸碱中和池有效容积计算如下：

$$\Sigma Q_j B_j \geqslant 1/2(Q_s B_s \alpha K)$$

式中　Q_j——碱性废水流量，L/h；
　　　B_j——碱性废水浓度，gmol/L，碱的摩尔值 R 见表 3-16；
　　　Q_s——酸性废水流量，L/h；
　　　B_s——酸性废水浓度，gmol/L，酸的摩尔值 R 见表 3-16；
　　　α——中和剂比耗量，即中和 1kg 酸所需碱量，kg，参见表 3-17；
　　　K——考虑中和过程不完全的系数，一般采用 1.5～2.0，特别是含重金属离子的废水，最好根据现场试验确定。

酸碱摩尔值 R　　　　　　表 3-16

酸（碱）名称	H₂SO₄	HCl	HNO₃	C₂H₂O₄	NaOH	KOH	Ca(OH)₂	CaO	NH₃
摩尔值 R	98.08	36.47	63.01	120	40.01	56.1	74.1	56.02	17.0

碱性中和剂比耗量 表 3-17

酸和盐名称 (分子量)	碱性中和剂名称(分子量)						
	CaO (56)	Ca(OH)$_2$ (74)	CaCO$_3$ (100)	NaOH (40)	Na$_2$CO$_3$ (106)	MgO (40.32)	CaMg(CO$_3$)$_2$ (184.39)
H$_2$SO$_4$(98)	0.56	0.755	1.02	0.866	1.08	0.40	0.94
HNO$_3$(63)	0.445	0.59	0.795	0.635	0.84	0.33	0.732
HCl(36.5)	0.77	1.01	1.37	1.10	1.45	1.11	1.29
CH$_3$COOH(60)	(0.466)	0.616	(0.83)	0.666	0.88	0.66	(0.695)
CO$_2$(44)	(1.27)	1.68	(2.27)	1.82	—	—	(1.91)
FeSO$_4$(151.90)	0.37	0.49	—	—	—	—	—
FeCl$_2$(126.75)	0.45	0.58	—	—	—	—	—
CuSO$_4$(159.63)	0.352	0.465	0.628	0.251	0.667	—	—

注：1. 括号内表示反应缓慢，不建议采用。

2. 表中酸、盐、中和剂均按 100%纯度计算，实际需量须试验确定。

摩尔浓度与一般浓度的换算关系：

$$B = C/R$$
$$B = 10P/R$$

式中 C——以 g/L 计的浓度；

P——以%计的浓度。

中和池有效容积可按下式计算：

$$V = (Q_j + Q_s)t$$

式中 t——中和反应时间，h，视水质水量变化情况及污水缓冲能力，一般取 1~2h。

(2) 含重金属离子废水的处理

化学实验室中含重金属离子废水较为常见，此类无机废水一般可通过沉淀法处理。沉淀方式可结合化学实验室废水排放要求进行选择，如：碱液、螯合、硫化物沉淀等措施，可将溶液中 Cu、Zn、Mn、Fe、Co、Cd、Ni、Sn、Pb、Ba 等金属物质快速去除，并将其转化为微溶于水或不溶于水的盐类，最后对这些沉淀进行收集。

由于实际废水组分复杂，故应通过试验确定相关操作参数，同时还应注意有些金属（如 Zn、Pb、Cr、S、Al）等的氢氧化物为两性化合物，如果 pH 过高，它们会重新溶解。因此，用氢氧化物法分离废水中的重金属时，废水的 pH 是操作的一个重要条件，pH 不在适宜范围，即低于或高于适宜范围都会使处理效果变差。

值得注意的是，重金属废水要单独处理，比如含有 Ag^+ 的废水可使用电解、离子交换的模式处理，但应用广泛的措施为沉淀法，即将含有银离子的溶液［如：AgNO$_3$、Ag（NH$_3$）2OH］转化为沉淀物，通过将溶液调整至酸性条件，再向溶液中加入适量的 NaCl，促使 Ag^+ 沉淀成氯化银，最后再通入足量稀硝酸溶液进行洗涤、过滤、烘干、回收，可将废水中的贵金属（Ag、Co）予以有效收集，满足可持续发展的要求。

(3) 含氰化物废水处理

含氰化物废水可采用生化法进行处理，生化法具有对环境二次污染低等许多优势。例如采用 A/O 法处理含氰废水，处理结果表明废水中的相关有害物质得以清除。

当废水中氰离子的浓度在 50mg/L 以上时，氧化剂投加量较高，不经济，一般回收制成副产品，如黄血盐、赤血盐等。

化学法处理含氰废水常采用碱性氯化法，一般采用二级氧化处理。第一阶段，加入 NaOH 调节

pH 至 10 以上，再加入氯氧化剂，充分搅拌，使 CN⁻ 被氧化成 CNCl。第二阶段，回调 pH，进一步投加氯氧化剂，当 pH＝8.0～8.5 时，生成无毒的 CO_2 和 N_2。

采用碱性氯化法处理含氰废水时，应避免铁、镍离子混入含氰废水处理系统。含氰废水经氧化处理后，应根据其含其他污染物的情况进行后续处理。反应池采取防止有害气体逸出的封闭和通风措施。

因含氰废水与酸性废水混合后会产生剧毒氢氰酸气体，造成严重的环境污染并危害人体健康，故含氰废水严禁与酸性废水混合。

此外，还可以采用电解氧化法、普鲁士蓝法、臭氧氧化法以及铁屑内电解法处理含氰废水。

（4）含硫化物废水处理

含硫化物废水可采用吹制方法或曝气氧化法处理，其优点是操作简单、易于操作，但会存在效率低的问题，同时会需要添加更多的化学试剂。

（5）含磷废水的处理

含磷废水主要来源于电镀、表面活性剂实验及清洗废液。

含磷废水的处理方法包括生物法、物理化学法、电解法、电渗析法和吸附法等。

生物除磷法成本极低，适合大量处理废水，但是它的工艺稳定性相对更差，容易受到进水水质的影响。而且生物除磷法中产生的生物污泥若不立即处理，污泥中的磷会得到释放，二次污染水体，使废水处理失败。

电解法除磷装置简单，容易操作，且有很高的除磷效率。然而电解法会消耗能量，电解过程中生成大量的沉淀和电极消耗也使得成本高昂，难以大量使用。

电渗析法工艺中需要的高污染性膜由于成本高昂，处理废水的经济效益不高，是工艺选择的巨大障碍。

化学沉淀法采用铁盐、铝盐或钙盐作为沉淀剂，反应生成难溶于水的沉淀。流程简单、效率高、操作方便等是化学沉淀法主要优点。然而由于大量化学药剂的投入，该方法运行成本较高。

吸附法可以达到消除磷污染和回收磷资源的双重目的，其原理是利用多孔或比表面积大的吸附剂来吸附废水中的磷酸根离子使之与水溶液分离，达到去除废水中磷的目的，并可以采用吸附释放法回收废水中的磷。

（6）芳烃硝化废水的处理

芳烃硝化废水主要来源于芳基硝化实验，一般采用的是混酸硝化方法，过程中产生的污染物包括2-硝基酚、4-硝基酚、4,6-二硝基甲酚、2,4-二硝基酚、2,6-二硝基甲苯、2,6-二硝基甲酚和硝基苯等数十种污染物。废水呈深酱色，气味难闻，毒性大，含酚浓度高达 0.004mg/L 以上，COD 达 1100mg/L，属于高浓度有机废水。实验室处理包括活性炭、磺化煤等吸附法，络和萃取剂和化学氧化法等方法，特别是吸附法处理硝基废水具有工艺流程短、操作简单、处理效率高的特点，适合实验室操作。

3. 综合废水处理

综合废水是有机和无机污染物的混合物，在进行相关的实施时具有较大的难度。因此，有必要结合使用几种技术进行综合废水处理。综合废水包括有机废水、无机废水、重金属废水和有毒物质等。

综合废水中的酸、碱采用中和反应去除，重金属离子采用重金属螯合、混凝形成沉淀去除，胶体性和颗粒性污染物采用混凝沉降法去除，有机污染物根据水质选用氧化法或生化法去除，微生物污染物采用消毒法去除。

综合废水可采用一体化废水处理装置进行废水处理，一体化废水处理装置具有适用性广、自动化程度高、占地面积小、运行成本低等特点，处理流程如下：

（1）废水排至废水收集池，当收集池液位达到设定液位后，系统自动启动，开始处理。

（2）废水由泵转入 pH 调节池，由自动加药装置自动加酸液或加碱液调整 pH，以去除酸、碱污染物,加药过程中曝气搅拌或机械搅拌均匀。

(3)中和后的废水进入混凝沉降池,需处理重金属离子时,由自动加药装置加入重金属捕集剂去除重金属离子。加入絮凝剂或助凝剂将废水中的悬浮物和胶体物质混凝沉降。

(4)废水经混凝沉降后,不可生化处理的废水中的有机污染物采用氧化剂氧化或高级氧化法进行降解。可生化处理的废水中的有机污染物采用生化法进行降解,出水经膜生物反应器(MBR)膜分离系统或二沉池进行泥水分离。

(5)氧化、生化完成后的废水经吸附过滤去除残余污染物。可继续进行膜过滤以满足更高出水标准。

(6)废水经消毒后达标排放。

(7)混凝沉降单元、氧化单元、生化单元产生的污泥定期用污泥泵转至污泥过滤脱水装置,进行过滤脱水处理,脱水液回流至废水收集池。

4. 排放标准

(1)实验室排水应满足《环境影响评价文件》《水影响评价报告》等文件的水质排放要求。

(2)水质超过表 3-18 限值的排水,应按有关规定和要求进行预处理。不得用稀释法降低其浓度,排入城市下水道。

(3)根据城镇下水道末端污水处理厂的处理程度,将控制项目限值分为 A、B、C 三个等级,见表 3-18。

污水排入城镇下水道水质控制项目限值　　　　　　　　表 3-18

序号	控制项目名称	单位	A 级	B 级	C 级
1	水温	℃	40	40	40
2	色度	倍	50	64	64
3	易沉固体	mL/(L·min)	10	10	10
4	悬浮物	mg/L	70	150	400
5	溶解性总固体	mg/L	1500	2000	2000
6	动植物油	mg/L	10	15	100
7	石油类	mg/L	5	10	10
8	pH	—	6.5~9	6.5~9	6.5~9
9	五日生化需氧量(BOD_5)	mg/L	20	30	300
10	化学需氧量(COD)	mg/L	100	150	300
11	氨氮(以 N 计)	mg/L	15	25	25
12	总氮(以 N 计)	mg/L	70	70	45
13	总磷(以 P 计)	mg/L	8	8	5
14	阴离子表面活性剂(LAS)	mg/L	5	10	10
15	总氰化物	mg/L	0.5	0.5	0.5
16	总余氯(以 Cl_2 计)	mg/L	8	8	8
17	硫化物	mg/L	1	1	1
18	氟化物	mg/L	10	10	20
19	氯化物	mg/L	2500	800	800
20	硫酸盐	mg/L	400	600	600
21	总汞	mg/L	0.005	0.005	0.005
22	总镉	mg/L	0.05	0.05	0.05
23	总铬	mg/L	1.5	1.5	1.5

序号	控制项目名称	单位	A 级	B 级	C 级
24	六价铬	mg/L	0.5	0.5	0.5
25	总砷	mg/L	0.3	0.3	0.3
26	总铅	mg/L	0.5	0.5	0.5
27	总镍	mg/L	1	1	1
28	总铍	mg/L	0.005	0.005	0.005
29	总银	mg/L	0.5	0.5	0.5
30	总硒	mg/L	0.1	0.2	0.5
31	总铜	mg/L	0.5	1	2
32	总锌	mg/L	2	5	5
33	总锰	mg/L	2	2	5
34	总铁	mg/L	5	10	10
35	挥发酚	mg/L	0.5	0.5	0.5
36	苯系物	mg/L	2.5	2.5	1
37	苯胺类	mg/L	1	2	2
38	硝基苯类	mg/L	2	3	3
39	甲醛	mg/L	1	2	2
40	三氯甲烷	mg/L	0.3	0.6	0.6
41	四氯化碳	mg/L	0.03	0.06	0.06
42	三氯乙烯	mg/L	0.3	0.6	0.6
43	四氯乙烯	mg/L	0.1	0.2	0.2
44	可吸附有机卤化物（AOX，以 Cl 计）	mg/L	1	5	5
45	有机磷农药（以 P 计）	mg/L	不得检出	0.5	0.5
46	五氯酚	mg/L	5	5	5
47	磷酸盐（以 P 计）	mg/L	0.5	1.0	1.0

采用再生处理时，排入城镇下水道的污水水质应符合 A 级的规定。

采用二级处理时，排入城镇下水道的污水水质应符合 B 级的规定。

采用一级处理时，排入城镇下水道的污水水质应符合 C 级的规定。

3.2.9 消防

化学实验室用于控火、灭火的消防设施，包括消防给水和灭火系统、防烟与排烟系统和火灾自动报警系统。化学实验室消防设施的设置应充分考虑其特有的工艺性，并满足国家或地方的相关标准规定。

常用的国家标准如下：

《建筑防火通用规范》GB 55037；

《消防设施通用规范》GB 55036；

《建筑设计防火规范》GB 50016；

《消防给水及消火栓系统技术规范》GB 50974；

《自动喷水灭火系统设计规范》GB 50084；

《气体灭火系统设计规范》GB 50370；

《建筑灭火器配置设计规范》GB 50140；

《建筑防烟排烟系统技术标准》GB 51251；

《火灾自动报警系统设计规范》GB 50116。

各地发布的地方标准或技术指南，比如：

（上海）《建筑防排烟系统设计标准》DG/J08—88；

《浙江省消防技术规范难点问题操作技术指南 2020 版的通知》（浙消〔2020〕166 号）；

《江苏省建设工程消防设计审查验收常见技术难点问题解答》（苏建函消防〔2021〕171 号）；

《山东省建设工程消防设计审查验收技术指南（疑难解析）》2022-05-23；

《山东省建筑工程消防设计部分非强制性条文适用指引》2020-11-25；

《山东省建设工程消防设计审查验收技术指南（暖通空调）》2022-10。

目前消防设计的国家和地方标准及规定在不断完善，各地审图中心的意见也不是很统一，所以关注国家标准的变化、研读地方标准和同审图中心的提前沟通，是防止消防设计方案反复的关键。

3.2.9.1　消防给水和灭火系统

1. 消防给水系统

消防给水系统主要包括消防水源、消防供水设施。

当消防水池作为消防水源时，消防水池的有效容积应满足在火灾延续时间内所需要同时启动的消防设施消防用水量的要求。消防水池的总蓄水有效容积大于 500m³ 时，宜设两格能独立使用的消防水池；当大于 1000m³ 时，应设置能独立使用的两座消防水池。

消防水泵驱动器应由水泵、驱动器和专用控制柜等组成，消防水泵的性能应满足消防给水系统所需流量和压力的要求，消防水泵所配驱动器的功率应满足所选水泵流量—扬程性能曲线上任何一点运行所需功率的要求。高位消防水箱的有效容积和最低有效水位应满足《消防给水及消火栓系统技术规范》GB 50974—2014 第 5.2.1 条和第 5.2.2 条的相关规定。稳压泵的设计流量不应小于消防给水系统管网的正常泄漏量和系统自动启动流量，稳压泵的设计压力应满足系统自动启动和管网充满水的要求。

2. 室外消火栓系统

建筑室外消火栓的数量应根据室外消火栓设计流量和保护半径经计算确定，保护半径不应大于 150m。室外消火栓宜沿建筑周围均匀布置。建筑消防扑救面一侧的室外消火栓数量不宜少于 2 个。

3. 室内消火栓系统

设置室内消火栓的建筑，包括设备层在内的各层均应设置消火栓。除规范另作规定外，室内消火栓的布置应满足同一平面有 2 支消防水枪的 2 股充实水柱同时达到任何部位的要求。

4. 自动灭火系统

需设置自动灭火系统的化学实验室建筑宜选用湿式自动喷水灭火系统；对于大型仪器室、洁净室宜采用预作用式自动喷水灭火系统；对于重要的档案室、信息中心以及特别重要的设备室应设置气体灭火系统。

5. 移动式灭火器

移动式灭火器应设置在位置明显和便于取用的地点，且不得影响安全疏散。灭火器设置点的位置和数量应根据被保护对象的情况和灭火器的最大保护距离确定，并应保证最不利点至少在 1 具灭火器的保护范围内。

6. 其他

根据当地消防主管部门的要求和实际需要，化学实验室可设置其他灭火系统，例如干粉灭火系统、水喷雾灭火系统等。

3.2.9.2　防烟和排烟

1. 防烟系统

建筑物的防烟系统是对楼梯间、前室、避难层（间）等空间采取的通风措施，目的是防止火灾烟气积聚或阻止火灾烟气侵入，通常为自然通风方式和机械加压送风方式。建筑物内需要设置防烟系统的场所或部位，根据现行国家标准《建筑防火通用规范》GB 55037确定，对于化学实验室的防烟系统设计，常见于防烟楼梯间及其前室、封闭楼梯间等，自然通风方式为首选方案，当自然通风不能满足规范的防烟要求时，采用机械加压送风方式。

（1）自然通风方式

自然通风方式是设置一定面积和满足位置要求的可开启外窗或开口，且可开启外窗要求方便直接开启。

（2）机械加压送风方式

机械加压送风方式是采用风机和风管对防烟场所或部位进行机械加压的送风方式，主要组成部件包括70℃防火阀、电动风阀、加压送风机、常开或常闭式加压送风口、余压阀等。确定建筑平面时，加压送风机应设置专用机房；机械加压送风管道竖向设置时，应独立设置在管道井内。

2. 排烟系统

建筑物的排烟系统是采用自然排烟或机械排烟的方式，将房间、走道等空间的火灾烟气排至建筑物外的系统，分为自然排烟系统和机械排烟系统。

化学实验室内需要设置排烟系统的场所或部位，和建筑物的类别关系很大，不同的建筑类别执行对应的规范或条文：

（1）以化学实验室为主的科研楼、高校实验楼等，属于民用建筑的公共建筑。

（2）对于工业项目，比如石化行业，化学实验室以中心化验室（楼）的形式存在，依据《石油化工生产建筑设计规范》SH/T 3017—2013，该建筑是工业建筑的辅助生产用房，火灾危险性为丙类，进行排烟系统设计时，一方面，执行规范中关于工业建筑的排烟系统相关条文；另一方面，工业项目的化学实验室有时会结合办公使用，甚至会设置中庭，此种情况还需兼顾公共建筑的相关条文。

建筑物的排烟系统，自然排烟方式为首选方案，当自然排烟不能满足规范的排烟要求时，采用机械排烟方式。

（1）防烟分区

防烟分区是指用挡烟垂壁、隔墙等挡烟分割设施划分的可把烟气限制在一定范围的空间区域。防烟分区的划分关系到排烟系统的形式和复杂程度。

（2）自然排烟方式

自然排烟方式是设置一定面积和满足位置要求的可开启外窗或开口，使得火灾热烟气流通过其自身的浮力和外部风压作用，通过该外窗或开口，直接排至室外的排烟方式。可开启外窗或开口，要求可自动、手动、温控释放等方式开启。

（3）机械排烟方式

机械排烟方式是采用风机和风管对排烟场所或部位进行排风，主要组成部件包括280℃排烟防火阀、排烟风机、排烟阀、常闭式排烟阀（口）等。确定建筑平面时，排烟风机应设置专用机房；排烟管道竖向设置时，应设置在独立的管道井内。

（4）排烟补风系统

根据空气流动和风量平衡的原理，有补风才能排出烟气。所以排烟补风系统的目的是在排烟系统运行时，形成理想的气流，迅速排出烟气。自然进风方式可采用疏散外门、手动或自动可开启外窗等，防火门窗不能作为补风设施。排烟补风风机应设置专用机房。

3.2.9.3 火灾自动报警系统

火灾自动报警系统是探测火灾早期特征、发出火灾报警信号，为人员疏散、防止火灾蔓延和启动自动灭火设备提供控制与指示的消防系统，是智能建筑中建筑设备自动化系统的重要组成部分。

3.2.10　环保

化学实验过程产生的污染物包括废水、废气、固体废物等。废气的相关内容在本书第 7 章有关排风净化处理的内容中描述；化学实验室废弃物分为一般固体废物和危险废物。危险废物按照相态又分为危险固体废物和危险液体废物，后者简称"危废液"。实验室排水的相关内容在"3.2.8.3　实验废水处理"中描述。本节针对实验室废弃物，介绍化学实验室废弃物从传统"收集、存储、运输、处置"模式向"无废城市"模式过渡的技术途径，提出化学实验室设计建造源头减量解决方案。

3.2.10.1　化学实验室废弃物的定义

1. 一般固体废物

一般固体废物指未被列入《国家危险废物名录》或者根据《危险废物鉴别标准》GB 5085 和《固体废物》GB/T 15555 鉴别方法判定不具有危险特性的固体废物。如实验室中的包装盒（试剂或仪器的）、废纸、非沾染危险化学品的废玻璃瓶等。

2. 危险废物

指列入《国家危险废物名录》或者根据国家规定的危险废物鉴别标准和鉴别方法认定的具有危险特性的固体废物（包括液态废物），应有特殊的防治措施和管理办法。

没有列入《国家危险废物名录》的废物，但是根据国家规定的危险废物鉴别标准和鉴别方法，废物中某有害、有毒成分含量超过标准限值，也认定为危险废物。

废弃的放射性物质不归类为危险废物，应按照《放射性废物安全管理条例》（国务院令第 612 号）进行管理。

（1）危险固体废物：如化学实验中未反应的固体原料、副产物、中间产物、过期/失效的固体药品、滤纸、反应产生的沉淀、蒸馏残渣，废旧玻璃瓶等沾染性固体废物等。

（2）危险液态废物：危险液态废物由《国家危险废物名录》控制。为便于收集管理，将实验室常见危险废液分类列于表 3-19。

实验室常见危险液态废物分类　　　　　　　　　　　　　表 3-19

剧毒类废液	汞废液；含砷废液；含氰废液；含镉废液
有机废液类	卤素有机废液：含脂肪族卤素类化合物，如氯仿氯代甲烷二氯甲烷四氯化碳；或含芳香族卤素类化合物，如氯苯等； 一般有机废液：不含脂肪族卤素类化合物或芳香族卤素类化合物
无机废液类	重金属废液：含有任何一类重金属的废液（如铁钴铜/锰铅银锌镁等）； 废酸液； 废碱液； 含放射性废液

3. 危险废物的特征

根据《国家危险废物名录》，化学实验室危险废物主要有腐蚀性（Corrosivity）、毒性（Toxicity）、易燃性（Ignitability）、反应性（Reactivity）。

（1）腐蚀性是指易于腐蚀或溶解组织、金属等物质，且具有酸或碱性的性质。根据《危险废物鉴别标准　腐蚀性鉴别》GB 5085.1—2007 规定，符合其内容条件的固体废物体废物，属于腐蚀性危险废物。

（2）危险废物的毒性分为急性毒性和浸出毒性：

1）根据《危险废物鉴别标准　急性毒性初筛》GB 5085.2—2007 的规定，急性毒性是指机体

（人或实验动物）一次（或 24h 内多次）接触外来化合物之后所引起的中毒甚至死亡的效应；

　　2）根据《危险废物鉴别标准　浸出毒性鉴别》GB 5085.3—2007 的规定，按照《固体废物　浸出毒性浸出方法　硫酸硝酸法》HJ/T 299—2007 制备的固体废物浸出液中任何一种危害成分含量超过浸出毒性鉴别标准限值，则判定该固体废物是具有浸出毒性特征的危险废物。

　　（3）危险废物的易燃性是指易于着火和维持燃烧的性质。但是像木材和纸等废物不属于易燃性危险废物。《危险废物鉴别标准　易燃性鉴别》GB 50585.4—2007 将下列固体废物定义为易燃危险废物：固态易燃性危险废物；液态易燃性危险废物；气态易燃性危险废物。

　　（4）反应性是指易于发生爆炸或剧烈反应，或反应时会挥发有毒气体或烟雾的性质。根据《危险废物鉴别标准　反应性鉴别》GB 5085.5—2007 的规定，符合下列条件之一的固体废物属于反应性危险废物：具有爆炸性；受强起爆剂作用或在封闭条件下加热，能发生爆轰或爆炸反应；废弃氧化剂或有机过氧化物。

3.2.10.2　传统处理模式

1. 实验室废物的收集

在实验室废弃物管理中，各实验室的包装容器混乱问题比较突出，尤其以危险废弃物最为严重，主要体现在收集容器材质、尺寸、颜色、外形等缺乏统一性。部分容器选择的材质不合理，不满足化学相容性要求。

　　（1）一般固体废物收集方法

实验室一般固体废物或瓶装试剂药品按同一类别性质置于 25L 广口塑料圆桶中，带盖密封，塑料桶外张贴分类标签，最后将密封好的 25L 塑料桶置于定制的塑料卡板箱中，塑料卡板箱带盖封装严实。

　　（2）危险固体废物收集方法

根据《危险废物收集、贮存、运输技术规范》HJ 2025—2012 和《危险化学品安全管理条例》（国务院令第 519 号，2011 年）的规定，处置单位为保证收集、运输、贮存安全，综合考虑包装容器安全性、易操作性，应从材质、尺寸、运输、外形考虑。

危险固体废物必须用专门的包装容器装好，贴上相应标签。

　　（3）实验室危险液态废物的收集

实验室废液通常按化学性质进行分类收集，如有机废液、强酸废液、强碱废液或其他无机废液等，分类时应严格按照《实验室废液相容表》收集，禁止把不同类别或会发生异常反应的废液混合。

废液桶为小口收集容器，废液收集时需采取防遗洒措施，桶下方摆放防漏盘，在收集时须使用漏斗帮助收集，以防止发生废液遗洒。废液倒入废液桶后应做好记录，在"分类标签"上写明其主要成分，张贴"危险废液标识标签"。剧毒废液必须单独收集，严禁把几种剧毒液混放在一个容器中，并应标出剧毒因子的含量。未知废液应单独包装，按照《危险化学品的管理条例》执行管理流程。

实验室各类废液按上述要求分类后，装入统一规格的 25L 耐强酸强碱加厚高密度聚乙烯桶中，废液面与桶口间距必须保留至少 10cm 空间以防溢出。

2. 实验室废物的贮存

化学实验室通常根据危险废物的类别、数量、形态、物理化学性质和环境风险等因素，设置危险废物暂存设施或危险废物集中贮存场所，危险废物贮存满足《危险废物贮存污染控制标准》GB 18597—2023 和《危险废物收集、贮存、运输技术规范》HJ 2025—2012 等标准规范要求。

3. 实验室废物的处置

危险废物的处置单位需根据《中华人民共和国环境保护法》《中华人民共和国固体废物污染环境防治法》及《废弃危险化学品污染环境防治办法》等相关法律法规，制订管理制度，防止因分类包装不规范、运输途中泄漏等，引发的安全事故和环境污染。化学实验室产生的危险废物，通常委托持危险废物经营许可证的单位外运后集中处置。

3.2.10.3　源头治理模式

1. 源头减量

党的十九大报告提出，坚持全民共治、源头防治，建立市场化、多元化生态补偿机制，切实保障环境安全，努力提供更多优质的生态产品以满足人民日益增长的优美生态环境需要。2019 年 1 月，国务院办公厅印发《"无废城市"建设试点工作方案》，明确提出以危险废物为重点，实现源头减量化、无害化、资源化利用和安全处置。2019 年 10 月，生态环境部发布《关于提升危险废物环境监管能力、利用处置能力和环境风险防范能力的指导意见》（环固体〔2019〕92 号），促进危险废物源头减量化与资源化。《中华人民共和国固体废物污染环境防治法》明确要求坚持源头减量化、资源化和无害化的原则。

美国环境保护局（USEPA）对减量化的定义：消除废物的产生；减少废物的产生；废旧材料的再利用、回收或循环。

2. 实验室源头减量措施

化学实验室设计建设时，在严格执行现行工程建设管理流程和技术规范的同时，尚应立足源头防治理念和"无废城市"建设要求，剖析实验室工艺环节，创新科技手段，升级技术措施，多维度助力源头减量。

（1）消除实验室危险废物的产生

1）对于一些实验条件高、危险性大或必须使用较多有毒有害的试剂，并在实验过程中排放较多有毒气体、有毒废水的实验，可利用计算机多媒体技术对整个实验过程进行仿真。

2）实验室中有害的试剂及实验后产生的危险废物要小心保管，分类储存，防止污染其他有害的物质，从而消除多余实验室危险废物的产生。

（2）减少实验室危险废物的产生

1）实验室应尽量以无毒无害的天然植物为原料代替化学试剂。

2）使用试剂时尽量减少试剂用量，使实验微型化。

（3）控制反应条件

严格控制反应条件不仅是锻炼实验人员技能的基本要求，而且可减少某些实验危险物的生成与排放。

（4）实验产物的预处理

1）化学实验室产生的危险废物混合在一起排放，会对实验室及周边环境造成严重危害，在排放前将其进行预处理，则会大大降低其危险性，且有利于一些废物的回收利用，降低整个实验室的运转成本。

2）废液的处理。实验中产生的废液及洗涤废液都要统一倾倒在指定的回收容器内，每周由实验室管理人员进行预先处理，如对废酸液、废碱液将其中和到规定的 pH 范围。

3）废渣的处理。预处理得到的固体产物，交由专门人员或专门机构采用土地填埋、焚烧处理、生物处理技术等进行深度处理。

（5）采用物理方法减少化学实验废物的产生

1）微波技术。微波作为一种新型能量形式，其促进化学反应速度可比传统的加热技术快数倍乃至数千倍，具有反应条件温和、操作方便、时间短（节能）、产率高、产品易纯化、减少用量或不用溶剂等优点。

2）超声波技术。超声波化学利用超声波的空化作用，可提高许多反应速度，改善目的产物的选择性，改善催化剂的表面形态，提高催化活性组分在载体上的分散性。

3）热处理技术。实验过程中产生的有机废液具有易挥发、易燃、易爆、有毒特性，长时间存储不利于实验室安全，分级热解后进行完全氧化可即时消除危险源，实现源头无害化减量。

（6）实验室废旧材料的再利用、回收或循环

1）部分有机溶剂经过处理可以回收再利用，一个实验过程产生的危险废物，经过简单处理就可以成为另一个实验过程的实验原料或实验辅助物。

2）两个或两个以上实验串联在一起，上一个实验的产品将是下一个实验的主要原料。

3. 实验室源头减量发展方向

推动源头减量化，支持研发、推广减少工业危险废物产生量和降低工业危险废物危害性的生产工艺和设备，促进从源头上减少危险废物产生量、降低危害性，是"无废城市"建设的政策指引。实验室废物中以化学废液危害性最大，近年来，国内因废液暂时储存、中转运输而引发的安全事故频有发生。新冠肺炎疫情以后，传统的"分散收集—集中储存—大宗焚烧"模式短板日渐显露，如何减少人工干预，缩短处置链条，已成为"无废城市"化学实验室建设的现实需求。

近年来，以清华大学为代表的国内科研机构致力于化学危废液源头减量技术和成套设备的研发，部分产品拥有完全自主产权，已在上海、北京、山东等多个"无废校园"项目中得到应用，取得良好的经济效益和社会价值。

该技术利用于实验室废液即时无害化和就地减量化，主要包括低温热解和高温氧化技术，采用分级、控温、控氧焚烧工艺，由智能化识别热力学因子、精准裂解、余热回收、尾气处理四单元构成。基于该技术开发的装备在产废单位对废液进行就地处理，可有效处理高校、医院及科研院所实验室产生的有机废液，从源头降低废液因贮存、运输等中间环节带来的环境污染风险和安全隐患，符合国家危险废物监管和利用处置等政策，为"双碳"背景下"无废实验室"建设提供了新思路。

3.3 化学实验室施工

3.3.1 基于BIM技术的虚拟建造技术

3.3.1.1 虚拟建造概要

当今世界已进入信息化时代，信息化给传统行业的发展提供了有利的外部条件。对于化学实验室的机电施工行业来说，BIM技术是信息化的一个重要部分。随着BIM技术在国内施工的推进，目前BIM技术已从原先对一些简单的静态碰撞分析发展到对整个项目进行全生命周期管理。

虚拟建造（Virtual Construction，简称VC），是实际施工建造过程在计算机上的虚拟实现。它采用虚拟现实和施工仿真等技术，在计算机软硬件的支持下群组协同工作，通过数字技术建立建筑物的几何模型和施工过程模型，可以实现对实验室中各项施工方案进行实时、交互和逼真的模拟，进而对施工方案进行验证、优化和完善，逐步替代传统的施工方案编制方式和方案操作流程。

3.3.1.2 虚拟建造的运用

对于化学实验室的机电施工来说，使用虚拟施工技术包括了建立建筑结构三维模型、搭建虚拟建造环境、定义特殊建筑构件和管线的先后顺序、对施工过程进行虚拟仿真、管线综合碰撞检测以及最优方案判定等不同阶段，同时也涉及了建筑、结构、装饰等不同专业、不同人员之间的信息共享和协同工作。

由于虚拟建造实施目的是确保工期和质量，所以机电安装虚拟建造实施的关键是在策划阶段分析和辨别对于实验室建造进度和质量造成影响的各类因素，考虑这些因素的影响大小，制定不同的方案。同时，根据施工实际情况的变化，来确定最终方案的选择，以灵活控制建造中的可变因素，通过虚拟建造的前瞻性原则，可在事前进行方案的比选（图3-42）。

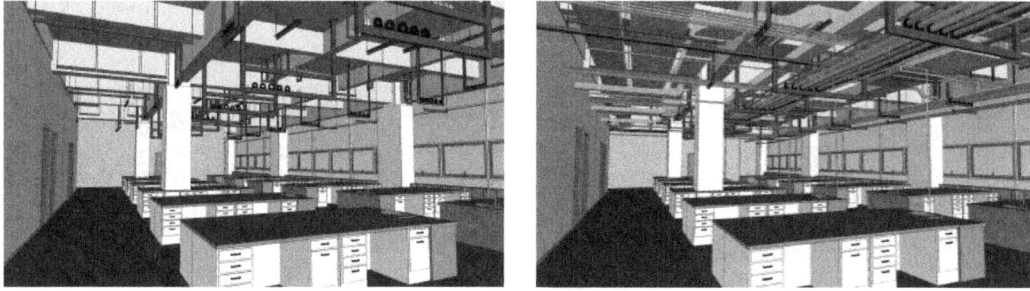

图 3-42　化学实验室虚拟建造效果

3.3.1.3　效果及优势分析

在化学实验室施工中采用虚拟建造技术，可以在建设前直观分析每一阶段的施工进度和预算偏差，同时发现施工中可能存在的设计不合理（如管线碰撞、弯头阻力过大、管线沿程错误等），以可视化的形式及时反馈、及时修正，避免建设后发现此类问题而发生的拆除和再次修复，导致成本、进度和质量的不可控。

3.3.2　实验室施工

3.3.2.1　暖通工程施工工艺（含净化风管制作安装）

排风中含腐蚀性气体的排风管材质应按照设计要求的材料施工，通常可采用 304 不锈钢板、阻燃型 PP 板、玻璃钢风管、PVC 板等防腐材料制作，其余空调、通风系统的风管通常采用镀锌钢板制作。风管板材厚度按现行行业标准《通风管道技术规程》JGJ/T 141 执行。

1. 金属风管

镀锌钢板（带）宜选用机械咬合类，其锌层厚度应符合设计或合同的规定，当无任何规定时，应采用不低于 $80g/m^2$（Z80）的板材（净化空调系统风管采用镀锌钢板时，其镀锌层厚度不应小于 $100g/m^2$），其材质应符合现行国家标准《连续热镀锌和锌合金镀层钢板及钢带》GB/T 2518 的规定。

不锈钢板应采用奥氏体不锈钢材料，其表面不应有明显的划痕、斑痕等缺陷，材质应符合现行国家标准《不锈钢冷轧钢板和钢带》GB/T 3280 的规定。

对于风管，在制作前应先确认风管加工场地的清洁度，地板应为平整的水泥地面，若制作高洁净度风管，则应在地面加铺一层橡皮垫板（有条件的应在专用的环氧地坪车间制作）。为保证金属风管的严密性，风管的合缝必须采用机械设备，不允许使用榔头敲打，以避免因力度掌握不均而产生缝隙（图 3-43）。金属风管合缝和涂胶的具体做法，区别于传统风管的制作，洁净类风管应在咬口处采取密封橡胶板（应为不产尘的优质材料）以及密封胶（应为不挥发气味的材料）来做到密封的双保险。

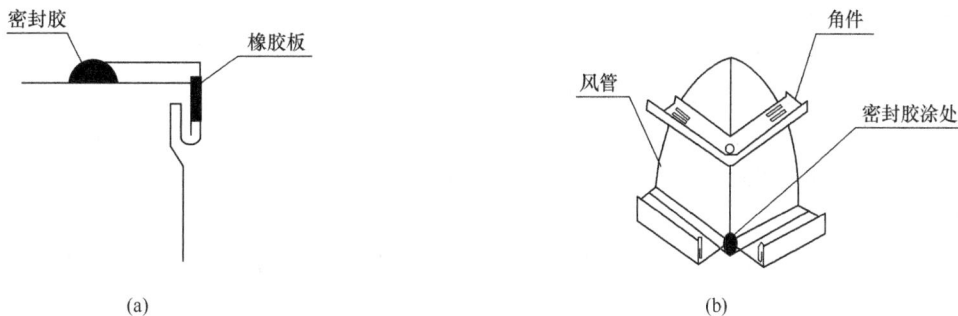

图 3-43　金属风管咬口及法兰连接

（a）风管咬口处密封措施；（b）风管角件涂胶

对于焊接类风管，区别于传统对口焊导致风管薄板变形量较大而难以控制的弊端，应对薄壁不锈钢利用翻边焊接的方式从而解决上述问题（图 3-44）。

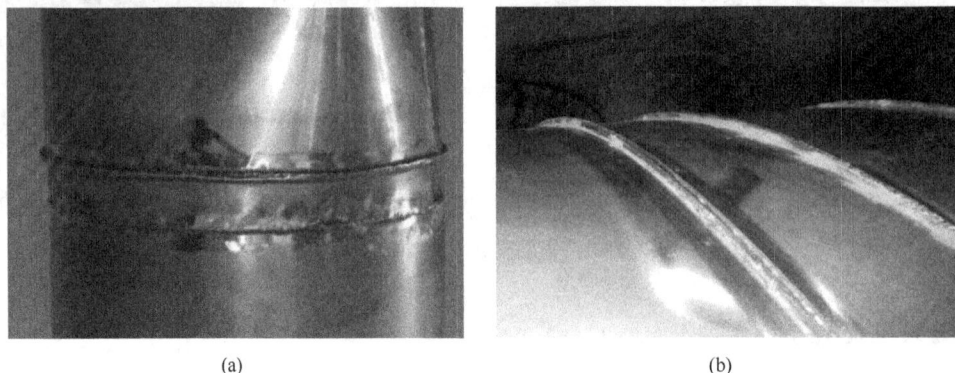

(a)　　　　　　　　　　　　　　　　　　(b)

图 3-44　风管焊接效果
(a) 利用传统焊接方法风管变形；(b) 改良翻边焊接后的焊接效果

2. 非金属风管

非金属风管及配件不得扭曲，内表面应平整光滑，外表面应整齐美观，厚度均匀一致，且无边缘毛刺，并不得有残缺、分层现象。

PP 矩形风管为自动焊接且纵向焊缝小于等于 2 条，焊缝饱满，焊条排列均匀、美观，保障焊缝不开裂，宽边大于 600mm 的风管适当加固。风管之间连接采用焊接方式，风管与阀门相连允许法兰结合（加 5mm 法兰胶垫，连接螺栓为塑料材质）。风管制作完毕后使用中性清洗液将内表面清洗干净，并用塑料薄膜及胶带封口以备安装。

硬聚氯乙烯板材应符合现行国家标准《硬质聚氯乙烯板材　分类、尺寸和性能：厚度 1mm 以上板材》GB/T 22789.1 的规定。硬聚氯乙烯板材不应有气泡、分层、碳化、变形和裂纹等缺陷。

3.3.2.2　水系统施工工艺

1. 空调水

空调水管 $D \leqslant 80mm$ 时，可采用热镀锌钢管，丝扣连接；空调水管 $100 \leqslant D < 450mm$ 时，采用无缝钢管（《输送流体用无缝钢管》GB/T 8163）（$PN2.5$），法兰连接或焊接；空调水管 $D \geqslant 450mm$ 时，用螺旋焊接钢管（《低压流体输送用焊接钢管》GB/T 3091）（$PN2.5$），法兰连接或焊接。当工作压力大于 1.0MPa 时，镀锌钢管应采用加厚型。

空调凝结水管可采用聚氯乙烯管（UPVC），粘接；也可采用镀锌钢管，丝扣连接。

空调供回水管均抬头走，坡度为 0.003，不得小于 0.002。冷凝水管的水平管应坡向排水口，坡度宜为 0.01，软管连接应牢固，不得有瘪管和强扭。各空调机组冷凝水排放出口应安装水封弯管。

2. 实验室给水排水

给水管可采用 CPVC 管材，壁厚满足国家标准要求，专用粘结剂冷溶连接；与实验设备连接时采用软铜管连接，铜管两端配置铜接头作为转换配件。

排水管可采用 HDPE 管材，壁厚满足国家标准要求，管件采用粘接；未注明坡度的排水管道采用通用度：$DN50$，$i=0.025$；$DN75$，$i=0.020$；$DN100$，$i=0.015$。

3. 实验室纯水

纯水管路通常采用 PPH 管，无缝焊接。所有管材和管件的接头等必须为 PPH，禁止管道内的水与非 PPH 材质接触。

管材与管件内外壁应光滑平整，无气泡、裂口、裂纹、脱皮和明显的疤纹、凹陷且色泽基本一致，有醒目的标志。管材的端面应垂直于管材的轴线。管件应完整、无缺损、无变形，合模缝、漆口处应平整，无开裂。

管网敷设采用单管循环方式，管网预敷设于吊顶内，安装至用水点处上行 250mm 安装三通引出用水点，三通出口安装球阀后连接纯水龙头或设备。

3.3.2.3　电气系统施工工艺

实验室电气及照明系统在保障基本安全及使用功能的前提下，还要保障美观性。

化学实验室一般包括精密仪器室、化学分析实验室、辅助室，其中对精密仪器应设计有专用独立接地系统，一般要求确保接地电阻在 4Ω 以下，对于高标准的实验室要求达到 1Ω，甚至到 0.1Ω 以下，从而确保仪器能获得精准的实验数据。

工艺配电盘、配电箱板材的各种指标符合国家的有关要求；所有配电箱采用符合国家标准的冷轧钢板；工艺配电盘、配电箱箱门开启灵活，开启角度不小于 90°，避免出现未经加工的毛边，任何角和边缘缝隙闭合平滑、整齐，不出现大的缝隙及闭合不严的情况；箱门紧固连接牢固、可靠，所有紧固件均采用镀锌材料，紧固连接有防松脱措施；箱门开启后不变形，有足够的强度和刚度，箱体尺寸大的可以在箱门内侧添加支撑架加以稳固。

普通照明及弱电线管采用 JDG 线管，线管的连接需要考虑跨接接地处理；防爆区采用水煤气钢管为保护线管，并做防腐处理。

所有桥架采用有盖板的密闭形式，材质为热镀锌桥架。桥架间做好接地连接，严禁焊接连接。电缆桥架的接地电阻符合设计要求。电缆桥架的最大载荷、支撑间距应小于允许载荷和支撑跨距。电缆竖井及垂直安装的电缆桥架，其垂直度偏差、水平偏差、对角线偏差必须符合国家标准要求。

工艺配电盘、配电箱上的电器、仪表符合电器、仪表排列间距要求；全部紧固件均采用镀锌件；二次配线均采用铜绝缘导线，线径符合国家标准要求；电器安装后的配线排列整齐，用尼龙带绑扎成束或敷于专用线槽内，并卡固在板后或柜内安装架处，配线留适当长度。

3.3.2.4　气路管道施工工艺

气体供应系统是现代化实验室设备系统中的重要组成部分，在化学实验中常用的气相色谱仪、原子吸收仪、气质联用仪等多种分析仪器，往往需要用到压缩空气、多种高纯气体（如乙炔、氮气、氩气、高纯氦气、液氮、液氩等）。

实验室气体管路工程主要材质按照设计要求执行，可为 316L BA 级的不锈钢无缝钢管。所有不锈钢管道两端用塑料盖密封（图 3-45），外部有塑料套密封，在进入施工现场后安装前方可将塑料套拆封，并除去塑料盖，防止灰尘进入。所有气体管路的连接采用无缝焊接技术，高纯气体管道应采用承插焊接。

管线的排列应保持平直，管道折弯需用专用工具，25mm 以上管道采用弯头。

有管件在安装进系统前，应用高纯氮气（99.999%）进行三遍以上的吹扫。管道铺设时，应注意平直，弯管处采用专用弯管器，不得徒手弯曲，不得踩踏、拉拽管道。

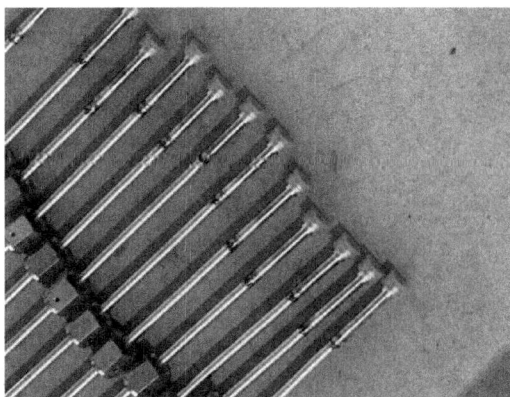

图 3-45　管材接口封堵

切断管道时，用专用切管器操作，严禁用锯子锯断管道。管道切断后，应用专用工具处理断口，严禁用普通锉刀处理。

管道连接采用数码轨道自动焊，焊接时需用专用工具处理断面，焊接时需用纯度 99.999% 以上的高纯氩气不间断吹扫内表面以保证焊接质量和内表面洁净。焊接前自动焊接机的状况由制作焊接试样进行检查确认，每日开始工作和结束工作均需制作焊接试样，开始试样和结束试样需保存作为项目质量检验记录。

管路通过颜色和编号进行明确标示，同时指出气体的流向。穿墙体的管道做穿墙防护套管，套管与墙体间用水泥砂浆封堵，管道与套管间的缝隙须做防火材料填充。用于支撑气体管路安装的所有支架采用镀锌钢材质，气体管路支架间隔不大于 1.5m。根据内径最小的气体管路确定支撑距离。所有弯曲处都要分别在两侧独立进行支撑。

所有卡套连接的部位（管道与阀门阀件之间的连接）严格按照规范操作，卡套与管道的连接，先用手指把卡套上紧后，再旋转 11/4 圈即可，充分让前卡套及后卡套通过挤压变形后彻底与管道进行密封。

吊架、支架及锚定的设计、选择及配置间距应依标准规范办理。直线管路的吊架间距离（水平方向）1～1.5m，管架直接作用于管子本身或本质垫圈上，管子加于机器设备的荷重力超过制造厂商所规定的范围时，必需加做支（吊）架。

阀门安装前应检查填料，其压盖螺栓应留有调节余量，应按设计文件核对其型号，并按介质流向确定其安装方向。当阀门与管道连接时，阀门应在关闭状态下安装。水平管道上的阀门，其阀杆及传动装置应按设计规定安装，动作应灵活。

安全阀应垂直安装，在管道投入试运行时，应及时调校安全阀。安全阀的最终调校宜在系统上进行，开启和回座压力应符合设计要求。

3.3.2.5 实验室装备安装工艺（如排风柜等）

实验室装备含实验边台、仪器台、中央实验台、排风柜、洗涤台、天平台、色谱台、器皿柜、药品柜、货架等。

根据施工图的技术要求，确定实验室装备的安装房间及摆放位置，特殊情况与甲方协商解决。

安装流程：实验室装备到现场→核对施工图→定位→安装→自检→验收。

3.4 化学实验室运行维护

化学实验室由暖通空调、配电、给水排水、工艺管线、实验家具等多个相对独立的系统单元整合而成，每个功能部分都发挥着关键的作用，各系统的正常运行是化学实验室顺利运转的重要保障。

3.4.1 化学实验室运行机制建设

化学实验室的运行维护工作由所在单位的后勤管理人员、物业公司和专业的服务团队承担。通过运行机制建设，保障设备设施良好运行，才能确保化学实验室安全、可靠，为化学实验操作人员提供舒适的工作环境。

3.4.1.1 建立完善制度，强化运行管理

制定相应系统的运行、维护管理制度和安全操作规程，用完善的制度和规程来规范系统运行、维护，是保障化学实验室安全、稳定运行的核心。

3.4.1.2 提高维护人员业务能力，高效维护维修

通过学习和培训不断提高维护人员的相关专业理论基础及操作技能，这样才能使其熟练掌握各种设备运行状况，并能准确、快速地处理遇到的各种技术问题，确保维护维修高效及时。

3.4.1.3 设立预案机制

化学实验有时需要长时间运转，对不能随时间断的系统，要设立应急预案，遇到不能及时修复的

问题，要快速启动应急预案，保障各项工作顺利开展，避免安全事故发生。

3.4.1.4 智能化技术的应用

随着科学技术的发展，智能化已经广泛地应用到各个领域，通过楼宇设备自控系统来进行精细化控制和状态监视，实时保证系统运行指标满足设计要求，不但可以减少人力资源的消耗，而且能很好地降低运行费用。

3.4.1.5 专业服务团队

对于专业技术要求较高的设备及系统，通过委托设备厂家或专业公司进行定期或不定期的维护保养，进而有效增加实验室使用寿命、提升使用效能。

3.4.2 化学实验室系统的运行维护

3.4.2.1 暖通空调系统运行维护

化学实验室暖通空调系统根据实验功能需要设置，常用的系统有多联机空调系统、风机盘管系统、新风系统、局部通风系统，并配置相应的控制系统，等等。

1. 多联机空调系统

多联机空调系统是一台（组）空气源制冷或热泵机组配置多台室内机的空调系统，由室外机、室内机、制冷剂输配系统、控制系统等部分组成。

系统设备运行要对主机进行定期的维护与保养，一般由专业技术人员进行，或与厂家签定维修保养合同。

室内机回风百叶处安装有尼龙丝网，需每季度检查清洗。室内机蒸发器盘管翅片和室外机冷凝器盘管翅片须根据制冷换热效果定期清洗。

2. 冷水系统

冷水系统主要负责为新风系统和空调系统提供冷量，有时根据需要为化验设备提供冷水。该系统主要包括冷水机组、冷水泵、水过滤器、管路及阀门、电控水阀等。

冷水系统根据系统负荷变化和机组特性制定运行策略，采用自动控制系统对各设备进行联合控制，制定机房总能耗最小的节能运行方式。

在系统投用前按照厂家提供的使用说明书，做好运行前准备工作。要对冷水机组、冷水泵、阀门的密封部分进行检查，对各部分的计量仪器，如压力表、温度计、油压计等指示部分进行调整校正，通过拆开水过滤器清洗保障水质清洁。机组运行时应监控冷水机组的运行状态（运行/停止、故障/正常、手动/自动状态，下同）、冷水/冷却水供回水温度、负载率、蒸发器 / 冷凝器压力、报警等；水泵的运行状态、进出口压差、变频器频率；电控水阀的开关状态和开启度。系统应进行日常巡检做好运转记录，出现异常现象及时停机检修。

冷水系统采取定期预防性维护，维护项目包括压缩机、控制单元、冷媒管路等维护项目。具体内容根据系统特点、设备厂家提供的产品资料等确定，可由设备厂家或专项服务公司进行专业维修保养，或与其签定长期维修保养合同。

3. 冷却水系统

冷却水系统为冷水机组提供冷却水，该系主要包括冷却塔、冷却水泵、管路及阀门等。

开机前，检查传动系统的电机、减速机运转是否正常，并调整皮带松紧程度，使其达到最佳工况状态。检查清理水盘、过滤网处污物，放水检查系统密闭性，通过调整浮球位置、扇叶角度，进出水阀门，使水流量达到要求。

停机后要对散水系统、散热系统进行检查维修，彻底冲洗水盘及出水过滤网罩，清除换热材（填料）表面、孔间的水垢污物，清洗挡水帘、消声毯、扇叶等。同时对电机、进出水管、法兰等做好检修保养。冷却塔清洗保养完毕，需打开泄水阀，放尽积水以免冻裂，并用彩条围挡布将冷却塔风胴包裹密封，以防杂物进入冷却塔内部。冷却塔应进行日常巡检，巡检内容应包括风机有无异常声响、集水盘水位、飘水、漏水和冬季结冰情况。

4. 新风机组

该设备主要对实验房间的送风进行冷热处理，空气从新风口经新风处理机组（包括空气过滤器、冷热盘管、风机等）、风管送入室内。

（1）空气过滤器

新风处理机组运行期间需定期检查空气过滤器前后的压力表，当过滤器前后压差报警时，说明过滤器出现阻力，应及时清洗或更换。过滤器的更换周期与室外空气质量和设备运行时间有关，粗效过滤器可直接更换，一般 3～6 个月更换一次；可清洗粗效过滤器可用清水清洗或吸尘器反吸，一般 1～3 个月一次为宜；中效过滤器一般 6～12 个月更换一次。

（2）冷热水盘管

尽管有空气过滤器的保护，冷热水盘管使用一段时间后，其表面仍会有积灰，需定期进行表面积灰清理和翅片变形情况检查，保障换热效率。

在冬季有盘管冻结风险的地区，应采取盘管防冻措施。当盘管的热水停止供应时，盘管内热水应放空，并用压缩空气将表冷器内的水全部吹出，以免盘管冻裂。冬季运行时，定期检查防冻开关测温铜丝、风量调节阀执行机构，以保证防冻探测正常、联动有效。

根据厂家的使用说明书，定期检查和校准盘管进出口各种压力表、温度表、温度传感器、调节阀。

（3）风机

日常运行要做好风机的监测，监测风机的电机电流、电压是否正常，监测风机及电机的运转声音是否正常，一旦出现电流、电压异常或出现焦糊味，需立即停机检修。

定期清除叶轮上的积尘、污垢等杂质，检查和清理机箱，避免漏气。

风机润滑部分要定期加注润滑油，同时注意皮带运行情况，如出现松动及时紧固，磨损严重应及时更换。

（4）管道检修

空调系统中各种管道都应按照规定涂上不同的颜色或标签以标志区别，并定期对管道进行清洗、排污。

空调管道应定期检查，对有损坏泄漏的应进行修补。由于冬季和夏季空调水温度的变化，管膨胀和收缩较大，管道的连接部分（包括阀门、法兰）容易破裂损坏和漏水，漏水较严重的部位是空调机组周围，必须作为重点，经常进行检查。

5. 局部排风系统

化学实验室的局部排风系统包括排风柜排风、万向排气罩排风、原子吸气罩排风、器皿柜排风、试剂柜排风等。

排风系统由排风机、废气处理装置、排风管道、定风量调节阀、变风量调节阀及末端设备组成。送排风系统通过风量调节阀控制送排风风量，通过系统联动，达到室内微负压状态，保证周围环境安全。系统运行要熟悉送排风系统联动关系，系统启动时先启动排风机再启动补风机，关停时要先关停补风机再关停排风机。

（1）风口

风口长期使用会堆积大量灰尘，不但影响送排风效率，也影响室内的整体美观，一般 3～6 个月清洗一次风口。

（2）风管及保温

应定期检查送排风管道及保温的破损、结露情况，定期清理管道内的灰尘等杂物，6～12个月清洗一次为宜。

送排风系统的管道长期使用后，由于风机振动等原因，容易导致风管连接处开裂，出现漏风的现象，要定期进行漏风检查，对有损坏泄漏的应及时进修补。

（3）风量调节阀

化学实验室内的送排风调节阀主要有定风量阀和变风量阀两种，用于控制实验室的排风和补风平衡，一般3～6月进行一次检查、维护和调节。保养内容包括清除表面灰尘及杂物，检查执行器电动、手动是否灵敏，检查传动杆件是否有松动，检查执行器完好情况，检查风阀开闭是否到位，检查阀门是否有漏气情况，发现问题应及时维修或更换。

其中控制器是维护与保养重要的部分，因此在使用时不能忽视。通过访谈调查、线路检查、系统维护等方式，确保实验室通风系统控制正常、控制参数准确、自动系统符合逻辑设定等。

（4）排风机

排风机包括离心风机、轴流风机、柜式风机等，一般24h运转，维护人员应每天巡视，检查排风机的运转情况。

定期检查和清理机壳，检查是否有漏气之处、表面焊接有无虚脱、机壳是否有腐蚀破损、减振弹簧是否有效，必要时进行维修及更换。

定期检查电机有无异常声、温度是否正常、电流电压是否正常，检查主轴是否弯曲变形以及磨损程度，必要时停机维修或更换。

定期清除叶轮上的积尘、污垢等杂质。特别是风机用于输送含酸、碱或有机物较多的介质时，应至少每月清理一次叶轮部件。

定期检查叶轮的磨损、腐蚀及变形情况，检查叶轮轴头、轮毂的连接是否可靠，风机检修后，要进行叶轮的平衡检查，做必要的动平衡调校。

经常检查轴承润滑油供油情况，正常情况下3～6月更换一次润滑油，也可根据实际情况更换润滑油。

风机运行一段时间后，三角带会伸长。一般用手按向下2cm为宜，皮带正常转动过程中（不包括启动时），应无明显打滑。发现三角带松动，要将电机的固定螺栓松开，移动电机，拉紧三角带到合适位置后再将电机固定螺栓紧住，并注意电机皮带轮和风机皮带轮的端面要在同一平面上。同时检查两皮带轮的顶紧螺丝是否松动。

3.4.2.2 给水排水系统运行维护

化学实验室给水排水系统包括实验家具给水排水系统、设备给水排水系统、生活给水排水系统、消防给水系统、空调冷凝水系统和实验用纯水系统，由给水排水泵组、给水排水管道、末端阀门、水龙头及用水设备等组成。

1. 给水排水泵组

（1）定期对给水排水水泵组进行检修保养

检查各种仪表是否正常工作、水泵运转声音是否正常、水泵进出水是否正常，检查水泵管道接头和阀门有无渗漏，检查控制柜指示灯、压力表指示是否正常，出现异常应及时维修。

（2）运行管理

生活泵、消防泵、喷淋泵、排污泵日常运行应选自动控制。生活水泵每周轮换使用一次，消防泵每月自动和手动操作试机一次，确保在事故状态下能正常启动。

（3）清洗消毒与检测

二次供水清洗消毒人员需持证上岗，每年需对水箱清洗消毒一次，并取得水质检测合格报告。

2. 给水排水管道、阀门

（1）给水管道、阀门运行维护

给水管道的日常维护主要应注意各部件是否堵塞，观察水压是否正常（包括水龙头水嘴滤网、鹅径龙头中间滤网），及时清理积物。定期检查管道阀门是否开关灵活，管道接口是否有渗漏现象，出现问题及时维修。

实验家具和设备接入管一般是软管，应定期检查软管接头的腐蚀情况并及时更换。为了避免下班后水压升高而破坏水管，在下班后应关闭实验室内的总阀。

（2）排水管道运行维护

普通排水管的存水弯应定期检查，防止堵塞，不用的排水口、地漏要做密封处理，避免串味。

空调排水管一般布置在顶棚上，日常应注意检查排水管道是否通畅，定期打开存水弯处的检查口进行清污处理，并保证保温层和表面防潮层无破损或脱落。

化学检验实验台有可能安装水管、水龙头、水槽、紧急冲淋器、洗眼器等，一般实验室的废水无须处理就可排入城市排水管网，而实验室的有害废水必须净化处理后才能排入排水管网。

3. 纯水系统

化学实验室中央纯水系统一般由软水器、石英砂过滤器、棉芯过滤器、树脂过滤器、活性炭过滤器等一系列过滤装置以及反渗透（Reverse Osmosis，RO）系统设计组成，配合紫外线杀菌装置和封闭回流管路。

（1）日常运行维护

定期检查系统压力、流量、脱盐率、产水量、温度、电导率、pH 等参数，通过横向对比，如发现有明显差异，应及时检修。

定期检查高压泵及 RO 前置泵，按保养手册及时更换润滑油。

石英砂过滤器及活性炭过滤器需定期正反冲洗，一般系统设置自动反、正洗功能，冲洗周期视原水水质而定。滤料及滤芯需定期更换，根据系统提示或当进出水压差大于 0.06MPa 时，应及时更换内部的滤芯。

系统一般具有维护信息提示功能，使用一段时间后，会提示"RO 清洗"，可按照使用手册的操作步骤执行清洗程序。

（2）停机保护

为了保证产水水质，保障设备的性能稳定，纯水系统运行应尽量少停机，以保障足够长的循环时间。

RO 系统短期或长期停用时必须采取保护措施，不适当的处理会导致膜性能下降且不可恢复。短期停机（不超过两天），每天必须用保安过滤器冲洗 30min 并保证 RO 组件内充满过滤水。如长期停机（两天以上），应采用 1% 甲醛溶液充满 RO 组件，然后关闭所有阀门，且每月检查一次。

3.4.2.3 供电系统运行维护

化学实验室的供电系统是根据实验仪器和设备的具体要求，经过专业的设计人员综合多方面因素设计完成的。电力是化学实验的重要动力，为保障实验室的正常工作，电源的质量、安全可靠性及连续性是电力系统运行维护的核心。一般用电和实验用电分开布置，对一些精密、贵重仪器设备，要配备专用电源（如不间断电源（UPS）等），提供稳压、恒流、稳频、抗干扰的电源。

供电系统的维护主要是规范用电、防止短路，还应定期进行检测与维修，及时更换老化线路。

1. 照明系统

对照明系统进行日常巡检，检查室内照明灯具是否正常，照度是否符合规范要求，定期检查照明配电柜接点是否牢固，各种标签指示情况是否正常。

应急照明灯具每月应巡查一次，查看应急照明灯具亮度、照射范围、照射角度及灯具是否完好。需定期对 EPS 柜应急照明回路进行检查，保障应急照明系统工作正常。

2. 动力电系统

化学实验室一般配置独立的动力配电箱，电源由楼层配电箱柜供给，动力配电箱主要为实验室房间内的插座、仪器设备开关箱、排风柜插座照明等供电。由三相交流电源和单相交流电源组成，设置总电源控制开关和多个分开关，分开关分别负责房间内的一组或多组插座及设备。运行中需定期对室内、楼层及中心配电室动力配电箱柜检查维护。

（1）配电箱柜的运行维护

定期对配电箱柜进行除尘，保持配电箱柜干燥清洁。

定期检查箱体内电线、电缆的接点是否牢固，保证接线的可靠性。检查断路器和漏电保护开关是否动作可靠，做到及时维修和更换。

定期对配电箱内接线端子的发热情况进行检查，保证接线端子无虚接的情况。

对于有排风机的配电箱，要对排风机的风扇进行检查，检查排风扇能否正常运行。

日常巡视要记录电气仪表的电流和电压数据，通过横向数据对比，对出现的三相电流不均衡及电流过载等问题，及早发现及早解决。

（2）电气控制柜的运行维护

电气控制柜根据电气的接线要求将开关设备、测量仪表等辅助设备组装在封闭或半封闭配电柜中，来满足电力系统的正常运行的要求，是实现电气自动控制的主要部分，也是电气自动控制系统的主要装置，其日常维修保养很重要。

在日常检查时要注意电气开关、元器件是否灵活可靠、无明显的噪声，如果出现噪声，或者连接线接头、接线柱等松动、发热现象，要及时进行处理，以防发生危险，影响正常工作。

定期检查接触器、继电器、开关等触点吸合是否良好。检查各动力线接头螺母是否松动，导线绝缘是否有损坏或老化，连接点是否接触不良，对于触点熔化或线圈温升过高，动作不灵，保护装置机构氧化受卡，及操作机构磨损脱落的元件应及时更换。

定期检查各类传感器、仪表安装有无松动，冷却系统是否有异常振动、异常声音，如有故障需及时处理。

保持柜内清洁，定期用软刷或者是吹风的方式来清除导线、控制元件、传感器、电控箱、仪表内的尘埃和污物，并拧紧加固螺栓及端子排压线螺钉。

变频器、可编程控制器（PLC）等微电脑控制器类器件需按相关检修保养要求，做好清洁防潮保养检修。

3. 实验室二次配电管理

一般情况下，在实验室投入使用前需对实验家具及仪器设备进行二次布线。设备故障、电气着火、人身触电等大多是由于电气设备的配置不当和实验人员对电器的使用不当引起的。因此，化学实验室的电气配置和电器使用安全非常重要。

（1）电气配置

化学实验室因有腐蚀性气体，配电导线采用铜芯线较合适。线路敷设要与给水管线有一定安全距离，以穿管暗敷设较好，暗敷设不仅可以保护导线，而且使室内整洁，不易积尘。

室内固定装置的用电设备（例如烘箱、恒温箱、冰箱等），一般实验停止后仍需运转，应有专用供电电源，不至于因切断实验室的总电源而影响其工作。

实验室的实验台面上都设置一定数量的电源插座，这些插座应有开关控制和漏电保护装置，万一发生短路时不致影响整个室内的正常供电。日常运行要定期检查实验室内所有电源插座是否处于正常状态，测试漏电保护器开关的动作可靠性。

（2）接地保护

安全保护接地线是避免发生触电伤亡事故的一种有效手段，实验家具插座及设备接入需安装保护接地线，不能将保护接地线改为保护接零线，化学实验室设备需采用单相三极插头，将设备的地线与实验室整体地线连接起来，一旦设备外壳带电，电流将从接地线上流入大地，从而保障人身安全。运行中应定期检查接地电阻，保证地线与大地的良好连接。

（3）防静电保护

现代化的化学实验室电气设备越来越多，设备内的电子元器件对静电非常敏感，容易受到静电的影响而性能下降和不稳定，从而引发各种故障。防静电措施首先要确保实验室仪器设备接地良好，其次要保持实验室室内整洁卫生，避免工作场所内悬浮尘埃吸附在电子器件的芯片表面，从而影响半导体器件的良好性能。同时，要控制实验室的温度和湿度，温度和湿度对静电的影响很大，当室温在20℃左右，相对湿度在60%左右时，静电就难以产生。

（4）触电防护

注意保持电线和电器设备的干燥，防止线路和设备受潮漏电，杜绝用潮湿的手接触电气设备。

实验室内不应有裸露的电线头，电源开关箱内不准堆放物品，以免触电或燃烧。

实验时，应先连接好电路后再接通电源，结束时，先切断电源再拆线路。修理或安装设备时，应先切断电源。

（5）电器火灾防护

使用的漏电隔离开关要与实验室允许的用电量相符，电线的安全通电量应大于用电功率。

插座应远离水池、煤气、氢气等。化学实验室内如有易燃易爆气体，设备设施应进行防爆处理，避免产生电火花。

操作人员较长时间离开房间或电源中断时，要切断电源开关，尤其是要注意切断加热电器设备的电源开关。

在电气设备使用过程中，如发现有不正常声响、局部温升或嗅到绝缘漆过热产生的焦味，应立即切断电源，并进行检查维修。

如遇电线起火，应立即切断电源，用沙或二氧化碳、干粉灭火器灭火，禁止用水或泡沫灭火器等导电液体灭火。

3.4.2.4 消防系统的运行维护

着火是化学实验室，特别是有机实验室里最容易发生的事故，消防设备设施的运行良好是保证化学实验室安全运行的根本，系统在需要工作时必须保障有效，平时的运行维护尤为重要。

1. 定期对消防设施开展检查维护

（1）检查室内消火栓箱内消火栓接口、水龙带是否有霉变及生锈现象，通过滴油防锈的方法，保证消火栓手柄能够打开。

（2）检查防火门闭门器是否有效。

（3）检查疏散指示标识是否清晰，用手按动试验键，开展断电自亮检查。

（4）检查消防排烟风机启停是否正常，并及时给风机拖动电机轴承加注黄油润滑。

（5）检查消防排烟及补风风阀"开—关"是否灵活，有无异物阻塞。应定期给风阀联结件处抹油防锈。

（6）检查消防广播扬声器、手动报警按钮、烟感探测器、消防警铃等是否松脱，及时修理紧固。

（7）检查消防管道阀门是否全部处在"开"状态，并在消防阀门丝口处滴油防锈。

2. 定期对消防系统开展试验检查

（1）检查消防补水系统工作是否正常，保证补水泵组在自动工作状态。

（2）定期点动一次消防泵，以观察水压是否上升为准，保障系统工作正常。

（3）定期抽样对楼道烟感探测器开展吹烟试验，手动报警按钮报警试验，消防栓手动远程启泵试验，与此同时开展消防广播试音。在吹烟、手动报警及消防栓远程启泵试验的同时，消防监控中心主机显示消防报警地址，防排烟风机联动正常，楼层风阀打开，警铃响起。

（4）在开展消防试验时必须事先"公告"相关人员，以免引起恐慌。

3. 消防监控主机的检查

（1）通常消防监控主机都有自检查功能，应定期检查，搜寻系统故障及时排除。

（2）经常检查主机附属部件的功能是否正常，如打印机打印功能、计算机地址显示功能和主机自备电源切换功能等是否正常，并及时修复或更换故障部件。

3.4.2.5 工艺气体系统的运行维护

集中供气系统又称实验室中央供气系统，是一种经常被采用的供气方式，其主要由气源、调压装置、切换装置、监控、终端用气点及报警装置组成，将气瓶集中存放在气瓶间，通过气瓶减压阀将气体输送到各个实验室（仪器端）。一般集中供气将气瓶根据不可燃和可燃的不同性质分别放置在不同的气瓶间。

1. 供气系统的使用

气体使用应根据各种气体的特性，安全操作。一般应先缓慢打开气瓶，再缓慢调节一级减压阀的压力到要求值，然后再打开终端球阀，调节二级减压阀的压力到实验要求值，然后再按照实验仪器的要求进行实验操作。关闭气体系统时应与开启顺序相反，并且有排气措施让管道里的气体排空。应注意的是：在打开或调节阀门时均应动作轻柔，防止快速开关而使阀门受高压冲坏。

2. 供气系统的维护保养

对气路要定期清洁、查点，进行防尘、防潮、防锈等方面的维护。通过访谈调查、管路检查、测试、定期气密性检测等方式，确保管路无泄漏、报警装置灵敏、快插接口安全、紧急排风正常等。

定期检查气瓶间管道设备、阀门开关、压力调试、流量调节等是否有效，确保气瓶间安全、稳定的使用。

对于不经常使用的减压器，尤其是气瓶间不锈钢一级减压器要去掉防爆高压软管连接的钢瓶接头，拧紧钢瓶阀门，使高压软管处于非工作泄压状态，延长其使用寿命。

应定期检查系统气体泄漏报警系统，对于有试验按钮的气体报警控制器，需定期按动试验按钮，检查报警系统是否正常。探测器的核心部件是传感器，电化学传感器和催化燃烧传感器在使用过程中会受到环境中某些物质的影响，逐渐发生变化甚至失效，正常工作状态下，探测器每年进行一次标定，进而有效延长使用寿命。

当环境中可燃/有毒气体浓度达到预设报警值时，气体报警器能够第一时间进行准确而及时的声光报警，是保证生命财产安全的前提。因此，只有经过厂家定期的维护，气体报警器检测结果的准确性才能得到保证。

3.4.2.6 实验室废气处理系统运行维护

废气处理设备应与化学实验室同步投入运行，废气的排放应符合国家或地方大气污染物排放标准的规定。一般情况下，化学实验废气采用活性炭吸附器、干式化学过滤器等装置进行处理。在使用过程中一定要注意做好维护与保养工作，通过建立健全与废气处理设备相关的各项规章制度，以及运行、维护和操作规程，做到良好的操作与保养，才能使设备使用寿命与工作效率达到最大化。

运行中应定期检查处理装置运行工艺控制参数，包括设备进、出口的压差和填料、吸附剂、过滤材料等耗材的质量分析数据，当设备进出口压差过大或耗材质量数据明显下降时，经评估应及时更换耗材，并记录使用量及更换时间。更换下来的耗材属固体化学废弃物，需委托专业厂家进行固废处理。

3.4.2.7 实验家具的运行维护

化学实验室家具主要包括边台/中央台、天平台、仪器台、通风柜、器皿柜、普通试剂柜、防护用品柜等，按结构分主要有钢结构、钢木结构和全木结构。对于各种实验家具的运行维护比较简单，主要是按规范操作及定期清洁。

1. 通风柜的使用维护

通风柜的使用是为了排除实验过程中的有害气体，维护实验室内环境。为了保证其正常使用与延长使用寿命，要保持柜内表面光洁与密闭，使用维护注意以下事项：

（1）产生有害物的实验装置，应放在距离操作口大于150mm的地方，防止有害物溢出。

（2）通风柜内的实验装置不应遮挡排风夹缝。

（3）实验完毕，不应立即关闭风机，须待3～5min后关闭，有条件的实验室要保持通风柜的最小排风量，避免通风柜内的残留污染物外溢。

（4）实验过程中，将视窗离实验台面100～150mm为宜。

（5）保障玻璃门滑动灵活，应定期在滑轮轴上注润滑油。定期为通风柜保养维护也是对实验室工作人员的安全加一层保障。

（6）每隔一段时间须对通风柜排风量进行一次测定和调整，使其在设计情况下运行。

2. 实验家具的日常养护

（1）实验家具的台面多为理化板和环氧树脂板，要常清洗、多擦拭，保持板面的干净。环氧台面等光滑面可用绒布类清洁擦拭，或以干布轻轻擦拭。实芯理化板台面表面需采用温水、丙酮或性质温和的清洁剂清洗。对于顽固的污迹，可将次氯酸滴于污染的实验台面板上，1.5min后即可用清水洗净。

（2）喷涂及烤漆部分要用质细的清洁液擦拭，要避免尖物接触留下刮痕，不可用砂纸打磨，日常情况下应注意保持表面的干爽。

（3）塑胶及pp材料应先将专用清洁剂喷洒于表面，然后用毛刷稍蘸些清水刷洗，直至表面的污垢完全被清除，再用半湿毛巾擦净污垢。

（4）不锈钢材料的保养尽量避免使用含漂白成分以及研磨剂的洗涤剂，以及钢丝球、研磨工具等。不锈钢表面若有各种酸附着，及时用清水冲洗，再用氨溶液或中性碳酸苏打水溶液浸洗，用中性洗涤剂或温水洗涤。

（5）铰链、螺丝、拉手等附件，其材质一般以不锈钢或钢制表面喷镀、喷塑处理为主，在使用时，应避免盐、酸、碱等药品或试剂直接滴撒在其上面，若不慎发生时，用清水清洗并用干布擦拭干净。门铰链应定期上油，并防止长期受潮。

3.5 化学实验室建设全过程质量保证

实验室建设项目强调项目的管理，从项目的申报、论证、立项、组织实施、运行及项目的验收结项，整个过程自始至终贯穿了过程的管理。化学实验室建设项目中应注重全面质量管理，坚持全过程管理、全要素管理以及全员参与原则，在决策与实施阶段，将项目建议书、可行性研究、设计、招标采购、工程施工、竣工验收以及工程移交等管理过程全面纳入质量管理体系中进行衔接和协调，按照PDCA循环控制过程质量，以实现化学实验室建设项目质量目标。

3.5.1 决策过程的质量保证

3.5.1.1 项目建议书

化学实验室建设项目建议书通常委托项目管理方负责编写，应特别关注以下几点：①实验室项目背景及建设必要性；②选址的确定；③建设规模的确定。项目建议书是立项的依据，由于项目条件还不够成熟，对项目的具体建设方案还不明晰，建设方案和投资估算也比较粗，投资误差在±30%左右。此阶段通过项目建议书的评审，专家意见有助于项目方案在下阶段进行优化。此外，项目建议书的批复是可行性研究的依据之一。

3.5.1.2 可行性研究报告

可行性研究是化学实验室建设项目前期工作的一项重要内容，需要委托专业研究机构编制可行性研究报告。此阶段应重点关注以下方面：①满足各项政策要求，特别是新政策的要求；②项目建成后对实验室现有资源布局调整的合理性分析。作为可行性研究报告批复的前置条件，应全面开展环境影响评价、节能评估文件的评审。

3.5.1.3 环境影响评价

依据《建设项目环境影响分类管理名录》，化学实验室项目要求编制环境影响评价报告表，报有审批权的环境保护行政主管部门审批。建设单位通常委托具备相应资质的专业机构负责编制，应重点分析以下内容：①废气、废水是否符合现行达标排放和总量控制的要求；②固体废物的处理位置是否满足现行环保政策、标准要求；③噪声控制是否达标，是否影响周边居民等；④提出减少环境影响的建议以及采取环境保护措施。

3.5.1.4 节能评估

依据发展改革部门相关要求，化学实验室项目应全面开展节能文件的评审，节能评估报告需要委托有资质的机构负责编制，重点应关注以下方面：①项目建设方案节能评估，主要针对项目选址及总平面布置、工艺流程及技术方案、主要用能工艺和工序节能、主要耗能设备等方面节能评估；②项目能源消耗和能效水平评估，主要针对项目能源消费种类、来源及消费量评估，能效水平分析评估；③节能措施评估，主要从技术和管理两方面评估节能措施的合理性。

3.5.2 设计过程的质量保证

化学实验室建设工程项目的每一个设计阶段都应有针对该阶段的设计文件要求。在设计管理中，应足够重视设计要求文件，根据设计要求及相关规范完成的方案设计、初步设计、施工图设计各阶段以及其各专业的设计成果，必须满足各阶段及其各专业的深度要求。

3.5.2.1 设计任务书

化学实验室建设项目在可行性研究报告批复后即进入设计任务书编制阶段。由于实验室类项目功能复杂，专业性极强，聘请专业咨询团队有助于提高设计任务书的质量和准确性，应注意以下环节的质量控制：①编制者除具有建筑学专业背景外，必须了解实验室运行使用的基本要求；②明确项目的功能要求以及详细的工艺要求、设施设备配置；③结合化学实验室的具体要求与特点以及实验室后期的运营问题，保证设计方案的合理性和科学性。此阶段应根据工程项目投资能力和化学实验室的使用要求，提出项目的定位。

3.5.2.2 方案设计

化学实验室建设项目方案设计完成后，应及时组织顾问和专家根据总体规划、项目定位及相关规范要求进行设计方案比选，工作内容包括：①对设计院及各深化设计单位提供的可行方案，进行技术及经济的分析与评价；②对建设单位要求引起的造价变化进行评估。此阶段，设计单位应广泛听取科研、建筑及管理等方面专家的意见，不断优化设计方案，科学合理地设计化学实验室布局与流程，使其设计成果在满足设计规范和相关控制要求的基础上，充分体现建设单位的意图。

3.5.2.3 初步设计审批

初步设计文件是根据批准的可行性研究报告、设计任务书、设计方案和可靠的设计基础资料进行编制的具体实施方案。化学实验室工程建设项目的初步设计文件必须进行审批，此阶段质量控制重点是：①要求各类设计文件齐全，总体设计和专业设计符合相应要求；②初步设计必须分类征询规划、消防、交警、环保、绿化、卫生、民防、抗震等职能部门和水、电、电信等外配套部门的审批意见。

3.5.2.4 施工图审查

施工图审查是对施工图涉及公共利益、公共安全和工程建设强制性标准的内容进行的审查，是政府主管部门对建筑工程勘察设计质量监督管理的重要环节。化学实验室工程建设项目施工图设计审查针对建筑、结构、给水排水、暖通、电气、气体管道、建筑节能等专业分别进行审查。施工图审查应关注以下方面：①设计单位需保持与审图公司各专业的对接，及时沟通、反馈、修改；②施工图一经审查批准，不得擅自修改。如遇特殊情况需对已审查过的主要内容进行修改时，必须重新报请原审查单位批准后实施。

3.5.3 招标过程的质量保证

化学实验室项目的招标涉及设计、监理、施工总承包、各专业工程和专业系统分包招标，建筑设备、材料的采购，招标工作量很大，招标投标是保证建设项目质量的重要环节，招标阶段的质量控制主要体现在三个方面：

3.5.3.1 招标代理机构的选择

坚持公开、公平、公正、科学、诚信守信的招标投标原则，建立健全招投标工作机制，明确责任，并严格依照《中华人民共和国招标投标法》进行设计、勘察、施工、监理、设备、材料等招标工作，帮助招标人选择能力强和资信好的投标人，以保证化学实验室建设项目的顺利实施和建设目标的实现。

3.5.3.2 重视招标文件的制定

通过招标环节，建立、明确各方质量管理职责、制度、流程，并形成合同体系文件，从管理体系上保障工程质量。

3.5.3.3 做好关键单位的招标

在化学实验室建设项目的招标投标过程中，应重点关注对项目质量具有较大影响的设计、施工监理、施工总包以及专业分包等关键单位的招标选择工作。选择设计单位时，应注重是否有类似化学实验室项目设计的经验，以及拟投入项目人员的经验、业绩和能力是否能满足化学实验室项目的设计要求。施工总承包单位是工程建设项目实体质量的直接形成者，选择一支技术及管理能力强，并具有类似化学实验室项目施工经验的施工单位，对保证化学实验室建设项目的质量具有至关重要的意义。

3.5.4 施工准备过程的质量保证

施工准备阶段的质量控制，着眼于事前质量控制。重点管理影响项目质量的四个关键环节，在各工程对象正式施工活动开始前，对各项准备工作及影响质量的各因素进行控制。

3.5.4.1 建立健全质量管理体系

结合化学实验室项目工程特点，落实参建各方的质量责任，督促各方建立和运行工程项目质量控制体系。要求施工单位建立健全各项质量保证体系，确保人员到位。要求监理单位严格按照监理规范、监理合同，建立健全质量管理体系和相应的奖惩制度，加强监理人员到位，为顺利开展施工质量控制工作打下良好的工作基础。

3.5.4.2 设计交底

设计交底是在施工图完成并经审图合格后，设计单位在设计文件交付施工单位时，按法律规定的义务就施工图设计文件向施工单位和施工监理单位做出详细的说明，其目的是使施工单位和监理单位正确贯彻设计意图，加深其对设计文件特点、难点等的理解，掌握关键工程部位的质量要求，确保工程质量。设计交底由业主组织，设计单位、施工单位、监理单位、建设单位参加。

3.5.4.3 图纸会审

图纸会审是指工程各参建单位在收到施工图审查机构审查合格的施工图设计文件后，在设计交底前进行全面细致的熟悉和审查施工图纸的活动。图纸会审由建设单位组织设计单位、施工单位、监理单位等相关人员参加，由施工单位整理会议纪要，与会各方会签、盖章。图纸会审的重点包括：①审查设计方案的合理性，评估设计的合理性、可行性和经济性，包括材料选择、结构设计、工艺规划等方面；②审查技术要求的符合性，评估是否符合相关标准和规范；③审查施工工艺的合理性，是否可以达到设计要求；④审查图纸中的安全措施，确保在工程实施过程中能够安全。⑤检查施工图容易出错的地方是否出错。

3.5.4.4 审查施工组织设计

施工组织设计是用来指导施工项目全过程各项活动的技术、经济和组织的综合性文件，施工组织设计质量审查中，要求施工单位所拟定的施工方法重点要突出，技术要先进，成本要合理，实用且利于操作，充分发挥机械作业的多样性和先进性。针对关键工程的重要工序或分项工程等均应制定详细、具体的施工方案。对项目施工组织设计质量审查控制的标准有三条：①有明确的针对性；②内容的完整性；③具有可操作性。做到先审批后实施。

3.5.5 施工过程的质量保证

施工阶段是整个化学实验室建设项目质量管理最重要的环节，施工过程质量控制工作重点就是抓程序、抓管理，切实发挥施工单位、监理单位的职责，重点控制关键过程及薄弱环节，提高工序检查验收的一次验收合格率。

3.5.5.1 工程材料质量控制

工程所采用的建筑材料、构配件、半成品及成品应符合工程合同与设计文件要求以及施工质量验收规范与标准规定。所有进场的材料和构配件均实行"先验收，后使用"的制度。材料进场必须提供质量合格证明、中文说明书及相关性能检验报告等资料。对于进场的物料，如钢材、水泥、钢筋连接接头、混凝土、砂浆、预制构件等，按规定取样复试。对工程质量有重大影响的施工机械、设备，应审查其设备的选型是否恰当，提供的技术性能的报告中所标明的机械性能是否满足质量要求和适合现场条件，凡不符合质量要求的不能使用。

3.5.5.2 施工技术交底

施工技术交底的目的是使参加施工的项目经理、工程技术人员、作业班组明确所担负的施工任务或作业项目的特点及技术要求、质量标准、安全措施，以便更好地组织施工。为确保交底工作落到实处，施工前应对技术交底情况进行检查，防止技术交底不到位。施工过程中应检查是否按工艺规程、技术交底进行操作。同时，对工艺质量进行检查，发现问题及时采取措施整改。

3.5.5.3 施工工序控制

工序质量控制的对象是影响工序质量的因素，其重点内容包括：设置工序质量控制点、严格遵守工艺规程、控制工序活动条件的质量以及及时检查工序活动效果的质量。督促施工监理对关键工序实行全过程的跟踪，加强工序交接验收控制，实行验收签证制，真正做到上道工序未经验收签字，下道工序不得进行施工。

3.5.5.4 工程变更控制

施工过程中往往会由于发生没有预料到的新情况，导致各种意想不到的变更，主要是工程设计引起的变更、外界因素引起的变更、施工原因引起的变更、化学实验室提出新的要求引起的变更。尽管变更是不可避免的，但是通过建立一套规范的工程变更管理流程可以有效控制变更在发生变更时遵循规范的变更程序来管理变更，根据变更提出者不同而设定的流程进行变更。

3.5.5.5 隐蔽工程验收

隐蔽工程验收是在检查对象被覆盖之前对其质量进行的最后一道检查验收，是质量控制的一个关键过程，未经复验签证的隐检项目一律不得进行隐蔽。隐蔽工程项目必须按照图纸、规范要求进行检查，隐蔽工程验收完毕，施工单位按照有关技术规程、规范、施工图纸进行自检，合格后报施工监理验收。督促施工监理及时对隐蔽工程的验收，如基础工程、埋地工艺管线工程、非标制作工程等的检查验收。

3.5.5.6 检验批、分项、分部、单位工程验收

施工核查、验收是施工阶段质量管理的重要组成部分，对施工单位已完成的检验批、分项工程，督促施工单位按设计要求和标准规范进行自查、自检，符合要求后向监理单位报验。监理工程师按规定的质量验收标准和方法进行检验。对不符合预定质量标准的检验批、分项工程，应督促施工单位整改达标。凡经返修和返工的分项工程，监理工程师应按质量验收标准进行重新验收和签认。

3.5.6 竣工验收过程的质量保证

工程竣工验收是全面检验工程建设是否符合设计要求和施工质量的重要环节，是对施工完成产品的最终质量进行确认，即事后质量控制。化学实验室建设项目必须按照有关程序有效地开展工程竣工验收工作。施工单位提出工程验收申请后，监理机构应依据有关法律法规、工程建设强制性标准、设计文件及施工合同，对承包单位报送的竣工资料进行审查，并对工程质量进行竣工预验收。在竣工预验收合格基础上，报请建设单位确定组织竣工验收。

3.5.6.1 工程竣工验收应当具备的条件

化学实验室建设项目应具备下列条件，方可组织开展试运行前验收工作：①施工单位完成工程设计和合同约定的各项内容，工程质量符合有关法律、法规和工程建设强制性标准，符合设计文件及合同要求。②具有完整的技术档案和施工管理资料，以及施工单位签署的工程质量保修书。③有勘察、设计、施工、监理等单位签署的质量合格文件。④建筑各系统联动调试合格。⑤获得消防、环保等部门出具的准许使用文件。各用房取得室内空气环境质量检测合格文件。⑥建设行政主管部门及其委托的工程质量监督机构等有关部门责令整改的问题全部整改完毕。

3.5.6.2 组织工程验收

工程完工，收到施工单位的工程质量竣工报告，勘察、设计单位的工程质量检查报告，监理单位

的工程质量评估报告，预验收中提出的质量问题确消项后，建设单位（化学实验室）组织召开工程竣工验收会。参会各方对验收内容进行讨论总结，根据项目质量及程序是否符合相关法律法规的规定，选择以下结论之一为最终意见：项目工程已通过各项开业试运行必备的消防、室内环境、环保、防雷等专项验收，该项目满足开业试运行的基本要求；或是项目工程不满足开业试运行的基本要求，并说明原因。

3.5.7 工程项目移交

化学实验室工程实体移交应按照招标投标文件和工程承包合同中约定的程序进行，工程竣工验收合格后，方可进行工程项目的移交。工程项目移交记录单应注明验收移交的责任人，经化学实验室及使用部门签字盖章后，作为工程项目验收移交的依据。

3.6 发展趋势与建议

近20年，随着科研技术的迅猛发展，国内实验建筑如雨后春笋般在各行各业、各地的企业、高校、科技园区等涌现，新建的综合实验室对业主、工程人员、管理使用人员等提出了更高的要求，三方的紧密结合才能建设出品质、适用性、灵活性等俱佳的实验室，而三方人员的专业组成，也是确保实验室建设面面俱到的关键。

实验室的建设需要权威和全方位的国家或行业标准保驾护航。近几年，国家、行业、地方、团体等发布了多项实验室建设标准，比如《检验检测实验室设计与建设技术要求》GB/T 32146、《科研建筑设计标准》JGJ 91、《石油化工中心化验室设计规范》SH/T 3103—2019、《化工实验室化验室供暖通风与空气调节设计规范》HG/T 20711—2019、《实验室挥发性有机物污染防治技术指南》T/ACEF001—2020等综合性建设标准和专业或专项标准。还有很多规范化的设计要求分散在通用规范中，比如《建筑设计防火规范》GB 50016、《工业建筑供暖通风与空气调节设计规范》GB 50019等，又因实验室工艺性质的特殊性，通用规范的适用性给建设人员带来困扰，如何正确把握尺度，既满足规范又合理建设，还需要进一步开发专题专项的实验室建设规范。

为了确保实验人员安全健康、实验过程对环境影响最小化，实验室普遍存在建设投入大、运行能耗大的问题，在"双碳"目标下，采用相应的设计和控制策略来减少实验室的能源消耗和环境影响，合理的实验室整体方案尤为重要。目前，在实验室建设和应用过程中，建设方和使用方更多关注于实验室建筑、组成实验系统的实验设备等，对于实验室自身的空气污染控制和实验人员的健康等问题虽然重视，但受限于多方面局限性而导致没有实现合理方案的现象。实验室对环境的高标准要求需要通风空调系统来保障，因此通风空调系统是实验室运行能耗的大户，导致很多实验室从建设阶段就对通风空调系统的投入不足，或者在使用阶段对该系统不启动，以达到节能的目的。顶级的仪器、设备和装修，搭配较差的实验室环境，目前还是我国相当多的实验室的现状。我国顶尖的实验室设计、建设水平不输任何发达国家，但由于观念与认知，大家更注重数据与仪器，而忽视实验环境的建设。真正的实验室是一个环境，是一个为研究工作提供空间并保证实验人员人身健康、安全的环境，一个能够环境友好、能耗节省，引领可持续性发展的环境。

业内有一句老话——实验室唯一不变的就是"它永远在变"。之所以这样说，有两方面原因：一是实验室的建设和实验室的需求、实验室的使用存在普遍脱节；二是实验室的研究方向永远会根据发展在调整，改变周期在12~18个月不等，导致实际使用中进行较多的改造工程。由于近几年国内实验室的建设规模和速度突飞猛进，实验过程中涉及的易燃易爆、易制毒，甚至剧毒的危险化学品比较普遍，但使用人员在实验研究上是专家，对实验室建设的安全措施和使用方法还处于学习阶段。建设队伍的专业性有待提高。使用过程中面临的危险，需要在建设过程中落实。所以，自十多年前起，国际实验室建设行业就开始关注"解决"这个问题，如何进行设计与规划，才能够适应实验室的未来发展、变革。目前，已有实验室工程公司引入装配式实验室模式，采用合理的建筑和工艺布局，使得机电安装可以标准模块单元，实现较大范围的可持续发展，在不进行大规模改造的情况下实现实验空间的灵活性。

开放、共享的实验室将成为未来主流。现在，美国政府和各大跨国集团研发中心均在推行开放、共享的实验空间。举例来说，一个开放的办公环境与独立办公室对比，前者能够节省30％的室内面积，它在提高办公效率、加强交流的同时，还提升了舒适性与安全性。所以，实验室被分隔成一个个独立的小空间的现状也将在实验要求允许的前提下有所改变。随着科学技术的发展，资源共享不仅可以促进国家科技水平的进步，促进研发科研项目的顺利进行，也可以节约成本和经费，带来更好的经济效益。

安全方面，实验过程中涉及易燃易爆、易制毒，甚至剧毒的危险化学品比较普遍，"源头控制"的理念应贯穿整个实验室建设和使用过程，建设队伍应识别使用过程中面临的风险项，并在建设过程中采取针对性措施。设计的理念和意图应能够传导到操作人员。

本章参考文献

[1] 丹尼尔.D.沃奇，等著.研究实验室建筑[M].徐雄，冯铁宏，祝东海，译.北京：中国建筑工业出版社，2004.
[2] 李菲.高校科研实验建筑设计研究[D].南京：东南大学，2014.
[3] 中国科学技术史学会.中国化学学科史[M].北京：中国科学技术出版社，2010.
[4] 中华人民共和国住房和城乡建设部.智能建筑设计标准：GB 50314—2015[S].北京：中国计划出版社，2015.
[5] 中华人民共和国住房和城乡建设部.科研建筑设计标准：JGJ 91—2019[S].北京：中国建筑工业出版社，2019.
[6] 中华人民共和国工业和信息化部.化工实验室化验室功能通风与空气调节设计规范：HG/T 20711—2019[S].北京：北京科学技术出版社，2019.
[7] 中国建筑标准设计研究院.化学实验室通风系统设计与安装：22K523[S].北京：中国标准出版社，2022.
[8] 中华人民共和国住房和城乡建设部.建筑设计防火规范(2018年版)：GB 50016—2014[S].北京：中国计划出版社，2018.
[9] 中华人民共和国住房和城乡建设部.建筑照明设计标准：GB 50034—2013[S].北京：中国建筑工业出版社，2013.
[10] 中华人民共和国住房和城乡建设部.消防应急照明和疏散指示系统技术标准：GB 51309—2018[S].北京：中国计划出版社，2018.
[11] 中华人民共和国住房和城乡建设部.建筑物防雷设计规范：GB 50057—2010[S].北京：中国计划出版社，2011.
[12] 中华人民共和国住房和城乡建设部.爆炸危险环境电力装置设计规范：GB 50058—2014[S].北京：中国计划出版社，2014.
[13] 中国航空规划设计研究总院有限公司，等.工业与民用供配电设计手册[M].4版.北京：中国电力出版社，2016.
[14] 北京照明学会照明设计专业委员会.照明设计手册[M].3版.北京：中国电力出版社，2016.
[15] 中华人民共和国住房和城乡建设部.实验动物设施建筑技术规范：GB 50447—2008[S].北京：中国建筑工业出版社，2008.
[16] 中华人民共和国住房和城乡建设部.特种气体系统工程技术标准：GB 50646—2020[S].北京：中国计划出版社，2020.
[17] 中华人民共和国住房和城乡建设部.工业金属管道工程施工质量验收规范：GB 50184—2011[S].北京：中国计划出版社，2011.
[18] 北京市政工程设计研究总院.给水排水设计手册(第六册)工业排水[M].北京：中国建筑工业出版社，2002.
[19] 中国石油化工集团公司.中石化水体污染防控紧急措施设计导则：中国石化建标〔2006〕43号[S].北京：中国石油化工集团公司，2006.
[20] 中华人民共和国住房和城乡建设部.化工建设项目环境保护工程设计标准：GB/T 50483—2019[S].北京：中

国计划出版社，2019.

[21] 白素丽，庞爽．化学实验室废水处理及管控初探[J]．清洗世界，2022(4)：49-51.

[22] 曹婷．化学实验室废水排放处理方法[J]．化工管理，2022，11：43-45.

[23] 刘纳新，曾强贵．高校化学实验室废水处理浅探[J]．黑龙江科技信息，2013(2)：82-93.

[24] 中华人民共和国国家质量监督检验检疫总局．污水排入城镇下水道水质标准：GB/T 31962—2015[S]．北京：中国标准出版社，2015.

[25] 中华人民共和国住房和城乡建设部．建筑防火通用规范：GB 55037—2022[S]．北京：中国计划出版社，2022.

[26] 中华人民共和国住房和城乡建设部．消防设施通用规范：GB 55036—2022[S]．北京：中国计划出版社，2022.

[27] 中华人民共和国住房和城乡建设部．消防给水及消火栓系统技术规范：GB 50974—2014[S]．北京：中国计划出版社，2014.

[28] 中华人民共和国住房和城乡建设部．建筑信息模型应用统一标准：GB/T 51212—2016[S]．北京：中国建筑工业出版社，2016.

[29] 中华人民共和国住房和城乡建设部．通风与空调工程施工质量验收规范：GB 50243—2016[S]．北京：中国计划出版社，2016.

[30] 中华人民共和国住房和城乡建设部．通风与空调工程施工规范：GB 50738—2011[S]．北京：中国建筑工业出版社，2011.

[31] 中华人民共和国建设部．建筑给水排水及采暖工程施工质量验收规范：GB 50242—2002．北京：中国标准出版社，2002.

[32] 中华人民共和国住房和城乡建设部．工业金属管道工程施工及验收规范：GB 50235—2010[S]．北京：中国计划出版社，2011.

[33] 中华人民共和国住房和城乡建设部．工业金属管道工程施工质量验收规范：GB 50184—2011[S]．北京：中国计划出版社，2011.

[34] 中华人民共和国住房和城乡建设部．通风管道技术规程：JGJ/T 141—2017[S]．北京：中国建筑工业出版社，2017.

[35] 国家市场监督管理总局．检验检测实验室技术要求验收规范：GB/T 37140—2018[S]．北京：中国标准出版社，2018.

[36] 重庆大学．重庆大学实验室管理制度——《实验室化学废液收集、处理规范》[EB/OL]．[2023-06-30]．http：//see. cqu. edu. cn/info/3978/18023. htm.

[37] 国务院办公厅．"无废城市"建设试点工作方案[EB/OL]．(2019-01-21)[2023-06-30]．http：//www. gov. cn/zhengce/content/2019-01/21/content _ 5359620. htm.

[38] 生态环境部．关于提升危险废物环境监管能力、利用处置能力和环境风险防范能力的指导意见（环固体〔2019〕92 号）[EB/OL]．(2019-10-15)[2023-06-30]．http：//www. gov. cn/zhengce/zhengceku/2019-11/26/content _ 5455669. htm.

[39] 威康 W·纳扎洛夫，利萨·阿尔瓦雷斯-科恩，著．环境工程原理[M]．漆新华、刘春光、译，北京：化学工业出版社，2006.

[40] 赵素瑞，高向红，袁冬梅．无机化学实验室危险废物减量化[J]．化学通报，2011，74(2)：188.

[41] 国务院办公厅．强化危险废物监管和利用处置能力改革实施方案[EB/OL]．(2021-05-11)[2023-06-30]．http：//www. gov. cn/gongbao/content/2021/content _ 5616156. htm.

[42] 张建忠，乐云主编．医院建设项目管理——政府公共工程管理改革与创新[M]．上海：同济大学出版社，2015.

[43] 杨卫东，敖永杰，翁晓红，韩光耀，主编．全过程工程咨询实践指南[M]．北京：中国建筑工业出版社，2018.

[44] 中华人民共和国住房和城乡建设部．数据中心基础设施运行维护标准：GB/T 51314—2018[S]．北京：中国计划出版社，2019.

第4章 化学实验室关键设备

人们在化学实验室内开展各种化学实验时，经常会产生各种难闻、有腐蚀性、有毒或易爆的气体，这些有害气体如不及时排出室外，就会造成实验室内的空气被污染，影响实验人员的健康与安全，也会影响仪器设备的精度和使用寿命。

如何将化学实验室的空气污染物尽量从源头控制住，与化学实验室中有关设备的性能和系统设置相关性大。化学实验室的通风系统是整个实验室设计和建设过程中，规模最大、影响最广泛的系统之一。科学、合理的通风系统要求通风效果好、噪声低、操作简便、节约能源，同时保障人员的安全性和舒适性。通风系统，一般由排风罩、风阀、风管、空气净化设备、消声器、风机和控制系统等组成。化学实验室常用排风设备主要有排风柜、原子吸收风罩、万向排风罩等。此外，气路系统及其设备、安全柜、喷淋和洗眼器应急设备、实验室台柜等设备也是化学实验室的主要组成部分。

4.1 排 风 柜

实验室通风是化学实验室设计中不可缺少的组成部分，为了避免操作人员吸入有毒的、可致病或毒性不明的化学物质，防止实验操作过程中产生的污染物质向实验室内扩散，这类实验宜在排风柜内进行，并通过排风柜将实验过程中产生的有害气体排出到室外。排风柜又名通风柜、排风橱及排烟柜等，能够将产生空气污染的污染源包围起来，设置可调节开度的操作口（操作视窗），以达到控制与排出空气污染物目的，是化学实验室中不可缺少的关键安全设备。排风柜按照进风方式可分为三大类：

（1）全排风式排风柜。采用室内新风吸入柜内后，经排风管排出室外方式的排风柜称为全排风式排风柜，该类排风柜被广泛应用于主要的化学实验室中。随着科技不断进步，又融入了变风量控制系统形成变风量排风柜。变风量排风柜可以通过操作视窗上的位移传感器来检测操作视窗开启高度，从而改变排风量，实现恒定面风速的功能，可以达到一定的节能效果。此类型排风柜的风机和新风空调能耗比较高。

（2）无管自净型排风柜。排风柜自备的风机将柜内实验操作过程中产生的有毒有害气体输送到顶部过滤器装置处，经高效分子过滤器过滤截留，直接将过滤后的清洁气体排到实验室，实现空气在室内自循环功能，不产生新风空调能耗，安装便利且节能性好。此类型排风柜适用于无法安装排风和新风的实验室，且实验使用的化学品种类比较固定、毒害性相对小和用量不大的场合。

（3）补风型排风柜。当排风柜设置安装在对温度有控制要求的房间时，为节省通风和空调能耗，采用从室外取风通过风机和管道直接送入柜内循环后排出室外的方式。该类型排风柜节能性较为优良，初期通风和空调设备投资成本较低，适用于排风柜台数多和密度大的场景中应用。

化学实验室污染物控制主要依赖于排风柜和房间负压。排风柜是保障实验室操作人员安全和健康最重要的设备之一。为了避免实验室工作人员吸入有毒有害、可致病的化学物质和气体，降低实验室污染物浓度，排风柜在工作过程中将实验产生的废气及时排出，同时补入实验室中大量空调新风维持气压平衡，这个过程会带来大量的能量消耗。有资料表明，实验楼总能耗中约70%为空调通风能耗。为了保障实验室操作人员安全，降低实验室运行能耗，可以采用补风型排风柜作为化学实验室安全节能设计的有效措施。

4.1.1　全排风式排风柜

4.1.1.1　工作原理

通风系统由排风柜、变风量控制系统、风管、净化设备和风机等几部分组成。排风柜用来捕集和排出化学实验室中产生的有害物，利用局部气流，使局部工作地点不受有害物的污染，将有害物排走，以控制有害物向室内扩散，形成良好的空气环境。为了防止大气污染，当排出空气中有害物量超过排放标准时，必须采用净化设备进行处理，满足排放标准后再排向大气。因此，排风柜的作用是将有毒有害气体通过捕捉、收集或排出等手段进行控制。其工作原理是将实验室内的有毒有害气体吸进柜内，并通过通风系统排至室外。排风柜的性能取决于在标准面风速状态下的控制柜内污染物泄漏的能力。

当实验室内产生有毒有害气体、蒸气、粉尘等污染物时，为保证实验室中有良好的室内环境而将这些有毒有害气体、蒸气、粉尘等污染物迅速排出实验室，应优先设置排风柜。

4.1.1.2　结构组成

实验室排风柜"是一种专门设计的安全装置，用于与正确设计的实验室通风系统连接时，将废气（在排风柜内进行实验操作过程产生）带离实验室，并排出建筑物。实验室排风柜主要由防火材料制成，包括顶部，三个固定侧面和一个单面开口。面向脸部开口配有视窗"。排风柜由上柜部分、台面部分、底柜部分和附属配件组成。排风柜上柜中有导流板、顶部有排风集气罩、补风板（气翼）、变风量控制系统、电源插座、水气考克、拉门等。拉门采用安全玻璃，可上下移动，供人员操作。下柜采用实验边台样式，上面有台面、下面是柜体。

排风柜的性能主要取决于通过排风柜空气的速度。影响排风柜操作面风速和空气运动的因素有操作开口的形状、柜内的散热量、排风孔设计、阻碍物和涡流等，也与排风柜的防火能力、耐腐蚀性、是否便于清洗以及污染物进入排风系统前收集某些污染物的能力等性能有关。一般认为，实验室中的排风柜应能适应易燃的液体和气体，且结构材料应具有相应的耐火能力，以保持排风柜的完整性和及时将火封熄。

4.1.1.3　性能要求

我国在 1999 年推出行业标准《排风柜》JB/T 6412—1999，其测试方法部分主要引用当时的美国标准 ASHRAE 110—1995。2007 年出台了实验室变风量排风柜行业标准《实验室变风量排风柜》JG/T 222—2007。在《排风柜》JB/T 6412—1999 中规定："操作口平均面风速 $0.4 \sim 0.5 \text{m/s}$；控制浓度 $\leqslant 0.5 \text{mL/m}^3$"。排风柜在化学实验室通风系统中发挥着十分重要的作用，在保证安全的同时为了节能降耗，《实验室变风量排风柜》JG/T 222—2007 中规定"无人操作，平均面风速 0.3m/s，有人操作，平均面风速 0.5m/s；响应时间 $\leqslant 3 \text{s}$"。

4.1.1.4　相关标准

1985 年，美国 ASHRAE 出台排风柜性能测试方法标准 ASHRAE 110—1985。

1990 年，英国发布了排风柜英国标准 BS 7258。

1992 年，美国引入了 ANSI/AIHA Z9.5 作为实验室通风的国家标准。

1995 年，美国推出了改进版的 ASHRAE 110—1995。

1999 年，美国推出 UL1805 排风柜标准。

2000 年，美国科学设备与家具协会（SEFA）出台了 SEFA 1-化学排风柜。

ASHRAE 110 推出了 2016 版，更新了数据收集和测试流程，并提出了减少示踪气体 SF_6 的总量。

2019 年，欧盟排风柜标准 EN 14175-3 推出了 2019 版，修改了数据收集和计算方式。

欧美国家在 20 世纪 90 年代末基本建立起了完善的实验室通风评估和管理体系（图 4-1、图 4-2）。

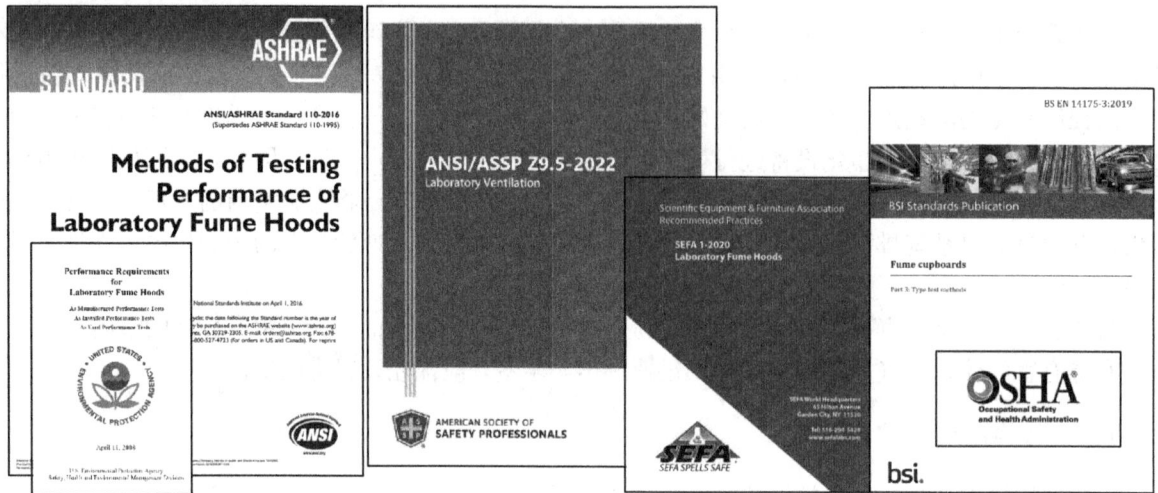

图 4-1　排风柜标准

ASHRAE 110 是世界上第一个排风柜测试方法标准。它的第一个版本诞生于 1985 年，第二个版本更新于 1995，目前最新版本是 2016 版。经过数十年的实践，ASHRAE 110 测试方法趋于完善，主要包括干扰流、烟雾可视化测试、面风速测试、VAV 面风速控制、VAV 稳定性测试和 SF_6 示踪气体测试。

ASHRAE 110 对排风柜性能测试的阶段也进一步明确，其中 AM 为形式检测、AI 为安装检测、AU 为运行检测。这种划分方法，为排风柜在不同阶段的性能测试和管控提供了很好的指导作用。

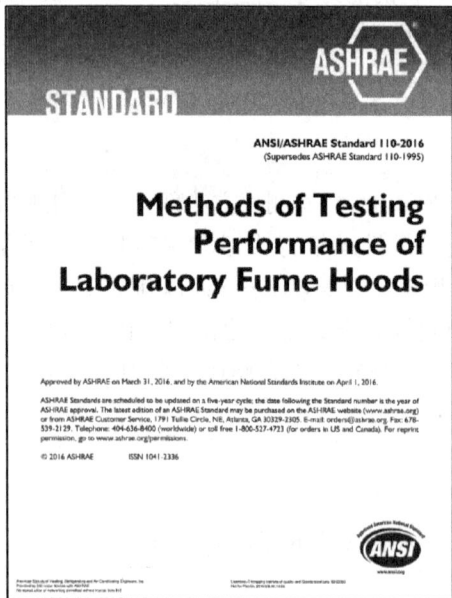

图 4-2　ASHRAE 110 标准

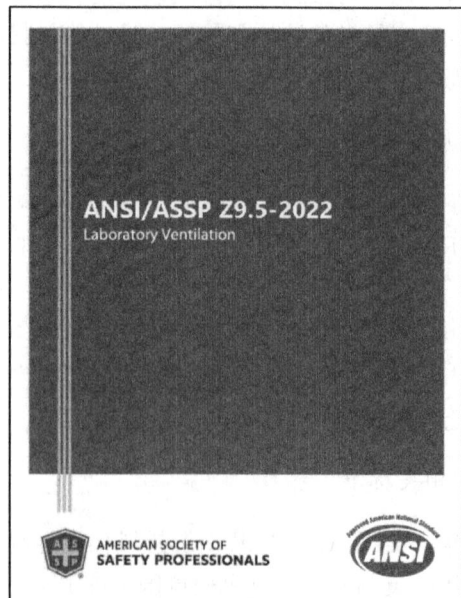

图 4-3　ANSI/ASSP Z9.5—2022 标准

ANSI/ASSP Z9.5—2022 中的测试方法参照了 ASHRAE 110 的要求（图 4-3），并在其中规定了面风速范围（0.4~0.6m/s）、烟雾可视化的要求（目视无泄漏）、SF_6 浓度要求（不大于 0.05ppm）、VAV（变风量）响应时间不大于 5s 等要求。

ANSI ASSP Z9.5—2022 对排风柜的不同类型进行了系统和详细的描述，其中包括 VAV 排风柜、旁通型排风柜、CAV（定风量）排风柜、落地式排风柜、补风型排风柜等。

SEFA 1 在 ASHRAE 110 和 ANSI/ASSP Z9.5 的基础上进行了扩展（图 4-4），增加了更加详细的排风柜分类，结构要求等内容。特别是特殊性排风柜上，给出了更加详细和系统的描述（如高氯酸用排风柜，放射性同位素用排风柜，CAV 排风柜要求等）。

EN 14175 是欧盟的排风柜标准体系，其中 EN 14175-3 是排风柜性能的形式测试方法部分（图 4-5），EN 14175-4 是现场的排风柜性能测试方法部分。

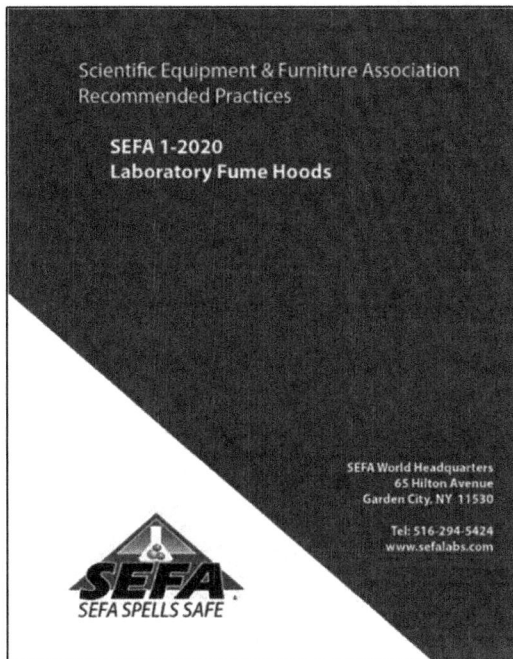

图 4-4　SEFA 1-2020 标准　　　　图 4-5　EN 14175-3 标准

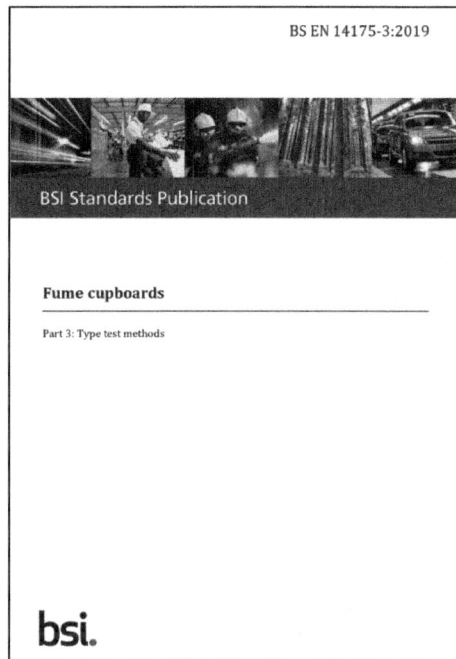

测试方法分为气流测试（面风速测试、内平面测试、外平面测试、抗干扰测试、空气交换效率测试、压损测试）、拉门测试、气流指示器测试、结构和材料测试及照明测试五大部分。

与 ASHRAE 110 比较，欧盟标准增加了抗干扰测试和空气交换效率测试。抗干扰测试模拟人在排风柜前面走动对排风柜污染物控制性能的影响。通过示踪气体来定量在干扰情况下排风柜的泄漏。抗干扰测试可以很好地体现排风柜在正常使用状态下的污染物控制性能。空气交换效率测试是为了量化排风柜排出污染物的效率。

EN 14175-3 第 7 部分，对高热和酸负荷排风柜提出了一些特殊排风柜的特殊要求，包括酸消解排风柜、高氯酸排风柜、氢氟酸排风的要求。

《排风柜》JB/T 6412 在 1999 年由国家机械工业局颁布。《排风柜》JB/T 6412—1999 中规定了排风柜的形式、基本参数和尺寸、技术要求、测试方法和检验规则，以及标志、包装、贮存。在排风柜形式上进行了分类，根据气流组织有标准型和补风型两种；根据功能有台式排风柜和双面式排风柜两种。按照工作台面，分为玻璃钢、不锈钢、陶瓷和铅四种。性能测试部分包括：阻力、面风速、烟雾、控制浓度测试。《实验室变风量排风柜》JG/T 222—2007 定义了变风量排风柜，增加了 VAV 响应时间（图 4-6）。

4.1.1.5　使用现状

对实验室工作人员而言，排风柜是保护工作人员不吸入有害挥发气体最主要的途径，可以对局部污染源进行有效控制，及时排出污染物。作为通风系统中最关键的设备之一，排风柜性能将直接影响

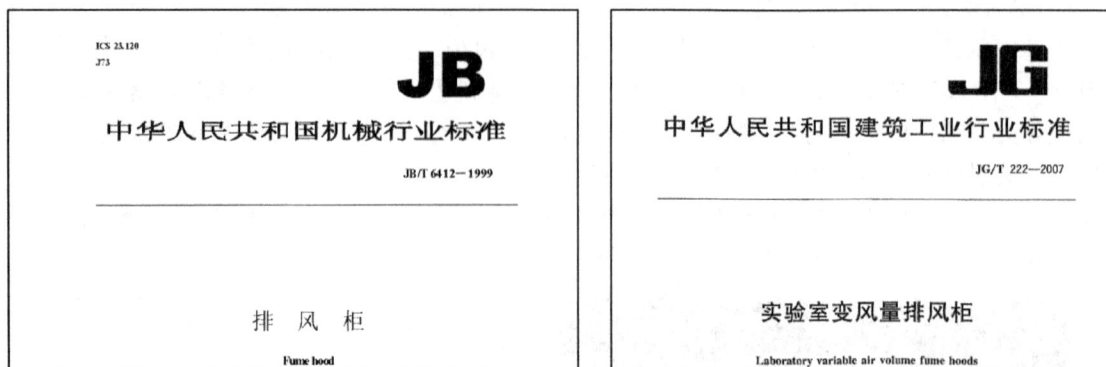

图 4-6　JB/T 6412 与 JG/T 222 标准

到实验室人员的身体健康甚至生命安全，在合理配置的排风柜内进行有潜在危害的实验是非常重要的。

从最初的传统型定风量排风柜到变风量排风柜。可以说是通风与自控技术结合完善的结果。目前，变风量技术由于具有较高的安全性、节能等特点已为大家所普遍接受。传统型排风柜由于总排风量基本上保持恒定，而面风速随着拉门位置的移动而变化，其初期投资低，但运行费用高昂，从长远来看经济性偏低；由于总风量恒定始终保证了面风速需求，因此具有很高的安全性。但当拉门接近关闭位置时，面风速会增至 2.0~3.0m/s，高速气流可能会吹翻实验仪器、吹熄火焰、降低蒸储速率、吹散试样材料等，干扰柜内进行的实验或在排风柜内产生气流紊乱，造成空气污染物在柜内的滞留及外溢。

变风量排风柜的排风量随着拉门位置的变化而变化，以保持某恒定面风速，即风量控制器与常规排风柜的结合。目前变风量排风柜的风量控制方法有两种：一种是随着拉门的位置变化，通过拉门位移传感器输出信号给控制器，同时再测量柜内某一点的风速，通过风速传感器输出信号给控制器，控制器通过收集的信号直接控制排风阀开度；另一种是配置拉门位移传感（同上），阀门内部有风量测量装置实时测风速，通过风量传感器输出信号给控制器，控制器通过收集的信号直接控制排风阀开度。由于采集信号的不同，系统的响应时间也有区别，通过位移＋风量测量直接控制风阀开度的排风柜控制系统反应快，系统响应时间短。

变风量排风柜根据排风柜拉门的位置改变排风量，可以解决由于面风速过大而产生的排风柜内空气紊乱导致有害气体逸出的难题，当排风柜不工作时，该技术也能有效减少室外的空气供应和消耗量，从而减少整个系统运行成本。相对于定风量排风柜，变风量排风柜有更好的节能效果。美国国家卫生研究院（National Institutes of Health）实验室在采用了变风量排风柜后，能耗较以前使用传统定风量排风柜降低了约 70%。

对于绝大多数实验室，由于其实验对象的特殊要求，多采用全新风空调系统，加之实验室内洁净度、压力的要求，换气次数较大，使得实验室空调系统的送风量远远超过普通的舒适性空调系统。一般情况下，一个实验楼单位面积消耗的电能是普通办公楼的 10 倍。有些特殊实验室如高洁净度等级的洁净室或生物安全实验室，其能耗达到公共建筑或商业建筑的 100 倍。因此，考虑到能耗以及运行费用，现在实验室普遍采用变风量排风柜。

在理想情况下，排风柜应根据实际的使用状况实时准确调节排风状态，最大限度地满足安全性、经济性等应用要求。变风量排风柜可以实现这一目标，但受客观条件限制，通常仅以面风速作为系统控制对象，根据拉门的开启度改变排风量或者直接实时感应排风柜面风速来达到控制面风速恒定的目的，从而能最大限度地节约能源，并提供良好的安全保障。同时，变风量排风柜数量的有限增减，只需对排风系统末端进行局部改造，避免了对整个排风系统的改建，从而降低了运行维护费用，更具实用性和灵活性。

为了实现平均面风速的精确控制，变风量排风柜采用闭环控制系统，该系统持续测量和调整排风量，以保持所需要的平均面风速。变风量控制系统显著提高了排风柜安全性，保护操作人员不受化学品气体和其他污染物毒害的危险。许多变风量排风柜配备了视觉和声音报警装置，当排风柜功能故障或面风速不足时对操作人员进行提示。

4.1.1.6 展望与建议

排风柜的性能直接关系到气态污染物的有效控制。实验室中的气流非常复杂，如何控制气流也同样复杂。通风系统如何判断需要的空气量，取决于实验室通风系统的设计方式；根据系统的不同，气流的重新平衡也需要一定的时间。气流需求会根据通风设备的数量，每个设备需要的风量以及人们进出实验室的次数而不断变化。排风柜的选型取决于通风系统以及使用者与排风柜的交互方式。

未来的排风柜需要更智能化，并更积极地参与实验室通风系统的运行。期望在排风柜和通风系统之间建立更对等的关系，或者使排风柜成为独立的设备，具有更多功能，可以报告运行状态、可以被远程控制、可以由其他设备或自动化安排触发，甚至可以变得更智能，并插入监视设备。它可以收集使用数据，并将其报告给控制系统。虽然首批智能排风柜很可能不是完全独立的设备，但它们将对其性能有更多控制。此外，它们将具有更多功能，不仅使其更安全，而且使用起来更加方便。

污染物控制预测也是需要考虑的问题。排风柜内部与实验室之间的压差是显示对污染物控制性的最佳指示。如果将排风柜的其他因素考虑在内，则排风柜内的负压可以很好地指示污染物控制。排风柜污染物控制具有复杂性，许多因素影响排风柜的性能，这些因素包括：不同位置的面速度、排风柜内部与房间之间的压差、拉门位置、温度梯度、排风量、静压、导流板后面静压室中的速度等。这些因素需要综合考虑，可以为预测污染物控制提供良好的基础。污染物控制预测需要在排风柜内和周围采用许多传感器，以提供大量数据流，并具有对当前状况的全面了解。可以对这些数据进行建模，并可以对污染物控制进行可能的预测，通过可视化将这种实时信息提供给使用者，为实验室中的人员提供排风柜性能的实时指标，使用者有机会评估情况并查看是否可以采取纠正措施。这也可以为将来的排风柜能力增强提供平台。

4.1.2 补风型排风柜

4.1.2.1 工作原理

传统的排风柜的工作原理是经排风柜的前操作视窗开口处吸入大量室内环境空气，在排风柜工作腔内形成负压，利用排风机将工作腔内有害物质排至室外。在传统排风柜的设计理念下，从前操作视窗吸入的风量越高，排风柜对空气中有害物质的控制和排出功能越有效，因此，需要通过向使用该排风柜的空间内补入大量空气来平衡排风柜排出的空气。由于补入实验室的空气需要确保工作环境的舒适性，所以实验室补风一般都会采用全新风空调系统，因此会导致实验室的新风能耗巨大。此外，室内环境会产生一些不可预知或不一致的空气流动，如室内送风口的气流干扰等。在这种情况下，工作腔内的空气体系若受环境影响就会造成工作腔内空气溢流的风险，对操作人员的健康和安全构成威胁。因此，如何减少能耗和降低工作腔内有害物质的泄漏风险是创新排风柜设计结构和运行技术的重要课题。

补风型排风柜通过采用自然或动力的方式，将室外风通过补风风道和送风口送入排风柜内，减少由于排风柜排风抽取的室内新风量；同时，补风与排风在柜内形成稳定气流，将柜内产生的有害物质通过排风风道快速排出。

如图4-7所示，在补风型排风柜顶部设有补风口和排风口。图4-7中的箭头显示了空气在进入、通过和排出排风柜柜体时的流动方式。室外补风风机产生的风量，通过补风阀进行风量调节后从补风

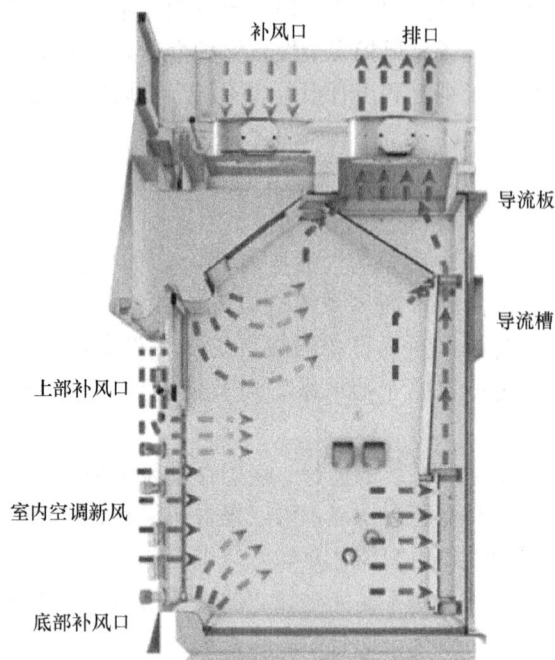

图 4-7 补风型排风柜内部气流组织示意图

口进入排风柜的补风系统，补风量通过一定的比例值分配到底部补风口、上部补风口，进而均匀缓慢地进入工作腔。同时，一部分室内空调新风也会从前操作视窗进入工作腔。这些空气进入工作腔后，如图中箭头所示，基本上会被均匀地吸入和通过顶部的排风区域、导流板和导流槽，随后从柜体顶部的排风口随箭头方向排出。空气流动面积的改变会造成空气流动速度的波动。因此，从前操作视窗进入的空气在进入工作腔的大区域时，风速会有所降低；当这些空气进入顶部的排风区域附近时，风速会增加。这种风速的波动有助于维持一个一致的、稳定的补风和排风吹吸体系。这个吹吸式系统可以将柜内的空气以同步位移的方式移动，这样可以把所需补风量和柜内空气的湍流风险大大减低，同时这种吹吸式系统也可以使柜内空气乱流和旋涡形成的风险最小化。因此，由此吹吸式系统所产生的空气移动体系可以更有效地增加控制柜内空气中有害物质从前操作视窗溢出的可能性。另外，室外空气从上部补风出风口和底部补风出风口进入工作腔，在操作人员的呼吸带前形成一个动态的气幕隔断，可以有效地将柜内空气中有害物质与操作人员隔绝，同时隔断外面扰动对柜内气流组织的影响。

与全排风式排风柜不同，补风型排风柜的补风不经过人员的活动区域，而且90%以上在排风柜内进行的实验对环境温度没有要求，因此，这种补风在多数情况下可以采用不经空调热湿处理的室外空气，从而与传统全排风式排风柜相比可以有效降低能量的消耗。

4.1.2.2 结构组成

（1）补风型排风柜主要结构和尺寸符号示意图如图4-8所示，主要参数和说明如表4-1所示。

主要参数和说明　　　　表 4-1

序号	名称	符号	主要参数（mm）	允许偏差（mm）	说明
1	外部宽度	W	1200 1500 1800	±3	两侧边框外沿间的距离
2	内部宽度	W_1	1080～1180 1380～1480 1680～1780	±3	两侧内衬板间的距离
3	外部深度	D	800～1000	±3	柜体外前沿边框至柜体外后沿边框间的距离
4	内部深度	D_1	≥500	±3	操作视窗内沿到导流板前沿的距离
5	外部高度	H	2200～2400	±3	地面至柜体外上沿间的距离
6	内部高度	H_1	≥1000	±3	工作台面上表面与顶板的垂直距离
7	台面高度	H_2	800～950	±3	工作台面上表面与地面的垂直距离

序号	名称	符号	主要参数（mm）	允许偏差（mm）	说明
8	补风口长度	W_2	1080～1180 1380～1480 1680～1780	±3	与内部宽度（W_1）一致
9	补风口宽度	D_2	≤50	—	排风柜前沿向柜内延伸的水平尺寸
10	补风口高度	H_3	≤50	—	排风柜台面向上延伸的垂直尺寸
11	操作视窗最大工作开度	H_4	457	—	确保排风柜能控制污染物外溢时，工作台面与操作视窗下沿之间的最大尺寸
12	操作视窗最大开度	H_5	≥700	±3	工作台面与操作视窗下沿之间的最大尺寸

注：有特殊需求的，其尺寸要求由供需双方协定。

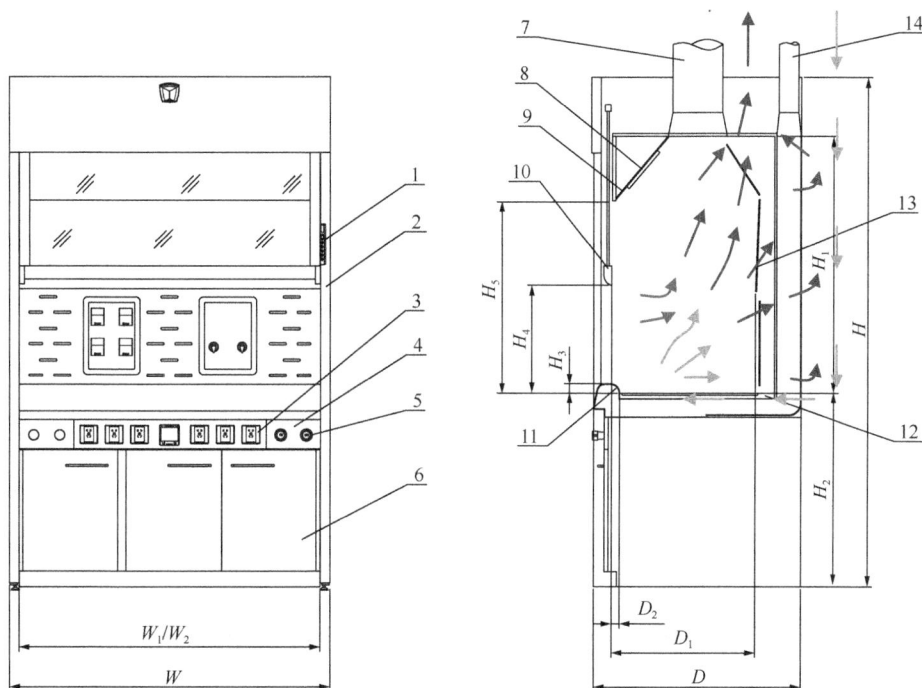

图 4-8　补风型排风柜主要结构和尺寸符号示意图

1—监视器；2—侧边框；3—插座；4—固定面板；5—水/气控制阀；6—底柜；7—排风口；8—顶灯；
9—前导流板；10—操作视窗；11—补风口；12—工作台面；13—导流板；14—送风口

（2）柜体、导流板、补风口和操作视窗等各排风柜组件均应采用可拆卸的模块化结构。

（3）补风口的结构应有利于补风气流均匀的设计。

（4）需要时，应设置供水、供气和废液收集的装置，其控制开关位于柜体固定面板或侧边框上便于操作的位置。

（5）操作视窗上下调节应顺滑、平稳，并可停留在开度内任意位置。

（6）开启和关闭操作视窗所需的拉力不应大于 23N。

（7）底座设有调平装置，可调节水平及高度，调节范围不应小于 30mm。

（8）排风柜工作台面荷载不应小于 225kg。

（9）上柜叠放于底柜的排风柜，底柜支撑荷载不应小于 450kg。

（10）应配置实时调节排风量与补风量自动平衡的装置。

（11）工作台面四周宜有阻水边。

4.1.2.3 性能要求

1. 技术指标

排风柜型式检验和检验性能指标如表 4-2 所示。

型式检验和现场检验性能指标 表 4-2

项目	指标		说明
	型式检验	现场检验	
排风柜阻力	≤70Pa		
排/补风量偏差	≤10%		实际风量与设计风量的偏差
补风比例	50%～70%		在操作视窗最大工作开度下，所测补风量和排风量的比值
补风口风速偏差	≤30%		补风口风速均匀分布，其最大值、最小值分别与算术平均值的偏差
面风速偏差	≤30%		面风速均匀分布，最大值、最小值分别与算术平均值的偏差
示踪气体泄漏浓度	平均值≤0.05mL/m³，峰值≤0.5mL/m³	平均值≤0.1mL/m³，峰值≤0.5mL/m³	—
VAV 响应时间	≤3s		—

2. 气流可视化要求

烟雾测试无可见泄漏。

3. 功能要求

（1）排风柜周边的气流应能直接吸入柜内，控制污染物外溢。

（2）排风柜应具备变风量监测与控制功能。

（3）需要时，操作视窗具备人员离开后自动关闭的功能，响应时间与关闭程度应可调节。

（4）需要时，底柜具有排风的功能。

（5）操作视窗两边的滑槽处应无向外溢出的气流。

（6）当室内意外发生大量有毒有害气体逸散，排风柜用作事故排风装置使用时，应有补风关闭，排风最大风量运行的智能机制。

（7）必要时，可设置全氟己酮或其他适用的灭火剂的自动灭火系统。

4. 材料要求

（1）应符合国家防火规定的要求。

（2）符合国家相关部门对该类产品生产、销售和使用的规定和要求。

（3）排风柜的内壁板、台面板及相应配件的材料，应光滑平整，能经受正常的清洗、摩擦以及实验操作产生的腐蚀和高温的不良影响。

（4）排风柜外部金属材质应有足够的强度和硬度，表面涂层应符合表 4-3 的规定。

金属表面涂层要求 表 4-3

序号	项目	指标
1	耐腐蚀	24h 乙酸盐雾测试（ASS），不低于 7 级
2	耐冲击	检验以 1kg 的重锤从 300mm 高度降落撞击漆膜表面，试板上无肉眼可见的裂纹、皱纹及剥落现象
3	附着力	不应低于《色漆和清漆 划格试验》GB/T 9286—2021 中定义的 2 级
4	硬度	涂层能够承受 H 铅笔测试，涂层未出现 3mm 及以上划痕

（5）操作视窗的材料应透明、清晰、耐腐蚀、抗冲击、易清洁，宜采用 6mm 厚的钢化玻璃。

5. 水、电、气要求

（1）水、电、气等配套系统应根据实验需求选择配置，其电源插座、杯槽、水/气阀及管线应满足相应要求，断路器宜有漏电保护功能。

（2）带电体与外露金属绝缘电阻应大于 $2M\Omega$，在 $1500V$ 检验电压下持续 $1min$ 无击穿或闪络。

（3）排风柜的导线穿孔应有绝缘密封措施。

（4）排风柜供电应有接地线。

（5）柜内的电源插座应有防溅功能，应耐腐蚀和耐高温。

（6）工作台面上平均照度值不应小于 $500lx$。灯的反射光和折射光不应干扰视线。镇流器应设在柜外易于维修的位置。

（7）具备感应升降功能的操作视窗应有防夹功能。

（8）应设置操作视窗报警装置，当开启高度超过最大工作开度时，应发出声音报警；当开启高度回落至最大工作开度时，报警声应自动解除。

4.1.2.4　相关标准

针对不同化学实验要求，可依据国家或地方相应的建筑标准规范，采用适用的标准或规范进行设计，常用标准规范如下：

《漆膜耐冲击测定法》GB/T 1732；

《照明测量方法》GB/T 5700；

《金属基体上金属和其它无机覆盖层　经腐蚀测试后的试样和试件的评级》GB/T 6461；

《色漆和清漆　铅笔法测定漆膜硬度》GB/T 6739；

《色漆和清漆　划格试验》GB/T 9286；

《人造气氛腐蚀测试　盐雾测试》GB/T 10125；

《标牌》GB/T 13306；

《冷暖通风设备外观质量》JB/T 7246；

《科研建筑设计标准》JGJ 91；

《实验室变风量排风柜标准》JGT 222；

《排风柜》JB/T 6412；

《建筑材料放射性核素限量》GB 6566—2010；

《Methods of Testing Performance of Laboratory Fume Hoods》ANSI/ASHRAE Standard 110。

4.1.2.5　使用现状

补风型排风柜可以有效解决传统全排式排风柜的安全、节能等问题，对我国在创新生态下化学实验室的可持续发展起到加速推动作用，使我国化学实验室的发展在安全、节能、舒适性等方面与国际先进水平接轨。

目前，国内补风型排风柜发展时间尚短，生产厂家为数不多。与全排风式排风柜相比，补风型排风柜在安全、节能、舒适性、降低初期投资成本和运行成本等方面都具有较大的优势，有良好的发展前景。补风型排风柜也存在一些问题：面风速低于 $0.4\sim0.5m/s$；补自然风时，在南方地区夏季和北方地区冬季柜体可能结露，影响视窗清晰度。

4.1.2.6　展望与建议

近年来，国家、社会和企业对科研技术的研究和开发的投入力度不断加大。作为创新实施的重要环节之一的实验室建设正在步入一个崭新的阶段，建设规模和体量将是前所未有的，对于实验室的设计和建设提出了更高的要求。加快发展方式绿色转型，积极稳妥推进碳达峰、碳中和的发展思想将深入到各行各业的发展战略中。由此可以预见，未来实验室建设将朝着安全、节能、经济、智能化、人性化的方向发展。

1. 安全性

1990 年美国职业安全与卫生管理局（OSHA）有一项调查表明，实验室工作人员的健康与安全存在较大风险。美国、英国和瑞典的流行病学的多项研究显示，实验室工作人员的癌症死亡率高于一般职业人群。从这些调查研究可以看出，实验室中的空气污染与操作人员健康安全存在较强的关联性，因此实验室建设中安全应该放在最重要的位置。

在国内实验室发展的初期阶段，能够满足基本的功能需求即可，安全性考虑不够完善。随着以人为本发展理念的深入贯彻和科学技术的进步，社会、企业和员工的安全健康意识在不断提高。排风柜是实验室中的核心安全装备，使用的主要目的就是将实验产生空气污染的废气及时排出，保护操作人员的健康安全，因此排风柜的安全标准应该与欧美国家的标准一致，目前美国标准为示踪有害气体 SF_6 泄漏不超过 0.05ppm。

2. 节能性

在实验室建设实践中，节能性是另一项重要的考量指标。随着目前人们生活水平及对舒适性要求的提高，国内实验室普遍采用全新风空调送风。但是由此造成的能耗很高，排风柜新风空调系统能耗约占实验建筑总能耗的 70%。有调查表明，欧洲不少国家在能源供给日渐匮乏的形势下，已经开始重视实验室的能源使用效率问题。处于发展中国家的中国、印度等国家对新建项目的能评亦十分重视。

由于实验室排风柜需要大量排风，造成新风能耗较大，因此排风柜的能耗问题是全球实验室建设所面临的一个巨大挑战。欧洲不少国家采用降低排风量的方法来达到降低能耗的目标，而中国和美国都在采用变风量系统节能。但是这些方法都不足以很好或者完全解决高能耗问题。尽管目前补风型节能排风柜技术已经比较成熟，节能可以达到 60%～70%，但是还存在不少问题亟待进一步解决。

3. 经济性

中国是全球最大的发展中国家，很多行业和企业的实验室建设还处于发展的早期阶段或者转型阶段。近年来国家对科技创新的高度重视，企业对自身发展的迫切需求，将使实验室的建设提升到一个新的阶段。实验室中排风柜数量多、密度大已成为当前实验室建设的一个特点。如何做到排风柜既安全、节能又能有效降低投资成本是当前实验室建设必须面对的挑战。

4. 智能化

随着科学技术的进步，各种传感器在实验室排风柜的开发中得到越来越广泛的应用。排风柜的智能化是解决实验室安全和节能问题的一个重要手段，同时也是今后的发展方向。

5. 人性化

排风柜的人性化设计也是对操作人员安全性的一个有力保障。在实验室中操作人员经常需要在排风柜前长时间的工作，重复复杂的实验步骤。可能会使操作人员产生疲惫而导致疏忽，最终引发安全隐患。排风柜人性化的设计可以使操作人员在一个适宜的工作环境中操作，减少因疲惫而导致的疏忽，从而避免安全问题的发生。

4.1.3 无风管自净型排风柜

4.1.3.1 工作原理

无风管自净型排风柜用于实验操作过程中产生的有害化学物质过滤，为实验人员提供安全防护（图 4-9）。无风管自净型排风柜，主要通过柜体顶部配备无刷风机搭载过滤系统（分子/粒子/混合类），通过风机运转，创造由下而上的相对负压，负压气流将挥发的有毒有害气体分子均衡带入柜体顶部过滤系统中。过滤后的安全洁净空气可直接释放回房间，空气排放指标安全控制低于 PC-TWA 值的 1%。

　　无风管自净型排风柜具有良好的气流控制，顶部可灵活配备模块化风机及过滤系统，风机运转，形成由下而上的负压气流，过滤后洁净的空气在室内循环；可针对液体、粉尘、液体与粉尘混合以及洁净室应用，可配置单层活性炭、双层活性炭及活性炭与 HEPA 组合型过滤器，从化学品操作源头进行安全防护，为实验工作人员创造健康安全的实验环境。

　　无风管自净型化学试剂柜用于化学品规范安全存储，保障实验人员安全（图 4-10）。产品配有灵活的模块化过滤和风机系统，风机运转，创造由下而上的负压气流，过滤后洁净的空气在室内循环。可针对气体、粉末及气体和粉末混合等不同物质的有效过滤。经过过滤后，洁净的空气在室内循环。24h 循环过滤室内及储存柜内的空气，从而为试剂创造安全洁净的存储环境。

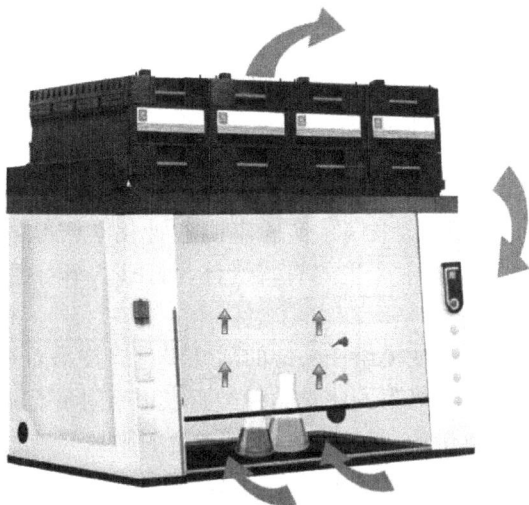

图 4-9　无风管自净型排风柜　　　　图 4-10　无风管自净型化学试剂柜

4.1.3.2　结构组成

1. 自净型排风柜

自净型排风柜结构示意如图 4-11、图 4-12 所示。

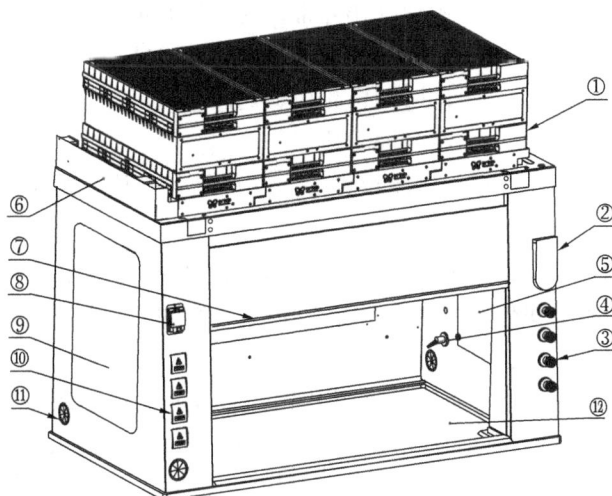

序号	名称
①	过滤模组
②	控制装置
③	遥控水/气阀
④	水/气嘴
⑤	检修窗
⑥	外接电源盒
⑦	升降门
⑧	急停开关
⑨	左视窗
⑩	电源插座
⑪	预留管/线路通道
⑫	理化板工作台面

图 4-11　高效自净型排风柜结构示意图

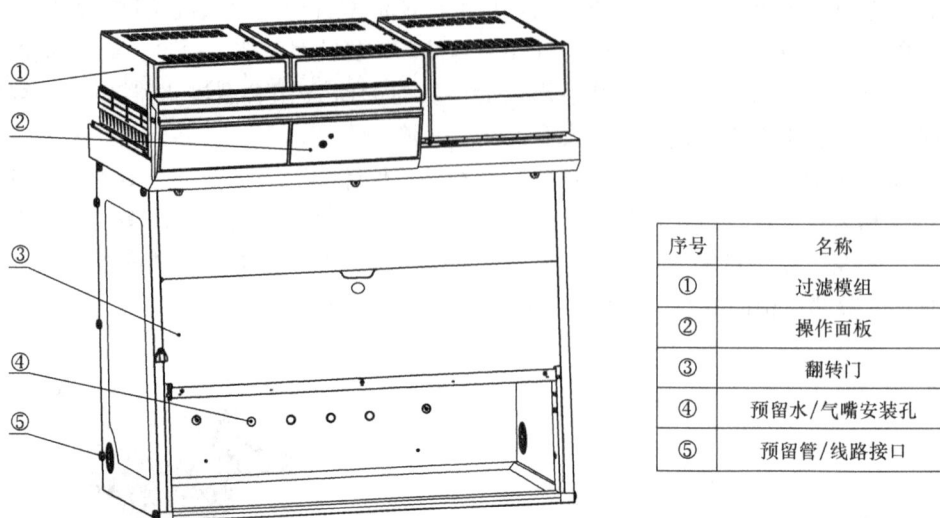

序号	名称
①	过滤模组
②	操作面板
③	翻转门
④	预留水/气嘴安装孔
⑤	预留管/线路接口

图 4-12　台式自净型排风柜

模块化过滤系统可灵活组合模块和过滤装置（活性炭过滤器和 HEPA 粒子过滤器），甚至包含能够自动识别并记录历史信息的智能过滤器（图 4-13）。以此来满足实验室内各种化学实验的不同需求，提升用户安全水平。用于过滤化学品操作及存储过程中产生的有害气体，HEPA 粒子过滤器用于过滤固体试剂。

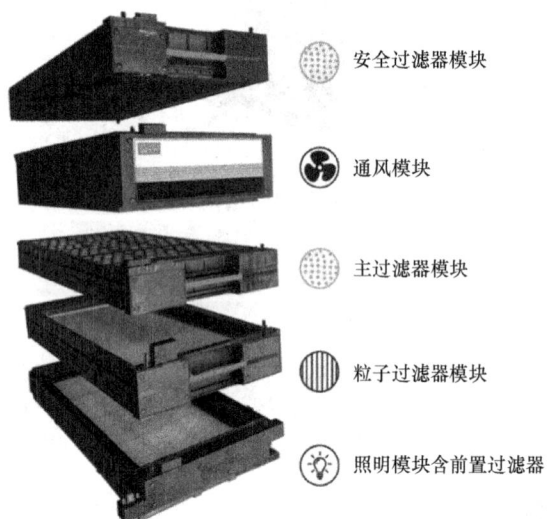

图 4-13　过滤模组

过滤模组中关键的活性炭过滤技术面临以下挑战：可吸附的化学品种类有限；吸附量有限；增加吸附量的同时难以 100%避免脱附风险；过滤器寿命影响因素复杂且每个实验室的状况不同无法形成通用的过滤器寿命，较难评估过滤器寿命。

（1）自净型排风柜结构部分功能

1）应保证良好的气流，需具备面风速传感器自动校准功能，校准后面风速值与手持式风速仪数据误差在 10%以内。

2）应具备多样化的操作视窗，如翻转式、操作孔式、上下移门等，需具备风机失灵报警功能，确保操作异常情况下的安全预警。

3）应设置有电路、水路、气路的安装位置，同时预留相关的控制开关位置（可设置于侧门版或多功能工作台）。

4）结构模块（柜体、风机、台面、操作视窗、过滤组件等）均应具备模块化拆装功能，便于安调检修及设备扩充与使用性。

5）需确保试用评估表内污染物被有效过滤，必要时需配备污染物过滤效能超标提醒报警器。

6）需确保良好的控制效果，特殊物质如高毒高活药物等操作时，必要时可支持第三方溢出物浓度测试。

7）根据实验项目的调整，自净型排风柜需具备实验项目变化，支持针对不同液体分子、固体粉末、液体与固体粉尘混合以及洁净室等应用的调整与扩充，确保设备试用的多样性灵活性。

8）必要时需配备废弃物回收装置：内外部气流保证入口无泄漏，收集装置加装双层袋子可有效防止废弃物扩散，回收袋外部装有密闭盒防止袋子掉落或破裂。

9）必要时可配备透明背板结构：透明亚克力背板，360°可视。

（2）自净型排风柜材料要求

1）柜体应采用优质镀锌钢板材质，耐指纹，并涂有抗酸碱的环氧聚酯涂层，抗氧化抗酸碱。

2）风机需确保操作腐蚀性、挥发性化学品实验，防止被腐蚀、防止漏电及降低噪声。

3）工作台面材质应具备多样化，材质应根据实验项目的变化搭配选择，如不锈钢台面、千思板台面、钢化玻璃台面等。

4）操作视窗应采用高透亚克力板或玻璃材质。

5）过滤材料需具备良好的吸附及防脱附能力。

2. 自净型化学试剂柜

自净型化学试剂柜结构示意图如图 4-14 所示。

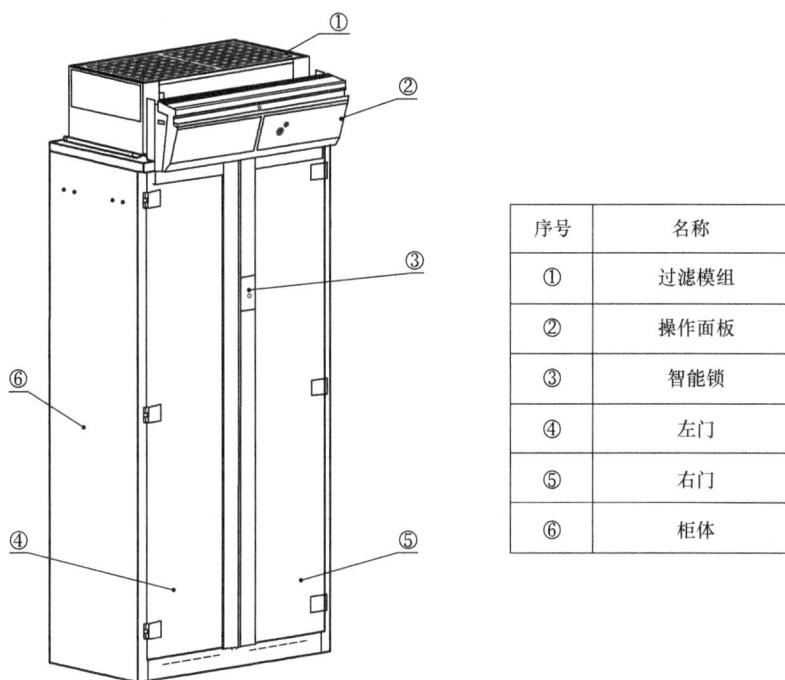

序号	名称
①	过滤模组
②	操作面板
③	智能锁
④	左门
⑤	右门
⑥	柜体

图 4-14　自净型化学试剂柜

（1）自净型化学试剂柜结构部分功能

1）应保证持续不断的均衡气流，需具备风机失灵报警功能，确保使用异常情况下的安全预警。

2）自净型化学试剂柜放置于实验室、试剂库房等多区域，存取频率较高，应具备开关门提醒。

3）结构模块（柜体、风机、柜门、过滤组件、存储层板等）均应具备模块化拆装功能，便于安装调试检修及设备扩充与使用性。

4）需确保柜内存储化学品挥发污染物被有效过滤，必要时需配备污染物过滤效能超标提醒报警器。

5）根据存储类别的调整，自净型化学试剂柜需具备存储样品变化，支持针对不同液体分子、固体粉末、液体与固体粉尘混合以及洁净室等应用的调整与扩充，确保存储的多样性灵活性。

6）门板可视结构应具备多样性，针对不同特性的试剂存储要求而选配，如避光试剂，需采用黑色避光门板。

7）自净型化学试剂柜存储多变，考虑到存储容量较大的状态下试剂的取用安全，需在柜体设计预留防倾倒设施。

8）应设计灵活变化的存储空间，存储隔板可移动，且为防止化学品的泄漏倾洒，存储层板需自带盛液功能，单块存储层板可盛液体积≥3L，层板需具备良好的承重性能，承重系数≥70kg/m²。

9）需24h运转处理不间断挥发的污染物，有效将柜内气体于实验室内气体循环过滤，空气换气次数需达到≥180h⁻¹。

10）应在柜体结构上设置声光报警功能区，如开关门异常、风机失灵和过滤器饱和等情况报警提醒，通过声光报警组合形式，柜体前端声光实时报警，同时报警相关信息也可同步在管理后端，即管理者电脑或手机端。

（2）自净型化学试剂柜材料要求

1）柜体应采用优质镀锌钢板材质，耐指纹，并涂有抗酸碱的环氧聚酯涂层，抗氧化抗酸碱（必要时可选择PP材质，抗腐蚀）。

2）风机需确保存储腐蚀性、挥发性化学品，防止被腐蚀、防止漏电及降低噪声。

3）柜门板应具备多样化，应根据存储试剂的要求灵活选择，如黑色亚克力门板或透明亚克力门板。

4）层板材质应具备抗腐蚀性，PP材质且带盛液功能。

5）门锁需具备双锁功能，刷卡式智能锁、精巧智能锁具备单双锁管理模式自由切换功能；分级权限卡片管理，可对实验室人员的操作权限实现动态的管理。

6）过滤材料需具备良好的吸附及防脱附能力。

4.1.3.3 性能要求

1. 无风管自净型排风柜性能要求

无风管自净型排风柜技术性能参数如表4-4所示。

自净型排风柜技术性能参数表   表4-4

排风柜类型	台式自净型排风柜				高效自净型排风柜	
排风柜名义面宽（mm）	90	120	150	180	150	180
柜门工作开启高度（mm）	300	353	256	300	360	360
操作口设计面风速（m/s）	0.4～0.6					
控制浓度（mL/m³）	应符合现行行业标准《无风管自净型排风柜》JG/T 385—2012的规定					
额定吸附量（g）	不应小于行业标准《无风管自净型排风柜》JG/T 385—2012 附录B中额定吸附量的下限值					
故障报警响应时间（s）	<10					
排风柜噪声［dB（A）］	53～60※	55～61※	55～62※	56～63※	45～58※	50～58※
电源	AC 100～240V 50～60Hz					
预留用电条件	2kW～3kW，排风柜操作台的平均照度不应小于500lux					
排风柜重量（kg）	95～135※	130～190※	140～200※	160～240※	220～235※	240～260※

注：1. 表中自净型排风柜的技术性能参数是根据特定产品编制，选用时应根据所选用生产企业的技术资料进行复核。

2. 当前期无排风柜工艺条件时，设计师可参考本表的数据预留排风柜的用电条件。

3. 带"※"的排风柜的噪声、重量会随配置的过滤器模块不同而不同，过滤器模块应根据实际工程项目选型确定。

4. 高效自净型排风柜过滤器的吸附量是常规的3倍。

（1）额定吸附量

1）额定吸附量指的是在实验室检测标准条件下，无风管自净型排风柜过滤器出风端的污染物浓度达到其时间加权平均允许浓度（PC-TWA，中华人民共和国国家职业卫生标准GBZ 2.1—2019所定）规定值的1%时，过滤器所能吸附的污染物质量。

2）排风柜的额定吸附量不应小于《无风管自净型排风柜》JG/T 385—2012附录B中额定吸附量的下限值。

（2）操作孔截面风速

1）操作孔截面风速指的是无风管自净型排风柜操作孔截面的平均风速。

2）操作孔截面风速应保持在 0.4～0.6m/s。

3）测试应按照《无风管自净型排风柜》JG/T 385—2012 的方法进行。

（3）控制浓度

1）控制浓度指的是评定无风管自净型排风柜排泄量的指标。当无风管自净型排风柜正常运行时，将排风柜内示踪气体释放器的流量调到 4.0L/min，在排风柜前操作人员呼吸带测得的 SF_6 示踪气体浓度。

2）在采样点示踪气体 SF_6 的控制浓度不应大于 0.5mL/m³。

3）测试应按照《无风管自净型排风柜》JG/T 385—2012 的方法进行。

（4）适用性以及过滤器寿命判定

在使用前应进行适用性判定，适用性调查表的要求参见《无风管自净型排风柜》JG/T 385—2012 附录 A，应根据调查结果提出吸附过滤器使用寿命的建议。

（5）响应时间

1）响应时间指的是无风管自净型排风柜应设有的风机运行状态和故障的报警装置。

2）故障报警响应时间不应大于 10s。

3）测试应按照《无风管自净型排风柜》JG/T 385—2012 的方法进行。

（6）单台排风柜工作噪声

1）测试应按照《采暖通风与空气调节设备噪声声功率级的测定 工程法》GB/T 9068—1988 的方法进行。

2）单台排风柜正常工作时的设备噪声不应大于 65dB（A）。

（7）现场验收标准

现场验收测量是根据国家建筑标准设计图集《化学实验室通风系统设计与安装》22K523 的附表 1 进行，包括：面风速测量、VAV 响应测试、局部可视化测试以及分子过滤效果测试。

2. 无风管自净型排风柜的适用条件

（1）选用前需要进行实验的安全评估适用性判定，同时所有操作的常规化学品吸附量数据能够在供应商发布的常规化学品吸附量手册里查询，过滤器寿命需达到 6 个月以上时限时，方可安全使用。

（2）只能使用限定的化学品，如用户增加化学品操作种类、化学品操作量、实验操作类型或者实验频率，必须再次进行安全评估适用性判定；同时，增加的常规化学品吸附量数据应能在供应商发布的常规化学品吸附量手册上查询。如能过滤，且过滤器寿命达到 6 个月以上时，方可安全使用。

3. 无风管自净型试剂柜性能要求

无风管自净型试剂柜技术性能要求参考无风管自净排风柜，其相关参数如表 4-5 所示。

无风管自净型试剂柜技术性能参数表 表 4-5

试剂柜名义面宽	60	90	180		
换气次数（h⁻¹）	≥180				
层板承重（kg/m²）	≮70				
盛液盘容量	不小于柜内有效容积的3%				
额定吸附量（g）	不应小于行业标准《无风管自净型排风柜》JG/T 385—2012 附录B中额定吸附量的下限值				
故障报警响应时间（s）	<10	<10	<3	<10	<3
噪声［dB（A）］	45～49※	43～56※	<50	43～56※	<50
电源	AC 100～240V 50～60Hz				
功率（W）	35	45	70	45	115
试剂柜重量（kg）	50～55※	110～130※	180	210～230※	310

注：1. 表中自净型试剂柜的技术性能参数是根据特定产品编制的，选用时应根据制造企业资料进行复核。
2. 表中带"※"的自净型试剂柜的噪声、重量会随配置的过滤器模块不同而不同，过滤器模块应根据实际工程项目选型确定。

4. 无风管自净型试剂柜的适用条件

(1) 排风式化学试剂柜应设置独立的 24h 排风系统。

(2) 在使用前应进行适用性判定，适用性调查表的要求参见《无风管自净型排风》JG/T 385—2012，应根据调查结果提出吸附过滤器使用寿命的建议。

(3) 非兼容性化学品须有明显的识别及分隔标记，即非兼容性化学品应存放在自净型化学试剂柜的不同隔间里，并以醒目标贴作为标识，区别清楚，如"酸""溶剂""碱"等。

(4) 故障报警响应时间不应大于 10s。

(5) 正常工作时的单台自净型化学试剂柜噪声不应大于 65dB（A）。

4.1.3.4 相关标准

无风管自净型排风柜相关的标准包括：

中国行业标准《无风管自净型排风柜》JG/T 385—2012；

国家建筑标准图集《化学实验室通风系统设计与安装》22K523；

法国标准 AFNOR NF X 15-211；

美国标准 ANSI/AIHA/ASSP Z9.5-2022 以及 SEFA 9-2010；

加拿大标准 CSA Z316.5-2020。

4.1.3.5 使用现状

无风管自净型排风柜技术源于 1968 年的法国，在欧美市场开始广泛应用于高校、科研单位的教学类化学实验室以及各个行业（如制药、食品、水处理等）的检测化学实验室。广泛应用于现有实验室改造、设备添加以及新建实验室项目，可成功助力"零能耗"实验室建设，并得到好评。

自 2004 年开始，无风管自净型排风柜技术进入中国市场，目前已普遍应用于高校、科研和政府检验检测实验室，在企业单位（如制药、食品、化工、材料、水处理等）检测化学实验室中也逐渐普及。从 2012 年行业标准《无风管自净型排风柜》发布实施后，各类企事业单位的应用范围逐渐扩大，逐步向新材料、医疗及高新技术领域扩展。近年来，除实验室改造、现有实验室设备扩充和添加业务外，新建化学实验室也逐步开始设计无风管自净型排风柜，有效优化实验室能耗运行及设备设施灵活布局的设计。

无风管自净型排风柜使用过程中有以下显著特点：

(1) 便捷灵活：安装灵活、简易，操作方便，可适应实验室的布局变化，模块化实验室（装配式可移动）满足实验项目的调整与扩展（图 4-15）。

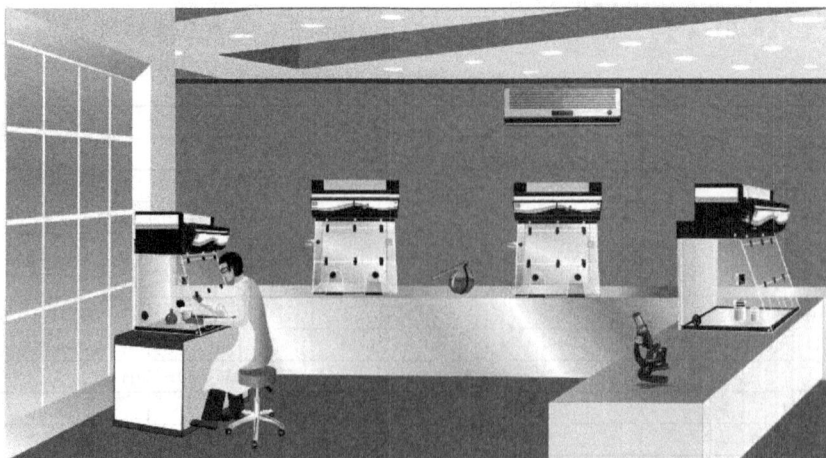

图 4-15　无风管自净型排风柜（台式）布置示意图

（2）节能环保：经过排风柜过滤后的空气在室内循环，有效降低实验室排风量和能耗，节能效果明显，运行能耗大幅下降。化学气体分子挥发源头直接被有效过滤处理，室内安全过滤，无需向室外排放，实现了室内零污染、室外零排放（图 4-16）。

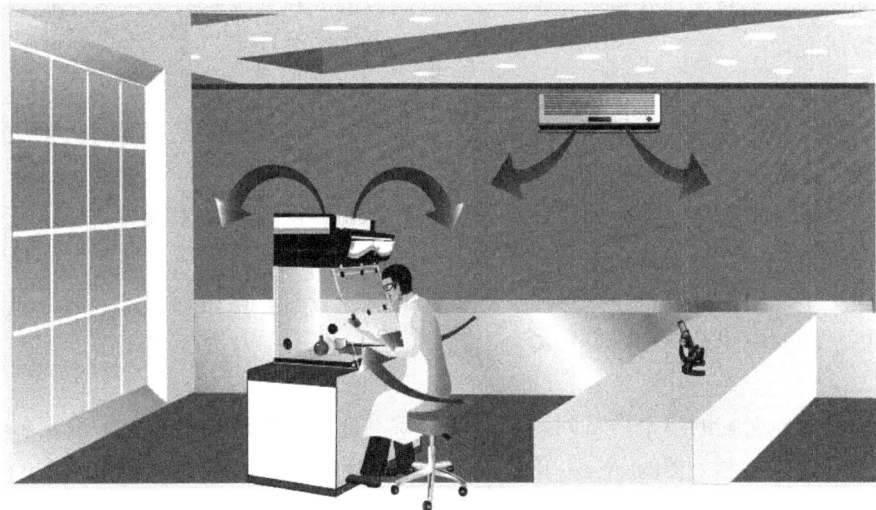

图 4-16　无风管自净型排风柜气流组织示意图

（3）配置优化：无需接入排风设备，大幅度简化了暖通空调系统配置以及排风系统的设计，有效节约安装维护成本，避免了管道碰撞等问题的出现，增加了使用空间。当过滤器寿命达到 6 个月以上时，有效节约安装维护及运行成本，短期内可回收投资成本。

（4）应用范围广：常规 700 余种挥发性化学试剂（部分室内无冷却系统、大量挥发或剧毒物除外），详见无管道技术厂商提供的可吸附列表及不推荐使用列表。

4.1.3.6　展望与建议

实验室作为科技创新的重要基地，科研任务重、变化快且潜伏着许多危险因素，极易出现安全事故，危害实验人员健康，影响科研任务。加之实验室能耗高，会产生有害物质，对能源及环境造成威胁。因此，未来实验室发展趋势必将更加重视安全、以人为本、灵活、节能、环保、可持续发展。

1. 安全

实验室安全是一切科研和发展的基本保障。《工作场所有害因素职业接触限值　第 1 部分：化学有害因素》GBZ 2.1—2019 明确规定了化学品的容许接触浓度 PC-STEL，MAC 和 PC-TWA，这在工作场所是强制性要求。尤其是 PC-TWA 主要针对中长期危险，每天吸入低浓度的化学品而无任何警觉，日积月累威胁实验室人员职业健康！时间加权平均容许浓度 PC-TWA 是指以时间为权数规定的 8h/工作日、40h/工作周的平均容许接触浓度。

传统外排管道式排风柜受结构限制，当大量气体通过狭窄管道时易会产生涡流，破坏气体方向并发生泄漏。气流速度越快，气道越不规则，气体的密度越大，越容易形成涡流，导致有害气体回流，危害人体健康。且需接入复杂的通风系统，设计、材料、安装、维护各个环节的疏忽都会产生安全隐患。

无风管自净型排风柜使柜内气流运动平稳不产生涡流，相比传统管道式排风柜更容易确保控制有害物浓度低于 $0.01mL/m^3$。安装便捷、易维护，能够达到较好的控制浓度效果，并能快速布置使用，为现有实验室创造更加安全洁净的实验环境。

2. 以人为本

化学实验室是科研和教学的重要基地，"人"是实验室的灵魂。在国家重点投入且科技发达的当下，"以人为本"的设计理念不再只是口号，正切实满足实验人员的安全、舒适、变化的需求与高效率工作。

无风管自净型排风柜采用人体工效学设计，关注实验人员工作的舒适感与便利性，灵活的翻转门板设计便于不同的仪器实验操作并最大化保证安全，高效的人机交流和有效的安全提醒，让实验人员可以专注于实验研究。

3. 灵活性

科学是不断发展和快速变化的领域，实验室是需要大量经费投入的专业场所。灵活、有延展性的实验室适应性强，能够提高效率，响应当前需求并能够适应未来。

无风管自净型排风柜模块化的柜体及过滤系统设计，安装便捷，易于维护。在研究重点和工作任务迅速变化的情况下，可以轻松移动人员和设备，重新配置空间，以适应不同类型的研究并促进协作互动。移动实验室中使用无风管自净型排风柜能够快速响应分析，避免延误，灵活应对不确定性的研究任务，获取更广泛的应用范围和研究资源。

4. 节能

能源紧缺是全世界面临的一个严重问题，而实验室是建筑中最耗能的一类，有资料显示，实验室所消耗的耗能强度是普通办公楼的 5～10 倍。由于高能耗会产生巨额电费，越来越多的业主开始关注节能，但节能不能以牺牲实验人员的安全为代价！

无风管自净型排风柜能够从源头控制和净化实验产生的有毒气体，不对外排放，不消耗空调新风，保证实验人员安全的同时节省大量的能源消耗。资料表明，无风管自净型排风柜曾助力打造"零能耗实验室"，并获得 LEED 认证。

5. 环保

实验室内废气的空气污染物的种类多、成分复杂，排放具有间歇性，这些气体直接排放到大气中会产生严重的环境污染，危害人类的健康，破坏生态环境。

无风管自净型排风柜能够控制实验中产生的有毒气体不直接排放到空气中，从源头控制废气排放。无风管自净型排风柜技术作为创新技术已正式进入联合国旗下世界知识产权组织 WIPO 绿色技术数据库，有利于加速可持续发展进程，助力绿色未来。

6. 可持续性

可持续发展是人类文明进步的表现，中国也是最早参与可持续发展行动的国家之一。可持续发展的实验室也被称为"高性能实验室"，其目标是使实验室建筑更高效地发挥作用，既能满足当前需求，又能适应未来要求的实验室环境的模式，全方位协同实现可持续发展。无风管自净型排风柜在安全、灵活、环境友好和资源节约方面具有显著优势，无需连接复杂的通风系统，从源头捕获污染物减少排放，既节省了建设成本，又节省了昂贵的通风能耗（节省 90％以上），安全灵活、以人为本、节能环保，实现可持续发展。

4.2 风 阀

4.2.1 蝶阀

4.2.1.1 工作原理

变风量蝶阀具有结构紧凑，长度短，可水平或垂直方向安装，启闭力矩较小，有效流通面积大，阻力小等优点，常用于设备排风控制（如万向罩、排风柜等）以及房间送排风系统。

1. 定风量调节器

机械式定风量调节器运行时无需外部供电，在整个压差范围内，它依靠灵活的阀片，在空气动力的作用下将风量恒定在设定值。气流流经阀体产生动力，这一作用力再经由定风量阀内的自动充气气囊放大，作用于阀片使其朝关闭方向运动。气囊还具有缓冲减振的作用。同时，由弹簧片和凸轮组成的机械装置驱使阀片向相反方向运动，从而保证风管压力变化时风量稳定在误差允许范围内。

2. 风量控制

风量控制采用闭环控制，即：测量—比较—调节。压差变送器将毕托管测得的物理信号转换为电信号，计算单元根据有效压差换算得出实际风量值，并将实际风量值与设定风量值进行比较，如果两个值出现偏差，就调整传送给风阀执行器的控制信号，带动阀片转动至新的位置。

当风管内静压发生变化时，通过测量、比较与调节，变风量控制阀将自动补偿管道压力波动对风量的影响。当局部排风启闭，房间压力变化等因素导致送风或排风需求发生变化时，设定风量进行调整，变风量阀根据这一变化调节，保证实际风量与设定值始终一致。

3. 排风柜面风速控制

排风柜面采用风量控制和面风速控制双环路串级控制。串级控制可以及时克服风管压力波动对面风速的干扰，提高系统控制质量。这一过程中要求始终对实际排风量进行实时监测。

随着实验室人员的使用，排风柜柜门从最低位置拉升，柜门开启面积增大，通过该截面的风速也随之降低。这一变化可直接被门高位移传感器，或风速传感器感测得知，并将信号传送给控制器。控制器据此调整排风量设定值，同时与实际测量得到的排风量进行对比，如果两个值出现偏差，就调整传送给风阀执行器的控制信号，带动阀片转动至新的位置（图4-17）。

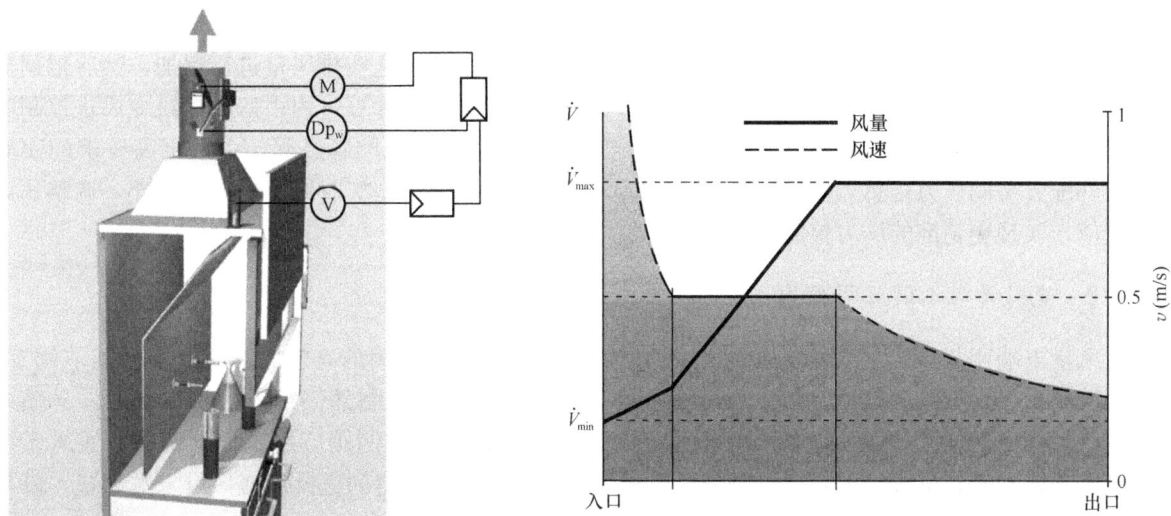

图4-17　排风柜面风速控制图

出于安全考虑，除了在操作使用排风柜时维护恒定面风速，还需要对排风量进行限定。最小排风量保证柜门拉至最低时，柜内也有一定的换气次数可以稀释挥发的化学物质。最大排风量一般是满足柜门在门高上限时的面风速，超过这一高度之后，就以恒定风量运行，保证整个实验室及全系统的容量和安全。

4. 房间通风管理

房间通风管理至少涵盖两个方面，即保证最小换气次数以及房间风量平衡。另外还需考虑房间压力设定、房间工况切换（如夜间工况、紧急工况），房间面板操作、BMS系统集成、同时使用管理等功能。

最小换气次数由安装在房间全面排风（或一般排风）支管上的变风量控制阀实现。在实验室内局部排风点较多，通风量可以满足房间最小换气次数要求的情况下，排风变风量控制阀以定风量运行，符合全面排风需求即可。当实验室对全面排风没有要求时，排风变风量阀可以取消（图4-18）。

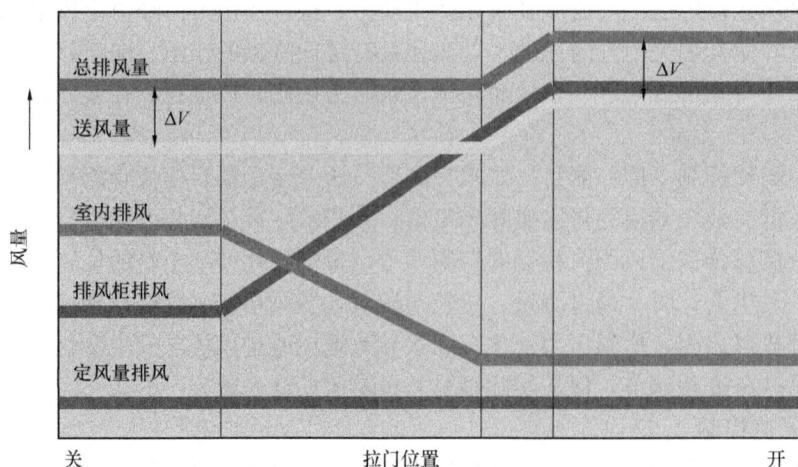

图 4-18　实验室通风管理

当实验室内排风柜无人使用，或使用较少时，房间总排风量较小，不能满足最小换气次数要求，排风变风量阀将增大自身风量，弥补欠缺的通风需求。随着投入使用的通风设备增多，房间总排风量增加，排风变风量阀减少房间一般排风，始终维持房间最小换气次数，直至各局部通风设备的排风总量超过最小换气次数。此时，房间排风变风量控制阀维持最小风量运行。

实验室运行期间，通风系统只有实时进行风量平衡，才能保证房间乃至整幢建筑的气流流向。为了实现风量平衡，必须实时监测每一个通风点的实际排风量，并将这些排风量进行累加，然后根据总排风量，以及设计调试确定的风量差计算出房间所需送风量。这一计算过程由房间送风变风量控制阀完成。房间送风变风量控制阀根据计算出的设定送风量，完成风量控制过程。一些更高要求的实验室，另外配置房间压力传感器监测实验室压力，并根据房间压力偏差实时修正房间风量差，调整送风量设定值，实现更精准的压力控制。

4.2.1.2　变风量末端调节阀结构

变风量末端调节阀通过改变流通面积达到调节风量的目的。常用的有蝶阀、对开多叶调节阀等。变风量蝶阀主要由阀体、阀片、用于测量风量的压差传感器以及控制部件组成。阀片绕着自身轴线（风管直径方向）旋转，从而达到调节或者关闭的目的。末端风量控制阀应用于化学实验室通风系统中，根据功能和安装位置的不同，可以分为机械式定风量调节器、房间送排风变风量末端装置，以及排风柜变风量控制阀。

1. 机械式定风量调节器

机械式定风量调节器由箱体、阀片（限流板）、阀轴、气囊和带弹簧片的凸轮结构组成

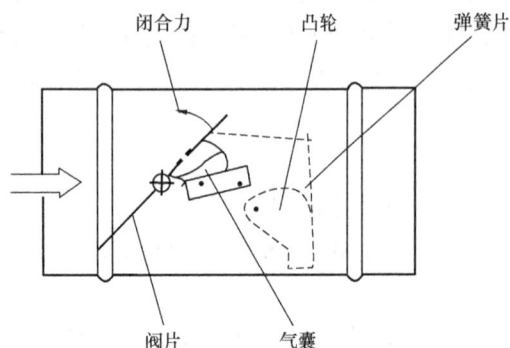

图 4-19　机械式定风量调节器

（图 4-19）。阀体外部另外有刻度盘或手轮，方便现场重设风量。箱体和阀片材料为镀锌钢板，轴承涂层为PTFE，气囊为聚氨酯材料，弹簧片采用不锈钢材质。机械式定风量调节器通常安装于万向罩等局部通风点的排风系统中，介质有一定的腐蚀性，因此推荐粉末喷涂或者直接选用不锈钢阀体，以增强防腐蚀性。

2. 房间送排风变风量末端

房间送排风变风量末端由箱体、风量传感器、阀片和控制部件组成（图 4-20）。

最常见的风量传感器是正交毕托管，通过多点测

量取平均值的方式，克服气流扰动，降低直管段安装要求。由毕托管测得有效压差可计算得到风速，结合阀体面积即可获知准确的风量。

箱体通常由镀锌钢板制成，根据外形不同，可分为圆形变风量末端和矩形变风量末端（图 4-21、图 4-22）。

圆形风管水力条件良好，便于测量，风量调节范围大，因而圆形变风量末端是最常见的形式。圆形变风量末端的阀片多为单片式圆盘结构，接口规格从 100mm 到 400mm 多种可选，可以采用承插式或法兰连接的方法接入风管中。

图 4-20　房间送排风变风量末端
1—压差变送器；2—风量控制器；3—执行器

矩形变风量末端从 200mm×100mm 到 1000mm×1000mm，有几十种规格可选，最大风量可达 36000m³/h，特别适用于风量较大的支管或实验室。矩形变风量末端采用多叶对开的阀片形式，中空机翼型阀片有更好的调节特性以及更低的阻力。

图 4-21　圆形变风量末端　　　　　图 4-22　矩形变风量末端

控制部件主要由传感器、控制计算单元和执行器三大部分组成。传感器把毕托管的压差信号转换为电信号，也叫压差变送器。压差变送器根据测量原理可分为动态式传感器和静态式传感器，前者适用于办公建筑中比较清洁的空气，后者更适合用在有污染介质的实验室中。控制计算单元可以包含多个控制环路，常见的有风量控制、换气次数补偿、房间平衡等。执行器是运动部件，用于带动阀片至预定位置。

3. 排风柜变风量控制阀

与房间送排风变风量末端相同的是，排风柜变风量控制阀也由阀体、风量传感器、阀片和控制部件组成。阀体由工程塑料制成，具有耐酸碱腐蚀的特性（图 4-23），是专门为排风柜应用开发的结构，其具有以下特点

(1) Φ250 的接口尺寸与排风柜集气口匹配。

图 4-23　排风柜变风量控制阀阀体

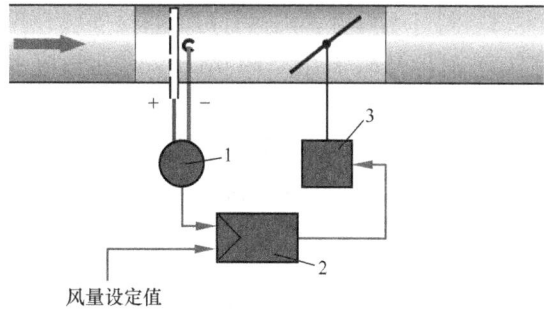

（2）测量无需直管段就有可能直接安装在排风柜出口。

（3）阀体结构紧凑，既可水平安装也可竖直安装，400mm 的长度即使在竖直安装时仍可以满足吊顶高度要求。

（4）可插拔式的测压管清洗方便，特别方便实验室这种污染比较严重的排风系统的维护。

风量传感器实时测量实际排风量，实现压力无关型控制，有带挡板的毕托管和文丘里喷嘴两种形式。根据排风柜风量大小，选择不同规格的挡板或文丘里喷嘴，实现了相同的接口尺寸适配不同风量测量和控制范围，特别适合于节能型排风柜。

不同于常规的变风量控制阀，排风柜变风量控制阀的控制部件除了压差变送器、控制计算单元、执行器外，还包含带信息显示功能并可操作的用户面板；用于测量柜门开度的门高位移传感器，或者是直接测量柜门面风速的面风速传感器；以及其他可选传感器；如判断是否有人员操作的红外传感器。

4.2.1.3 性能要求

排风柜变风量控制阀的性能要求应包括对阀体的机械性能要求以及对控制部件的电气要求两方面。

（1）较低的漏风有助于整个系统的平衡。变风量末端箱体漏风量符合欧盟标准 EN 1751 等级 A，机械式定风量调节器阀体漏风量符合 EN 1751 等级 C，排风柜变风量控制阀阀体漏风量符合 EN 1751 等级 C。排风柜变风量控制阀完全关闭时，阀片漏风量符合 EN 1751 等级 4。

（2）风量控制阀工作温度 10～50℃，与空调系统送排风温度范围一致。

（3）工作压差范围：50～1000Pa。

（4）风量对应的风速范围：1～13m/s。

（5）控制部件符合 IEC 等级保护超低压Ⅲ，EMC 电磁兼容标准。

（6）压差变送器量程范围：0～300Pa。

（7）房间压力传感器量程范围：±100Pa 或±50Pa。

（8）风速传感器量程范围：0～1m/s。

（9）门高位移传感器量程范围：0～1750mm 或－2100～350mm，具体根据排风柜形式和安装位置略有调整，精度为读数的±0.25%。

（10）操作面板符合 EN 14175 要求，需要有声光报警信号和操作按键，光学报警指示面积不小于 1cm²。

（11）推荐内置位置记录的执行器，最小步幅 0.5°，90°全行程运转时间 3s。对于一些密闭性良好的实验室，最小转动角度小于 0.1°的高精度执行器让风量及压力变化更平稳。不允许使用浮点型执行器。浮点型执行器在运行过程中会累积位置偏差，需要进行校准，不适合用于实验室这类安全相关的通风场合。

（12）控制器采用即插即用设计，可以拓展，配置一定数量的 DI/DO/AI/AO 点。

（13）控制器内部必须采用与硬件和应用匹配的快速风量控制逻辑。

4.2.1.4 相关标准

1. 中国标准
《实验室变风量排风柜》JG/T 222—2007。
2. 欧洲标准
《Part1-7 Fume cupboards》EN 14175；
《Ventilation for buildings-Air terminal devices-Aerodynamic testing of damper and valves》EN 1751：2014；
《Automatic electrical controls　Part 1：General requirements》EN 60730-1：2016；　《Electro-

magnetic compatibility（EMC）》61000；

《Information technology equipment-Radio disturbance characteristics-Limits and methods of measurement》EN 55022：2010；

《Laboratory Furniture-Fume Cupboards　Part 4：Fume Cupboards For Pharmacies》DIN 12924-4：2012；

《Air-conditioning-Laboratories（VDI Ventilation Code of Practice)》VDI 2051：2018。

3. 美国标准

《Methods Of Testing Performance Of Laboratory Fume Hoods)》ANSI/ASHRAE Standard 110-2016；

《Laboratory Ventilation》ANSI/AIHA/ASSE Z9.5-2012；

《Standard on Fire Protection for Laboratories Using Chemicals》NFPA 45 2019；

《Occupational exposure to hazardous chemicals in laboratories》OSHA 1910.1450。

4.2.1.5　使用现状

1. 采用变风量阀控制实验室通风的比例较低

保守估计，变风量阀占总实验室通风的应用比例在 20% 以下。由于我国变风量阀应用于实验室通风是在 2000 年以后，而且最初是在外企实验室，外资研发中心、科研院校的国家重点实验室、海关检验检疫、疾控中心以及石化的实验室中采用，近 10 年在各类政府项目和民企中才开始推广使用。主要是由于变风量阀初投资较大，因此由于预算的限制，实验室变风量通风控制系统占比较小，而且在新建项目中占比也较小。

2. 部分项目采用了自然补风

部分项目采用了自然补风，即排风柜的排风采用变风量阀，但是房间没有机械送风，靠开窗、开门来补风。主要是考虑到运行成本，而不设置集中空调箱，新风未经空气处理直接送到房间。甚至其中不少项目的排风柜排风也不是真正的变风量阀，判断是否是真正的变风量阀的唯一标准是看阀是否测量实际风量。

3. 变风量阀的使用比例在增长

用户及业界认识到变风量阀在实验室通风控制的安全性和节能性方面有着优势，另一方面，随着国内经济的发展，变风量系统的初投资也逐步为用户所接受。同时，随着实验室变风量通风控制系统的广泛应用，相关行业和企业也逐步发展壮大，不仅国外的实验室相关厂商推陈出新，国内的实验室家具商、实验室工程承包商，甚至变风量系统供应商都逐步发展起来。这促使变风量阀应用越来越广泛，形成良性互动。

4. 实验室变风量阀应用中的一些问题

实验室变风量通风控制系统具有安全和节能的两大优势，而且其运行费用较定风量系统低，这里不再赘述。下面主要介绍应用中容易出现的问题：

（1）排风柜排风不是真正的变风量

由于很多业主并不熟悉暖通空调系统，更不了解变风量阀，采用了一些似是而非的"变风量阀"，这些阀并不实测风量，只是根据柜门高度或风速测量值调节阀的开度，实现大致的控制。这样阀并不能保证排风柜的风量在合理的范围内，从而导致控制失效：

1）柜门拉到最低时，排风柜阀需要保证最小排风量（一般 200m³/h 以上），即便风速已经很高。类似于房间要保证最小换气次数的道理，这样才能保证把柜内有害气体及时有效排除。如果不测风量，仅靠调阀位是无法保证这个最小风量的，因为风量与管道的压力是相关的。另外，靠面风速测量也是不成立的，因为这种情况下大概 50m³/h 左右的风量就能使面风速达到 0.5m/s 左右，而 50m³/h 的风量是不符合要求的。

2）柜门开大时会开大阀门，即使已经超过了设计的最大风量，它本身却不知。这会导致实验室中别的排风柜排风量不足，或者同一个排风系统中别的房间的排风量不足，形成俗称的"抢风"。

3）无法把自身的风量传递给房间阀，从而达到符合要求的房间风量平衡。

（2）房间风量平衡问题

实验室变风量通风控制系统的一个难点是实验室房间的风量平衡，变风量系统做好风量平衡至少有两方面要求：一方面是对规范的熟悉和理解，另一方面是通信及控制技术的成熟。不掌握前者，会在什么情况下配置房间辅助排风，房间辅助排风阀如何控制风量，房间送风阀怎么控制，变风量阀如何设定风量范围等问题没有设置和控制逻辑。后者不过关，则会出现房间压力出现反转或平衡时间很长，影响系统安全性。

（3）风机变频控制问题

不少变风量系统运行一段时间后，由于各种原因，风机直接做定频控制，不再实时根据通风使用情况变频运行了。由于风机是送排风动力之源，这会导致如下问题：

1）排风柜使用多时，会出现风量不足的报警；

2）排风柜使用少时，房间噪声大；

3）风机能耗增加，不能发挥变风量系统节能的功效。

（4）房间噪声问题

实验室一大投诉点是噪声，由于实验室通风量较普通的办公室大很多，大量排风和送风导致的噪声较普通办公室高出不少。噪声的源头主要有以下几处：

1）排风柜：柜门开大时，风量提高，噪声增加，开大的柜门也导致气流噪声更多地传入室内。

2）送风口的气流噪声：由于送风量大，风口数量和面积受限，导致风口风速高，气流噪声大，甚至有质量欠佳的风口的振动导致刺耳的噪声。

3）风管漏风处的噪声：如果风管漏风，会出现啸叫声。

4）管道内压力普遍过高，导致噪声大。这基本归因于风机变频没控制好。

（5）房间负压和密封性问题

实验室房间要保持微负压，但很多情况下由于房间的密封性太差，导致即使送排风的风量差有 $5\sim8h^{-1}$ 换气次数，负压仍不足 $-3Pa$。而且发现负压不足及房间密封性差都是出现在调试的后期，此时房间吊顶都装好了，上面设备管道繁多，再处理密封性问题就很困难了。因此在施工时就应注意封堵风管、水管、电管、气管等穿墙的漏洞。

（6）排风不足的问题

不少实验室在调试期间发现排风柜因风量不够而报警。这在保证排风机能按设计要求的风量和压头提供排风、管道设计合理、用户合理使用排风柜等方面提出挑战。

（7）排风柜布置的密度大

近20年国内实验室建设蓬勃发展，用户对排风柜的使用需求高，考虑建筑面积和建设资金，大多实验室中排风柜的密度大，相应的房间通风量大，送风量也大，室内气流组织困难，送风扰流对排风柜的面风速干扰增加。

（8）实验室变风量系统的运行维护需加强

由于实验室变风量系统较复杂，而且国内普遍性的重建设轻运维，往往出现系统运行状态欠佳，没有发挥出其最大优势：安全和节能。这里需要业主增强意识，提高运维水平，变风量系统厂家和供应商需要尽力协助做好售后维护工作。

4.2.1.6 展望和建议

实验室通风包括局部通风和全面通风。变风量蝶阀具有阻力小，实测流量、可调节流量比大，易维护，阀体短、节省安装空间等优点，能够兼顾局部通风和全面通风的应用需求。"双碳"背景下，化学实验室的建设将重视质量效益的提升。贯彻绿色发展理念，建设绿色实验室成为未来实验室的重要发展方向，节能高效的变风量通风系统在化学实验室中的应用比例会逐步提升，可以预见，高性能变风量蝶阀的应用将会越来越普及。需要强调的是，变风量蝶阀需要具备"实测流量，闭环控制，压力无关"的功能，才是真正意义的变风量末端。

1. 需要全面考虑实验室风量管理

排风柜是化学实验室主要的局部排风设备，通过变风量控制，保证操作面面风速的稳定，同时减少排风量，节省通风系统的能耗。排风柜采用变风量控制正逐步成为行业的共识。但是，现阶段有很多化学实验室项目会忽视房间补风的变风量控制，为数众多的实验室项目甚至通过开窗、开门实现补风，缺乏对房间风量平衡控制的重视。

真正的实验室变风量控制，需要全面考虑实验室的风量平衡，包括：通风柜的变风量控制；排风罩和试剂柜等局部排风设备的定风量控制；房间辅助排风点的设置，排风量计算和排风量控制逻辑；房间送风量的计算以及具体的送排风联动方式，实现合理的空气流向和稳定的房间压力控制；如果房间配置有多路送风支管和送风变风量阀，各支管的风量分配原则和变风量控制逻辑；兼顾安全、节能和舒适的送风系统和排风系统的变频调节，等。

首先，需要各方加强对实验室风量平衡的重视，加深对相关规范的熟悉。

其次，需要认识到高性能变风量蝶阀在实验室风量平衡中的重要性。无论是通风柜面风速的控制还是房间的风量平衡，归根结底是气流的控制，变风量蝶阀是控制的核心。高性能变风量蝶阀具备实测流量，闭环控制和压力无关的特点。

最后，高性能变风量蝶阀需要集成成熟可靠的分布式智能控制器。分布式智能控制器通过集成面风速控制和房间压力控制的专业控制程序，无需现场编程，可靠高效；测量、控制和执行就地实现，参与控制的信息无需与上位通信，减少故障风险。

2. 优化实验室的噪声控制

化学实验室的换气次数大，通风柜在操作门开关的过程中风量变化大，送排风系统变频响应不及时等因素，都会导致实验室有比较大的噪声，影响化学实验室的室内环境舒适。

在欧洲，从系统设计到末端产品选型，如何消减通风系统噪声对室内环境的影响是设计师非常关注的问题。选用带消声外壳的变风量蝶阀，或者在房间的送风支管上配置消声器，已经是非常普遍的做法。但是在国内，受限于观念、投资和预算，末端的消声降噪往往会被忽略。这一现状亟待改变。

随着小流速、大流量比变风量蝶阀的问世和普及，末端支管无需通过缩小管径连接变风量阀门，变风量蝶阀在正常工作风量下流速低、气流噪声小，为解决实验室的噪声问题提供了新的技术手段。

TVE变风量控制阀的阀体结构更紧凑，风量控制范围更广，达到25：1，在0.5m/s的风速下亦可实现精确稳定的风量控制（图4-24）。

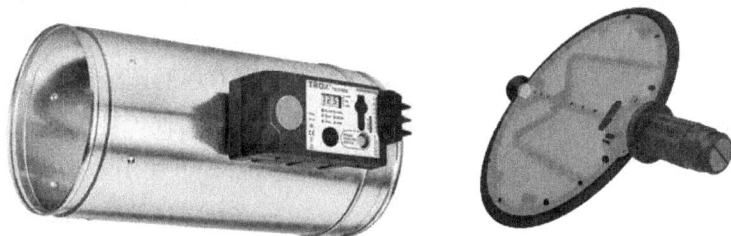

图4-24 TVE变风量控制阀

3. 新技术的普及和展望

（1）变风量蝶阀

新一代变风量蝶阀将风量测量装置与阀片集成于一体，具备调节流量比大，无需入口均流段长度要求，风量控制精度高，无需变径就可以直接与圆形支管插接安装，气流噪声小等优点，可以应用在部分实验室的送、排风风量控制上。

只是，其需要搭配专用的一体式变风量控制器，暂时还无法应用在通风柜排风控制上。但其无需入口均流段要求、大流量调节比、阀体长度短等特点，尤其适合通风柜排风的应用，相信在不远的将来就会有通风柜排风专用的新一代变风量蝶阀问世。

（2）分布式智能控制器

搭配变风量蝶阀的实验室分布式智能控制器，是实验室控制的有力加持。

国内化学实验室的通风柜密度高、排风量大，除了规范实验人员的操作外，分布式智能控制器优化程序，考虑多台通风柜工作时的同时使用系数，在保证安全的前提下实现节能，是值得探索的方向。

在国内，实验室通风系统和空调系统，往往是两套独立的控制系统。将两套控制系统合二为一，通过增强分布式智能控制器的功能，实现对通风空调系统控制的整合，是一个值得探讨的方向。

便于改造、灵活，是实验室的发展方向。无论是变风量蝶阀需要拥有更短的安装尺寸，还是分布式控制器拥有更便捷的系统改造拓展能力，都将更适配实验室的发展方向。

4.2.2 文丘里阀

4.2.2.1 工作原理

文丘里阀是一种控制空气流量的控制阀，主要应用于通风空调系统中对于风量的控制。文丘里阀的外形与流量计量装置中的文丘里管比较相似，但是文丘里阀的工作原理并非套用伯努利方程。众所周知，在通风空调系统中，大量使用的风阀是依据风阀的开度来调节所需要的风量，但是如要维持流经风阀的风量恒定，有一个必须的条件，即风阀两端的压力差需要是一个恒定值。这是一个难以实现的目标，尤其是在变风量通风空调系统中。通常在设计时所做的风管水力计算，都是基于一个假定的风量，从总风管中的总风量，到支风管，再到风管末端的不同风量，都是预设恒定，不会发生变化。

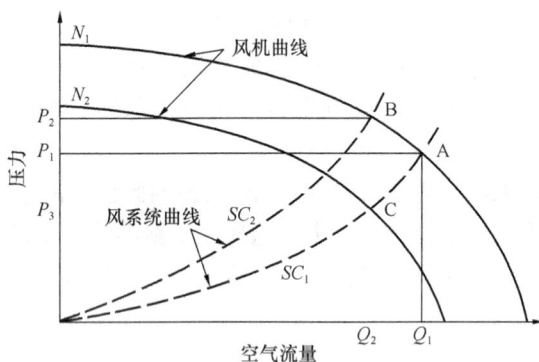

图 4-25　风机曲线和风系统曲线之间的关系

在此条件下，计算出风管的阻力损失。大多数设计中，这个恒定值是通风空调系统中常规的最大风量，风机的选型也是根据需要的最大风量以及在这个风量时的全压而确定。风机的转速、功率、风量和压力之间的关系通过图 4-25 描述风机曲线和风系统曲线之间的关系。

由此可以看出，在一个变风量通风空调系统中，无法维持末端风阀前后的压力差恒定，进而流经风阀的风量会发生变化。将这类风阀称为"与压力相关"风阀，就是当风阀开度确定后，通过风阀的风量会随着风阀两端压力差的变化而变化。

文丘里阀是一种具有压力补偿性能的风量控制阀，从而真正实现了被控的风量"与压力无关"的特性。它采用了独特的机械结构，当文丘里阀两端压力差在一定范围内波动时，流经文丘里阀的风量始终保持恒定。

从图 4-26 中可知，当文丘里阀两端的压力差发生变化时，作用在阀芯表面的压强就会发生变化，阀芯内的弹簧会带动阀芯在阀杆上移动，起到补偿作用，改变空气在文丘里阀阀内的流通面积，最终确保在工作压力差的范围内风量始终恒定。

对于变风量文丘里阀，电动执行器由控制信号调节阀杆前后移动，控制所需要的风量。在变风量文丘里阀覆盖的任何风量范围内，一旦确定所需要的风量，就依靠阀芯的压力补偿能力，实现上述

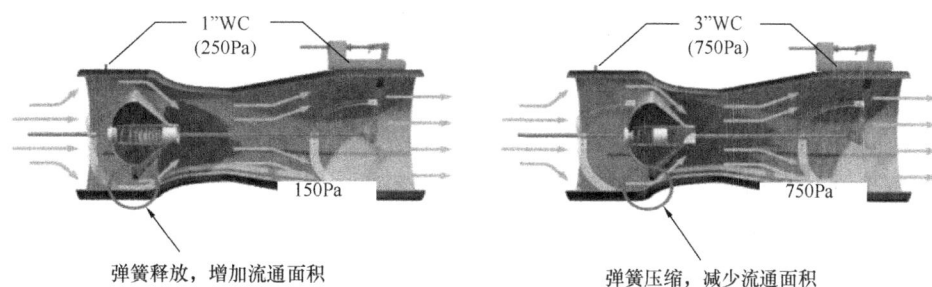

图 4-26　文丘里阀工作原理

"与压力无关"的原理进行工作（图 4-26）。

4.2.2.2　结构组成

文丘里阀从风量控制功能上，可分为定风量文丘里阀和变风量文丘里阀两种类型。

变风量文丘里阀主要结构部件包括（图 4-27）：

（1）阀体：阀的外壳，带风量曲线的圆形结构，金属材料制成。两端与风管相连接，有承接和法兰连接方式。

（2）阀芯：锥形结构，前后移动控制风量，金属材料制成。

（3）弹簧：具有压力补偿功能，阀芯内安装，金属材料制成。

（4）阀杆：支撑阀芯，并一同移动。金属材料制成。

（5）支架：支撑阀杆，固定在阀体上。金属材料制成。

（6）连杆：连接阀杆和外部调节装置。

（7）电动执行器：带动连杆控制风量。

（8）控制器：储存风量标定曲线和控制程序，发出风量控制指令，提供文丘里阀运行状态。

定风量文丘里阀主要结构部件包括：

手动风量调节器：手动调节所需要的风量，并锁定。

其他部件与变风量文丘里阀相同。

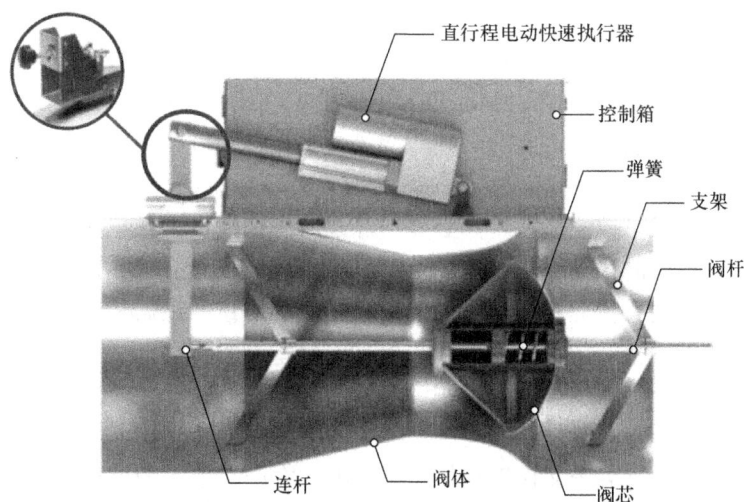

图 4-27　文丘里阀结构示意图

以上是文丘里阀的主要结构组成，在实际应用中，会根据使用的技术要求，在性能上有更多的细分，如防腐涂层、阀体泄漏等级、阀芯泄漏量等。部分辅助装置，如消声器、送风再热器、风量测量、保温等配件，也会在文丘里阀的使用需求中一并体现。

4.2.2.3 性能要求

定风量文丘里阀必须具备以下性能特点：带有风量曲线阀体，采用内置精密曲线弹簧的锥形阀芯实现压力补偿功能，通过阀芯的前后移动来控制风量大小的风量控制阀。

文丘里阀有不同的阀体直径与风管连接，常用的直径有 $DN150$、$DN200$、$DN250$、$DN350$。还可以有多个相同直径的文丘里阀组合，以满足控制更大风量的要求。不同直径的文丘里阀，采用不同弹簧特性与阀体风量曲线与之相匹配，实现用机械的方式到达所控风量与文丘里阀两端的压力差变化无关。

工作压力差范围：中压型文丘里阀为 $150\sim750Pa$，低压型文丘里阀为 $75\sim750Pa$，压力差波动所造成风量控制误差小于 $\pm5\%$。

（1）在 1s 之内，阀芯的弹簧可以补偿压力差变化造成的扰动，将风量控制在误差范围内。

（2）文丘里阀阀体的泄漏等级，符合《建筑通风风量调节阀》JG/T 436—2014 中 A 级阀体泄漏量标准。

（3）文丘里阀安装时，对于风量控制精度，不会受阀前和阀后是否有直管段的影响。

（4）文丘里阀的风量可调比不小于 12：1，在最大风量时，入口流速不大于 12m/s。

（5）文丘里阀结构部件（1）至（6），应该采用不易变形和耐腐蚀性优异的金属材料，如不锈钢，对于铝这类容易腐蚀的材料，在实验室排风系统的应用中，则需要涂敷防腐涂层。

（6）所有定风量文丘里阀，在出厂前必须经过风量标定，在所需要的风量设定值上，测试在 5 个不同压力差时的风量偏差值，只有偏差值小于 $\pm5\%$ 的产品才能属于合格产品。

（7）标定文丘里阀风量的计量装置，其整套计量装置每年需要通过 CNAS 认可的检测，确保其性能可以符合为文丘里阀出厂提供风量标定的标准。

变风量文丘里阀除了具备定风量文丘里阀所有的特性之外，还具有以下功能：

（1）快速响应风量需求的变化，变风量文丘里阀配有高速电动执行器，在收到控制指令后，可以快速达到所要求的风量值。对于排风柜的变风量排风控制，当柜门移动停止后 1s 内，变风量文丘里阀的排风量可以达到设定值。

（2）包含专业的控制程序，结合文丘里阀的特性，高质量地完成风量控制，如排风柜的面风速控制。

（3）快速且高精度的风量控制，在高达 20：1 的风量可调比范围内，在收到风量要求的指令后，变风量文丘里阀可以在 3s 之内达到新的风量值，同时精度在风量控制值的 $\pm5\%$ 以内。

（4）可实现风量关断功能，在需要的时候，变风量文丘里阀可以将风量关闭至零。阀芯的泄漏等级符合《建筑通风风量调节阀》JG/T 436—2014 中高密闭型风阀的要求。

（5）由于文丘里阀的风量控制特性，其必要条件是所有变风量文丘里阀在出厂前必须经过全量程的风量标定，标定后的风量曲线储存在阀上的控制器内，该曲线具有唯一性和可追溯性。

（6）变风量文丘里阀的风量标定是出厂前确保文丘里阀质量的最后一个重要环节，用于标定变风量文丘里阀的风量标定实验室，应符合《检测和校准实验室能力认可准则》ISO/IEC 17025：2017。

4.2.2.4 相关标准

目前国内和国际上还没有关于文丘里阀的相关标准，在产品生产的标准和性能上，会参照以下标准中的部分条款：

《建筑通风风量调节阀》JG/T 436；

《空调变风量末端装置》JG/T 295；

《实验室变风量排风柜》JG/T 222；

《采暖通风与空气调节设备涂装要求》JB/T 9062；

《一般公差　未注公差的线性和角度尺寸的公差》GB/T 1804。

4.2.2.5　使用现状

在化学实验室中，文丘里阀已经得到普遍应用。实践证明，无论是在对于风量需求变化的快速响应上，还是在对于风管中压力波动的迅速补偿功能方面，文丘里阀都能表现出优异的特性。

排风柜是化学实验室中一种常用的排风设备，确保排风面风速的稳定和响应时间是众多标准中明确的指标要求。典型的变风量排风柜的控制包含以下几个部分：

（1）排风变风量文丘里阀。按照排风柜的排风量和排风空气的性质进行选择。一般排风柜的应用中，人们都会选择无法全关闭的变风量文丘里阀，即一直会有一个最小的排风量，在排风柜排布密度比较低，或者排风设备的排风量比较小的化学实验室，这样的选择无可非议，因为实验室需要保证最小换气次数。但是在排风柜密度高，或者排风设备的排风量很大的化学实验室，就需要选择关断型的文丘里阀，在排风柜不使用时，将排风量关闭至零，可以降低实验室的运行能耗。

（2）变风量排风柜控制器。通常安装在变风量文丘里阀上，这是一个内置专业控制程序的控制器，可以理解排风柜的工作原理，极快地采样和计算，按照不同级别，显示不同的预警和报警。

（3）柜门传感器。测量柜门开启高度。排风柜控制器获取柜门开启高度数值之后，按照所需要控制的面风速，计算出所需要的排风量，控制变风量文丘里阀。

（4）区域存在探测器。探测是否有人在排风柜前工作，如果有人工作，排风面风速会控制在 0.5m/s，若没有人工作，排风面风速则降为 0.3m/s。

（5）侧壁式风速传感器。对于要求高的环境和设备，越来越多的做法将控制和监视分为两个独立的环节，在制药洁净室的 BMS 和 EMS 就是分别承担了控制系统和监视系统的功能。侧壁式传感器在排风柜上的应用，是用于监视排风柜的排风面风速，并不参与控制，当变风量文丘里阀控制的面风速和监视的面风速发生偏差时，就会发出报警。

（6）触摸屏操作显示器。所有排风柜的运行信息都能在显示器上显示，如面风速、排风量、运行预警和报警等，清洗排风的操作也可以在触摸屏上进行。

（7）文丘里阀同样也在其他排风设备上使用，在排风罩、万向罩、试剂柜等排风设备的应用中，常用的是采用定风量文丘里阀，随着对于通风空调能耗要求的提升，在不用时可以关断的二态变风量文丘里阀更多地被采用。

（8）文丘里阀在化学实验室的使用，让实验室的通风系统实现精确控制，无论是排风柜的变风量排风，其他排风设备的定风量排风，还是实验室全室排风和实验室送风，无一不在精确的控制中，有效地减少了通风空调系统的运行能耗。

由于化学实验室排风的特殊性，对用于排风的文丘里阀材质会有更高的要求。目前文丘里阀常用的是金属材质，主要是不锈钢或者铝。铝是一种容易加工的材料，最初文丘里阀的产品全部都是用铝制作，但是全铝材料用于化学实验室的排风中，容易腐蚀的问题无法避免，只得采用防腐涂层的方法解决，一般的排风需要用酚醛或环氧涂层，特殊的需要用特氟龙涂层。而用不锈钢生产的文丘里阀，克服了铝材不耐腐蚀的弱点，除少数特殊要求外，不用涂层，可以直接应用在有排风柜的排风系统中。

4.2.2.6　展望与建议

文丘里阀在实验室中更加广泛的应用，有助于提高实验室整体使用和管理体验。20 世纪 70 年代，文丘里阀在加拿大被发明，随后在北美的实验室通风系统中大量的使用。进入 21 世纪后，中国的企业也在文丘里阀设计、生产和应用上大量投入，近 10 年来，国内许多一流的化学实验室都已经采用了国产的文丘里阀，一些优秀的生产企业也将文丘里阀产品出口至海外市场。

未来的变风量文丘里阀，尤其是在排风柜上应用的文丘里阀，已经不仅仅是一个风量控制阀。结合数字化技术和边缘计算，变风量文丘里阀会衍生出大量的排风柜运行数据，从而引导从实验室通风空调设计，到排风柜制造，再到用户使用和实验室运行方面等一系列的改变和提升。

虽然文丘里阀的市场拥有量在不断提高，但是国内的文丘里阀市场同样存在良莠不齐的现象。由于对文丘里阀的核心技术的理解不同，又缺乏相关产品标准，不少文丘里阀的制造企业无法对文丘里阀从产品的设计、加工生产、风量标定、出厂检验等各个方面进行规范，项目失败的案例也常有所闻，除了工程上配合的原因，大多数还是产品质量的问题。制定文丘里阀的产品标准，会有利于文丘里阀质量的提高和技术发展。

4.3 安 全 柜

4.3.1 概念

安全柜，国内通常指用于存储易燃液体、可燃液体、腐蚀性化学品、毒害品和压缩气体气瓶五类危险化学品的柜体，包括易燃液体储存柜、可燃液体储存柜、腐蚀性液体储存柜（强酸碱性 & 弱酸碱性液体存储柜）、易制毒易制爆危险储存柜、压缩气体气瓶储存柜等（图 4-28）。

"安全柜"的概念是从欧美国家引进的，全称为"防火安全柜"，是用于存储易燃液体和可燃液体的柜子。"防火安全柜"不是一个简单的铁皮柜。因为一旦发生火灾，这些存储着化学品的柜子就会成为重大的危险源，火势一旦侵入柜内，里面很有可能会发生二次燃烧或者爆炸，对实验室滞留人员和消防救护人员造成生命危险。防火安全柜的作用是降低存放在安全柜内的化学品引致火灾的可能性和危险性，若发生了火灾，安全柜能起到一定的人员保护作用。

所以，"防火安全柜"是一款安全产品，首先是保证人的生命安全，一旦火势入侵柜内，不会即刻引发更大范围的火灾或爆炸，安全柜能够延长柜内温度上升的时间，从而使得柜内化学品引发更大风险的时间延缓 10～90min，使实验室人员可以有时间快速撤离逃生，同时为消防救援抵达现场争取宝贵时间。

图 4-28 防火安全柜

化学实验室设置"防火安全柜"的必须性：

1. 以人为本，生命至上

化学实验室是提供化学实验条件及其进行科学探究的重要场所。在科学探索的过程中，与各类化学试剂共存，尤其是易燃易爆液体，使工作人员处在一种相对更危险的环境中。

2015 年 8 月 12 日，天津，某公司危险品仓库发生火灾爆炸事故，造成 165 人遇难。"防火安全柜"不仅用于实验室，同样用于"危化品仓库"。

2015 年 12 月 18 日，北京，某大学化学系实验室爆炸，1 名博士后死亡。

2017 年 3 月 27 日，上海，某大学化学实验室小型爆炸，1 人双臂受伤。

2018 年 11 月 11 日，泰州，某大学实验室爆炸，30 多名师生烧伤。

2021 年 10 月 24 日，南京，某大学材料学院实验室爆炸，2 死 9 伤。

2022 年 5 月 3 日，北京某医药公司三层实验室发生火灾，4 人受伤。

如此频繁的化学品事故，更加需要国内对危化品的存储及使用做出权威的规范及指导，防火安全柜可以为实验室人员争取快速撤离逃生的黄金时间，为消防争取宝贵的救援时间，是保障实验室和消防人员生命安全的重要设备。

2. 识别风险，科学管理

化学这个学科的目标是"创造新的物质"，而新物质的安全性是未知的，这种不稳定及不确定性，需要对每一瓶化学试剂，尤其是危险范围较大易燃可燃液体，都进行科学的管理，做到"人防、物防、技防"三防并举。

选用安全合规、正确的安全存储设备是物防的关键所在。"防火安全柜"是满足化学实验室"物防"要求的重要设备之一。属于风险控制层级的第三层级"工程控制"（图 4-29），是在识别风险和风险评估之后实施的合理风险管控。

化学品从 2004 年 9000 万个品种到现在每天增加几千种，今天已经数亿的化学品种类，以化学实验室为例，化学品体量大、种类多，危险化学品的安全存储尤为重要。成千上万的化学品放置在实验室内部，需要严格管理，管理要有原则，安全存储是危化品全生命周期管控里的重要环节。

图 4-29　风险控制层级与安全效果

从 2021 年高校实验室现场检查问题可以看出，化学品存放问题最多，检查问题数量最多项目的排名，每年可能有微调，但是化学品的存放一直排在第一位。

4.3.2　结构组成

防火安全柜全焊接柜体，无明显焊点，全方位环氧和聚酯纤维混合涂层，阻燃户外型塑粉，柜角弧形裁边设计，外形美观，使用寿命长，其结构性能如表 4-6 所示。

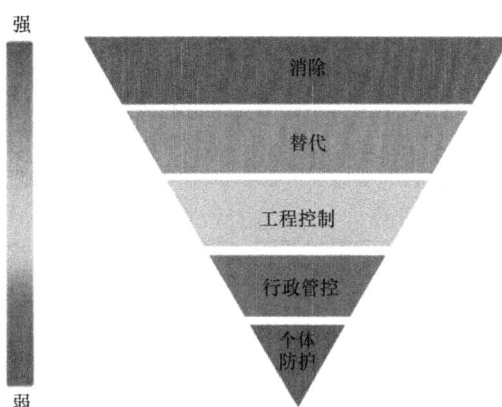

防火安全柜结构性能　　　　　　　　　　　　　表 4-6

序号	名称	基本性能	图示
1	柜体钢板	1.2mm 工业重型钢板，38mm 中空双层结构	
2	层板	275g 加厚镀锌层板，耐腐蚀性能良好，承重 175g	

续表

序号	名称	基本性能	图示
3	层板挂钩	合理的层板挂钩设计，挂钩对层板摆放无方向性要求，可随意安装、调整，操作灵活	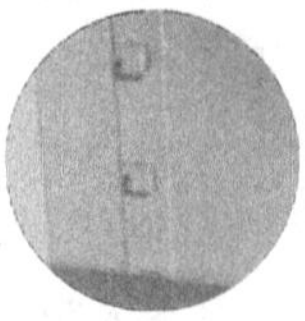
4	盛漏槽	深度 51mm 的盛漏槽，防止溢出物泄漏，安全性更佳	
5	自闭式弹簧门	自动弹簧门可自行封锁，其机械装置隐藏在柜体顶层，熔断链能使门保持打开状态，当温度达到 74℃时熔断，自动关闭柜门	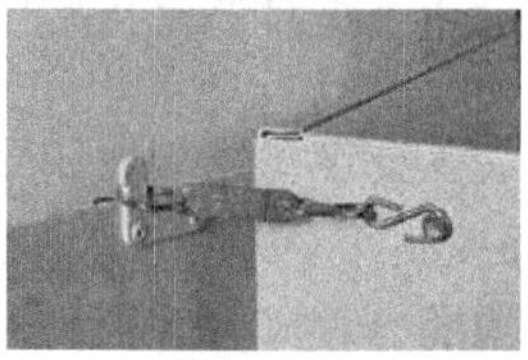
6	铰链	连续的钢琴式铰链，便于平滑关闭柜，运作更顺畅	
7	门锁	三点连动式门锁	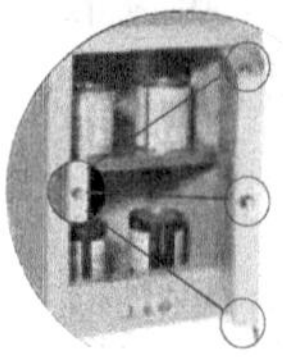
8	消焰通风口	柜体侧面底部和对面顶部，分别设有一个消焰通风口，根据柜内气体的重量，选择合适位置的通风口，降低气体聚集的风险（特定嵌入式设计使致使侧通风口无效时，则通风口安装在柜子后壁的上部和下部）	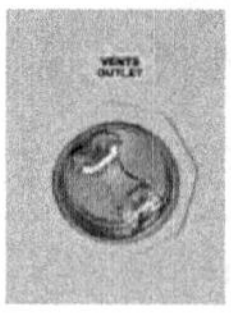 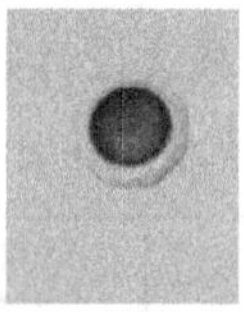
9	把手	嵌入式全胶粒防滑把手，摩擦力大，使用安全便捷	
10	锁具	机械锁＋外挂锁，双锁管理，双重保障，安全升级	

序号	名称	基本性能	图示
11	调整脚	柜子底部设有可调节的水平支脚，即使在不平坦的环境，依旧保持平稳	
12	静电接地	柜身设有静电接地传导端口，方便连接静电接地导线	
13	标签	反光警示标语：中/日/英/法/西班牙/阿拉伯六国警示标语，反光材质，夜间可视距离达 50m；制造商名字、地址、型号和最大液体储存容量	

4.3.3　性能要求

4.3.3.1　装载

防火安全柜体及搁板应能承受其最大盛装容积重量，易燃和可燃液体柜的储存容量不应超过 120 加仑（455L），符合 FM 6050 的测试要求。

4.3.3.2　防火

防火安全柜应减少化学气体排放到环境中，保留化学气体泄漏于柜内，减少存放在安全柜内的化学品引致火灾的可能性，以及提高在发生火灾时这些材料的保护作用，因而需要制定一个耐火时间，具备 10min、30min 或 90min 的防火性能。

防火安全柜设置了保持门处于打开状态的装置熔断链，当温度达到 74℃时熔断，可自动关闭柜门。

4.3.3.3　通风消焰

防火安全柜需要具备通风消焰功能，柜体侧面底部和对面顶部，分别设有一个消焰通风口，根据柜内气体的摩尔质量选择合适位置接通风管道，降低柜内气体浓度，实现通风效果（特定嵌入式设计使致使侧通风口无效时，则通风口安装在柜子后壁的上部和下部）

通风的目的主要有两个：一是降低挥发的强腐蚀性气体对安全柜的腐蚀；二是避免柜内气体浓度过高，尤其是易燃易爆气体，降低发生火灾时造成的危险。

4.3.3.4　耐腐蚀

防火安全柜存储腐蚀性化学品时，材质具备耐强腐蚀性能或耐弱腐蚀性能。

4.3.3.5　防渗漏

防火安全柜设置的盛漏装置深度不应小于 51mm，以防操作过程中溢出物泄漏而造成伤害，确保安全性。

4.3.3.6　防静电

防止因静电而产生或可能产生的危害，或将这些危害限制在最小程度，防火安全柜应配备导通静电的装置，当柜门、柜体和搁板之间完全连接导电时，电阻值不应大于 10Ω。

4.3.4　相关标准

关于安全柜或防火安全柜，我国目前还没有可以参考的国家标准。国际上相对成熟和使用较多的是美国标准 FM 6050（1997 年 10 月 1 日全面执行）和欧洲标准 EN 14470（2004 年 4 月执行）。

1. 美国标准 FM 6050

美国储存柜标准（易燃液体及可燃液体）FM 6050 比 EN 14470 标准使用要早，其权威性来自它的认证方式，即产品检测＋认证体系动态监控的双重保障。

首先是产品检测，样品柜在 300℃ 条件下进行 10min 测试。防火测试期间，保持门锁正常关闭，10min 后柜子内部温度不得超过 163℃，以此来评估产品的适用性、耐用性与可靠性。除了燃烧测试，还对重要功能和零部件进行测试，例如装载功能、阻火器、自动关/锁操作等。

其次，对制造商的生产设施进行检验以及对质量控制程序进行审核。定期实地复审和测试，其目的是判断制造商的设备、程序及质量计划是否足以确保产品与之前测试认证的产品保持一致。

另外，FM 可以对自己认证的产品进行承保，使其产品认证相对更加严格。

2. 欧洲标准 EN 14470

EN 14470 由 CEN/TC 332 "实验室设备" 技术委员会编制，经欧洲标准委员会批准，是目前国际上防火安全柜领域重要的标准之一，2004 年 4 月已执行。

EN 14470 是对产品的检测，没有 FM 6050 认证体系对制造商的动态监控，它对防火安全柜的结构、抵抗外部火灾能力、防火性能提出了要求，明确了防火等级、火灾测试要求。将柜体置于 900～1000℃ 炉内进行燃烧测试，通过测量柜内温度上升 180℃ 所需的时间划分为 4 种类型（且仅有这 4 个类型）：

TYPE 15（至少需要 15min）；

TYPE 30（至少需要 30min）；

TYPE 60（至少需要 60min）；

TYPE 90（至少需要 90min）。

其中，EN 14470-1 是防火安全柜标准，EN 14470-2 是压缩气体气瓶储存柜标准，因为气瓶柜是特殊形态的防火安全柜，在此不做赘述。

4.3.5　使用现状和建议

1. 市场鱼龙混杂

目前国内实验室安全柜产品质量参差不齐，如果用户、企事业单位、研究中心等采购了大量不符合柜体材质要求以及防火要求的产品，一旦化学品发生意外，这些产品无法保证人员以及财产安全。

2. 缺乏相关标准和认证体系

对于实验室安全储存，欧美发达国家于 1997 年制定了相关标准，经过多年发展，已经形成了比较成熟、稳定的标准体系。

目前，我国暂时没有该类产品的相关标准和认证体系，欧美国家的标准＋认证体系的动态监控做法，可以借鉴。

3. 使用人员缺乏产品概念

由于目前国内尚无实验室专用安全储存柜的标准，一定程度上会造成使用人员没有形成正确的产品认知。

4.4 空气过滤与净化设备

4.4.1 工作原理

实验室场所排风中会有有毒有害的气态化学分子污染物，为了保护大气环境、保证人员健康，需要对放射性气溶胶、气态化学分子污染物进行净化处理，然后再环保达标排放。气态分子扩散进入穿越活性炭的空隙结构组织，分子会从高浓度的环境向低浓度环境扩散，介质的外表面积越大，分子扩散越快，只需要极短的路径便可以进入内孔结构，温度提高有利于扩散的进行；当遇到理化性质相互匹配的内表面时，两者相互作用，于是分子被捕获在介质的内表面上，上述过程称之为物理吸附，发生这一过程的精确位置称为活性中心。由物理吸附产生的作用力某些情况下比较微弱，也容易产生可逆反应，如环境温度升高，或更具有吸引力的物质进入时，发生脱附。对于以物理吸附为主的传统活性炭过滤器，具有广谱性质，对多种气态物质有亲和力，用于空气处理的介质必须有足够多的微孔（埃米级别），才能有效吸附污染物分子。

如果仅是依靠物理吸附，很多极易挥发的小分子物种只能在少数能量最高的活性区域才有可能被拦截住，这样远远不能满足要求。要去除这类分子，过滤介质必须在生产过程中进行特殊的浸渍处理，有效增加活性中心的数量，这些活性中心与污染物发生强烈的化学反应。通过化学吸附的分子不会发生脱附现象，化学改性的过滤介质通常只针对一种或一类相近的污染物，是以活性炭为基材进行的改进处理。分子过滤器的作用原理如图 4-30 所示

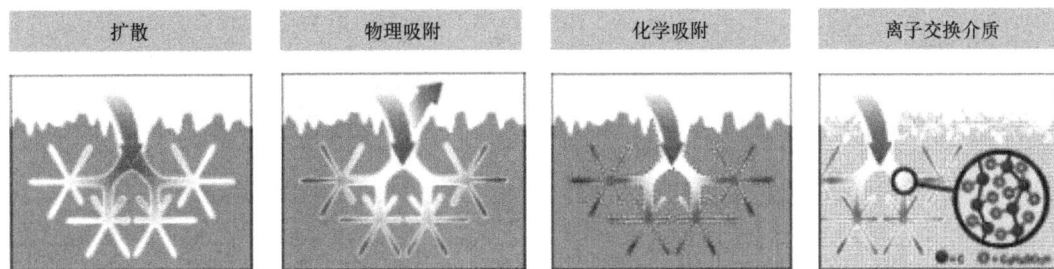

图 4-30 分子过滤器的作用原理图

4.4.2 结构组成

分子过滤器一般有袋式、板式、V 形、筒式等多种形式。分子过滤器以定制化为首要特征，按照不同客户的应用场景，根据气体种类、浓度、风量、阻力、安装空间等要求进行定制。分子过滤器通常运行在通风系统中，以空调箱为例，风速为 2.5m/s，因此要求分子过滤器需具备快速动态吸附（RAD）的能力，才能保证对分子气体有很高的捕集效率。分子过滤器本身的二次污染，如粒子和气体的释放也需要管控，尤其是用在洁净室等受控环境的分子过滤器。

图 4-31 给出了满足实验场景应用需求的空气过滤器类型，图 4-32 为实验室排风处理一体设备。

4.4.3 性能要求和相关标准

ISO 10121 由国际标准化组织发布，是目前行业内符合低浓度测试工况的标准，比较符合实验室行业的运行工况。按照该标准搭建的测试台可以进行过滤器风量、阻力、效率和吸附量等的测试。ISO 10121-1 的中文名称为《评估全面通风用气相空气净化媒介和装置性能的试验方法　第 1 部分：气相空气净化媒介》。

化学过滤器为损耗品，一旦暴露即开始吸附空气中的污染物，因此无法做到出厂的 100%性能检测。对化学过滤器进行完整的性能检测并出具相应的检测报告，对于项目前期的产品选择和技术确认

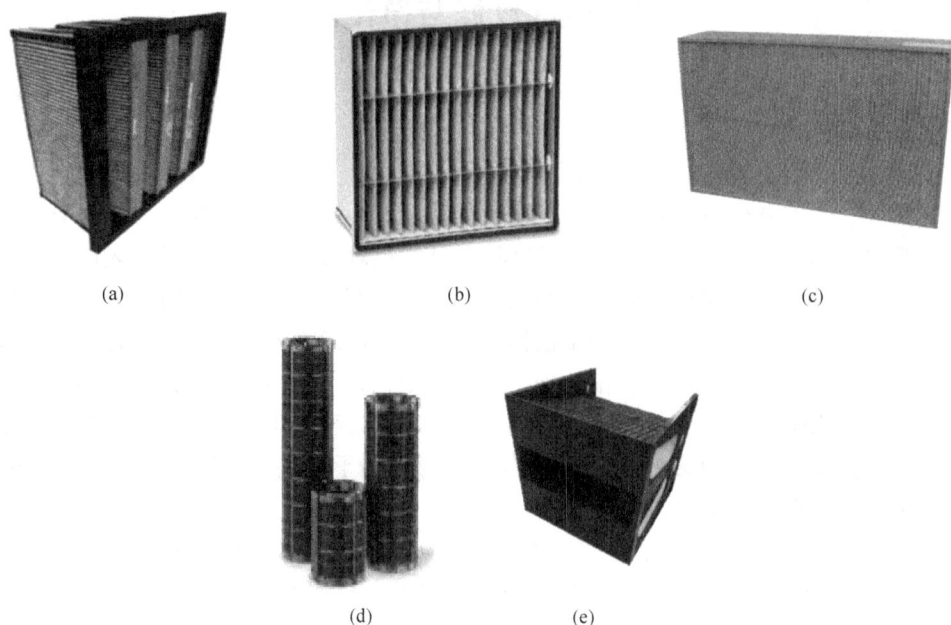

图 4-31　分子过滤器
(a) 法兰式；(b) 箱式；(c) 板式；(d) 筒式；(e) V 形

图 4-32　实验室排风处理一体设备

非常有必要。先在实验室进行检测，而非在工程现场直接做测试，可以让客户避免不必要的损失。

目前业内绝大多数的厂商没有化学过滤器的成品性能测试台，通常采用滤料的测试数据来反推过滤器的性能，这会存在以下问题：

(1) 滤料的性能不等于过滤器的性能，滤料充填后是否达到所要求的堆积密度（可控制在松装密度与振实密度之间），这样可以避免滤料床层有空隙、短路或沟流的出现，否则极大影响空气化学过滤器性能发挥，使用寿命大大下降。

(2) 滤料测试的停留时间和成品的停留时间完全不同，停留时间越长，表现出的性能越优秀。

(3) 滤料的测试浓度并非实际运行工况的测试浓度。

因此成品检测成为必须，而 ISO 10121 定义了最接近实验室环境，符合实际工况的检测工况以及测试台搭建的标准，成为低污染领域的权威标准之一。

化学过滤器测试台是符合 ISO 10121 要求的化学测试台。不仅测定过滤器的去除效率、使用寿命，还包括发尘量、挥发性气体、评定洁净度等级、判断是否适用在洁净环境等（图 4-33、图 4-34）。

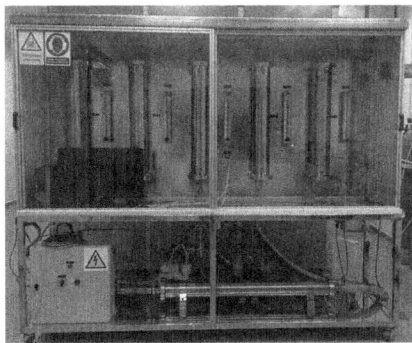

图 4-33　符合 ISO 10121-1 测试台

图 4-34　符合 ISO 10121-2 标准的过滤器性能测试台

4.4.4　展望与建议

实验室排风设备处于发展初期，对于剧毒有害的气体处理等同于普通 VOC 气体处理带来巨大隐患和风险。实验室涉及的有毒物质非常复杂，且随项目情况变化，处理设备不仅要有针对性，且需要有广谱覆盖性和定制化的灵活性。设备安装以后的维护问题，需要定期测试和定期更换，如何将这一工作系统化和流程化，也需要考虑。

4.5　气　　路

4.5.1　工作原理

实验室气路系统是通过管路把气体输送到使用终端，供给实验室内分析仪器用的系统。气路系统是实验室内不可或缺的一部分，是实验室的关键设备。由于气源压力较高，使用压力较低，管路需要通过减压来保证气体的输送。一般情况下分为两级减压，一级减压主要通过汇流排、特殊气体智能安全输送柜、气体智能安全输送架等形式，二级减压主要通过终端模组箱。同时，考虑到气体的特殊性，对于不同气体需要采取安全控制措施，如：低压报警、泄漏报警、紧急切断、排风联动、消防联动等，所有的安全控制措施通过安全物联网管理系统来实现。

4.5.2　结构组成

气路系统主要由气源设备、管路、楼层集控箱、单元集控箱、终端模组箱、安全物联网管理系统等几个部分组成。

气源设备主要包括移动气站、特殊气体智能安全输送柜、气体智能安全输送架、空压机、发生器等。根据用户使用需求的不同，可以选择不同的供气方式。如实验室内压缩空气根据流量大小可选用钢瓶或空压机；氮气可选择发生器、钢瓶、杜瓦罐、制氮机、液氮罐等；气瓶可采用特殊气体智能安全输送柜、气体智能安全输送架等形式供气；针对实验室没有条件建气瓶间但又有使用需求的情况，可采用移动气站进行供气。

气体管道的材质、洁净处理以及阀门的类型、材质的选择应根据管内输送气体纯度和杂质含量确定。阀门的材质与表面处理应与管道匹配。

楼层集控箱为楼层总控系统，将本层所有房间总控阀集中安装在楼层集控箱内，配置对应的压力监控、流量监控、紧急切断、泄漏侦测等，来实现对楼层不同房间的整体控制。

单元集控箱为房间总控系统，将某个房间所有支路的控制阀集中安装在单元集控箱内，配置对应的压力监控、流量监控、紧急切断、泄漏侦测等，来实现对房间不同支路的整体控制。

终端模组箱为使用终端的减压装置，将使用点的减压阀集中安装在终端模组箱内，配置对应的压力监控、流量监控、紧急切断、泄漏侦测等，来实现对终端使用点的控制。

安全物联网管理系统是集成设备管理、数据分析存储、实时管控的一体化平台，通过建立先进、实用的信息化自动管控平台，提高工作效率和业务流程的规范性，并在此基础上记录下游设备的规范化、流程化、系统化，为用户提供基于信息的数据安全管控平台。

4.5.3 性能要求

4.5.3.1 移动气站

高等院校和科研院所等不具备建立标准建筑物内气瓶间而又有用气需求的场合可采用移动式气站。移动式气站性能要求如下：

（1）柜体及各部件涂层色泽统一、厚薄均匀，表面应平整光滑。金属件无锈蚀，柜体焊缝均匀无毛刺。

（2）柜体外壳应采用钢制金属材料制造，钢板厚度不应小于 1.5mm。钢板内置耐火保温材料，侧面厚度应不小于 80mm。

（3）柜体钢板涂层应采用金属表面磷化处理，防锈底漆封底、户外中层漆满涂、氟碳防盐雾漆饰面。

（4）移动气站宜布置在实验室非主入口侧，并应采取遮阳防晒措施，整体结构应采用顶部泄爆，顶部打开方向应朝向空旷、无人的方向。

（5）室内地面应防火花，宜采用防静电地面。

（6）移动气站的门应设置平推外开式，应向疏散方向开启；当存放有易燃易爆气体时，气站的门窗应采用撞击时不产生火花的材料制作。存放可燃、助燃、毒性、腐蚀性等气体的移动气站的门应上锁。

（7）柜体下方及上方应配置铝合金百叶窗及不锈钢防虫网。

（8）移动气站应配置急停按钮，在紧急状况下切断气源。

（9）移动气站应设置排风系统，正常使用情况下，换气次数不应少于 $10h^{-1}$；发生事故时，紧急情况下，换气次数不应少于 $20h^{-1}$。

（10）当柜内存放有易燃易爆、有毒、腐蚀性气体时，应按现行国家标准《石油化工可燃气体和有毒气体检测报警设计标准》GB/T 50493 的规定配置泄漏探测器，泄漏探测器应在检定有效期内。

4.5.3.2 特殊气体智能安全输送柜

特殊气体智能安全输送柜的功能包括吹扫、自动切换以及紧急情况下的自动安全切断。特殊气体智能安全输送柜采用集成芯片处理器控制系统，安卓操作系统，触控屏为人机界面，通过设备安装的压力传感器、气动阀、过流量计等装置，实现设备安全有效的运行，其内部程式设计的安全联锁功能和高纯阀件的合理选择和布局，既满足了特殊气体连续供给和高纯度的要求，也确保了工厂正常生产和员工人身安全。带低压报警，泄漏报警，声、光报警，紧急切断；顶部触摸屏实时显示钢瓶压力、泄漏数值等数据；箱体采用 2.5mm 厚优质冷轧钢板；微负压设计，正面钢丝网玻璃观察窗；带钢瓶固定架；柜体带排风口；带烟感、温感侦测，与物联网平台中心安全联动报警；含远程终端（手机、Pad 等）监控功能。

4.5.3.3 气体智能安全输送架

气体智能安全输送架的功能包括全自动切换，可自行设置自动切换压力，保证最大供气；排空、安全泄压等。气体智能安全输送架采用集成芯片处理器控制系统，安卓操作系统，触控屏为人机界面，通过设备安装的压力传感器、气动阀、过流量计等装置，实现设备安全有效的运行，其内部程式设计的安全联锁功能和高纯阀件的合理选择和布局，既满足了特殊气体连续供给和高纯度的要求，同时也确保了工厂正常生产和员工人身安全。带低压报警，声、光报警，紧急切断；顶部触摸屏实时显示钢瓶压力等数据；架体采用 2.0mm 厚优质冷轧钢板；带钢瓶固定架；与物联网平台中心安全联动报警；含远程终端（手机、Pad 等）监控功能。

4.5.3.4 管道及阀门

气体纯度低于 99.99%，露点温度低于 −40℃ 的气体管道，宜采用 AP 管或 BA 管，阀门宜采用不锈钢球阀。气体纯度大于或等于 99.99%、小于 99.999%，露点温度低于 −60℃ 的气体管道，宜采用 BA 管或 EP 管，阀门应采用同等级低碳不锈钢球阀或隔膜阀。气体纯度大于或等于 99.999%，露点温度低于 −70℃ 的气体管道，应采用 EP 管，阀门应采用同等级低碳不锈钢隔膜阀或波纹管阀。

4.5.3.5 楼层集控箱

楼层集控箱适用于惰性、易燃等气体介质，分为 N 进 N 出，带楼层切断功能、楼层流量监控功能、楼层压力监控功能、箱体自带排风系统、气体探测器并与排风系统联动、紧急切断功能、箱体自带控制及智能监控，触摸屏实时显示房间气体压力、流量，紧急切断，泄漏监控数据，带阻火装置。

4.5.3.6 单元集控箱

单元集控箱适用于惰性、易燃等气体介质，分为 N 进 N 出，带房间切断功能、房间流量监控功能、房间压力监控功能、箱体自带排风系统、气体探测器并与排风系统联动、紧急切断功能、箱体自带控制及智能监控，触摸屏实时显示房间气体压力、流量，紧急切断，泄漏监控数据，带阻火装置。

4.5.3.7 终端模组箱

终端模组箱适用于惰性、易燃等气体介质，分为 N 进 N 出，带开关控制、终端压力监控在触摸屏显示、终端压力调节；材质为不锈钢；压力 P_1：20bar，P_2：0~10bar，带压力显示，在箱体显示屏实时显示压力数据；箱体自带排风系统；气体探测器并与排风系统联动；箱体自带控制及智能监控，触摸屏实时显示终端压力、泄漏监控数据。

4.5.3.8 安全物联网管理系统

安全物联网管理系统可实现客户设备管理，设备报警记录，设备巡检维护记录，高阀值预警，泄漏预警等功能，数据层面包含数据采集、统计、计算、存储、下发等，通过物联网管控平台来实现集成设备管理、数据分析存储、实时管控等功能，通过建立先进、实用的信息化自动管控平台，提高工作效率和业务流程的规范性，并在此基础上记录下游设备的规范化、流程化、系统化，为用户提供基于信息的数据安全性。

4.5.4 相关标准

《金属材料 管 弯曲试验方法》GB/T 244；
《一般压力表》GB/T 1226；
《石油、石化及相关工业用的钢制球阀》GB/T 12237；
《工业阀门 金属隔膜阀》GB/T 12239；
《钢制阀门 一般要求》GB/T 12224；
《减压阀 一般要求》GB/T 12244；

《机电产品包装通用技术条件》GB/T 13384；

《可燃气体探测器 第1部分：工业及商业用途点型可燃气体探测器》GB 15322.1；

《压力传感器性能试验方法》GB/T 15478；

《工业过程测量和控制装置的工作条件 第3部分：机械影响》GB/T 17214.3；

《电阻应变式压力传感器总规范》GB/T 18806；

《石油化工可燃气体和有毒气体检测报警设计标准》GB/T 50493；

《特种气体系统工程技术标准》GB 50646；

《干式回火防止器》JB/T 7437；

《科研建筑设计标准》JGJ 91；

《一般用途无缝和焊接奥氏体不锈钢管》ASTM A269。

4.5.5 使用现状

目前行业内的供气方式主要有分散供气和集中供气两种模式。分散式供气是在仪器设备或反应装置附近放置需要用到的气体钢瓶，对钢瓶进行减压后，通过管道直接连接到仪器设备或反应系统上，以满足气体的使用需求。集中供气是建立独立的气瓶间，将气瓶统一放到气瓶间，通过管路将气体输送到使用地点。分散式供气，使用比较方便，在许多情况下能满足课题组相对独立的需求，但是也存在一定的缺点：

（1）安全等级低。由于气瓶的充装压力一般非常高，一旦气瓶固定不到位或者操作不当，造成气瓶倾倒或泄漏，巨大的压力会将气瓶冲飞，对实验室科研人员的安全造成了极大的威胁。并且存在易燃、易爆、腐蚀性气体，钢瓶在实验室内高频率搬运可能造成人身安全。

（2）管理混乱。气瓶在实验室内分散布置，占用实验室的空间资源，影响实验室的整体美观及评级。实验室内气瓶及库存管理混乱，无法确定具体的气瓶使用情况（包括气瓶的使用年限、是否需要报废等信息）。空瓶、满瓶难以区分，容易混装。

（3）成本较高。气瓶太多，由于更换钢瓶内必须保留一定的气体，在一定程度上造成了气瓶尾气的浪费。同时需要人工搬运和装卸，成本较高。

（4）气体纯度不稳定，影响实验结果。这种传统的供气模式会造成水分或其他杂质进入管道，使用压力流量及纯度不稳定，通过影响实验设备进而影响实验结果。

目前国内集中供气模式已经成为主流，集中供气模式主要包括以下几个方面：

（1）气瓶集中放置在按照规范要求建设的气瓶间，气瓶间由专人统一管理，保证科研人员的使用安全。

（2）气体从气瓶出来后通过不锈钢管路沿专用管道井输送到各使用气体的房间，管路整齐、美观、安全。

（3）气体管路进入各实验室后安装二级减压装置，将压力降至实际的使用压力，操作阀门安装在功能柱或墙壁上，便于使用人员操作。

（4）所有的气瓶间和使用点安装泄漏报警装置，在危险气体泄漏的情况下及时发出报警并联动紧急切断与事故排风系统，有效保证工作人员的安全。

4.5.6 展望与建议

目前，一些体现安全的新技术开始涌现，未来几年，实验室行业会朝着规范化、安全化、智能化的方向发展，气源设备、管路、楼层集控箱、单元集控箱、终端模组箱、安全物联网管理系统等发展速度很快，即将成为主流供气方式。

新技术体现了实验室供气方式的安全化、智能化，同时体现了以人为本的中心思想，时刻将科研人员的生命安全放在首位。规范化、智能化的供气方式不仅能保证供气安全，更能提高实验人员的工作效率，为科研事业的进步和发展提供坚强的基石。

4.6 高空射流风机

4.6.1 工作原理

高空射流风机用于排除实验室及研究机构内各种有害气体。这些气体对人体有害，必须排至室外，并防止其回流入建筑物和人的活动区域。为了高效地排出这些烟气，风机连接到一个或多个通风柜，将这些被污染的空气排出。通过适当通风，排风机以高速出口气流提高烟羽排放高度，并诱导入周围环境空气稀释气流中的污染物浓度。实验室排风机通常由特殊材料制成，以适应这些气体环境。高空高稀释排放风机系统是专门设计用于替代高烟囱，同时满足安全排放要求的风机系统（图4-35）。

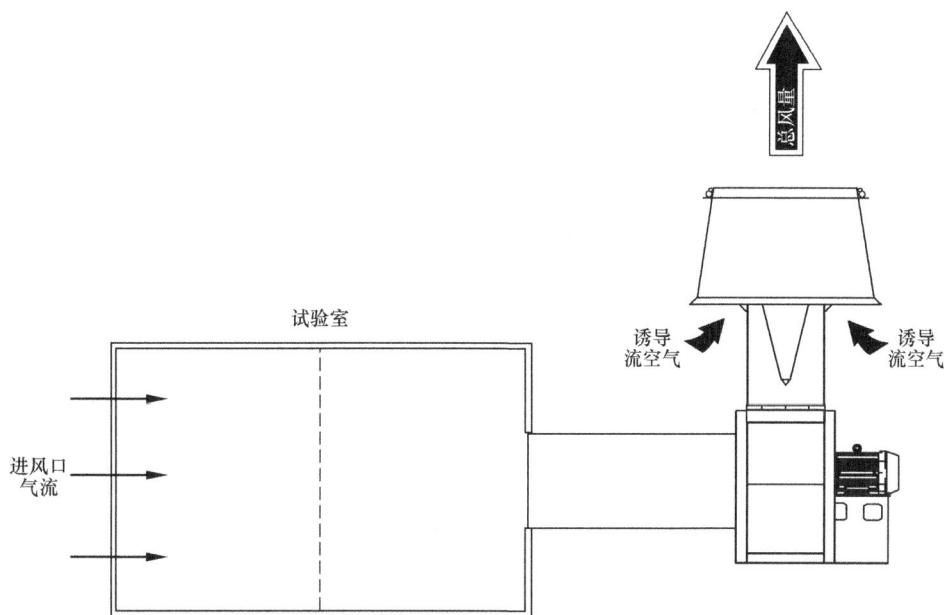

图 4-35 高空射流风机示意图

4.6.2 结构组成

4.6.2.1 混流式诱导流排风机

混流式诱导流排风机结合了轴流风机和离心风机的特点，同时诱导环境空气，实现烟羽的预稀释。风机具备轴流风机设计紧凑、气流直进直出的优点以及离心风机噪声低、风压高的优点。混流风机提供出色的噪声与空气性能，并获准使用 AMCA 空气性能与噪声认证标识（图4-36）。

4.6.2.2 离心式诱导排风机

离心式诱导排风机适用于实验室排风柜排风应用。风机由离心风机、四种不同的喷嘴之一以及特殊设计的风罩组成，确保有害废气最大的稀释比（风机排放风量/实验室排放风量）和烟羽高度。采用皮带驱动或直联驱动，可生成诱导流以满足严苛的屋顶排风要求（图4-37）。

美国空气流动和控制协会（Air Movement and Control Association，AMCA）对诱导排风机的定义是：因为诱导流使得出口风量大于进口风量，增加出口风速的一体化封装风机。

高风速的喷流排风机通过逐步缩小的出风管道气流出口面积来增加出口风速，并不引入额外的空

风罩

风机机壳

防雨罩

防雨罩

泥流式
叶轮

模块式混合
密封箱体

旁通风阀

阻隔风阀

屋顶泛水

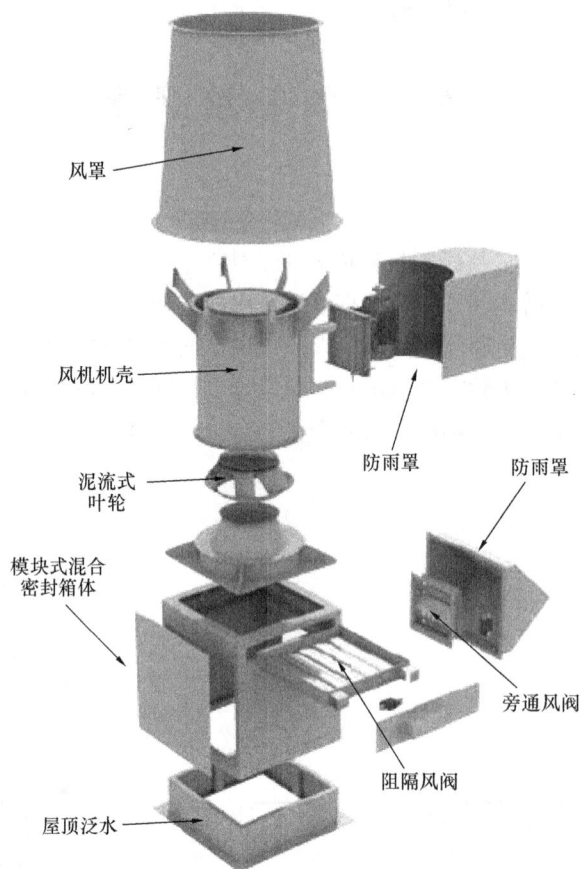

图 4-36　混流式诱导流排风机

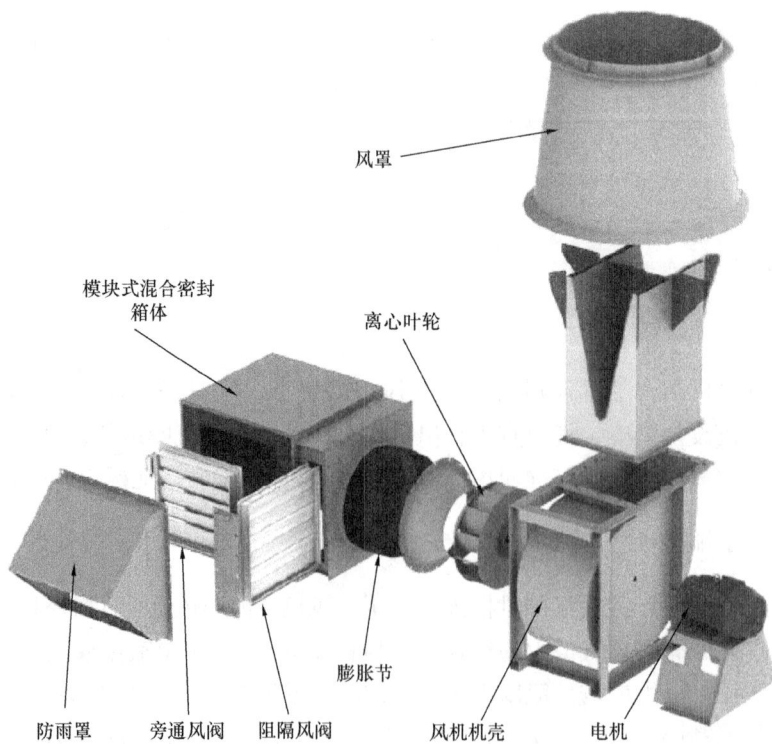

模块式混合密封
箱体

离心叶轮

风罩

防雨罩

旁通风阀

阻隔风阀

膨胀节

风机机壳

电机

图 4-37　离心式诱导风机

气来达到高风速的目的。

4.6.3　实验室通风标准及设计要求

1. 相关标准

《美国实验室通风国家标准》ANSI/AIHA Z9.5；

《化学实验室防火条例》NFPA 45；

《含杂质空气的排放系统规范》NFPA 91；

《空调和通风系统的安装规范》NFPA 90A；

《实验室危险化学品的职业防护》OSHA 29 CFR Part 1910；

《实验室排风柜的性能测试方法》ANSI/ASHRAE 110。

2. 其他参考文献（非标准）

CRC Handbook of Laboratory Safety（专门关于高氯酸的排放）；

Industrial Ventilation，a Manual of Recommended Practice（美国政府工业卫生协会）；

ASHRAE Fundamentals Handbook（环建筑物的气流，第 16 章）；

ASHRAE Applications Handbook（建筑物进、排风设计，第 44 章）；

Laboratory Fume Hoods，A User′s Manual，G. Thomas Saunders。

3. 满足 AMCA 性能测试标准及 UL 电气安全标准

AMCA 噪声、性能和效率认证，UL705 电气认证。

4. 实验室风机设计需要注意的关键点

（1）烟管最低排放速度应达到 3000 FPM（英尺每分钟）或 15.5m/s。

（2）烟管距屋顶线的高度应不少于 10 英尺或 3m。

注：(1) 和 (2) 符合 ANSI Z9.5 和 ASHRAE 实验室设计规范。

（3）风机满足 AMCA 认证的声音和空气性能等级。

（4）风机结构满足 AMCA 防静电结构，防静电结构，这对于排放含易燃易爆可溶性蒸汽的实验室是必须的！

（5）在恒定或变流量排风系统中的应用。

（6）高效的排放喷嘴设计。

5. 实验室高空射流风机设计步骤

（1）实验室风机的技术规范；

（2）风量、压力要求——选取合适的风机；

（3）排风机类型（混流式、离心风机）；

（4）控制要求——压差控制系统，阀门要求；

（5）排放物是否需要净化，节能措施；

（6）提升高度——特殊设计的喷嘴；

（7）出口速度——风机性能和喷嘴；

（8）稀释率要求——污染性气体排放达到环保要求；

（9）选择合适的喷嘴风机环境允许噪声——喷嘴加装消声层。

6. 几个重要设计参数值的解释和说明

（1）出口风速：由出口气流压缩而形成（图 4-38）。

$$v = Q/A$$

式中　v——风罩或喷嘴出口速度，m/s；

　　　Q——风流量，m³/h；

A——风罩或喷嘴出口面积，m^2。

（2）有效的烟羽提升高度（图 4-39）：烟羽需要足够提升高度保证烟雾不被吹回建筑。

布里格斯公式：

$$h_e = [3 \times (v \times d/U)] + h_s$$

式中　h_s——风机高度，m；

h_r——提升高度，m；

v——风罩出口速度，m/s；

d——风罩出口直径，m；

U——大气侧风速度，m/s。

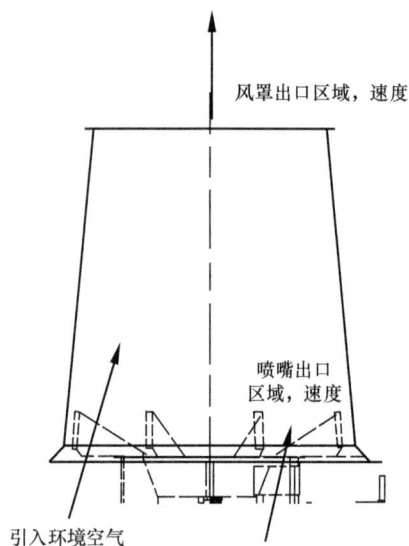

图 4-38　诱导风机参数　　　　　　　图 4-39　烟羽提升高度

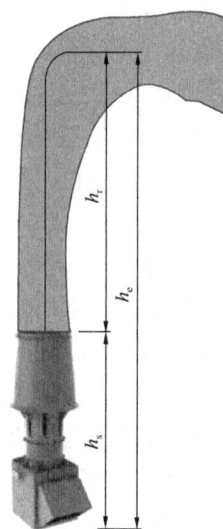

（3）稀释比例：通过混流空气进入排放烟羽中，可以降低污染物的浓度，以达到安全排放的水平。

$$稀释比例 = \frac{风机排放的风量}{实验室排出的风量}$$

（4）污染物的安全值：每种烟雾或化学物质都有一个对环境与人类安全含量的限制（鼻子闻不到的但不一定是安全的）。

4.6.4　使用现状

高空射流风机应用实例如图 4-40 所示。

4.6.5　展望与建议

实验室高空射流风机在北美地区属于标准设计，广泛应用在医院、学校、实验室等场合，目的是把污染物气体高空排放，而不影响周围环境。实验室高空射流风机在国内有着比较大的应用前景，相较于传统的烟囱排放方式，具有更美观、更安全的排放优势。

图 4-40 高空射流风机应用实例

4.7 实验室家具（台柜）

4.7.1 工作原理

　　实验室的各种实验台等实验室家具应符合国内及国际标准与环保的要求，面材应具备理化性能好、耐腐蚀、易清洗的特点，结构需符合人体功效学以及操作安全，能有效提高操作者的工作效率。

　　在实验室建设时，针对实验室工作内容、环境条件及具体要求进行实验室家具标准的设计以及实验室家具配置选型。实验室家具的布局、功能、灵活性设计是实验室建造设计的重要组成部分之一。

4.7.2　结构组成

（1）实验室家具按功能可分为实验台与实验柜。

1）实验室实验台包括：操作台、仪器台、天平台、洗涤台、高温台及其他操作台等。

2）实验室实验柜包括安全存储柜、药品柜、毒品柜、器皿柜、防火柜、文件柜、更衣柜、标本柜、样品柜、气瓶柜、通风柜等。

（2）实验室家具根据结构用料不同可分为木质结构、钢木结构、铝木结构及全钢结构。

1）木质结构家具由木制类人造板连接组成，板材表面颜色丰富，但其耐潮湿能力及承重能力稍弱，不适用于潮湿的实验室及高承重要求的环境。

2）钢木结构家具由金属框架与木制柜体组成，实验台可配活动下柜体或固定柜体，款式单一，适合追求经济效益的用户。

3）铝木结构家具由铝合金框架与木制柜体组成，实验台可配活动下柜体或固定柜体，铝合金耐腐蚀性性能卓越，采用模具化生产，生产效率高，更适用于装配式实验室家具。

4）钢制家具采用冷轧钢板经磷化酸洗后表面烤环氧树脂而制成，承重性能好，结实、美观、耐用，综合性能比较强。

（3）实验室家具按结构分类，实验台根据结构形式不同可分为固定实验台、悬挂实验台、分体实验台与移动实验台。

1）固定实验台：固定实验台是一种传统的布置，落地柜支撑台面，灵活性不足。

2）悬挂实验台：悬挂实验的柜体在落地的金属框架上，防潮性能好、灵活性稍强，柜体可以重新布置而不影响工作台系统的其他部分。

3）分体实验台：分体工作台的水电气服务系统与实验台属于分体的两部分，它们既可分开又可有机地结合，实验台可以轻易移动，可以重新布置而不需要新装水电气系统，灵活性比较强，适合分布采购或为未来预留发展空间的用户，是未来发展的主流产品之一。这种实验台价格较贵。

4）移动实验台：移动实验台装有轮子，为用户提供了一些灵活性来创造和改变实验室空间。移动工作台的物件可以轻松地从一个地方移到另一个地方。桌子、推车和工作台物件可以轻松地从一个地方移到另一个地方。可以垂直调节高度以更加符合人体工效学。移动实验台初始造价比固定实验台更具性价比。若根据实验需要，将固定工作台与移动工作台结合起来，可降低成本、保持灵活性。

（4）按实验台布局分类：

1）一字形：实验台采用一字形布置方式，适用于小型实验室或大实验室边台。

2）L形：实验台与实验室的两相邻墙壁平行布置且留维修通道，适合精密仪器室。

3）半岛型：实验台的一端靠墙，适合大型实验室及理化室，空间使用率高。

4）岛型：实验台布置在实验室中间，方便实验人员工作与逃生，效率及安全性比较高。

根据实验要求，可配备必要的实验室家具配套产品及配件，主要包括：实验室水槽、水龙头、滴水架、插座、考克、紧急淋浴、洗眼器等。

（5）家具布局：

在现代实验研究机构中，实验室通常按物理学、一般化学、有机合成化学、生物学来分类，在选择设备进行平面设计时，不同领域的实验室有不同的要求，需要根据实验室流程及实验安全等区别对待。

4.7.3　性能要求

实验室家具是一类比较特殊的家具，因为其在使用过程中经常与水、电、气、化学物质和材料以及仪器设备相接触，不仅外观要求整洁明朗，色彩与实验室环境协调一致，体现时代特征，更为重要的是要满足实验室科学研究对实验环境功能性、坚固性、耐腐蚀性以及安装布置灵活性的要求，因此实验室家具在构造和材质方面都有更高的要求。

1. 台面

台面作为实验室家具的核心组成部分，是实验室家具中最重要的部分之一。由于使用环境的不同，实验室家具的台面应满足不同实验室的特殊要求。例如，台面对于化学实验室来说尤为重要，化学实验室的实验台台面需要耐腐蚀、抗染色、抗渗透、耐高温、阻燃防火、易清洁；生物实验室的实验台台面需要抗菌、抑菌；物理实验室的实验台台面需要耐磨损、耐高温、防火、防潮、抗静电等；有些综合类实验台需要这些特性都具备。所以，应根据不同的需要选择不同的实验台台面。

实验室家具是实验室操作的重要辅助设施，台面的使用频率高，台面的安全辅助作用大，要充分考虑到意外造成的二次伤害，如有害液体外溢、高温致火灾等。同时也要考虑到台面的色差、美观、易清洁。

现在常用的实验台台面主要有酚醛树脂板、环氧树脂板、陶瓷板等。

酚醛树脂板：表面为耐腐蚀薄膜，芯材为表层纸、色纸、牛皮纸层压制或植物纤维经过模压而成。

环氧树脂板：主要成分是环氧树脂、石英砂、催化剂、固化剂和颜料等，由上至下、由里至外为同一材质，一体透芯。

陶瓷板：高岭土、蓝瓷土、长石等硅酸盐材料模压成型表面经实验室专业耐腐蚀特殊釉面喷涂处理，经特殊工艺长时间高温煅烧而成。表面釉面具有优异的抗腐蚀能力，耐高温，抗刻刮性能卓越。

2. 柜体

（1）木制柜体：实验室家具木制柜体一般采用三聚氰胺贴面板或者中密度纤维板贴面板，通过三合一连接件连接在一起，有些实验台柜体的柜门和抽屉还选用装饰防火板进行贴面。木制柜体的五金件（主要指滑轨和铰链）选择时应考虑到使用寿命及维护方便的产品。

（2）钢制柜体：实验室家具钢制柜体一般采用冷轧钢板，经过环氧树脂粉末静电喷涂处理，有一定的耐酸碱腐蚀性能。门板及抽屉采用冷轧钢板，经过环氧树脂粉末静电喷涂处理。滑轨可以选择托底静声滑轨，也可以选择三节承重滑轨，铰链可以选择木制柜体常用的钢制铰链，也可以选择不锈钢合页。

实验台柜体根据抽屉、柜门与柜体的相互关系的不同，柜体柜门及抽屉可以为内嵌式或者外盖式。按照柜体柜门和抽屉的布置，可以选择柜体为单开门、双开门、上面抽屉下面柜门、全抽屉、单抽屉或者空位、键盘位、主机位等。需要根据不同实验操作的不同需求进行详细设计和安排。

实验台柜体构造要求：实验台柜体分为落地式、悬挂式、移动式，主要区别就是落地式的实验台有踏脚板，主要靠木制或者钢制柜体来承重，由于接触地面的面积比较大，承重性能比较好，多适用于工作人员站立操作；悬挂式实验台主要靠支撑的钢架或铝合金来承重，钢架或铝合金框架可以采用C形或者H形结构，对于承重要求高的一般采用更为坚固的H形支架。承重性能比较好，柜体下易清洁；悬挂式的实验台具有灵活组合性能，可以根据实验室的改动而进行拆装，节约成本；移动式柜体可以作为单独的活动独立柜体，可以根据需要自由移动和组合，适合灵活实验工作条件，目前是实验台构造的主要发展方向。

3. 配件要求

实验室家具由于是在实验室这个特殊环境内使用的，因此，通常会需要使用水、电、气等，实验台上就需要配置相关的配件。实验室使用的水、气等配件一般与民用的水、气配件有所不同，需要选择专业厂家生产的实验室专用产品。

（1）水槽：用于清洗实验所使用的器皿等。水槽采用高密度聚丙烯（PP）注塑一体成型，耐酸碱腐蚀及有机溶剂腐蚀。玻璃器皿落入其中不易破碎，深度较深不易溅水。底部配高密度聚丙烯（PP）材质专用落水头。也可以采用耐腐蚀性能更好的陶瓷水槽。

（2）水龙头：水龙头均采用实验室专用立式化验龙头，其开关阀门一般为精密陶瓷芯。表面经过耐酸碱喷涂处理，根据实验要求可配备单口、双口、三口化验龙头。材质主要以铜制和不锈钢为主。

（3）滴水架：用于晾干清洗过的玻璃器皿。材质一般有不锈钢和高密度聚丙烯（PP）塑料板，滴水棒为高密度聚丙烯（PP）材质。滴水棒可以上下左右自由调整，这样可以在有效面积内插更多的器皿。滴水棒具有两种尺寸长度，方便不同大小器皿使用。

（4）电源插座：采用经国家强制认证的220V/10 A或16 A多功能电源插座。

（5）供气考克：为实验提供使用气体到桌面，采用实验室专用壁式或立式供气考克，铜质或不锈钢表面经耐酸碱漆喷涂处理，以防酸碱及防锈，其开关采用安全弹扣阀门，加强使用安全性，防止不慎误触开关，造成危险。其手柄为抗化学试剂腐蚀的有色聚苯乙烯制品。

（6）桌上型洗眼器：用于化学药剂不慎溅入人眼时紧急冲洗。铜质或不锈钢主体，表面环氧树脂粉末喷涂处理，PP材质防尘盖，使用时由水压自动冲开；水流锁定开关带控制水阀和止逆阀，使水流开启和水流锁定一次完成；喷水呈雾状扩散式且力度适中，快速彻底清洗眼球。

（7）紧急冲淋器：用于化学药剂不慎溅到人身上或身上衣物着火时紧急冲淋。紧急冲淋器一般为不锈钢材质，淋身器为连杆式拉动开关，洗眼器为手动推板开关并附脚踏开关。淋身器采用多出水孔设计，使出水呈伞状、雾状，冲淋时容易覆盖全身。

4.7.4 相关标准

实验室家具行业现使用的国家标准分五大类：家具通用技术与基础标准；家具产品质量标准；家具产品测试方法标准；家具用化学涂层测试方法标准；家具用部分辅助材料及其测试方法标准。

1. 家具通用技术与基础标准

《实验室家具通用技术条件》GB 24820；

《科研建筑设计标准》JGJ 91；

《实验室家具用陶瓷台面技术要求与测试方法》T/CIQA 10；

《木家具通用技术条件》GB/T 3324；

《金属家具通用技术条件》GB/T 3325；

《家具　柜类主要尺寸》GB/T 3327；

《钢制书柜、资料柜通用技术条件》GB/T 13668；

《家具五金件安装尺寸》QB/T 1242；

《家具制图》QB 1338；

《家具五金　杯状暗铰链》QB/T 2189；

《家具用木制零件断面尺寸》QB/T 4450。

2. 家具产品质量标准

《木家具　质量检验及质量评定》QB/T 1951.1；

《金属家具　质量检验及质量评定》QB/T 1951.2；

《办公家具　办公椅》QB/T 2280。

3. 家具产品测试方法标准

《家具力学性能试验　第1部分：桌类强度和耐久性》GB/T 10357.1；

《家具力学性能试验　第2部分：椅凳类稳定性》GB/T 10357.2；

《家具力学性能试验　第3部分：椅凳类强度和耐久性》GB/T 10357.3；

《家具力学性能试验　第4部分：柜类稳定性》GB/T 10357.4；

《家具力学性能试验　第5部分：柜类强度和耐久性》GB/T 10357.5；

《家具力学性能试验　第7部分：桌类稳定性》GB/T 10357.7。

4. 家具用化学涂层测试方法标准

《漆膜划圈试验》GB/T 1720；

《清漆、清油及稀释剂外观和透明度测定法》GB/T 1721；

《清漆、精油及稀释剂颜色测定法》GB/T 1722；

《涂料粘度测定法》GB/T 1723；

《漆膜一般制备法》GB/T 1727；

《漆膜、腻子膜干燥时间测定法》GB/T 1728；

《色漆和清漆　摆杆阻尼试验》GB/T 1730；

《漆膜、腻子膜柔韧性测定法》GB/T 1731；

《漆膜耐冲击测定法》GB/T 1732；

《漆膜耐水性测定法》GB/T 1733；

《色漆和清漆　耐热性的测定》GB/T 1735；

《漆膜耐湿热测定法》GB/T 1740；

《漆膜耐霉菌性测定法》GB/T 1741；

《厚漆、腻子稠度测定法》GB/T 1749；

《漆膜回粘性测定法》GB/T 1762；

《色漆和清漆　涂层老化的评级方法》GB/T 1766；

《色漆和清漆　耐磨性的测定　旋转橡胶砂轮法》GB/T 1768；

《家具表面漆膜理化性能试验　第1部分：耐液测定法》GB/T 4893.1；

《家具表面漆膜理化性能试验　第2部分：耐湿热测定法》GB/T 4893.2；

《家具表面漆膜理化性能试验　第3部分：耐干热测定法》GB/T 4893.3；

《家具表面漆膜理化性能试验　第4部分：附着力交叉切割测定法》GB/T 4893.4；

《家具表面漆膜理化性能试验　第5部分：厚度测定法》GB/T 4893.5；

《家具表面漆膜理化性能试验　第6部分：光泽测定法》GB/T 4893.6；

《家具表面漆膜理化性能试验　第7部分：耐冷热温差测定法》GB/T 4893.7；

《家具表面漆膜理化性能试验　第8部分：耐磨性测定法》GB/T 4893.8；

《家具表面漆膜理化性能试验　第9部分：抗冲击测定法》GB/T 4893.9；

《色漆和清漆　标准试板》GB/T 9271；

《涂层自然气候曝露测试方法》GB/T 9276；

《色漆和清漆　杯突测试》GB/T 9753；

《甲板漆》GB/T 9261。

5. 家具用部分辅助材料及其测试方法标准

《中密度纤维板》GB/T 11718；

《浸渍胶膜纸饰面纤维板和刨花板》GB/T 15102；

《家具用皮革》GB/T 16799。

4.7.5　使用现状

经历了2003年后的卫生、环境、安全等多方面的大规模实验室建设，对于实验室家具的投入基本以满足基本需求为主，主要以全木及钢木家具为主。非典疫情结束后国内出现了需求的井喷，实验室设计机构、建设单位、实验室用户经验不足，实验室家具材料专业性不强，没有考虑到使用的功能性、便捷性及需求多样性，造成了一些实验室家具不适应实验要求，导致了资源浪费。

原有实验室家具现阶段有些陆续到了改造的阶段，特别是政府职能检测机构和高校实验室的投资越来越大。随着我国对现有实验室家具更新升级，实验室家具的需求也将持续增长。

随着我国国民经济持续稳定快速发展，国家对科学研究事业加大了投资力度，特别是科学分析仪器及实验室设备的需求不断增加。新建科研机构和实验面积数量巨大，接下来的几年在教育系统方面，我国几千所高等院校用于购置实验室家具的费用逐年增加，在科学院系统年容量也不少。另外，经过多年的发展，国内的科研企业对实验室建设及实验室家具的投入也越来越大。随着消费者对安全、环保及节能的改善需求越来越大，国内一些专精特新、独角兽企业及上市企业越来越多，越来越多的企业对研发和检测的投入越来越大，这部分实验室家具市场的增量也随之增大。

4.7.6　展望及建议

近年来，实验室家具行业迎来快速发展的契机。国家大力度支持科研事业发展，投入不断加大，装饰、通风、净化等相关工程也随之兴起，形成了一个以实验室家具为龙头，提供实验室设备整体服务的行业。随之而来，一批专业生产实验室家具的企业成立和发展，推动着行业良性发展。

实验室家具用户大多为教育类学校、科研类研发机构、职能及第三方检测机构，以往粗放式的采购逐步向理性过渡，理性消费的特征日趋明显，除了产品的质量与价格外，实验室家具企业的资金实力、生产及研发能力、提供售前售后服务的能力，都成了决定消费的主要因素。

未来实验室家具的发展方向朝着安全、环保、智能及美观实用的方向发展。装配式及移动式实验室家具是未来的发展方向，适合现代实验室的灵活要求，可以提高实验室家具的使用寿命及重复利用率，也可以满足实验室空间的多种变化。装配式实验室家具便于现场安装，更环保，工厂预制现场组装，实现无电安装，要较好实现实验室家具的装配式和移动式，需要整个产业链共同配合，以此目标发展可以降低实验室家具的总成本，也可以节约社会资源。

4.8　应急喷淋洗眼装置

应急喷淋洗眼装置是被广泛应用在石油、化工、半导体及医药制造等行业的一种安全急救措施。目前实验室也开始广泛配备应急喷淋洗眼装置，以确保在科研实验过程发生危险时受伤人员能够得到紧急处理（图 4-41）。

图 4-41　应急喷淋洗眼装置

对于常与危险化学品打交道的实验室工作人员来说，一旦操作方式稍有不当，就将导致酸碱等对人体有害的化学试剂滴溅到工作人员的眼睛或身体，而应急喷淋洗眼装置的作用就是在危险发生时，工作人员可以分别或同时使用冲淋器和洗眼器，快速对受伤部位进行紧急冲洗处理，最大限度降低化学品对人体的伤害，也为后续救治争取宝贵时间。应急喷淋洗眼装置的广泛应用，无疑对工作人员的人身安全起到重要的保障作用。

应急喷淋洗眼装置作为常见的紧急救援装置，从诞生之初的无人问津，不被大众理解和支持，到目前该设备已受到普遍认可，在化学品可能对人体产生危害的领域成为标准配置。在国外，应急喷淋洗眼装置已使用长达几十年之久，为规范应急喷淋洗眼装置的应用标准，国外行业机构自 1970 年起陆续发布了相关设备标准，例如美国标准 ANSI/ISEA Z358.1 和欧洲标准 EN 15154。国内出台的标准相对较晚，其中《眼面部防护 应急喷淋和洗眼设备》GB/T 38144（于 2020 年 4 月施行）中明确规定：应急喷淋洗眼装置必须按照 GB/T 38144 标准生产并获得第三方的检测认证。另外，还有由上海实验室装备协会制定的团体标准《实验室用水气配件技术规范　第 2 部分：应急喷淋和洗眼设备》T/SLEA 0031.2，这两项标准的制定，对国内的应急喷淋洗眼装置做出了详尽规定，规范了生产厂家对于该设备的生产标准，改善大众对于应急喷淋洗眼装置只是一种简单的淋浴器的错误认知，进一步体现出国家对于生产安全的重视！

4.8.1　工作原理

应急喷淋洗眼装置是不容忽视的重要存在，当作业现场发生化学品或有毒、腐蚀性液体滴溅到工作人员的眼睛、身体裸露部位时，可同时开启洗眼器和喷淋器，对受伤部位进行至少 15min 的紧急冲洗，快速稀释残留在身体上的化学物质，缓解伤情的同时减轻化学物质对人体造成进一步伤害，争取救援时间（图 4-42）。

在《眼面部保护　应急喷淋和洗眼设备　第 1 部分：技术要求》GB/T 38144.1—2019 中，对应急喷淋洗眼装置的工作原理做出较为明确的规范，主要包含装置高度、喷淋范围、开关高度、自由空间和阀门等几个方面。

（1）装置高度：喷淋器的喷头喷水高度应在 2080～2440mm 之间（从使用者站立的平面计算），洗眼器的喷头应距离使用者站立水平面至少 838mm 的高度上，但不得超过 1143mm。

（2）冲淋范围：在距离站立平面 1520mm 的位置，喷淋器的喷淋范围直径最小应为 510mm。

（3）开关高度：喷淋器的阀门驱动装置距离站立平面不超过 1730mm，洗眼器无要求。

（4）自由空间：喷淋器要求中心半径 410mm 范围内无障碍物，洗眼器距离墙壁或最近的障碍物至少为 153mm。

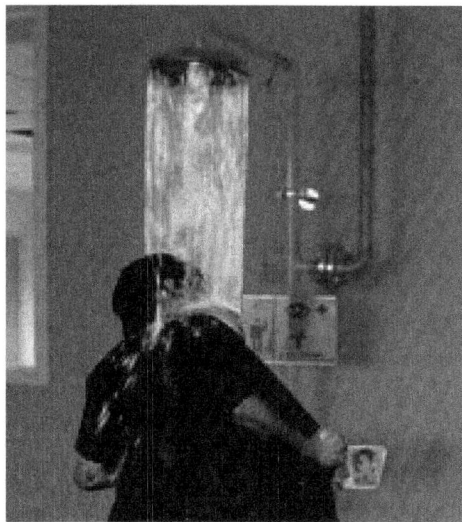

图 4-42　应急喷淋装置

（5）阀门：阀门一旦开启，应始终保持开启状态，不会自动关闭。

除了以上要求之外，包括流量、管径等也会对应急喷淋洗眼装置的使用产生一定的影响，例如管径小，管内水压大，这就会导致出水水流压力大，造成对人体的二次损伤。

4.8.2　结构组成

目前标准中规定的应急喷淋洗眼装置，是由 304 不锈钢为原材料生产制作的，管径在 40mm 以上，连接方式通常为螺纹连接，在使用时冲淋器的出水范围直径最小为 510mm，洗眼器的出水高度要达到 200mm。

图 4-43　应急喷淋洗眼装置用不锈钢管

关于应急喷淋洗眼装置的制造材质，应整体选用 Ni 含量高于 8% 的达标 304 不锈钢，这种材质能够提升设备的耐腐蚀性，不会因生锈而对冲洗液造成污染，满足设备在严苛环境下的使用需求。

大多数应急喷淋洗眼装置使用 40mm 管径的管道，少数厂家使用 45mm 管径（图 4-43）。但实际使用情况显示，应用 40mm 管径会造成出水水压过大，冲击力强，易对人体造成二次损伤，所以 45mm 管径能够有效避免上述情况，达到更好的使用效果。

管道连接也是应急喷淋装置结构组成的重要一环，目前市面上大多采用螺纹连接［图 4-44（a）］。传统螺纹连接方式造价较低，在使用时需用到聚四氟乙烯带、麻丝等传统密封材料，因此拧紧固定设备时极易出现管件连接倾斜、密封性差，从而导致漏水。目前市面上有其他的安装方式：

(a)   (b)

图 4-44 管道连接方式
(a) 螺纹式；(b) 插拔式

插拔式连接 [图 4-44 (b)]，此安装无需通过转动来固定，因此连接部分不易松动，里面内置密封圈，密封性优异，解决了螺纹式连接方式造成的漏水困扰。

实际上应急喷淋洗眼装置的种类较多，需根据实际情况合理规划选择，其中实验室通常会受空间局限，选用专业度更高、适用性更强的台式洗眼器，该类设备整体采用优质铜材，开关按压后自动锁定持续出水；同时，装载限流型单向阀门，外加环氧树脂涂层软性橡胶，出水经缓压处理呈泡沫状水柱，防止水压过高造成二次伤害；设有 PP 材质防尘盖，使用时自动冲开；软性 PVC 进水管，外层包裹 PE 管，防止生锈渗漏（图 4-45）。

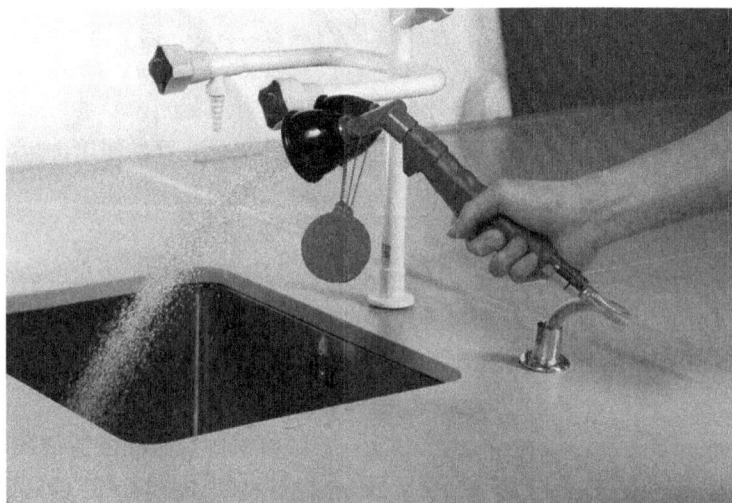

图 4-45 台式洗眼装置

应急喷淋洗眼装置构件如表 4-7 所示。

应急喷淋洗眼装置构件   表 4-7

序号	名称	基本性能	图示
1	管道连接	螺纹式连接； 需用到传统密封材料； 密封性较弱； 管件连接不精准，易漏水	

续表

序号	名称	基本性能	图示
1	管道连接	插拔式连接： 缩短设备的安装工时，且不会损伤设备外观； 彻底解决管件连接处的漏水问题，无需聚四氟乙烯带； 直接插拔，即可完成检修、更换部件、甚至移动洗眼器，无需停运整个系统； 安装不受进排水口位置影响； 轻易满足冲淋盘和洗眼盘垂直对齐的安装标准	
2	304 不锈钢材质	主体、底座、冲淋阀、洗眼阀、冲淋头、洗眼盆、拉手、推手和脚踏等部件均采用卫生级 304 不锈钢，镍含量达到 8%； 密封性和抗压性能好； 使用寿命长； 对于特殊工作场所，可选择 316 不锈钢	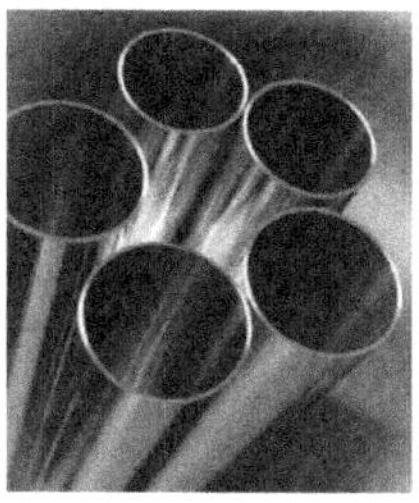
3	冷轧工艺	不易变形； 同时管壁光滑无油脂； 设备稳定性能好	
4	水压调节装置	内置水压调节装置来适应不同场所的水压，使洗眼器出水柔顺，防止对眼睛二次伤害	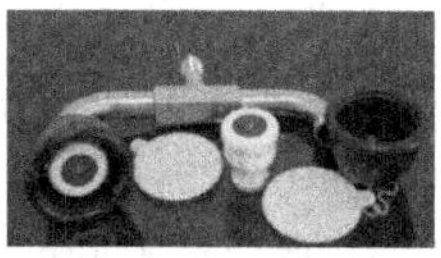
5	双片式阀门结构	密封性能和抗压性能好； 使用寿命更长	
6	阀门管道连接	活接头的管道连接设计，使维修保养费用极低； 避免了由于阀门或部件损坏后无法更换而导致整个洗眼器报废的情况	

4.8.3 性能要求

4.8.3.1 喷淋器

（1）当应急喷淋器正确地连接到冲洗液的供应源头并关闭阀门时，连接部位不得有可见泄漏。

（2）应以至少76L/min的流量提供冲洗液，保持连续冲洗至少15min。

（3）喷头喷水的高度应在2080～2440mm之间，该距离从使用者站立的平面计算。

（4）在距离使用者站立平面1520mm的地方，喷淋范围直径最小应为510mm，冲洗液分散形式应始终保持一致并充分散开。喷淋范围的中心距离任何障碍物的最小距离应为410mm。

（5）所使用的材料不得污染冲洗液，应符合国家有关饮用水输配方面的标准。

（6）设计、制造和安装的方法应为：应急喷淋器一旦启动就能使用，不需要使用者再次手动操作才能使用。

（7）阀门一经打开，除使用者有意关闭的情况之外，应始终保持开启状态。阀门应耐腐蚀、便于操作，并可以在1s的时间内完全打开。

（8）阀门驱动装置到使用者站立平面的高度不应超过1730mm。

（9）控制阀门所使用的材料不得污染冲洗液。

4.8.3.2 洗眼器

（1）当洗眼器正确地连接到冲洗液的供应源头并关闭阀门时，连接部位不得有可见泄漏。

（2）应确保冲洗液能保持以低流速来冲洗双眼，不会对眼睛造成伤害。

（3）设计和安装不应对使用者造成伤害。

（4）喷头应受到保护，防止接触空气中的污染物。在实施保护喷头的措施时，应保证当开启洗眼器时，不需要使用者将防护装置取下。

（5）所使用的材料不得污染冲洗液，应符合国家有关饮用水输配方面的标准。

（6）设计、制造和安装的方法应为：洗眼器一旦启动就能使用，不需要使用者再次手动操作才能使用。

（7）喷头应位于距离使用者站立的水平面至少838mm的高度上，但不得超过1143mm，且距离墙壁或最近的障碍物至少为153mm。

（8）应以至少1.5L/min的流量提供冲洗液，保持洗眼至少15min。

（9）在冲洗眼睛时应有充足的空间供使用者用手在冲洗液流中撑开眼皮。

（10）应能给双眼同时供应冲洗液。

（11）阀门应在1s的时间内完全打开。阀门一经打开，除使用者有意关闭的情况之外，应始终保持开启状态。

（12）阀门应耐腐蚀，阀门驱动装置应能让使用者容易找到并操作。

4.8.4 相关标准

国家标准《眼面部防护 应急喷淋和洗眼设备》GB/T 38144共分为技术要求和使用指南两大板块，对应急喷淋洗眼装置的各项参数均做出规定，主要包括设备标准、安装标准以及检修标准，同时也对冲洗流量、冲洗时间、装置尺寸、冲淋范围、阀门等做出明确规定。但我国国家标准制订时间较晚，因此在制订标准过程中也参考了国外标准，如ISEA Z358.1、EN 15154.1，并根据国内与国外的环境、人种、习惯等差异做出了调整，更符合国内环境使用。

1. 美国标准 ANSI/ISEA Z358.1

美国国家标准学会（American National Standards Institute，ANSI）成立于1918年，是非营利

性质的民间标准化团体。ANSI 实际上已成为国家标准化中心，美国各界标准化活动都围绕它进行。ANSI/ISEA Z358.1 是为保障使用者安全针对洗眼器设计的，目前已成为美国规范洗眼器设计制作的最高标准。

2. 欧洲标准 EN 15154

EN 是 European Norm 的简称。EN 15154 是欧洲针对洗眼器结构安全的最高检验标准。

3. 我国国家标准《眼面部防护　应急喷淋和洗眼设备》GB/T 38144

国家标准《眼面部防护　应急喷淋和洗眼设备》GB/T 38144，主要分为技术要求和使用指南两个部分，分别侧重于生产和使用，具有明确的适用对象，便于标准使用者选择使用。

4. 上海实验室装备协会团体标准 T/SLEA 0031.2

该团体标准规定了实验室用应急喷淋和洗眼设备实验室的术语和定义、分类、结构、要求、测试方法、检验规则、标志、包装、运输和贮存，并在附录中规定了选型指南、安装要求、人员培训、使用维护、故障排除、其他洗眼/洗脸设备等内容。

国家标准《眼面部防护　应急喷淋和洗眼设备》GB/T 38144 首先对设备进行了标准规定，从设备自身出发，规定了合格设备的性能，以便使用方能够辨明合格设备与劣质设备。同时，还将应急喷淋洗眼装置的相关性能做出规定，例如：应急喷淋洗眼装置正确连接到冲洗液的供应源头并关闭阀门时，连接部位不得有可见泄漏；应以至少 76L/min 的流量提供冲洗液，保持连续冲洗至少 15min；喷头喷水的高度应在 2080～2440mm 之间；在距离使用者站立平面 1520mm 的地方，喷淋范围直径最小应为 510mm，冲洗液分散形式应始终保持一致并充分散开等。帮助使用方能够在使用现场对设备进行检测，判断设备是否合格。其次是应急喷淋洗眼装置的安装标准，从设备安装方面规定了设备的安装范围及注意事项，以便安装人员在安装时能够考虑到实际使用需求，例如冲淋液不能用消防用水而要用生活用水，所以前期在安装时管道要接入生活用水管路。还规定了如下主要内容：

（1）应急喷淋器的喷头宜安装在距离使用者站立面 2080～2440mm 高度范围内，且出液口中心距离任何障碍物的最小距离宜为 410mm，而洗眼器的喷头宜安装在距离使用者站立面 838～1143mm 高度范围内，且距离墙壁或最近的障碍物距离至少为 153mm。

（2）设备应安装在使用人员 10s 内能够到达的区域范围内，安装人员需考虑在前往应急喷淋和洗眼设备的路线中存在的潜在危险可能会带来更大的伤害，应急设备宜安放在接近危险的位置，但需考虑到使用设备时冲洗液可能存在四处飞溅的危险或其他危险（例如暴露的有电导体）。

（3）应急喷淋和洗眼设备在安装时需考虑到使用者可从三个方向进入设备进行操作（应急喷淋房不适用）等。

GB/T 38144 还规定了设备的维护保养。因为应急喷淋洗眼装置属于特殊性设备，平时用不到，但为了保障其在突发情况发生时能够正常使用，应对应急喷淋洗眼装置进行至少每周 1 次的操作检查与维护并记录。检修需要先按照正确步骤对应急喷淋洗眼装置进行调试。若调试一切正常，也需要注意后续使用维护，定期检修，确保危险发生时设备的正常使用。另外，还需要加强相关人员规范操作意识，做定期培训。

4.8.5　使用现状

4.8.5.1　设备质量良莠不齐

目前市面上不乏以次充好的现象，有些选择碳钢或者铬含量非常少的其他劣质假不锈钢作为应急喷淋洗眼装置的制作材料时，由于耐腐蚀性能差且极易氧化生锈，污染冲洗液，在遇到危险的时候很难有效保障工作人员的人身安全（图 4-46）。

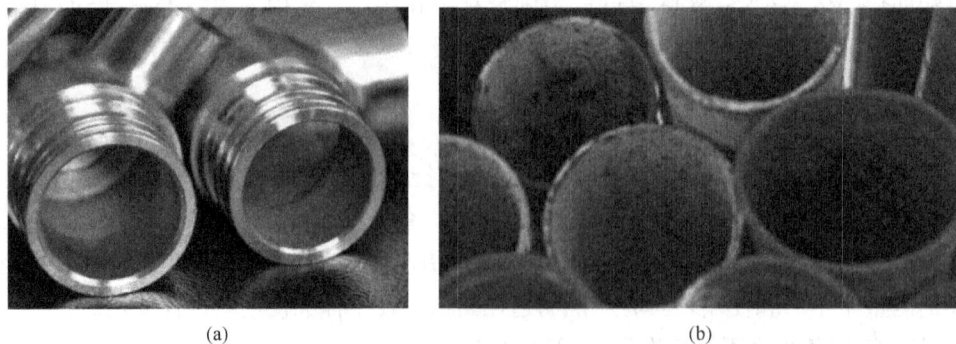

图 4-46 原材料

(a) 卫生级 304 不锈钢；(b) 劣质不锈钢

4.8.5.2 制作工艺停滞不前

管道作为应急喷淋洗眼装置的重要部件，不少厂家仍然在采用工业冷拔管（图 4-47），这类管件外表粗糙、密度差，生锈时会直接腐蚀到管内部，耐腐蚀性远不如卫生级 304 不锈钢，即使擦掉表面的锈迹，管子内部也已经被腐蚀，不久后会造成管件被腐蚀烂穿，造成漏水。曾经发生过因为管子被腐蚀产生漏水现象，水喷洒到附近的设备，造成巨大经济损失的事故。

除了制作工艺，连接方式也会对设备使用造成影响，目前不少厂家为了压缩生产成本，获得高利润，会选择成本低的螺纹连接方式，这种连接方式在安装时需用到生料带、麻丝等传统密封材料，因此拧紧固定设备时极易出现管件连接倾斜、密封性差，从而导致漏水。

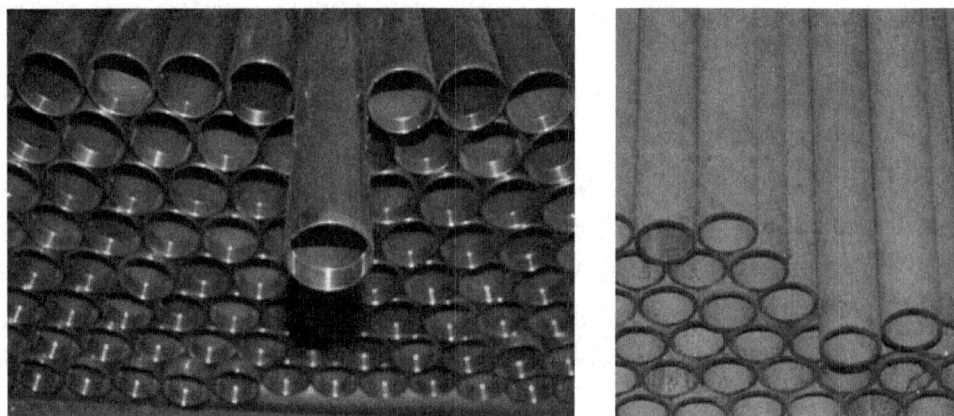

图 4-47 管件工艺

(a) 冷轧管；(b) 冷拔管

4.8.5.3 解决用户实际问题有待提升

应急喷淋洗眼装置对水压有一定要求，如水压设置在理想状态（0.2~0.4MPa）。但实际情况是，很多应急喷淋洗眼装置的应用场景是不在这个水压范围内的，尤其是部分高校实验室，所在建筑因年限久远，常存在水压较低的情况，导致设备不出水或出水量不达标，设备无法正常使用（图 4-48）。而一些新建工厂则常常会出现水压过高，当紧急情况发生时，设备中出水压力大，水流可能对工作人员的眼睛造成二次伤害。设备的设计和制造需要充分考虑这些不确定因素。

图 4-48　出水流量

(a) 水压小，出水不达标；(b) 水压大，冲击力强

4.8.5.4　未对设备进行定期保养和检修

因应急喷淋洗眼装置是在紧急状况发生时才会使用到的设备，所以很容易忽略对设备的保养和维护。建议至少每周一次对应急喷淋和洗眼设备进行操作检查与维护并记录。由于应急喷淋洗眼装置长期不使用，管内可能生成杂质，如果用含有杂质的水冲洗眼睛，容易引起眼部炎症，加重眼的损伤，如用来冲洗化学性灼伤引起的皮肤破损，也容易发生感染，带来严重的后果。为保证突发事故发生时，设备可以正常运作，建议每周试用一次开关（冲淋拉杆和洗眼器推板），保证管内流水畅通；每周擦拭 1 次洗眼器喷头及冲淋喷头，防止灰尘堵住洗眼喷头和冲淋喷头影响使用效果；按照标准每年检查一次，若洗眼喷头或冲淋喷头不出水，检查喷头孔是否被杂质堵塞，若存在堵塞，可用针状细杆清理。

使用方缺少应急喷淋洗眼装置的相关培训，不知道如何使用，如何保养，甚至不知道设备的准确位置。有时因为是后期加装应急喷淋洗眼装置，没有预留排水通道，为了防止人员随意开启设备造成地面积水就长期关闭水阀，每周也不进行检修，当事故发生时才发现应急喷淋洗眼装置不出水。曾经发生过因为将应急喷淋洗眼装置的水阀关闭，在紧急情况发生时不出水的情况，没有为人员争取到救援时间的事故（图 4-49）。

图 4-49　维护保养

(a) 洗眼头出水带有杂质；(b) 长时间不用，不保养

4.8.5.5　缺少目视化管理

对于重要的实验室安全设备，必须设置醒目的标识牌，以便工作人员面临危险情况时，能够产生迅速且准确的判断，起到及时的提示与警醒作用（图 4-50）。

(a)　　　　　　　　　　　　　　　　(b)

图 4-50　目视化管理标贴

(a) 合规应急喷淋洗眼装置标贴；(b) 三角型洗眼器标贴

4.8.5.6　前期设计不考虑实际使用

　　有些设计师不熟悉应急喷淋洗眼装置，国家标准中规定在应急喷淋洗眼装置四周离中心点要有41cm 的空间，但是许多情况下，设计时并没有为应急喷淋洗眼装置留出位置，导致在实际安装使用时，应急喷淋洗眼装置四周都是障碍物，不符合使用标准（图 4-51）。应急喷淋洗眼装置的冲洗液要求干净且不会对人体造成危害，所以设备需要接入生活用水，但是很多设计方抱有侥幸心理，觉得应急喷淋洗眼装置不会使用，或者前期设计时没有设计生活用水管道，就这样将设备接入到了消防用水，当紧急情况发生后，用消防用水进行冲洗，势必会给人体带来二次伤害。为了在事故发生时使用人员能够第一时间得到救治，国家标准规定应急喷淋洗眼装置需要安装在使用人员 10s 内能够到达的区域范围内，但是前期许多设计方会将其放置在距离使用人员很远的空旷区域，这样应急喷淋洗眼装置的作用就无法实现。

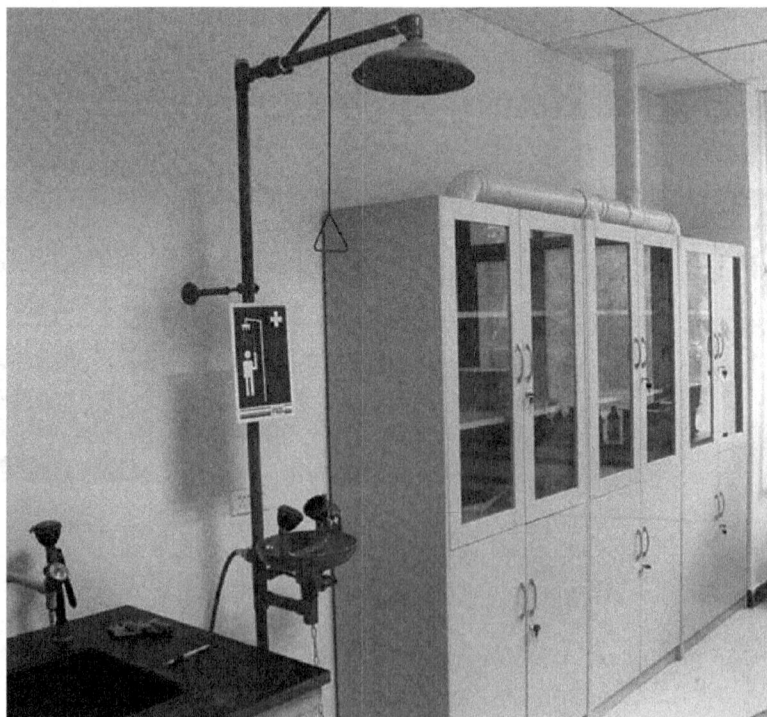

图 4-51　应急喷淋洗眼装置四周有障碍物

4.8.6　展望与建议

及时发现问题，解决问题，始终将人员安全置于首位，最大限度减少事故发生。生产制造厂家在匹配应急喷淋洗眼装置行业标准的基础上，努力做到设备质量与创新技术两手抓。在生产前期做好市场调研，解决用户所面临的难点、痛点问题，借助创新工艺提升行业竞争优势，从而推动国内实验室安全行业发展。

设计方和施工方在掌握安全知识，合理设计方案的前提下，整合用户需求，为用户制定详尽的整体解决方案，掌握并严格遵循标准规范，提升设计方和施工方专业知识培训，以便设备安装、使用的顺利、高效推进。

相关使用人员应熟知标准规范中关于应急喷淋洗眼装置的使用方法、安全注意事项等，同时应该具备对设备是否能够正常使用的基本判断能力。进行应急喷淋洗眼装置使用方法的培训是十分必要的。

第5章 化学实验室安全管理

化学实验室建设要点多，技术标准要求高，其所用试剂往往有毒有害，仪器设备也可能有一定的危险性，从而可以预见化学实验室的安全管理是个相当复杂的系统工程。越是复杂越需要严格的管理，才能实现安全运行，才能顺利完成教学、科研、检测等各种任务。正如在广袤的荒原上谈不上交通规则的必要，而繁华的大都市离开交通法规即会立刻陷入交通瘫痪，违章就会酿成交通事故，只有科学管理才能将老虎（危险）锁进笼子。有时甚至做出貌似没有道理的强制规定，例如所有实验室严禁饮食。这个难于理解吗？想想新加坡的法律为什么禁止口香糖入境就能理解了。同理，安全管理对于化学实验室，尤其是科研型化学实验室，起着至关重要的作用。

以下阐述化学实验室的几种类型及管理特点，介绍一些实验室安全管理可学习与借鉴的资源，以科研型实验室为主要对象，分别从制度管理、物品管理、人员管理、安全检查等几个方面对实验室安全管理的要点做简要说明，介绍一种实验室安全风险分析的方法，最后简要介绍实验室安全管理的目标和方向——实验室安全文化。

5.1 化学实验室安全管理特点

根据使用目的和管理上的特点可将化学实验室分为三种类型：以教学为主的基础教学类实验室、以分析测试为主的检测类实验室、以学术研究为主的科研类实验室或称作学术型实验室。

这三种类型的实验室广泛分布于高校和科研院所，因工作性质不同，各有侧重，也可能有交叉。企业的化学实验室常见为分析测试类，部分开展研发业务的企业也有科研型实验室。化学实验室的安全管理虽有共性，但三种类别化学实验室还各有特点。

5.1.1 基础教学类化学实验室

基础教学类化学实验室以本科化学实验教学为主要目的，从安全的角度考虑，不利因素是人员密集、学生实践经验少、处理紧急情况能力弱。一般实验室功能比较单一，教学内容相对固定，进行的实验一般工艺成熟，通常有指导教师在场指导（图 5-1）。基础教学实验室内容相对简单，风险相对较低。

基础教学类实验室做好实验室安全工作相当重要，因为每个化学从业人员都是从学生做起，基本的安全知识和技能的掌握应该在教学实验室阶段完成，教学实验室的安全建设不完备、安全管理不到位、安全教育不重视，都会增大学生将来工作中的风险。基础教学实验室虽然自身风险低，但其在实验室安全育人方面的重要性是不可替代的。

图 5-1 基础化学实验室

5.1.2 检测类实验室

检测类实验室以仪器分析为主要内容，实验室的电路、气路、气体管路、尾气排放等经过科学设计和建设，实验内容相对固定，风险点可以预判，各种应对容易做到有的放矢（图 5-2）。安全管理关注点以保持实验室整洁、定期维护仪器和设施、操作遵守操作规程等为主。

由于检测类化学实验室往往比较整齐干净，经常给人一种很安全的假象，容易发生在实验室饮食、戴实验手套操作键盘等安全隐患。分析测试类实验室通常涉及气体使用，尾气处理非常重要，有毒有害气体必须排出室外，只使用惰性气体也应注意实验室的通风换气，一是因为样品随尾气的排放，二是因为惰性气体连续排放会逐步导致室内氧含量降低，这个是很多实验室的认知误区。

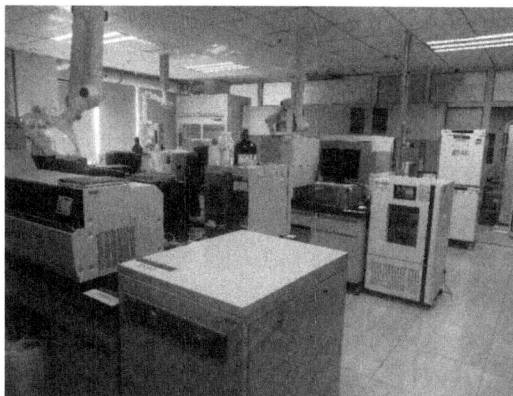

图 5-2　典型综合型检测类实验室

分析仪器往往价值不菲，安全管理到位不仅能降低仪器故障率，节约维修成本，而且是获得可靠的测试数据的基本保证。

5.1.3　科研类实验室

科研类实验室以完成科研项目为主要目的，开展以探索性实验为主的研究工作，经常尝试改变原料、实验条件和反应体系，实验周期未必能按预期进行。同一间实验室内还可能同时进行多项实验，从而造成多数科研类实验室比较拥挤（图 5-3）。科研类实验室危险源种类多、实验过程复杂、有未知风险，是化学实验室安全管理的重点和难点。

图 5-3　典型科研类实验室状态

复杂条件下各种因素都是相关的，所以科研类实验室安全管理必须统筹安排。实验室负责人作为实验室的核心一定要有担当有作为，统一管理实验人员，做好安全培训和技能培训，严格人员准入；实验室物品统一管理，科学规划实验室，物品放置有着落，各种管理落实到人，等等。

对科研类实验室，安全风险分析和管控尤其重要，这个在下面有着重叙述。

5.2　化学实验室安全管理依据

5.2.1　中国化学实验室安全管理

2022 年国务院《政府工作报告》中指出，"推进科技创新，促进产业优化升级，突破供给约束堵点，依靠创新提高发展质量""加强国家实验室和全国重点实验室建设，发挥好高校和科研院所作用""支持各地加大科技投入，开展各具特色的区域创新"。实验室正是承载科技创新的主体，对创新的追求和科研投入的加大势必要求更高水平的实验室安全管理。

另一方面，实验室事故频发，有高校，也有企业。2021年3月31日，某研究所水热釜爆炸，一名研究生死亡；2021年7月13日，深圳某大学化学实验室发生火情，一名博士后头发着火，诊断为轻微烧伤；2021年7月27日，广州某大学药学院实验室，一名博士生在清理冲洗此前毕业生遗留在烧瓶内的未知白色固体时发生炸裂，玻璃碎片刺穿该生手臂动脉血管。2021年10月24日，南京某大学材料科学与技术学院实验室发生爆炸，多人死伤。企业实验室事故也经常发生。2020年9月25日，位于东莞市松山湖高新技术产业开发区华为团泊洼项目一在建实验室内发生火灾事故，事故造成3人死亡，直接经济损失约3945万元。2021年7月，位于吉水县工业园区的江西欧普特实业有限公司发生一起实验室爆炸事故，造成1人死亡，直接经济损失180余万元。

实验室事故的发生，往往造成生命财产的损失，严重影响教学科研秩序，造成社会不良影响，更加凸显了实验室安全管理的重要性，并不断提出新的任务和挑战。每一次事故的发生，都给实验室安全管理提出警醒。从事故中吸取经验和教训是实验室安全管理前进的重要方面。

国家向来重视安全生产工作。2021年9月1日新《中华人民共和国安全生产法》开始实施。2020年4月，根据《全国安全生产专项整治三年行动计划》，国务院安委会制定了《危险化学品安全专项整治三年行动实施方案》，该实施方案虽然主要针对化工企业，但由于危险化学品也是实验室中最重要的危险源，因而该方案中关于危险化学品的使用及管理要求同样适用于高校及科研机构。国家安全生产的要求，尤其是关于危险化学品方面的政策法规，是化学实验室安全管理的重要依据。

教育部十分重视高校实验室安全工作。2021年12月教育部办公厅发布了《关于加强高校实验室安全专项行动的通知》（教科信厅函〔2021〕38号），全面落实《教育部关于加强高校实验室安全工作的意见》（教技函〔2019〕36号）和《教育系统安全专项整治三年行动实施方案》（教发厅函〔2020〕23号），提出了落实安全责任、提升安全管理能力、完善分级分类管理、建立健全项目风险评估与管控、强化安全教育体系建设、提升实验室安全应急能力、强化实验室安全基础设施建设、持续开展安全专项检查、加强实验室安全研究与标准建设等方面的具体要求。2023年2月发布的纲领性文件《高等学校实验室安全规范》，明确了学校实验室安全管理的基本要求，可用于指导化学类实验室的安全管理工作。

2021年10月国务院印发的《国家标准化发展纲要》提出了推动标准化与科技创新互动发展的目标，实验室安全管理也应与时俱进，向标准化方向做出积极响应。

中国化学品安全协会是由化工（危险化学品）行业领域内的企事业单位、科研院所、大中专院校、咨询服务机构和有关组织自愿结成的全国性、行业性社会团体。该协会参与化学品安全生产法律法规、规章标准、发展规划的研究和制修订，积极推进相关单位落实落实国家安全生产政策法规、国家及行业标准。该协会的网站、微信公众号等新媒体及时通报行业信息，开设大量安全教育和培训课程，其中不乏数量可观的免费课件，需要者可自行访问。

高等学校在教育部及相关行业上级部门的指导和监督下，逐步完善实验室安全管理体系，积极落实政策及规范的要求。高校实验室安全管理一般有实验室安全管理制度、专项管理办法、实施细则等，部分高校公布在官网实验室安全归口部门网页上，对高校间的互相学习起到了很好的帮助，需要者可以访问。

实验室安全方面国内重要的期刊是《实验技术与管理》《实验室研究与探索》，有实验室安全专栏，部分文章有一定的参考价值。

表5-1为安全生产相关的法律、法规、标准等信息资源。

安全生产相关的法律、法规、标准等信息资源   表5-1

名称	内容
全国人大法律法规数据库	法律法规查询
国务院	安全管理条例

名称	内容
国家标准全文公开系统	国家标准全文
应急管理部（安监）	安全生产规范
生态环境部	三废管理和处置
公安部	管制类化学品
教育部	高校实验室管理
国家卫生健康委员会	生物安全相关
工业和信息化部	化工企业相关
住房和城乡建设部	建筑防火标准
农业农村部	动植物相关生物安全
交通运输部	危险货物运输
人力资源和社会保障部	职业健康
化学品安全法规信息平台	法律法规、国标、地标、行标、团标、国际标准等
化学安全教育服务平台	安全培训课程

5.2.2　美国化学实验室安全管理

美国化学品安全与危害调查委员会（CSB，The U. S. Chemical Safety and Hazard Investigation Board）是一个独立的联邦机构，1998 年 1 月开始运作，该委员会的任务是负责调查化学事故发生的条件和情况，查明原因，防止类似事件的发生，起到教育的作用，保护人类和环境。CSB 调查人员是资深行业专家，不仅对已经发生的事故进行全面调查分析并给出书面报告，而且经常对更普遍的化学危害进行调查，并根据调查结果为美国职业安全和健康管理局（Occupational Safety and Health Administration，OSHA）和美国国家环境保护局（U. S Environmental Protection Agency，EPA）提出监管和改革建议。CSB 多数事故案例所属为企业，也有个别美国高校的实验室事故，可以下载完整的事故调查报告，还有一些事故分析短片，所有都可以作为安全教育的教材级文献资料。

美国化学会（ACS）是一个化学学术组织，ACS 实验室安全中心拥有权威的化学专业体系，通过教育、培训、指导等多种渠道，支持和促进安全的、符合伦理的、负责任和可持续的化学实践活动，经常组织各种以安全、健康、环境（Environment、Health、Safety，简写为 EHS）为主题的工作坊，其中以加利福尼亚大学洛杉矶分校（University of California, Los Angeles，UCLA）为中心的工作坊最具影响力。该工作坊基本两年举行一次（2020 年因新冠肺炎疫情延至 2021 年线上进行），每次都围绕当时的热点主题进行交流和讨论，并形成结论性意见发表。2012 年重点讨论了实验室安全机制和危化品；2014 年重点讨论了研究型实验室中危险源问题，梳理了实验室安全研究的要素，并就 EHS 专员和研究人员如何沟通进行了探讨；2016 年讨论了研究型实验室的事故原因和教训，将其作为研究工作的一部分推进实验室安全规范，并讨论了安全文化在推进实验室安全工作和降低事故和伤害方面的重要性；2018 年主要围绕危险源辨识和风险评估，讨论了不同学科、本科生和助教的良好规范教育，以及学术型实验室如何借鉴企业和国家实验室的经验；2021 年围绕如何吸引研究人员参与实验室安全管理，教学实验室的良好安全规范，探索研究生引领实验室安全工作的途径。

美国化学会的两本期刊很有学习价值，分别是：《ACS chemical health & safety》《Journal of chemical education》。前者是实验室安全的专业期刊，有很多围绕科研类实验室的安全问题进行论述的文章；后者为化学教育的综合性期刊，在实验室安全教育方面很有特色。

美国多数大学设有 EHS 部门，从培训到化学品的安全常识、常见的 SOP（Standard Operation Precedure，标准操作规程）、应急知识等，有很多化学安全知识和材料可以参考和借鉴。

5.2.3 安全管理理论模型

实验室安全领域普遍缺乏专门的理论研究，但可以参考安全学科几个经典的理论模型，将实验室安全的各种因素套用模型，分析安全管理的因果利弊，从而指导安全管理的改进和提升。常见的安全管理模型如下：

1. 海因里希安全法则

海因里希安全法则指出，1起安全事故的背后必有29起轻微事故和300起未遂先兆，背后会有1000起事故隐患，要避免事故要从排除隐患做起。

海因里希多因果连锁模型指出，事故的发生不是一个孤立的事件，原因可归结为遗传及社会环境因素、人的缺点、物的不安全状态和人的不安全行为，排除隐患就从以上几个方面找根源。

2. 瑞士奶酪模型

瑞士奶酪模型指出，有孔的奶酪切片叠放在一起，当每个层面的孔洞处于同一位置光线就能顺利穿过，一个实验过程的不同阶段都有可能有漏洞，当每个阶段的漏洞都被突破，最终就会导致事故的发生。

3. 杜邦安全文化曲线

杜邦安全文化曲线也叫布莱德利曲线，该模型指出安全文化的四个层次，自然本能、法治监督、自我管理、团队文化，形成团队安全文化是实验室安全管理追求的目标，该模型为安全管理指出了提升的方向。

以上理论模型从不同的角度对实验室安全管理有一定的指导作用，有必要向所有安全管理人员和实验人员普及。

化学实验室有各种风险，需要大量的专业知识和技能，需要用科学的逻辑思维方式顺藤摸瓜辨识危险源、评估相应的风险、降低和管控风险，并为可能发生的紧急情况做好应对准备，做到心中有数，安全有序完成实验，维护实验室的安全有效运行。这个思路就是美国化学会推出的RAMP安全分析过程。RAMP是四个单词的首字母，分别是Recognize（辨识）、Access（评估）、Minimize（降低）、Prepare（应急）四个步骤。按照这个逻辑进行分析，针对风险采取相应的措施，将风险控制在可接受的范围内，保障实验顺利进行，维护整个实验室的安全秩序。这个思维方式不仅可以用在实验的风险分析中，安全管理也可以按照这个思路进行。

5.2.4 实验室安全思维模式——RAMP风险分析

1. 危险源辨识（Recognize hazards）

这个过程需要以整个实验过程为脉络，逐个梳理所涉及的各种可能的危险因素。了解所用化学品的性质，可以通过化学品安全技术说明书（Safety Data Sheet，SDS）、标签、网络、文献、向负责人或有经验的同伴请教等各种渠道收集安全信息，了解化学品的参数、易燃易爆性、有毒有害性、腐蚀性、是否遇湿易燃、是否有放射性等；了解所涉及的仪器设备、物品的安全信息，例如是否有高速、高温、高压、电离辐射等；实验过程是否涉及或产生过氧化合物、是否有吸热放热、是否涉及有害微生物；产物及可能产生的"三废"等。

2. 评估风险（Access the risk of hazards）

评估是最重要的一个环节，必须科学地认识实验过程中的风险大小。不能高估风险而造成过度防护、浪费资源，甚至实验过程中畏首畏尾，更不能低估风险而导致事故发生、人员受伤、财产受损。例如，所用化学品的毒性如何，人员暴露的概率有多少？使用易燃危化品的实验，每批次所用的量或者实验室的存量是否可能引起火灾？放热反应的放热特点是否剧烈，放热是否有可能引起火灾或爆炸，如何做到可控？整个实验设计中有没有"阿克琉斯之踵"，如何防范？等。

3. 降低风险（Minimize the risks of hazards）

第三步是如何降低风险。风险是客观存在的，即使做好周到的实验设计，遵守良好的实验室安全规范，也不能保证完全避免风险，此时就要考虑如何降低风险。

降低风险首先考虑是否可以通过管理方法达到目的，例如优化实验过程、用低毒低风险的试剂代替高毒高风险的试剂、严格遵守良好的实验室规范等。但这些手段并不能解决所有问题，降低风险更多采取工程控制措施，工程控制好比"把老虎锁进笼子""老虎来前有报警"。本书有关章节中涉及的实验室建设的标准化、通风系统设计、气体管路设计等内容，都属于工程控制。易燃试剂采用带排风的试剂柜，也可以采用带阻火阀的专用试剂柜，使用危险气体配置相应的气体报警器，大量使用惰性气体配置氧含量报警器，对电力有严格要求的装置安装稳压电源或不间断电源，等等。

通过工程控制仍然不能消除的风险，就需要考虑采取必要的个人防护措施。个人防护就相当于参观野生动物园时乘坐的笼车。根据实验性质采用工作服（防护服）、护目镜、手套、口罩、防毒面具、护耳、防护鞋等，将人体暴露风险降至最低，保护实验人员免受伤害。

4. 应急准备（Prepare for emergencies）

风险是客观存在的，尽管已经努力采取各种预防措施，仍然需要做好应对意外事故发生的准备。实验室常见的紧急情况一般为火灾、爆炸、化学物质遗洒、人身伤害等，实验室应配备相应的灭火器、灭火毯、消防沙、安装必要的紧急喷淋装置、洗眼器、救急药箱等，并应教会实验人员正确选择和使用的方法。一般人在突发事件面前可能手足无措，所以做好应急预案准备和应急演练，才能在意外发生时做到沉着冷静、科学有序地应对。

5.3　化学实验室安全管理要点

5.3.1　制度管理

1. 管理体系

安全是个系统工程，不是单凭个人或单个实验室的力量就能做好的，形成完备的安全管理体系才是根本。实验室所在单位应制定切实可行的安全管理办法，明确管理体制、组织机构、各部门职责、日常安全监督要点、奖惩等，明确安全管理的每个环节由谁负责、谁执行、谁监督、谁考核。

每个行政层级都应结合实际制定实施细则落实实验室安全管理的要求，如教育部规定普通高校实验室管理实行学校—院系—实验室三级管理。落实全员安全责任体系，是《中华人民共和国安全生产法》的重要要求。

化学实验室应根据需要配备相应的专职或兼职安全员，安全员应具备相应程度的化学专业知识和能力。

2. 管理制度

首先应有危险化学品管理制度，对购买、存放、个人防护、处置做出明确规定，确保使用安全。管制类试剂、气体、废弃物都是特殊类型的危险化学品，可以在危险化学品管理制度中体现，也可以制定专项管理办法。

实验室应有项目和人员准入管理机制，实验项目应经过安全风险评估满足实验室的准入条件才能开展。实验人员应该接受严格的安全培训和技术培训，达到实验室准入的要求才能进入实验室。实验过程需要经过安全风险评估，将风险控制在可接受范围内才能开展实验。

实验室应对危险源或实验过程制定相应的 SOP，并对实验人员做好培训。

实验室在改造、维修、大型设备安装、功能变化等等各种变化都会对安全条件造成改变，实验室应有针对以上变化的管理办法。

化学实验室常见管理制度名称如下：《实验室安全管理规定》《危险化学品管理办法》《管制类化

学品（剧毒、易制爆、易制毒）管理办法》《实验气体安全管理办法》《实验室废弃物管理办法》《实验室自检自查管理办法》《安全教育、培训和准入细则》《应急预案和应急演练》《×××标准操作规程》《实验室改造审批流程》等。

化学实验室安全管理制度的首要问题是"合规"，符合上级部门的管理要求是编制管理办法的基本要求。现行的相关法律、法规、规章、指南、通知分别在全国人大、国务院、各部委、地方政府都可以查到，必要时可以查阅原文。其中，2021年新修订了《中华人民共和国安全生产法》，国家对危险化学品的管理正在从《危险化学品安全管理条例》上升为《中华人民共和国危险化学品安全法》的立法阶段，并已列入《国务院2022年度立法工作计划》；关于危险化学品的购买、使用、存储及消防等归口应急管理部；关于"三废"排放归口生态环境部；关于剧毒、易制爆、易制毒等管制品的购买、使用、存储等要求归口公安部。部分管理规范已经形成国家标准，强制性国家标准必须满足，推荐性国家标准可以参考，多数现行的国家标准可以通过国家市场监督管理总局官网查询。

典型的适用化学实验室的法律、法规、标准有：

《中华人民共和国安全生产法》《中华人民共和国固体废物污染环境防治法》《危险化学品安全管理条例》《易制毒化学品管理条例》《易制爆危险化学品治安管理办法》《化学品分类和危险性公示 通则》GB 13690、《化学品分类和标签规范》GB 30000、《常用化学危险品贮存通则》GB 15603、《气瓶安全技术规程》TSG 23、《个人防护装备配备规范》GB 39800、《实验室废弃化学品收集技术规范》GB/T 31190、《危险废物贮存污染控制标准》GB 18597、《生产经营单位生产安全事故应急预案编制导则》GB/T 29639、《实验室危险化学品安全管理规范 第2部分普通高等学校》DB11/T 1191.2《实验室挥发性有机物污染防治技术规范》DB11/T 1736、《实验室危险废物污染防治技术规范》DB11/T 1368等。

图 5-4 重要资料分类整理，妥善保管

3. 管理档案

实验室基础装修设计图纸、各种台柜购置合同、施工验收等都是安全维护的重要资料，应妥善保存。仪器维护、气路维保、监测与报警器检定保养、废弃物处置等是实验室安全管理的重要组成部分，都应记录并保存备查（图5-4）。

5.3.2 物品管理

1. 合理布局

（1）固定设备设施

合理的空间利用是实验室安全的基础。本书相关章节对实验室建设进行了科学论述，如果实验室能够按照相关的标准和要求进行设计并完成施工，由实验台、通风柜、气路等固定设施形成基本的布局，即可形成安全布局的基本盘。在设计阶段如果能将相对可移动的大件物品，如冰箱、药品柜、材料柜、气柜等也纳入设计范畴，则整个实验室的空间利用会更加科学合理。

（2）可移动物品

可移动物品是影响安全的重要因素，液氮罐、小气瓶、刚买来的试剂或材料、使用后的试剂、待处理的废弃物、待报废的仪器、新购仪器或物品的包装箱等，这些经常搬动和临时占位的物品随机性很强，实验室的杂乱无章往往是这些物品造成的，从而成为安全隐患。要解决这些问题，一是及时将非必要的物品清理出实验室，将没有使用价值的物品及时报废处理，二是给物品指定固定的位置，三是实验人员要互相监督，养成使用公共物品放回原处的好习惯。另外，临时放置物品要考虑到空间利用的禁忌，如液氮罐、气瓶要避开加热装置、暖气、阳光直射等位置，化学试剂不能随手放在有暖气的窗台上（图 5-5）。还要考虑到这个位置是否安稳，如试剂瓶不能放到纸箱子上，图 5-6 所示液氮罐不能放在一个不牢固的小桌子上。

图 5-5　液氮罐和烘箱紧邻放置

图 5-6　液氮罐放在不牢固的高处

（3）临时搭建装置

临时搭建装置、添置新设备、开发新实验、同一间实验室同时开展多个实验等，需要注意合理分配空间。临时拉电线、水路、气路等，应注意对周围的影响，对周围的实验人员做好警示提醒，用毕尽快归位。空间利用分不开且实验性质又互相冲突时，就应考虑在时间段上错开实施。

2. 危险化学品管理

化学实验室可能有各种各样的风险，但危险化学品是安全管理的重中之重。

（1）危险化学品基础知识

了解所用化学品的性质是实验室安全最基本的要求，是化学工作者的基本科研素质。国家标准《化学品分类和危险性公示　通则》GB 13690—2009 根据化学品危险属性，将危险化学品分为 28 种，其中物理危险（又称理化危险）16 种（爆炸、易燃气体、气溶胶、氧化性气体、加压气体、易燃液体、易燃固体、自反应物质和混合物、自燃液体、自燃固体、自热物质和混合物、遇水放出易燃气体的物质和混合物、氧化性液体、氧化性固体、有机过氧化物、金属腐蚀物）、健康危害 10 类（急性毒性、皮肤腐蚀/刺激、严重眼损伤/眼刺激、呼吸道或皮肤致敏、生殖细胞致突变性、致癌性、生殖毒性、特异性靶器官毒性——一次接触、特异性靶器官毒性—反复接触、吸入危害）、环境危害 2 项（危害水生环境、危害臭氧层）等。化学品进入人体有三种途径，分别是消化道、呼吸道和皮肤，从而产生毒性效应，健康危害可能是上述 10 种的一种或多种。

如此多种多样的风险，不仅要学会辨识，还要知道评估和控制，才能具备在化学实验室安全工作的能力。首先，杜绝在实验室内饮食的恶习，避免污染或误食，导致中毒事故的发生；第二，操作挥发性物质必须在效果良好的通风柜中进行，避免吸入危害；第三，穿戴长袖工作服、穿不露脚趾的鞋、戴手套，避免皮肤暴露。

正确理解化学品的毒性，采取恰当的控制措施，防护不缺失，也不要过度。例如，操作毒性强但难挥发的液体，应该戴合适的手套避免皮肤接触，而不是非要挤到通风柜中操作。再例如，操作易挥发且有毒的有机溶剂，应该严格在通风柜中进行，而不是个人戴上防毒面具不在通风柜中操作，这样才能避免对整个实验室空气的污染，避免对周围其他人造成伤害，避免"假装"做了呼吸防护。

查阅安全技术说明书（Safety Data Sheet，SDS）是了解化学品最重要的手段。根据《化学品安全技术说明书 内容和项目顺序》GB/T 16483—2008，SDS 包含 16 部分，分别是化学品及企业标识、危险性概述、成分/组成信息、急救措施、消防措施、泄漏应急处理、操作处置与储存、接触控制和个体防护、理化性质、稳定性和反应性、毒理学信息、生态学信息、废弃处置、运输信息、法规信息、其他信息，每部分的标题和编号及前后顺序都是固定的。虽然很多化学品的 SDS 有目前人类认知尚未到达的内容，但 SDS 仍是最具权威和全面的参考。化学品 SDS 原则上从试剂厂商处获得，也可以参考网上调研的信息。

（2）存放

实验室应设置试剂储存间或专用试剂柜，注意远离热源，避免阳光直射。易挥发的试剂还要保证通风，保证没有蒸气聚积。试剂不叠放、不倒放，小瓶试剂可以采用合适大小的收纳筐（盒）分类存放（图 5-7、图 5-8）。毒性较强或一旦泄漏会造成严重后果（例如大包装）等情况可配备二次容器，如发生泄漏则可限定在二次容器内。

液体试剂、大瓶（大于 500mL）试剂、毒性较强的试剂不放在高于视线的位置，因为高于视线高度的取放不符合人体工学，徒然增大失误的风险，而这些试剂一旦发生意外都不是小事儿。

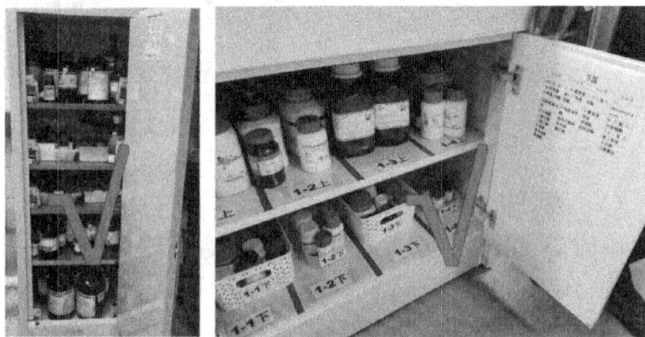

图 5-7　试剂混杂、叠放，杂物堆放　　　　　图 5-8　试剂分类清晰，台账一目了然，小瓶试剂采用
　　　　　　　　　　　　　　　　　　　　　　　　　　　　收纳筐分类存放，防止倾倒掉落，方便找到

每瓶试剂都有规定的位置，有序分类存放，固体液体不混乱放置，用毕及时归位。互为禁忌的化学品要分开放置，网络上很容易查到化学品存储禁忌矩阵表，需要时可自行搜索。

管制类试剂（剧毒、易制爆、易制毒、毒、麻）要合规存放和使用，严格按照实验室管制类试剂的管理制度进行。

（3）存量

存量控制很重要，实验室应当只存必要的量。危险化学品总量原则上不超过 100kg，其中易燃易爆性化学品不超过 50kg，且单一包装不大于 20kg，不多买，不多存，是良好的科学研究习惯（图 5-9、图 5-10）。

图 5-9　试剂柜中多瓶 4L 易燃有毒试剂，　　　图 5-10　一次购买多箱易燃溶剂，造成存量超标，
　　　　存量超标，且试剂柜层板不堪重负　　　　　　　　多层堆积有倾倒风险，供暖季靠近暖气存放，
　　　　　　　　　　　　　　　　　　　　　　　　　　　　易造成瓶压增大，有炸裂风险

（4）台账

化学品应有台账，并及时更新。简单易行的做法是张贴在相应的试剂柜上，这样能够一目了然

（图 5-11）。不用的、过期的危化品及时做报废处理，既腾出了空间，又消除了风险。

（5）废弃物管理

实验室产生的废弃物两种：一是危险废物，二是普通垃圾。

1）危险废物

危险废物是实验室产生的含有危险化学品的废弃物，包括无机废液、有机废液、废弃的化学试剂，以及含有或直接沾染危险废物的实验室检测样品、废弃包装物、废弃容器、清洗杂物和过滤介质等。危险废物是"特殊的危险化学品"，由于经常被忽视而导致其危险性、对实验室环境和人体健康的危害不亚于危险化学品，危险废物的管理和危险化学品管理同等重要。

产生危险废物的单位应与具有危险废物处置资质的专业厂家签订处置合同，原则上按照合同的要求，根据化学特性和危险特性，进行分类收集和暂存。严禁将危险废物直接排入下水道，严禁与生活垃圾、感染性废物或放射性废物等混装。

有活性的化学物质转出实验室前一定做灭活处理。

废液应根据化学性质分类装入专用的废液桶中，粘贴危险废物信息标签、警示标志；液面不超过容量的 3/4。装得太满容易造成泄漏、涨桶，甚至爆裂，非常危险，原因有热胀冷缩形成的压力，也可能是挥发性成分的蒸气压力，所以留出气体空间是非常必要的（图 5-12）。

图 5-11　试剂柜台账一目了然，新添减试剂手写更新，台账定期更新

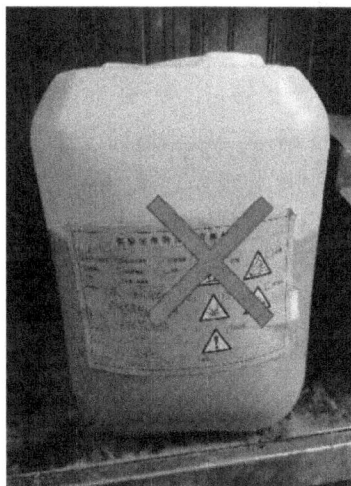

图 5-12　气温升高造成涨桶

除了开盖倒废液外，其他时间废液桶的盖子要盖好，否则会有挥发性气体泄漏，污染空气，损害人体健康。

2）普通垃圾

实验室产生的危险废物以外的就是普通垃圾，很多实验室容易出现两个问题：一是包装箱堆积，二是垃圾篓满溢。普通垃圾要及时清理出实验室，维持实验室整洁，这是实验室安全运行的基础，也是实验室全体人员精神面貌的象征。

3. 安全信息明示

安全信息明示可以有两方面的作用：对新进实验室的人员的安全教育，以及对内部人员的日常提醒。安全信息类型可以多种多样，常见有安全信息门牌、规章制度、标准操作规程、各种标签、临时告知、区域划定、警戒线等，可以通过文字、图标、颜色、物理分隔等各种方式实现，达到风险告知、危险提醒、规范要求提醒等相应的目的。

（1）安全信息门牌（卡）

安全信息门牌（卡）应包含实验室名称、负责人、安全员、联系方式、危险源类别、防护要求、应急处理要点、紧急联络电话等信息，集中实验室内的基础安全信息。安全信息门牌应张贴在实验室门外显著部位，如果实验室有两个门，那么每个门上均应该贴一张安全信息牌。

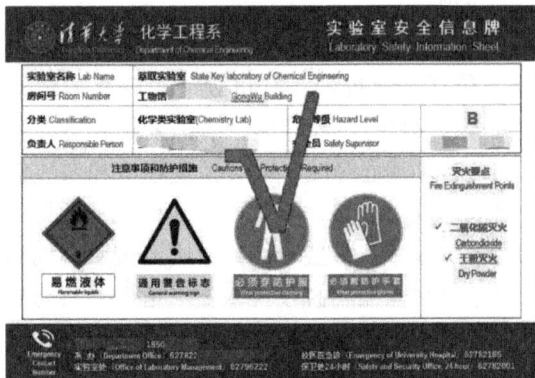

图 5-13　门口的信息牌

安全信息门牌的用处很多，第一，新人现场培训可以对照这个信息牌进行，以后每日进实验室都能看到这个信息牌，无形中能起到一个提醒作用；第二，物业巡查和单位安全检查时可以一目了然，为安全管理提供极大的便利。第三，实验室一旦发生状况，外部救援人员并不熟悉实验室内部情况，此时安全信息门牌的作用就会非常大。

安全信息牌应达到一目了然的效果（图 5-13），尽可能采用图形，标准图形参考《安全标志及其使用导则》GB 2894—2008，禁止标志共有 40 个（红色），警告标志共有 39 个（黄色），指令标志共有 16 个（蓝色），提示标志共有 8 个（绿色）。多个标志在一起设置时，应按警告、禁止、指令、提示类型的顺序，先左后右，先上后下排列，也就是黄、红、蓝、绿的顺序。

每个标识都有特定的含义，特定环境应严格选择相应的标识，千万不要用错图标。个别标识长得很像，但意义相反，如氧化性和可燃性标识，外观都是火苗，但氧化性标识的内部是个圆圈（图 5-14）。不能自己创造标识，因为自创的标识不具备共识，在紧急时刻容易引起误解，得不偿失。

（2）制度和规程上墙

实验室管理制度张贴上墙是个很好的做法。常见的是"实验室安全守则""实验室卫生要求""×××操作规程"，总之都是实验室负责人希望实验人员遵守的规则。把要求明示出来，免得一遍遍督促、批评、教育，在人员多的实验室效果尤其显著。

张贴标准操作规程很普遍，有的做成展板形式，有的做成卡片形式。实验室常见的实用操作规程有气瓶、低温、高温、压力系统、真空系统、大型精密仪器等。规程中必须包含安全操作、个人防护、注意事项等关键点。

这些上墙的制度和规程往往就是实验室的基本要求，张贴上墙后可以用于新人的现场培训，平时还能起到参考和提示的作用，是一种可借鉴的做法（图 5-15）。

图 5-14　可燃性标识（左）氧化性标识（右）

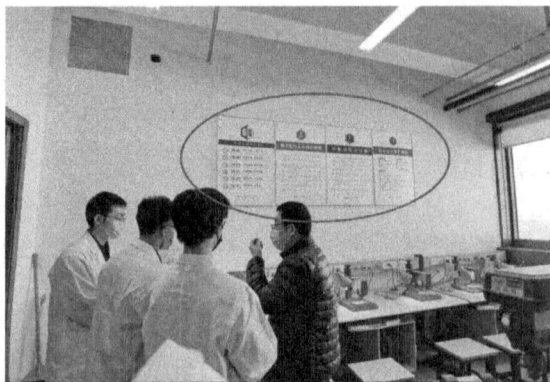

图 5-15　实验室内的规章制度、操作规程等的上墙

（3）标识和标签

试剂标签应完整，如有腐蚀或者脱落，必须及时修复或者补充完整。自配试剂应及时粘贴标签，标明成分、浓度、日期。在人员较多的实验室还应写上姓名，以防其他人用错。有时可以用记号笔代

替标签，但前提是要保证笔迹不被所用溶剂损毁。实验室中的无签试剂是重要隐患，哪怕装的是高纯水也要清楚地提示。

使用管道集中供气的实验室，务必对气路做好标识，在管路上标明气体流向，在每个关键位置标明气体成分。存在多条气体管路的房间需张贴详细的管路图。同一套管路如果更换气体种类，务必做好气体置换，如果前后两种气体不相容，需要先用惰性气体进行吹扫替换，并及时重新标记气体名称（图 5-16）。

废弃物管理是实验室管理的重点，按照《危险废物贮存污染控制标准》GB 18597—2001 的要求，实验室内应划定危险废物暂存区域并悬挂危险废物标识，应按化学特性和危险特性分类收集和暂存，收集容器上粘贴危险废物信息标签、警示标志（图 5-17）。危废标签开始就应该贴好，而不是等到转运时才贴，这也和实验室中不允许无标签试剂存在的要求是一致的。

图 5-16　气体气路做好标识，明确气体流向

图 5-17　危险废物分类存放，警告标识、
区域界限、防遗洒托盘俱全

实验室化学废液一般在实验室内收集，转运到单位的贮存站后清运出单位，由有资质的公司进行处置。目前，相关政策逐步鼓励产废单位源头减量化处理，即采用化学吸附、分级热裂解等技术对化学废液进行就地、即时处理（图 5-18）。其中采用分级热裂解技术的设备，还要对尾气进行脱硫、脱硝、除尘和活性炭吸附治理，使尾气达标排放，最终实现化学废液的源头无害化和减量化。目前一体化结构的成套设备已经通过生态环境部环境发展中心的技术评估鉴定，并得到了应用。

（4）临时提示

人们都见过公共场所刚擦完地放一块"小心地滑"的指示牌，提醒路过的人防止滑倒。同样的道理，当大家共用的实验室发生或者可能发生不利影响时，有义务做口头、留言、围挡等提示。

开展高风险的实验应该对实验室其他人员以合适的方式提前告知。如做高温高压实验可以悬挂类似"高温实验进行中，请勿靠近""高压实验进行中，请勿靠近"的字样，如果不是必须自始至终值守，还需要写上姓名和电话。临时性标识在实验完成后应及时撤除。

图 5-18　分级热裂解技术处理化学废液的设备

有时需要划临时警戒线，如果一旦有危险化学品遗洒，在自己有能力处理的时候，第一应该做的就是划定"请勿靠近"的区域，告知周围的人发生了什么，直至应急程序完成才能解除。

反应时间较长且比较温和的实验连续值守多是不现实的，尤其是需要过夜运行时。单位通常有无人值守实验的审批报备制度。获批的实验无人值守运行时应该张贴实验连续运行时间、联系人姓名和电话等信息，这样不论是实验出现异常，还是周围发生紧急情况，现场的人能及时联系，避免不必要的风险或损失。进行过夜实验的实验室在门口贴提示"有实验过夜、姓名、电话"等字样的留言，夜间巡视人员会多加留意，一旦发现异常实验人员会及时得到通知，异常可以及时得以处理，有效防止事故的发生。

公共设备设施如发生故障及时报告管理人员并悬挂"故障，已报修、待修"等字样的信息，不能置之不理一走了之。

还会有各种各样的临时提示，应根据实际需要，做到大家信息共通，共同维护实验室的安全。

5.3.3 人员管理

1. 培训资格和形式

培训讲师（trainer）的资格应由实验室负责人决定，培训讲师可以是负责人本人，也可以指定其他有能力的人员担当。培训讲师及可培训的内容应在实验室备案，杜绝随便找个有经验的人说说就算培训了的做法，上海某大学2016年9月21日实验室爆炸事故就是血淋淋的教训。

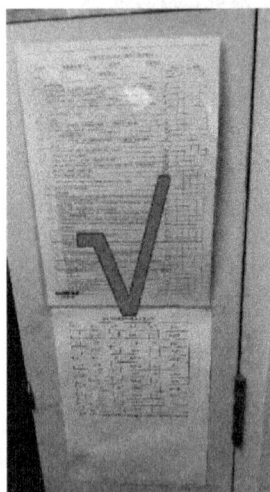

图5-19　实验室门内侧张贴
自检自查表（上）
和实验室准入人员名单（下）

安全培训形式可以多种多样。组织方式可以是上级部门组织，也可以实验室内部组织；培训内容可以分管理规则培训和安全技能培训；培训形式可以是讲授也可以自学；可以多人一起，也可以一对一；考核形式可以是书面也可以实操；可以是演习，也可以是桌面推演；可以线上，也可以线下。无论以何种形式完成培训，目的都是为了遵守安全规则，掌握安全技能。

2. 准入人员档案

培训是很严肃的安全管理过程，人员培训的详细信息应记录保存，记录内容应包含时间、内容、被培训人员名单、培训讲师等。培训记录是对负责人和实验人员双方负责的见证，也能更加督促培训体系规划好制度化。有的实验室将准入人员清单贴到门后，非常方便对照检查（图5-19）。

3. 实验室内部安全交流

化学实验风险点多，尤其在创新型科研实验室，只凭培训和考试并不能全覆盖所有风险点，并且可能有潜在的新的风险存在。团队内部经常安全交流，总结经验吸取教训，排除隐患，分析新问题避免新风险等，形成团队安全文化。

5.3.4 安全检查

目前大多数实验室还处在"以查代促"的阶段，至少在目前阶段，安全检查还是起着很重要的作用。各实验室应做好经常性的自检自查，认真对待各级部门的全覆盖检查、抽查或专项检查，并积极做好隐患整改。

1. 自检自查

实验室日常应该做自检自查，内容包括设备设施状态、水电气使用、试剂台账、应急物资、个人防护用品存量、实验室卫生等，可以根据具体实验室的实际情况做成表格对照检查。

2. 各级部门的检查

各级部门有例行检查和专项检查、教育部检查、消防检查、环保排放检查、其他检查。各种检查虽侧重不同，但最终都是为了排除隐患保障安全，所以对实验室的要求是统一的。教育部每年更新《高等学校实验室安全检查项目表》，对照项目表，安全检查越来越专业，越来越全面。

安全检查是手段，不是目的，抗拒检查和应付检查都是不对的。安全检查的目的是排除隐患，创造安全的实验室环境，发现隐患，及时整改才是关键。

5.4　化学实验室安全文化

5.4.1　安全第一

随着人们安全知识和技能的不断积累，就会越来越体会到安全的重要性，真正认识到安全是成功的保障，真正理解"安全第一"，就会以更加积极的态度审视实验室中可能的隐患，检查实验室的每项安全措施。这样发展下去，就会将珍视安全、安全地工作、防止危险行为、担当安全责任、促进团队安全文化等各个方面渗透进自己的日常行为习惯，树立正确的安全观。

安全是个不断追求的过程，文化课考试得 90 分一般很高了，但在安全知识上如果考 99 分，错的那一分有可能在将来的某个时候成为事故的祸根。做事情精益求精，让安全成为实验人员的内在追求，让安全成为团队共同的价值观，形成实验室良性的安全文化，才是安全管理的努力方向。

5.4.2　对待事故的态度

对待事故的态度也是安全观的重要表现。风险总是客观存在，失误甚至事故谁都不能保证绝对不发生。发生事故或者失误后，应认真分析前因后果，挖掘根源，填补漏洞，避免再次发生，不是单单惩罚和批判就了事儿，这才是正确对待事故的态度。很多安全知识就是从前人的错误或事故中总结出来的，应该珍惜前人的经验和教训，当遇到哪怕很小的事件时，也应该分享，以便让其他人引以为戒。

5.4.3　个人领导力

对待实验室安全的态度是安全文化的另一个重要体现。不把安全仅仅当成一条条的规则，不能靠简单机械地记忆或遵守，要理解其中的为什么，才能自觉地把安全变为自觉行动。例如，大家都能记住使用易燃有机溶剂一定要避开明火，但懂得了燃烧的三要素（可燃物、助燃物、点火源），就会知道点火源除了明火，还有热和静电，于是在使用易燃有机溶剂时就会自觉穿防静电的工作服，就可以自觉不把溶剂瓶放到暖气片上方。凡事问个为什么，个人的安全知识和技能水平就会随之提升。

领导力（leadership）在实验室安全中尤其重要，这个领导力不是指担任行政职务，而是指在日常实验室活动中的带头作用，每个人都可以在实验室安全方面表现其个人领导力。首先自身要安全，始终佩戴必要的个人防护设备，如护目镜、手套和实验服等，为周围的人树立良好的榜样；发现周围的人有不安全行为及时提醒和告知，提供必要的帮助或指导；报告发现的安全事件（无论多么轻微）；花时间认真分析事件中的得失，汲取经验和教训；不断增长专业知识和技能。这些都是个人领导力在实验室安全方面的表现。每个人都以身作则，为实验室安全贡献力量，实验室整体安全水平就可以得到质的提升。

5.4.4　全员参与

实验室安全管理不是安全员一个人的工作，需要所在实验室全体人员的参与，每个人都要变被动参与为主动引领，变被动承担责任为主动担当，变被动遵守规章为自己的安全习惯，并落实到日常行动中。全员参与的实验室安全才是安全文化的正确模式。

实验室安全文化还可以有多种多样的具体表现形式。开展安全文化月，如举办实验室安全知识竞赛，清华大学研究生开展"每周五为实验室清扫日"活动，发放安全手册，设置安全课程，组织各种专题的安全培训，组织安全交流会，开展实验室间互查等，都是卓有成效的实验室安全文化实践活动。

本章参考文献

[1] 百度百科.3·31中科院化学所爆炸事故[EB/OL].(2021-04-08)[2022-08-15].https：//baike.baidu.com/item/3％C2％B731％E4％B8％AD％E7％A7％91％E9％99％A2％E5％8C％96％E5％AD％A6％E6％89％80％E7％88％86％E7％82％B8％E4％BA％8B％E6％95％85/56562416? fr＝aladdin.

[2] 南方科技大学.关于化学实验室发生火情的通报[EB/OL].(2021-07-13)[2022-08-15].https：//newshub.sustech.edu.cn/html/202107/41069.html.

[3] 中山大学药学院.药学院关于7.27实验安全事故的通报(药学〔2021〕132号)[Z].2021-07-27.

[4] 百度百科.10·24南京航空航天大学实验室爆燃事故[EB/OL].(2021-10-24)[2022-12-11].https：//baike.baidu.com/item/10％C2％B724％E5％8D％97％E4％BA％AC％E8％88％AA％E7％A9％BA％E8％88％AA％E5％A4％A9％E5％A4％A7％E5％AD％A6％E5％AE％9E％E9％AA％8C％E5％AE％A4％E7％88％86％E7％87％83％E4％BA％8B％E6％95％85/58976726? fr＝aladdin.

[5] 东莞市松山湖"9·25"较大火灾事故调查组.东莞市松山湖"9·25"较大火灾事故调查报告[EB/OL].(2021-02-24)[2022-08-15].http：//dgsafety.dg.gov.cn/ztzl/aqsczdlyxxgkzl/scaqsgdcbg/content/post_3467446.html.

[6] 吉水县应急管理局.江西欧普特实业有限公司"7·24"爆炸事故评估报告[EB/OL].(2022-08-10)[2022-08-15].http：//www.jishui.gov.cn/xxgk-show-10204450.html.

[7] 百度百科.9·21东华大学爆炸事故[EB/OL].(2018-03-29)[2022-08-15].https：//baike.baidu.com/item/9％C2％B721％E4％B8％9C％E5％8D％8E％E5％A4％A7％E5％AD％A6％E7％88％86％E7％82％B8％E4％BA％8B％E6％95％85/20010686? fr＝aladdin.

[8] 中国新闻网.一氧化碳误接输气管 导致博士研究生昏厥死亡[EB/OL].(2009-07-07)[2022-12-11].https：//www.chinanews.com/edu/edu-xyztc/news/2009/07－07/1763981.shtml.

[9] 国家安全生产监督管理总局.企业安全文化建设导则：AQ/T 9004—2008[S].北京：煤炭工业出版社,2009.

[10] 国家安全生产监督管理总局.企业安全文化建设评价准则：AQ/T 9005—2008[S].北京：煤炭工业出版社,2009.

[11] 清华大学新闻网.研究生实验室清理日活动顺利开展[EB/OL].(2021-11-08)[2022-08-15].https：//www.tsinghua.edu.cn/info/1660/88653.htm.

第6章　化学实验室典型案例

本章从工程实践角度，介绍化学实验室建设成就。在选择案例时，注重各案例的代表性，如安全管理、智能检测与控制、危化品管理、数字化、智能化、装配式建设、节能低碳等方面；并尽可能涵盖相关的领域，例如，高等学校、有色冶金、科研院所、医药、化工、石化、检验检测等行业。共甄选了13个代表性案例。撰写案例时，结合化学实验室特点，并兼顾相关专业，包括：工艺、建筑结构、暖通空调、给水排水、电气等。

6.1　清华大学化工系实验室安全管理体系

案例行业： 高等学校
案例特点： 化学实验室安全管理体系
本节执笔： 艾德生（清华大学实验室管理处　副处长）
　　　　　　　丁立（清华大学化学工程系　高级工程师）

6.1.1　学科背景

化工学科是清华大学工学学科群的重要组成部分，是学校工科发展的重点方向之一。清华大学化工系1998年首批获"化学工程与技术"和"材料科学与工程"一级学科博士学位授予权，2007年"化学工程与技术"一级学科被评为首批全国重点学科。2013年，在QS世界大学化工专业排名中，清华大学化工专业位列第16名，直至2022年清华大学化工专业排名连续第九年保持在15位之前，是中国唯一进入世界前15强的大学化工专业。化学工业涉及大量使用危险化学品，化学反应有较多危险性高的工艺过程，所以化学工业具有装置密集、高毒性、高风险性等显著特点；化工生产过程中容易发生火灾、爆炸、中毒和环境污染等事故，并造成大量人员伤亡和财产损失。因此，职业健康、安全和环保，已经成为影响化工学科发展、化工专业人才培养的关键性因素，而培养具有健康身心和恪守职业伦理的化学工程师是化工专业人才培养在"价值观塑造"上的重要体现，也是影响未来化学工业发展的核心要素。

清华大学化工系（以下简称化工系）的培养目标（PEO）明确提出：清华大学化学工程与工业生物工程专业旨在培养学生具有数学、物理、化学和生物学基础知识；掌握化工工艺、设备和产品设计及系统集成的基本理论和方法，具备发现、分析和创新性地解决复杂工程问题的能力；拥有健康身心和合作意识，恪守职业伦理；主动面向科技、经济和社会重大需求，在产业、学术和管理等方面发挥引领作用。

6.1.2　体系要点

6.1.2.1　建立动态的实验室分类分级管理机制

基于对化工系人才培养目标的深刻认识，针对化工系的教学和科研实验室中化学药品、气瓶、各种大型仪器设备数量和种类多，科研实验常变常新，参与实验的人员层次较复杂等实际情况，从2011年开始，清华大学在校内率先对化工系的所有实验室进行危险源辨识和进行实验室分级管理，并且形成每一间实验室的风险告知书，张贴在实验室的醒目位置。具体的分类分级列表以及实验室风险信息牌如图6-1所示。

实验室分级

根据实验室是否使用易燃、易爆、有毒、强腐蚀、强辐射、强氧化试剂及用量，是否使用高温高压设备等，将实验室分为A、B、C、D四级，实行有重点的分级管理

单位	A级	B级	C级	D级
高分子	7	5	11	12
生物化工	7	4	6	7
应用化学	3	3	1	6
萃取分离	21	8	8	16
反应工程	20	4	8	23
膜分离	0	3	5	2
系统工程	1	0	2	4
工业生态	0	0	0	7
合计	59	27	43	81

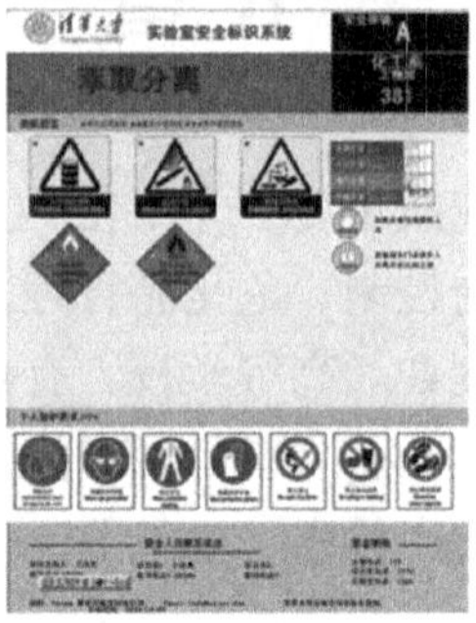

实验室风险信息牌

图 6-1　化工系实验室分类分级列表与实验室风险信息牌

通过实验室内危险源的梳理，实现了化工系共 210 间实验室的分类分级管理，突出了需要重点关注的 A、B 级实验室，极大地提高了管理能效。实验室风险信息牌张贴在实验室门口，用简明扼要的图标告知了实验室的主要危险源和进入实验室需要佩戴的防护用品。信息牌还包括出现紧急情况下的房间负责人或联系人的电话。

6.1.2.2　通过全覆盖的实验室准入制度，建立风险评估与责任体系

清华大学于 2015 年初在校内率先对化工系的所有进入实验室的人员实行实验室准入制度。实验室准入制度（S-PASS）是在实验室危险源充分告知的前提下进行的，准入制度包括实验室安全知识学习和考试，填写实验过程风险评估报告，分析报告经导师、实验室安全员审核、接受现场面试四个环节，详见图 6-2。

实验室准入制度（S-Pass）

目的： 保证所有进入化工系实验室工作的人员了解周围的危险源、采取必要的防护措施、具备必要的安全知识、掌握简单的应急处置方法。

对象： 所有进入化工系实验室进行实验操作的人员，包括：本科生、研究生、博士后、访问学者、合同制科研人员、企业合作人员等。

截至2015年10月，已有617人获得实验室准入证

与化工系人事管理部门联动，通过合同管理和实验室准入制度，摸清情况、分类管理

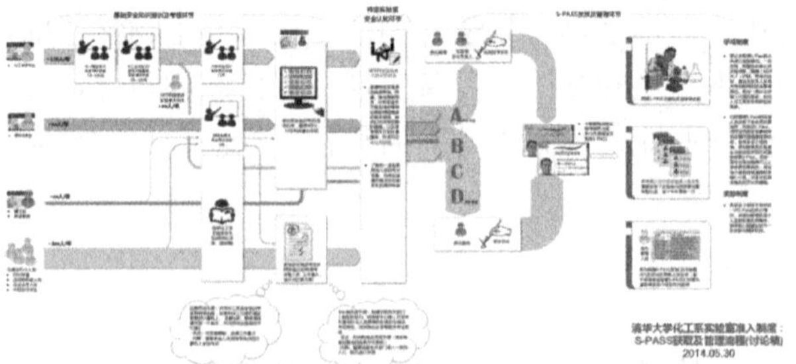

实验室准入证获取流程图

图 6-2　化工实验室准入工作流程

在实验室准入制度中，实验过程风险分析报告（图 6-3）的填写是实验室准入制度管理的核心要素，实验过程风险分析报告需要根据实验操作过程逐条填写。例如：在每一个实验操作步骤中，通过辨识该步骤的主要操作危险因素（化学品、危险设备、反应过程等），并且评估危险因素可能带来的

操作风险，在这个基础上，操作人计划采取相应的限制危险发生的必要措施以及假如发生相应的危险情况时，需要的应急物资和方法。

实验过程的风险分析：				
简要实验步聚	危险源 危险化学品、有害微生物、压力容器、高低温设备、高转速设备、辐射、机械设备等	风险分析 化学品或微生物危险性，设备在运行中可能出现的问题	防护措施	化学品或有害微生物泄漏处理
制备偶氮Janus粒子：将偶氮聚合物、芘与PS溶解于二氯甲烷中，在搅拌下将溶液迅速逐滴加入PVA水溶液中，溶剂挥发6h.沉降、离心洗涤，得到不同粒径产品	化学品：芘	侵入途径：吸入食入经皮吸收；健康危害：未见急性中毒报道。长期接触3～5mg/m³，可出现头痛、乏力、睡眠不佳、易兴奋、食欲减退、白细胞增加、血沉增速等。NULL低于0.1mg/m³，未见不良影响。环境危害：NULL；燃爆危险：本品可燃	在通风柜里进行操作，操作时应佩戴防护口罩，穿实验服，戴防护手套。操作过程应远离火种、热源，避免与氧化剂接触。避免长期反复接触该化学品	隔离泄漏污染区，限制出入。切断火源。应急处理人员应戴防尘面具（全面罩），穿防毒服。用洁净的铲子收集于干燥、洁净、有盖的容器中，转移至安全场所。若大量泄漏，收集回收或运至废物处理场所处置
	化学品：二氯甲烷	侵入途径：吸入食入经皮吸收；健康危害：本品有麻醉作用，主要损害中枢神经和呼吸系统。急性中毒：轻者可有眩晕、头痛、呕吐以及眼和上呼吸道黏膜刺激症状；较重者则出现易激动、步态不稳、共济失调、嗜睡，可引起化学性支气管炎。重者昏迷，可有肺水肿。血中碳氧血红蛋白含量增高。慢性影响：长期接触主要有头痛、乏力、眩晕、食欲减退、动作迟钝、嗜睡等	在通风柜中量取，佩戴防护口罩，戴防护手套，穿实验服，远离火种、热源，避免与碱金属接触	切断火源，小量泄漏用砂土或其他不燃材料吸附或吸收

图 6-3　化工系实验过程风险分析报告局部示意

在实施实验室准入的工作过程中，提交的实验过程风险分析报告需要导师的审核、实验室安全员的审核以及学院级安全员的审核，在审核过程中，不同角色的人员将承担不同的责任和义务，在完成分析报告的审核过程中形成签字确认的文档，从而实现了实验室安全的全员参与和责任分担，也体现了《中华人民共和国安全法》的要求。在灵活多变的科研实验室安全管理方式上，真正实现了"充分告知""必要培训""全程留痕"和"责任明确"的管理新范式。这种责任分担的形式，在 2017 年的教育部安全检查中得到认可和赞许。实验室准入过程中的责任分担如图 6-4 所示。

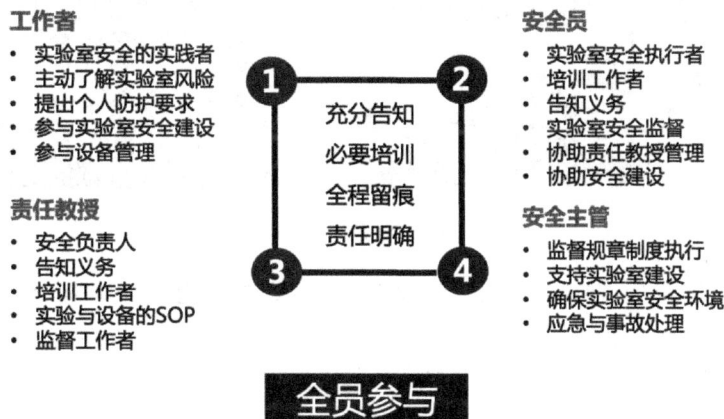

图 6-4　实验室准入过程中的责任分担

6.1.2.3　建立覆盖本科生四个学年的安全培训体系

　　化工学科是一门实践性很强的工程科学，结合专业培养目标的要求，将本科生安全知识与工程伦理的培养贯穿于本科实践教育的全过程。根据学生在大学期间的不同阶段，建立分阶段培训、分层次教育的安全教育体系。图 6-5 显示了化工系对学生的安全教育环节。

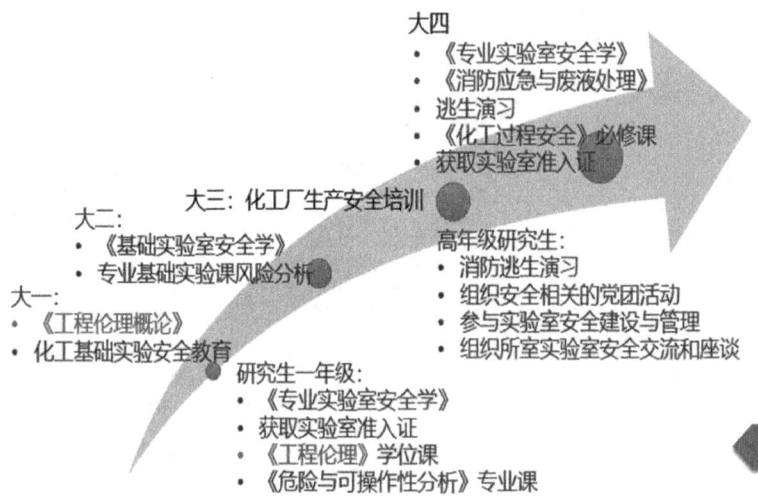

图 6-5　化工系学生安全培训体系

　　工程伦理作为所有从事工程活动中的价值取向，在大学一年级就为学生开设工程伦理概论（必修），内容以案例分析与讨论作为主要教学方式，以增强学生有效处理工程中道德复杂性的能力，提高自我的伦理修养为教学目标，明确工程师的社会责任和职业行为规范。在大学二年级，针对实验教学内容的特点，开设基础实验室安全及风险分析培训，以实验课程的教学内容为研究对象，让学生初步掌握实验基础安全知识，初步了解实验过程的风险分析原则和方法。在大学三年级，结合专业实践训练的内容，开设化工生产安全培训课程，了解化学品生产过程中的安全管理规范以及事故应急措施（图 6-6）。在大学四年级，针对即将进入实验室进行毕业论文综合训练的学生，除了开设化工过程安全的必修课以外，还开设专业实验室安全知识培训与事故应急处置演练的训练环节。针对即将进入实验室进行本科毕业论文撰写的学生，还必须参加实验室安全知识考试，填写实验过程风险分析报告，获取实验室安全准入许可，才能进入实验室开展实验研究工作。

图 6-6　化工系学生在上安全培训课程

　　除了在每一学年的适当时期，开展有针对性的安全知识与技能培训以外，化工系还邀请国内外安全和 HSE 领域的专家，定期为本科生从职业、健康与安全角度、实验安全风险评估角度和化工过程安全角度，开设丰富多彩的安全知识讲座与培训，如图 6-7 所示。

图 6-7　化工系学生在接受校外专家的安全培训

6.1.2.4　建立与消防安全相结合的实验室安全应急响应体系

化工系根据所处建筑物的实际情况，分别制定不同的消防疏散应急预案，并定期进行演练。在演练过程中，由部分学生组成安全评估组，对每一次的演习环节进行评估，从评估的结果来修正原有的消防应急疏散预案。通过这一过程，不仅提高了应急疏散预案的可行性，而且使学生深度参与到安全应急处置的过程，有效提高了安全应变的能力。消防应急疏散培训流程如图 6-8 所示。

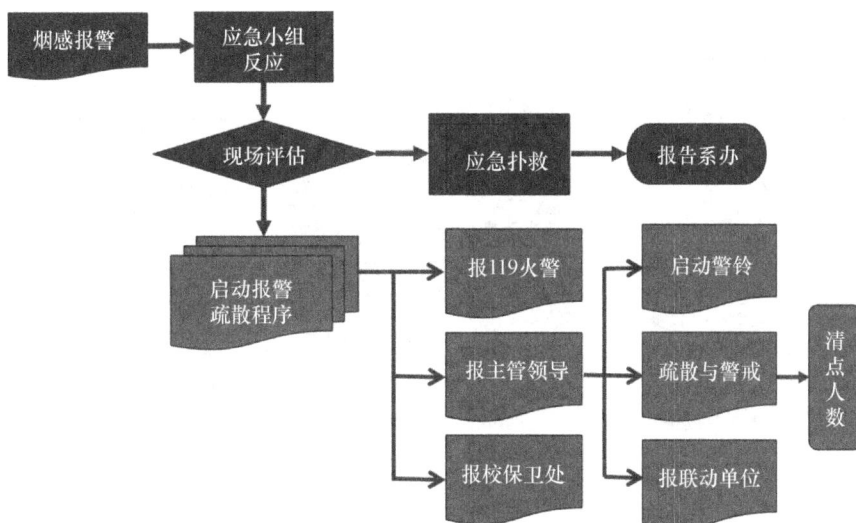

图 6-8　化工系消防应急疏散流程图

通过消防应急体系的建设和演练，化工系形成了自己的实验室安全应急响应机制和应急小组（图 6-9～图 6-11）。

图 6-9　化工系学生在进行消防逃生应急演练

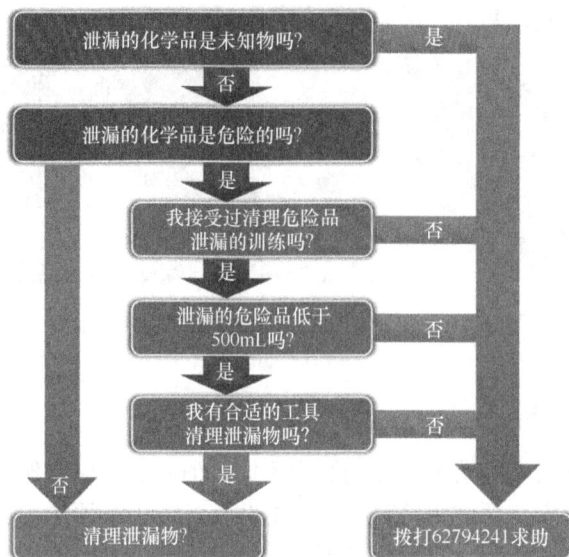

图 6-10　化工系化学品泄漏应急响应程序

图 6-11　化工系学生在进行化学品泄漏应急演练

6.1.2.5　强化实验室安全基础设施建设，打造"以人为本"的职业健康环境

1. 完善的实验室内安全设施

化工实验的特点通常是使用危险化学品和操作高温高压设备，实验室内有大量的危险化学品、气瓶、高温高压设备和部分生物材料，因此化工系对实验与实践环节以及其中的安全保障格外重视，实验室安全设施升级及改造工作是工程控制措施建设的重要方面。从 2014 年开始，化工系安全工作组就从实验室局部通风、实验室安全标志、实验室安全防护措施三个方面，对实验室的安全设施进行了改造。具体措施如图 6-12 所示。

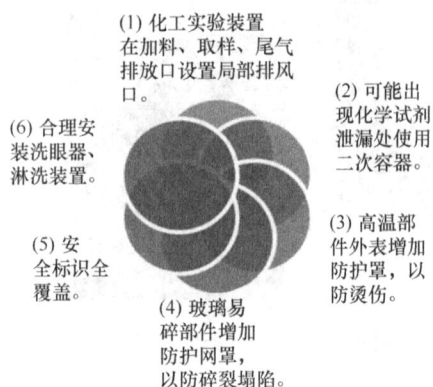

(1) 化工实验装置在加料、取样、尾气排放口设置局部排风口。

(2) 可能出现化学试剂泄漏处使用二次容器。

(3) 高温部件外表增加防护罩，以防烫伤。

(4) 玻璃易碎部件增加防护网罩，以防碎裂塌陷。

(5) 安全标识全覆盖。

(6) 合理安装洗眼器、淋洗装置。

图 6-12　实验室安全设施改造的具体措施

2. 采用集约式的实验用气体供应方案，有效降低危险源数量

化工系从 2017 年开始，尝试采用集约化供气的方式进行气路改造。化学工程国家重点实验室以科研实验室为主，涉及 25 位教师和约 75 位同学所在的 30 间实验室，分布在 6 层楼中。科研实验室不像教学实验室那样气体的种类和规格

相对固定，不仅有仪器设备用的惰性气体，还有研究工作用的各种反应气，其中不乏氢气、乙炔、硫化氢等危险性气体。经过耗时 4 个月的多轮需求摸底调研，制定了将集中供气和集约化供气相结合的方案，最终将原来室内的 110 个气瓶移出。在一用一备的情况下，只需 49 个气瓶，本质上减少了危险源数量。气瓶统一分类放置在楼外气瓶间内，并配备检测报警和强制通风设置，从技术角度把安全风险降到最低。在各个楼层都有气瓶状态监控面板，可以随时了解气体使用情况，压力不足时及时报警更换。实验室用气终端如图 6-13 所示。

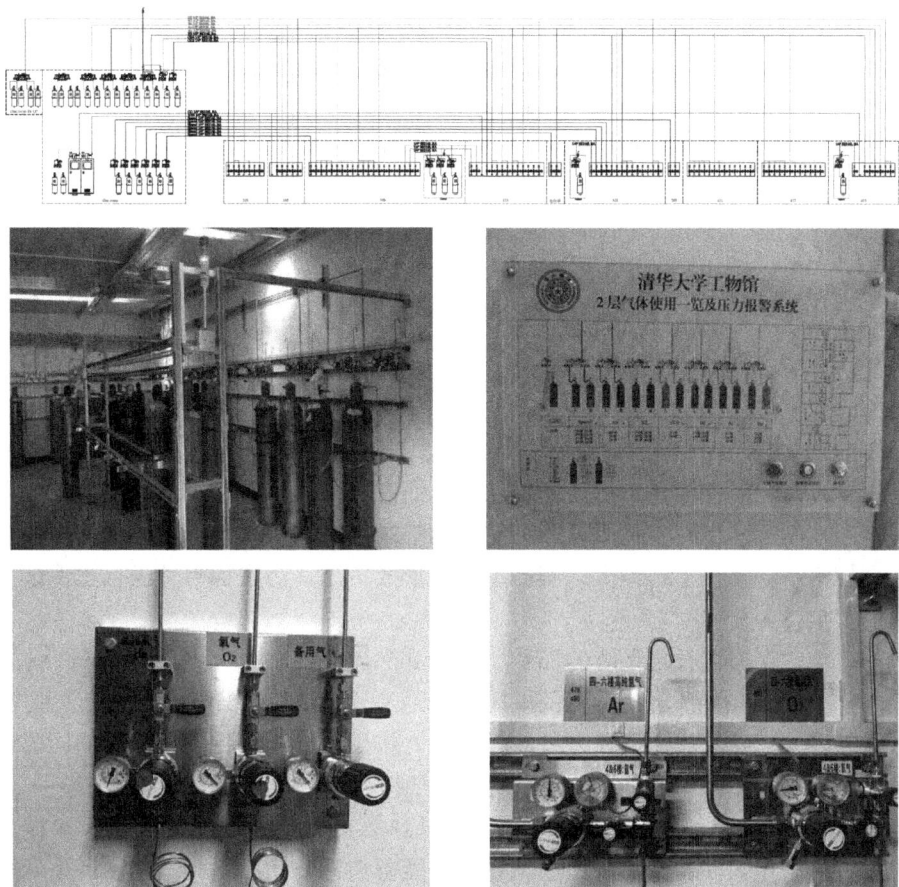

图 6-13　实验室用气终端

3. 合理设计实验室通风系统

化学化工类实验室的通风系统是重要的工程控制措施之一。有效的通风系统设计必须考虑排风和补风两个方面的因素。一个是排风量和补风量的控制，维持污染区域内的微负压状态，确保污染物不会外溢到公共区域；另一个是排风位置和补风位置的布局，降低局部区域气流干扰，确保实验室整体空间上的气流组织。有效的通风系统提高了实验室的通风换气条件和效率，避免因实验室内有机溶剂挥发、易燃、有毒气体在实验室空间的局部聚集而引发燃爆、中毒事故，可有效保障科研人员的人身安全和科研实验室的安全运行。通风系统排出的实验室内含有机溶剂的废气，经过活性炭吸收后排放，也需要符合《中华人民共和国大气污染防治法》，确保实验室对环境的友好。有效的通风系统提高了实验室的空气质量，降低了实验室内污染物的浓度，也符合《使用有毒物品作业场所劳动保护条例》的要求，使长期在实验室内工作的师生健康得到有效保障。2019 年，化工系对工物馆的实验室进行了通风系统的改造，如图 6-14 所示。

实验室排风系统均采用"负压抽吸高空排放"方式，排风机安装于楼顶，排风机通过楼面以及楼宇内通风竖井中的管道与各实验室及实验设备连接，所有连接的通风设备及废气输送管道均处于负压

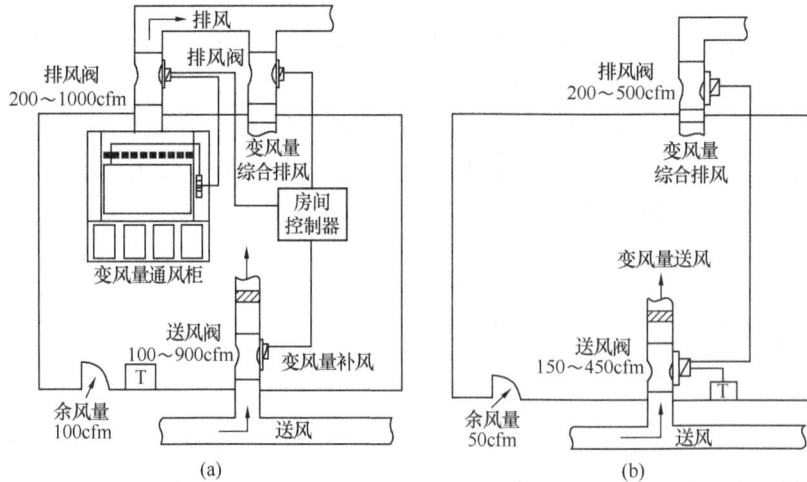

图 6-14　工物馆实验室通风系统改造基本方式示意

(a) 有通风柜的实验室；(b) 无通风柜的实验室

注：100cfm＝2.83m³/min。

状态，有效避免废气外溢；风机安装于楼顶，通过尾气吸收系统后，实现无害化高空排放。为了平衡实验室排风产生的负压，工物馆通风系统整体改造考虑补风系统的配套。一方面可以平衡实验室内的负压，另一方面可以在固定的位置进行定点补风，从而有效形成实验室内的气流组织。考虑不同层高及空间的影响，因地制宜采用"自然补风"与"主动补风"相结合方式，通过专业控制系统对机械送风系统进行精准控制，既保证了污染区（实验室内）形成负压，污染物不外溢，也保证了公共区（楼道）正压，形成安全屏障。

随着季节的变化，实验室补风系统的加热、制冷和除湿会产生大量的能源消耗。据不完全统计，维持舒适的化学化工类实验室环境所消耗的能源是普通实验室的4~6倍，这也是实验室建设和运维必须考虑的因素。在工物馆实验室通风系统的设计中，排风管道中的冷量和热量的回收，成为设计方案的关键因素之一。采用了间壁式换热设备，通过合理的布置排风管路和热回收组件，将夏季18℃和冬季25℃的排风中的冷量和热量回收后，再送到补风管道对室外空气进行制冷和加热，有效降低实验室的能源消耗。采用热回收的实验室通风系统，能源消耗量比原先只增加了一倍，全年的热回收平均效率为40%左右。工物馆通风系统热回收如图6-15和图6-16所示。

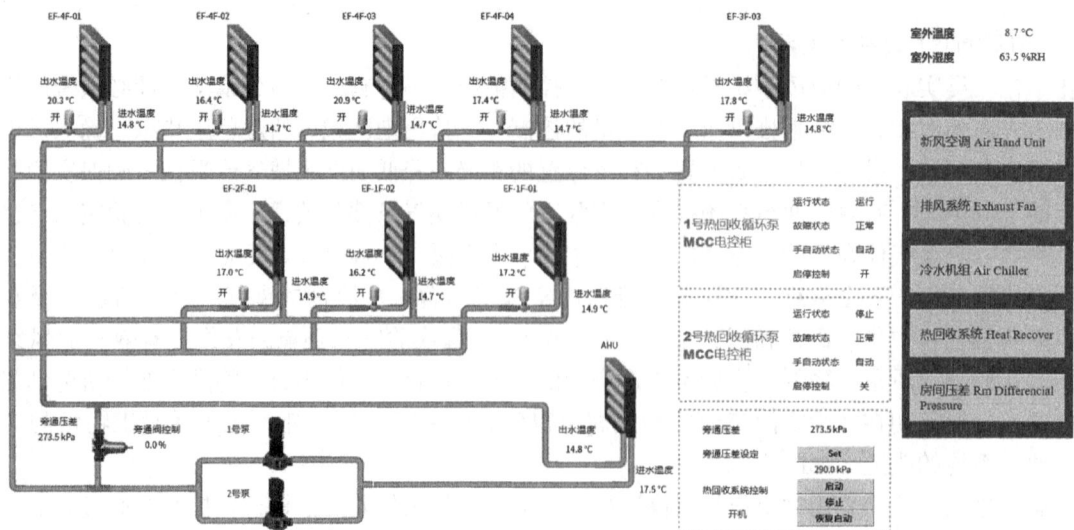

图 6-15　工物馆通风系统的热回收

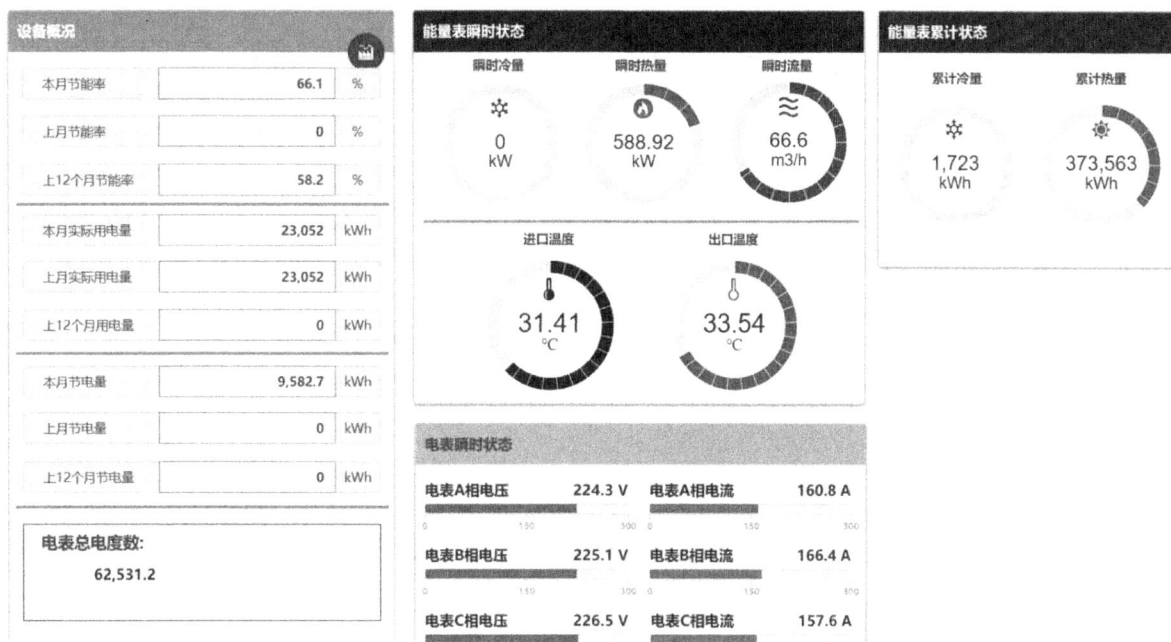

图 6-16 工物馆通风系统热回收计量

6.1.3 成效

化工系在实验室安全管理工作上的努力和尝试，最终期望形成 SHE（Safety、Health、Environment）一体化的管理体系，通过系统化的预防、管理手段和机制，尽可能消除各种事故、环境和职业病隐患，最大限度地减少事故、环境污染和职业病的发生，使化工系实验室安全、环境与健康条件达到一流水准。这些工作都与化工系致力于建设符合 GB/T 19001—2016/ISO9001：2015 质量管理体系认证、GB/T 24001—2016/ISO14001：2015 环境管理体系认证、GB/T 45001—2020/ISO45001：2018 职业健康安全管理体系认证的实验室安全条件保障和建设，与清华大学建设世界一流学科的努力相适应。

美国密苏里科技大学化学与生物化工系教授 Douglas K Ludlow 到化工系考察后，特别强调了化工系的安全意识和安全措施给他留下了深刻的印象，并表示安全已成为化工系文化的一部分。他认为通过化工系的安全管理措施，将有助于学生树立高度的安全意识并将之带入职业生涯之中而造福社会。

6.2 中国矿业大学实验室安全智能控制系统

案例行业：高等院校
案例特点：实验室安全智能监测与控制系统
推荐专家：吴祝武（中国矿业大学实验室与设备管理处 处长）
本节执笔：白向玉、孙志华、陈小雨、陈 平、刘 宏、何士龙（中国矿业大学）

6.2.1 实施背景

6.2.1.1 行业层面

实验室是高校实施创新人才培养、科学研究和社会服务的重要场所，是体现学校教学科研水平和展示学校办学实力的重要标志。实验室安全工作直接关系到广大师生的生命财产安全，关系到学校和社会的安全稳定。

目前，国内高校的实验室安全管理体系日趋完善，部分高校开展了相关研究。比如，有的高校针对实验室开放创新所出现的问题，从矩阵管理和"互联网＋"信息化管理新思路出发，提出人、物、事、环的立体化管理模式；有的高校基于云计算和大数据，构建了云视域下高校实验室安全体系的新模型；有的高校在调研国外高校和企业实验室安全体系的基础上，建立了人、法、防、保、育等要素的实验室安全管理模式。总体来讲，大多数高校根据自身实验室数量和特点，加强了人防、物防管理，逐步建成了危化品智能管理系统、实验室安全考试系统、实验室安全检查系统、废弃物管理系统等，基本实现了实验室安全的信息化管理，在一定程度上提升了高校实验室安全管理的技防水平。然而，高校现有的各类安全信息化管理系统多为校级管理平台，未对涉及实验室安全的全要素进行全过程闭环管控，缺少必要的感知手段，智能化管控水平相对较低。具体体现在以下几方面：

1. 实验人员未做到全过程管理

当前，大部分高校应用的安全考试系统仅具备模拟考试、正式考试和证书查询等功能，实验人员无法在安全考试前通过在线方式学习系列安全课程并进行虚拟仿真模拟体验，管理者仅通过门禁、监控等传统手段对实验人员进行安全准入和实验过程监管，对未穿实验服以及在实验室喝水、饮食等常见违规行为不能做到精准识别、及时预警。

2. 危险源管理存在一定盲区

大部分高校危险源管理系统以危化品、气瓶为主，未将特种设备、冷热设备、实验室废弃物等危险源全部纳入信息化、智能化管理系统。现有危化品管理系统对各实验室化学品的存储量、取用方式、使用台账等无法做到全面监管，气瓶管理系统未做到"采购—接收—存储—使用—回收"的全过程、动态化管理，安全"最后一公里"问题未得到有效解决。

3. 环境监测预警能力相对薄弱

大部分高校根据实验室危险源类型，通过安装烟雾、温湿度、气体泄漏传感器等硬件设施对实验室环境进行监测，但因缺少智能化控制系统，安全风险发生后不能及时预警，无法自动采取必要的应急手段。

4. 安全管理体系不够健全

当前，部分高校正在探索构建实验室安全双重预防体系，但侧重于实验室风险评估与隐患排查治理，未对实验室做到动态分级管控；现有信息化系统以安全检查系统为主，未将风险评估、分级管控纳入系统管理。同时，实验室安全档案以传统的纸质档案为主，未将实验室全要素管理、全过程管控的各类工作形成电子工作档案。

6.2.1.2 学校层面

中国矿业大学是教育部直属的全国重点高校，先后进入国家"211工程""985优势学科创新平台项目"和国家"双一流"建设高校行列，设23个学院，72个本科专业。学校现有实验室共1420间，其中一级风险实验室237间（高风险），二级风险实验室118间（较高风险），三级风险实验室184间（中风险），四级风险实验室881间（低风险）。学校中风险以上实验室占比37.96%，主要分布在化工学院、安全学院、环测学院、煤加工中心等，此类实验室广泛涉及易燃易爆气体、危险化学品、明火、燃烧爆炸、高温高压等，风险隐患大，呈现点多、面广、分散、危险源多等特点，管理与监管难度较大。

近年来，学校高度重视实验室安全管理工作，坚持统筹发展和安全，完善"四化"全员安全责任体系，推进"四清单"生产本质安全体系，聚焦"四防"安全治理能力体系，建设"四系统"数据赋能安全体系，推动实验室安全从高效管理到精准治理，有力保障校园安全稳定和师生生命财产安全。2014年以来，学校基于"创新、融合、协同、安全、共享"理念，坚持问题导向、目标导向，实施了基于校院两级的实验室综合管理平台建设，建成了危险化学品全生命周期管理系统、实验室安全考试系统、实验室安全检查系统等，形成了"数据采集与处理、大数据分析与研判、动态评估与实时反馈、管理协同与制度保障"四个系统，实现了实验室安全的信息化管理。

实验室安全治理是一项系统工程，具有多变性、复杂性、探索性等特点，与人的不安全行为、物的不安全状态、环境的不安全因素和管理的不健全直接相关，必须通过有效的人防、物防和技防手段进行管理。当前，学校的实验室安全管理工作还存在如下不足：一是以人防、物防为主，技防手段相对滞后，存在一定的信息孤岛；二是对实验室安全的全要素、要素的全过程闭环管控还存在薄弱环节；三是感知能力薄弱，预警水平较低，应急处理时沟通及分析判断能力不足。

6.2.1.3 重要意义

2015年天津港"8·12"大爆炸以来，教育部、各地区、各有关部门高度重视实验室安全工作，先后部署开展了一系列加强高校实验室安全的专项行动，取得了一定成效。但是，囿于高校实验室的多样性、实验人员的流动性、实验场所的分散性和部分实验项目的探索性，加之多数实验室环境和安全设施有所缺失，一些高校实验室安全事故时有发生。据不完全统计，1986—2021年发生的155起实验室事故，其中涉及高等院校135起，科研院所20起。因此，高校实验室安全形势依然严峻。

近年来，国务院及相关部委先后印发了《中国教育现代化2035》《教育信息化2.0行动计划》《关于推进教育新型基础设施建设构建高质量教育支撑体系的指导意见》等一系列文件，都要求推进信息化、智能化建设，促进信息技术、智能技术在教学、管理、学习、评价等方面的应用，以教育信息化带动教育现代化。

在"智能＋"时代背景下，面对高校实验室安全的新形势、新特点和新要求，通过强化人防、物防和技防建设，充分发挥信息化、智能化在实验室安全管理中的作用至关重要。为有效解决实验人员、环境状况等多维根源性风险，高校结合实验室安全管理存在的难点和困局，充分运用物联网感知、大数据、人工智能、AR/VR等先进信息技术，建设开放、共享、实用、标准、安全的高校实验室安全智能管理平台，是主动顺应"智能＋"时代背景下创新人才培养的必然要求，对高校实验室的安全管理工作具有重要意义。

6.2.2 思路及途径

6.2.2.1 设计思路

针对实验室安全管理存在的技防手段不足、预警水平较低以及实验室安全全要素、全流程、全过程管控不足等问题，学校依托安全工程"双一流"学科优势，充分挖掘并有机集成实验室安全管理的全要素和全过程，构建基于"三全"理念的实验室安全智能监测与控制系统（图6-17）。系统性从人、物、环、管四个方面进行多维监测，对实验室进行安全预警和应急，从而实现实验室安全的全要素管理、全过程监控和全方位感知。

6.2.2.2 设计目标

（1）实现智慧教育。通过布设学习考试一体机、智能管控一体机等设施，进行多元化学习和安全考试，提升师生的安全意识。使师生牢记规章制度，掌握各类危险源的操作和使用方法，提高安全知识水平。

（2）实现智能物联。通过电子标签、定位监测、人脸识别、电子称重等手段，全流程监管实验室危化品、气瓶、特种设备、冷热设备等各类危险源的安全状态，实现危险源的全生命周期管理。

（3）实现智能监测。通过布设监控、传感器、鹰眼抓拍、人脸识别等设施，对实验室进行多维监测，从人、物、环三方面实现实验室的全流程监控和突发状况的应急处置。

（4）实现智慧管控。将智慧安全教育、智能安全准入、智能环境监测、安全风险防控、智能应急

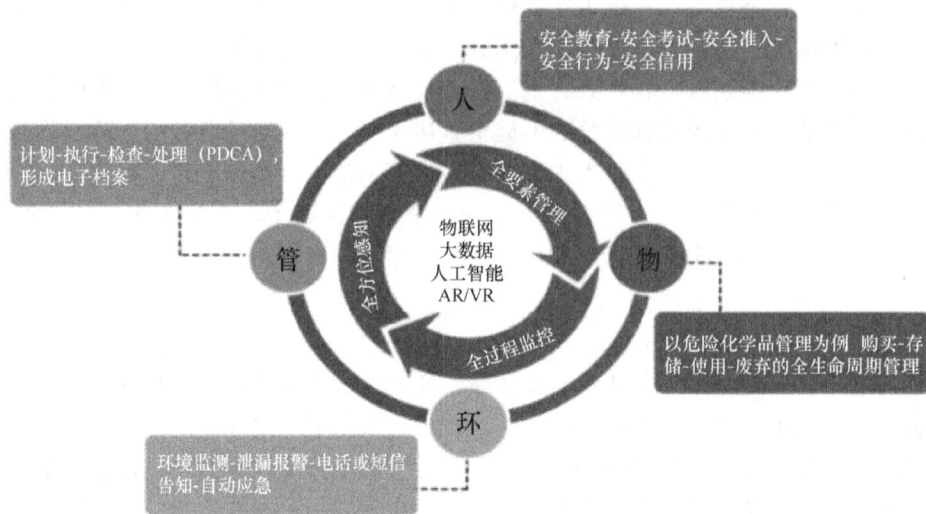

图 6-17 "三全"理念图

处理等融为一体，从人、物、环、管进行多维监测，对实验室进行安全预警和应急，实现实验室的智慧管控。

6.2.2.3 系统架构

实验室安全智能监测与控制系统是一款集硬件资源、软件资源和课程资源为一体的智能化管理系统。系统依据双重预防、"3E"控制、动态分级、全生命周期等相关理论，采用人工智能、大数据、物联网感知、AR/VR 等先进信息技术，将门禁准入、视频监控、风险防控、环境监测、培训检查、应急处置以及智能决策融为一体，通过对实验人员、环境状况、安全风险等进行精准化管理，实现实验室安全的智慧管控（图 6-18）。

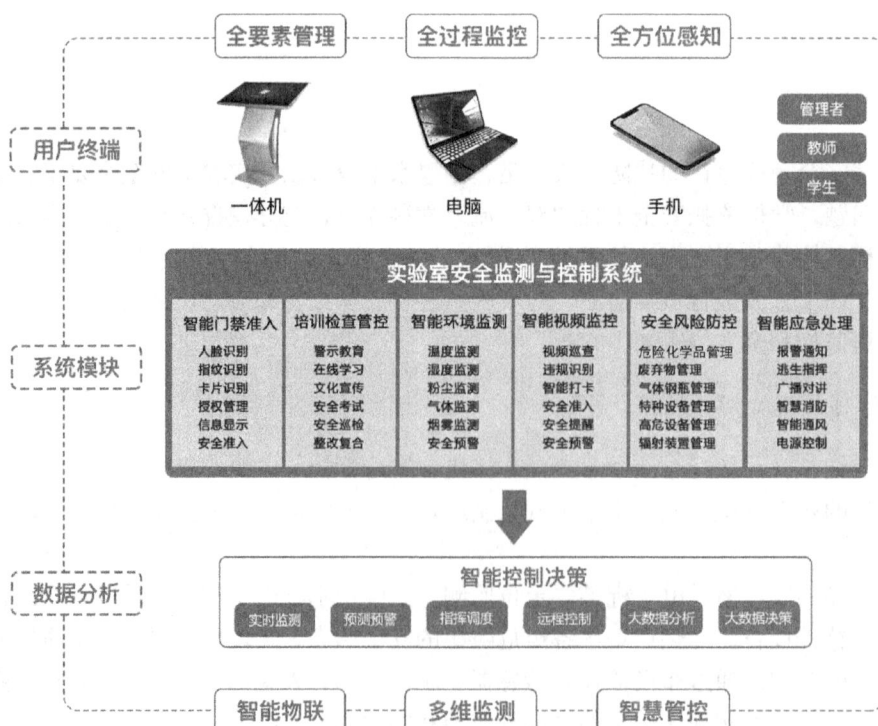

图 6-18 实验室安全智能监测与控制系统架构图

实验室安全智能监测与控制系统基于校、院实验室安全工作的实际需求设计，由校级平台和院级平台组成。校级平台可实时监控各院系实验室安全工作的开展情况，按需进行各类数据的调用、统计和分析，主要用于实验室安全工作决策和安全工作考核。院级平台可根据系统的各模块功能开展具体管控工作，能够实时监控实验室人员、危险源、环境等状况，实现实验室安全工作的智慧管控。系统采用模块化设计，由责任体系、安全教育与考试、安全准入、风险分级管控、安全检查、危险源管理、应急管理、信用管理、安全档案、综合管理十个模块组成，并将各模块数据以可视化形式呈现，供各级管理者查询和使用。通过实验室安全教育考试一体机、实验室安全智能管控一体机、鹰眼抓拍系统等，对实验人员进行安全教育、安全考试、安全准入和安全行为监控，实现人员的全过程管理；通过智能锁、刷脸刷卡、电子称重、FRID 电子标签等手段，对危化品、气瓶、废弃物、特种设备、冷热设备等危险源实现全生命周期管理；布设气体探测、温湿度检测、烟雾监测、语音广播、控制大屏等安全终端，通过实验室安全智能监控联动控制系统和安全智能指挥平台，对实验室火灾、化学品泄漏、爆炸等各类安全隐患实时监测、预测预警、应急处置和应急逃生指引。同时，通过该系统还可进行各级安全责任书或承诺书的签订，对实验室按照红、橙、黄、蓝进行分级管控和隐患排查治理，并建立电子化、标准化实验室安全档案。

6.2.2.4　主要特点

与传统的实验室安全信息化手段相比，实验室安全智能监测与控制系统具有安全预警、应急处置、数据分析与决策等重要功能，实现了全要素管理、全过程管控和全方位感知。主要特点如下：

（1）实现了全要素管理。采用模块化设计，将智慧安全教育、智能安全准入、智能环境监测、安全风险防控、智能应急处理等融为一体，从人、物、环、管进行多维监测，实现了实验室安全的全要素管理。

（2）实现了全过程管控。根据影响实验室安全的人、物、环、管四大影响因素，实现了每类要素的全过程管控。在人员管理方面，系统通过安全教育—安全考试—安全准入—安全行为—安全信用等方式实现；在危险源管理方面，系统通过监管购买—验收—存储—使用—废弃的全生命周期流程实现；在环境监控方面，系统通过环境监测—泄漏报警—电话或短信告知—自动处置—应急逃生等方式实现；在管理方面，系统通过计划—执行—检查—处理（PDCA）等方式实现，最终形成电子档案。

（3）实现了全方位感知。系统采用物联网技术、人工智能、大数据、AR/VR 等现代信息技术，实现了人员与危险源管理、环境监测与安全设施控制、应急通信与指挥等各项功能，有效解决了假期、周末、夜间等无人值守时面对的各类突发情况，大大提高了实验室安全技防水平。同时，实验室安全智能监测与控制系统也是高校智慧化校园建设的重要组成部分。

6.2.2.5　硬件要求

实验室安全智能监测与控制系统将普通设备转换为 IoT 智能设备，从感知层、传输层、支撑层和应用层四个层面构建物联网的技术体系框架。除了技术体系要求更高外，组网方式要求更加严谨，设备响应速率和准确度也要尽可能达到理想状态。具体硬件要求如下：

（1）配备的物联设备支持采用有线或无线的通信方式，与软件系统集成，通过互联网与设备进行交互，将信息进行可靠、连续的传输，并根据需要向用户授予远程访问权限以管理设备。系统支持 Modbus、MQTT 等多种主流物联网标准协议的接入，可靠性高、兼容性好、易维护。

1）保证网络安全：对设备接入进行认证和授权，确保只有授权设备能够接入物联网平台，从而保证网络的安全性。

2）提高数据传输效率：通过对数据进行压缩和优化等操作，确保数据传输的准确性和快速性，提高数据传输的效率。

3）实现设备互联互通：实现不同厂商和不同类型的设备之间的互联互通，方便设备之间的数据交换和共享。

（2）通过传感器协作监控不同位置的物理或环境状况（如：温度、烟雾、气体泄漏等），对于低温环境、易燃易爆等场所，还需采用抗低温、防爆、抗腐蚀、RFID射频等特殊传感器技术，以满足特殊场景的设备响应速率和准确度等更高要求。

（3）通过配置的物联设备采集海量监测数据，实时共享以及智能化收集、传递、处理和执行，对采集的数据进行存储、展示和智能处理，能够实现设备与应用数据的融合、数据监控与预测性维护，提高管理工作效率。

6.2.2.6　实验室安全智能化的应用实践

面向"智能＋"时代实验室安全管理的新特点和新要求，中国矿业大学依托安全工程学科的资源优势，建成了实验室安全智能监测与控制系统，并率先在环测学院、安全学院投入运行。

实验室安全智能监测与控制系统采用模块化设计，由责任体系、安全教育与考试、安全准入、风险分级管控、安全检查、危险源管理、应急管理、信用管理、安全档案、综合管理等模块组成，并将各模块数据以可视化形式呈现，供各级管理者查询和使用，如图6-19、图6-20所示。

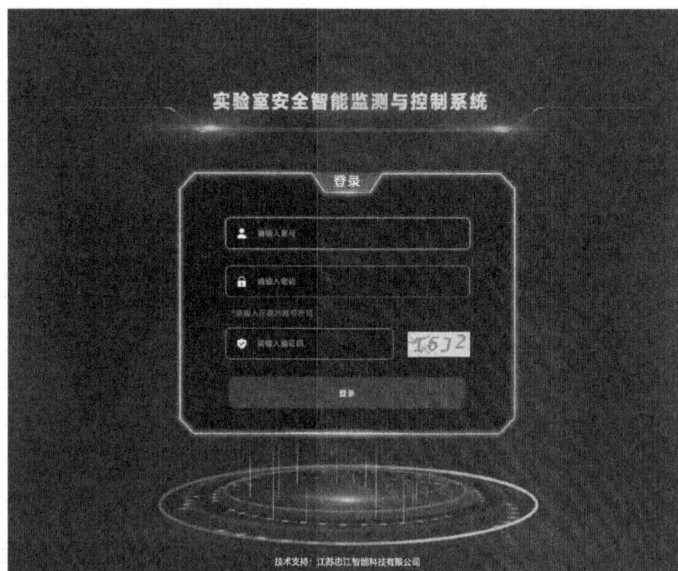

图 6-19　中国矿业大实验室安全智能监测与控制系统登录界面

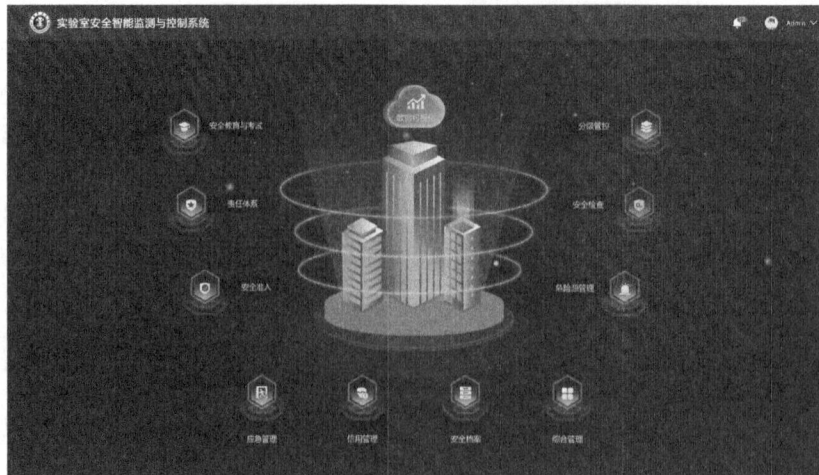

图 6-20　中国矿业大学实验室安全智能监测与控制系统功能模块

1. 安全教育与考试模块

首次进入实验室的人员，需通过 PC 机、实验室安全教育考试一体机进行安全课程学习和安全准入考试。安全课程多样化，主要包括基础课程、专家讲座、安全微课、AR/VR 课程、体验课程和趣味课程等。学生可根据时间自主学习，学习成绩可积分，安全积分通过兑换机换取水、饮料、学习用品等，也可优先使用实验室公共资源。安全准入考试题型多样化，内容涵盖了相关高校、注册安全工程师考试题库，类型参照《高等学校实验室安全检查项目表》分为 12 大类。投入使用的学习考试一体机和安全积分兑换机如图 6-21 所示，安全考试界面如图 6-22、图 6-23 所示。

图 6-21　中国矿业大学实验室安全学习
考试一体机与积分兑换机

图 6-22　中国矿业大实验室安全智能监测与
控制系统—安全教育与考试界面

2. 责任体系模块

根据学校实验室安全责任体系分级，通过此模块对责任书或承诺书进行上传、下达、电子签、下载等，实现学校、学院、实验中心、实验室、实验人员安全责任书或承诺书的逐级签订，通过系统推送给各级管理者和实验师生，监督各级安全责任的落实，彻底解决责任书或承诺书签订不及时、内容未更新等问题。

3. 安全准入模块

通过微信小程序和实验室安全智能管控一体机，实现实验人员与审批人员的在线申请与审批。符合准入条件的人员，可通过安全智能管控一体机刷卡签到或签退、实验室检查结果确认、防护用品穿戴检测。此外，一体机还可实时显示实验室的环境状态，控制实验室通风橱、排风扇等设施，查看危险源或主要设备安全操作规程、学校或学院规章制度、实验人员、化学品 MSDS 等信息，相关内容可通过手机扫一扫下载使用。布设的实验室安全智能管控一体机如图 6-24 所示。

图 6-23　中国矿业大实验室安全智能监测与
控制系统—安全教育与考试界面

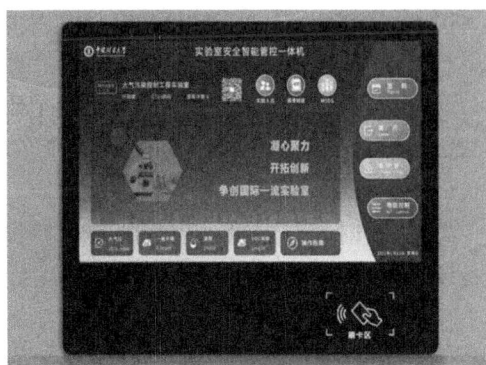

图 6-24　中国矿业大学实验室
安全智能管控一体机

4. 风险分级管控模块

根据学校实验室分类分级结果，采用红、橙、黄、蓝色块进行标识，如图 6-25 所示。按照分级类别，设定不同管控条件，进行分级闭环管控。当不同人员未按管控要求完成相关工作时，系统能够进行预警或报警。

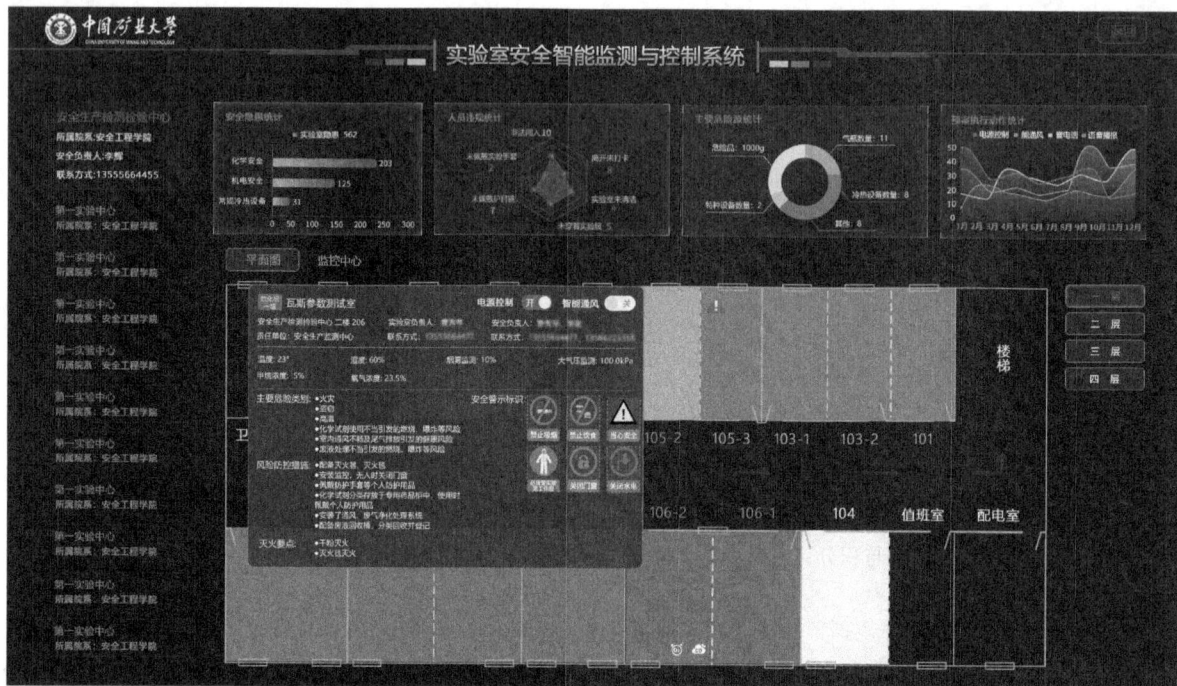

图 6-25　中国矿业大学实验室分级管控图

5. 隐患排查治理模块

根据教育部《高等学校实验室安全检查项目表》，设置四级检查指标，通过微信小程序、PC 机、手持式安全检查终端、安全准入一体机进行实验室安全检查的闭环管理。检查结果在实验室安全智能管控一体机上实时动态显示，供各实验室进行查询。

6. 危险源管理模块

将危险化学品、气瓶、废弃物、特种设备、冷热设备等危险源全部纳入系统，按全生命周期进行全过程管理。在危化品管控方面，通过智能锁、刷脸刷卡、电子称重、FRID 电子标签等手段，判断化学品存储的合规性，自动更新存取记录，实现危险化学品的双人闭环管控，如图 6-26 所示；在气瓶管控方面，通过 FRID 电子标签、智能传感器等，实现气瓶的日常管理、实时定位、泄漏监测和应急处理。在其他危险源管控方面，根据危险源特点建立全生命周期管理流程，实现对使用者、危险源本身的全方位监控和全过程管理。

7. 应急管理模块

布设气体探测、温湿度检测、烟雾监测、语音广播、控制大屏等安全终端，通过实验室安全智能监控联动控制系统和安全智能指挥平台，对实验室火灾、化学品泄漏、爆炸等各类安全隐患实时监测、预测预警、应急处置和应急逃生指引，如图 6-27～图 6-29 所示。

8. 信用管理模块

通过布设鹰眼抓拍系统精准识别实验人员的违规行为，实现实验室的安全预警，并自动记录结果，将实验人员纳入负面清单或黑名单管理。进入负面清单或黑名单的人员，需要重新参加安全学习并通过安全准入考试或符合学校其他规定要求方可解除。

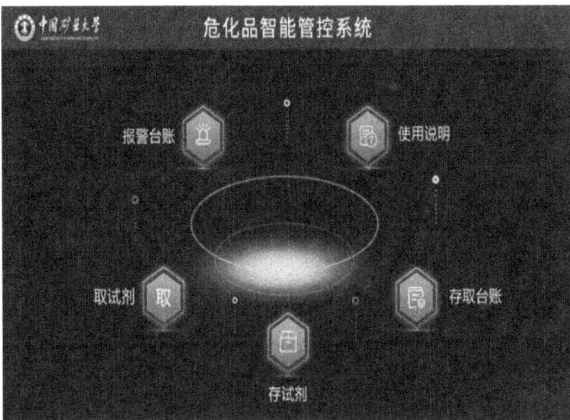

图 6-26　中国矿业大学实验室危化品智能管控系统

图 6-27　中国矿业大学环境与测绘学院
实验室安全智能管控中心

图 6-28　中国矿业大学实验室安全智能监测与
控制系统手机端操作界面

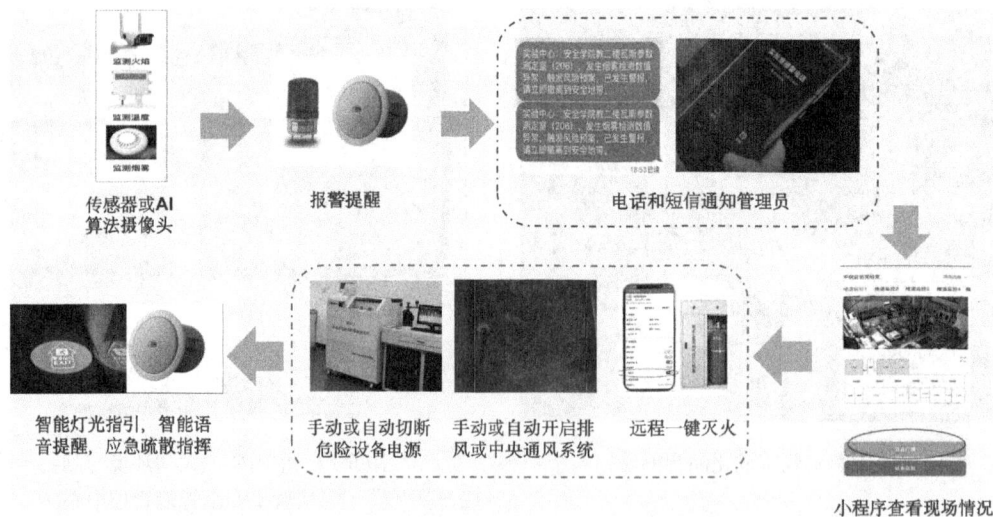

图 6-29   中国矿业大学实验室安全智能监测与
控制系统应急处置流程

9. 安全档案模块

为实现实验室安全档案的电子化、标准化管理，此模块将实验室全要素管理、全过程管控的各类工作形成电子工作档案，做到规范存档、闭环管理。在相关管理人员严格授权的情况下，方便各类人员下载、查看、存储和使用，实现实验室安全档案的留痕可溯。

10. 综合管理模块

通过此模块可以对各类管理者、教师、学生基本信息进行配置和维护，为实验室设置种类和等级，进行风险等级布局，发布消息通知，并能够将各模块数据进行统计分析，形成专业化报告或报表。

11. 数据可视化模块

通过布设可视化大屏，将校、院的安全风险分级管控、安全检查、实验室安全准入、危险源管理、实验室各类传感器等相关数据进行实时显示，实现实验室安全的可视化管理，如图 6-30、图 6-31 所示。

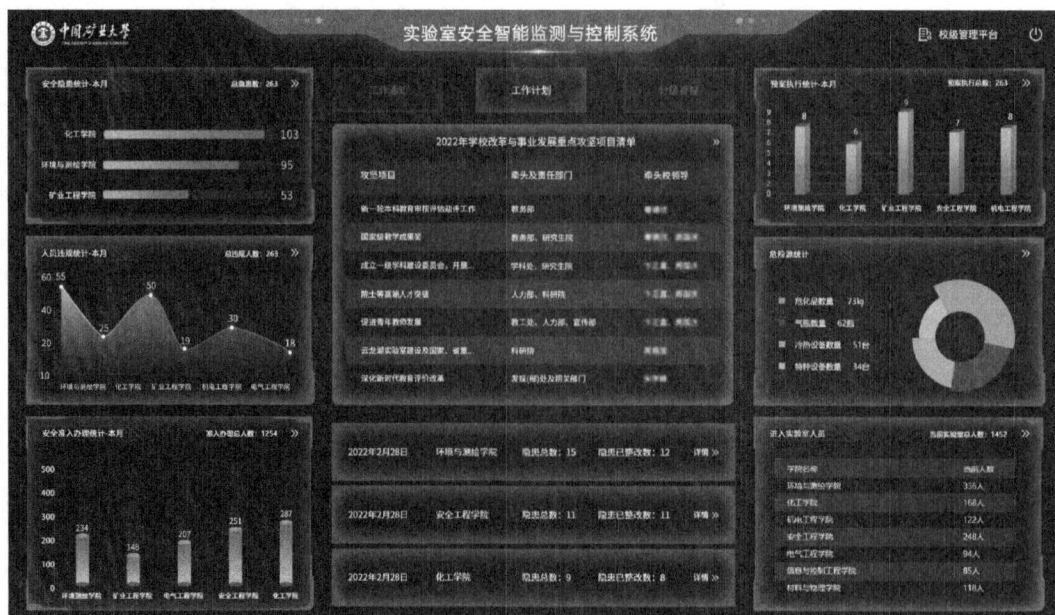

图 6-30   中国矿业大学实验室安全智能监测与控制系统校级管理平台

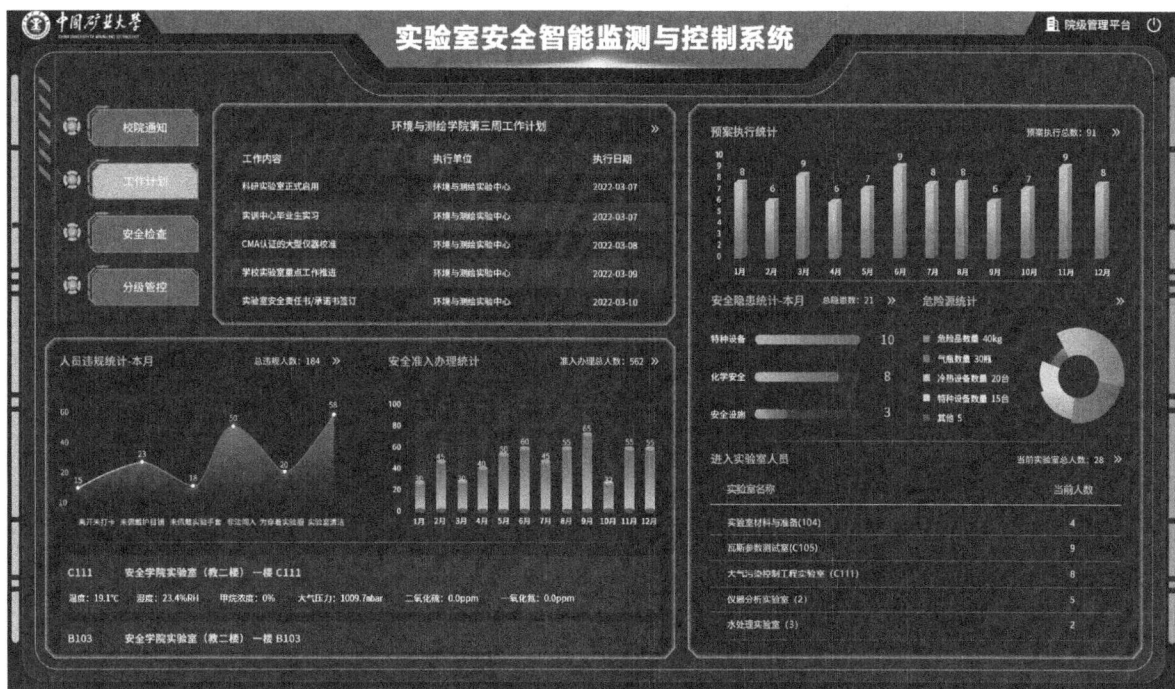

图 6-31 中国矿业大学实验室安全智能监测与控制系统院级管理平台

中国矿业大学实验室安全智能监测与控制系统的研发与应用，彻底打通了实验室安全工作"最后一公里"，真正实现了人员与危险源全过程管理、环境监测与安全设施自动控制、应急通信与指挥等各项功能，有效解决了假期、周末、夜间等无人值守时面对的各类突发情况，全面提升了实验室安全技防水平，取得了显著效果。2021 年，使用安全智能管控系统的环测学院南湖校区 C111 实验室、安全学院文昌校区 206 实验室并被评为学校首批"安全管理标杆实验室"。

6.2.3 示范效应

实验室安全智能管控是实验室安全管理未来的发展方向。截至目前，全国已有多所高校、地方教育主管部门通过座谈交流、现场考察等方式了解系统的应用情况。西安交通大学、暨南大学、苏州大学等高校建成实验室安全智能管控示范实验室项目，在实验室安全管理中发挥了重要作用。

6.3 华东理工大学数智化实验室管家系统

案例行业：高等院校
案例特点：以风险防控为特点的数智化实验室管家系统建设
本节执笔：徐宏勇（华东理工大学安全环保办公室 主任）

6.3.1 行业背景

在国家大力发展科创产业，并将其作为国家创新战略体系中的核心作用的背景下，各类科创园区、高新产业园区、研究院所及相关企业实验室呈现爆发式增长态势。据不完全统计，截至 2022 年，我国学校、医院、厂矿等各类实验用房已经突破亿间量级，教学、科研用仪器、设备超过数十亿台（件），作为科技创新的重要载体，实验室的建设与管理水平已经成为我国创新战略目标实现的重要基石，尽管实验室相较工业企业使用化学品体量小，但实验室具有危险源种类复杂

（不仅限于危化品、放射性物质、病原微生物、特种设备等）、探索性强、实验内容变更频繁，缺乏有效监管的特点，导致实验室存在系统性风险，实验室事故屡见不鲜，且存在群死群伤的可能性。究其原因，涉及安全管理的组织方式、学校的制度建设、当事人的能力培训、软硬件环境等系统性原因，如图 6-32 所示。

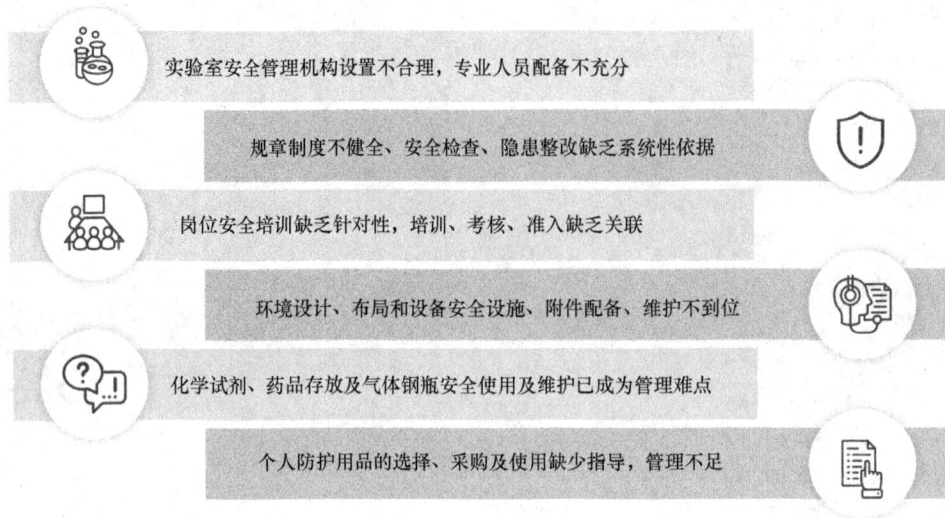

图 6-32　导致实验室事故的主要原因

同时，由于缺乏与实验室行业特点相匹配的标准和执法依据，让很多基层执法单位也颇感无力，也无从下手，实验室行业普遍呈现以下问题：

（1）缺标亟待完善。我国安全生产管理体制具有"企业负责，行业管理，国家监察，群众监督"的特点。应急管理是安全生产的专业部门，但其作为国家监察机构，一般不代替行业主管部门直接指导管理特定行业的安全生产，行业管理部门之间的专业性差异导致实验室行业领域缺少有针对性的、统一的风险评估标准、规范和工具。

（2）行业少有关注。实验室安全风险特点与生产现场安全风险特点存在较大差异，在国家和行业将安全监管的重点聚焦于企业的安全生产情况下，实验室安全运行及管理长期游离于重点监管领域之外，如科创园区实验室内危化品存量、实验内容等底数不明，园区监管缺位，政府监管缺位。相当比例的实验室从设计建设初期即缺少评估与监管，导致其"先天"存在安全隐患。

（3）促管难以平衡。以高新产业园区和科技园区为代表的实验室是我国科技进步的支撑力量，跨学科研究与交叉学科技术的探索存在较大不确定性，风险复杂多变。如何在鼓励创新的机制下通过科学合理的手段进行监管，破解初创研发型小微企业监管困局，预防事故发生越来越成为政府部门的难题和挑战。

（4）风险家底不清。现阶段科创园区、高新产业园区、企业实验室的安全管理主要以安全检查为抓手，运动式管理为特点，缺乏有针对性、系统化、长效稳定的风险评估及危险源分布数据采集方法和工具，对实验室所涉及的化学品、气瓶、病原微生物等风险家底的数量、特点、影响、控制现状等也无法全面掌握，更无法有针对性地对实验室风险防控进行策划和落实。

6.3.2　构建策略

基于以上实验室行业的痛点分析可以发现，没有安全就没有发展，安全生产是实验室行业有序、高效、可持续发展的底线。本节提出以"综合治理"为原则、"数智化"工具为载体，实现专业化、高效化，并以风险防控为特点的实验室可持续运营管理模型。其中"综合治理"是传统实验室实现"数智化"转型管理的核心基础，即通过良好的安全文化价值观、系统完整的风险防控方法论以及专业数据库作为实验室数智化风险防控系统建设的基础保障手段。本节提到的"数智化"是数字化和智能化的合称，笔者认为"数"指数字化、互联化，"智"指具有专业知识能力的智能化，其具有一定的风险受控辅助管理和决策功能。实验室"数智化"风险防控系统的构建是专业方法与数字化系统的融合，其核心内容涵盖风险防控专业方法的信息流转化、风险防控专家数据库的搭建、物联网技术的应用、大数据分析等跨专业、跨功能、跨行业的技术集成和多方验证工作。图 6-33 所示实验室风险防控数智化系统建设的"冰山模型"形象地表达了专业化方法及内容在构建实验室风险防控信息化载体工作中的重要性。

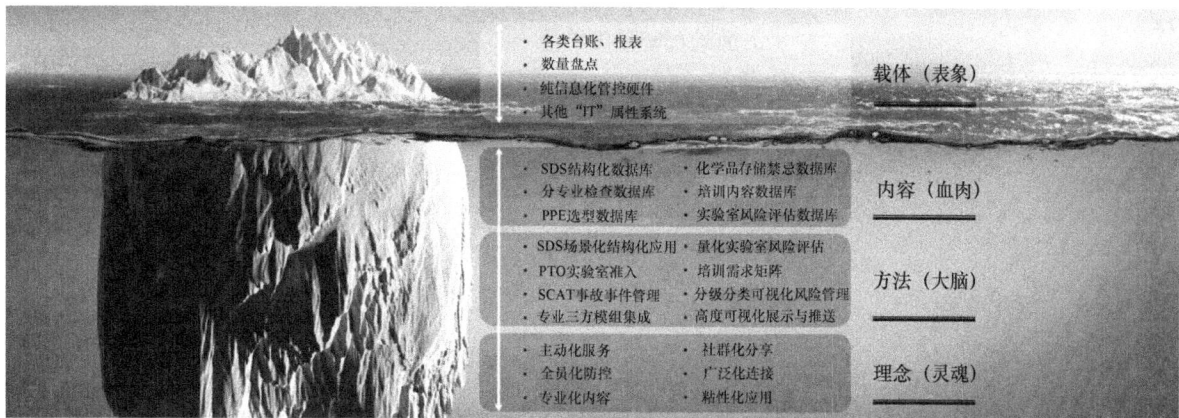

图 6-33　实验室数智化风险防控系统构建冰山模型

6.3.3　主要内容

实验室数智化风险防控系统是一项具有系统性复杂特征的，集管理方法、数字化转型、工程原理等多维度要素的复杂构建工作，其底层按照 RAMP 理论方式展开，即危害评估、风险辨识、风险受控、应急处置四个方面。整个系统可以简要概括为以下 3 个闭环过程：

（1）管理受控——A 环；

（2）实时受控——B 环；

（3）应急处置（含事后调查及安全经验分享）——C 环。

以上 3 个方面构成了整个实验室风险防控管理的大闭环结构，每一个小环也是一个小闭环结构，如图 6-34 所示。

以往高校一贯将管理重点聚焦在 A 环和 B 环上，且 A 环和 B 环的建设和管理、应用逻辑是割裂的，也缺少对 C 环的关注，同时 A、B、C 环难以整合管理、协同管理，这极大矮化、错失了对各类风险业务数据的挖掘价值。只有实现管理协同、功能整合、数据集成，才能真正体现实验室数字化的应用价值，才能实现以过程管理为核心、以风险预控为核心的实验室安全管理目标。

华东理工大学前期建设工作的重点放在管理受控（A 环），并已经建立了针对"危险源"的大管理功能群，覆盖了包括实验室房间、存储柜、化学品、气瓶和设备设施在内的多个重要基础功能。这些危险源管理功能实现了从采购到废弃、回收的全过程管理环节，通过系统实现了对实验室存量风险、

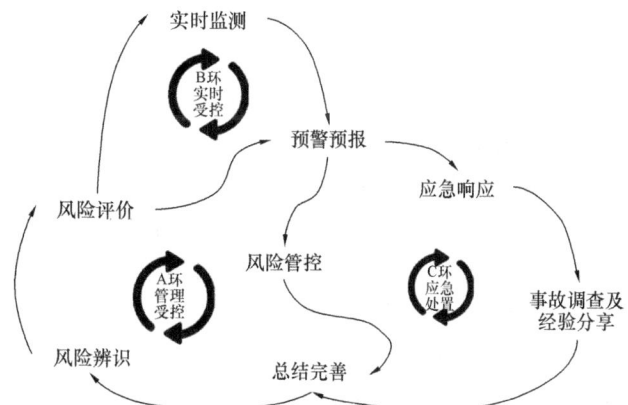

图 6-34　实验室 RAMP 风险防控闭环管理逻辑

存放位置风险、检验检测风险、化学物质的理化危害等重点风险的管理受控,并通过化学品百科数据库等以内容为核心的构建思路,实现了较细颗粒度的管理效果。

在数字化系统落地方面,在考虑 A、B、C 三个闭环管控要求的基础上设计了含有感知控制层、管理受控层以及预警预报层"三层"结构的"实验室安全管家服务系统"(以下简称"管家系统"),如图 6-35 所示。

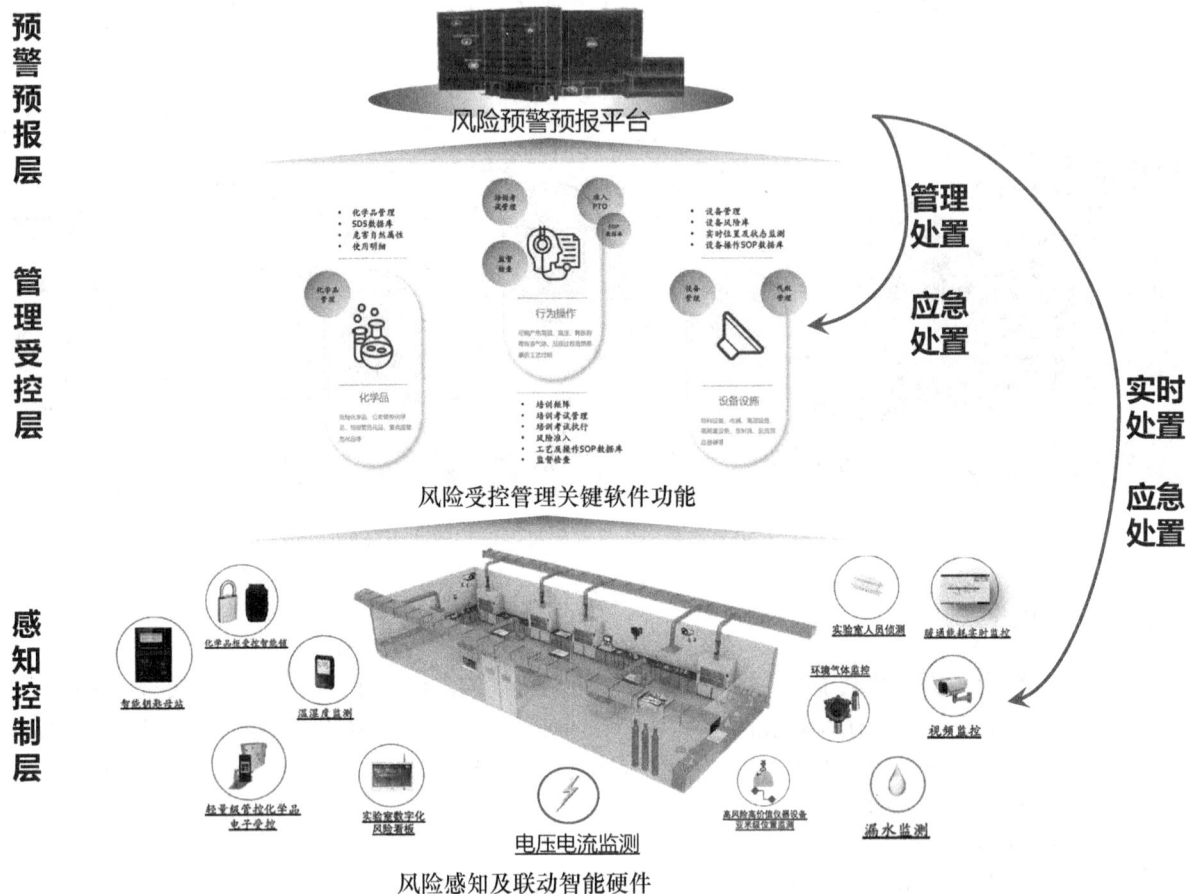

图 6-35 管家系统应用功能逻辑

1. 感知控制层

管家系统的底层是由各类具有感知和控制功能的物联网硬件组成的"感知控制层"。感知控制层主要完成实验室实时数据采集、传输以及部分联动控制的任务(比如门禁、看板、视频云台控制),这些异构化的数据将通过网络和标准接口统一接入学校统一管理平台。在管家系统中,在选定的用户范围内,试点包括化学品柜智能锁、环境监测、电子风险看板、电压电流监测、漏水监测、亚米级实时位置监测、视频监测、人员监测等主要智能硬件,这些硬件的使用将极大提升现场数据采集的实效性、准确性和完整性。以下对部分具有代表性和创新特色的智能硬件做一简要介绍:

(1)化学品柜智能锁

对易制毒、易制爆以及剧毒化学品的合规性管控是化学品"智能柜"的最初由来,随着物联网技术的普及以及公安等监管部门在管控化学品可控、可追溯方面的强制性要求,越来越多的学校开始选择带 RFID 自动识别与人脸取/还认证功能的智能柜,但在采购时面临价格高昂,在使用时面临摆放空间位置不足、自动识别不稳定以及后期运维保养较为复杂的问题,且绝大多数化学品智能柜因安装电子设备使得其本身的耐火结构和防爆性能遭到破坏,不能达到相关标准的要求,失去化学品柜最初的设计意义。为达到公安部门对管控化学品可追溯的管理要求,同时实现对现有柜子的最大限度利用和出于对控制经费投入的考虑，管家系统计划引入远低于智能柜投入成本的智能锁解决方案来实现对管控化学品的受控可追溯管理。智能锁方案主要引入三种物联网设备，即无源挂锁、智能母钥匙以及钥匙管理柜。无源挂锁无需充电可永久使用，智能母钥匙可接收、回传来自手机端和无源锁端的指令和开阖信息，用户可以通过小程序端的单人扫码或双人扫码方式来遥控开关锁，并由智能母钥匙对操作结果进行同步回传。钥匙柜的功能将主要实现对智能母钥匙的无线充电及安全管理，方案通过软布防（小程序授权）以及硬隔离（锁闭智能柜保护）来实现对化学品柜开锁的受控管理，主要应用流程如图 6-36 所示。

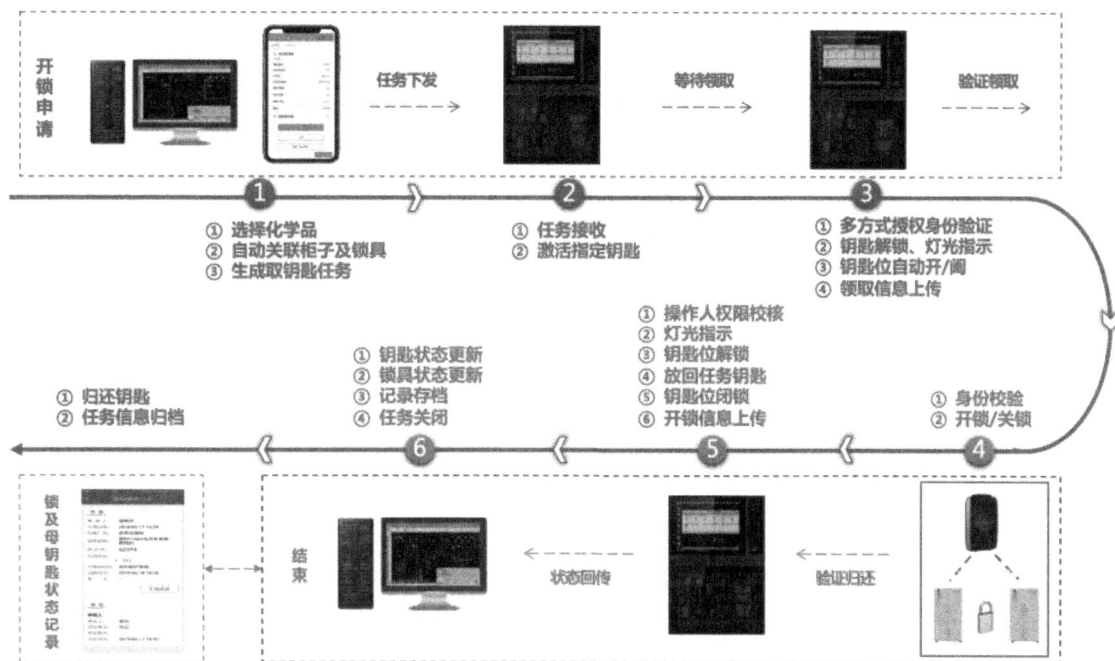

图 6-36　化学品柜智能锁受控管理方案应用流程图

（2）亚米级定位

对进入受控区域的人员、高价值资产以及规定只能在指定区域存放的危险（设备、化学品、危险废物、气瓶等）都可以考虑通过室内实时定位的方式对其行踪和位置进行管理和提前预警。采用低功耗蓝牙室内定位技术，管家系统引入对部分实验室内危险性较高的物品的亚米级实时定位智能硬件设备套件（图 6-37），该套件通过定位信标器、定位基站以及算法引擎实现对跟踪对象在室内的实时高精度定位。

图 6-38 是带气瓶定位功能的气瓶全生命周期管理流程示意图。

在适当的高度和通信距离范围内布置定位基站和算法引擎，通过蓝牙无线通信方式与被绑定定位信标器的管理对象进行数据通信和位置结算，实现小于 1m 误差精度的定位和实时位置展示，对于未授权进入电子围栏管控区域的对象触发越界报警，将极大提升危险源存储合规性管理和监查效率(图 6-39)。

（3）实时风险看板及准入联动

对于传统的实验室门牌来讲，通常采用纸质或金属标牌，相关信息是按照周期性方式来更新，对于化学品、气瓶等危险源经常性发生变化的场所来说，这样的传统标识存在信息实效性差的问题。基于前期危险源管理功能的推广使用和海量数据的积累，使用实验室实时风险看板后，支持包括实验室分类分级、存量种类、数量以及风险提示和防护信息

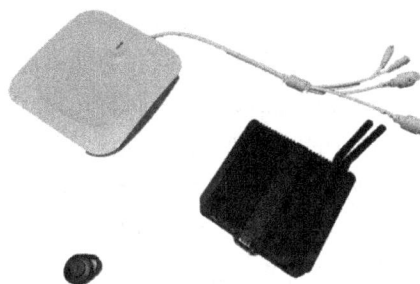

图 6-37　亚米级定位套件

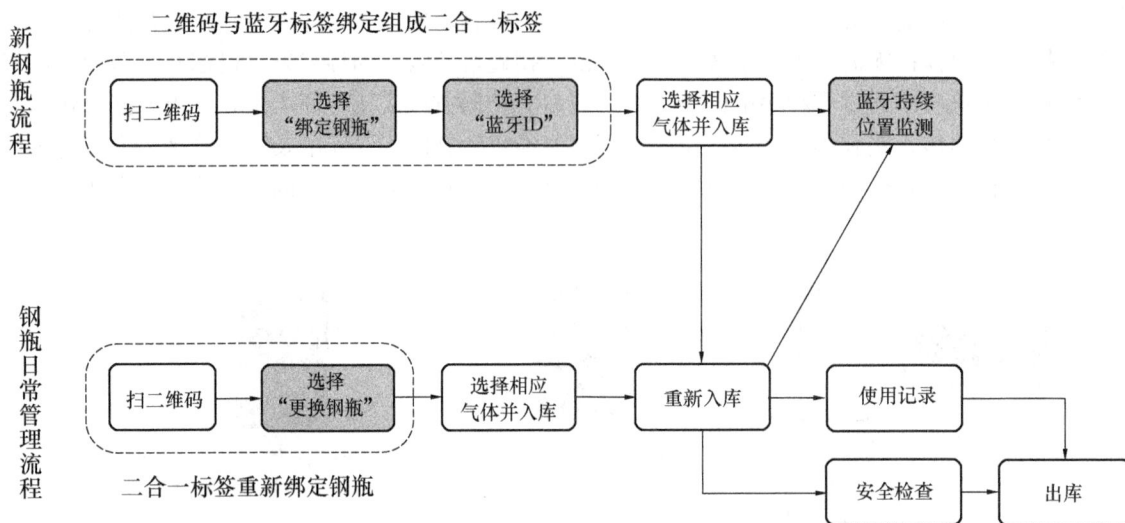

图 6-38　气瓶全生命周期系统应用流程图

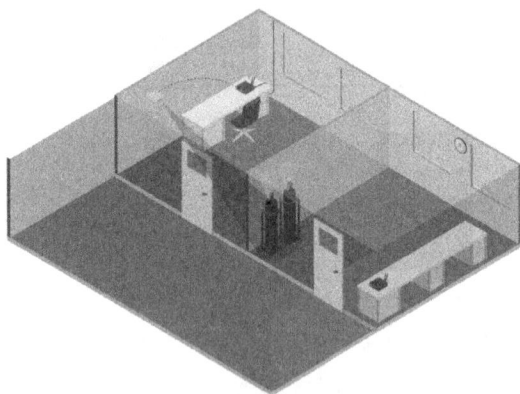

图 6-39　室内亚米级高精度定位场景示意图

的展示，可极大提升实验室存量信息和风险提示信息的准确性和时效性。图 6-40 为实验室电子风险看板的产品图片。

实验室电子风险看板同时还具备门禁联动控制功能。在用户通过准入流程后，系统会将相关人员的准入信息同步给电子风险看板，看板的人脸识别功能会主动识别相关人员的身份信息并控制门禁锁进行放行，如图 6-41 所示。

（4）人员活动侦测与视频联动

每个实验室都将布置人员活动侦测器，该侦测器与摄像头联动，将提高实验室日常特别是节假日、夜晚等特殊时段的安全巡检效率，先过滤出有人员活动的实验室，然后再调取摄像头查看房间内部实时场景情况（图 6-42）。

2. 管理受控层

管家系统的中间层是由实验室安全管理关键功能组成的管理受控层。这些实验室安全管理的关键功能包括已经建设完成并常态化使用的化学品、气瓶管理等危险源大功能群，也包含管家系统未来将要新增的监督检查、实验室风险准入以及基于培训矩阵的培训考试管理功能。这些功能内部逻辑紧密相连，形成风险防控管理的常态化逻辑链条，其逻辑关系如图 6-43 所示。

（1）实验室风险分析准入模块（PTO）

基于风险分析的实验室准入（Permit To Operate，PTO）是一个将实验室培训准入及实验室项目风险评估合二为一的综合功能（图 6-44）。PTO 用于进入实验室前用户的风险辨识与防控措施确认，支持包括准入申请、制程风险分析、防控措施、PPE 确认、准入审批、安全责任书签署以及 PTO 对应的学习和考试等功能。该功能支持制程风险分析（JSA）与风险数据库的数据关联。同时，该功能将培训及考试融入风险准入管理中，作为准入的一环，而不是仅有的准入要求。

实验室风险准入包含了实验项目基本信息、实验过程及危害辨识以及风险防控措施等 8 个环节，结合在线培训考试组成完整的"风险准入"流程。

在用户完成 PTO 填报后，该 PTO 报告会按照业务流进行上报和审批。审批结束后将在线分发

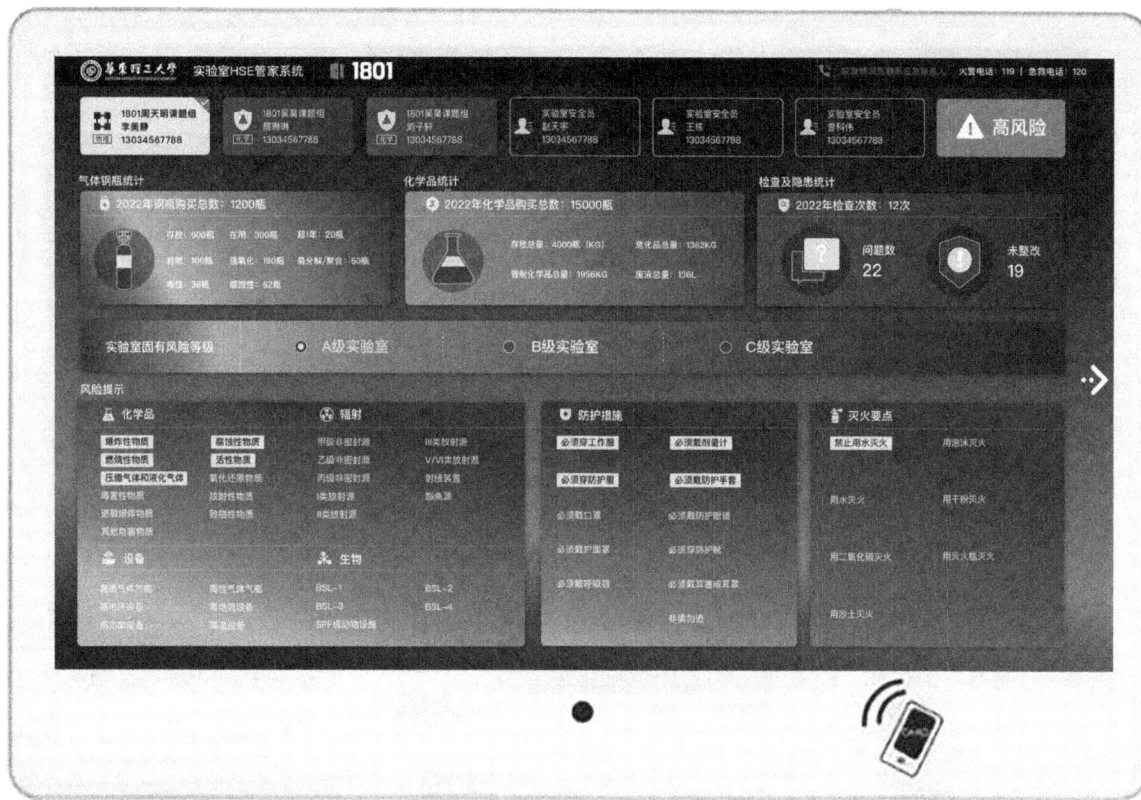

图 6-40　实验室实时电子风险看板

图 6-41　电子风险看板的人脸门禁联动功能

图 6-42　人员活动侦测与视频联动

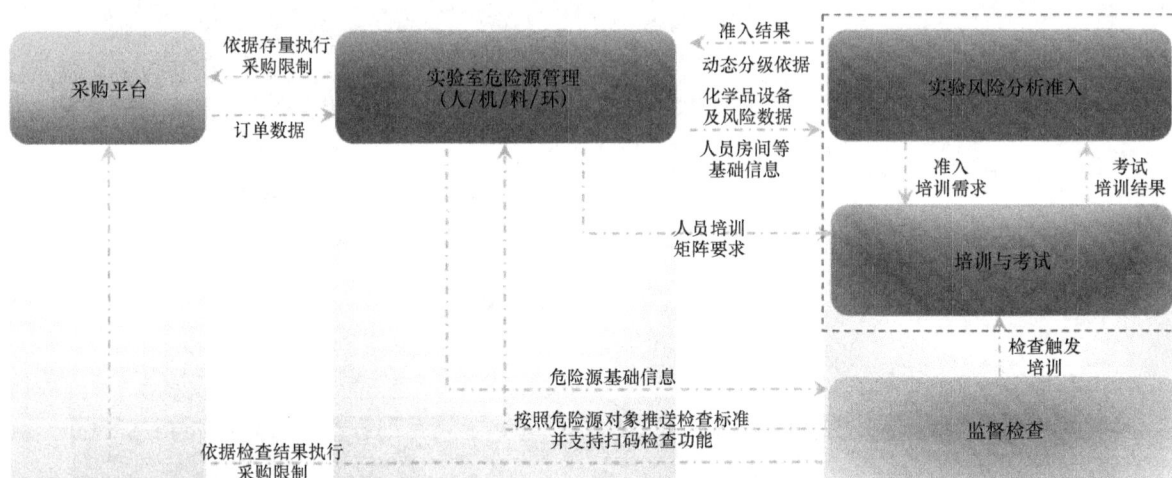

图 6-43　管家系统管理受控层功能逻辑关系图

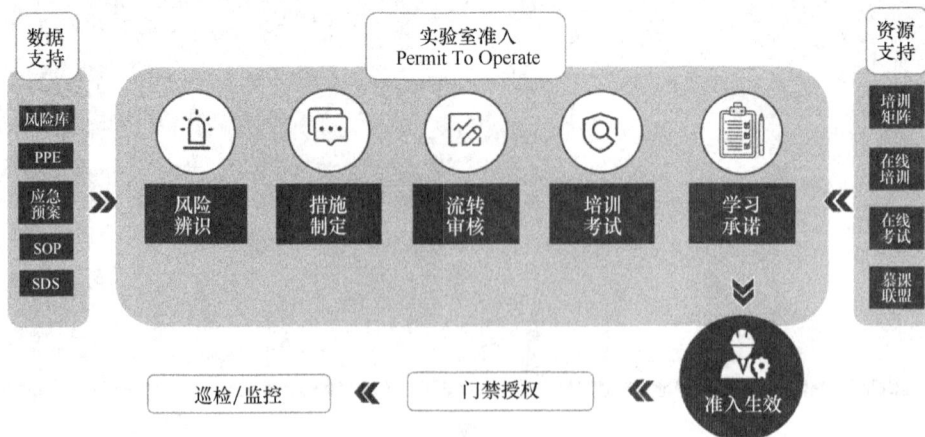

图 6-44　实验室风险准入逻辑

给实验参与人员进行传阅和安全承诺书的签字，同时用户可以通过 PTO 功能跳接到培训考试功能进行在线培训和考试，培训及考试成绩将自动关联到个人准入记录中。完成以上步骤的个人用户即自动完成实验室准入流程，获得准入许可。

（2）监督检查功能

管家系统的监督检查功能主要包括检查标准库、检查表、检查计划、随手拍、检查记录、不符合清单及整改跟踪等。同时将新增丰富的检查依据数据库用于支持日常实验室安全检查，提供相关法律法规和标准内容、典型隐患及整改措施的技术支持，并针对不同检查对象支持扫码推送检查表功能，避免经验式检查（图 6-45）。

监督检查功能将支持三种灵活的检查方式：

1）计划性检查。该检查方式支持检查方案的制定和任务转派，用户可根据计划执行检查任务并记录发现、整改以及验证的隐患问题。

2）随手拍。该检查方式鼓励全员参与安全检查，用户可随时通过小程序拍摄、记录隐患问题并提报上级管理员。

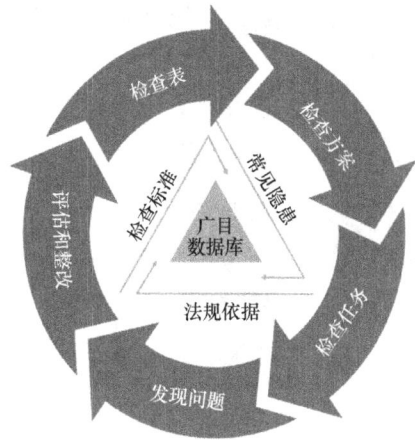

图 6-45　监督检查管理需求逻辑

3）扫码推送检查。用户可通过配置扫码对象的对应检查表实现扫码后系统主动推送检查内容的功能，该功能可帮助现场用户在一定程度上规避经验不足导致的检查不充分的问题。

其中系统支持使用人员在对特定类型的管理对象扫码后的检查表推送功能，系统提供检查对象与检查表之间的关联功能，通过预先设定即可完成扫码后系统自动推荐检查表的功能，如图 6-46 所示。

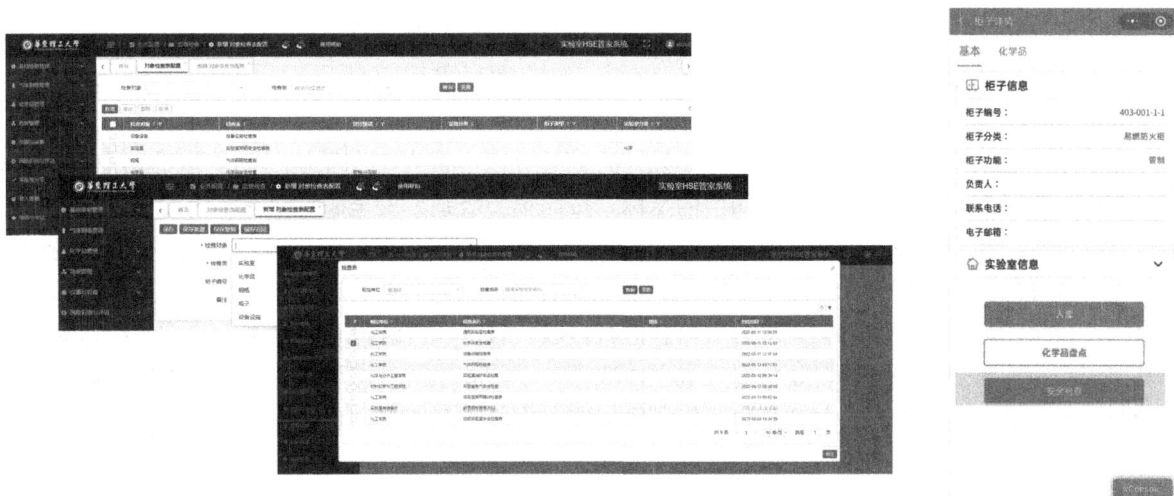

图 6-46　检查推送配置

另外，为鼓励全员发现隐患，系统支持随手拍隐患上报管理功能，用户可以通过随手拍功能快速添加包括隐患内容、照片及地点等基础信息在内的监督检查发现内容（图 6-47）。

管家系统建立基于法律法规和标准的检查专业数据库（广目数据库），该数据库将系统性地为检查对象提供包括检查法规、标准依据、典型隐患（含照片）、建议整改措施在内的信息，供执行检查的用户参考。检查广目数据库的建立能极大提高普通用户在执行检查时的专业性水平，能有效避免因经验不足而导致的漏检和错检。

（3）事故事件管理（事件学习、安全经验分享）

除按规定对事故进行调查和上报外，管家系统还将借鉴 HSE 风险防控管理行业最佳实践方

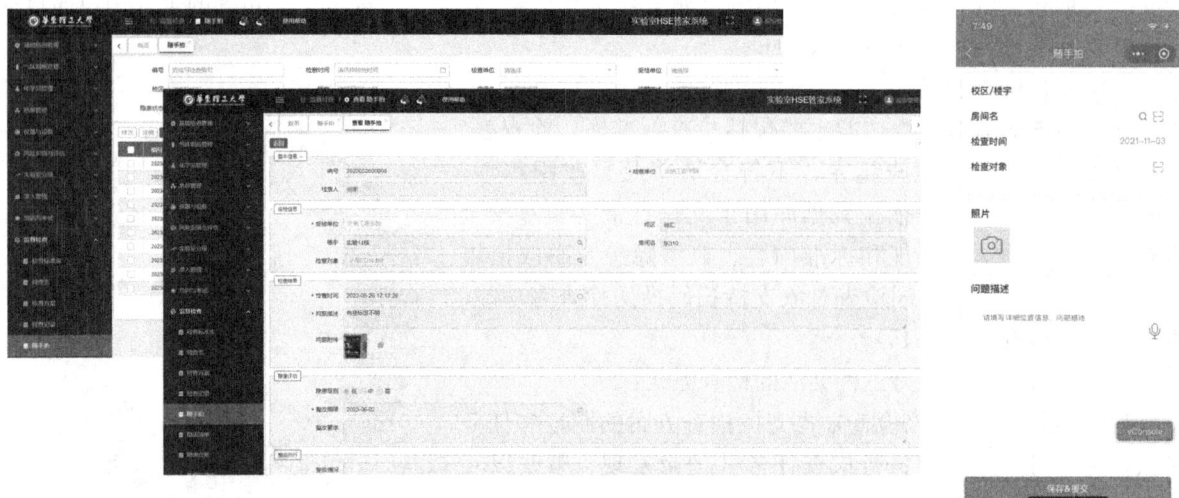

图 6-47　随手拍功能

法，结合我国高校实验室安全管理特点，在高校及科研机构中建立一种以正向安全经验分享为手段的管理方法。该方法将鼓励学生和老师参与主体分享并开放查询相关事故事件和 HSE 优良经验的脱敏信息。参与分享的用户将对中高风险事件及隐患通过系统 SCAT 模型（Systematic Cause Analysis Technique）进行根本原因分析并通过网络发布这些原因分析结果为更多的用户提供管理参考。

学校将在此基础上定期对外发布统计数据，为用户提供真实的学校安全画像统计数据、风险防控建议及预警信息。同时，也为重点事件或事故提供专业的分析和改进建议。该方法也可以在高校和科研机构广泛推广使用，能起到极大的正向实验室安全文化推动作用。

3. 预警预报层

实验室风险预警预报功能是以预警指标设计为核心，以学校人工和系统自动获取的信息为依据，通过分析、判断等预警模型，对超出阈值的指标，按照预警级别、安全职责执行定向发送，处置、反馈信息的过程。预警预报的目的是实现对风险的超前预警、分级报警、分专业处置的风险管控机制，是一项系统性的闭环管理过程。其中分级预警是学校实验室预警的重要原则，学校各级单位应按照风险目标、指标的控制阈值对相关风险告警信息进行接收、管理和升级报备。原则上，课题组作为学校的基层组织形式，对相关告警对象负有处置主体职责，学院和系所对课题组进行风险处置方面的专业指导和监督管理，学校管理层对"高风险"预警内容负有管理和监督职责。

实验室风险预警机制的建立主要包含三大要素：预警指标的建立、预警信息的分级分类流转机制以及预警协同展示平台。

（1）预警指标的建立

实验室预警指标的建立是一项系统性工作，与学校的管理方式、监管部门的监管要求以及 HSE 管理的专业方法有着密切关系，但总体上可分为结果指标和过程性指标两类。结果性指标主要包括事故事件损失后果等数据信息；过程性指标是实验室所有人、机、料、法、环等管理和实时信息。本项目中的预警指标来源是 IRMS 系统的感知控制层和管理控制层的功能，在确认指标后，应根据法律法规和风险管理的"可容忍"程度确定指标"各级"不同"报警"的阈值，这些阈值将决定确认预警信息的流转路径。典型的实验室 HSE 指标举例如下：

1）结果性指标：事故总数、事件总数、财产损失总数、重点关注的化学品发生的事故事件数量、百万学时损工数、百万学时事故数、实验室关停数量等；

2）过程性指标：化学品/气瓶存量数据、化学品/气瓶分类数量、三级教育培训覆盖率、检查发现数量、整改完成率、各类隐患分类及分布统计数据、科研项目准入覆盖率、准入关停率等。

（2）预警信息的分级分类流转机制

根据学校典型的三级组织方式，预警信息在"分类分级"后将按一定的路径进行流转。一般来讲，所有预警指标都将按定性方式划分为低、中、高三等，所有预警信息均汇集从基层汇集上报，对于中、高风险情况统一由系统自动上报至学院/系所，对于高风险情况进一步升级上报至学校安全管理部门进行通知报备（图 6-48）。

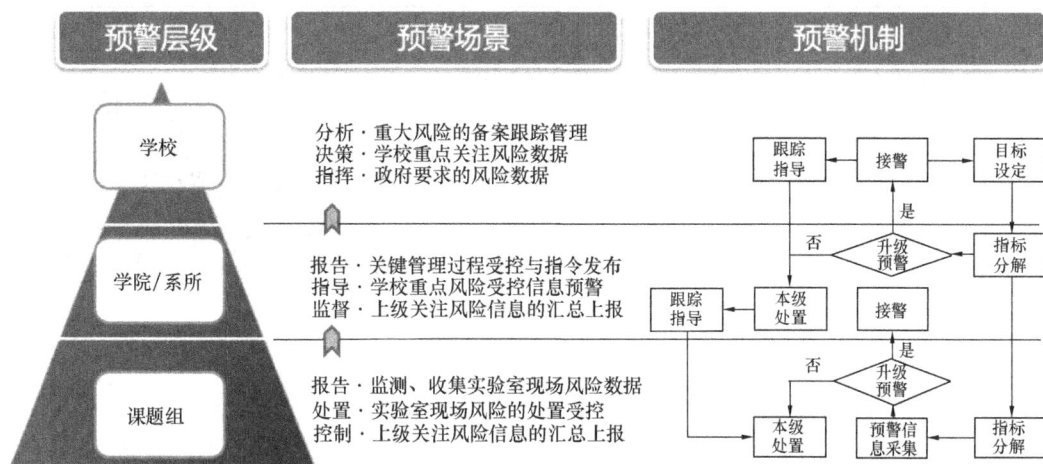

图 6-48　实验室风险预警流转机制

（3）预警协同展示平台

预警协同展示平台的主要作用是对预警预报信息的多维度展示，用户可根据从实时受控层、管理受控层汇集的各类指标数据，对实验室 HSE 的日常管理和紧急情况进行决策、调度和指挥，与预警协同展示平台配合使用的还包括应急喊话系统、疏散联动系统等。本项目的预警协同展示平台将采用数字孪生技术，将校园、楼宇、楼层和实验室房间结构以及各类统计、预警信息主动推送、展示给用户，需要用户特别注意的预警信息可通过高亮和各类代办、短信、微信、电话方式进行强制通知（图 6-49～图 6-51）。

图 6-49　实验室风险预警展示平台（总览）

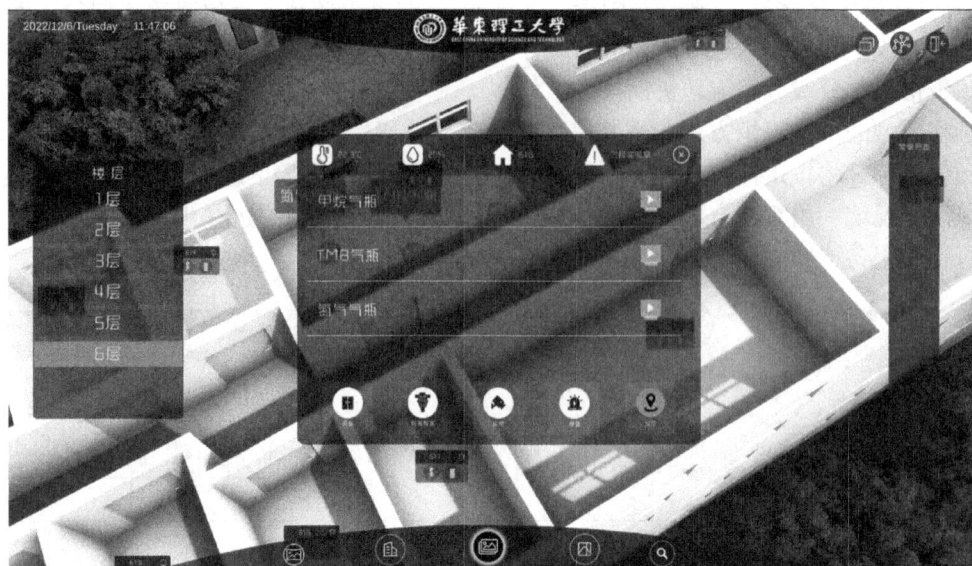

图 6-50 实时监控数据预警

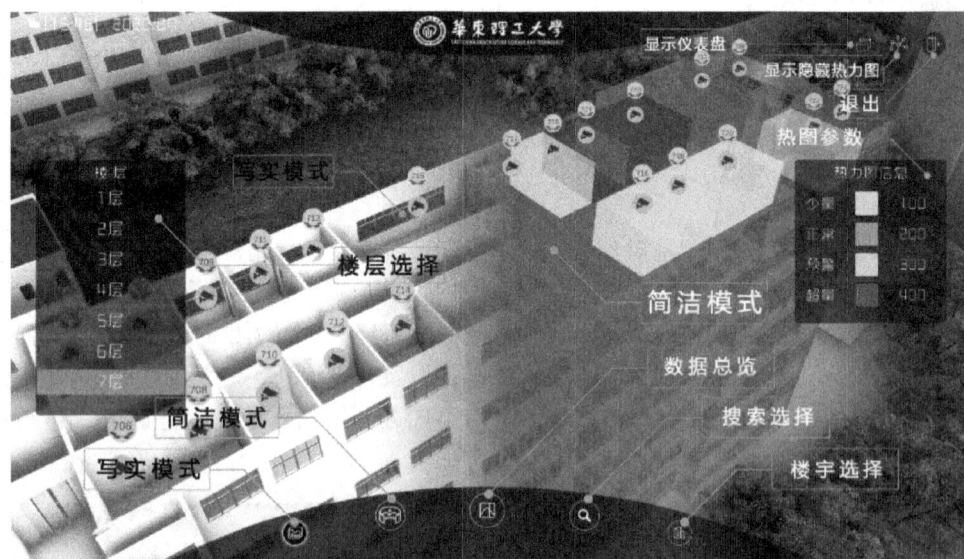

图 6-51 可视化风险预警红绿灯（危险源存量预警）

6.3.4 结语

导致实验室安全事故发生的原因复杂、多变，其实质是一个系统性问题，这些问题需要系统性的解决方法。通过构建以风险防控为特点的"数智化"实验室系统来预知、预控实验室安全风险问题是其中一个有效的方法，也是未来实验室安全实现管理转型的一项关键措施和手段。笔者通过实践体会到该专业系统的建设离不开行业风险防控方法论和专业数据库的支撑，管家系统以三个闭环的底层逻辑为依托，从风险防控专业化功能设计和底层数据支撑角度，通过数字化、智能化技术和工具对实验室现场和管理的安全风险受控做出了有益和有效的尝试，相信对未来国内科研安全行业在数字化管理转型的方法和工具上会有一定的借鉴和参考意义。

6.4　北京石油化工学院危险化学品安全管理体系构建与实践

案例行业：高等学校

案例特点：化学实验室危险化学品全生命周期的安全管理

推荐专家：艾德生（清华大学实验室管理处　副处长）

本文执笔：高建村（北京石油化工学院安全工程学院　院长）

　　　　　　张人友（北京石油化工学院　讲师）

　　　　　　武司苑（北京石油化工学院　讲师）

　　　　　　任绍梅（北京石油化工学院　高级实验师）

　　　　　　冯　丽（北京市安全生产工程技术研究院　副教授）

6.4.1　建设背景

高校实验室是开展人才培养和科学研究的重要阵地，实验室安全关系到师生切身利益和学校稳定发展。其中涉及面广、专业要求高、管理难度大的实验室危化品，是近些年高校实验室安全事故的主要诱发因素。如何有效开展高校实验室危化品安全管理，是国家、社会及高校普遍关注且亟待解决的重要问题。

北京石油化工学院围绕高校实验室危险化学品安全"管什么""由谁管""怎么管"的难题，提出"大安全观"思想，构建了一整套包含标准、组织、制度、人员、标杆、宣教、培训、提升等的完整安全管理体系，不但丰富了安全管理理论，而且解决了各高校普遍面临的实验室危险化学品安全管理问题，实现了高校实验室安全管理水平和治理能力双提升，为高校同行提供了可供借鉴的成功经验。图 6-52 给出了研究成果框架。

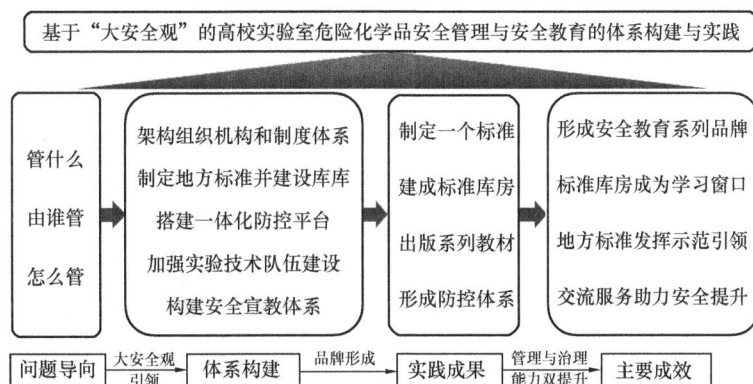

图 6-52　研究成果框架

6.4.2　建设要点

6.4.2.1　提出"大安全观"

北京石油化工学院结合高校实验室危险化学品安全管理工作实际，研究探索工作思路，提出"大安全观"。"大安全观"即综合安全观，是以人的安全为核心，针对各种危险有害因素给予全面、系统的预防和控制的观念。针对危险化学品安全管理现状，学校基于"大安全观"的视角，紧紧围绕"以人为本"这个中心开展安全工作，坚持问题导向，从架构组织机构和制度体系、制定地方标准并建设标准库房、搭建一体化防控平台、加强实验技术队伍建设、构建安全宣教体系入手，开展高校实验室危险化学品安全管理与安全教育的体系构建与实践。

6.4.2.2 组织机构和制度体系

学校党委高度重视实验室安全工作，成立由校党委书记和校长任组长的安全生产工作领导小组，并设立实验室工作委员会，由学校国有资产与实验室管理处具体牵头负责，各二级学院成立实验室安全工作小组，配备副院长、实验中心主任等人员专职负责实验室安全管理，各实验室指定责任人，形成"学校－学院－实验室"三级安全管理网络。发布的相关校级文件如图 6-53 所示。

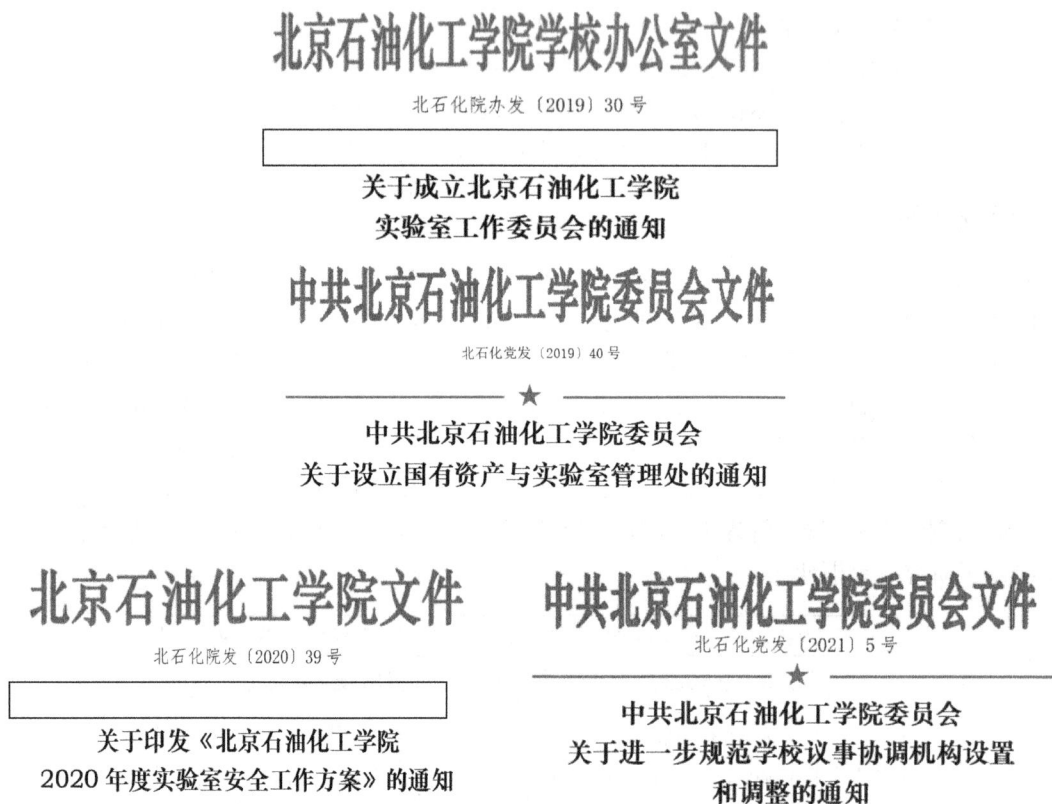

图 6-53　发布的相关校级文件

围绕学校事业发展需要设计安全管理制度框架，实施《北京石油化工学院危险化学品安全管理办法》《北京石油化工学院实验室危险化学品安全责任追究办法》等制度。并配套危险化学品采购、危险废弃物处置、实验项目安全风险评估等标准化工作流程，构建"学校－学院－实验室－实验人员"四级安全责任体系，落实分级负责制，规范实验室危化品安全管理。系统梳理并建立责任体系、规章制度、安全宣传教育、安全检查、化学品管理平台、管制类化学品、气瓶用气安全、危险废物处置八类实验室安全管理系列档案。

6.4.2.3 制定地方标准并建设标杆实验室及库房

学校安全工程学院教师牵头制定了北京地区高校实验室危险化学品安全管理地方标准《实验室危险化学品安全管理规范 第 2 部分：普通高等学校》DB11/T 1191.2—2018。依据此标准树立管理标杆，在安全工程学院建设"化学品危险性检测与控制实验室"等北京市标杆实验室及北京地区高校首个易制爆危险化学品标准库房、易制毒化学品和危险废弃物暂存库房。打通实验室危险废物快速处置通道，遴选气体供应商和环保管家，组织回收废旧气瓶、处置危险废物，实现了管制类危险化学品和危险废物的按需采购、安全储存、常态化回收、快速清运、实时监控与应急联动，确保危险化学品安全风险可防、可控。图 6-54 为危险化学品和危险废物储存标准库房图片。

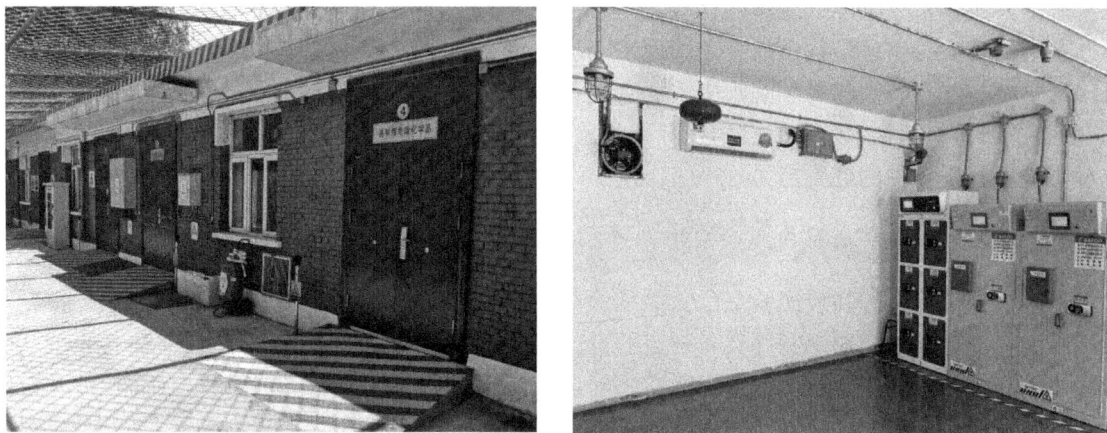

图 6-54　管制类危险化学品和危险废物储存标准库房

6.4.2.4　搭建一体化防控平台

学校与北京市教委、市应急局、市公安局、市生态环境局及大兴区相关委办局、街道办、派出所等部门关系密切，合作顺畅，基本形成了实验室安全"市级—区级—街道—学校"四方联防联控机制，每年多次接受北京市、大兴区及各相关部门针对实验室安全检查指导工作。发挥信息化手段效能提升作用，建立化学品采购、审批、使用、储存、回收、处置全生命周期闭环管理的化学品管理系统，严控管制类易制毒、易制爆危险化学品，印发《关于严格化学品采购流程，进一步规范使用化学品管理平台的通知》，进一步明确化学品尤其是危险化学品和管制类化学品采购要求。实施实验室安全准入，安全考试未通过的不能进入实验室。打造人人关注安全、人人参与检查的实验室安全巡检系统。实验室安装监控报警装置并与学校监控中心联网联控，确保及时发现安全问题并第一时间解决。

6.4.2.5　加强实验技术队伍建设、构建安全宣教体系

明确"师德为先，师风为本，分级分类，择优聘任，强化考核"的岗位聘任原则，重新梳理实验技术队伍，明确岗位职责和考核办法，增强实验技术人员的归属感、忠诚度和进取心。实验技术系列开设正高级，解决与专任教师的薪酬差距问题，用合理的发展预期引导个人发展，努力推动"人安、物安、心安"，使实验技术队伍真正成为实验室安全管理的主力军。面向社会公开招聘实验技术人员充实实验技术队伍，按照"谁使用、谁负责，谁主管、谁负责"的原则，把实验室安全责任制落到实处，进一步加强了实验技术队伍力量，优化了队伍结构。

出版危险化学品安全教育系列教材，以安全生产月、消防宣传月、知识竞赛、安全"随手拍"、专题培训、专项应急演练等实验室安全教育系列活动为主线打造特色品牌，全面提高师生安全防范意识、自我保护与应急救护能力。多次组织参加实验室安全管理等论坛和会议并进行大会交流发言或讲座，派遣本校安全管理专家参与危化品安全事故调查，积累事故防范和处置实践经验，教师们维护实验室安全的专业能力和实操技能及学校参与社会安全管理的辐射力和影响力不断提升。

6.4.3　实践成效

6.4.3.1　高校实验室危险化学品安全教育受益面广且特色彰显

编写出版危险化学品安全教育系列教材，2021 年底发行已突破 1.93 万册，并被北京石油化工学院、上海应用技术大学等京内外高校选作教材。打造实验室安全建设月、消防宣传月、知识竞赛、安全"随手拍"、专题培训、专项应急演练等安全教育特色品牌。截至 2021 年，安全知识竞赛已连续举

办二十五届，实验室安全准入考试年均参与上万人次。2021年，会同北京市安全生产工程技术研究院举办京南高校实验室危险化学品安全管理培训班，理论授课与实操培训共48学时，北京建筑大学、北京印刷学院与北京石油化工学院师生180余人参加了培训。学校国有资产与实验室管理处、安全保卫部（处）、新材料与化工学院联合组织开展实验室消防安全应急演练，百余名师生参加，提升了师生应对实验室突发事件的处置能力。

6.4.3.2　安全管理体系在校内成功应用，并被多所高校学习借鉴

基于"大安全观"的高校实验室危化品安全管理与安全教育的体系构建与实践研究成果获2021年北京石油化工学院教学成果特等奖。制定的首部高校实验室危险化学品安全管理地方标准《实验室危险化学品安全管理规范　第2部分：普通高等学校》DB11/T 1191.2—2018，已在高校涉及危险化学品的实验室广泛采用。建成北京地区高等学校首个易制爆危险化学品标准库房，打造"化学品危险性检测与控制实验室"等标杆实验室，得到教育部高教司、北京市政府、各委办局及多所高校广泛认可，发挥示范价值和辐射作用。

6.5　辽宁盘锦检验检测中心智慧实验室建设实践

案例行业：综合性检验检测机构
案例特点：智慧实验室建设
推荐专家：赵赤鸿（中国疾病预防控制中心实验室管理处　处长）
本文执笔：徐健峰（盘锦检验检测中心　主任）
　　　　　　孙晓丽（盘锦检验检测中心　副主任）

6.5.1　建设背景

检验检测是服务经济社会发展的国家质量基础，也是现代服务业的重要组成部分，而实验室则是检验检测的核心竞争力。如何提高检验检测实验室的建设和管理水平，进而提升检验检测能力，为经济社会高质量发展保驾护航，是摆在检验检测人面前的一个课题。盘锦检验检测中心是全国范围内较早实施检验检测资源整合的事业单位，也是较早致力于智慧实验室建设的专业技术机构，经过多年的探索和实践，在化学实验室智慧化建设方面积累了一定经验。

盘锦检验检测中心是在整合改革的大潮中成长起来的团队，短短7年时间历经4轮重大改革。第一轮改革于2015年2月2日启动，当时以盘锦市疾控中心为主体，将全市7个行业主管部门的8家检验检测机构整合，组建盘锦检验检测中心，为市政府直属正县级事业单位。2018年8月31日，中心迎来第二轮改革，按照辽宁省、盘锦市事业单位机构整合改革的要求，原市质监局所属市计量测试和标准化研究服务中心、市产品质量监督检验所、市特种设备监督检验所，市卫计委所属市结核病防治所的预防职能整体并入，组建新的盘锦检验检测中心。2020年12月底，在新冠疫情下，第三轮改革时，疾控职能从检验检测中心剥离。2022年9月中旬，全省事业单位"后半篇"改革实施，三个分支机构归入市场局管理，检测中心其他职能不变。四轮整合改革后，中心检验检测的范围覆盖了食品、药品、化妆品、保健品、农产品、粮油、水质、公共卫生、生态环境、产品质量等，同时还包括健康体检、技术服务等。

6.5.2　建设历程

打造智慧实验室是检验检测人的梦想。对于智慧实验室的内涵，不同的人有不同的理解，2017年8月，《健康报》在盘锦市举办的第一届中德智慧实验室论坛上，首次提出了"标准化、智能化、信息化、规范化、人性化"的智慧实验室理念；2019年第二届论坛进一步提出了"安全、创新、绿

色、智慧、共享",正所谓"仁者见仁、智者见智"。作为一个综合性检验检测机构,盘锦检验检测中心结合自身的职能,将智慧的思维理念、智慧的科技手段、智慧的管理模式融入实验室的建设、运行和发展中,走出了一条与众不同的道路。其中,化学实验室的智能化建设独树一帜、特色鲜明。

6.5.3 建设需求

盘锦检验检测中心的化学实验室建设首先要满足食品、药品、化妆品、保健品、农产品、粮油、水质、公共卫生等专业领域的化学实验对检验检测场所环境、设施设备的要求。在此基础上,将职能和业务相同或相近的专业进行整合,理顺和规范各类化学试验的业务流程,将实验环境、人员、设备以及危险品管理智能化,通过互联网、物联网技术、数据库以及三维仿真技术应用(BIM、AR、VR),实时在线感知实验室各环境设施、人员、仪器设备以及危险品的状态,将实验室整体环境,包括环境设施、仪器设备、人员、危险品等数据,结合实验室用户标准化管理思想,集成一个全面、规范的管理系统并通过网络上传到数据中心,便于管理者进行数据分析、报告和管理。

系统应通过环境设施自动采集、汇聚、处理、学习、分析、执行和决策支持的自动化过程以及基于 Web 和移动应用部署,利用在线或者远程快速查看和管理设施在线数据及资产信息,实现对实验室的综合智能化、可视化管理,有效保障实验室各系统的正常运行和实验室设施及人员的安全,节约人力和管理成本。

对各设备子系统进行统一的监测、控制和管理:集成系统将分散的、相互独立的智能化子系统,用相同的环境、相同的软件界面进行集中监视。各部门以及管理员可以通过分配的权限进行监视;可以看到保安、巡更的布防状况等。这种监控功能是方便的,可以以生动的图形方式和方便的人机界面展示希望得到的各种信息。

实现跨子系统的联动,提高建筑的功能水平:智能化系统实现集成以后,原本各自独立的子系统在集成平台的角度来看,就如同一个系统一样,无论信息点和受控点是否在一个子系统内,都可以建立联动关系。这种跨系统的控制流程,大大提高了建筑的自动化水平。这些事件的综合处理,在各自独立的智能化子系统内部是不可能实现的,而在集成系统中却可以按实际需要设置后得到实现,这就极大地提高了建筑的集成管理水平。

提供开放的数据结构,共享信息资源:智能化系统控制着建筑内所有的机电设备,传统上各系统自成体系工作,并不和外界交换信息。智能化集成系统建立一个开放的工作平台,采集、转译各子系统的数据,建立对应系统的服务程序,接受网络上所有授权用户的服务请求,实现数据共享。这种网络环境下的分布式客户机/服务器结构使集成信息系统充分发挥其强大的功能。

提高工作效率,降低运行成本:集成系统用软件功能代替硬件干接点联动方式,不仅节约,更增加了集成的信息量和系统功能。集成系统可以使管理人员在一台或多台电脑上,以相同的界面操作、管理各个智能化子系统,方便管理,也可以减少管理人员的人数,提高管理效率。

优化运行:在各集成子系统的良好运行基础之上,快速准确地满足用户需求,以提高服务质量,增加设备控制、无人值守台、自动远程报警等功能,通过集成将楼宇主要耗能设备进行智能化联动控制,实现节能环保。

覆盖实验室弱电智能化系统集成以及实验室综合智能化管理,实现对实验室的"人""机""料""法""环"的整体管理,正在满足智慧实验室的实际需求。

6.5.4 建设原则

6.5.4.1 标准化

总体设计主要采用的是标准化通信协议,能够将不同厂商的设备与系统便捷地综合在一个平台上,施工快捷且使用方便;在软硬件配置上具备足够的冗余能力,使系统能在将来得以方便的扩充,满足通用性和可替换性。

6.5.4.2 模块化

总体结构采用模块化，可以根据用户的需求选用不同功能模块组合，各个模块既相互独立，又无缝连接。系统功能的增减只是对应模块的增减，不必重新建构系统，不会影响整个系统的工作，能够在整个生命周期内，满足客户发展、扩充的需求。

6.5.4.3 开放性

对于系统集成平台来说，开放性是其必备的特性。系统可对各智能化子系统进行分散式控制，集中统一式管理和监控。而集成后的系统应是一个开放系统，使不同的子系统和产品间接口和协议达到互操作性。它应当提供标准数据接口、网络接口，系统和应用软件接口。开放性将满足客户对系统的可扩展性、灵活性、兼容性、可移植性、可维护性、全生命周期的要求。

6.5.4.4 互连性

互连性表现在以结构化综合布线系统等传输媒体为基础，实现各种网络设备的配置；各种网络互连设备的配置；以及各类机电设备、话音/视频设备和各类控制设备等的配置。子网之间互连采用基于网络的标准化协议，并采用时间同步管理，保证各子系统时间一致。

6.5.4.5 安全性、可靠性和容错性

智能化集成系统一定要保证有极高的安全性、可靠性和容错性。为了将来的系统维护以及技术支持，选用国内知名厂家的系统集成产品。

6.5.4.6 高效率性

(1) 高效的服务器响应数据库请求的能力；
(2) 高效的通信传输速率和带宽；
(3) 高效的系统实时响应与控制能力；
(4) 高效的网络的吞吐能力。

6.5.4.7 经济性

经济成本是系统集成必须考虑的因素之一，要求系统设计应从系统目标和现实需求出发，经过充分论证，选择合适的产品，在满足用户要求的前提下，尽量降低投资成本。

6.5.4.8 先进性

项目的系统集成将实现跨子系统联动等先进技术，且以上技术都在其他的重点项目中得到验证，稳定可靠。建成后将能够代表当今世界的一流的智能建筑系统集成水平。

6.5.5 建设特点

(1) 多弱电专业的智能化集成。系统集成通风、空调、纯水、污水、气路、门禁、视频、消防、冷库等系统数据，将各系统统一汇总到一套平台上，实现各专业系统数据的统一查看、报警的统一处理，形成节约式的集中化管理。

(2) 基于BIM的三维可视化。通过BIM技术实现模型对现实场景的还原，将还原完成的模型进一步优化、加工处理后，运用于智能楼宇的智能运维管理。集合智能化数据集成，在三维场景中实时显示中心的整体运行状态，可以实现对中心的每一个设施设备进行全生命周期管理，包括实时的历史

运行状态数据管理。

（3）智能分析监测、自动化告警。通过智能化三维虚拟巡检技术，平台对设备的运行状态、设备关键指标等数据进行实时诊断。利用实时数据总线和高速事件处理算法，事件经过标准化、过滤、归并、关联分析、丰富等过程，最后形成准确的告警信息。

（4）告警推送。通过告警的规则定义的可视化界面，帮助技术人员优化统一事件平台告警处理规则，提高告警的自动化识别和关联分析能力。可以将不同的报警推送给不同的用户部门或用户，系统可以将用户进行随意的组合形成报警组，对报警组定义报警类型，包括：报警的位置、专业系统、部门、单独设备、报警的分类、报警等级等。最终将报警推送到真正需要处理、关心的用户。

（5）设备资产管理。实现对资产信息进行静态管理，通过设备资产管理可以帮助用户了解到设备的基本信息，包括：品牌、型号、部门、设备使用资料等信息。通过设备资产统一对设备进行电子化管理，做到查找迅速、资料全面等特点。

同时支持就地扫码查看和维保管理功能。就地扫码查看是指每个不同的设备资产都有对应的唯一二维码，将二维码贴到对应的设备上，通过手机扫码可以查看到该设备资产的所有静态信息，包括描述的资产信息以及维保信息、设备资产资料等。维保管理功能是指对设备资产行为维保计划和维保记录功能，对于周期性需要维保的设备可以设置维保计划以及维保计划提前预警时间，系统则会在维保计划到达时间前发出维保计划提醒。无固定周期性的维保则通过维保记录进行记录和提醒，系统维保计划和维保记录都留有历史记录，可供查询，并且在设备维保后，用户可以添加维保结果信息。

（6）操作标准化管理。系统支持视频播放，对于进入房间的操作，系统可以通过播放视频文件提醒操作人员遵守操作标准化管理。

（7）智能化运维管理。利用网络化、信息化手段对中心进行管理，通过网络化实现各专业数据的集成，通过信息化完成设备资产的管理，最终结合网络化和信息化将中心的数据在外网通过手机APP进行移动访问。

（8）移动端。可以查看系统实时数据、报警信息以及资产数据信息。同时可以实现资产维保、维修、盘点、临时维保、快速报修和标签绑定等功能。

（9）虚拟仿真。通过VR浏览中心建筑结构以及设备设施布局。使用VR漫游时，可以查看具体中心的介绍以及楼层、房间介绍。

6.5.6 项目成果

6.5.6.1 功能描述

1. 多弱电专业的智能化集成

将确保实验室运行的各项基础设施（如：通风、气路、纯水制备、中央空调、污水处理、门禁与监控视频等）的信息系统整合到一个平台，实现集中、实时查看各系统采集的数据，并及时接收各系统的报警消息，方便快速处理，提高实验室运维效率（图6-55～图6-59）。

2. 基于BIM的三维可视化

实验室智能化系统结合三维可视化技术，通过3D界面展现设备数据。支持创建丰富的、身临其境的真三维化界面。使用unity创建真实的3D世界。用户可以结合2D和3D功能将二维画面植入3D的物件之中，也可以将三维的物件放在二维的画面之中，还可以用矢量画面做出逼真的实物画面（图6-60～图6-62）。

3. 自动化告警推送

通过智能化的三维虚拟巡检技术，平台对设备的运行质量检查并分析，包括网络状态、设备的运行状态、设备关键指标以及设备内软件运行指标等智能化分析技术。另外，利用实时数据总线和高速

图 6-55　暖通系统—送风系统

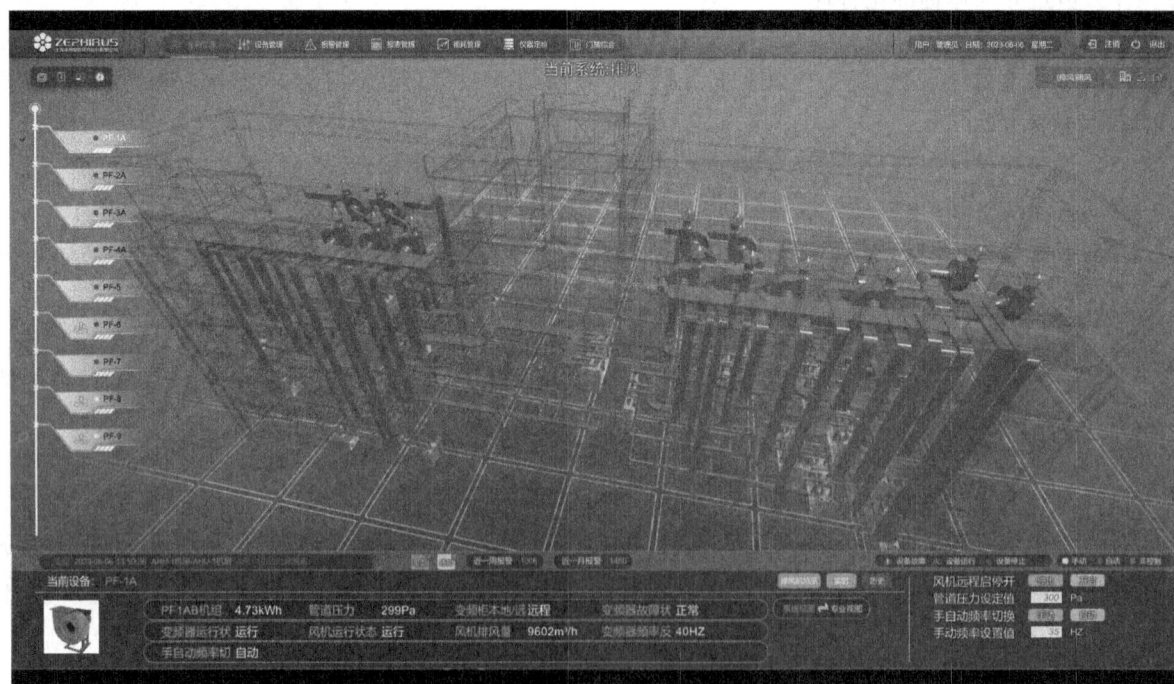

图 6-56　暖通系统—排风系统

事件处理算法，系统每分钟能处理几千条告警事件，事件经过标准化、过滤、归并、关联分析、丰富等过程，最后形成准确的告警信息。可利用系统提供的事件规则处理语言，以实现更灵活的事件处理规则及扩展。通过告警的规则定义的可视化界面，帮助技术人员优化统一事件平台告警处理规则，提高告警的自动化识别和关联分析能力。从而对设备故障的具体原因、设备间的关联关系、故障影响范围等进行智能分析和定位。大量的事件经过处理，形成了需用户关注的最终告警，直观地呈现在告警

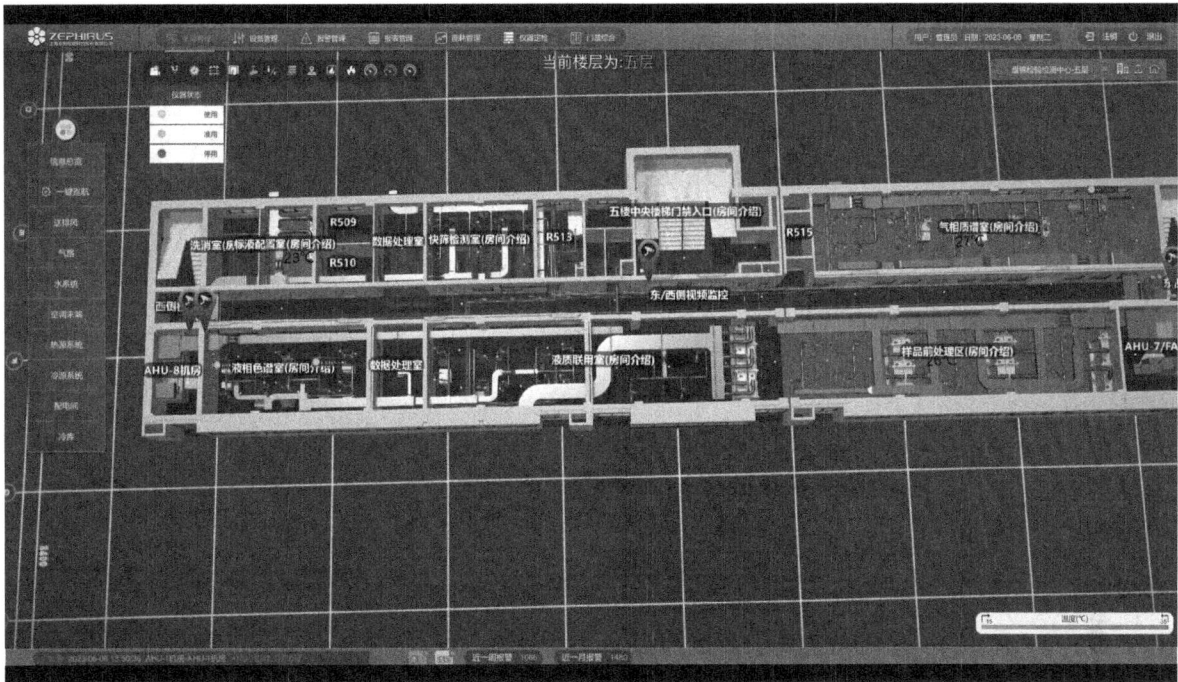

图 6-57　暖通系统—房间数据监控

图 6-58　视频监控—实时监控

台上，随后可对告警进行生命周期管理。在告警台上，可对告警进行确认、清除、删除操作，可查看告警资源当前的性能情况，分析故障根源。实现日常运行维护工作的规范化、标准化，并沉淀运维知识与经验。

　　同时，系统支持微信报警推送功能，可以按照报警位置、报警级别、报警分类，将不同的报警推送给不同的需要的人。如果用户有需要，可以将每个房间的报警推送给不同的人，甚至系统可以支持将不同的报警点推送给不同的人。同时，系统会对推送的报警记录进行历史归档，方便报警推送信息的历史查询。

图 6-59　门禁监控—门禁状态

图 6-60　主楼界面

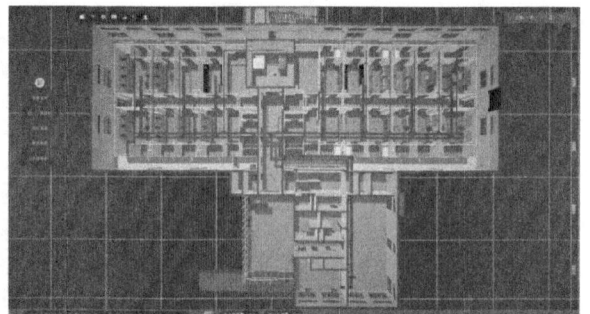

图 6-61　楼层俯视图

图 6-62　房间模型

4. 设备资产管理

（1）资产统计

对资产信息进行统计管理，通过统计可以查看到设备的统计信息，包括：设备数量统计、设备分布统计等（图 6-63）。

图 6-63　资产信息统计管理

（2）设备列表

设备列表展示设备信息，包括：设备编号、设备名称、型号、品牌、产品分类、状态等资产信息（图 6-64）。

图 6-64　设备信息展示

（3）资料

整理产品资料，绑定关联设备，通过手机、PC 可以查看到产品资料，帮助使用人员更加方便地了解设备、使用设备（图 6-65）。

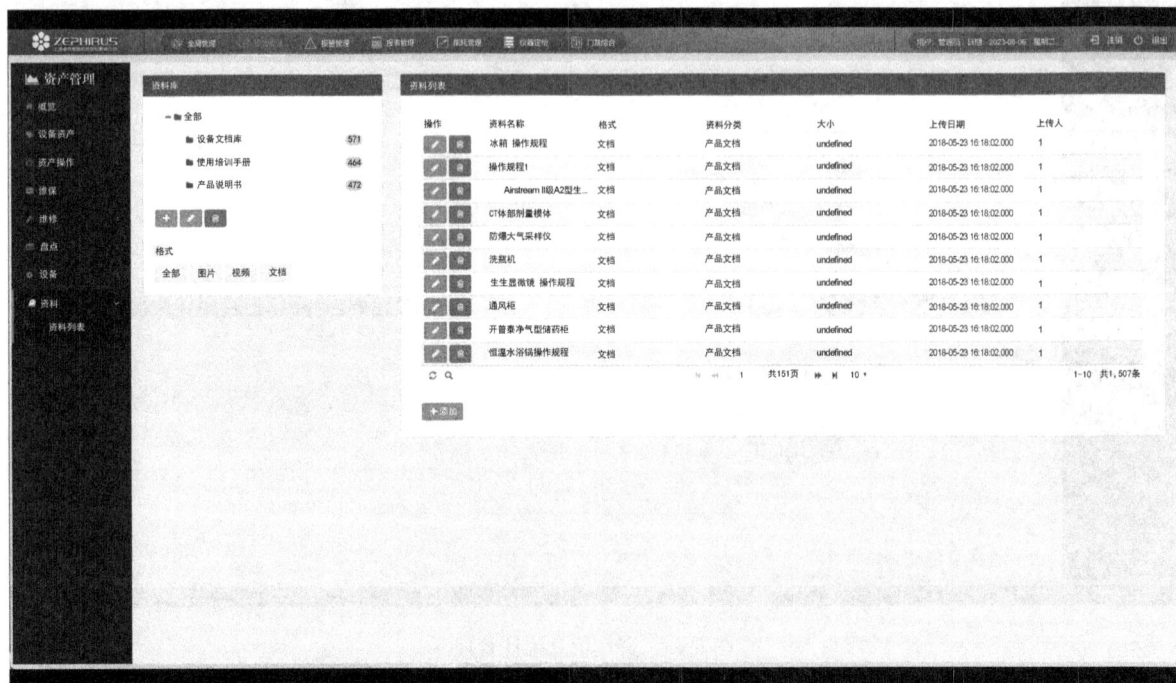

图 6-65　产品信息整理

（4）维保

设备制定维保计划，通过维保计划设定、帮助提醒带维保事项，提升工作效率。

（5）就地设备扫码

就地设备可通过针式打印的二维码，通过任意手机端扫码软件即可获得设备的资产信息，帮助用户查询资料、培训手册或支持信息。

（6）操作标准化管理

操作标准化管理是指对实验步骤进行管理，提供按照用户录入的标准化视频进行查看，用户可根据自己的需求随时在系统中调用视频查看。

由于每个实验室的实验内容不一样，系统按照各个房间的实验内容，提供标准化的视频录入，每个房间可以录入自己的标准化视频，用户需要进入实验室时可以提前预览实验标准化视频，巩固加深实验印象，避免由于实验室的标准流程遗忘引起不必要的实验问题，提高实验效率。

（7）移动端

系统支持多种平台的数据浏览，可以在 Android 等主流移动端进行数据展示，支持以 HTML5方式的浏览器访问，也可通过 APP 客户端访问（图 6-66）。单台服务器支持多个 APP 客户端并发访问，方便快捷的信息推送、设备运行数据查询等，实现故障代码、维护作业指导的快速检索和查询。

（8）虚拟仿真

用户通过 VR 模拟仿真技术，在展厅内就能够了解整个化学实验室的建筑机构，用户可以通过VR 逐个查看每个房间的运行状态，房间内部的装饰、装修以及设备的安放位置，对于智能设备用户可以查看到设备的运行状态等。这些信息的了解通过 VR 眼睛更加直观，如同用户就身处于房间之内（图 6-67）。

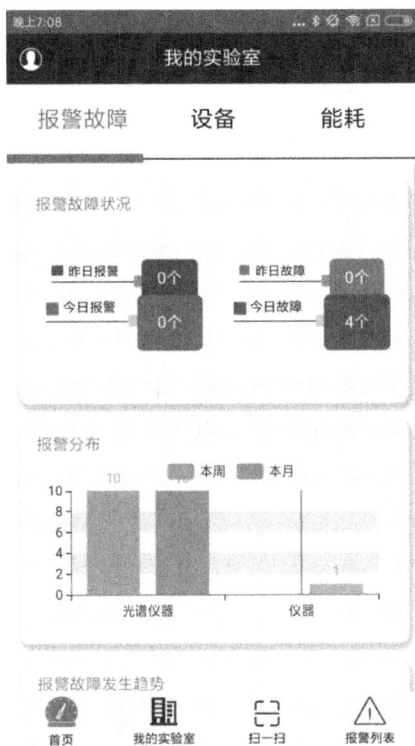

图 6-66　智能手机界面展示

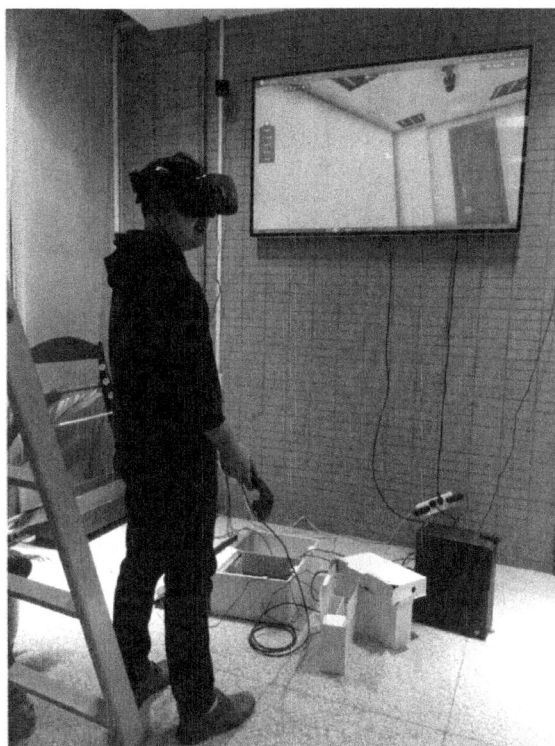

图 6-67　VR 展厅

6.5.6.2　功能预留

1. 危化品管理

(1) 控制目标与设计

以便捷式的危化品安全柜、危化品结算台、安检门、门禁、摄像头等为硬件平台，中控软件为数据分析应用的软件平台。将危化品信息及人员信息统一录入系统，形成危化品、人员信息数据库。从而实现危化品领用归还、人员进出危化品库区的自动化管理，形成完整的危化品领用信息数据库，实现危化品管理的智能化。

(2) 系统功能描述

危化品管理系统具备权限分级管理、库位管理、危化品统计查询、异常情况识别、24 小时视频监控等功能。免除了繁琐的危险化学品领用登记，同时提供完整、可靠的危化品管理数据。

(3) 实现危化品自动精确识别

危化品不需要进行传统的领用登记工作，它可以自动采集危化品品种、状态数据、称重的质量数据，均自动录入系统，只需要刷卡确认即可完成。

(4) 实现操作流程标准化

通过系统将作业流程固化，操作人员根据系统指令和流程进行操作，降低对人员经验的依赖，解放生产力，提高生产效率。通过对危化品进行 RFID 识别与跟踪，全程自动化管理，大大提高危化品领用与库存的准确率。

(5) 实现权限分级，权责明确

将人员划分为超级管理员、普通管理员和用户三级权限，主要在危化品操作、数据库信息使用、监控视频记录查询、管理操作用户群体等方面有所区别。其中超级管理员有且只有 1 个，不可删除，普通管理员可设 1 个或多个，用户数量不限。

（6）实现库存无纸化管理

库存情况包括单一危化品统计和总体库存统计。其中单一危化品统计包括危化品属性信息、系统属性信息、关联人员信息；总体库存统计包括危化品消耗情况统计、资金消耗情况统计、库存预警信息统计。各类统计信息表均可以通过数据库随时提领、导出，便捷高效，结合各种报表，构造完整的危化品追溯体系。

（7）实现贮存环境智能化

系统记录温度、湿度数据，提供异常情况报警信息，报警信息包括泄漏浓度探测、温湿度异常分析等，危化品柜自动向中控平台传送传感器信息。

（8）实现无人值守实时监控

在安全高效的原则下，通过规则确保入库、出库、还库流程标准化，系统可自行记录危化品流动情况，并能进行异常情况判断，其视频摄像系统在不接入互联网的情况下可以正常工作，能够至少连续记录30天、7×24小时全天候录像。

（9）实现数据备份安全存储

系统依靠信息进行构建，数据库的安全性是保障系统正常运行的关键，提供磁盘阵列NAS备份。系统配置杀毒软件和防火墙。

2. 实验室综合管理

实验室综合管理包括实验室人员的管理、实验室耗材管理以及实验活动管理三大管理模块。

人员管理包括如下管理：组织机构管理；人员信息、档案管理；人员上岗培训管理；人员考核管理等管理模块。

耗材管理包括：采购管理；审批管理；入库管理；出库管理；库存管理。

实验活动管理包括：实验活动预约；实验活动审批；实验活动记录；公告管理；资源库管理；系统管理等。

6.5.7 化学实验室智能化建设总结

通过基于BIM的三维可视化平台，将各弱电系统集成到一套平台上，方便用户整体的运维管理。同时，通过三维的方式能够更加直观地了解到现场的设施布局以及具体设施设备的信息查看、运维管理，提升运维效率。系统提供移动端和VR展示，移动端能够更好地服务用户，提供及时的报警提醒以及数据的查看。针对实验室的参观展示的不便利，通过模型将整个的实验室通过VR的方式展示，增加了参观的互动性，通过VR就能够大概了解实验室的整个布局情况，如同直接参观现场。

系统预留的危化品以及实验室活动管理系统能够增加系统的兼容性和可扩展性，便于后期在系统中不断增加新的需求，以满足化学实验室对未来的管理要求。

6.6 某研究所化学实验楼建设实践

案例行业：科研院所
案例特点：化学实验综合楼
推荐专家：郝玲（北京科住建筑工程有限公司 总工）
本节执笔：郝玲（北京科住建筑工程有限公司 总工）

6.6.1 工程概况

该实验楼位于辽宁省大连市，2011年启动筹建，2014年完成施工图设计，2016年建成投入使用。总建筑面积24197m²，建筑高度为23.650m，其中地上5层、局部3层。结构类型为框架结构，耐火等级为二级，结构安全等级为二级，抗震设防类别为丙类。建筑场地土壤标准冻结深度为 0.95m，最大冻结深度为 1.20m。设计使用年限为 50 年。该工程涉及的设备设施有：建筑结构、消防灭火系统、供热系统、空调制冷换热系统、防烟排烟系统、通风及有害气体净化系统、动力配电系统、配电系统、照明配电系统、建筑物防雷接地系统、配电系统重复接地及其他各系统保护接地、有线电视系统、电话系统、网络布线系统、公共广播系统、安防监控、火灾自动报警及消防联动控制系统、楼宇自控系统等。

该实验楼内涉及的实验类型有：无机化学实验室、有机化学实验室、合成化学实验室、分子化学实验室。

6.6.2　设计依据

主要设计依据[①]：《民用建筑设计统一标准》GB 50352—2019、《科学实验建筑设计规范》JGJ 91—93、《民用建筑外保温系统及外墙装饰防火暂行规定》（公通字【2009】46 号）、《建筑设计防火规范》GB 50016—2006、辽宁省《公共建筑节能（65%）设计标准》DB 21/T 1899—2011、《办公建筑设计规范》JGJ 67—2006、《建筑内部装修设计防火规范》GB 50222—95（2001 年修订版）、《工程结构可靠性设计统一标准》GB 50153—2008、《建筑抗震设防分类标准》GB 50223—2008、《建筑结构荷载规范》GB 50009—2012、《混凝土结构设计规范》GB 50010—2010、《建筑抗震设计规范》GB 50011—2010、辽宁省《混凝土结构砌体填充墙技术规程》DB21/T 1779—2009、建设单位提供的《施工图设计任务书》等。

6.6.3　建筑

该建筑围护结构墙体为轻集料混凝土砌块，外墙填充墙采用 300mm 厚轻集料混凝土小型空心砌块，砌块强度不低于 MU5.0，M5 专用砂浆砌筑；内隔墙为 200mm 厚轻集料混凝土小型空心砌块，砌块强度不低于 MU3.5，M5 专用砂浆砌筑；外保温材料选用的是 50mm 厚硬泡聚氨酯喷涂板，墙体传热系数为 0.44W/(m²·K)。屋面做法为 120mm 厚楼板＋100mm 挤塑板，传热系数为 0.32W/(m²·K)。外门窗采用断桥隔热铝合金＋中空玻璃，可见光透射比≥0.4，传热系数不大于 2.20W/(m²·K)。局部设置的玻璃幕墙采用的是断热型材框架明框式玻璃幕墙其传热系数不大于 2.20W/(m²·K)。

实验楼首层层高 5.1m，为实验室及设备用房。二～四层层高为 4.5m，局部五层层高 4.45m，通用实验室、研究工作室、分析实验室等设置其中。屋面为上人屋面，分布有变频多联式空调机组的室外机、排烟风机、柜式排风机、水箱间等。

研究工作室、分析实验室的地面采用的是复合地板（燃烧性能 B1 级）。通用实验室、仪器储藏间采用的是彩色耐磨地面（燃烧性能 A 级）。研究工作室、分析实验室和设置空调的通用实验室顶棚采用的是硅钙板，无空调的通用实验室采用的是金属方形格栅。

6.6.4　给水排水系统

给水排水系统包含给水系统、排水系统、雨水系统、循环冷却水系统、消防水系统。

给水系统分高低两区，一～三层为市政管网直接供水，四、五层为无负压设备微机变频调速泵加压供水；生活给水埋地管采用 HDPE 钢丝网骨架复合给水管，其他给水管采用冷水 PP-R 管，热熔连接管材工作压力不小于 1.25MPa。各公共卫生间手盆下设有即热式热水器，提供洗手热水。

排水系统采用重力流水，生活排水及实验室排水分流排放：生活排水最终汇入化粪池，实验室排水排入室外污水井，再由外网统一至室外废水收集坑，然后集中送至专业公司处理；污、废水排水立

---

①　设计依据当时的现行标准。

管采用 UPVC 螺旋消声管，胶接，每层设固定卡子和伸缩节。排水横支管、排水横干管、排出管均采用光壁 UPVC，胶接。

屋面雨水采用内排水，内排水管采用高密度聚乙烯 HDPE 管材，热熔连接。每层设固定卡子和伸缩节，外径大于等于 110mm 时，穿越楼板处设置了阻火圈。

循环冷却水供回水系统是为实验楼二、三层部分区域的 14 个实验室设置的，回水为重力流，供水总量按 7 个实验室使用设计。每个实验室循环冷却供水管管径为 DN32，使用时间为 24h。冷却塔设于首层屋面，冷却水水池与消防水池合用（图 6-68），为保证消防水不被动用，将冷却用水吸水管上设 DN15 虹吸破坏孔至最高消防有效水位之上。冷却水供水管采用冷水 PP-R 管热熔连接，回水管采用热水 PP-R 管，热熔连接。

该实验楼消防系统设有消火栓系统、预作用自动喷水灭火系统、大空间自动智能扫描灭火系统及建筑灭火器配置。除与冷却水共用水池外，该建筑顶层设有消防水箱间，内有消防水箱、消火栓灭火系统稳压装置和自动喷水灭火系统稳压装置各一套。

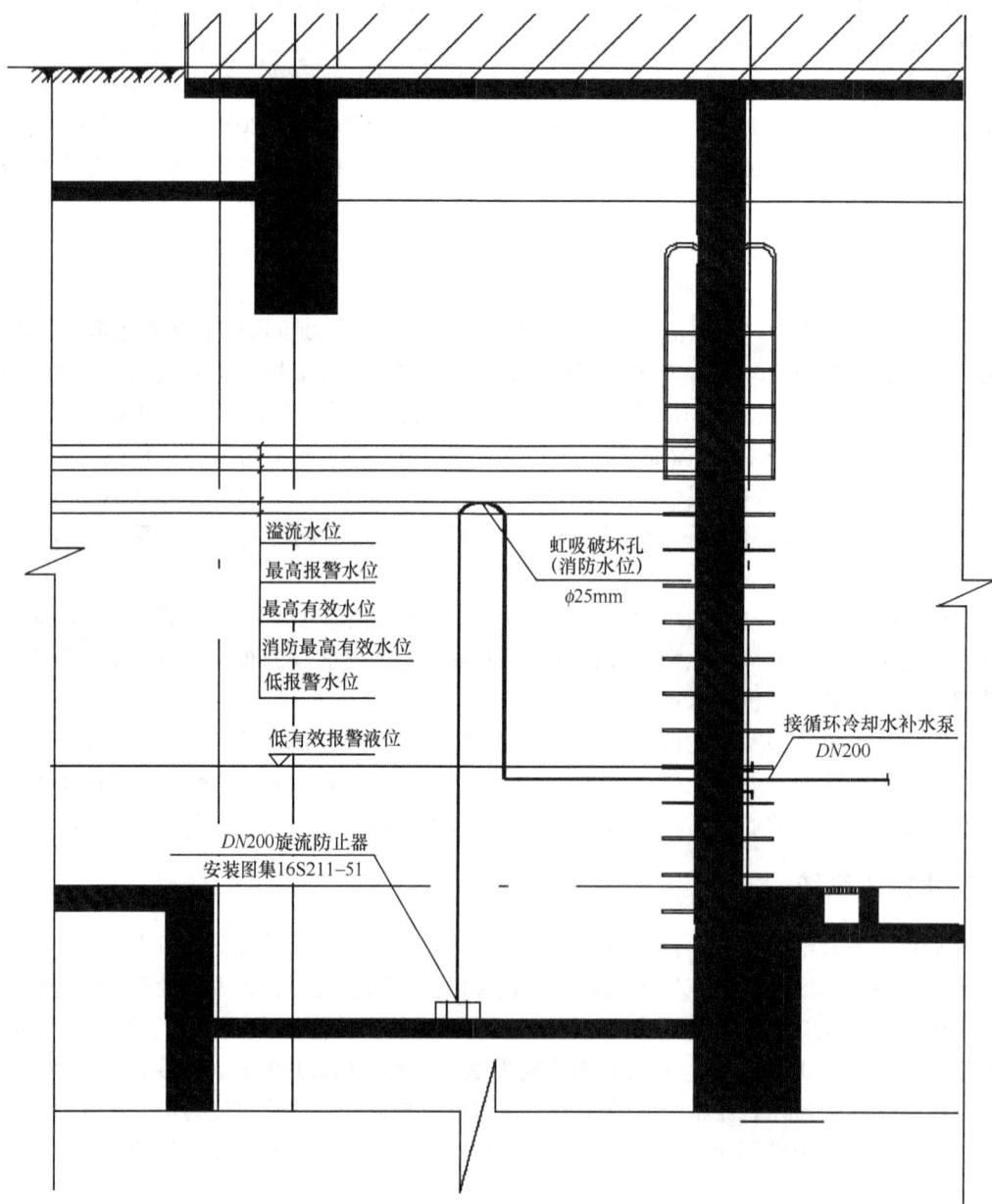

图 6-68　冷却用水水池与消防水池合用取水示意图

6.6.5　供热系统

园区一次网供/回水温度为 85℃/60℃，实验楼供暖热源是经换热器换热成供/回水温度为 75℃/55℃的二次低温热水，供给室内散热器及低温热水地板辐射供暖系统。通风热源由园区锅炉房提供，供/回水温度为 75℃/60℃。

6.6.6　通风系统

实验楼内无排风柜的实验室设全面通风系统，排风换气次数按 $4h^{-1}$ 计算，送风量按排风量的 90％计算。冬季送风需加热处理，设热水盘管加热段及电加热段（送风机组控制点位表见图 6-69）。夏季及过渡季开窗利用自然补风或通过送风机送自然风。送风机组设于各层的风机房内（每层两个），其中一层及五层采用乙二醇热回收机组（控制点位见图 6-70），利用排风的热量加热新风，以达到节能目的。柜式排风机设于顶层屋面上，风机选用了低噪声防腐防爆型风机，防爆等级为 CT4 级，铝合金叶轮，送风由布置在每层的送风机组通过风管送至各房间，排风由布置于屋面上的排风机经过竖向风井接至各房间。房间内的送排风支管上设电动风阀。送、排风机为变频风机，根据同时开启的电动风阀数量，变频运行，以满足不同风量下实验室的通风要求。

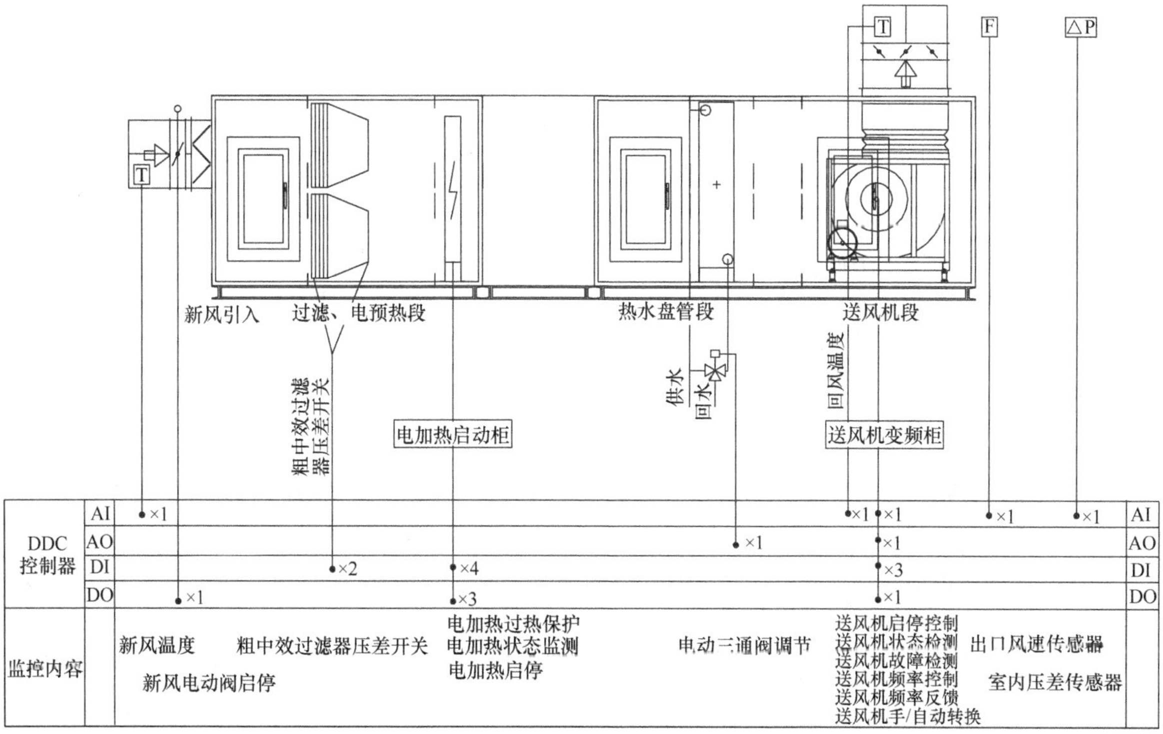

图 6-69　送风机组控制点表图

有排风柜的实验室，送风机组设于各层的风机房内（每层两个）。柜式排风机设于顶层屋面上，风机选用低噪声防腐防爆型风机，防爆等级为 CT4 级，铝合金叶轮。送风由布置在每层的送风机组通过风管接至各房间，排风由布置于屋面上的排风机经过竖向风井接至各房间。每台排风柜的排风支管及房间的送风支管上均设变风量阀，同一送（排）风系统的所有变风量阀的开关均与其对应的送（排）风机连锁。实验室排风柜设置面风速控制系统，控制每个变风量阀的开度，调整房间内的送、排风量。送排风机均为变频风机，以满足不同风量下实验室的通风要求。邻近实验室的排风合用一套排风系统，但前提是需要保证同一排风系统的所有实验室所排出的气体混合后不能产生有毒、有害等气体或发生爆炸等危险。

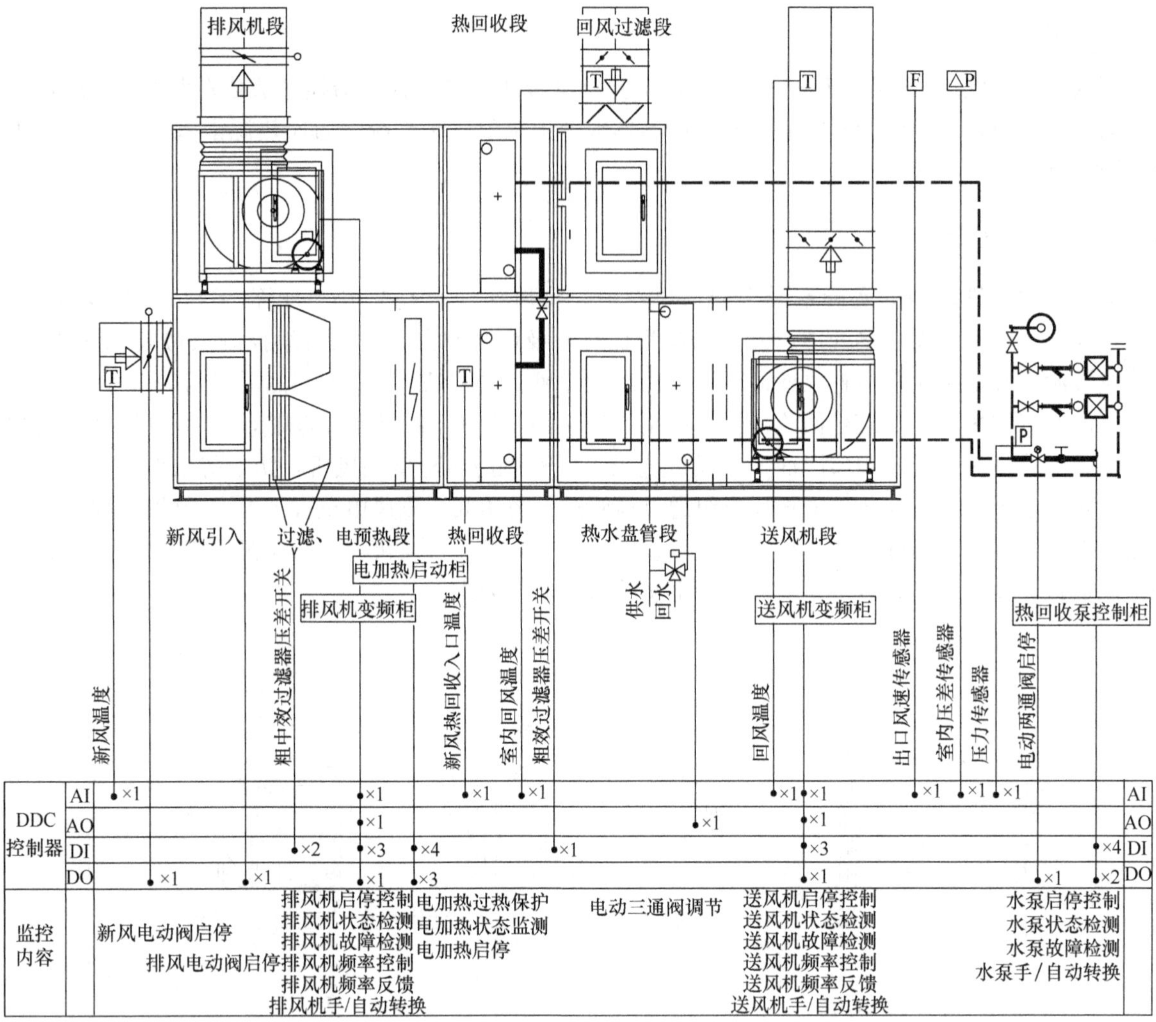

排风机段　　热回收段　　回风过滤段

新风引入　　过滤、电预热段　　热回收段　　热水盘管段　　送风机段

电加热启动柜　排风机变频柜　送风机变频柜　热回收泵控制柜

供水　回水

新风温度　粗中效过滤器压差开关　排风机变频柜　新风热回收入口温度　室内回风温度　粗效过滤器压差开关　回风温度　出口风速传感器　室内压差传感器　压力传感器　电动两通阀启停

		新风电动阀启停	排风机启停控制 排风机状态检测 排风机故障检测 排风电动阀启停 排风机频率控制 排风机频率反馈 排风机手/自动转换	电加热过热保护 电加热状态监测 电加热启停	电动三通阀调节	送风机启停控制 送风机状态检测 送风机故障检测 送风机频率控制 送风机频率反馈 送风机手/自动转换	水泵启停控制 水泵状态检测 水泵故障检测 水泵手/自动转换	
DDC 控制器	AI	×1	×1	×1		×1 ×1	×1 ×1	AI
	AO		×1		×1			AO
	DI		×2 ×3 ×4		×1	×3	×4	DI
	DO	×1 ×1	×2 ×3			×1	×1 ×2	DO
监控内容		新风电动阀启停	排风机启停控制 排风机状态检测 排风机故障检测 排风电动阀启停 排风机频率控制 排风机频率反馈 排风机手/自动转换	电加热过热保护 电加热状态监测 电加热启停	电动三通阀调节	送风机启停控制 送风机状态检测 送风机故障检测 送风机频率控制 送风机频率反馈 送风机手/自动转换	水泵启停控制 水泵状态检测 水泵故障检测 水泵手/自动转换	

图 6-70　乙二醇热回收机组控制点表图

仪器储藏间设机械排风，排风量按换气次数 $6h^{-1}$ 计算。每个仪器储藏间的排风支管上设电动风阀、风机采用变频风机，设于顶层屋面上，根据同时开启的电动风阀数量，变频运行。

楼内泵房、变电所、换热站、卫生间设机械排风，泵房换气次数为 $4h^{-1}$，变电所为 $6h^{-1}$，换热站及卫生间为 $10h^{-1}$。

实验室内及输送有腐蚀性气体的排风管应采用水硬性无机玻璃钢风管，其他部位的风管采用镀锌钢板制作。所有与新风机组相连的风管，在空调机房及风井内，均采用了橡塑保温板保温处理。

6.6.7　空调系统

实验楼的空调系统采用的是变频多联式空调系统，夏天制冷、过渡季节制热。空调室外机集中放置在屋面，统一排布，通风散热效果良好。各层房间的机型根据房间结构自身的特点，结合装修，采用顶棚内置风管式。每台室内机配置有线遥控器、可独立进行开、关控制，并且可进行运转条件设定、运转模式设定、温度设定、风量、风向切换等多种功能的设定和控制。

6.6.8　电气系统

该实验楼负荷等级为：消防用电、通道照明为二级负荷；其余用电为三级负荷。所需 20kV 电源由室外直埋引至一层变电所内，变电所内设 2 台 1250kVA 的变压器，分别给两栋实验楼供电。室外进线埋深距室外地面−0.80m。低压配电系统接地形式采用 TN-C-S 接地系统，中性线 N 与保护线 PE 严格分开，不共用和混用。二级负荷电源由两个变压器两段母线分别引来。消防负荷双电源在末端配电箱自动切换后给设备配电。各实验室及办公室用电量依据用电需求在扩初及设计阶段提前预留好，用电标准为 110W/m²。变电所内低压侧及园区公共用电配电间内装设功率因数集中自动补偿装置、电容器组采用自动循环投切方式，要求补偿后的功率因数 cosφ>0.90。末端断路器箱的总断路器具有过流、短路、过压保护功能，每个分支回路的断路器具有过流、短路、漏电保护功能，并能同时断开相线和中性线。所有照明灯具及三级插座均有保护线 PE。在每个电源进线箱内装设第一级电涌保护器，SPD；在电梯末端的配电箱内装设电涌保护器 SPD；在综合布线室内交接箱、安防监控接线箱内装设过电压保护装置 SPD。

本实验楼内的安防、消防系统均根据现场及实验室类别按需设置，此处便不再赘述。

6.7　新疆紫金锌业中心化验室

案例行业：有色冶金
案例特点：北方典型工厂中心化验室
推荐专家：任兆成（中国恩菲工程技术有限公司　总工）
本节执笔：任兆成（中国恩菲工程技术有限公司　总工）

6.7.1　工程概况

本工程位于新疆维吾尔自治区克孜勒苏柯尔克孜自治州乌恰县，总建筑面积约为 2900m²，建筑高度为 10.8m，是服务全厂的中心化验室。

6.7.2　工艺

本化验室主要任务：对进厂的原料、材料、溶剂等成分进行检测，对各车间之间周转物料的成分进行分析，承担出厂成品及中间半成品和副产品的成分分析，承担全厂各车间生产过程的控制分析。主要仪器、设备包括：制样设备、光电直读光谱仪、原子荧光光谱仪、电感耦合等离子光谱分析仪、色度仪、原子吸收分光光度计、紫外及可见光分光光度计、电位滴定仪、电解分析仪、色谱仪、电子天平、马弗炉、电炉、电热水浴、电砂浴、硫碳测定仪、红外测硫仪、硅酸根分析仪、磷酸分析仪、油分析仪、气体分析仪、工业分析仪等。

6.7.3　建筑结构

中心化验室采用钢筋混凝土框架结构，共 3 层，为一类工业建筑，车间所在气候分区属于寒冷地区。火灾危险性类别为戊类，耐火等级为二级，整座楼为一个防火分区，设开敞式楼梯两部。抗震设防烈度为 8 度。其主要用房大致分为四类，包括制样室、化学分析室、仪器室及辅助室。化验室采用筒子楼式平面布置，中间设置走廊，房间设置在两侧。一层布置制样室及辅助用房，二、三层布置化学分析室及仪器室。气瓶室布置在一层的西北角，用钢筋混凝土防爆墙与其他部分分隔开。

6.7.4　暖通空调

6.7.4.1　设计范围

夏季空调设计、冬季供暖设计、制样室通风除尘设计；建筑内走廊防烟排烟设计；卫生间、档案室、配电间等房间的通风设计。

6.7.4.2 室内外环境参数

采用《工业建筑供暖通风与空气调节设计规范》GB 50019—2015 中乌恰县室外空气计算参数。
室内、外计算参数如表 6-1、表 6-2 所示。

室外空气计算参数表 表 6-1

夏季空气调节室外计算干球温度	28.8℃	冬季供暖室外计算温度	−14.1℃
夏季通风室外计算温度	23.6℃	冬季通风室外计算温度	−8.2℃
年平均温度	7.3℃	冬季空气调节室外计算温度	−17.9℃
夏季通风室外计算相对湿度	27%	冬季空气调节室外计算相对温度	59%
海拔高度	2175.7m	极端最高温度	35.7℃
冬季大气压力	786.2hPa	极端最低温度	−29.9℃
夏季大气压力	784.3hPa		

室内设计参数表 表 6-2

房间名称	室内温度（℃）		噪声标准 [dB（A）]
	夏季	冬季	
实验室及办公室	—	20	45～55
卫生间	—	16	45～55
库房、工具间	—	10	45～55
走廊及楼梯间	—	16	45～55

6.7.4.3 围护结构热工计算参数

本建筑于 2019 年建成并投入使用，执行节能设计标准《工业建筑节能设计统一标准》GB
51245—2017，围护结构传热系数及做法如下：

外窗：$K=2.70W/(m^2 \cdot ℃)$，断桥铝合金 6＋12A＋6 厚的中空无色透明玻璃窗；

外墙：$K=0.50W/(m^2 \cdot ℃)$，240mmMU5 页岩实心砖＋100 岩棉板保温层

外门：$K=2.47W/(m^2 \cdot ℃)$，节能外门；

屋面：$K=0.42W/(m^2 \cdot ℃)$，40 厚钢筋混凝土屋面＋90 厚挤塑型聚苯乙烯泡沫塑料板保温层。

6.7.4.4 供暖

本项目地处寒冷地区，冬季供暖期长达 153 天，厂区设有集中供热管网，设计供/回水温度
80℃/60℃。本楼设 1 个供暖热力入口，供暖热水经埋地管道进入室内，供暖系统工作压力为
1.0MPa。供暖系统总热负荷为 542.1kW（其中供暖热负荷 253.5kW，新风热负荷 288.6kW），系统
压力损失 22.8kPa，供暖导入口设热计量装置。散热器供暖系统采用上供中回双管式，每组散热器入
口设温控阀，散热器采用钢管柱式散热器，表面喷塑，供暖管道采用热镀锌焊接钢管。供暖平面图如
图 6-71 所示。

6.7.4.5 空调

由于机械排风量大且冬季门窗紧闭，设有排风柜、排风罩的房间冬季会产生热量流失、房间负压
过大等问题，因此需要为房间补热风，以达到风量及热量平衡，为此每层设独立新风系统，在排风量
大的房间设新风送风口。新风量为 8000m³/h，每层一台新风机组，设于吊顶内。新风机组为机电一
体化设备，自带 PLC 控制箱，自动控制送风温度、自动检测过滤器压差、自动防冻保护，新风机组

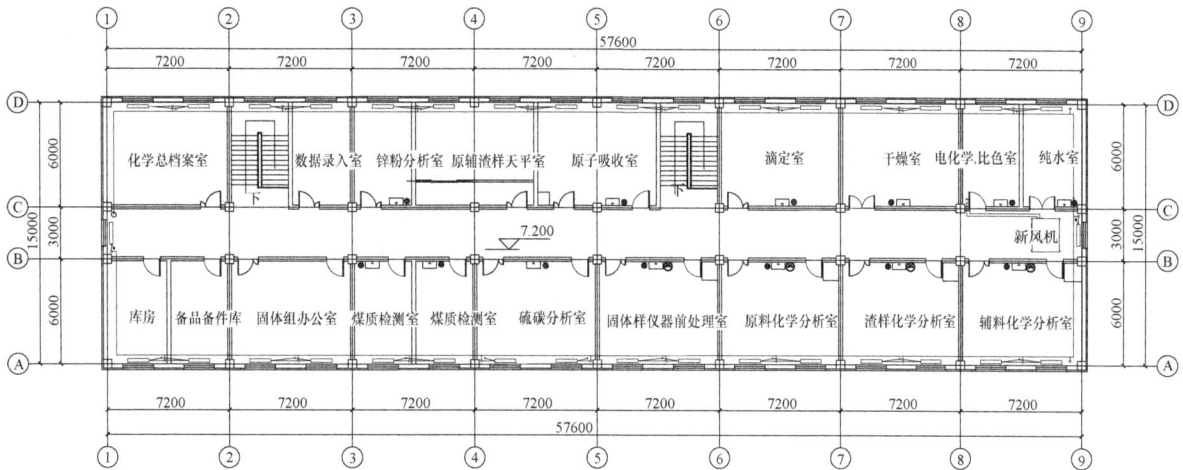

图 6-71　供暖平面图

新风管设电动密闭保温多叶调节阀，与风机连锁，当系统停止运行时自动关闭，以防止室外冷风入侵，达到防冻的目的。冬季新风热负荷为 288.6kW，热媒为热水，由厂区换热站提供，热水供/回水温度为 80℃/60℃。由于本化验室送、排风系统相对简单，各化验室无压差控制要求，因此新风系统为定风量系统，送风温度可设定，风机采取开、关控制模式。

化验室所在的地区冬季寒冷，夏无酷暑，楼内大部分房间不需要设空调，仅在部分设有精密仪器的房间或设备散热量大的房间设分体空调机，如 ICP 室、原子吸收室、原子荧光室、光谱直读室、标液室等。

6.7.4.6　通风

除去制样室除尘系统外，中心化验室另设有三种类型的排风系统。

（1）排风柜排风系统。化验室共设有 33 台补风型排风柜，其中有 8 个房间各分别设有 4 台排风柜，另有 1 个房间设有 1 台排风柜。9 个房间共设排风系统 9 个，各房间之间互不影响。按照排风柜拉门打开时面风速不小于 0.5m/s 确定排风量，按照系统内 4 台排风柜同时工作选用排风机，排风机不变频。这样设计的排风系统控制简单，适用于工厂企业内规模较小的试、化验室。缺点是设备型号小而数量多，风机、活性炭吸附装置几乎占据了整个屋面。某台排风柜提拉门打开或关上时，系统内其他排风柜的风量会跟着变小或变大。排风经活性炭吸附装置净化后经玻璃钢离心风机排入大气。选用活性炭吸附装置有以下几点原因：一是活性炭对酸性、碱性、有机、恶臭等类型的有害气体有较高的吸附效率，二是冶金工厂处理废活性炭很方便，可以送冶金炉焚烧，三是寒冷地区活性炭吸附装置设置在屋面不需要机房，不怕冻。

（2）排风罩排风系统。二层及三层的干燥室、ICP 室、原子荧光室、原子吸收室、煤质监测室、硫碳分析室等均设有实验台，实验台上设有排风罩，排风罩采用自制的不锈钢排风罩或购得的万向排气罩。排风罩排风系统也按房间的不同划分系统，风机采用低噪声斜流通风机或箱式低噪声离心通风机，风机均在房间内吊装。

（3）房间整体排风系统。配电室、卫生间、气瓶室、三酸库、试剂库、排水沉淀池间采用边墙式排风机或吸顶式排风扇排风。已经设有排风柜或排风罩的房间，不再设房间整体排风设备。

二层通风平面图、屋顶通风平面图、剖面图、外立面图如图 6-72～图 6-75 所示。

6.7.4.7　除尘

制样的过程会有粉尘产生，为此每间制样室均设排风罩，破碎机、振筛机等均布置在排风罩下。

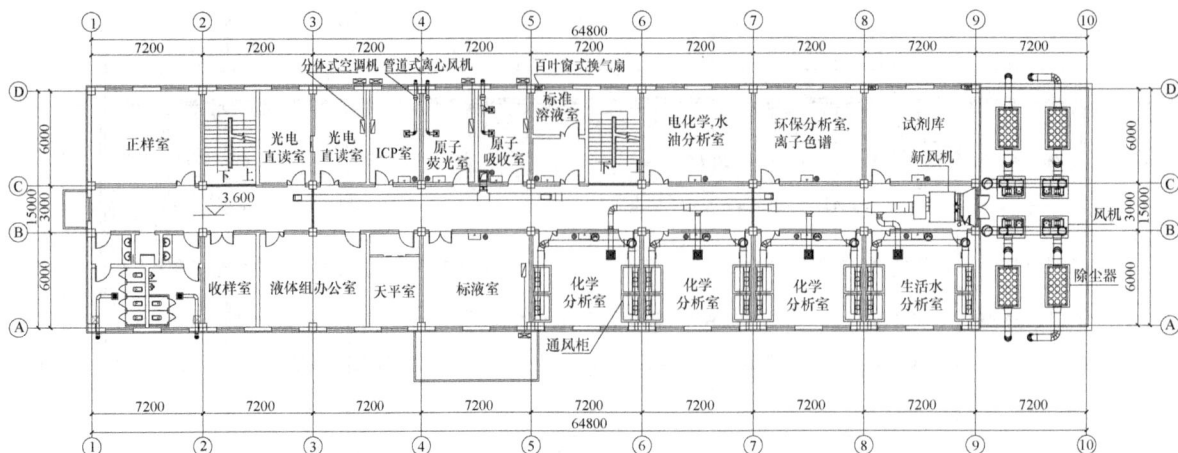

图 6-72 二层通风平面图

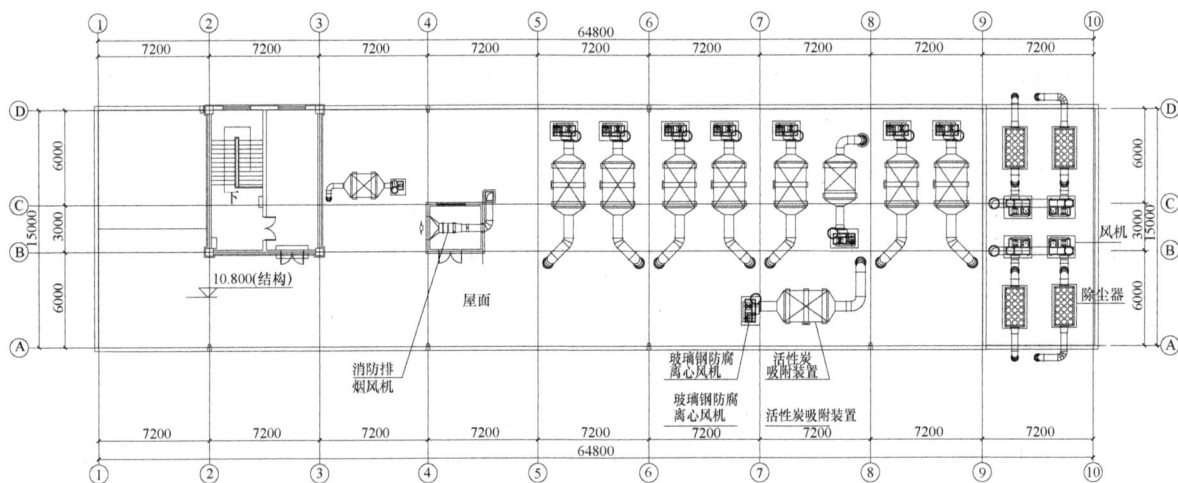

图 6-73 屋顶通风平面图

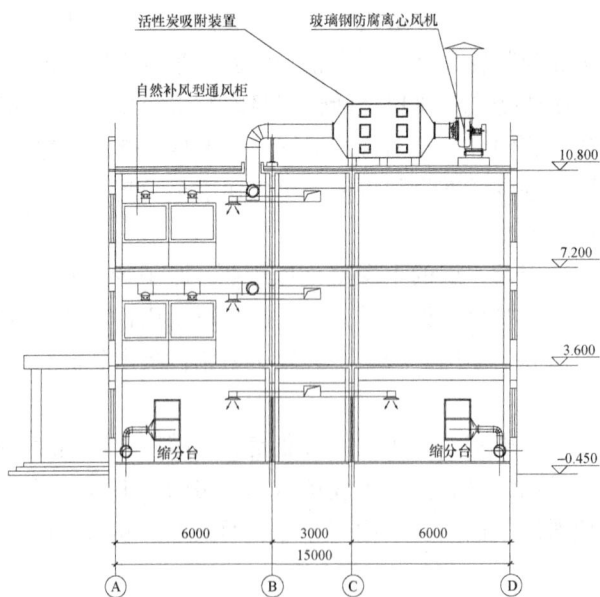

图 6-74 剖面图

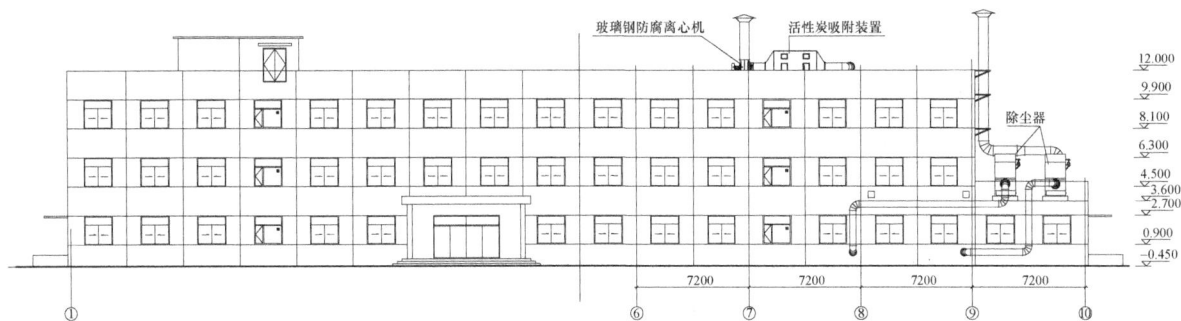

图 6-75　外立面图

4 间制样室各设 1 套除尘系统，每套除尘系统风量为 7800m³/h，压缩空气脉冲清灰滤筒除尘器及风机安装在 ▽3.600 小屋面，除尘器卸灰人工收集，收集到的粉尘送厂内原料库。为方便管理，排气筒合并为两根，排气筒出口高度为 15m，在 ▽5.100 标高处设风管测定孔，用于日常环保监测。

6.7.4.8　防火防排烟

除一层走廊及门厅自然排烟口可开启面积不符合《建筑设计防火规范》GB 50016—2014 及《建筑防烟排烟系统技术标准》GB 51251—2017 的要求外，其余房间和各封闭楼梯间均满足自然排烟条件，一层走廊及门厅设机械排烟系统。走廊采用格栅吊顶，吊顶内空间作为储烟仓。按照防烟分区内任一点与最近排烟口之间的水平距离不应大于 30m 的原则，将每层的走道划为 3 个防烟分区，共 9 个防烟分区。一~三层走廊共设置一个机械排烟系统，一层的 3 个防烟分区及二、三层中间区域防烟分区采用机械排烟，二、三层走廊两端的防烟分区采用自然排烟。计算排烟量按照（建筑空间净高为 6m 及以下，任意两个邻防烟分区之和）防烟分区面积每平方米 60m³/h 计，为 15000m³/h。

新风机组、各类送排风机的进出口采用柔性连接管，均采用不燃型 A 级防火软管，空调系统的软管应为防火保温型。通风、空调、防排烟系统的各种风管、风口、风阀、消声材料以及其他附件、管件、胶粘剂等（例如消声器胶粘剂、保温材料胶粘剂、粘结胶带）等均应采用不燃材料。280℃ 排烟防火阀安装在屋面通风机房内，当排烟温度达到 280℃ 后熔断，同时连锁关闭风机。排烟管道应采用不燃材料制作，排烟管道及其连接部件耐火极限不应小于 1.00h。

6.7.5　给水排水

6.7.5.1　生活给水系统

化验室生产及生活用水由厂区生活给水管网供给，水源为工业园区生活给水管道，供水压力 0.3~0.8MPa。生活水设计秒流量 $q=2.78L/s$。生活水水质符合生活饮用水水质标准的要求。塑料给水管道不得与水加热器或热水炉直接连接，应有不小于 0.4m 的金属段过渡。

6.7.5.2　酸性排水系统

生产排水系统主要为化验盆、洗眼器、喷淋以及地漏排水，一楼各制样室生产排水需先排至泵房沉淀池，经沉淀后，通过池内溢流孔进入集水池。中心化验室其他生产排水通过管道直接排入泵房集水池，达到一定液位高度时，废水再经自吸泵有压排至室外酸性排水管道。

6.7.5.3　生活污水排水系统

卫生间的生活污水排至室外化粪池处理后进入室外生活污水管网。

6.7.5.4 纯水管道给水系统

供给各纯水用水点。制备好的纯水经加压泵加压后由纯水管道进水口进入纯水管道系统，纯水管道系统出水口设水箱，收集纯水管道循环回水，并使管道内维持一定的压力。

6.7.6 仪表

对工艺流程中的主要参数进行检测和控制。集水池液位检测采用雷达液位计；供暖热水流量采用电磁流量计、温度检测采用热电阻；二氧化碳、乙炔气瓶室，采用可燃气体探测器和氧气浓度探测器；原子吸收室采用可燃气体探测器；氩气、氧气、氮气、瓶室采用氧气浓度探测器。

6.7.7 电信

6.7.7.1 火灾自动报警系统

报警信号线、消防电话线至中心化验室消防接线箱。在中心化验室入口处设置火灾显示盘；在各办公室、分析室、制样室、配电室以及走廊设置智能光电感烟探测器；在配电室设置消防电话分机；在主要出入口，楼梯口设置智能声光报警器以及手动报警按钮（带电话插孔）；在消火栓箱处设置消火栓按钮。在乙炔瓶室设置了可燃气体探测器。

1. 联动控制

（1）消火栓按钮的动作信号作为报警信号及启动消火栓泵的联动触发信号，由消防联动控制器联动控制消火栓泵的启动。

（2）在确认火灾后，启动建筑物内所有火灾声光报警器。

（3）消防联动控制器具有切断火灾区域及相关区域的非消防电源的功能，当需要切断正常照明时，宜在自动喷淋系统、消火栓系统动作前切断。

（4）应由同一防烟分区内的两只独立的火灾探测器的报警信号作为排烟口开启的联动触发信号，并应由消防联动控制器联动控制排烟口的开启，同时停止该防烟分区的空气调节系统。

（5）应由排烟口开启的动作信号作为排烟风机启动的联动触发信号，并应由消防联动控制器联动控制排烟风机的启动。

（6）排烟系统的手动控制方式，应能在消防控制室内的消防联动控制器上手动控制排烟口开启或关闭及排烟风机等设备的启动或停止，排烟风机的启动、停止按钮应采用专用线路直接连接至设置在消防控制室内的消防联动控制器的手动控制盘，并应直接手动控制排烟风机的启动、停止。

2. 系统供电

火灾自动报警系统电源由综合楼沿管网引来，并设置联动电源，放置在接线箱旁。消防电源线选择耐火型。

6.7.7.2 电话及网络系统

由管网引来电话电缆和光缆至±▽0.000平面电信机柜，电信机柜内设置电话配线架、光纤配线架、网络交换机、电源模块等。经过配线，引出电话线以及网线至中心化验室内设置的电话/网络双口插座；插座距地面300mm安装。

6.7.7.3 工业电视监控系统

在中心化验室的走廊及楼梯口设置监控摄像机，视频信号采用网络传输，现场摄像机的视频监控信号直接传入电信机柜的视频网络交换机，视频信号通过光缆送至办公楼的调度中心视频操作终端显示。监控系统与电话网络系统各自独立使用网络交换机。系统采用集中供电方式为前端设备供电。

6.7.7.4　系统接地

弱电系统接地与电力系统联合接地，接地电阻不大于 1Ω。

6.8　湖南株冶锌项目中心化验室

案例行业：有色冶金
案例特点：南方典型工厂中心化验室
推荐专家：任兆成（中国恩菲工程技术有限公司　总工）
本节执笔：任兆成（中国恩菲工程技术有限公司　总工）

6.8.1　工程概况

本工程位于湖南省衡阳市常宁松柏镇，总建筑面积 4374.5m²，建筑高度 18.3m，是服务全厂的中心化验室。

6.8.2　工艺

本化验室主要任务是对进厂的原料、材料、溶剂等的成分进行检测，对各车间之间周转物料的成分进行分析，承担出厂成品及中间半成品和副产品的成分分析，承担全厂各车间生产过程的控制分析。主要仪器、设备包括光谱仪、质谱仪、色谱仪、有机碳分析仪、工业分析仪、闪点测定仪、氧氮测定仪 、碳硫测定仪、微电脑量热仪、电脑测硫仪、台式酸度计、铜电解仪、电导率仪、分光光度计、数字式离子计、样品熔融机、电热板、电沙浴、电热恒温水浴锅、箱式电阻炉、精密天平、试金炉、灰吹炉、高温管式电阻炉、红外测油仪、勃氏粘度测试仪、激光粒度分析仪、荧光测汞仪、电热恒温干燥箱、自动电位滴定仪、小型颚式破碎机 、全密封式化验粉碎制样机等。

6.8.3　建筑结构

中心化验室采用钢筋混凝土框架结构，共 4 层，为一类工业建筑，车间所在气候分区属于夏热冬冷地区。火灾危险性类别为丁类，耐火等级为二级。一、二层为每层两个防火分区，三、四层为每层一个防火分区，设开敞式楼梯一部，封闭式楼梯两部，室外楼梯一部。抗震设防烈度为 7 度。其主要用房大致分为四类，包括制样室、化学分析室、仪器室及辅助室。化验室采用 L 形筒子楼式平面布置，中间设置走廊，房间设置在两侧。一层布置制样室及辅助用房，二、三、四层布置化学分析室及仪器室。气瓶室布置在室外空地上，四周采用钢丝网格栅围护。

6.8.4　暖通空调

6.8.4.1　设计范围

建筑内冬夏空调设计、通风除尘设计；建筑内防烟排烟设计；卫生间、档案室、配电间等房间的通风设计。

6.8.4.2　室内外环境参数

采用《工业建筑供暖通风与空气调节设计规范》GB 50019—2015 中衡阳市室外空气计算参数。室内、外计算参数如表 6-3、表 6-4 所示。

室外空气计算参数 表 6-3

夏季空气调节室外计算干球温度	36℃	冬季供暖室外计算温度	1.2℃
夏季通风室外计算温度	27.7℃	冬季通风室外计算温度	5.9℃
年平均温度	18.0℃	冬季空气调节室外计算温度	−0.9℃
夏季通风室外计算相对湿度	58%	冬季空气调节室外计算相对温度	81%
海拔高度	104.7m	极端最高温度	40℃
冬季大气压力	1012.6hPa	极端最低温度	−7.9℃
夏季大气压力	993.0hPa		

室内设计参数 表 6-4

房间名称	室内温度（℃）		新风量	噪声标准
	夏季	冬季	[m³/(h·人)]	[dB(A)]
实验室	28	18	—	50~65
办公室	26	20	30	45~55
卫生间	28	18	—	45~55

6.8.4.3 围护结构热工计算参数

本建筑于 2019 年建成并投入使用，执行节能设计标准《工业建筑节能设计统一标准》GB 51245—2017，围护结构传热系数及做法如下：

外窗：$K=2.70W/(m^2 \cdot ℃)$，单框双玻塑钢窗；

外墙：$K=0.52W/(m^2 \cdot ℃)$，240mmMU5 页岩实心砖＋50 厚挤塑型聚苯乙烯泡沫塑料板保温层；

外门：$K=2.47W/(m^2 \cdot ℃)$，节能外门；

屋面：$K=0.50W/(m^2 \cdot ℃)$，钢筋混凝土屋面＋40 厚挤塑型聚苯乙烯泡沫塑料板保温层。

6.8.4.4 空调

中心化验室采用风机盘管加新风空调方式，冬季供暖，夏季供冷。夏季冷负荷（含新风）为 553.3kW，空调冷负荷指标为 195.0W/m²；冬季热负荷（含新风）为 503kW，空调热负荷指标为 177.3W/m²。夏季供冷、冬季供热均利用人工冷热源——集成式能源站，放置于屋面，露天安装。集成式能源站是将压缩机、水冷冷凝器、风冷蒸发器、冷水泵、冷却水泵、冷却塔及电控系统等集成在一体的设备，夏季能源站采用水冷模式运行，提供空调冷水，冷水供/回水温度为 7℃/12℃。冬季能源站采用空气源热泵模式运行，提供空调热水，热水供/回水温度为 45℃/40℃。集成式能源站充分利用了水冷制冷机夏季能效高的优点，夏季开启冷却塔；而冬季热泵组模式运行，充分利用室外空气免费热源生产热水，绿色低碳地解决了南方冬夏季的冷热源问题。空调水系统采用两管制，采用囊式隔膜定压补水装置（成套）补水和定压。

每层采用风机盘管加独立新风的方式，夏季供冷，冬季供暖，排风量大的房间适当加大新风供给量。一层新风量 $L=4600m^3/h$，二层新风量 $L=5000m^3/h$，三层新风量 $L=5900m^3/h$，四层新风量 $L=5900m^3/h$，新风机组每层一台，设于吊顶内。新风机组为机电一体化设备，自带 PLC 控制箱。自动控制送风温度、自动检测过滤器压差、自动防冻保护。新风机组回水管上设电动两通开关调节阀与送风温度连锁；新风机组过滤器两侧设压差监测与压差报警连锁；新风机组进口设电动密闭保温多叶调节阀，与空调系统联锁，当系统停止运行或进风温度过低时自动关闭，以切断室外空气的进入。由于本化验室送、排风系统相对简单，各化验室无压差控制要求，因此新风系统为定风量系统，风机采取开、关控制模式。

中心化验室内 24h 工作的房间（如等离子室、原子吸收室、天平室、光谱直读室等），设有分体空调机。

6.8.4.5 通风

除去制样室除尘系统外,中心化验室另设有三种类型的排风系统。

(1)排风柜排风系统。化验室共设有 32 台补风型排风柜,分布在 11 个房间内,1 个房间内最多设有 4 台排风柜,最少设有 2 台排风柜。共设排风系统 5 个,相邻房间合并排风系统,1 个排风系统内最多设有 7 台排风柜,系统内任一台排风柜开启时风机即开启。按照排风柜拉门打开时面风速不小于 0.5m/s 确定排风量,按照系统内全部排风柜同时工作选用排风机,排风机变频调速。每台排风柜的出口设有电动蝶阀,电动蝶阀只有全开或全关两个状态,与排风柜开关连锁,风机根据排风柜(或电动蝶阀)的开启数量调整运转频率。

补风型通风柜采用自然补风方式,进风口接室外,未设补风机,补风未经过冷却(夏季)或加热(冬季)处理。这样设计,充分考虑了项目所在地气候特点,尽可能地降低新风能耗。

排风经酸雾净化塔喷淋净化后经玻璃钢离心风机排入大气。选用湿式酸雾净化塔净化排风的原因有以下几点:一是酸雾净化塔操控简单,所用药剂氢氧化钠是化验室常备药剂,净化塔排污由管道接入污水系统很方便;二是夏热冬冷地区冬季室外不结冰,不需要考虑室外设备的防冻问题,不需要机房。

(2)排风罩排风系统。等离子室、原子吸收室、高温室、烘样室、石墨炉光谱、分光室、硫碳室、总有机碳室、熔融室等均设有实验台,实验台上设有排风罩,排风罩采用自制的不锈钢排风罩或购得的万向排气罩。排风罩排风系统也按房间的不同划分系统,风机采用低噪声直联离心管道通风机或钢制离心通风机,其中烘样室风机在房间内吊装,其他风机设在屋顶上。

(3)房间整体排风系统。配电室、卫生间、试剂库采用边墙式排风机或吸顶式排风扇排风。已经设有排风柜或排风罩的房间,不再设房间整体排风设备。

　　层通风平面图、二层通风平面图、一层新风空调平面图、屋顶通风平面图、外立面图如图 6-76~图 6-81 所示。

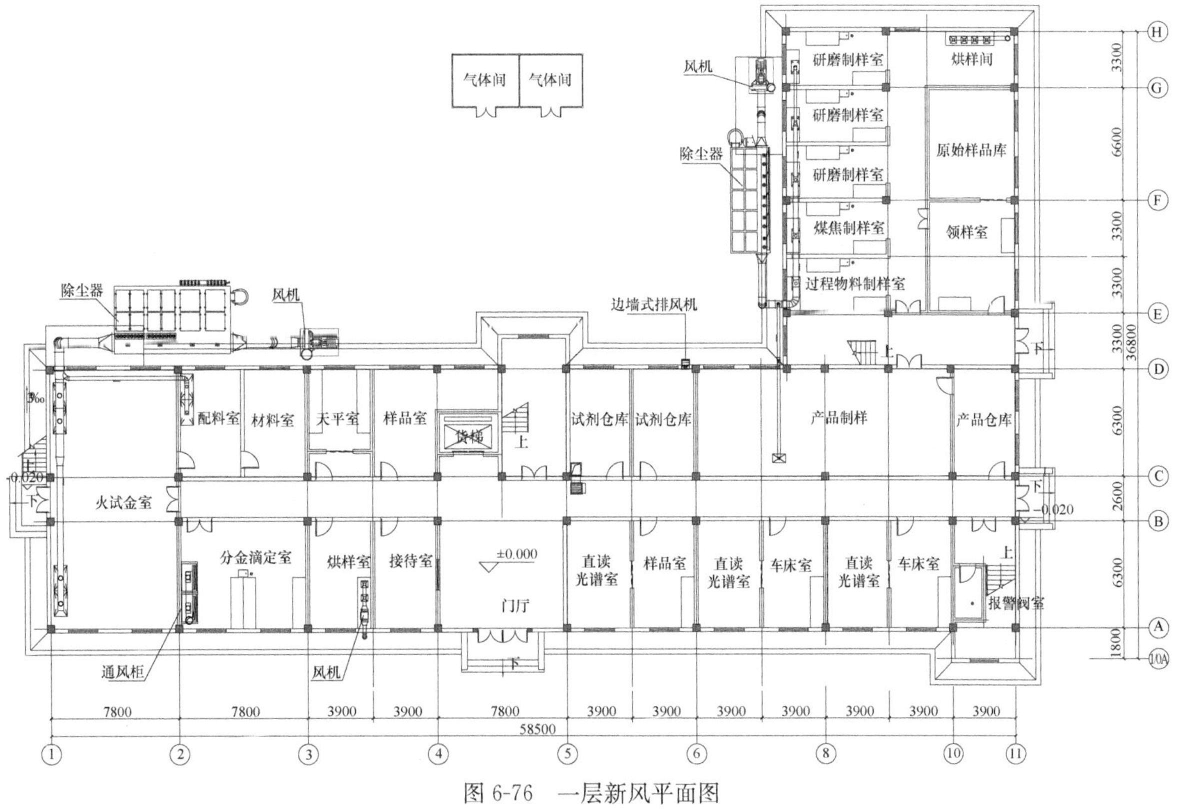

图 6-76　一层新风平面图

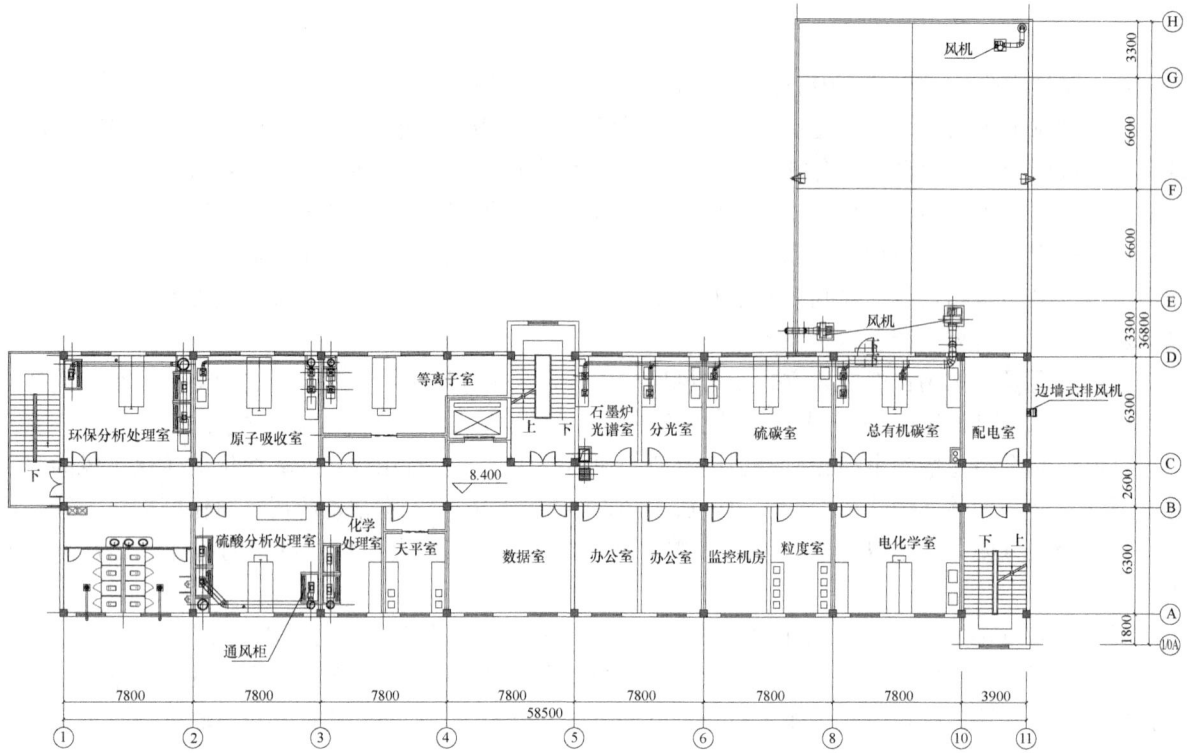

图 6-77　三层通风平面图

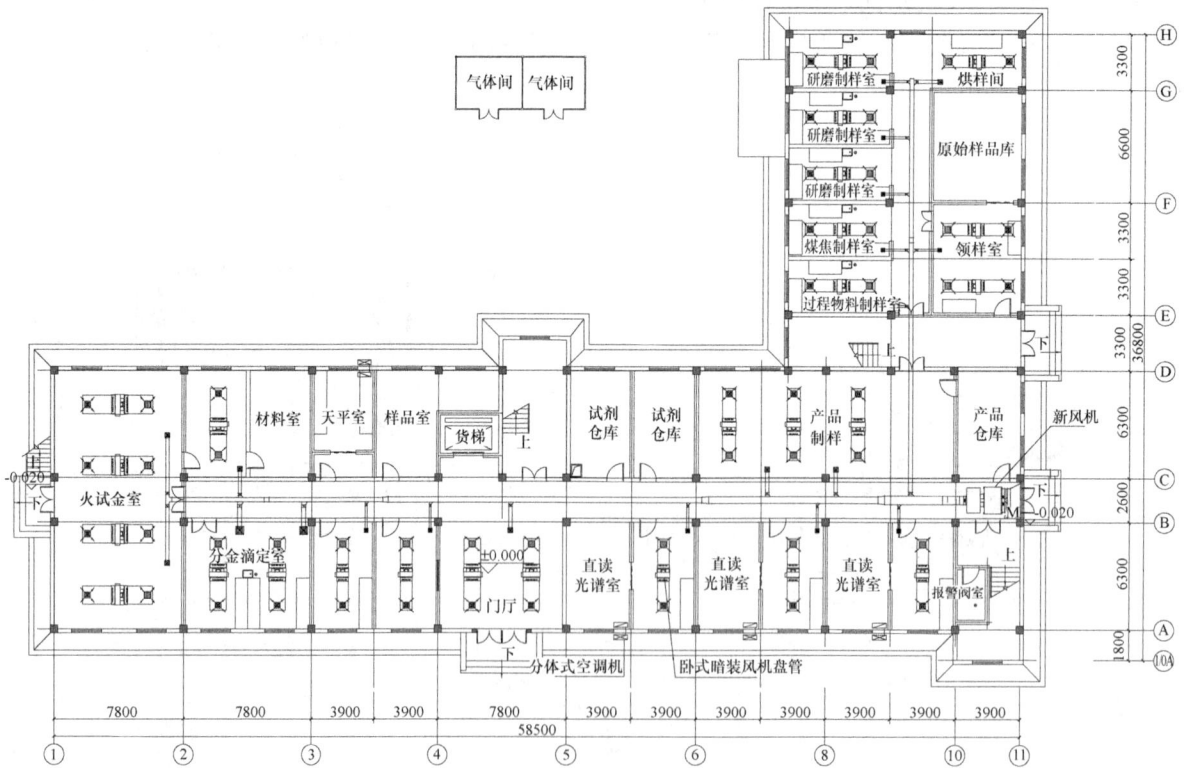

图 6-78　一层空调平面图

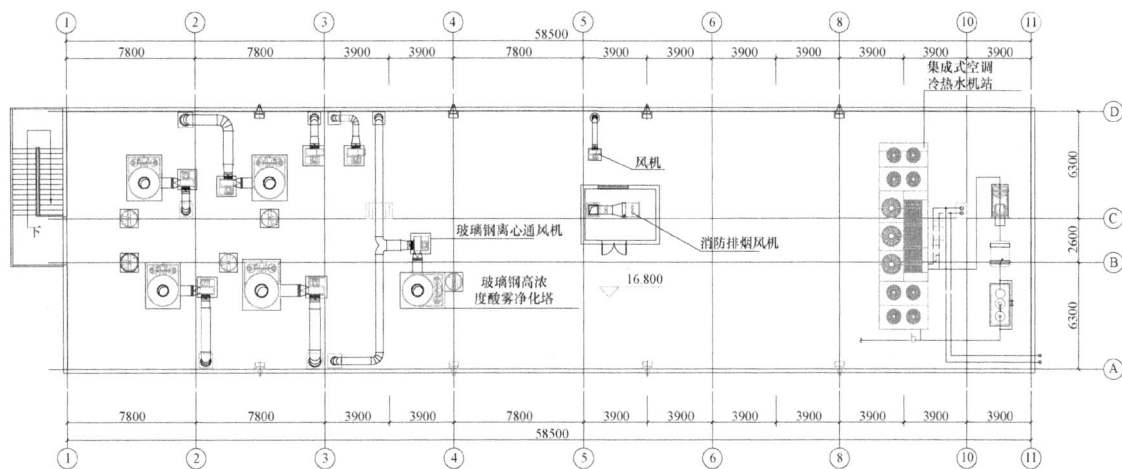

图 6-79　屋顶通风平面图

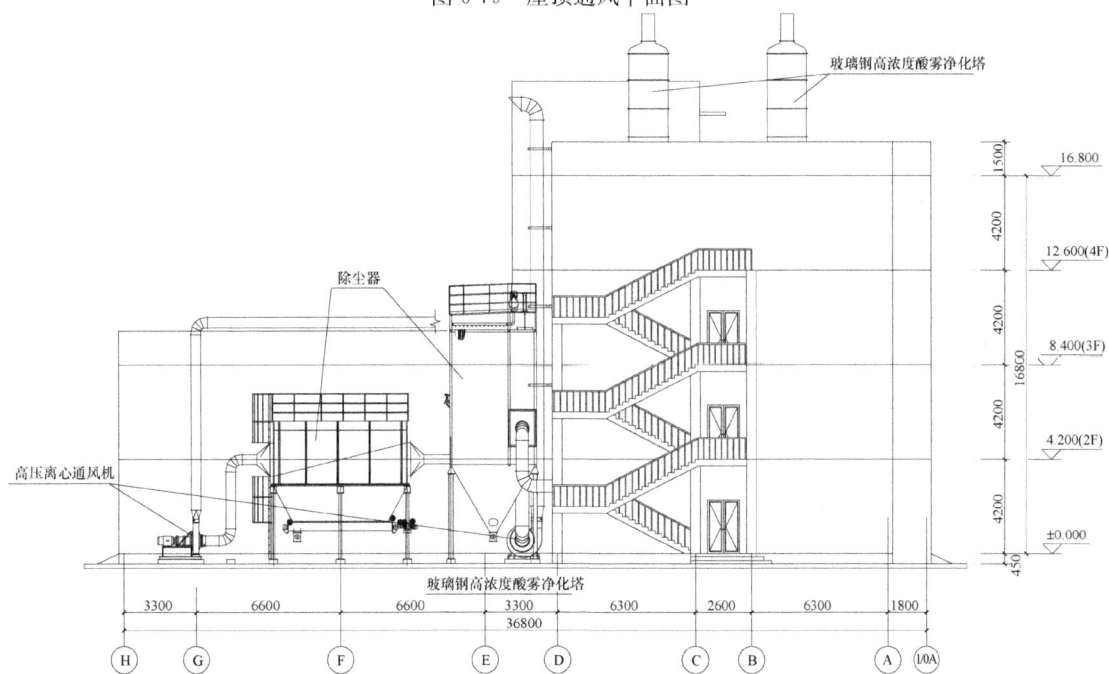

图 6-80　外立面图（一）

图 6-81　外立面图（二）

6.8.4.6 除尘

试金炉室及配料室在生产过程中会产生的含铅烟气及粉尘，为此设置排风罩，试金炉、灰吹炉等均布置在排风罩下，两房间共同设除尘系统 1 套，除尘系统风量为 15000m³/h，除尘器安装在室外左侧地面，除尘器卸灰人工收集，排气筒出口高度为 20m，排气筒在▽18.000 标高处设风管测定孔，用于日常环保监测。

制样的过程会有粉尘产生，为此每间制样室均设排风罩，破碎机、振筛机等均布置在排风罩下。6 间制样室共设除尘系统 1 套，除尘系统风量为 9000m³/h，压缩空气脉冲清灰滤筒除尘器及风机安装在室外地面，除尘器卸灰人工收集，收集到的粉尘送厂内原料库。排气筒出口高度为 20m，排气筒在▽18.000 标高处设风管测定孔，用于日常环保监测。

6.8.4.7 防火防排烟

中心化验室各层内走廊不满足自然排烟条件，一~四层内走廊设一个机械排烟系统。按照排烟口距离防烟分区最远点不超过 30m 的原则设置排烟口。每层走廊为 1 个防烟分区，共 4 个防烟分区。计算排烟量按照（建筑空间净高为 6m 及以下，任意两个邻防烟分区之和）防烟分区面积每平方米 60m³/h 计，为 15000m³/h。

新风机组、各类送、排风机的进出口采用柔性连接管，均采用不燃型 A 级防火软管，空调系统的软管为防火保温型。通风、空调、防排烟系统的各种风管、风口、风阀、消声材料以及其他附件、管件、粘结剂等（例如消声器粘结剂、保温材料粘结剂、粘结胶带）等均应采用不燃材料。280℃ 排烟防火阀安装在屋面通风机房内，当排烟温度达到 280℃ 后熔断，同时连锁关闭风机。排烟管道应采用不燃材料制作，排烟管道及其连接部件耐火极限不应小于 1.00h。

6.8.5 给水排水

化验室设有生活给水系统、生产给水系统、酸性排水系统、生活排水系统、雨水排水系统、消防给水系统。酸雾净化塔补水接自生产给水系统，排水排至酸性废水排水系统。酸性废水经管道收集至室外集水池后经排污泵排至厂区酸性废水处理站。

6.8.6 仪表

集水池设有雷达液位计，原子吸收室设有可燃气体探测器。

6.8.7 电信

6.8.7.1 电话及网络系统

中心化验室作为厂区一个电话、网络、监控系统的汇聚中心，在机柜间电信机柜内设置有电话模拟网关、O/A 汇聚网络交换机、监控用汇聚交换机光缆由厂区生产管理中心引来，经配线后引出光缆及电话电缆至中心化验室附近车间。由室外管网一根 12 芯光缆进入中心化验室三层监控机房的电信机柜内经电话模拟网关及网络交换机配线后。引出电话及网络线至设置在会议室、编码领样室、直读光谱室、X 射线荧光室、原子吸收室、ICP 室、办公室、监控机房、数据室等房间的电话、网络插座。

6.8.7.2 视频安防系统

在中心化验室内的配电室、各层出入口、编码领样室、研磨制样室、过程物料制样室等处设置数字半球摄像机。所有视频信号皆送至三层监控机房电信机柜的监控用交换机，在监控机房设置监控主机，可在本地查看并可将视频信号转换成光信号后经光缆上传至总调度室。摄像机的位置可根据现场情况调整。

6.8.7.3 火灾自动报警系统

根据相关设计规范要求，在中心化验室内走廊、各办公室、配电室、机柜间、分析室、数据室等房间内设置地址码感烟探测器；各层楼梯出入口、配电室设置声光报警器手动报警按钮（带消防电话插口）；在每层走廊设置消防广播区域火灾自动报警控制器及消防电话分机设置在监控机房；楼道走廊内的消火栓处设置消火栓报警按钮；消防信号总线、消防电话信号总线以及消防广播线皆由管网从厂区消防中心引来制室引来。楼内设置有消火栓系统、自喷系统、消防排烟系统，以及非消防电源切电。

6.9　某石油化工中心化验室

案例行业： 石油化工
案例特点： 北方典型的石油化工类中心实验室
推荐专家： 刘培源（中国电子系统工程第四建设有限公司生命科学第一事业部实验室医疗设计中心　总经理）
本节执笔： 杨丹（中国寰球工程有限公司北京分公司，高级工程师）

目前，全球石化行业迎来新的发展周期。我国石油化工行业内，无论是国企、民企还是外资企业，一系列大规模的炼化一体化项目相继投产，其中高标准的现代化分析化验室也越来越多。石油化工中心化验室主要是承担石油化工厂内各装置的原料及辅助材料规格分析、生产装置中间产品质量分析、公用工程介质指标的分析、对出厂产品质量进行监督检查以及其他辅助任务的全厂性化验任务。在分析工艺物料的过程中，会有大量的有刺激性、腐蚀性、有毒有害及有爆炸危险的气体产生，为保证实验室内操作人员的职业健康和人身安全，保证实验数据的准确性所需的环境条件，即温度、湿度、压差、洁净度、噪声、振动等，供暖、通风、空调的设计尤为重要。本节结合笔者设计的某大型石化项目中心化验室，对通风、空调系统进行详细分析和探讨。

6.9.1　工程概况

该项目位于辽宁省盘锦市，为新建中心化验室，负责承担各化工装置以及配套储运、公用工程及辅助生产设施的分析化验工作。总建筑面积 $130002m^2$，层数为 4 层，建筑高度 23.8m，整体分为两个区域，对称布置，分别为 1.5 期和 2 期服务。以下主要介绍已建成的 1.5 期暖通空调方案。

根据不同的分析化验项目要求，主要有 ABS 制样间、ABS 留样间、ABS 物性实验室、ABS 熔融指数间、ABS 物性分析恒温恒湿间、ABS 废料留样间、剧毒间、易制毒品间、丙烯腈/乙腈分析室、色谱间、物性实验室、化学分析间、仪器分析间、容量分析间、环保分析间、水质分析间等。辅助类房间主要包括：加热间、天平间、样品制备间、药品库、玻璃器皿库等，共安装 10 套落地通风柜，47 套台式通风柜，100 套万向排气罩，25 套固定排气罩，84 套带排风的药品柜，一台燃烧机、一套黏度计。

6.9.2　方案确定

6.9.2.1　设计依据

随着社会的发展，项目规模的扩大，以及经济生活水平的日益提高，人们对工作环境的要求也逐渐提升，标准规范也在不断完善更新。早前项目规模均较小，化验室内化验设备少，采用定风量排风系统，最早的《化工采暖通风与空气调节设计规定》HG/T 20698—2000 第 6.5.5 条规定每个排风系统所带的通风柜不宜超过 4 个。但对于较多通风柜的中心化验室，需要设置很多排风机，占用很多屋面空间，产生很大噪声，给管理维护带来不便。尤其不能保证通风柜面风速恒定，造成有害物外溢，给操作人员带来健康危害。而且一台通风柜使用，该系统的排风机就要按照额定功率运行，造成能源浪费。中心化验室内定风量系统慢慢显现出其不足之处。标准规范进行了修编，如《化工采暖通风与空气调节设计规范》HG/T 20698—2009 第 7.5.7 条规定通风柜排风系统设计形式应根据通风柜的选型、通风柜使用数量综合确定；《石油化工采暖通风与空气调节设计规范》SH/T 3004—2011 第 4.3.23 条规定，一个通风系统带多个通风柜时，宜采用变风量系统及第 4.2.24 条中心分析化验室设有集中空调或补风系统时，送、排风系统宜采用变风量系统。

因此，对于大型中心化验室，根据系统设置形式不同，可采用定风量及变风量综合通风系统。

6.9.2.2　实验设备类型

（1）落地式变风量通风柜吸风面风速恒定为 0.5m/s，排风量根据操作门的开启位置变化，最大风量为 2100m³/h，最小风量为 600m³/h；台式变风量通风柜，吸风面风速恒定为 0.5m/s，排风量根据操作门的开启位置变化，最大风量为 1700m³/h，最小风量为 300m³/h。每台通风柜设置控制器、变风量文丘里阀、通风柜调节门传感器。调节门传感器检测通风柜调节门开度，控制器计算通风柜排风量并控制对应变风量文丘里阀风量，以保证通风柜面风速恒定。文丘里阀设置在分支立管上。双稳态通风柜，排风量只有高、低风量两种状态，每个分支立管上设置双态文丘里阀，并在附近配电动双态文丘里阀开关。

（2）集气罩，设置于中央实验台上方，排风量只有高、低风量两种状态，即 2500m³/h、200m³/h，每个分支立管上设置双态文丘里阀，并在附近配电动双态文丘里阀开关。

（3）产生危险物质的仪器上方设置的局部排风装置，即固定式排气罩，排风量为 0/400m³/h；移动式排气罩，排风量为 0/200m³/h，均根据系统形式按照同时使用系数计算。带排风药品柜，排风量为 50m³/h，一直运行。排风管道上均设置定风量文丘里阀，以保证排风量恒定，每台通风型药品柜支风管道上设置蝶阀。

（4）燃烧机排风支管上设置双态文丘里阀（150m³/h、2000m³/h），并在附近配电动双态文丘里阀开关。

6.9.2.3　设计原则

为使室内污染物浓度不达到危险程度，需要采用局部通风和全面通风相结合的方式。除了保证局部排风设施对风速、风量的要求，安全迅速地将有害气体排出之外，还要保证化验房间相对走廊及办公休息区域负压，以免对周围环境造成污染，同时根据规范及上游专业要求，换气次数不小于 7h⁻¹。

中心化验室的送风系统需要结合排风系统风量平衡、满足室内人员热舒适度要求、保证室内卫生条件要求、消除房间内设备散热等各方面因素，经计算确定。

6.9.2.4　方案简述

根据排除有害物特性的不同，划分不同的排风系统。排风系统连接多台化验设备，采用安装文丘里阀的方式，保证每台设备达到良好的排风效果，并通过房间控制器等整套控制系统，实现房间负压及送、排风的风量平衡。

根据房间室内设计参数的不同，分别设计不同的空调系统。有恒温恒湿要求的房间设工艺性恒温恒湿空调系统，其他化验用房均设计全新风变风量系统＋风机盘管系统，其冷源采用风冷冷水机组制备 7℃/12℃冷水，组合式新风机组的热源为来自外网的 95℃/70℃热水，风机盘管热源为经换热机房内板式换热机组转换的 60℃/50℃热水。

6.9.3 设计要点分析

6.9.3.1 排风系统划分

根据《石油化工中心化验室设计规范》SH/T 3103—2019 第 5.2.1.6 条，剧毒、易制毒、易制爆化学品应单独存放，不得与易燃、易爆、腐蚀性等物品存放，此类房间排风需独立排放，并采用防爆防风机。

根据《化工实验室化验室供暖通风与空气调节设计规范》HG/T 20711—2019 第 7.2.6 条，气瓶间、试剂间、样品间和废弃物室，应保持24h不间断通风，且应做独立的通风系统，并应设置备用排风机。排风机必须选用防爆型，防爆等级应按可燃气体的性质确定。经与化验专业讨论，该类房间并不是爆炸危险区，只是相对危险性较高，排风需独立排放，对排风设备要求采用防爆型，只是对设备提高了等级，该房间仍未安全区，防爆等级由电气专业评估提出要求。

燃烧机自带排风口，燃烧过程会释放大量黑烟，为保证不污染其他排风系统，进行独立通风。

其他房间有防爆要求且排除有害气体性质相近/相同、不会相互反应，则根据房间布置情况合并排放，风机选用防爆型。

其他房间排除气体性质相近/相同、不会相互反应，根据房间布置情况合并排放。

所有化验类房间的排风风机均需防腐处理，同时每个排风系统均考虑备用。

6.9.3.2 同时使用系数确定

虽然为变风量系统，但是风量的变化范围，尤其是风量最大值，影响着设备的选型、风管尺寸、系统初投资、运行管理费用、整个送排风系统的运行效果及节能性等各个方面。

根据《化工采暖通风与空气调节设计规范》HG/T 20698—2009 第 6.5.4 条，有两台以上通风柜的排风系统，通风柜的同时使用系数取 0.6~0.7。同时，通过与化验专业及业主方的沟通，大部分有通风柜、排气罩的房间同时使用系数为 0.7 或 0.8，但是色谱间内有数量较多的万向排气罩，且均为定风量一直排风的方式，同时使用系数采用 0.6。

6.9.3.3 空调送风参数的确定

大部分房间没有设备散热量，送排风量的确认根据换气次数、通风柜、排气罩等数量及同时使用系数进行风量计算及平衡，全新风的处理状态点为室内等焓点，围护结构的冷负荷由末端风机盘管承担。

对于制样间等室内设备散热量较大的房间，不能由末端来承担这部分冷负荷，需要将新风经冷水段处理到相应的露点温度后送入房间来承担这部分冷负荷。

有恒温恒湿要求的房间，采用一次回风恒温恒湿系统，同时结合其他通风系统保证房间的负压。

6.9.3.4 加湿方式

由于中心化验室的全新风系统形式，加湿量很大，采用低压干饱和蒸气加湿，加湿效率高，加湿效果和卫生条件好，且化工厂区内有便利的低压饱和蒸气，因此该加湿方式最合理。

而电极式加湿，电耗很大，对于硬度较高的自来水需要经常更换电极。湿膜加湿器价格较贵，水质硬度较高时易硬化，降低寿命，加湿效率较低，同时含水状态的加湿模块易产生微生物，影响人员健康。

6.9.3.5 节能设计

该项目处于寒冷 A 区，中心化验室送风必须为室外新风，排风量又大，有大量的显热可利用，为降低能耗，设置三维热管热回收机组，充分利用排风的自身冷热量对新风进行预热、预冷处理，且新、排风完全隔绝，既保证安全又达到节能效果。热管由封闭真空金属管内充注一定量的工质构成，工质在真空管内进行蒸发和冷凝循环，由于工质的吸热和放热，实现热量的回收。热管换热器回收的热量基本为显热，不需要动力源，无运行费用。由于有中间隔板将新风、排风分隔开，两只之间不会混合，不会对新风造成污染。

需要注意的是，对中心化验室内有爆炸危险气体及有剧毒等独立排放的排风系统，为保证更安全性，不进行热回收。

6.9.4 案例分析

6.9.4.1 室内外设计参数

现场气象资料根据业主提供，采用辽宁省营口市室外气象参数。室内设计参数如表 6-5 所示。

室内设计参数表 表 6-5

序号	房间名称	夏季		冬季		新风量
		温度（℃）	相对湿度（%）	温度（℃）	相对湿度（%）	
1	ABS 物性分析恒温恒湿间	23±2*	50±5*	23±2*	50±5*	微负压
2	ABS 物性实验室等化验用房	18～24	30～70	24～28	30～70	微负压
3	管理室、研讨室等	≤28	NC	≥18	NC	30m³/人新风，微正压
4	配电室	≤35*	NC	≥5*	NC	
5	电信间	≤35*	20～80	≥10*	NC	
6	空调机房	NC	NC	10	NC	
7	卫生间	≤28	NC	≥14	NC	负压，10h⁻¹

注：* 表示工艺要求，NC 表示不控制。

6.9.4.2 设计说明

1. 热源及供暖系统

中心化验室 1.5 期的热媒为 95℃/70℃热水，来自全厂供暖外网。该热源经换热机房的分水器分成三部分：其一供换热机组转换为 60℃/50℃温水（供风盘冬季使用）；其二供组合式空调机组热水段（冬季加热新风使用）；其三供散热器系统使用，即换热机房、空调机房及卫生间。

2. 通风和防烟排烟

根据上游工艺专业要求，结合化验用房及机房等布局共设置 8 个（P-0101～P-0108）排风系统，其中 P-0101 负责 ABS 制样间、ABS 废料留样间、ABS 熔融指数间，采用定频防腐风机；P-0102 负责 ABS 留样间，采用定频防腐防爆风机；P-0103 负责易制毒间（一）、易制毒间（二）、试剂库、丙烯腈废液间、玻璃器皿间（一）、玻璃器皿间（二）及丙烯腈留样间，采用变频防腐防爆风机；P-0104 负责剧毒品间单独排风，采用定频防腐防爆风机；P-0105 负责二层丙烯腈/乙腈分析室，采用变频防腐防爆风机；P-0106 负责二层其他化验用房，采用变频防腐风机；P-0107 负责三层仪器分析间内燃烧机排风，由于该燃烧尾气较脏，单独处理排放，采用变频防腐风机；P-0108 负责三层，采用变频防腐风机。

每个变风量排风系统设置压差传感器，监测最不利文丘里阀前后压差，控制调节变频风机风量。

每个排风系统均设置备用风机，风机入口设置电动风阀，当运行风机出现故障时，连锁启动对应备用风机，并开启风机入口电动风阀，关闭故障风机入口处的电动风阀。风机与风阀启动、停止的顺序为：关闭故障风机及对应电动风阀；同时连锁开启备用风机入口电动风阀及对应排风机。

排风机出口风管上均设置废气处理装置，中心化验室排风经其过滤等处理后排入大气，以满足环保要求。

每层卫生间设吊顶式卫生间排气扇，风量按换气次数 10h⁻¹ 计算。通过建筑竖井经屋面基础上的风机排至室外，分支管上设置止回阀及防火阀。

整个建筑物均按照相关规范设计自然排烟。二层送风、排风平面图、三层排风平面图如图 6-82～图 6-84 所示。

3. 空调系统冷热源

全新风组合式空调用冷媒由中心化验室 1.5 期内换热机房制备。全新风组合式空调和风机盘管的冷源采用风冷冷水机组制备 7℃/12℃ 冷水。空调冷水负荷 1950kW，其中包括新风空调机组冷负荷 1500kW，风机盘管冷负荷 450kW，冷水量为 360t/h。95℃/70℃ 热水负荷为 2800kW，其中包括新风空调机组负荷 2100kW，换热机组 700kW（换热供风盘使用），热水量 96t/h，系统阻力 310kPa。新风及排风系统采用热回收节能措施，实际使用负荷量小于上述参数。除风冷螺杆式冷水机组设于换热机房外地面基础上，其他设备如换热机组、泵组、补水箱、分集水器等均设在换热机房内。恒温恒湿空调机组及风冷电加热空调机冷热源均为电，冷媒为 R407C/R410A 等环保型制冷剂。

冬季全新风组合式空调用加湿采用由厂区外网供给的 0.2MPaG 的低压饱和蒸汽；恒温恒湿空调机组加湿采用电极式，供水来自室外生活给水管网。

4. 空调系统形式及气流组织

由于化验室排放的气体中含有毒有害物质，工艺性空调系统除 ABS 物性分析恒温恒湿间均采用全新风变风量系统，以满足排风变风量和节能要求。当排风量变化时，全新风系统自动调节室内送风管上的变风量阀门，使送风量小于排风量，维持房间负压要求。空调通风系统流程图如图 6-85 所示。

中心化验室 1.5 期化验用房间及办公房间共设置 6 个空调系统（K-0101～K-0106）。其中 K-0102 服务于一层 ABS 物性分析恒温恒湿间，设计全空气恒温恒湿系统，一用一备，每台机组由厂家配送风电动风阀，与机组连锁启闭，空调机组设置于一层左侧恒温恒湿空调机房内。K-0101、K-0103～K-0105 系统室外新风经空调机组的新风段、预电加热段、粗/中效过滤段、表冷段、空箱段、加热段、蒸汽加湿段、送风机段、送风段处理后送到各房间，保持房间负压，风量经计算确定，机组承担全部新风空调负荷，围护结构负荷由房间内风机盘管承担（ABS 制样间除外，该房间设备散热量大，总负荷均由新风机组承担），K-0101 服务于一层房间，空调机组设置于一层右侧换热机房内；K-0103 服务于二层⑥轴左侧房间，空调机组设置于一层左侧恒温恒湿空调机房内；K-0104 服务于二层⑥轴右侧房间，空调机组设置于二层空调机房内；K-0105 服务于三层房间，空调机组设置于三层空调机房内。K-0106 服务于四层办公类房间，新风经空调机组处理后送入房间，机组承担全部新风空调负荷，围护结构负荷由房间内风机盘管承担，新风量保证房间正压及人员（每人不小于 30m³/h）的需要，空调机组设置于四层空调机房内。风机盘管均吊装于房间吊顶内。

空调系统的温湿度传感器除 K-0101 系统设在回风总管上外，其他系统均设在空调机送风总管上或典型房间内，由此控制相应空调机组冷热水管和蒸汽管上的电动调节阀开度，以满足送风温湿度要求。

配电室设计集中空调系统，采用风冷冷暖电加热空调机，空调运行时关闭送排风机，电信间设计管道式风冷冷暖电加热空调机，温度传感器设于回风总管上。

恒温恒湿空调系统 K-0102、配电室及电信间空调系统送风采用散流器/双层百叶风口，回风采用单层百叶风口，气流组织均为上送上回。新风送风系统送风口采用双层百叶，排风系统排风口采用单层百叶，气流组织为上送上回。

屋面设置三维热管热回收机组，充分利用排风的自身冷、热量对新风进行预冷、预热处理，达到节能的目的，且新、排风完全隔绝，保证送风品质及防爆要求。

组合式空调机组的冷、热水管道上设电动两通阀，对水量进行调节。同时，空调机需有防冻措

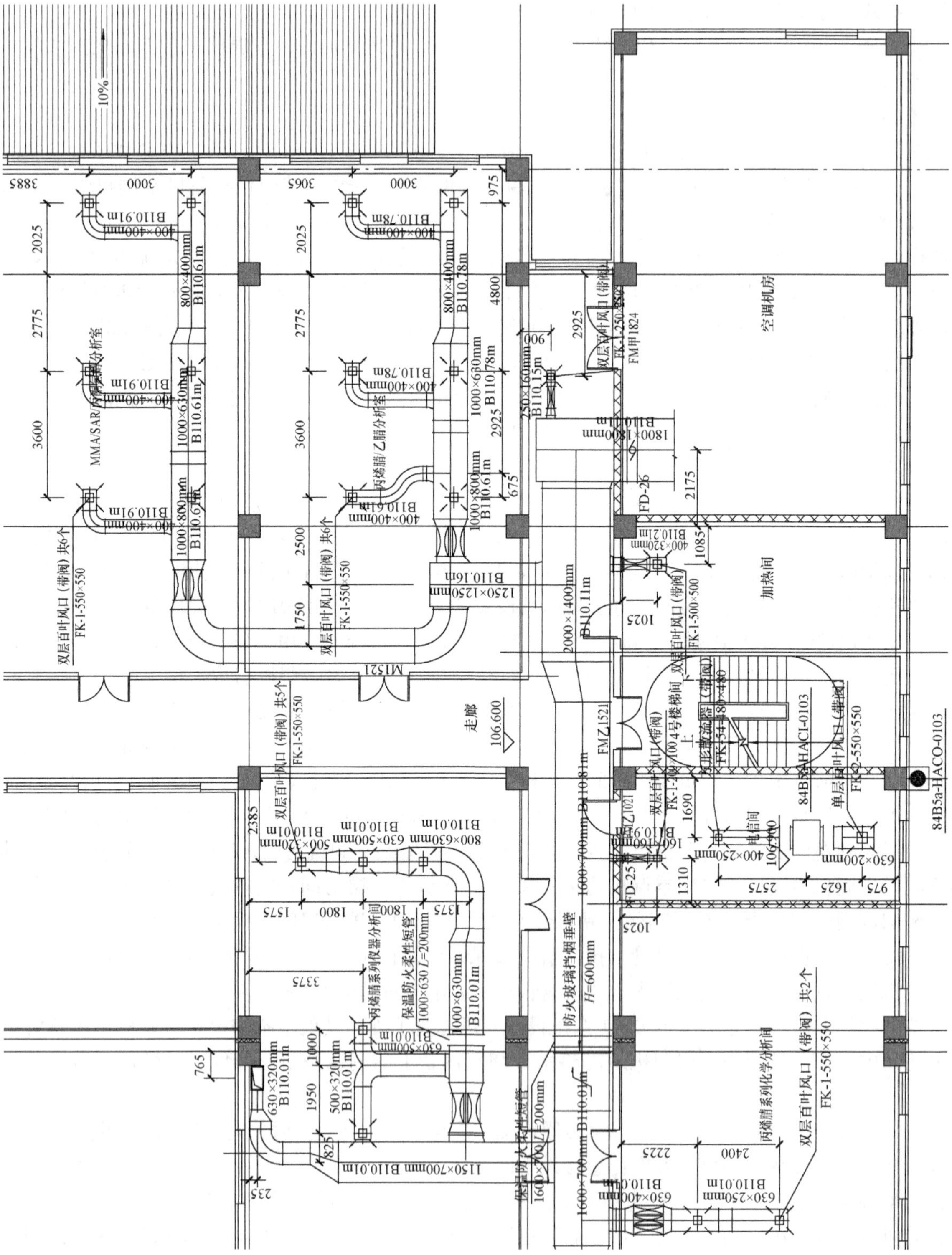

图 6-82 二层（局部）送风平面图

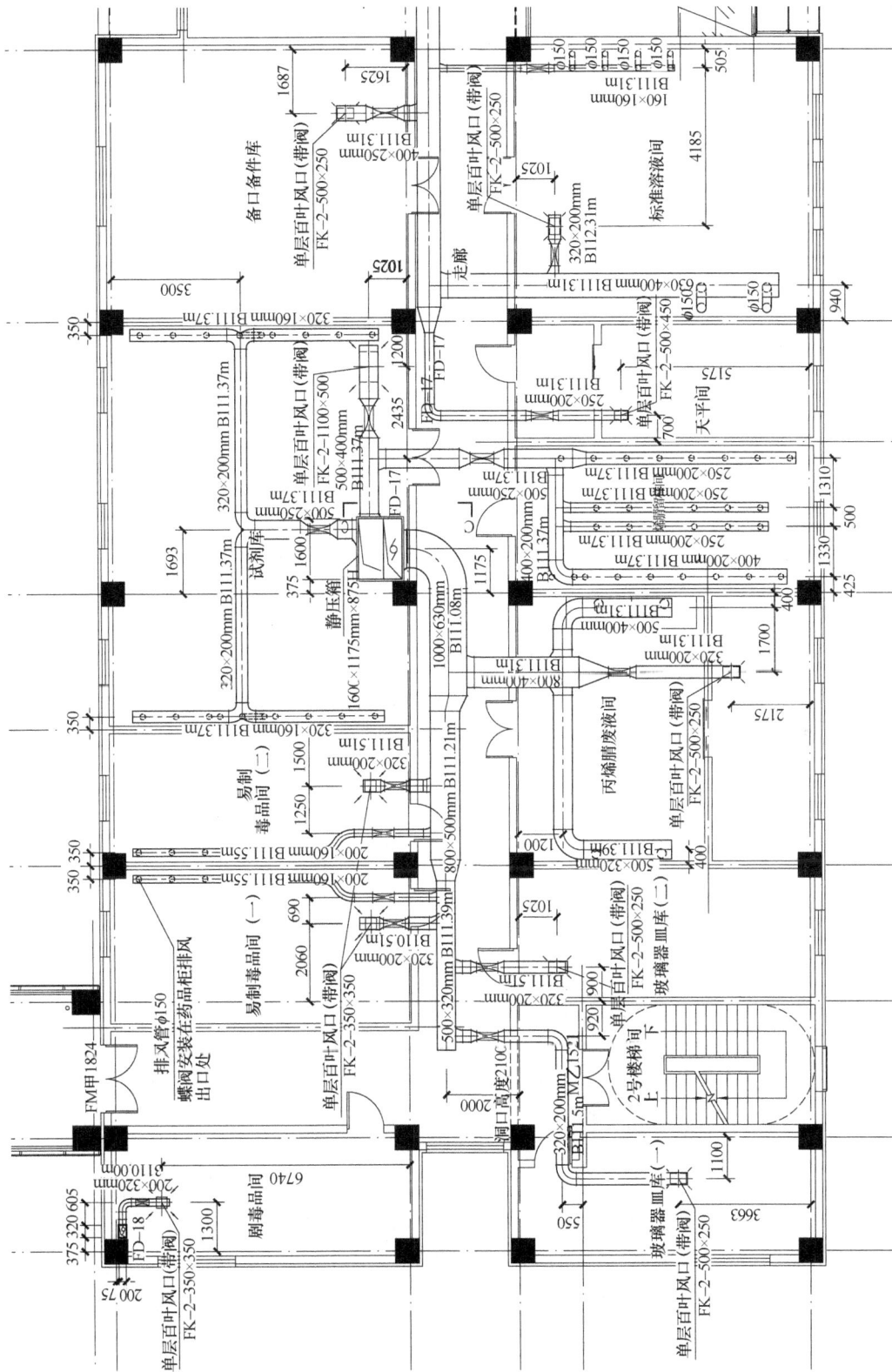

图 6-83　二层（局部）排风平面图

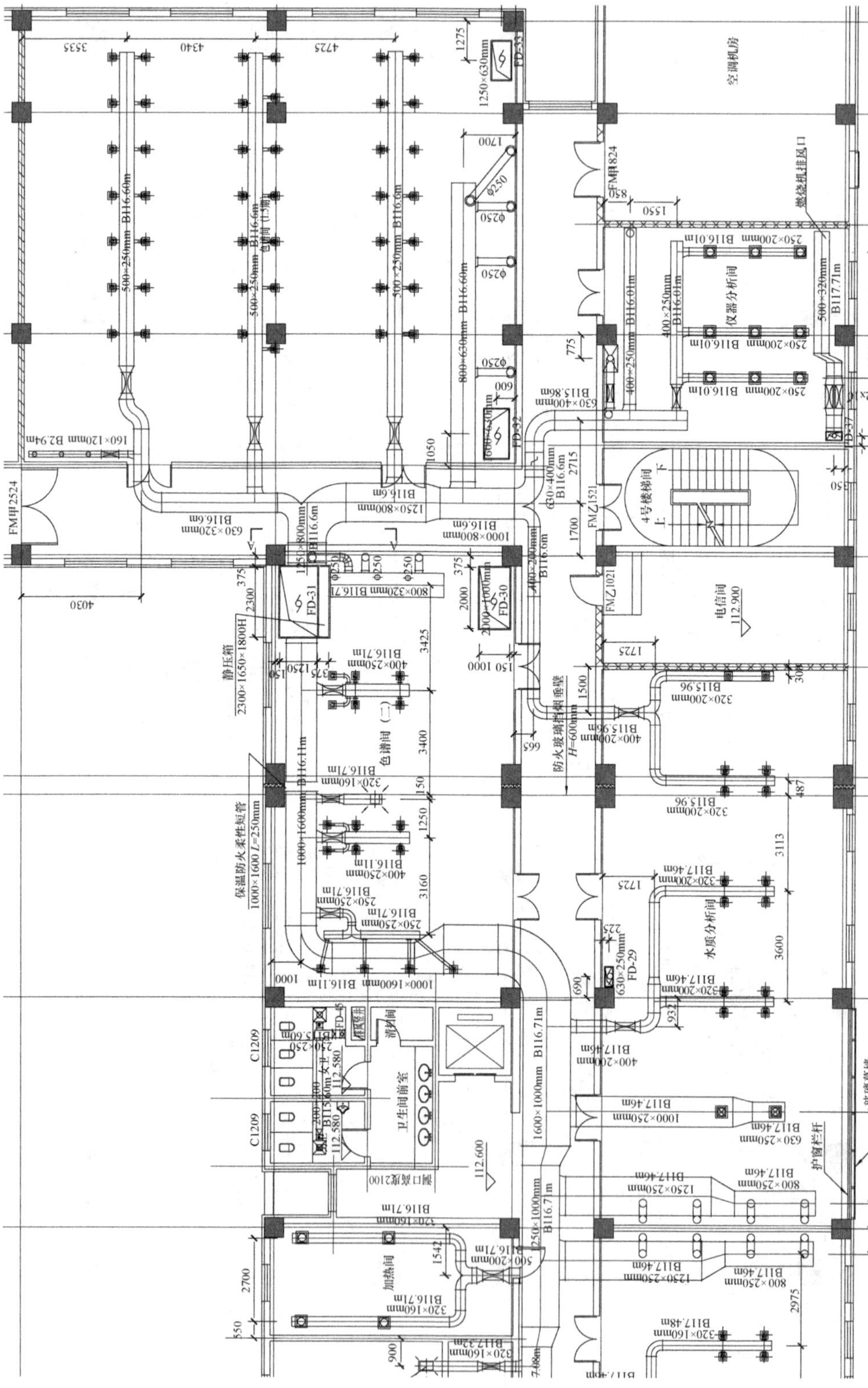

图 6-84　三层（局部）排风平面图

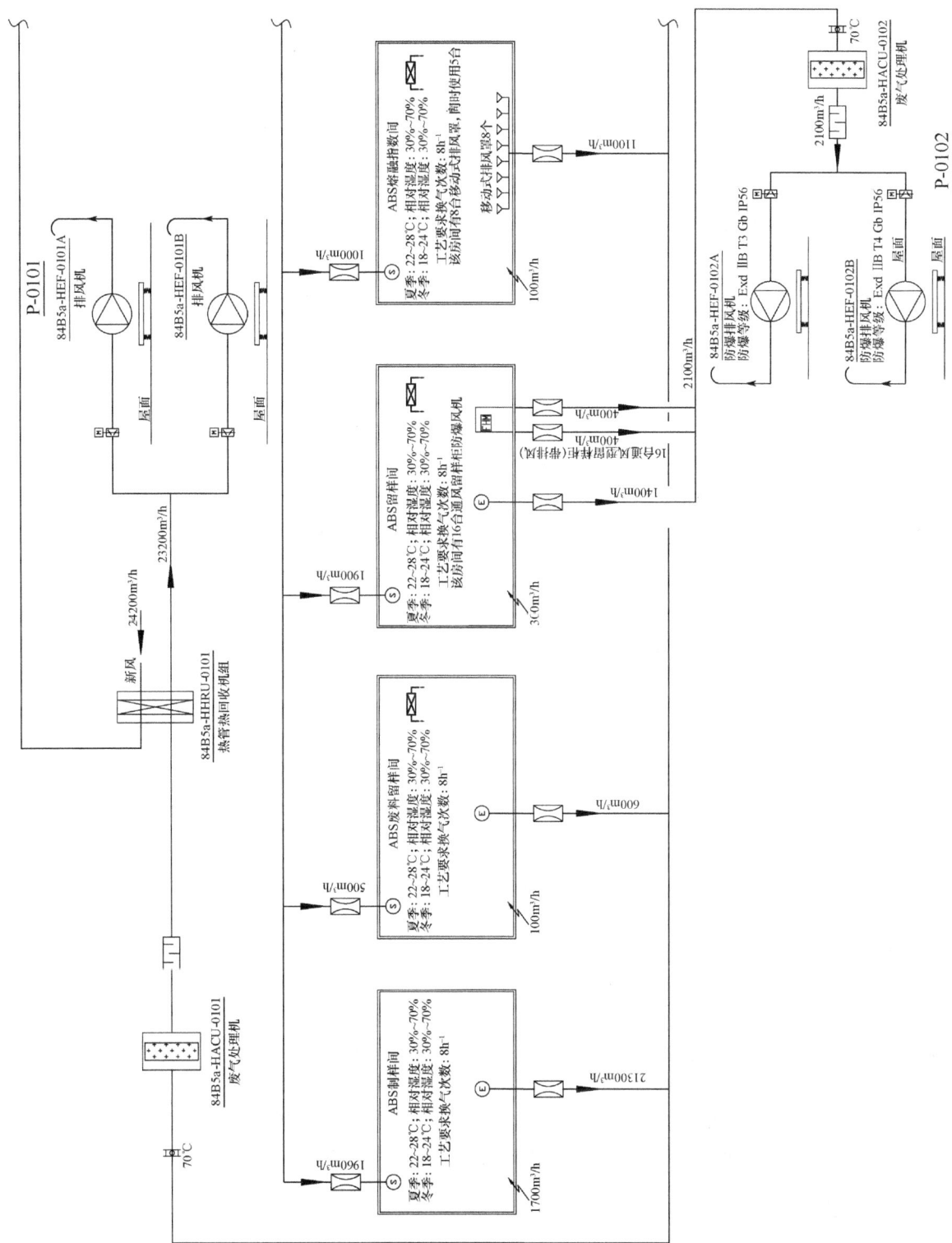

图 6-85 空调通风系统流程图

施：热水调节阀设定最小开度；机组停机连锁关闭对应电动风阀，热水调节阀全开；当盘管后温度低于 5℃ 且机组停机时，开启电加热器；冬季热盘管的热水阀应先于风机及风阀启动。

风机盘管的冷、温水管道上设电动两通阀及风机三速开关，由室温调节器控制调节阀的开度。

空调冷、温水系统为一次泵变流量系统，两管制闭式循环。冬、夏季在换热机房内转换，空调供回水总管之间设压差控制的旁通装置。

空调水系统补水为脱盐水，来自室外管网，采用不锈钢管。

空调冷凝水用塑料软管引入空调机房排水沟或就近排至室外。风机盘管冷凝水集中排放至卫生间地漏，冷凝水管采用热镀锌钢管。

5. 控制连锁

在中心化验室 1.5 期内设置空调通风集中控制系统，由厂商集成提供。该系统应实现以下控制功能：

（1）空调机组控制：共有 5 台全新风组合式空调机组 84B5a-HAHU-0101～0105 需控制，主要监控内容包括：监测机组风机的运行状态及变频控制（根据系统内最不利端文丘里阀压差，实时监测计算调节风机运行频率，使风量随之变化）、故障报警、启停控制、手/自动状态、气流状态。监测送风温湿度；调节表冷段和加热段、加湿段管道上的电动两通阀的开度。监测过滤网阻塞报警。

（2）排风机控制：共有 16 台化验用房间排风机 84B5a-HEF-0101A/B～0108A/B 需控制，主要监控内容包括：监测风机运行状态及变频控制（根据系统内最不利端文丘里阀压差，实时监测计算调节风机运行频率，使风量随之变化）、故障报警、启停控制、手/自动转换。

（3）冷水机组、循环水泵的远程监控：主要运行参数的监控及报警，由空调厂商集成提供。

（4）换热机组的远程监控：主要运行参数的监控及报警，由换热机组厂商集成提供。

化验用房间通风空调系统启闭顺序为：开始运行时，打开排风机前的电动风阀→启动排风机运行→对应空调机组的电动风阀打开→启动空调机组运行；当系统停止运行时，先停空调机组→关闭机组的电动风阀→对应的排风机延时停止运行→关闭排风机前电动风阀。

通风空调系统中穿过空调机房、换热机房、防火分区隔墙、楼板及防火隔墙的风管均安装带电动（DC24V）关闭功能的 70℃ 防火阀。烟感或温感检测到火灾信号后，通过火灾控制中心自动关闭相应各防火分区的防火阀。部分防火阀动作，连锁关闭该防火阀对应系统内所有通风空调设备并反馈信号到控制中心。

6.10 万华全球研发中心

案例行业：化工行业
案例特点：标准化实验室建设适应多种类型实验
推荐专家：徐宏勇（华东理工大学实验室与装备处 副处长）
本节执笔：迟海鹏（北京戴纳实验室科技有限公司 总经理）
　　　　　龚长华（北京戴纳实验室科技有限公司 销售事业部总经理）
　　　　　邢希学（北京戴纳实验室科技有限公司 执行事业部总经理）
　　　　　王　帅（北京戴纳实验室科技有限公司 研发工程师）

6.10.1 案例概况

万华全球研发中心（Wanhua Global Research Center，WGRC）位于山东省烟台市，是万华化学（Wanhua）在中国的全球研发中心，总占地面积 82.36 万 m²。园区内共有 20 栋实验室建筑，7 栋办公建筑，总建筑面积 33.3 万 m²。本项目为万华化学集团全球研发中心及总部基地（一期）建设项目，项目总建筑面积 10.5 万 m²，其中有 7 栋实验室建筑。园区规划及实景照片如图 6-86、图 6-87 所示。

图 6-86　园区规划（左）及一期建筑（右）

图 6-87　标准实验室布局实景照片

6.10.2　案例特点

6.10.2.1　低碳减排

通过送排风系统和装配式实施，累计减少碳排放 3018.37t，减少 CO_2 排放 11247t。

1. 送排风系统

送排风系统采用变风量（VAV）通风技术、风机盘管＋新风系统、热管式三维热回收技术相结合的方式。

实验室采用 VAV 通风系统，送排风设定参数为：工作时间换气次数 $6\sim 8h^{-1}$（特殊实验室 $12h^{-1}$），非工作时间 $2\sim 3h^{-1}$，自控系统借助风量频率曲线表自动对风机频率进行统计，并输出风量—时间曲线。以 C1 楼 1 号排风机为例，综合所有风机的风量—时间曲线（图 6-88），得出日间工作时间 11h（7∶30～18∶30，其他时间为非工作时间）。理论总风量为 222 万 m^3/h，实测统计，通

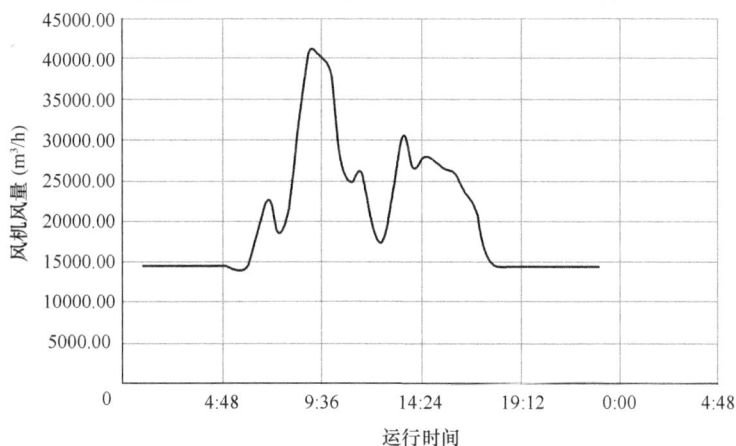

图 6-88　测风机风量—运行时间曲线

过 VAV 通风系统加权平均风量为 125 万 m^3/h，比传统通风系统风量减少 43%，减少碳排放 1447t，折合 CO_2 排放 5306t。

VAV 通风系统冷热源用于补偿排风带走的冷热负荷。实验室的舒适温度利用风机盘管进行维持，实验室送排风停止运行之后，利用风机盘管进行室内温度调节。经统计，实验室每年的同时使用率约为 80%，剩余 20% 的实验室无实验任务，仅开启风机风机盘管维持实验室的舒适度，每年可以减少碳排放 57.5t，折合 CO_2 排放 211t。

三维热管式热回收装置主要由以下部分组成：热管式热回收器、送排风机、空气过滤器、冷热盘管以及加湿器等。热管式热回收器自身不需动力，属于静止式显热回收器，新风、排风交叉污染和泄漏率小于 1%。WGRC 已投入使用 2 年，通过对实验室中央控制系统对回收前后段的排风温度监控可知，实际效率冬季回收效率 52%，夏季回收效率 38%。热回收系统每年减少碳排放 1509t，折合 CO_2 排放 5533t。

2. 装配式

该项目全面采取了装配式的实施形式，由于 85% 的作业是在工厂内完成（图 6-89）。人工用量、固废排放、现场变更损耗均降低，减少碳排放 5.37t，减少 CO_2 排放 197t。装配式的实施方式对生产中产生的废气和粉尘采取了可控的收集方式，并使用净化装置，收集效率为 80%，净化效率为 90%，实际排放量比传统施工方式减少 72%（表 6-6）。

图 6-89 装配式生产安装全过程

WGRC 装配式施工和传统施工废气和粉尘排放对比 表 6-6

施工项目	废气和发尘量	施工量	传统施工排放量（kg）	WGRC 装配式施工排放量（t）	WGRC 减少排放
手工电弧焊	16g/kg	3323kg 焊条	52	14.5	72%
CO_2 气体保护焊	8g/kg	4199kg 焊条	34	9.4	72%
切割	6g/m	12920m	78	21.7	72%
合计			164	45.6	72%

通过装配式工厂的集中生产与集中回收，实验室将可回收边角料共计 5.5t，整体回收率达 92.40%（表 6-7）。

WGRC 边角料回收　　　　　　表 6-7

固废	损耗量（kg）	传统施工回收量（kg）	传统施工排放量（kg）	WGRC 回收量（kg）	WGRC 浪费量（kg）	WGRC 回收率
边角料	32300	0	32300	30685	1615	95%
塑料	9690	0	9690	8075	1615	83.30%
纸类	5168	0	5168	4845	323	93.70%
其他	12920	0	12920	11305	1615	87.50%
合计（T）		6	5.5	0.5		92.40%

装配式机电实施模式，采用了机器人焊接、机器人铆接、自动切割下料、自动焊接技术、自动开孔技术、全自动喷涂技术、集中运输、机器人搬运、自动提升、轻便工具安装等方式，总工日节省9499 人工日（表 6-8）。

WGRC 机电施工人工节省统计　　　　　　表 6-8

项目	单位	装配式	传统	减少额
现场安装用工量	工日	78	10853	10775
工厂用工量	工日	1800	0	−1800
电工用量	工日	10	272	262
安全员配备量	工日	10	272	262
总人工时		1898	11397	9499

6.10.2.2　水及能源效率

1. 水资源利用

WGRC 收集区域内雨水，经处理后主要用于绿化浇洒和道路冲洗。雨水蓄水池采用 PP 模块组合水池（贮水容积 300m³），所有构筑物单元均在绿化地面以下。

超出储存容积的雨水排放到园区景观河流中，减少河流用水引入。庞大的景观河和人工湖作为园区天然冷吧，既能降低园区温度，又可作绿化灌溉和消防用水。WGRC 水资源利用率为 35%，水消耗降低 20%。

2. 能耗分析

年度能耗分析和同体量无节能手段能耗分析如表 6-9 和表 6-10 所示。

年度能耗分析　　　　　　表 6-9

设备名称	设备实际测量平均功率（kW）	运行时间（h）	运行日（d）	总耗能（kWh）	单价（元/kWh）	运行费用（万元）	备注
送排风机	1220	9	250	2745000	1	275	
洁净空调机	150	24	250	900000	1	90	
新风热负荷	10368	9	120	11197440	0.34	381	
新风冷负荷	6285.25	9	60	3394035	1	339	能效比取 3.5
总计						1085	

同体量无节能手段能耗分析　　　　　　表 6-10

设备名称	设备实际测量平均功率（kW）	运行时间（h）	运行日（d）	总耗能（kWh）	单价（元/kWh）	运行费用（万元）	备注
送排风机	2220	9	250	4995000	1	500	

续表

设备名称	设备实际测量平均功率（kW）	运行时间（h）	运行日（d）	总耗能（kWh）	单价（元/kWh）	运行费用（万元）	备注
洁净空调机	150	24	250	900000	1	90	
新风热负荷	38357	9	120	41425560	0.34	1408	
新风冷负荷	18007	9	60	9723780	1	972	能效比取3.5
总计						2970	

6.10.2.3 废料减少、回收和转化

1. 废气

配备两种类型的废气处理装置：一种是针对酸碱废气、有机废气、沥青烟气等，此类废气经通风橱捕集，风机管道集中引至末端的干式化学过滤装置（净化效率不小于90%），经吸附净化后，于顶楼屋顶排放，排气筒高度26m；另一种是针对催化剂制备及实验过程中个别区域产生的粉尘，在实验台设置排风布袋除尘器（除尘效率不小于90%），经除尘后引风经过末端的干式过滤装置后，于顶楼屋顶排放，排气筒高度距离楼面3m。实验废气经引风除尘、吸附、净化处理后数据见表6-11。

干式化学过滤器实测过滤效率 表6-11

序号	监测项目	监测结果（×10⁻³mg/m³）		过滤效率
		大气环境（过滤前）	大气环境（过滤后）	
1	氯离子（Cl^-）	60.00	5.00	91.67%
2	硫酸根离子（SO_4^{2-}）	71.00	3.00	95.77%
3	硝酸根离子（NO^-）	40.00	2.00	95.00%
4	TVOC	99.00	9.00	90.91%

2. 废水

本园区所有实验室废水系统为单独设置，把废水集中收集到园区废水池，运输至万华自建的废水处理站进行处理。

6.10.2.4 室内环境、空气质量管理/环境健康与安全（HSE）

1. 建设阶段HSE

装配式机电施工采用工厂化预制，100%高噪声、高粉尘的焊接、切割等工作均在工厂由机器人完成，对人体健康无害（图6-90）。

传统机电安装模式处于2m以上的高空作业约占整个施工任务的70%，潜在危险作业范围广。装配式机电施工模式，所有预制工作均在地面上完成，减少90%的高空作业，极大减少了危险系数。

施工现场仅存在装配式组装，因此由于生产所产生的粉尘、噪声等污染大幅度降低，室内装配式实施$PM_{2.5}$浓度最高为30.4kg/m³，降低到传统施工的3.2%。噪声最高为60dB，整体施工环境良好（图6-91）。

2. 使用阶段HSE

园区设计人流、物流分区，确保人、物不交叉。

各实验楼依据实验室以部门为单元进行楼层划分，既便于使用，又能保证安全。每个区域内的办公区和实验区分离清晰，各区域互不交叉。实验室设置在北侧，数据处理区、休息讨论区设置在南侧，物流通道与实验室操作通道结合，增加约22%的使用面积。办公、实验之间采用了隐形走廊（Ghost Corridor），办公区不设回风，利用实验区的负压排风（图6-92）。办公区深度仅设计为6m，能够让自然采光穿越办公区直接进入实验区。

图 6-90 装配式机电施工

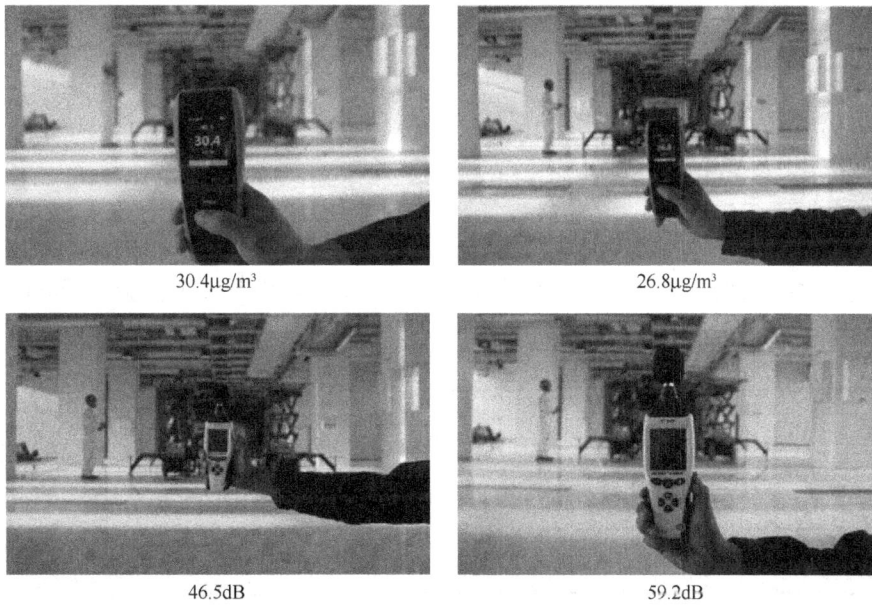

30.4μg/m³   26.8μg/m³

46.5dB   59.2dB

图 6-91 施工现场 $PM_{2.5}$ 浓度和噪声实测

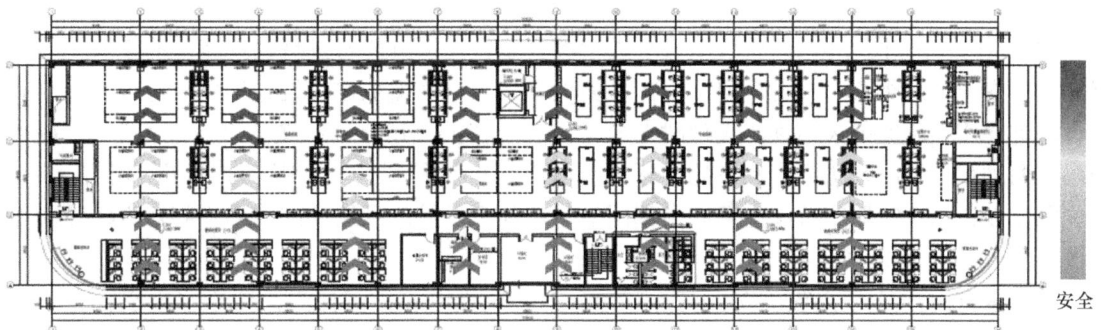

安全

图 6-92 实验室气流组织

6.10.2.5 运维

设置中央管理站，监测所有设备运行状态及实验室温度、湿度、压力等，减少人员巡查所带来的人力成本。中央管理搭载于实验室智慧化管理系统，可做到：可感知（监控所有的环境、设备状态）、会思考（根据环境和设备的碎片化数据形成大数据，基于大数据对实验室未来的发展趋势进行判断）、能决策（根据实验室目前的状态，自动发出最优指令）。

1. 资源共享

项目实现了资源共享：在 A3 楼设有全园区的大型仪器共享中心，园区共享氢气站、氮气站、空压站、纯水站、危险品库房、废品库房、试剂库。各研发实验室既相对独立又资源共享。管理系统可以自动记录仪器的使用人、开机时间、关机时间、使用时长、能耗情况（电、水、气）等，并自动核算仪器的使用效率、使用成本、收费用情况等，为使用提供准确的数据支持。

2. 环境监控及分析

通过对通风空调系统冷热量的监测可以详细记录每天冷热量的消耗情况，通过对冷热量消耗数据的分析规划出更合理的运行方案，最终达到节能目的。通风系统的冷热量监测具体到每一台新风机组设备，空调系统的冷热量监测具体到每一层楼或每一个区域。

实验室的供水、废水处理都要需要成本，这也是能源消耗的一部分；实验室的供水量监测具体到每一栋楼、每一层楼或一个房间。

通过对废水量的监测可以核算出实验室排水成本。根据需要，实验室排水监测具体到每一栋楼、每一层或每一个房间。

管理人员可以通过手机随时查看能耗情况，包括能耗数据、变化曲线等。

6.10.2.6 柔性实验室及可持续发展

采用装配式模块化施工，布置时完全按照标准模块化布置（图 6-93），吊架可在上下左右任意方向调整，可迅速在原有吊架基础上增加各种系统甚至装修吊顶，以及实现实验室干湿区的快速转变。

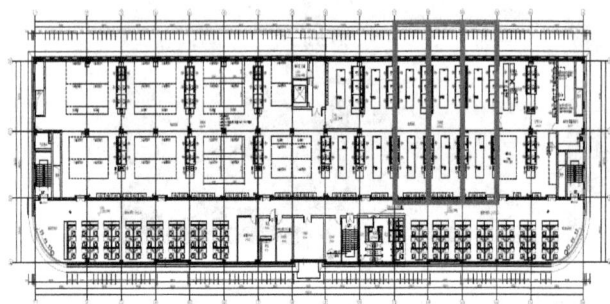

图 6-93 标准模块分配（左）及使用后的快速分割成独立隔断（右）

通过 BIM 设计（图 6-94），将机电管线进行综合布置，拆解成可进行快速装配的模块。装配式机电层灵活多变，随意组装，并可固定、连接任何设备。为未来增加建设设施提供可持续发展空间。

为保证通用实验室的灵活性，设计时充分考虑各系统的预留空间（图 6-95、图 6-96）。每个实验楼均设置两种预留气路，进入实验室的主管更是预留了 25% 的用气量，用于未来用气点增设。

配电方面：每个实验室总配电箱和末端配电箱均预留足够的回路和配电箱空间，方便随时增加或变更设备。

给水排水方面：采用了湿柱（Wet Column）的解决方案，在湿柱内预留给水排水管路，随时在本层内增加上下水点。

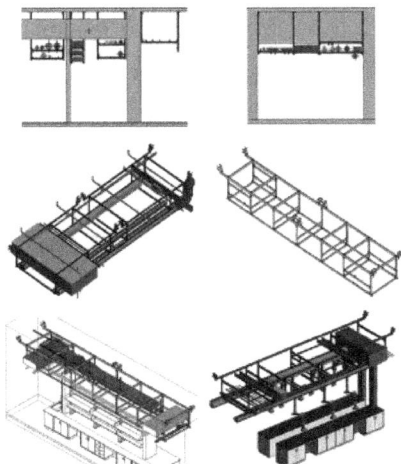

图 6-94 BIM 设计图   图 6-95 实验室顶部预留空间   图 6-96 预留给水排水通路空间

采用模块化的实验单元，各区域内的实验室可根据实验方向随时调整实验室布局。实验室内配套设施也采用模块化的形式，保证每个实验区域都能任意进行分割、组合的转换。同时，送、排风管路也采取了标准布局形式，如图 6-97 所示。这种布局形式将增加实验室的弹性空间，提高实验室的使用寿命。

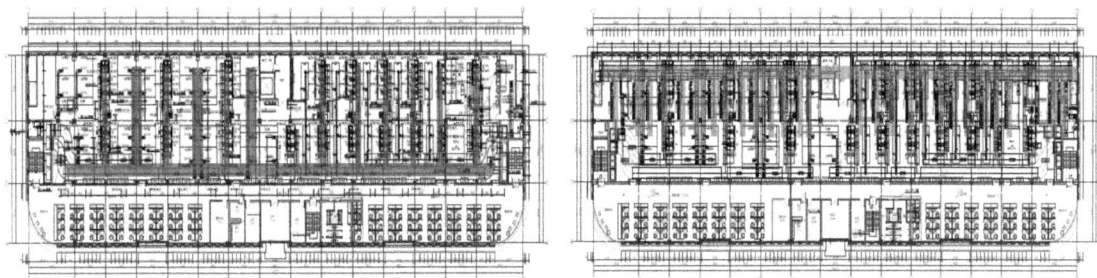

图 6-97 送排风管路采取了标准布局形式

新风采用微孔送风灯形式，将微孔送风和照明相结合，节省顶部空间的同时，确保送风均匀，并推进实验室的可持续发展。

6.10.2.7 可持续材料/采购

从按照顾客要求制造出优质产品并能提供及时的优质服务，并且有强烈社会责任感和质量、成本改善意识的企业中，购买合法的、质量可靠、具有国际价格竞争力的产品和服务。并以质量、劳工、健康安全、环境、商业道德、可持续采购等标准要求事项为基础，建立建全供应商遵守当地法律法规的质量、劳工、健康安全、环境、商业道德、可持续采购保证体系。

WGRC 的实验室全部采用模块化装配式，整体机电层又以标准 3.3m×3.3m 的模块为基本单元，经过 BIM 综合建设而成，所有风、水、电、气均由标准模块组成，独立模块可以拆除下来重复利用。模块本身极易拆解，可重复利用。

整体模块均由传统材料组成，具有采购普遍性，在具有国际价格竞争力的同时，有力保障产品采购质量。

6.11 中海油未来科技城实验建筑

案例行业： 石油化工行业
案例特点： 标准化实验室建设适应多种类型实验
推荐专家： 张杰（北京市建筑设计研究院有限公司 总工）
本节执笔： 迟海鹏（北京戴纳实验室科技有限公司 总经理）
张睿婕（北京戴纳实验室科技有限公司 技术经理）

6.11.1 案例概况

科技园区建筑总占地面积为 247860.06m²，其中总建设用地面积 96402.57m²，城市道路代征地 45159.163m²，绿化带征地 106298.327m²。科技园区设计共有 8 栋建筑，实际建筑 6 栋。总建筑面积 192039m²，其中地上建筑面积 157639m²，地下建筑面积 34400m²，其中 1~7 号楼为实验建筑，其中 5 号、7 号楼未实际实施。服务于整个科技园区的高压配电室位于 6 号楼内（图6-98、图 6-99）。

总体区位关系

本项目用地位于未来科技城C区的东部，如图所示，C-37地块

项目用地——

图 6-98 中海油能源技术开发研究院科技园区所在北京未来科技城 C-37 地块

1~3 号楼的一~五层、4 号楼的一、二层为实验室，其余为办公室；5~7 号楼为二层挑空的大空间实验厂房，其周围辅助用房为二层。1、2、4 号楼实验室分为干区实验室及湿区实验室，3 号楼

图 6-99　中海油能源技术开发研究院科技园区实验建筑效果图

实验室经过改造工程，为湿区实验室（图 6-100）。

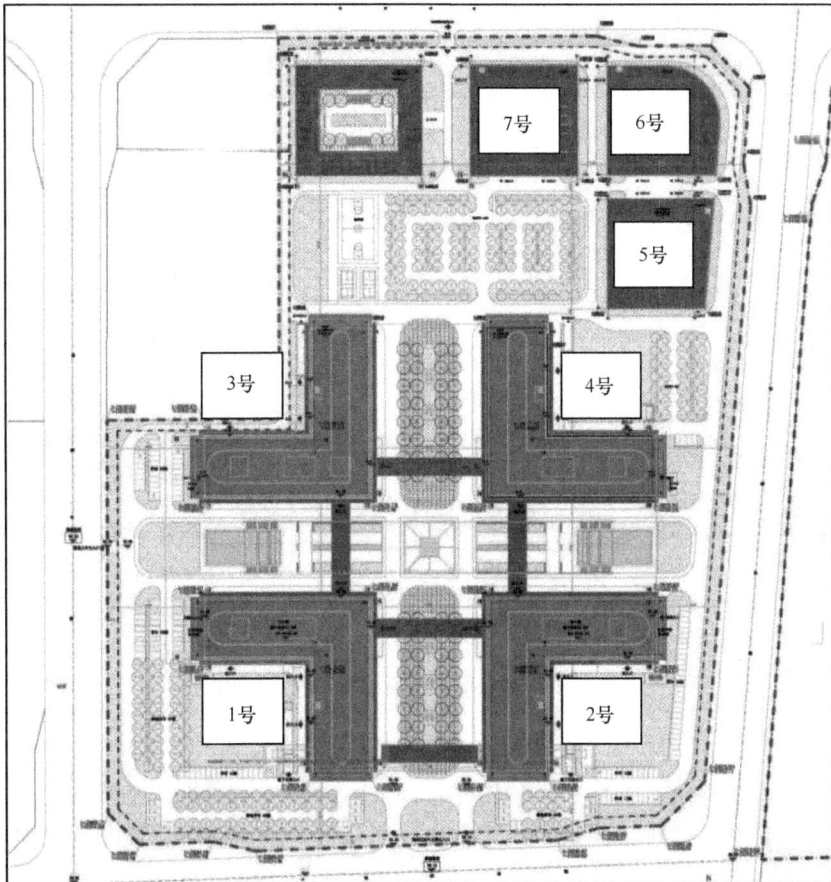

图 6-100　中海油能源技术开发研究院科技园区实验建筑分布图

6.11.2 案例特点

结合科研单位的功能以及中国海油对中海炼化进驻未来科技城实验室的发展定位，建设内容包括管理用房、科研实验用房、信息档案用房、公共配套用房等几大类别（图6-101、图6-102）。其中考虑到实验用户的需求以及未来发展的可调整性，实验室分为大空间实验区、通用实验区、前处理区、辅助功能区、公共办公区及休息讨论区。通用实验区以大开间、软分割为主，为保证采光及使用效果，同类区域之间使用玻璃隔断进行简单分离，利用严格控制的气流走向来保证安全。

图 6-101　中海油能源技术开发研究院科技园区实验建筑主立面效果图

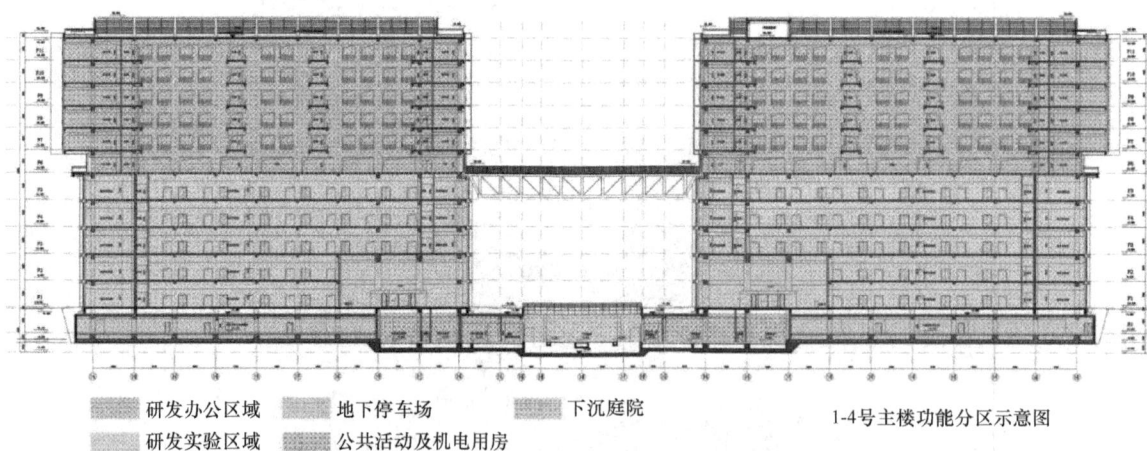

研发办公区域　　地下停车场　　下沉庭院　　　　1-4号主楼功能分区示意图
研发实验区域　　公共活动及机电用房

图 6-102　实验建筑主楼功能分区示意图

1. 人流、物流

通过设置在不同位置的客梯和货梯，将实验室的人流、物流通道进行了严格分离，保证实验人员的安全。实验室的辅助设备及辅助用房，靠近物流通道设置，减少必要巡检和维修中对实验室的干扰（图6-103、图6-104）。

2. 大空间实验区

大空间实验区（6号实验楼）考虑大荷载、高挑空实验设备，预留行车空间，且允许货车直接驶入，保证大型实验设备所需要的空间和使用需要（图6-105）。

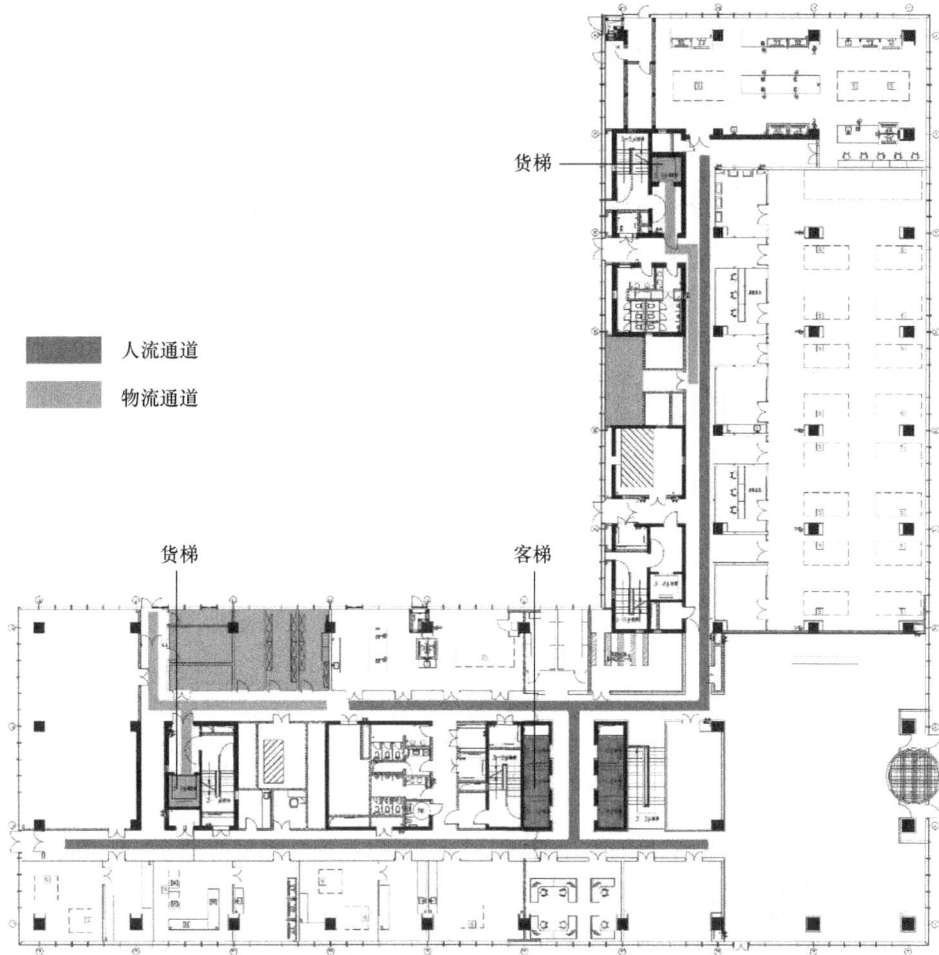

人流通道

物流通道

货梯

货梯　　客梯

图 6-103　实验建筑内的客、货梯（1 号楼）

图 6-104　实验室内的通道

图 6-105　大空间实验区

3. 标准化设计及安全

通用实验室采用标准化设计，以标准化大空间实验室加小空间独立实验室（前处理或数据处理）的模式形成搭配。通过湿柱的设置，在实验室内实现小范围的干湿区分离，既满足实验的使用需求，又能保证中小型设备的空间要求和安全要求（图 6-106）。

图 6-106　通用实验室干湿分区

标准化设计充分利用顶部空间、功能柱、实验家具维修通道进行管道、桥架和线缆的排布，开放的吊顶空间利于空气排出以及检维修的操作。利用母线供电和预留的工艺管道接口、送排风接口，可以灵活调整实验区域的实验内容、针对方向，保证未来的变化和拓展，并且保证局部调整不影响整体运行。

标准化实验室地面布线极少，几乎不会对实验室地面造成破坏，实验区域可以在实验台、落地仪器、数据处理等功能之间灵活切换。

实验室初始设计均为全新风微负压设计，与其他区域的通风空调系统互相独立。实验室新风量略低于排风量，保证实验室互相无干扰，实验室对走廊、办公区等区域无影响。实验室内采用变风量文丘里阀对风量进行控制，在正常使用状态下对房间送排风进行自动控制，保证环境微负压的状态。实验室送排风系统可分层分区进行调整和控制。局部特殊环境如洁净、恒温湿灯要求，可在小空间独立实验室实现。

标准大空间实验室也可灵活隔断，每个标准跨区域的基础条件均具备实验所需的水、电、气、排风等基本要素（图 6-107、图 6-108）。

图 6-107　通用实验室的标准化布置

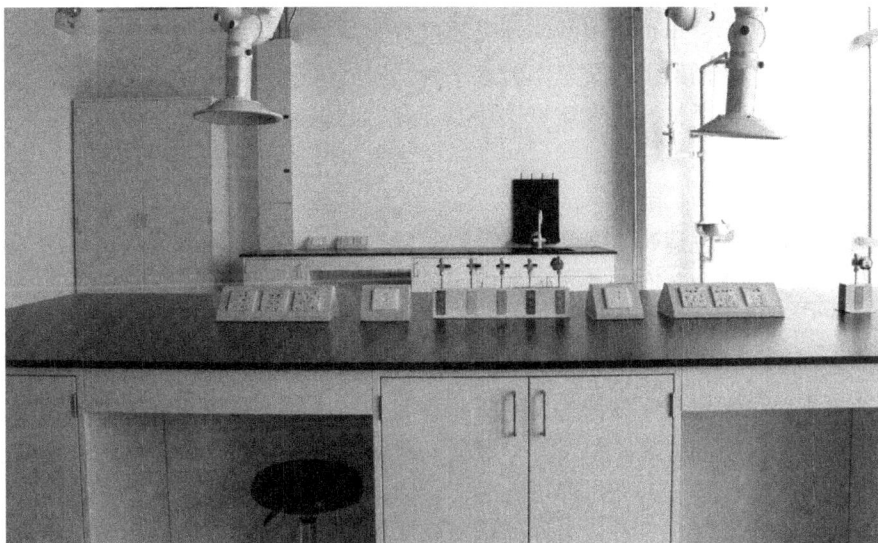

图 6-108　标准实验台上的机电通风配置

在标准实验室模块范围内设置紧急淋浴器和洗眼器，保证实验人员的使用安全。

以系统形式进行供气，气瓶间向室外开门，气瓶运输不进入实验建筑内。气体通过气体管道井输送至实验室，并在各层设有控制，可分层进行切断、改造。

4. 绿色低碳

实验建筑采用大面积玻璃幕墙，充分利用自然采光，减少白天的灯光使用（图 6-109）。实验建筑内采用节能灯具、节能水龙头等节能设备，屋顶设有太阳能板用于清洁能源利用。

实验室送排风设有多种可控模式，可根据实际使用情况控制送排风设备的使用状态，节约设备用电。送排风设备间设有热回收，可回收一部分排风的热量、冷量对新风进行升温、降温，减少实验室舒适性空调的能耗。

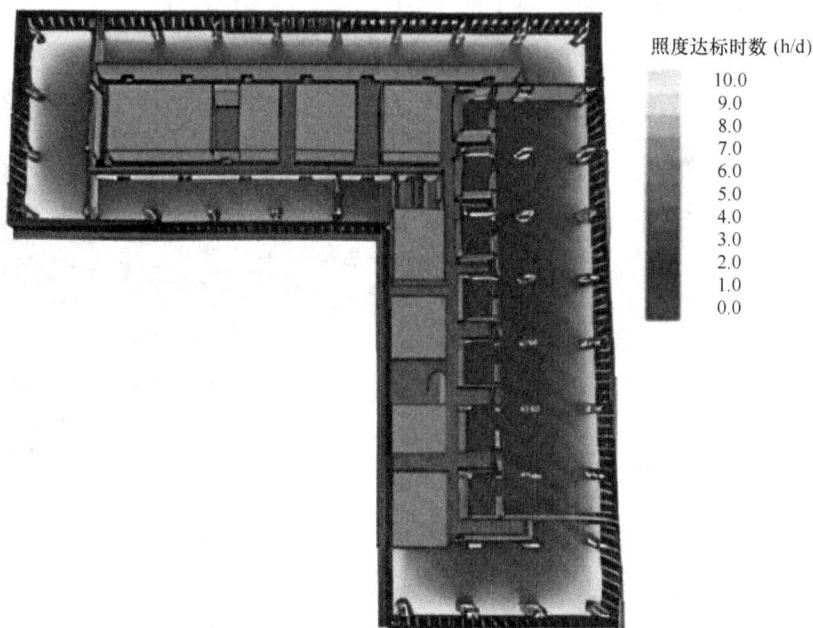

图 6-109　实验室标准层光照模拟

5. 智慧实验室

实验室自动控制是智慧实验室的一部分，包括设备运行控制、变风量系统监测与控制、危险气体泄漏报警与控制。入驻的实验单位可根据实际需要进行智慧实验室平台的搭建。

目前 2 号实验楼实验室已经上线智慧实验室平台，对一～五层的实验室进行智慧综合管理，除包括实验室温湿度监控、压力监控、空气质量检测及净化（$PM_{2.5}$）等模块，后期仍可根据需要扩充硬件和软件模块。

6. 运营效果

中海油未来科技城实验室运营阶段使用正常，实验单位入驻后的局部改造也证明了标准化实验室拓展性、灵活性在实验工作中具有非常实际的应用价值。

6.11.3　评价

由于中海油未来科技城实验室设计建设期间并不明确具体的入驻单位和详细的使用需求，设计和建设均采用了标准化实验室的方案，并留有一定的余量。率先完成的基础条件保证在实验单位入驻后可根据现有基础进行局部改造、补充，即可完成实验室的搭建，尽早投入实验工作。

中海油未来科技城实验室是具有代表性的标准化实验室，并且具有模块化实验室的雏形。以此类标准化实验室为基础，可延伸拓展为多领域、多种类的实验室，以适应不同的发展方向，在条件不明的情况下，是作为实验室基础设计的优选。

6.12 某制药企业研发中心实验室

案例行业：医药行业

案例特点：项目建设标准高，实验室种类繁多，公用工程专业系统复杂

本节执笔：丁颂（中石化上海工程有限公司 技术副总监）

6.12.1 案例概况

本项目为某外资制药企业投资的一体化研发中心项目，引进先进、高端的研发技术，建设一个现代化的实验大楼。建设内容主要为化学合成反应、新材料测试机性能应用等相关研发活动的实验室，建成后供500余名科学技术人员使用，可以满足公司在研发实验方面的战略需求。

实验大楼内主要有分散体研究实验室、农作物产品保护实验室、工艺过程实验室、教学用培训实验室、家居护理和工业清洁产品研究实验室、工程塑料应用实验室等，进行先进性材料与系统研究，以及进行复合实验、试样制备、样品检测，同时还建有设计中心、创意空间和展厅等。

项目总体要求：采取有效措施节约能源，做好"三废治理"和综合利用；研发工艺采用新设备、新技术，主要工艺设备必须达到先进、高效、可靠，对辅助设备及公用工程设备必须选择优质可靠的产品；注重安全生产、文明生产和职业卫生设计。

6.12.2 案例特点

6.12.2.1 建筑

1. 平面布局及功能

建筑为地上4层，属于多层丙类工业建筑。建筑耐火等级为二级，设计使用年限50年，抗震设防烈度7度，钢筋混凝土框架结构，屋面防水等级为Ⅰ级。建筑占地面积5000m²，建筑面积20000m²。

建筑物主要功能为涂料应用中心，主要包括喷涂试验区、物理实验区、催化剂制备与评价应用实验室及其他辅助设施。建筑依照不同的功能进行合理、统筹、有效的平面设计，使各层平面功能分区明确，便于管理。

建筑平面近似呈"回"字形布置，主要分实验和数据处理两大功能区，实验室布置在东西两侧外圈，实验分析布置在东西两侧内圈，南侧为数据处理。

"回"字形建筑中间设置有敞开式庭院，为实验区提供自然通风及采光；南侧为人流主入口，布置有人厅、茶歇、展示厅等公共区域；西北侧为公用工程区域，布置有安防监控、消防泵房、空压机房、报警阀室、变电所、制冷机房等公用工程用房；在甲类样品间南侧布置有丙类实验室及配套用房；东南角为急救室，布置有相关的医疗急救用房。

二、三、四层平面的西侧及东侧外圈为实验室，其中西北角为预留甲类实验室；北侧连廊布置有公用工程房间，主要有配电室、IT室等；西侧及东侧的内圈均为实验分析，提供实验员对实验数据进行分析整理的空间区域；南侧为数据处理区，并布置有配套的独立小办公室、会议室、讨论室、电话间、茶歇室、母婴室、文档等。

2. 交通流线

室内交通组织上，竖向交通核均结合室外出入口位置，分别设置了人流、货物的竖向交通，在满足工艺及疏散要求的同时，做到功能区分及人货分流，使建筑内部的交通流线清晰流畅。

3. 立面设计

在建筑立面造型上，南侧数据处理区外立面以通透玻璃幕墙为主，通过不同的明框、隐框玻璃幕

墙的组合，形成较为丰富的进退关系。东西两侧实验区的外立面以实墙为主，通过外挂陶板与涂料墙面的组合，形成有规律的竖向线条；北侧局部配以玻璃幕墙，与真石漆墙面形成虚实对比；内庭院的外立面以真石漆为主，辅以上下开窗和颜色区分形成有规律的竖向线条，既丰富了建筑的造型，又从外观上很好地区分了单体不同区域的功能。

4. 高端功能

项目按世界先进的高标准设计，体量规模庞大，设备和控制技术先进，内外交接界面多，整体难度高，设计复杂。多项指标位居医药领域的前列，如高精度的恒温恒湿测试间及喷涂测试舱；可以执行全自动程序样品分析测试的机器人实验工作站，首个超 22000m² 采用了装配式结构设计的单体；首次按工业绿建二星和 LEED 认证标准进行设计的项目，首个自主完成 BIM 全专业建模达到 LOD300 的大型单体项目；自动化程度高，涵盖暖通环境控制、智能照明、能源监控、工艺自控、RFID 等各方面。

项目投运众多先进的工程材料实验设备进行各方面性能测试和材料工艺开发，同时，实验过程中存在多种毒害化学试剂使用、粉尘、噪声、辐射等职业危害因素和防火防爆、气体中毒窒息等众多安全风险，在设计过程中需严格执行国家、行业标准和业主 HSE 要求，保障项目设计和运行过程中的安全和职业卫生防护。

6.12.2.2　暖通空调

本工程暖通空调系统设计的主要内容包括恒温恒湿实验室的空调与排风系统、漆房实验室的空调与排风系统、甲类实验室的空调与排风系统、理化实验室的空调与排风系统、冷水与热水系统等。

1. 漆房的空调与排风系统

漆房的温湿度要求为 23℃±1℃/60%±5%，且室内需保持-5Pa 的压差。漆房属于易燃易爆区，采用全空气直流式空调系统，新风经过粗效（G4）、中效（F5）、预热、表冷、再热、送风机、加湿等热湿处理后，再经末端中效（F8）过滤送风口进入漆房，房间排风经过中效（F5）过滤后，通过一级防爆排风机送入活性炭吸附筒后，再由二级防爆排风机排入排气筒，高空排放。

送、排风机均变频控制，送风末端采用定风量阀控制风量；冷热水采用电动三通阀控制水量；加湿采用电极式。

2. 恒温恒湿实验室的空调与排风系统

每个恒温恒湿实验室的温湿度要求为 23℃±1℃/45%～55%，且室内需保持-5Pa 的压差。恒温恒湿实验室也属于污染较大区，采用全空气直流式空调系统，新风经过粗效（G4）、热回收、表冷、送风机、驻电极过滤等热湿处理后，分别送入加压送风系统，再经过加压送风机、再热、加湿处理后，经末端送风口送入每个恒温恒湿实验室，房间排风经过粗效（G4）、热回收、活性炭过滤（蜂窝状）处理，再通过排风机排入排气筒，高空排放。

送、排风机均变频控制，送风末端采用变频器控制风量，排风采用定风量阀控制单个末端，冷热水采用电动两通阀控制水量；加湿采用电极式。

采用复合型主动式乙二醇热回收技术，转移排风端的冷量或热量至新风端，用以预冷或者预热新风，减少房间排风所损失的能耗。

3. 甲类实验室的空调与排风系统

甲类实验室包括样品间，过氧化物、剧毒化学品间、危废间等，温湿度要求为 18～26℃/30%～70%，且室内需保持-5Pa 的压差。实验室为甲类防爆区，不可采用循环空气系统，采用全新风空调系统，新风经过粗效（G4）、热回收、表冷、加热、驻电极过滤、送风机、干蒸汽加湿等热湿处理后，再经末端送风口送入每个甲类实验室，房间排风经过粗效（G4）、活性炭过滤（蜂窝状）处理、热回收、再通过防爆排风机排入排气筒，高空排放，防爆排风机采用一用一备。

送、排风机均变频控制，送风末端采用定风量阀控制风量，排风末端定点排风采用定风量阀控制风量，通风柜采用变风量阀控制风量。冷热水采用电动两通阀控制水量。

排风系统内的各排风机组内的防爆排风机一用一备、互为备用，平时正常运行时，可任意启动其中 1 台排风机。当发生紧急泄漏事故或危险气体浓度报警装置发出报警信号时，自动启动另一台备用排风机，使换气次数达到 12h^{-1}。

4. 理化实验室的空调与排风系统

理化实验室的温湿度要求为 18～26℃/30％～70％，且室内需保持 -5Pa 的压差。理化实验室也属于污染较大区，采用新风空调＋VRV 系统，室内负荷由 VRV 系统承担，新风负荷由新风空调承担；新风经过粗效（G4）、热回收、表冷、加热、驻电极过滤、送风机、干蒸汽加湿等热湿处理后，再经末端送风口送入每个实验室；房间排风经过粗效（G4）、活性炭过滤（蜂窝状）处理、热回收、再通过防腐型排风机排入排气筒，高空排放。

送、排风机均变频控制，送风末端采用变风量阀控制风量，万向罩以及仪器设备等定点排风末端采用定风量阀控制风量，通风柜、补充排风口采用变风量阀控制风量，通风柜同时使用系数按 0.4～0.65 考虑。冷热水采用电动两通阀控制水量。

5. 冷水与热水系统

本项目共需总冷负荷 15442kW，总热负荷约 8590kW，其中总新风冷负荷约 14800kW，总围护结构冷负荷约 2620kW，夏季再热负荷约 2220kW，总新风热负荷约 6370kW，总围护结构热负荷约 2215kW；实验大楼的新风冷热负荷由末端新风组合式空调箱负责，围护结构的冷热负荷由变制冷剂流量多联机空调机负责；主机采用离心式冷水机组＋风冷热泵机组＋风冷热回收式热泵机组。

空调箱冷源采用 7℃/12℃冷水，夏季采用 2 台制冷量为 3600kW 的离心式水冷冷水机组，和 3 台制冷量为 1252.4kW 的风冷热泵机组和 3 台制冷量为 1252.4kW（热回收模式）的风冷热回收式热泵机组，夏季开启所有机组满足实验大楼的冷负荷要求。同时，3 台风冷热回收式热泵机组可提供 1558.6kW/台的热水量。夏季根据冷负荷需求先开启 3 台风冷热回收式热泵机组，再开启 2 台离心式水冷冷水机组，再开启 3 台风冷热泵机组，用于满足两栋楼的热负荷要求，减少机组开启台数时顺序相反。

空调冷水及热水系统采用闭式循环系统，2 台离心式水冷冷水机组，循环水泵放置于研发应用单元一层的制冷机房内，分水器、集水器、冷热水定压补水装置、3 台风冷热泵机组、3 台风冷热回收式热泵机组、缓冲热水箱、3 台热水泵、热水定压补水装置放置于研发应用单元屋顶，冷却水来自于位于测试单元北侧地面的冷却塔；供应测试单元屋顶空调箱的冷热水系统设置二次泵系统，二次循环泵放置于研发应用单元一层的制冷机房内。

6.12.2.3　节能减碳

1. 建筑节能

建筑依照不同的功能进行合理、统筹、有效的平面设计，使各层平面功能分区明确，便于管理。人员主出入口在建筑东面，次入口在建筑北面，货物入口在建筑东面。平面近似呈"回"字形布置，主要分实验和数据处理两大功能区，实验室布置在东西两侧外圈，实验分析布置在东西两侧内圈，南侧为数据处理。"回"字形建筑中间设置有敞开式庭院，为实验区提供自然通风及采光。竖向交通核均结合室外出入口位置，分别设置了人流、货物的竖向交通，在满足工艺及疏散要求的同时，做到功能区分及人货分流，使建筑内部的交通流线清晰流畅。

2. 给水排水节能

采用二级节水能效卫生器具；冲洗水水源采用厂区工业水用水，由东侧道路工业用水干管上接入；采用水表进行分级计量；热水器能效必须满足国家二级能效以上；采用密封性能好的管材及阀门，避免管网漏损；生活用水点给水压力超过 0.20MPa 处，引入管设置支管减压阀，保证生活给水供水水压在 0.10～0.20MPa 之间，节约用水。

3. 电气节能

变电所设置在用电集中的单体建筑内，以减少由于配电线路过长带来的损耗，变压器选用干式节能型变压器；变电所采用低压电容补偿并根据负荷性质配相应的滤波电抗器，提高功率因数，改善电网质量；照明均选用节能 LED 灯具，$cos\varphi \geq 0.95$；照明设计符合国家照明设计标准及 LEED 要求。功率密度达到国家照明设计标准要求的目标值。

4. 暖通空调节能

采用制冷性能系数（COP 值）较高的空调制冷设备，选择能效等级为 1 级和 2 级的节能型产品；空调系统采用温湿度自动控制，风机采用调频变速装置；实验室空调设置夜间模式，降低无人使用时的能源消耗；空气处理设备和管道采用良好的保温措施；空气调节风管绝热层的最小热阻为 0.74（$m^2 \cdot K$）/W；采用符合节能设计标准的新风量；采用高效率、低功耗的风机产品并最大限度地降低系统阻力。

实验室通风柜采用变风量控制，根据柜门的位移传感器确定所需排风量，由变风量阀控制通风柜排风量；送风量根据排风量的变化作变风量控制，满足排风带来的补风需求。排风端的热回收换热器作防腐处理。

在空调机组与排风机组之间采用复合型主动热回收系统，既可转移排风端的夏季冷量或冬季热量至新风端，夏季预冷或冬季预热新风，降低能耗，也可以将表冷器的冷量转移至进风端预冷新风，同时将新风端的热量转移至表冷器后用以再热送风，达到节能的效果。

采用全热回收型四管制风冷热泵机组，在夏季制冷的同时可回收冷凝端的废热量制备 45℃热水，可用于大楼生活热水以及夏季空调二次加热所需的热水，从而节省大量的能耗。

暖通空调专业所采取的多项节能措施，总体节能效果达到 30％以上。

6.12.2.4 "三废"以及噪声处理

1. 废气处理

各实验室产生的有机与无机废气均通过排风机输送到蜂窝状活性炭吸附装置处理后集中至排气筒内高空排放。

2. 废水处理

实验室废水排水经管道收集后分别排至南北两侧室外工艺实验室废水收集池，试验室废水经废水收集池收集后，通过该池内的污水提升泵送至园区内污水处理调节池，试验室废水在厂区污水处理站进一步处理后达标排放。

3. 固废处理

危险废物定期委托专业资质的危废单位外运处置；一般工业固废委托废品回收单位回收处置；生活垃圾委托环卫部门清运；均不外排，项目固废处置率为 100％。

4. 噪声处理

项目主要噪声源包括各类实验室设备，以及风冷热泵、配套水泵等辅助设备运行时产生的噪声。

选用低噪声设备、设置减振措施、增加消声设备，同时将风冷热机组设置于楼顶，且与厂界仍有一定距离，经过距离衰减，噪声设备产生的噪声在厂界处可以满足《工业企业厂界环境噪声排放标准》GB 12348—2008 3 类标准昼间限值［65dB（A）］和夜间限值［55dB（A）］的要求。

6.13 典型通风柜的工程应用案例

案例行业： 高等学校、生物医药

案例特点： 实验室通风量大

推荐专家： 谢景欣（江苏省疾病预防控制中心 研究员）

审核专家： 陈君华（浙江工业大学长三角绿色制药协同中心创新实验室　建设顾问）

　　　　　　王宝（维亚生物航母楼项目工程项目　副经理）

本节执笔： 阮红正（倚世节能科技（上海）有限公司　总经理）

6.13.1　浙江工业大学化工学院国家重点实验室

6.13.1.1　项目概况

浙江工业大学化工学院国家重点实验室是浙江工业大学莫干山校区新建的国家级实验室，实验楼共6层，2万 m^2，设置877台排风柜。项目实施之初，学校组织基建处、各使用方、设计院及相关部门对实验室的造价、安全、功能、节能、美观等各方面进行论证，采用"工作台面前沿柜内补风型排风柜"（以下简称补风型排风柜）。补风型排风柜原理如图6-110所示。

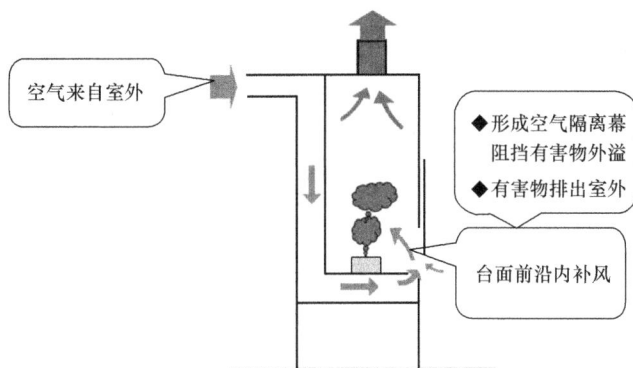

图6-110　补风型排风柜原理示意图

6.13.1.2　方案分析

该项目877套排风柜如果采用全排风的传统通风柜，则排出室内的空气达到100万 m^3/h，并且为了弥补通风柜排出的空气及其带走的冷热量，须向室内补充经过冷热处理的新风量达到80万 m^3/h。为此，本项目需另外设置大量的通风空调系统来弥补室内被排出的空气，维持室内风量与冷热量的平衡，即维持适宜的温度、湿度和压力；配电扩容需求量大幅增加；废气排放处理量巨大，难度很高。

该项目877套排风柜如果采用补风型排风柜，通风柜整体排风量为61万 m^3/h；排风柜内部补风采用变频风机，进风量为36万 m^3/h，新风经粗效过滤后直接送至通风柜内（无需冷热处理）；其中一~三层（国家重点实验室）向室内补充经过冷热处理的新风量为12.5万 m^3/h，四~六层实验室采用门窗自然补风，较传统排风柜直接减少新风量67.5万 m^3/h，可减少27台新风空调机组。

补风型排风柜与传统排风柜详细技术论证结果如表6-12~表6-14所示。

排出室内空气量的对比分析　　　　　　　　　　　　　　　　　　　　　　　　　　表6-12

对比项目	补风型排风柜		传统排风柜		补风型排风柜比传统排风柜减少排出室内的空气量 $[m^3/(h \cdot 台)]$	备注
	计算参数 $[m^3/(h \cdot 台)]$	排出室内的空气量 $[m^3/(h \cdot 台)]$	计算参数 $[m^3/(h \cdot 台)]$	排出室内的空气量 $[m^3/(h \cdot 台)]$		
项目设计概况	项目位于浙江工业大学化工学院，整个实验楼共6层，2万 m^2，按同时使用率80%计算，室内新风设计参数24℃，湿度55%。两种方案新风均由新风空调箱处理后补到房间内					
1.2m通风柜	排风690（补风414）	276	排风1200	1200	924	共323台
1.5m通风柜	排风864（补风518）	346	排风1500	1500	1154	共411台

续表

对比项目	补风型排风柜		传统排风柜		补风型排风柜比传统排风柜减少排出室内的空气量 [m³/ (h·台)]	备注
	计算参数 [m³/ (h·台)]	排出室内的空气量 [m³/ (h·台)]	计算参数 [m³/ (h·台)]	排出室内的空气量 [m³/ (h·台)]		
1.8m 通风柜	排风 1060 (补风 636)	424	排风 1800	1800	1376	共 75 台
步入式通风柜 1.2m	排风 1200 (补风 720)	480	排风 1700	1700	1220	共 13 台
步入式通风柜 1.5m	排风 1500 (补风 900)	600	排风 2160	2160	1560	共 15 台
步入式通风柜 1.8m	排风 1800 (补风 1080)	720	排风 2600	2600	1880	共 40 台
汇总 (m³/h)	排风 767575 (补风 460380)	307195	1297600	1297600	990406	排风量降低 41%，排出室内空气量减少 76%
按 80% 使用系数汇总 (m³/h)	排风 614060 (补风 368304)	245756	1038080	1038080	792325	为方便对比，都按照 80% 的使用系数来算，总排风量降低 41%，排出室内空气量减少 76%

相关设备和后期维护情况的对比分析　　　　　　　　　　　表 6-13

对比项目		补风型排风柜	传统排风柜	备注
柜体排风风量设置 (m³/h)		612619	1038080	为方便对比，都按照 80% 的使用系数来算，总排风量降低 41%
房间新风风量设置 (m³/h)		125000	800000	为保持室内风量平衡，需要补入室内的风量 (部分房间无新风) 降低了 85%
风机	排风风机	选型：风量 25000m³/h、全压 1400Pa、功率 18.5kW，共 27 台	选型：风量 25000m³/h、全压 1400Pa、功率 18.5kW，共 46 台	为方便对比，按相同机型选型
	新风机组	选型：风量 25000m³/h、冷量 375kW、全压 600Pa、功率 18.5kW，共 5 台	选型：风量 25000m³/h、冷量 375kW、全压 600Pa、功率 18.5kW，共 32 台	为方便对比，按相同机型选型
新风冷热源	总制冷量	1875kW	12000kW	设备容量减小，初投资降低；设备尺寸减小，减轻裙楼屋面布置空间及承重压力；设备电功率降低，运行能耗减少
	总制热量	1800kW	11640kW	
	风冷热泵机组数量 (台)	5 (单台 370kW)	10 (单台 1200kW)	
	循环水泵 (台)	2	10 (流量 200m³/h、扬程 32m、功率 45kW)	

续表

	对比项目	补风型排风柜	传统排风柜	备注
对施工及后期维护的影响	排风管道	主管道及连接通风柜的管道较小	主管道及连接通风柜的管道较大	安装高度减小 200mm，减轻吊顶内管路布置压力
	新风管管道	新风管道较小	新风管道较大	安装高度及管道宽度均大幅减小，减轻吊顶内管路布置压力
	补风管道	补风管道较小	无	
	配电及控制成本	低	高	主机、水泵、新风机组等
	冷热源水管及附件投资	低	高	
	后期维护成本	低	高	

初投资和运行能耗对比分析 表 6-14

	对比项目	补风型排风柜	传统排风柜	备注
初投资	排风系统（万元）	43.0	73.0	
	补风系统（万元）	26.0	0.0	
	新风系统（万元）	61.0	320.0	
	新风冷热源（万元）	123.0	560.0	
	设备供电电气系统（万元）	246.0	412.0	
	排风补风新风风管系统（万元）	294.0	332.0	
	舒适性空调系统（万元）	0.0	0.0	
	尾气处理装置（万元）	245.0	415.0	
	实验室风机及主机设备自控系统（万元）	129.0	138.0	
	通风柜变风量控制系统（万元）	1228.0	1315.0	
	通风柜（万元）	2190.0	1400.0	
	合计（万元）	4401.0	4589.0	
设备能耗统计	新风机电机功率（kW）	86.0	597.0	
	补风机电机功率（kW）	187.0	0.0	
	排风机电机功率（kW）	631.0	1069.0	
	风冷热泵机组＋水泵功率（kW）	422.0	2925.0	
	总功率（kW）	1326.0	4591.0	配电容量降低，省掉电力扩容投资
	制冷季节冷热源运行能耗（万 kW）新风风机＋水泵＋热泵机组	75.4	218.8	每天工作 10h，夏季按 90d 工作时间计算
	制热季节冷热源运行能耗（万 kW）新风风机＋水泵＋热泵机组	50.3	149.3	每天工作 10h，冬季按 60d 工作时间计算
	过渡季节冷热源运行能耗（万 kW）新风风机	92.2	149.4	每天工作 10h，过渡季按 110d 工作时间计算
	运行费用（万元/a）	217.9	517.5	每年工作 260d 节约运行费用约 300 万；电费按照 1 元/kW 计算

续表

	对比项目	补风型排风柜	传统排风柜	备注
初投资及运行能耗	造价（万元）	4401.0	4589.0	采用补风型排风柜节约造价费用约188万元
	运行费用（万元）	217.9	517.5	采用补风型排风柜每年节约运行费用约300万元

6.13.1.3　通风系统描述

（1）各实验室通风柜等设备的排风及实验室房间排风，经排风管收集至排风机组排至室外。

（2）实验室每层各设置多套变频排风系统，根据通风柜的风量变化调整相应风机风量，以满足不同实验工况对通风系统的要求。

（3）变频排风风机设置在屋顶层，排风风机根据排风总管静压变化变频控制，保证管道末端静压维持在 $150\sim750Pa$，排风机采用耐腐蚀玻璃钢离心式风机。

（4）实验室排风设备机械排风系统均兼作实验室事故通风系统，各实验室均需设置事故通风应急启动装置。当出现异常情况时，开启紧急排放模式控制系统全部打开风阀，关闭补风阀，排放系统内可能排出的最大风量，不受面风速值的控制，其对应机械排风风机以风机最大风量（频率）运行，进行事故通风。

（5）各房间排风以排气类别不同分别设置；排风系统需配置净化处理系统（喷淋塔＋活性炭吸附箱），有害气体经净化处理后方可高空排放。

（6）实验室内由于排风量比较大，为了减少大负压对房间的影响，采用风机从室外引进新风补进实验室内。补风系统与排风系统联动，保证实验室一定的负压（新风＋柜内补风为实时排风量的 80% 或 $-10\sim-5Pa$），以免污染的空气外溢到外面。

（7）通风柜内部补风（不做冷热处理）：通风柜内部补风采用变频风机从室外引进新风经粗效过滤后，由风管送至通风柜内，变频风机根据送风总管静压变化变频控制。

（8）实验室内新风（冷热处理）：新风机组采用变频组合式空调机组，新风经过过滤及热湿处理达到一定温度后送入实验室以维持实验室的压力平衡以及温度稳定，根据室内排、补风的压力差（或流量差）调整新风风量。

（9）通风系统设计考虑安全与节能统一，通风柜应满足变风量气流控制系统与用户的需要。

6.13.1.4　方案论证结果

经调研对比后，决定采用伯努利内补风型排风柜：

（1）具有可调节的风速和风量控制功能，可以根据具体实验或工作需求进行调整，提供更好的操作条件。

（2）可以有效保持室内风量平衡，减小室内负压，无涡流现象，安全性高。

（3）可以通过负压设计，将操作区域与外部环境隔离开来，防止有害物质与操作者的直接接触，保护其健康和安全。

6.13.1.5　应用效果

项目实施后，排风柜使用过程中的安全、舒适、美观等指标均符合相关要求。在实际无新风系统的情况下，实验室仍旧保持负压小、气流稳定、无化学品的味道、噪声低的舒适环境。同时，通风柜排往外部的废气量得到有效降低，科研实验环境得到明显改善，师生对使用效果均非常满意，也成为学校实验室建设的一个标杆。

6.13.2　维亚生物航母楼实验室

6.13.2.1　项目概况

维亚生物航母楼实验室坐落于中国药谷——上海张江高科技园区生物医药基地，是一座建筑面积约 4 万 m^2 的综合研发大楼，是具备先进科研设备的国际领先标准的生物实验室和化学实验室及高标准的动物实验室。共分 A、B、C 三个区域，本项目分布于 C 区二～四层，约 11500m^2，共设置排风柜 699 台。项目图片详见图 6-111。

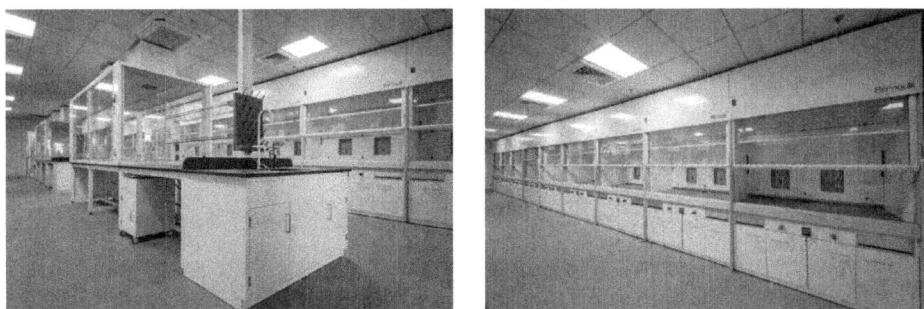

图 6-111　项目图片

6.13.2.2　方案分析

该项目 699 套排风柜如果采用全排风的传统通风柜，则排出室内的空气达到 98 万 m^3/h，并且为了弥补通风柜排出的空气及其带走的冷热量，须向室内补充经过冷热处理的新风量达到 98 万 m^3/h。为此，本项目需另外设置大量的通风空调系统来弥补室内被排出的空气，维持室内风量与冷热量的平衡（也就是维持房间内适宜的温度、湿度和压力）；配电扩容需求量大幅增加；废气排放处理量巨大，难度很高。

该项目 699 套排风柜如果采用补风型排风柜，通风柜整体排风量为 49 万 m^3/h；排风柜内部补风采用变频风机从室外引进风量为 31 万 m^3/h（具体数据见表 6-15），新风经粗效过滤后直接送至通风柜内（无需冷热处理）；向室内补充经过冷热处理的新风量为 18 万 m^3/h，较之传统排风柜直接减少经过冷热处理的新风量 79 万 m^3/h（具体数据见表 6-16），减少了 28 台新风空调机组，既显著降低了初投资，解决了配电扩容的困扰，又明显节省了运行能耗（具体数据见表6-17），并且室内气流组织稳定性更好、安全性更高、抗干扰能力更强，人体舒适度也大幅提升。

排出室内空气量的对比分析　　　　　　　　　　表 6-15

对比项目	伯努利内补风型排风柜		传统排风柜		内补风排风柜比传统排风柜减少排出室内的空气量 [m^3/（h·台）]	备注
	计算参数 [m^3/（h·台）]	排出室内的空气量 [m^3/（h·台）]	计算参数 [m^3/（h·台）]	排出室内的空气量 [m^3/（h·台）]		
项目设计概况	本项目位于上海浦东新区，通风柜分布在维亚航母项目 C 区二～四层，按同时使用率 80% 计算，室内新风设计参数 24℃，湿度 55%。方案一：补风型排风柜设置排风和自然补风，方案二：常规桌上型通风柜按 0.5m/s 面风速计算，两种方案新风均由新风空调箱处理后补到房间内					
1.5m 桌上型通风柜	排风 1000，补风 700	300	排风 1500	1500	1200	共 94 台

续表

对比项目	补风型排风柜		传统排风柜		补风排风柜比传统排风柜减少排出室内的空气量 [m³/ (h·台)]	备注
	计算参数 [m³/ (h·台)]	排出室内的空气量 [m³/ (h·台)]	计算参数 [m³/ (h·台)]	排出室内的空气量 [m³/ (h·台)]		
1.5m 通风柜	排风 740, 补风 450	290	排风 1500	1500	1210	共 62 台
1.8m 通风柜	排风 890, 补风 540	350	排风 1800	1800	1450	共 477 台
步入式通风柜 2.5m * 1.6m	排风 800, 补风 560	240	排风 2000	2000	1760	共 66 台
汇总 (m³/h)	排风 617210, 补风 388240	228970	1224600	1224600	995630	排风量降低 41%, 排出室内空气量减少 76%
按 80% 使用率汇总 (m³/h)	排风 493768, 补风 310592	183176	979680	979680	796504	为方便对比, 都按照 80% 的使用系数来算, 总排风量降低 50%, 排出室内空气量减少 81%

相关设备和后期维护情况的对比分析　　　　　　　　表 6-16

对比项目		补风型排风柜	传统排风柜	备注
柜体排风风量设置 (m³/h)		493768	979680	排风量降低 50%
房间新风风量设置 (m³/h)		98754	783744	保持室内风量平衡, 需要补入室内的风量减少 87%
风机	排风风机	选型: 风量 25000m³/h、风压 1400Pa、功率 18.5kW, 共 20 台	选型: 风量 125000m³/h、风压 1400Pa、功率 18.5kW, 共 39 台	为方便对比, 按相同机型选型
	新风机组	选型: 风量 25000m³/h、冷量 375kW、风压 600Pa、功率 18.5kW, 共 4 台	选型: 风量 25000m³/h、冷量 375kW、风压 600Pa、功率 18.5kW, 共 32 台	为方便对比, 按相同机型选型
	补风风机	选型: 风量 25000m³/h、风压 550Pa、功率 15kW, 共 15 台	无	
新风冷热源	总制冷量 (kW)	1500	12000	设备容量减小, 初投资降低; 设备尺寸减小, 减轻裙楼屋面布置空间及承重压力; 设备电功率降低, 运行能耗减少
	总制热量 (kW)	1200	9600	
	风冷热泵机组数量 (台)	2 (单台 900kW)	13 (单台 900kW)	
	循环水泵 (台)	2 (流量 200m³/h、扬程 32m、功率 45kW)	13 (流量 200m³/h、扬程 32m、功率 45kW)	

对比项目		补风型排风柜	传统排风柜	备注
对施工及后期维护的影响	排风管道	主管道及连接通风柜的管道较小	主管道及连接通风柜的管道较大	安装高度减小 200mm，减轻吊顶内管路布置压力
	新风管管道	新风管道较小	新风管道较大	安装高度及管道宽度均大幅减小，减轻吊顶内管路布置压力
	补风管道	补风管道较小	无	
	配电及控制成本	低	高	主机、水泵、新风机组等
	冷热源水管及附件投资	低	高	
	通风柜控制投资	高	低	
	后期维护成本	低	高	

初投资和运行能耗对比分析　　　　　　　　　　　　　　　表 6-17

对比项目		补风型排风柜	传统排风柜	备注
初投资	排风系统（万元）	90.0	156.0	
	补风系统（万元）	38.0	0.0	
	新风系统（万元）	66.0	780.0	
	新风冷热源（万元）	542.0	1385.0	
	设备供电电气系统（万元）	120.0	328.0	
	排风补风新风风管系统（万元）	736.0	750.0	
	舒适性空调系统（万元）	377.0	377.0	
	尾气处理装置（万元）	243.0	420.0	
	实验室风机及主机设备自控系统（万元）	233.0	350.0	
	通风柜变风量控制系统（万元）	966.0	840.0	
	通风柜（万元）	1707.0	700.0	
	合计（万元）	5118.0	6086.0	
设备能耗统计	新风机电机功率（kW）	74.0	592.0	
	补风机电机功率（kW）	225.0	0.0	
	排风机电机功率（kW）	370.0	721.5	
	水泵功率（kW）	90.0	585.0	
	风冷热泵组功率（kW）	500.0	3250.0	
	总功率（kW）	1609.5	6170.9	配电容量降低，省掉电力扩容投资
运行费用	排风风机运行能耗（万 kW）	130.0	216.5	每天运行 10h，每月运行 30d，每年运行 10 个月
	补风风机运行能耗（万 kW）	78.5	0.0	每天运行 10h，每月运行 30d，每年运行 10 个月
	制冷季节冷热源运行能耗（万 kW）新风风机＋水泵＋热泵机组	130.1	479.5	制冷季节，新风机组、水泵和热泵机组同时运转 6～9 月每天运行 10h，每月运行 22d

对比项目		补风型排风柜	传统排风柜	备注
运行费用	制热季节冷热源运行能耗（万 kW）新风风机＋水泵＋热泵机组	114.0	359.7	制热季节，新风机组、水泵和热泵机组同时运转，12～次年2月每天运行10h，每月运行22d
	过渡季节冷热源运行能耗（万 kW）新风风机	20.5	105.5	过渡季，只需开启新风机组，3～5月、10～11月，每天运行10h，每月运行22d
	运行费用（万元/a）	473.1	1161.1	每年节约运行费用约688万元；电费按照 1 元/kW 计算
初投资及运行能耗	造价（万元）	5118.0	15875.0	
	运行费用（万元）	473.1	1161.1	采用补风型排风柜每年节约运行费用约 688 万元

6.13.2.3　通风系统描述

详见第6.13.1.3节。

6.13.2.4　方案论证结果

详见第6.13.1.4节。

6.13.2.5　应用效果

经调研对比后，采用补风型排风柜。

（1）可以有效降低通风和空调系统设备投资成本及后期的运行费用。

（2）可以减少大楼配电4561.4kW。

（3）可以优化通风系统设计：合理设计通风系统，包括通风柜的布局、管道布置等，以最小化材料和工程成本，同时确保通风效果和安全性。

（4）具有自动调节风速和风量的功能，以减少能源消耗和运行成本。

6.13.3　补风型排风柜工作原理

相较于传统全送全排的实验室通风方案，采用补风型通风柜，房间内增加一路补风管道，如图6-112所示（排风管道比全送全排减少50%左右，所以不会增加投资成本和实验室空间占用）。

每个补风型排风柜柜内自成独立空气组织和系统，减少利用室内空调新风造成的干扰和能耗，如图6-113所示。

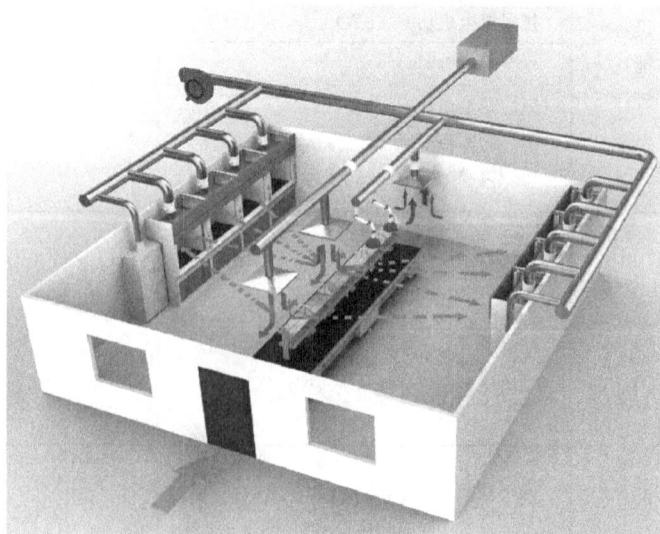

图 6-112　传统全送全排模式管路图

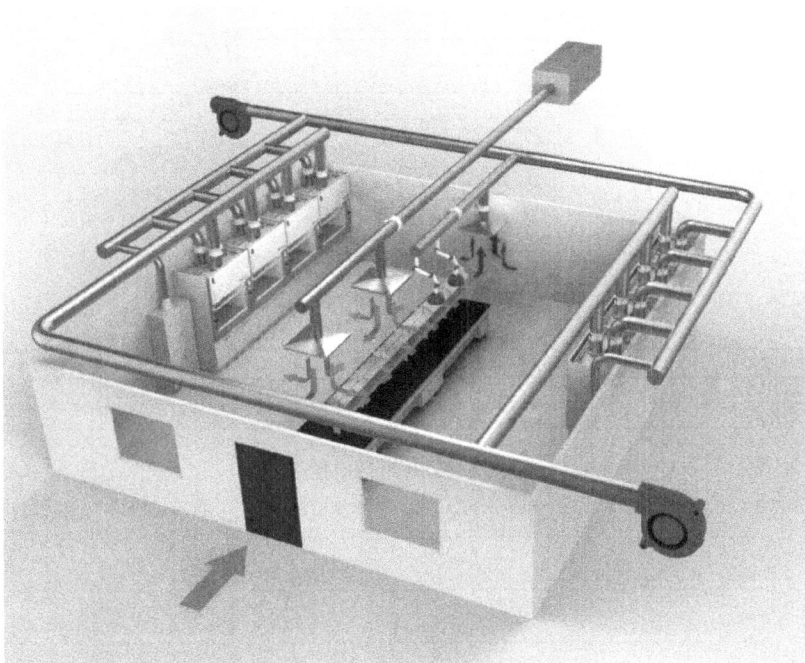

图 6-113　采用内补风型排风柜管路图

6.13.4　初投资和运行费用对比（以 500 台的某项目为例）

补风型排风柜与传统排风柜的对比分析如图 6-114～图 6-118 所示。

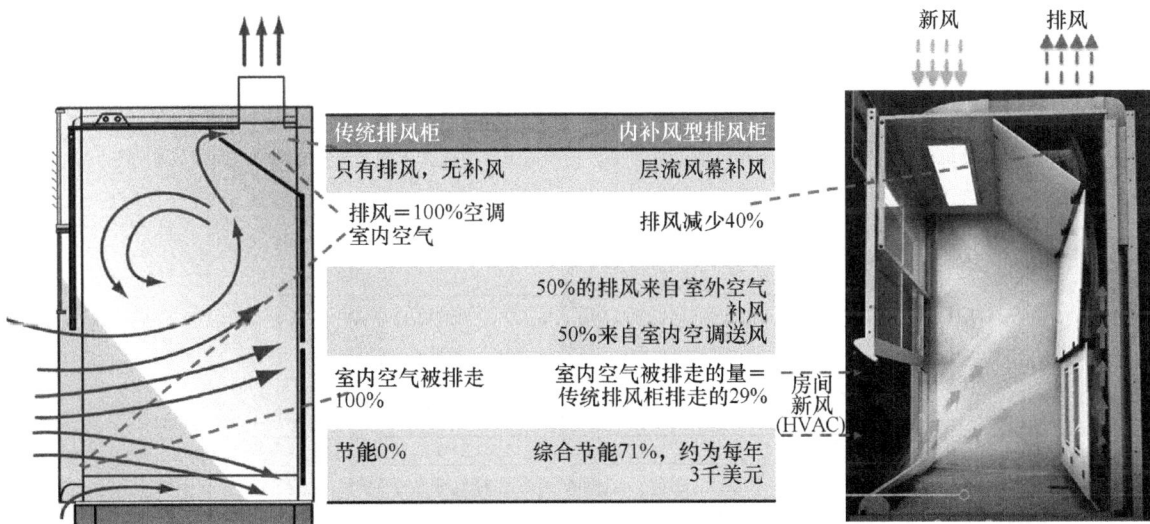

传统排风柜	内补风型排风柜
只有排风，无补风	层流风幕补风
排风＝100%空调室内空气	排风减少40%
	50%的排风来自室外空气补风 50%来自室内空调送风
室内空气被排走100%	室内空气被排走的量＝传统排风柜排走的29%
节能0%	综合节能71%，约为每年3千美元

新风　排风

房间新风(HVAC)

图 6-114　传统排风柜和补风排风柜的原理对比

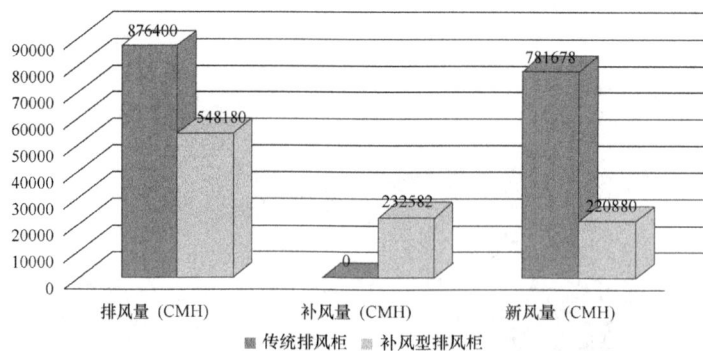

风量对比表

排风柜类型	排风量 (m³/h)	补风量 (m³/h)	新风量 (m³/h)	制冷量 (kW)
传统排风柜	876400	0	781678	2557
补风型排风柜	548180	232582	220880	1790

图 6-115　风量对比

注：相比传统排风柜，采用补风型排风柜排风量减少 42%，补风量增加 100%，新风量减少 72%，制冷量减少 30%。

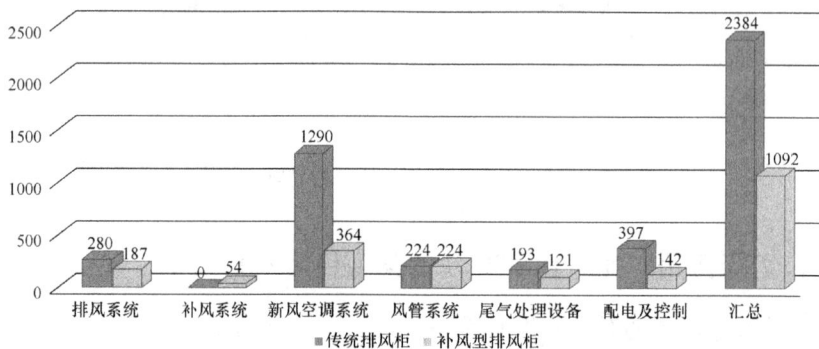

初投资对比表（万元）

排风柜类型	排风系统	补风系统	新风空调系统	风管系统	尾气处理设备	配电及控制	汇总	排风柜及排风柜控制
传统排风柜	280	0	1290	224	193	397	2384	1570
补风型排风柜	187	54	364	224	121	142	1092	2826

图 6-116　初投资对比

注：相比传统排风柜，采用补风型排风柜可降低 46% 的暖通工程初投资，加入通风柜后，初投资基本持平。

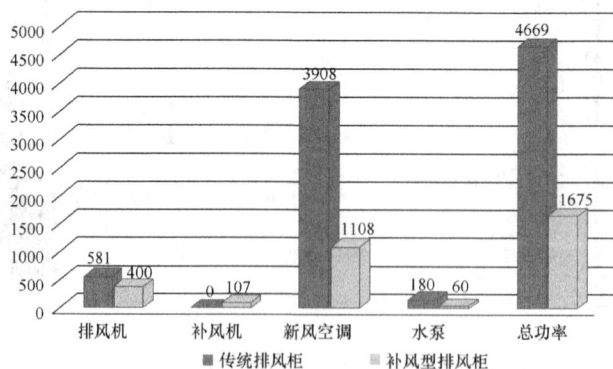

设备功率（kW）

排风柜类型	排风机	补风机	新风空调	水泵	总功率
传统排风柜	581	0	3908	180	4669
补风型排风柜	400	107	1108	60	1675

图 6-117　配电对比

注：相比传统排风柜，采用伯努力补风型排风柜降低 64% 的初期配电。

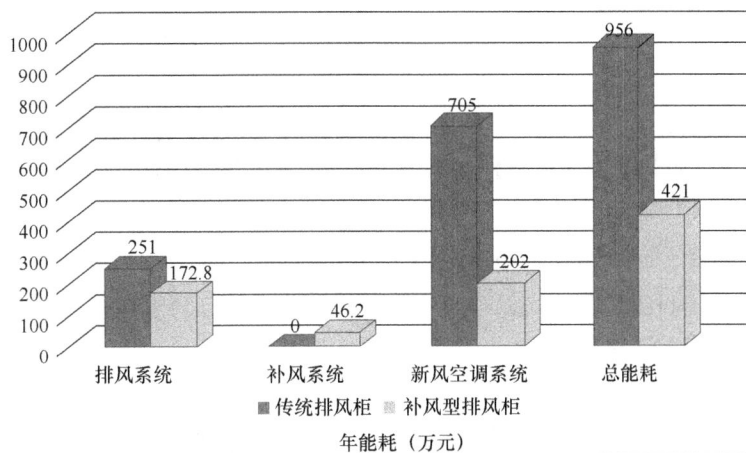

图 6-118　年能耗对比

排风柜类型	排风系统	补风系统	新风空调系统	总能耗
传统排风柜	251	0	705	956
补风型排风柜	172.8	46.2	202	421

注：相比传统排风柜，采用补风型排风柜年运行能耗降低 56%。

第7章　化学实验室低碳发展路径

本章从低碳发展角度，介绍化学实验室建设路径。针对化学实验室可持续投计、建设和运营，从其建筑与内外部复杂系统间的关联性，如建筑本体、设备与系统、智慧运维、标准政策引导保障等多方面、多角度提出可持续发展建议。

7.1　研究背景与总体思路

7.1.1　研究背景

化学实验室是重要的人才培养和科学研究阵地，虽然不同化学实验室可能研究侧重点不同，室内仪器设备、使用方式等也存在较多差异，但这些化学实验室在能源使用方面的共性问题是能源消耗巨大。据研究，化学实验室的能耗主要包括以下几点：药品试剂使用和保存的能耗、仪器设备运转和维护的能耗、通风系统与室内空调的能耗等。

能源消耗是造成温室气体排放的重要因素之一。据研究，我国建筑领域的能源消耗约占社会总能耗 40%，其中 40%～60% 的建筑能耗为空调能耗，我国建筑空调系统在运行阶段的年碳排放量约为 9.9 亿 tCO_2。实验室类型的建筑空调能耗所占比例更甚，最高达到了一般公共建筑空调能耗的 5～10 倍。化学实验大都必须在通风良好的环境下进行，实验室内必须设置大量排风设备（如通风柜、标本柜、排气罩等），排风量往往是其他类型建筑的数倍甚至数十倍。化学实验室为了保证实验室内污染物的安全排放，所需的巨大通风量不仅使得化学实验室建筑能耗偏高，同时导致室内舒适性较差。因此，化学实验室普遍存在通风效果、室内舒适性以及能耗三者之间的矛盾。

气候变化是当前人类社会面临的重大全球性挑战，积极应对气候变化已成为全球共识。为应对全球气候变化，我国已经提出了力争 2030 年前实现碳达峰、2060 年前实现碳中和的目标。据统计，我国建筑领域碳排放量占全国总碳排放量的 40% 左右。低碳发展是一种以低耗能、低污染、低排放为特征的可持续发展模式，对经济和社会的可持续发展具有重要意义。

化学实验室作为重要的人才培养和科学研究主要场所，推动化学实验室低碳发展，将有利于放大实验室低碳发展的规模效应、辐射效应和示范效应，以点带面推动国家层面碳达峰、碳中和、科技强国工作。可见，化学实验室低碳发展是化学实验室发展的必由之路。

7.1.2　可持续发展理念

可持续性是在不消耗未来所需资源的情况下满足当前需求的能力。"三重底线"（Triple Bottom Line）一词通常与可持续性联系在一起，就是指经济底线、环境底线和社会底线，即必须履行最基本的经济责任、环境责任和社会责任。采用"三重底线"来平衡财政、环境和社会三方，从而制定出能够经受时间考验而又不损害人类健康的有效解决方案。

20 世纪 70 年代，可持续发展的概念在联合国人类环境研讨会上首次被正式讨论。为了联合人类共同缔造一个健康和富生机的环境，并使得我们的子孙后代也能拥有同样享受美好环境和资源的权利，全球工业化和发展中国家的精英代表云集在此次会议上发言探讨。如何明确"可持续发展"的含意自从那时，就成为各国的一项首要任务。1987 年，"既能满足当代人的需要，又不对后代人满足其需要的能力构成危害的发展。"作为可持续发展的新定义出现在世界环境与发展委员会发布的《我们共同的未来》报告中。

当可持续理念被运用到建筑工程领域中，可持续发展便包含了多个层次的含义，如绿色、生态、环境保护、节约能源等。可持续建筑就是指在使用功能上既满足当代人当前的需要，又考虑能适应或不危害后代人对建筑功能的种种需要，同时在能源使用上既考虑当前利益与经济关系，又考虑后代利益与经济关系，能使资源得到尽可能高效利用的建筑。

可持续建筑经历了从最早的减少能源使用，到降低能源损失，最后到现在的提高能源利用率或者回收利用。据研究，目前普遍认为建筑节能是各种节能途径中潜力最大、最为直接有效的方式，是缓解能源紧张、解决社会经济发展与能源供应不足这对矛盾的最有效措施之一。可持续建筑确保了外围护结构的保温性和制冷供暖设备的节能效果以及可再生能源和能源资源回收利用率。安全尽管在实验室的设计和运营中仍然至关重要，但最大限度地减少能源浪费，以及通过保护环境从而保护人类的长期健康也尤为重要。

化学实验室单位建筑面积消耗的资源和能源通常比其他商业建筑多。影响化学实验室能耗的因素主要包括：连续运行、排气装置的通风需求、能源密集型和发热设备、蒸汽灭菌和其他工艺用水等。此外，化学实验室的关键研究和防护要求，通常要求电力系统冗余配置，以保持故障安全。因此，低碳发展是化学实验室发展的必由之路。

可持续化学实验室的设计、建设和运营需要考虑化学实验室建筑与内外部复杂系统间的关联性，如建筑本体、建筑材料、建筑气候、能源资源需求、用能系统和环境保护等多方面、多角度的因素。可持续化学实验室可以通过合理的材料使用、技术运用、功能组织、室内外空间设计、建造运营、内部布局等，优化设计方法，结合建立建筑物与当前用途和未来用途相关的多学科评估，从而创造一个高效能、低能耗、低污染、低排放的有机整体。

7.1.3　低碳发展总体思路

化学实验室低碳发展的总体思路为建筑本体低碳化、建筑设备低碳化、智慧运维低碳化以及标准政策的引导与保障。

1. 建筑本体低碳化

化学实验室的低碳发展建议首先从实验室建筑本体着手，优化设计方法与关键技术包括但不限于：降低围护结构负荷、优化内部布局、围护结构材料低碳化、施工工法低碳化。

2. 建筑设备低碳化

在药品试剂、仪器设备、通风空调设备等的配备上，以节材料、高能效、低能耗、减排放为原则，从资源消耗、污染排放两个维度的控制方面推进化学实验室的绿色低碳发展。

一方面，在资源消耗控制领域，采取降低常规能源消耗或采用可再生能源替代技术，主要用于降低药品试剂使用和保存、仪器设备运转和维护、通风系统与室内空调等的常规能源能耗，从能源的使用、设备的采用、系统形式的选择等方面，全面推进化学实验室的设备与系统低碳发展；另一方面，在污染排放控制领域，采取吸收法、吸附法、光催化氧化法等关键技术，推进化学实验室的绿色发展。

3. 智慧运维低碳化

结合计算机应用技术，通过数据分析，发掘负荷变化规律，优化环境参数，实现高效且满足舒适性要求的控制计划，从而进一步提升空调通风系统的自动控制优化能力，从管理使用方面推进化学实验室的智慧运维低碳发展。

4. 标准政策的引导与保障

为了促进和落实化学实验室的低碳发展，建立长效机制保障并进一步提高化学实验室低碳发展的可操作性和可执行性，应辅以政策的引导、标准的保障，以推动化学实验室低碳的长期发展。

7.2 建筑本体低碳发展措施

化学实验室建筑本体低碳化，需从降低围护结构负荷、优化内部布局、采用低碳围护结构材料及施工工法等方面考虑。本节给出一些具体的技术措施，可供化学实验室进行建筑本体低碳化设计与建设参考。

7.2.1 利用自然能源的新型围护结构

利用自然能源去除围护结构负荷，甚至去除部分室内负荷，可用的技术措施包括但不限于嵌管式墙体、蒸发冷却墙、嵌管式窗户、天空辐射膜、水流窗等。

（1）嵌管式墙体采用类似辐射地板的方式，将管道嵌入外墙中，在夏季和冬季分别将自然环境中采集到的冷却水和低温热水送入嵌管式墙体中。

（2）蒸发冷却墙通过外墙上冷却水的蒸发，降低墙表面的温度。

（3）嵌管式窗户在双层窗户中间将遮阳百叶串在水管上，通过调节百叶的角度拦截太阳光或让其通过，在需要减少太阳辐射热的季节，则将自然环境中采集到的冷却水送入嵌管中，将百叶吸收的太阳热直接排除，从而显著减少太阳辐射对室内环境的影响。在供暖季，通过调节百叶角度使太阳光进入室内，还可进一步将自然环境中采集到的低温热水送入嵌管中提高窗户温度，减少室内通过窗户的散热。

（4）天空辐射膜是利用一种特殊结构材料制成的膜，在将太阳辐射热全部反射的同时，还通过特定波长的热辐射将热量穿过大气层，通过与外太空的热辐射，使材料表面温度低于室内空气温度，从而显著减少围护结构在夏季向室内的传热。

（5）水流窗是在两层窗户间送入自然环境中采集到的冷却水，以减少通过窗户进入室内的热量。

7.2.2 采用变性能围护结构

室外气象参数全年不断变化，理想的围护结构应能够顺应室外变化改变物性实现节能。在寒冷季节能够增强保温性能，允许更多太阳辐射进入室内；在热湿季节能够减少外界高温高湿向室内传递，并减少太阳辐射进入室内；在过渡季节有利于室内热量散出。例如，相变材料墙体。

相变材料墙体能够改变建筑的热惰性，减少室外温度波动对室内温度的影响。电致变色玻璃可以动态改变窗户的特性，从而优化照明与得热。

7.2.3 采用高性能保温材料

严寒、寒冷地区的化学实验室建筑本体采用高性能保温材料，有利于建筑保温，将大大减少冬季通过围护结构的传热耗热量。例如，气凝胶新型墙体保温材料、真空隔热板。

SiO_2 气凝胶可以制作出新型气凝胶墙板、气凝胶毡、气凝胶涂料和气凝胶砂浆混凝土等保温性能优异的新型建筑墙体保温材料，在建筑墙体保温隔热领域有着广阔的应用前景。气凝胶保温材料的导热系数可低至 $0.004W/(m \cdot K)$。

真空隔热板的导热系数只有 $0.002 \sim 0.004W/(m \cdot K)$，仅用很薄的真空隔热板保温墙体就能达到低能耗的标准。

7.2.4 优化内部布局

在我国城市化进程持续推进的背景下，我国各个城市的人口数量大大增加，所以城市空间密度越来越大，加之城市土地稀缺，因而实验室建筑内部空间结构设计需要不断优化，实现对实验室建筑内部有限空间的高效利用。

在保障化学实验室安全的基础上，优化完善内部功能与布局，尽可能从结构方面考虑降低建造成本，减少建筑专业的不合理布置带来的材料增加。同时，兼顾化学实验室的特殊性，优化建筑内部空间结构与布局，使得实验流程衔接紧密而顺畅，满足使用者期望的舒适与使用要求。实现化学实验室的安全、节省材料、实验流畅、舒适。

7.2.5　采用低碳围护结构材料

一般情况下，建筑很大一部分的能耗损失是由于围护结构的热传导和冷风渗透造成的。围护结构是包括建筑物周围与室外空气相接触的围挡物，如墙体、门窗、屋面等。因此，合理采用低碳围护结构材料，可以达到较好的建筑降碳效果。

墙体占实验室全部围护结构面积的 60％以上，是建筑能耗的重要损失部位。低碳墙体材料可以分为低碳基层墙体材料、低碳墙体保温材料两大部分。墙体材料应采用无放射、无污染的低碳产品。

门窗具有采光、通风和围护的作用，同时也是建筑物热交换、热传导最活跃、最敏感的部位。门窗框材料的选择不仅会对碳排放产生影响，还会对门窗的气密性和保温性造成重要影响。从节能门窗框材料的发展情况来看，近年出现的 PVC 门窗、铝木复合门窗、铝塑复合门窗、玻璃钢门窗等技术含量较高的节能复合材料，已逐步代替木、钢、铝合金等单一的、耗能大的制造材料。UPVC 塑料型材是目前使用较广的节能复合材料，不仅生产过程中环保、能耗少，而且材料结构密封性好、导热系数小、保温隔热性能好。

玻璃可以增大建筑的采光面积，但同时也增加建筑能耗。经大量研究实验，为了降低玻璃传热造成的能量损失，可运用高新技术将普通玻璃加工成中空玻璃、真空玻璃和镀膜玻璃等。中空玻璃是目前应用较广的一种玻璃材料，其利用保温瓶原理，在两片玻璃间充灌氪、氩或者空气，可以最大限度降低能量通过辐射形式的传递，从而降低能量的损失，起到良好的隔热、隔声效果，同时美观适用、可降低建筑物的自重。镀膜玻璃，俗称反射玻璃，一般是在玻璃表面涂镀一层或多层金属或金属化合物薄膜，改变玻璃的光学性能，按需要的比例控制太阳光的反射率、透过率和吸收率，并产生反射颜色。在保证室内能见度的同时，达到较好的保温节能效果。

屋面是建筑能量散失的重点部位，因此对建筑屋面进行保温隔热设计也非常重要。建筑屋面的低碳设计一般是通过设置一层保温层以起到保温隔热的效果。目前，我国屋面工程采用的节能材料有松散材料保温层、板状材料保温层和整体现浇保温层，通常是先做防水层再做保温层，防止防水层过早老化。目前屋面应用比较广的材料有：膨胀珍珠岩制品、水泥基聚苯颗粒和挤塑聚苯泡沫塑料板等。

综上所述，低碳材料是当今世界建筑行业共同关注的话题，低碳化学实验室使用轻质、高强、保温、隔热、节能、利废、无污染、可循环利用的低碳建筑材料是一个必然的趋势。

7.2.6　低碳施工工法

工程建设中，在保证质量、安全等基本要求的前提下，通过科学管理和技术进步，最大限度地节约资源与减少对环境负面影响的施工活动，实现"节能、节地、节水、节材和保护环境"低碳施工工法与管理，可以有效把控化学实验室施工建造阶段的低碳程度，包括组织管理、规划管理、操作管理、评价管理和人员安全与健康管理等方面。因此，在施工前应做到精心策划，施工中做到"合理组织，严格管理，规范施工"，狠抓现场管理，措施到位，确保工程安全、优质、高效地完成。例如，装配式建筑就是一种低碳施工工法。

7.3　建筑设备低碳发展措施

化学实验室建筑设备低碳化，需以"节材料、高能效、低能耗、减排放"为原则，从机电系统低碳设计方法、关键设备能效提升、可再生能源应用、排风净化处理等方面考虑。

7.3.1 机电系统低碳设计方法

当前我国空调系统运行过程中的碳排放已达 9.9 亿 tCO_2，如果不能显著降低空调系统冷热需求并提高空调系统能效，则未来碳排放量还可能进一步增加，这将严重影响我国碳中和目标的实现。为实现化学实验室的低碳化发展，其机电系统规划可以从降低负荷侧冷热需求、提高系统能效、排风热回收、排风处理、控制系统这几个主要方面着手。

7.3.1.1 通风与空调工程装配式设计

通风与空调工程的装配式设计除了应满足建筑、结构、装饰装修和其他机电等专业之间的设计协同要求以外，还应满足建筑设计、生产、建造、运行、维护等建筑全寿命周期的可持续发展要求。

通风与空调工程应采用标准化设计，通过标准节、调整节、部品、部件的不同组合，形成多层级的一体化模块组合系统；通风与空调工程的设备、部品、管线的连接应采用机械连接，并结合原材料规格尺寸，提高材料利用率，减少浪费。

通风与空调部品部件之间的连接应采用公制法兰或螺纹接口。当设备接口制式为非公制的法兰或螺纹时，装配式通风与空调部品部件与设备连接接口应采用与设备接口相匹配的制式。

在通风与空调工程装配式设计中，应设有设备、管道、配件所必需的现场安装、操作和检修的空间及洞口，对于大型设备及管道应提供运输和吊装的条件。

通风与空调工程装配式设计宜选用模块化产品进行集成，应通过建立建筑信息模型（以下简称BIM），建立标准化的功能模块、部品部件等信息库，统一编码，统一规则，全专业共享数据信息。BIM 设计应与建筑结构、装饰装修、机电等全专业模型协同进行；宜采用正向设计，实现全过程、全专业的设计协同和数据共享；BIM 模型精度不低于《建筑信息模型设计交付标准》GB/T 51301—2018 中 3.0 级模型精细度要求。宜采用开放式，参数化部品部件 BIM 模型数据库和数据库管理系统，使标准部品部件成为标准化设计、生产、运输、安装的基础单元，实现基于统一平台上的跨专业、多用户互操作及数据集成更新。

通风与空调管线装配式设计应与主体结构相分离；管线宜集中布置，减少平面交叉，合理利用空间，有利于维修、改造和更换，并考虑隔声、降噪和防结露等措施。

通风与空调系统形式、设备选型及管道布置应以系统运行效率优先、兼顾装配式施工及运维要求为原则，进行合理优化的设计。

机房的装配式设计应遵循标准化、模块化及集成化的理念，系统设计、设备选型及与各专业管道的接口均应满足装配式工程的要求；机房的空间布局（包括制冷机房、泵房等）、设备布置、主要管道规划等应进行多方案比较确定；高效机房应考虑管线布置的特殊要求；机房空间应满足设备运输、设备及管道装配安装、运行维护的要求；机房设备与管道的运输、吊装、安装、运行均应满足机房受力部位的承载力要求；大型工艺管道的支撑结构和预埋件必须满足受力要求，表面处理必须满足防腐防火要求；应合理设置设备吊装口，吊装口的位置及尺寸应能满足制冷主机、配电设备等大型设备的吊装要求；吊装口的设置应满足分期建设、分区域安装及运行维护要求，吊装口宜直通室外，避免遮挡；确定各设备机房安装、检修、更换、运输路线的规划及实施方案。

7.3.1.2 降低负荷侧冷热需求

1. 按需通风，降低新风负荷

根据空间人流密度、实验物品的变化，对新风量进行实时调节，在保障操作人员安全的前提下，既保证室内空气品质，又预防过量通风，相对于传统的定新风量送风有着巨大的节能潜力。

2. 热回收，降低新风负荷

化学实验室往往排风量较大，需要补风，由于新风量大，新风负荷占空调负荷的比例也大。采用热回收装置可以把排风中的冷量（热量）回收，用来冷却（加热）新风，从而降低空调能耗。

国家标准《公共建筑节能设计标准》GB 50189—2005 第 5.3.14 条规定，建筑物内设有集中排风系统且符合条件时，宜设置排风热回收装置。排风热回收装置（全热和显热）的额定热回收效率不应低于 60%。适用的条件是：送风量大于或等于 3000m³/h 的直流式空气调节系统，且新风与排风的温度差大于或等于 8℃；设计新风量大于或等于 4000m³/h 的空气调节系统，且新风与排风的温度差大于或等于 8℃；设有独立新风和排风的系统。

现在工程中常用的热回收装置主要有：转轮热回收器、板式热回收器、板翅式热回收器、溶液吸收式热回收装置、热管式热回收器、液体循环式热回收器等。

转轮热回收器、板翅式热回收器和溶液吸收式热回收装置的效率高，但是它们都属于全热回收装置，对于高污染性排风而言，是不安全的，不应采用。板式热回收器虽然在设计上属于显热回收装置，但是并不是完全密闭的，正常状态的漏风量也在 4% 左右，更何况在长期使用中难免会出现换热板损坏的情况，加剧了泄漏的危险；热管式热回收器可以做成完全隔离的显热换热器，但是由于其属于无动力的热回收器，不太适合空调新风机组与排风机组距离很远的情况。

液体循环式热回收装置是显热回收装置，分别在送风机箱和排风机箱安装一个盘管，依靠泵循环管道中的乙二醇溶液回收排风中的能量，这种系统完全隔离了送排风系统，而且由于该类功能用房空调系统送排风设备距离通常很远，采用乙二醇溶液泵可不受场地的限制。可见，液体循环式热回收装置是安全的，也是适合化学实验室送风系统的热回收装置。液体循环式热回收装置的造价较高，在使用前应把经济性作为设计的重要指标之一，应进行技术经济分析后确定是否采用该技术。

3. 采用自然能源，降低新风负荷

用自然能源对新风进行处理，将通过土壤等方式采集的自然能源送入新风处理装置中，对新风进行预处理，从而减少所需机械冷热源的数量。

4. 高效的气流组织，降低空调负荷

化学实验室中使用的化学试剂，很多都具有一定的致病性。因此，在实验过程中如果操作不当或室内环境突然变化，极有可能会导致一些化学试剂气体等危险因子顺着排风柜的局部涡流散发出来，通过呼吸道进入人体内部，危害人体健康。因此，室内人员安全问题是化学实验室建筑设计中必须考虑的一个重要方面。

为了保障相关实验人员的身体安全和预防安全事故、环境污染等问题的发生，除了规范实验人员的操作以外，更应该从源头上采取有效措施减少和消除可能的危害因素，营造一个良好的室内环境，最重要的就是保证实验室的高效气流组织。

在化学实验室中，为了保证实验室的高效气流组织，通常利用房间通风系统以及局部通风设备——通风柜和排气罩。化学试剂通常在通风柜中打开并使用，因此通风柜也是最有可能产生安全风险的设备。此外，由于实验人员会在实验室中走动，通风柜中的气体也有可能外逸，所以整体房间的通风系统也需要对气流组织进行设计。由于化学实验室的特性属性，其排风量往往是其他类型建筑的数倍甚至数十倍。如何保证数量众多的通风柜有效地排出有害气体，既维持安全的环境又降低能耗，成为设计的重点。

通风系统从功能上可分为局部通风和全面通风。由于化学实验通常需要使用化学实验通风柜来进行实验，因此一般以局部通风为主。用于化学实验的通风柜，常通过控制工作面上的风速，保证实验产生的污染物不会外逸。文献研究表明，通常情况下，当通风柜工作面的控制风速达到 0.5m/s 以上时，认为柜内污染物不会出现外逸。

有许多学者在气流组织、风速和风口位置等方面做了很多相关的研究。陈道俊等人通过研究分析表明，送风气流对通风柜运行时的安全性影响很大，而且可以通过控制罩面风速有效控制通风柜内污染物的排放；许钟麟对实验室采用上送下回、上送上回和下送上回这三种气流组织形式用风口的速度衰减进行分析，结果表明，这三种送风方式中，上送下回方式能将实验室内产生的污染从呼吸带和发生点下方排除，减少操作者在实验室中的风险，而上送上回和下送上回这两种方式则有可能将实验室内产生的污染带到呼吸带，形成二次污染；张占莲基于数值模拟的方法分析了通风柜的工作面速度等参数对实验室气流组织的影响，结果表明，通风柜面速度大于 0.3m/s 时，通风柜操作口的平均污染物浓度明显降低，但当面速度从 0.5m/s 增加至 0.7m/s 时，操作口的污染物浓度及通风柜的性能均无明显改善，反而增加了风机能耗，不利于节能。

对于柜前补风量大小、补风口大小和位置的确定还有待进一步的研究。新风量的选取是系统设计时考虑的问题，在实际运行管理中，由于不同位置和数量的通风柜的使用对整个通风系统的阻力是不一样，这必然导致风机能耗的不同，有必要针对实际使用中运行不同数量通风柜和不同位置通风柜对风机能耗的影响进行分析，并从运行管理的角度提出节能降耗的建议。

在工位处安装空调实现个性化送风，可以进一步降低空调负荷需求。个性化空调系统主要分为地板个性化空调系统、桌面个性化空调系统、隔板式个性化空调系统及顶棚个性化空调系统，其能量基本全部用在实际需要的空间，比传统空调的效率可高出 40%。为了更好地适应人员位置的变化，还可以通过辨识技术获得人员位置和运动方向，并在室内安装可实现多种送风模式的送风末端，基于人员位置实现面向人员的高效送风。

7.3.1.3 提高通风空调系统能效

1. 采用高温供冷/低温供热

现有研究表明，不管是新风负荷还是回风负荷，一半以上的负荷均可以用更高温度的冷水或更低温度的热水进行处理。温湿度独立控制系统通过将显热负荷与潜热负荷分开处理，可以将冷水温度提高到 16℃/20℃，从而大幅提高冷水机组能效。由于大量的冷热是用于处理新风负荷的，而新风负荷中有相当一部分可以用高/低于室温的水进行处理（冷却/加热），以此为基础就可以构建出显著高于 16℃/20℃的冷水机组和温度低于 30℃的热水机组，从而更大幅度提高冷热源效率。

2. 采用高效冷热站

近年来，高效制冷机房得到较快发展。高效制冷机房系统以实际运行性能作为评判依据和优化目标。但目前的制冷机房主要生产 7℃/12℃冷水，而新风和循环风负荷中的大部分可以用高于 7℃/12℃的冷水进行处理。现有研究表明，如果制冷机房生产多种温度的冷热水，对新风和循环风进行分级处理，可以使制冷站的能效比超过 10。当前采用两种温度冷水（中温水和低温水）的系统已在洁净空调系统中应用，未来应在更多建筑中推广使用，以全面提高制冷站能效水平。

随着热水生产方式逐渐由燃料燃烧转变为热泵制取，低温热水的优势越来越突出。在新风和循环风的热负荷中，绝大部分负荷可以采用 30℃以下的热水处理，这为低温热水的应用提供了契机。未来的冷热源应提供多种温度的冷热水，根据所处理负荷需要的温度，合理选用冷热水温度，从而实现冷热站能效的大幅提升。

冷热站往往采用多台设备，对多台设备进行优化控制，在满足冷热需求的前提下最大限度地提高冷热站效率，是冷热源群控的重要任务。目前虽有各种类型的群控策略，但如何适应不同的冷热源系统、如何适应运行过程中的性能变化、如何更好地结合当地气象条件，是未来群控技术需要关注的问题。

此外，冷热源的输配能耗在许多系统中占有相当大的比重，尤其是部分负荷下，最主要原因是空调水系统主要依赖阀门实现冷热量的分配和调节。随着直流电动机性能的提高，用水泵代替阀门进行冷热量的分配与调节，将显著降低水泵运行过程中的扬程，从而显著降低输配能耗。

3. 提高空调输配系统效率

通风空调系统的输配系统大多以空气或水为载体进行冷热输配，其中输配系统的动力装置——风机、水泵的耗电量占供暖空调系统总耗电量的 20%～60%。目前主要依赖阀门实现冷热量的分配和调节，导致输配系统实际运行效率仅为 30%～50%，有显著节能空间，应着力提高空调输配系统效率。

实现输配系统节能，就是要在输配所需的冷热量时，降低管网中泵与风机所耗的功率，提高输配系统的能效比。冷热输配系统的节能途径主要有：减小泵或风机的工作流量、减小泵的工作扬程或风机的工作全压、提高泵或风机的工作效率。为实现上述节能途径，可采用的冷热输配系统节能技术主要有：优选性能优良的泵或风机、水系统及风系统调适技术、一次泵变流量技术、变风量技术、"大温差"输配技术。

4. 提高空气处理设备效率

传统空气处理过程主要采用冷凝方式降温除湿，由表冷器将空气温度降到露点温度以下除湿后再热送入室内。不考虑被处理空气温度的差异，不论是新风还是循环风都采用同一温度的冷热源对空气进行处理，会导致能量品位错配。大量原本可以由更高温冷水和更低温热水处理的空气负荷均采用低温冷水和高温热水处理，导致能源浪费。在实际中，甚至还会出现除湿后加湿的现象，导致大量的冷热抵消。在加热和加湿过程中，也存在大量直接采用电或高品位热量处理空气的情况。可通过提高空气处理设备效率、二次回风等技术实现节能。

传统空气处理过程主要使用空调箱与风机盘管进行冷凝除湿，需要的冷热源品位较高且经常出现冷热抵消现象。辐射制冷/热可以采用更高/低温度的冷/热水，且舒适性更好。嵌管式围护结构可以采用非常高/低温度的冷/热水处理围护结构负荷。未来的室内环境控制应充分结合空气末端、对流辐射末端和嵌管围护结构（广义末端）的各自特点、优势，合理搭配，从而利用不同温度的冷热源处理合适温度品位的负荷，以大幅降低空调负荷处理能耗。

传统空调系统通常统一处理送风，为满足较高的温度和湿度精度，往往不得不在冷凝除湿后再进行加热。新风与循环风独立处理可较好地解决这一问题。配合合理的温度和湿度独立控制系统，不仅能够杜绝冷热抵消现象，还可大幅提高热湿处理效率。同时，就近处理循环风也减少了长距离回风带来的初投资增加，并显著减少风机能耗。

7.3.1.4　自然能源利用

有一些场合可以利用自然环境直接生产所需要的冷源，如蒸发冷却和免费供冷。直接蒸发冷却是使空气和水直接接触，通过水的蒸发实现空气的等焓加湿降温过程。间接蒸发冷却是将直接蒸发冷却得到的湿空气的冷量传递给建筑内的循环空气，实现空气等湿降温的过程。蒸发冷却技术利用环境空气未饱和这一特性，充分利用干空气能这一自然能源，以水为冷却介质，无氟利昂等制冷剂，更加低碳环保，其运行费用仅为传统压缩式制冷的 25%。直接/间接蒸发冷却器、蒸发冷却空调/冷水机组在厂房、数据中心中已有大量应用。

冷却塔免费供冷也属于蒸发冷却技术的范畴，或与压缩式制冷机组联合使用，或单独运行满足过渡季的冷负荷需求。

部分实验室位于建筑内区且室内散热设备较多，全年供冷时间较长，甚至冬季也需要供冷，这类情况比较适合于蒸发冷却技术的应用。如何实现模块化/集成化的设计、减小设备尺寸、缩短建设周期，如何更好地将蒸发冷却技术与其他制冷技术、可再生能源技术结合以满足不同应用场景的需求，是未来发展的主要方向。

7.3.1.5　全面电气化

推动全面电气化，将动力系统、空调系统的直接碳排放降低至零。在有条件的地区或实际工程中，以各种适宜的电驱动热泵技术替代燃煤、燃气、燃油锅炉等。将燃烧化石燃料和具有较大碳排放的直燃型吸收式制冷系统替换为高效电驱动冷水机组等。

7.3.1.6 提高用能系统电力柔性

降低用电碳排放因子。一方面，充分发挥空调系统中的蓄冷蓄热体，主动错峰并消纳可再生能源电力；另一方面，利用空调系统与被控环境及建筑物的热惯性，调整送风温度、进水温度、蒸发温度等参数，在满足室内环境基本要求的前提下，在电力高峰期有效降低用电量。

空调系统还应与建筑中的可再生能源和直流供电相结合，将空调系统发展成为"光储直柔"建筑中的重要一环，利用直流直驱电动机提高空调系统效率的同时，更加迅速有效地吸纳电网中的可再生能源电力，特别是光伏发电形成的零碳电力。

7.3.1.7 减少氢氟碳化物的充灌量

减少氢氟碳化物的充灌量，降低空调系统制冷主机或热泵主机运行、维修、维保和拆除过程中制冷机泄漏和避免排放。大力发展与推广制冷剂替代技术，并逐步淘汰现有氢氟碳化物设备。

7.3.2 关键设备能效提升

7.3.2.1 高效热泵

在制取合理的冷热水温度条件下，可以通过提高冷热源设备在额定工况和部分负荷工况下的效率，实现热泵效率的显著提升。典型技术包括磁悬浮离心机、无霜空气源热泵、复合源热泵等。

磁悬浮离心机采用磁悬浮轴承，不需润滑油，轴与轴承之间几乎零磨损，IPLV（综合部分负荷性能系数）可达11.5。目前，磁悬浮离心机市场容量每年的增速保持在50%以上，是未来高效冷源的重要发展方向。此外，磁悬浮离心机可以与水源、地源等热泵系统结合，利用双级压缩等技术克服制热工况下压比大的问题，从而大幅提升系统供热效率，实现冬夏两用，这是磁悬浮离心机的又一发展方向。

无霜空气源热泵（热源塔热泵）以溶液、水分别作为冬、夏季室外空气与热泵间热量交换的中间介质，采用直接接触式的全热交换过程代替常规空气源热泵间壁式的显热交换过程，实现系统冬季无霜与夏季水冷，是一种冬夏双高效热泵系统。无霜空气源热泵在未来一段时间内迫切需要解决的问题是：开发低腐蚀、低成本的新型循环溶液；开发更为高效的溶液再生方法，并充分回收再生过程的余热、余压；提高系统低温下的供热性能，拓展系统的应用范围。

鉴于单一源/汇难以做到全年高效，采用多种源联合工作的复合源热泵可以充分发挥各种源/汇的优势，从而实现全年高效运行。典型的复合源热泵包括空气源与冷却塔联合工作的全年供冷型、夏季供冷冬季供热型，空气源（无霜空气源）与地源联合工作可以减少地埋管数量并实现土壤全年热平衡，空气源（无霜空气源）与太阳能集热装置联合工作可以实现充分利用不同辐射强度的太阳能并实现空气源热泵除霜时供热能力不衰减。

7.3.2.2 能量回收装置

当存在同时供冷供热的需求时，可以使热泵设备同时制冷和制热。当冷热不匹配时，可以通过回收制冷设备排放的冷凝热产生所需要的热水。这类热回收技术在合适的场合能显著提高系统能效。

为了更高效地处理湿负荷，以液体、固体吸湿剂为代表的吸湿剂除湿技术得到快速发展。它们不仅应用于潜热负荷的处理，还大量应用于新排风的全热热回收中，包括严寒地区新排风高效热回收，可有效避免排风侧的结霜和结冰风险。

能量回收将一个空间或系统中产生的热能转移到另一个空间或系统，可以节省大量能源，并允许使用更小、成本更低的加热和冷却系统。应考虑通过气流传递热量的焓轮、热管和绕流回路；关于气味、生物和化学污染的担忧可能会妨碍它们的使用。应注意的是，必须将加热空气引导至废气来自的实验室，以尽量减少传输系统内发生泄漏时产生交叉污染的可能性。

评估运行期间为实验室提供不同（低和高）负荷服务的通用系统的能量回收。来自装有发热设备的实验室的加热空气可用于对冷空间进行预热。某些回收系统可能需要额外的空间，例如热管系统或旋转交换器（例如焓轮或干燥剂轮）。

利用计算流体动力学（CFD）模型评估气流模式，这些基于性能的模拟可用于评估给定场景中的安全性和优化气流（例如，清除化学品所需的时间）。

1. 热回收

现在工程中常用的热回收方式主要有：转轮热回收、板式/板翅式热回收、溶液吸收式热回收、热管式热回收、液体循环式热回收、热泵热回收等。

转轮热回收、板翅式热回收和溶液吸收式热回收属于全热回收装置，热回收效率高，但由于新风和排风在换热器内有直接的热量和质量传递，会产生交叉污染，不建议作为化学实验室排风热回收装置使用。

液体循环式热回收是显热回收装置，分别在送风机箱和排风机箱安装一个盘管，依靠泵循环管道中的乙二醇溶液回收排风中的能量，这种系统完全隔离了送、排风系统，采用乙二醇溶液泵可不受场地的限制（图 7-1）。

热管式热回收可以做成一体式机组，即送排风位于机组内热管的两侧，也可以做成完全分离的形式，即分离式热管热回收，当空调新风机组与排风机组距离较近时，可以采用重力循环方式；当距离较远时，可以采用氟泵循环的方式（图 7-2）。

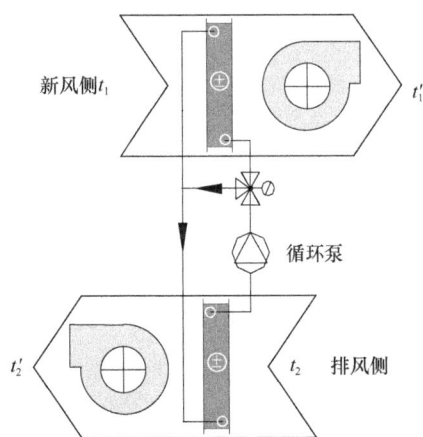

图 7-1　液体循环式热回收原理　　　　图 7-2　热管式热回收原理

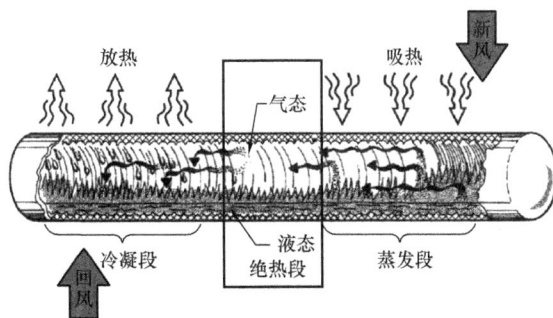

液体循环式热回收和热管式热回收都可以完全避免交叉污染，可以在化学实验室中使用。但这两种热回收在南方地区受制于室内外温差较小，热回收效率不高，经济性较差；在北方地区，尤其是冬季，室内外温差较大，采用这两种热回收具有较好的经济性。

当室内外温差很大，尤其是在严寒地区的冬季，可以将液体循环式热回收和热管式热回收进行组合，构成复合式排风热回收形式，进一步提高热回收的效率（图 7-3）。这种方式的热回收优点是新、排风完全隔离，无二次污染，效率较高；缺点是液体热回收的效率较低，且仅为显热回收，且同时使用热管和液体循环两种热回收装置，总体造价较高。

板式热回收器虽然在设计上属于显热回收装置，但是由于加工工艺所限，新排风之间可能存在 0~5% 的漏风率。板式热回收器虽然有泄漏风险，但可以用于新风—新风再热回收。此方式的基本原理是利用新风作为再热的热源，这样一方面经过表冷器的处理的新风可以预冷刚刚进入机组的新风，

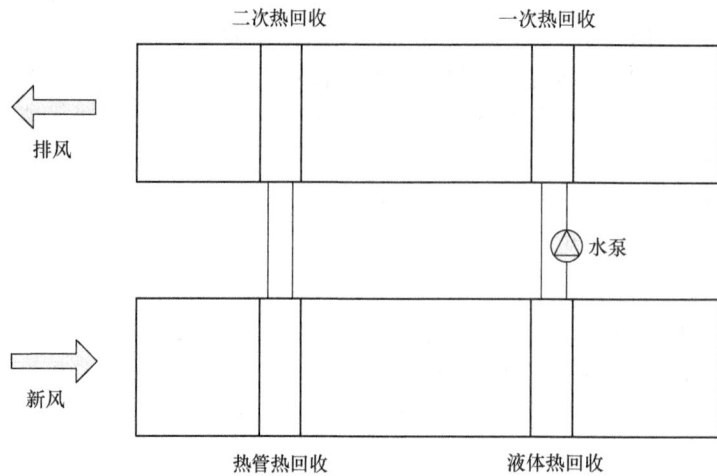

图 7-3　排风二次热回收

同时刚刚进入机组的新风也成为再热的热源（图 7-4）。

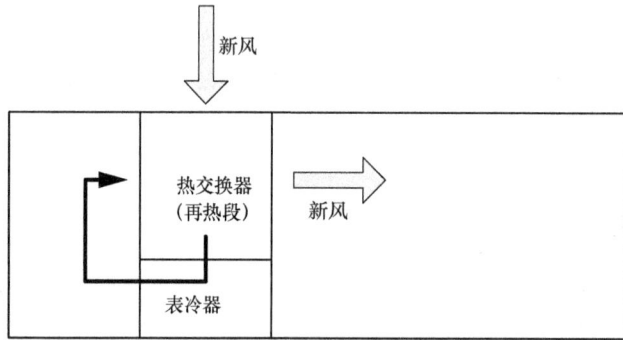

图 7-4　新风—新风再热回收

热泵热回收是将排风作为热泵冷源或热源，对新风进行处理的热回收方式，这种方式通过回收排风中的能量，降低新风负荷，节约空调系统的运行能耗；同时，新风和排风可以分开设置，避免了交叉污染（图 7-5）。

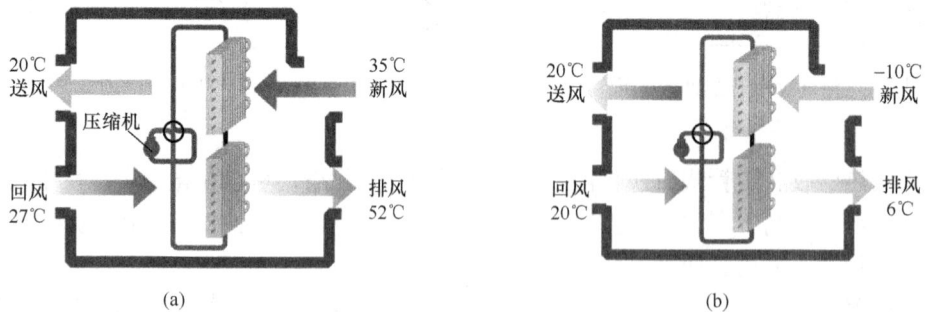

图 7-5　热泵热回收
（a）制冷热回收；（b）制热热回收

清华大学李先庭在此基础上进行改进，提出热管—热泵复合热回收方式，该复合热回收装置由分离式热管换热器和热泵热回收装置交叉连接组成。室外新风进入新风通道后，先经过热管新风侧换热器，再经过热泵新风侧换热器后离开热回收机组。室内排风进入排风通道后，先经过热泵排风侧换热器，再经过热管排风侧换热器后离开热回收机组（图 7-6）。热回收机组中热管换热器和热泵换热器排布的相对位置关系，不仅能够充分利用新排风之间的温差，保证热管换热器的效果；更相比于直接利用热泵热回收装置热回收方式，缩小了热泵全年运行工况范围，使得热泵热回收的全年运行可靠性更高（表 7-1）。

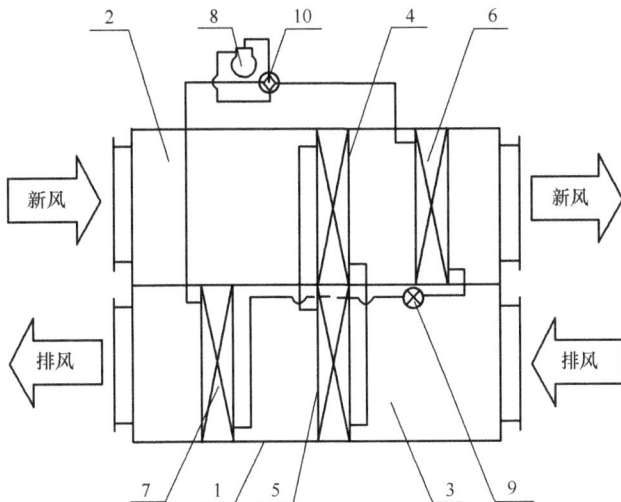

图 7-6　热管—热泵复合热回收

1—机箱；2—新风通道；3—排风通道；4—热管新风侧换热器；5—热管排风侧换热器；
6—热泵新风侧换热器；7—热泵排风侧换热器；8—压缩机；9—节流装置；10—四通阀

热回收换热器对比分析　　　　　　　　　　　　　　　　　表 7-1

项目	转轮热回收	板翅式/板式热回收	热管热回收	液体循环热回收
形式	全热/显热	全热/显热	显热	显热
芯体材料	非金属/金属	非多属（ER 纸）（全热） 金属（铝箔）（显热）	金属（铜管＋铝箔）	金属（铜管＋铝箔）
泄漏	中	低	低/无	无
稳定性	中	高	高	中

2. 换热器防腐

化学实验室排风热回收与普通建筑热回收最大的区别是化学实验室排风通常具有较强的腐蚀性，虽然实验室排风热回收利用空间较大，但实际采用热回收方案的工程项目并不多，业主和设计师在选择热回收的方式上非常谨慎。

显热排风热回收目前主要采用翅片管式换热器，一般使用铜、铜合金、铝和铝合金等材料。换热器长期暴露在腐蚀环境中，腐蚀性气体与水反应形成电解质溶液，在换热器表面构成一种微电池——腐蚀电池，金属作为阳极发生氧化反应，从而被腐蚀。产生的腐蚀污垢会影响换热器的压降及传热特性，影响换热器的性能，长期运行会导致整个换热器失效。

换热器表面涂覆一层防腐蚀层是最有效，也是最广泛采用的防腐方式，其防腐机理是在金属基体表面形成一层屏蔽涂层阻隔金属基体材料与造成蚁巢腐蚀、点蚀和间隙腐蚀的腐蚀介质接触，从而达到防腐的目的。但防腐涂层存在一定的渗水性和透气性，不能完全屏蔽腐蚀介质，所以该方式只能延缓换热器用金属材料的腐蚀速率。翅片管式换热器常用的防腐涂层主要有焙干酚醛树脂、环氧电泳、金属浸渍聚氨酯和水性纳米防护涂料等。

采用不锈钢作为换热器材料也是常见的防腐方式。不锈钢又称耐候钢，是由碳钢进行热处理或加工形成的,具有优良的耐腐蚀性能和耐磨性能。不锈钢的耐腐蚀性能得益于它的原材料以及专门的处理方法。不锈钢的原材料包括碳钢、铬和钼等金属元素,铬具有很强的抗腐蚀性能,钼具有耐热性能,能有效地提高不锈钢的抗腐蚀性能。不锈钢的抗腐蚀性能还受到热处理的影响,经过热处理后,不锈钢中的铬离子会形成稳定的复合物,加强抗腐蚀性能。另外,热处理可以使不锈钢中铬和钼的相互作用得到加强,使其能够更加有效地抑制腐蚀作用。此外,在不锈钢的表面可以涂有一层薄膜,有效防止氧气接触金属表面,从而达到防腐蚀的目的。

不锈钢的热导率为 $16.3W/(m \cdot ℃)$,与铜 $[401W/(m \cdot ℃)]$ 和铝 $[217W/(m \cdot ℃)]$ 相差较大,并不适合作换热器材料。相同尺寸和规格下,不锈钢换热器的换热量大约是铜铝换热器的 50%。不锈钢的硬度较高,加工难度较大,价格并不便宜。

展望未来,关于热回收换热器防腐除了在传统方向上继续开展研究以外,比如防腐涂层、新材料的开发,也可以换一种思路,将换热器作为耗材,定期更换,这就需要研发经济适用的换热器。

7.3.3 可再生能源应用

7.3.3.1 简介

可再生能源是指自然界中可以不断利用、循环再生的能源,例如太阳能、风能、水能、生物质能、海洋能、潮汐能、地热能等。可再生能源取之不尽,用之不竭,对环境无害或危害极小,而且资源分布广泛,适宜就地开发利用。化学实验室的低碳发展可以考虑采用可再生能源替代常规能源,但考虑到化学实验室的特殊性,在能源系统设计时,必须以保障实验室安全为前提,匹配充足的常规能源。在能源利用时,优先考虑充分应用可再生能源。结合能源发展的技术现状、可靠性以及实验室建设条件等,建议优先选用太阳能与地热能。

7.3.3.2 太阳能利用技术

太阳能利用技术分为光热利用、光电利用与直接利用两类。太阳能光电利用中的太阳能光伏发电(简称光伏)是一种利用太阳能电池半导体材料的光伏效应,将太阳光辐射能直接转换为电能的一种新型发电系统,它有独立运行和并网运行两种方式。同时,太阳能光伏发电系统分两种,一种是集中式,如大型地面光伏发电系统;另一种是分布式,如工商企业厂房屋顶光伏发电系统、居民屋顶光伏发电系统。太阳能光热利用是太阳能利用的重要形式,主要包括太阳能热水器、太阳能热发电、太阳能海水淡化、太阳房、太阳灶、太阳能温室、太阳能干燥系统、太阳能制冷空调等。就当前的技术而言,比较成熟的是光热发电及太阳能热水器。太阳能光热发电是指利用大规模阵列抛物或碟形镜面收集太阳热能,通过换热装置提供蒸汽,结合传统汽轮发电机的工艺,从而达到发电的目的。采用太阳能光热发电技术,避免了昂贵的硅晶光电转换工艺,可以大大降低太阳能发电的成本。太阳能烧热的水可以储存在巨大的容器中,在太阳落山后几个小时仍然能够带动汽轮机发电。太阳能热水器是将太阳光能转化为热能的加热装置,将水从低温加热到高温,以满足人们生活、生产中的热水需求。太阳能热水器按结构形式分为真空管式太阳能热水器和平板式太阳能热水器,主要以真空管式太阳能热水器为主(占据国内 95% 的市场份额)。真空管式家用太阳能热水器由集热管、储水箱及支架等相关零配件组成,把太阳能转换成热能主要依靠真空集热管,利用热水上浮冷水下沉的原理,使水产生微循环而得到所需热水。太阳能直接利用可以通过导光管将阳光引入室内进行照明。

7.3.3.3 地热能利用技术

地热能的利用可分为地热发电和直接利用两大类,而对于不同温度的地热流体可能利用的范围如下:

（1）200～400℃，直接发电及综合利用；

（2）150～200℃，双循环发电、制冷、工业干燥、工业热加工；

（3）100～150℃，双循环发电、供暖、制冷、工业干燥、脱水加工、回收盐类、罐头食品；

（4）50～100℃，供暖、温室、家庭用热水、工业干燥；

（5）20～50℃，沐浴、水产养殖、饲养牲畜、土壤加温、脱水加工。

现在许多国家为了提高地热能利用率，采用梯级开发和综合利用的办法，如热电联产联供、热电冷三联产、先供暖后养殖等。地热能供热是以一个小区或多个小区为供热单位建立供热系统，提供供热服务。地热能供热系统一般包含地热井、地热管网、地热供热站、供热管网和热用户，根据地热资源条件和供热负荷钻凿地热井，由地热井泵提取地热水，经地热管网输送至供热站，在地热站内进行热交换，将地热水的热量传递给供暖循环水，温度升高的供暖循环水经供热管网输送至热用户，温度降低的地热尾水经回灌井进行同层回灌。根据供热系统有无调峰及调峰类型主要分为 3 种形式，即地热间接供热、地热＋热泵机组供热、地热＋热泵机组＋调峰锅炉供热。

7.3.3.4　与蓄能技术的融合

积极应用可再生能源技术也是减少空调系统碳排放的有效途径。传统空调系统设计时基本不考虑其用能柔性，蓄能技术在空调系统中的应用也不多，从而导致现有空调系统消纳可再生能源的柔性不足。为实现化学实验室低碳发展，其必将与可再生能源紧密结合，送入建筑的电力也会包含大量可再生能源电力，这就要求未来空调系统有足够的柔性，应对间歇、不确定的自然能源供应方式，从而消纳更多建筑内生产和来自电网的可再生能源电力。

7.3.4　排风净化处理

化学实验室各项技术都是伴随化学工业发展前行的，化学工业发展的早期，并没有废气处理的概念。伦敦在 1873 年发生了第一次煤烟型大气烟雾事件，导致 268 人死亡，后来又于 1880 年、1882 年、1891 年和 1892 年连续发生了一系列类似污染事件，导致成百上千人的伤亡。进入 20 世纪，尤其是第二次世界大战之后，由于科学技术、工业生产、交通运输业的迅猛发展，特别是随着化学工业的强势崛起，工业分布过分集中，城市人口过分密集，环境污染逐渐由局部扩大到区域，由单一的大气污染扩大到大气、水体、土壤和食品等各个方面，酿成了不少震惊世界的公害事件。20 世纪 30～60 年代，在一些工业发达国家中发生了所谓的"世界八大公害事件"，其中有 5 起与化工废气紧密相关。

在我国，早期化工污染同样十分严重，中国环境状况公报显示，1998 年，我国大气环境污染仍然以煤烟型为主，主要污染物是二氧化硫和烟尘，酸雨问题仍然严重。进入 21 世纪以来，随着能源结构调整，化工行业结合技术改造、结构调整，开发综合利用新技术、新工艺和新设备，化工废气的治理取得了显著成效，化工废气污染得到控制和缓解。

我国化学实验室废气处理的进程与趋势和化工行业基本保持一致，加之各类化学实验室内均设置了大量的通风柜，理论上对气体污染物排放进行了约束，所以社会、行业给予化学实验室的废气排放与处理的关注更少。

无论是有资质单位所做的建设项目环境影响评价报告，还是设计公司依据使用单位提供的化学试剂使用剂量计算，经过通风柜排风稀释后污染物浓度完全能够满足国家大气污染物综合排放标准，同时大多数情况也可以满足"中国居住区大气中有害物质最高允许浓度"标准。加之社会层面对环境空气质量的关注度不足，在 21 世纪初大量科研类化学实验室排风不需任何处理，直接排放即可。但是实际运行过程中，各类化学实验室周界的污染物浓度还是高于周围环境，甚至有明显的刺鼻味道。

近十几年来，随着 $PM_{2.5}$ 和雾霾这两个名词出现的频率越来越高，大气污染防治问题得到了全社会的高度重视，化学实验室废气也被越来越多的关注，所有化学实验室废气排放需要进行末端处理基本已经达成共识，2019 年，国家标准《挥发性有机物无组织排放控制标准》GB 37822—2019 发布，并于当年 7 月 1 日起实施。该标准虽然主要针对现有企业或生产设施，但在适用范围里明确："涉及 VOCs 无组织排放的建设项目的环境影响评价、环境保护设施设计、竣工环境保护验收"适用。在 2020 年北京市发布了地方标准《实验室挥发性有机物污染防治技术规范》DB11/T 1736—2020，为更好地处理实验室废气工作指明了方向。

化学实验室废气处理的主流方案仍然是由化工废气处理方案衍生而来。目前化工行业主要应用的废气净化方案如表 7-2 所示。

化工行业废气净化方法　　　　　　　　　　　　　　　　表 7-2

治理技术		主要机理	优点	缺点
吸附法		利用吸附剂（常用有活性炭和分子筛）将气态污染物富集后再进行后续处理	结构简单，运行稳定、可靠，对低浓度污染物清除效率高	吸附剂需要再生或更换，运行成本较高，产生二次污染
吸收法		利用相似相溶和中和反应的原理，将废气污染物由气相转移到液相，或进一步反应吸收	可以广泛地除去多种有害气体，并达到很高的去除效率	运行管理较为复杂，运行费用较高，与药液不反应的臭气较难去除
冷凝法		将废气降温至成分露点以下，使之凝结为液态后回收，多适用于高浓度、单一组分有回收价值的废气处理	效率高，可回收组分，常集成其他技术	成本高、耗能大
膜分离技术		利用人工合成膜，常用多孔玻璃态高分子材料形成分子筛膜来回收挥发组分，适用于高浓度废气分离	效率高、精细化程度高、可回收组分，可集成其他技术	成本高、存在膜污染、膜的稳定性差、膜的通量小
燃烧法	直接燃烧法	用直接燃烧的方式来去除有害组分浓度较高或热值较高废气	设备简单，效率较高	运行费用高，产生较多的二次污染
	蓄热式热力燃烧法	加热蓄热陶瓷，让有机气体通过蓄热燃烧室进行燃烧，对低浓度有机废气达到去除的目的	高去除效率，与直燃式相比，运行费用低	设备投资高，产生二次污染，设备重量大，维护保养困难
	蓄热催化燃烧法	在催化剂的作用下，加快反应速度，降低燃烧温度，提高热回收效率	热回收效率高，安全节能，减少污染，减少能耗	运行费用较高，催化剂易中毒，设备投资高
低温等离子法		在强电场下，气体放电形成高能电子、离子、激发态原子及自由基，最终形成各级激发态氧等离子体和臭氧，作用于污染物，将其氧化、离解成 CO_2、CO、H_2O 等小分子物质	工艺简洁，操作简单，适应气体温度宽（−50～50℃）	去除效率低，可处理的气体种类较少

续表

治理技术	主要机理	优点	缺点
光催化氧化法	使用光催化纳米粒子，在一定波长光照情况下（通常为紫外光），生成电子空穴对，将催化剂表面吸附的水分解为氢氧基，电子使周围的氧还原为活性氧，两者均具有非常强的氧化还原能力，将周围的有机废气氧化，达到污染物降解效果	占地面积小，运行成本较低，设备投资较低	去除效率低，可处理的气体种类较少
生物降解法	利用微生物和污染气体接触，当气体经过生物表面是被特定微生物捕获并消化掉，从而使有毒有害污染物得到去除	条件温和、常温常压，设备简单、维护方便，无二次污染	受气候影响大，受工况变化影响大，前期调试时间较长，一次性投资高

与化工行业废气相比，化学实验室的废气普遍废气量较小，浓度较低，排风中污染物成分复杂且多变，基本没有回收价值，特别在科研机构的实验室，排风所含的污染物不确定性较强。通常按照实验特性，将排风中的有害物分为有机污染物和无机污染物。

结合化学实验室的废气排放特点，吸收法、吸附法、光催化氧化法、等离子破坏法和生物降解法比较适用，同时受到初投资、运行、维护成本及复杂程度影响，吸收法、吸附法和光催化氧化法较为常见。

吸附法多用于有机污染物为主的排风处理，最常见的处理设备为活性炭过滤器，如图 7-7 所示，其结构简单，初投资低，为化学实验室排风系统最常用的废气处理设备。

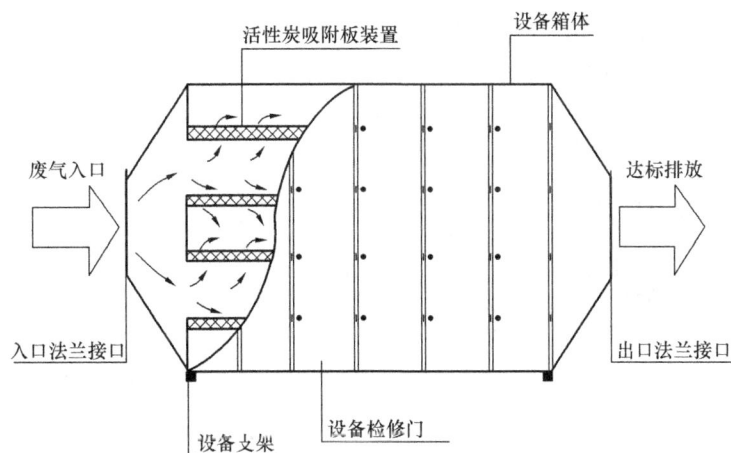

图 7-7　活性炭过滤器

但是活性炭过滤器吸附饱和后需要更换，从而产生了新的固体废物，吸收了有害成分的活性炭吸附剂被定义为"危废"，需要专业公司进行回收及统一处理，运行成本高。同时，活性炭过滤器在高湿度或者多粉尘的情况下容易阻塞；过滤器自身阻力较大，排风系统风压较高，系统不节能。因此，化学实验室废气处理工程中，活性炭过滤器的使用量正在逐步减少。

吸收法多用于无机污染物为主的排风处理，最常见的处理设备为喷淋塔，如图 7-8 所示，其吸收、反应效率稳定，尤其对易燃易爆、有害气体特别适用，对于易溶解、易反应的成分清除效率高，更兼有一定除尘作用。

喷淋塔在使用过程中也存在一定缺陷，在北方地区使用需要防冻，产生的污水和污泥问题解决难度也较大，设备的能耗较大。

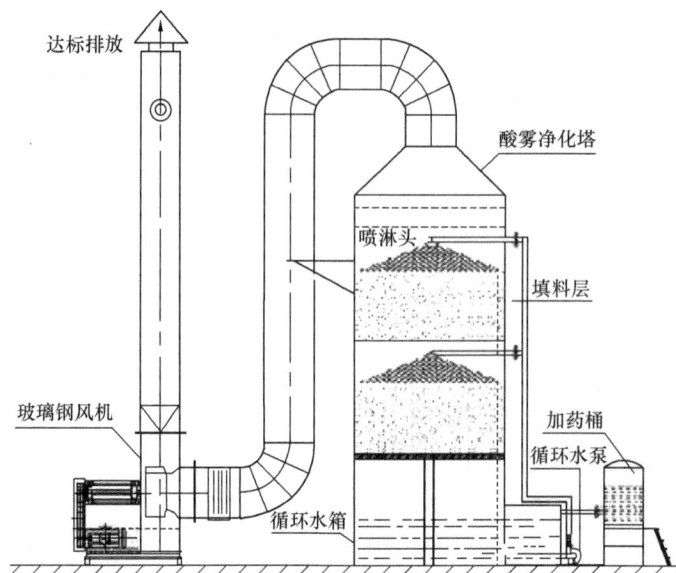

图 7-8 喷淋塔

在 2000 年之后，随着纳米技术的发展，国内出现了光催化氧化废气处理设备（图 7-9），此类设备结构简单，形式多样，适用场景多，无耗材，不产生固废，设备阻力低，利于节能。

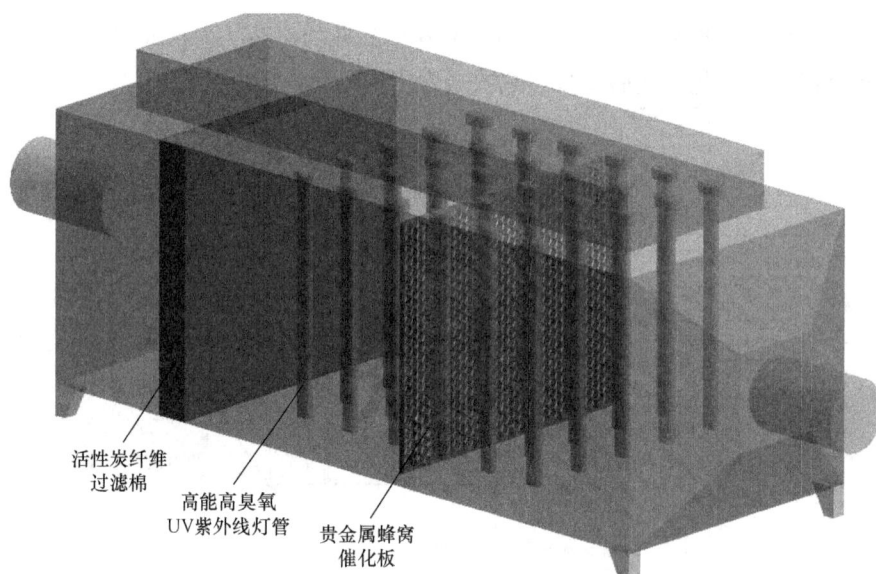

图 7-9 光催化氧化废气处理设备

光催化氧化设备也存在一定的局限性，其对风速高、浓度大、含苯系物成分的废气净化效率低，容易产生高浓度臭氧，会产生少量废水，可能产生氮氧化物、苯、烯等中间产物。

化学实验室废气处理技术的发展与化工企业废气处理的发展趋势也基本保持一致，即前移处理重心和增加组合流程。

前移处理重心是减少实验室废气产生量以及排放至外环境的风量，减少实验室整体系统的换气次数，降低系统运行能耗，减少对环境的污染。例如采用无风管自净型通风柜（图 7-10），该设备配有活性炭分子过滤器和空气粒子过滤器，能吸附绝大多数的化学气体，其排风 100% 室内循环，将污染物限制在通风柜内部，同时有效减少实验室换气次数，节能减排。

同济大学曾经以上海市为例进行了计算，用无风管自净型通风柜替换一台排风量为 2300m³/h 常

图 7-10　无风管自净型通风柜

规通风柜，全年减少新风耗冷量 79207kW、新风耗热量 34106kW，节省电费约 55170 元。

在北京市《实验室挥发性有机物污染防治技术规范》（DB11/T 1736—2020）中也提到，有机溶剂年使用量≤0.1t 的实验室单元，可选用内置活性炭过滤器的无管道通风柜。

增加组合流程是将吸附、吸收、光催化设备进行有效组合，充分发挥各种类型处理设备的优势，设备间性能互补避免各自缺点，对化学实验室废气进行有效处理。

图 7-11 将光催化氧化设备与扰流喷淋设备进行有效整合，结构更加紧凑，控制更为简易。通过设备的组合充分发挥每个功能段的优势，实现"1＋1＞2"的效果，对比传统处理方案，用水量大幅减少，避免了"危废"的产生，减少了二次污染，显著降低了后期运行费用。

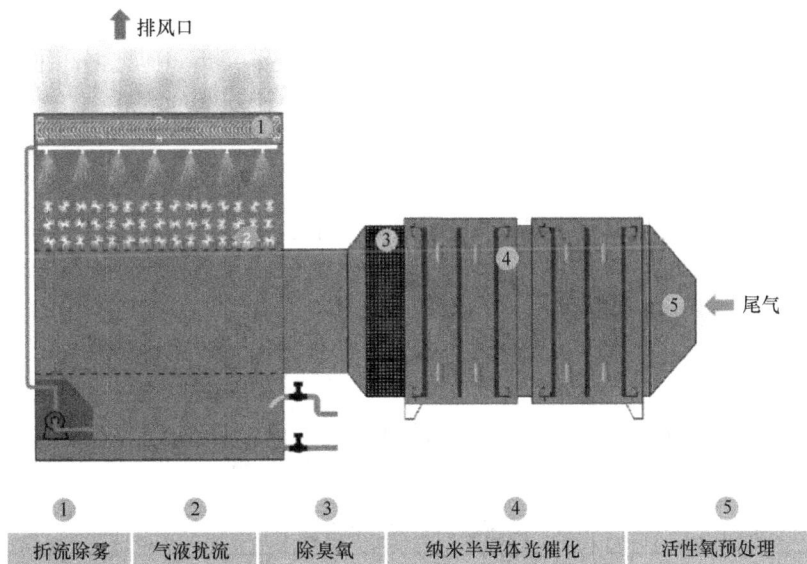

图 7-11　光催化氧化设备＋扰流喷淋设备组合

图 7-12 是在图 7-11 所示的设备基础上，整合了高空喷射型排风设备，将排风迅速稀释扩散，排放高度提升至屋面 12m 以上，进一步降低实验室周界的污染物浓度。

图 7-12　光催化氧化设备＋扰流喷淋设备＋高空喷射型排风设备组合

7.4　化学实验室智慧运维低碳发展措施

7.4.1　室内环境

无论哪种化学实验室，均会使用各种有机、无机化学试剂进行试验，这些试剂或多或少对人体都存在伤害，对环境存在污染。所以化学实验室的污染物控制是设计的重中之重。因此，现行的化学实验室室内环境设计规范中，设计人员主要的关注点都在通风效果以及空气质量上。而对于室内的舒适性设计，包括温湿度、声光环境等不作为重点考虑，仅仅在确定通风方案的前提下，简单地以消耗巨额能耗为代价，维持通用标准中的温湿度等条件。在长期的运行维护中，由于缺少专门的设计与控制，化学实验室空调通风系统能耗巨大，具有很大的节能改造空间。如何把握和维持好实验室内环境安全和节能环保之间的平衡，对于化学实验室工作者来说是一个巨大的挑战。

7.4.1.1　热湿环境

化学实验室普遍室内温湿度要求不高，《科研建筑设计标准》JGJ 91—2019 建议，冬季室内温度为20℃，相对湿度≥30％；夏季室内温度为26℃，相对湿度≤65％；实验室内部经常采用风机盘管加新风系统或者多联机加新风系统。在实际项目中，当实验室内部通风设备过多、换气次数过高时，冬季相对湿度也可不做要求，以减少冬季能耗，同时实验室内需要新风量过大时，实验室也可以采用全新风直流系统。

根据《科研建筑设计标准》JGJ 91—2019，科研建筑室内设计参数在无特定要求时可按表 7-3 选取。

科研建筑室内设计参数　　　　　　　　　　　　　　　　　　　　　　　表 7-3

房间名称	冬季室内温度（℃）	冬季室内相对湿度（％）	夏季室内温度（℃）	夏季室内相对湿度（％）
化学实验室	20	≥30	26	≤65

《绿色建筑评价标准》GB/T 50378—2019 对于参数没有严格的规定，只是对绿色建筑的评价采取得分制，得到足够多的分数，绿色建筑的评级就越高。

《绿色建筑评价标准》GB/T 50378—2019 对于房间热湿环境的描述为采用自然通风或复合通风的建筑，建筑主要功能房间内热环境参数在适应性热舒适区域的时间比例，达到 30%，得 2 分；每再增加 10%，再得 1 分，最高得 8 分。采用人工冷热源的建筑，主要功能房间达到现行国家标准《民用建筑室内热湿环境评价标准》GB/T 50785—2012 规定的室内人工冷热源热湿环境整体评价 Ⅱ 级的面积比例，达到 60%，得 5 分；每再增加 10%，再得 1 分，最高得 8 分。

由于相关标准中只给出室内环境参数的指示范围，温湿度参数范围较大，设计的冷热负荷受主观随意性影响偏大。因此，可以适当调整温湿度设计参数，减少冷热负荷。

实验室的集中供暖供冷，有的会存在着冷热不均的现象。在冬季，有的热用户冬季室内温度过高，有的热用户冬季室内温度较低。温度过高的热用户一般采取开窗降温的做法，根据能量守恒定律，这种行为导致有限的热量大大浪费。在夏季，有的用户夏季室内温度过高，有的用户夏季室内温度较低。室内温度过低的用户也会通过开窗形式进行升温。以上行为均导致了冷热源的能耗增加。因此，针对此现象应该制定相应管理制度和行为规范。简单的方法是可以配备遮盖物来挡住散热器耗热，将多余热量返回热源处，降低冷热源处的能量输出。对于已经加装温控阀等调节装置的热用户，要配备使用说明书，对实验室工作人员进行相关培训。与此同时，加强对用户行为的走访调查，对于室温情况进行详细记录，并采取相关措施进行节能改造，通过技术方案改造和约束用户行为，保证在末端处的系统节能。

考虑到实验人员大多数时候都是在操作台前或者通风柜前工作，可以考虑设计局部热舒适，局部送风就满足了大部分实验人员热舒适要求，使得能耗得到很大程度的下降。

7.4.1.2　光环境

根据《科研建筑设计标准》JGJ 91—2019，科研实验用房工作面上的平均照度应符合表 7-4 的要求。

科研建筑室内照度设计参数　　　　　　　　　　　　　　　　　　　　表 7-4

房间名称	照度标准（lx）	参考平面及其高度（m）	备注
通用实验室	300	实验台面 0.75	一般照明

科研建筑用房一般照明的照度均匀度，按最低照度与平均照度之比确定，其数值不宜小于 0.6，计量室、测量室不宜小于 0.7。采用分区一般照明时，非实验区和走道的照度不宜低于实验区照度的 1/3。采用一般照明加局部照明时，一般照明的照度不宜低于工作面总照度的 1/3，且不宜低于 100lx。

除有特殊要求外，科研建筑的采光系数标准值宜按现行国家标准《建筑采光设计标准》GB 50033—2013 的相关规定执行。

《绿色建筑评价标准》GB/T 50378—2019 对光环境的描述为：住宅建筑室内主要功能空间至少 60% 面积比例区域，其采光度不低于 300lx 的小时数平均不少于 8h/d，得 9 分。公共建筑有 3 条评分规则，内区采光系数满足采光要求的面积比例达到 60%，得 3 分；地下空间平均采光系数不小于 0.5% 的面积与地下室首层面积的比例达到 10% 以上，得 3 分；室内主要功能房间至少 60% 面积比例区域的采光照度值不低于采光要求的小时数平均不少于 4h/d，得 3 分。

对于化学实验室而言，国家标准对光环境没有做出特殊的要求，只需要满足一般建筑的光环境设计参数即可，但是由于实验室自身的特点，有以下特殊要求：

（1）应合理选用照明灯具，保证防火安全。采用荧光灯照明，可减少眩目的光，且灯管温度较低，发光效率高，使用寿命长。荧光灯镇流器应用隔热、不可燃材料与可燃性顶棚或墙面材料隔开，且应注意通风散热。需要恒温的房间，应将荧光灯镇流器装在室外。

（2）由于化学实验室会产生污染物，为减少对灯具表面污染与便于去污，应采用贴顶或嵌装式灯具，尽量避免使用吊灯。

（3）对于仪表读数或其他一些精密操作，可安设台灯。在分析化学实验室里，用目视法判断容量滴定指示剂变色终点时，可在操作处安设荧光灯。

（4）在实验室建设中，应考虑配备相应的紧急电源，一旦停电，可保证疏散通道与紧要场所的照明需要以及事故应急设施的用电要求。

人工照明需考虑照明效率和质量。为了节约能源、减少碳排放，在可预测日程安排的空间或区域，使用自动关闭或调暗环境照明。人工照明的强度和颜色以及照明表面之间的对比度将影响工作人员的视觉舒适度，因此，灯光的强度、颜色以及照明表面之间的对比度需要专业设计。通风柜或生物安全柜内的照明可与环境照明的颜色相协调，以增强视觉舒适性。对于移动性工作台的灵活实验室，隔间封闭需要考虑工作台安装的任务照明以及工作台移开时可能导致的照明水平降低。应考虑在发热附近或机柜工作灯下适用的化学品。

除了人工照明之外，为了低碳发展，化学实验室应该充分考虑利用自然采光。化学实验室的操作台对于照明的亮度有一定的需求，但是需求不大，因此充分的自然采光，辅以局部的电气照明可以使得能耗降低不少。自然光是一种有效的照明源，可提高化学实验室内人员的舒适度。控制和防止眩光的设计和装置对工作人员的舒适性至关重要，同时可以通过减少能源使用以降低碳排放。建议措施如下：

（1）采用内遮阳，如设置百叶窗或遮阳帘；

（2）采用外遮阳，可根据一天中的时间或太阳角度自动调节；

（3）采用镀膜或通过热力学性质可改变透明度的玻璃。

7.4.1.3 声环境

根据《科研建筑设计标准》JGJ 91—2019，科研用房围护结构的空气声隔声标准应符合表7-5的要求。

科研建筑室内声环境设计参数   表7-5

围护结构部位	计权隔声量（dB）		
	外墙	内墙	楼板
通用实验室	≥40	≥45	≥50
办公用房	≥40	≥45	≥45

化学实验室噪声来源主要有：设备机组工作噪声、管道噪声及风口噪声。实验室内允许噪声级宜小于或等于45dB，其他房间应按现行行业标准《办公建筑设计标准》JGJ 67的有关规定执行。降噪措施如下：

（1）产生大于或等于85dB高噪声的房间应设隔声门窗，隔声门窗的空气声隔声值应大于30dB，墙面及顶棚宜采取吸声措施。

（2）设备机组噪声一般在40dB左右。采用封闭的独立设备间且设备落地安装，噪声可降至25～30dB左右。在设备和地面接触面安装橡胶垫片，设备间墙面加装隔声棉，门缝间安装隔声胶条，可进一步降低噪声至20dB以下。

（3）管道选用平滑管壁的管材以减小噪声。出风口噪声在25～35dB，使用变频器调节风机转速可将噪声控制在<30dB范围内，优于30dB的健康标准，可获得舒适的感觉。同时，由于化学实验室的防火等级较高，常采用不燃的无机玻璃钢作为风管材料，但此材料的手工制作工艺导致产品质量极不稳定，且法兰接头处不易密合，容易出现漏风现象。在消防允许的情况下，建议使用具有阻燃性的PP材料或硬聚酯乙烯材料。

7.4.2 智能化技术

研发和推广智能化技术可提高化学实验室运行维护精细化程度，充分发挥空调系统运行数据价值，挖掘出实时运行中存在的异常、故障和能源浪费等问题，为进一步自动化提供改进建议和实时运行参数优化建议，乃至直接接管系统调度运行。

控制系统主要是对通风柜运行状态以及暖通空调系统的设定参数进行控制，包括移动滑窗的上下移动控制、排风机运转对风量的控制、通风柜补风量控制、送风温差控制、送风量控制等，在满足控制要求的前提下实现节能，提高建筑运行管理水平。

控制系统对设备进行监测，根据设备运行情况和实际需求进行调整，使得设备处于合理的状态，在不影响功能的情况下减少不必要的能源浪费，达到节约能源的目的。同时，实验室设备的操作、维护、检修等需要大量的人力去完成，费时耗力还容易产生问题。通过控制系统可极大节省人力资源，避免复杂的人事关系，同时还可监测人力容易忽略的盲点，降低人为操作失误，极大提高了实验室安全和管理水平；系统自动化控制设备的启停和运行时间，避免设备超负荷运行，同时实时监测、及时报告设备的故障情况给管理人员，避免超前或延误维修，使得设备处于佳状态，极大延长设备使用年限，在一定程度上节省了资金。

化学实验室的能耗居高不下，暖通空调系统的能耗在其中占有相当大的比例，其主要原因在于：

（1）由于空气质量的要求，通风空调系统需要全新风运行以及维持较高的换气次数，设备能耗大大增加；

（2）相关标准中只给出室内环境参数的指示范围，温湿度参数范围较大，设计的冷热负荷主观随意性偏大；

（3）为避免有毒有害物质对实验操作人员以及室外空间的影响，通风空调系统必须配有高效过滤器，送风阻力大大增加。

减少暖通空调系统能耗除了对系统本身性能参数进行优化之外，对整个实验室系统的运行与控制策略进行改进也是一种很好的方式。国内学者主要从通风柜结构或控制方式的不同，研究了节能的可能性。陈静在实际的工程案例中分别对标准的定风量排风柜、变风量排风柜和无管排风柜的排风量和使用能耗进行了分析。结果表明，定风量排风柜的排风量最大，能耗最大；变风量排风柜次之；无管排风柜能耗最小，但是无管排风柜只适用于小剂量且满足过滤器使用条件的场合。阙炎振在考虑差异性系数和同时使用系数的情况下，对定风量排风柜和变风量排风柜风机能耗进行了对比。结果表明，在仅考虑差异性系数时，变风量排风柜的风机能耗比定风量排风柜的风机能耗减少了 29.7%，在同时考虑差异性系数和同时使用系数的情况下，变风量排风柜的风机能耗可减少 87.1%。程健和于莲芝通过对通风柜的控制器进行改善，采用基于 ARM 排风控制器，可以更加精准控制通风柜的面风速，简化了控制程序，降低了通风柜的运行能耗以及运行噪声。刘洪阳等人通过对变风量通风柜系统的设计和研究，改善了原有通风柜，在设计中采用气压、人体和气体传感器，可以通过控制风量有效地在无人运行时将通风柜内的有害气体排出，减少多余风量的运行；在有人靠近通风柜时再开启大风量，将残存于通风柜内部的有害气体排出；在多台通风柜同时运行时，每台通风柜均可以单独控制风量，提高了风机的运行效率，也减少了运行能耗。

随着智能建筑、自控技术的持续进步，变频技术在建筑节能中的应用也越来越普遍。变频技术可以根据实际负荷需求对空调机组、循环水泵、风机等主要耗能设备进行无级调节。当室内环境变化后，可以追踪进行运行调整，精准改变空调机组的运行频率，同时改善系统冷水、冷却水量。

对于送风、排风以及水系统，最简单是定风量定水量系统。这种系统只能通过简单的开关调节进行室内温度调整，调节方式较为粗犷。采用变风量、变水量技术，通过 PLC 控制器对各功能部件进行控制调节，可以根据室内冷热负荷的变化情况改变空调的风量、水量来达到热量平衡的目的，能够逐时、有效地节约风机、水泵的运行能耗，亦可以减少空调装机的容量。这些是需要在空调系统设计之初就应着重考虑的因素。在新风系统中,采用热交换装置来减少换气时能量的损耗,由定时控制模式升级为智能控制,可根据实际环境测量数据及工作需要进行精准控制。

同时,可以考虑改变送风的温差。空调大温差送风主要是提升空调送风温差。一般空调送风温差约8℃,冷水和冷却水温差也在8℃左右。采用大温差送风技术,可以使送风温差达到10~20℃,冷却水、冷水的温差在10℃以上,在冷热负荷不变的情况下,增大温差可以减少系统风量、水量,进而减少风机、循环水泵等设备的能耗,还可以降低空调管材的消耗,在减少运行成本的同时还可以降低系统初投资。

综合来讲,整合各种节能技术对送风系统、排风系统、冷水系统、冷却水系统、热泵系统等,通过温度、湿度、压差、洁净度等传感器,利用PLC进行精确控制,达到最优运行状态。最重要的是根据运行时段需求,目前可采用人为干预的方式,以后可以设计程序自动识别进行降档降频运行,是目前化学实验室低碳发展的一条主要道路。

7.4.3　运行调节

目前大量空调系统还未实现自动控制,即使实现自控的空调系统,其运行控制仍以基于PID的传统控制方法为主,虽然可满足空调系统的调节需求,但并不能完全保证各设备的运行效率最优,也不能保证系统层面的负荷分配协调及系统控制最优化。由于空调系统形式多样,且运行过程中设备性能也会不断发展变化,未来需要在原有PID控制的基础上,通过对空调系统实际运行数据的分析,发掘负荷的变化规律,并挖掘设备及系统用能效率与设备运行频率、负荷分配计划、设定温度目标等设备运行参数的关系,制定高效且满足舒适性要求的控制计划,从而进一步提升空调系统的自动控制优化能力,建立更高效的智能运维系统。

实际空调系统能效水平受到设备基础性能、系统控制水平、运维管理水平等方面的影响,其中空调系统的调适、故障运维与节能控制在空调系统节能减碳中起着重要作用。

7.4.4　调适

空调系统调适是在项目的规划、设计、施工、验收及运营的全过程中,通过管理手段避免各个环节中可能出现的问题,通过技术手段确保建筑设备和系统从设计阶段直至运营阶段的性能落地,最终实现工程建设目标,达到能源系统供给侧与需求侧的最佳匹配。调适的理念引入我国的时间较晚,但近些年发展迅速,2021年发布的全文强制性国家标准《建筑节能与可再生能源通用规范》GB 55015—2021明确提出:当建筑面积大于10万 m^2 的公共建筑采用集中空调系统时,应对空调系统进行调适。

空调系统的节能控制可分为底层控制和上层控制。底层控制主要是基于PID的传统控制方法,通过内置调控实现自动调控的过程。上层控制则主要是根据多个设备的运行目标进行调整和设备群控,从而达到系统层次节能的效果。底层的PID方法经过长期研究已较为成熟,而上层控制的研究及工程实现目前发展潜力相对较大,也是空调智能化控制的主要研究方向。目前较成熟的上层智能控制,通常是基于专家知识制定的控制方案编写相应的控制算法,通过分配系统负荷、改变设备频率等方法实现系统的智能控制。但由于运行管理人员专业水平参差不齐,常存在运行管理人员难以落实运维策略的问题。

在当前大数据、智能化时代中,利用用户数据实现智能化的空调运维管理和控制优化方案已成为可能。利用空调系统中记录的温度、湿度、压力、功率等物理信息,以及控制信号、维护计划等运行方案信息,可以实现包括系统零部件优化、系统故障检测与诊断、能耗维护与预测、系统智能化优化控制等功能,甚至也可以根据气候条件、用户行为预测的学习结果,为用户提供空调个性化定制、室内环境的个性化定制服务。

基于大数据的空调故障诊断与节能优化,可以提升运维方案智能化程度及实施效率,在初期阶段实现故障诊断乃至于故障预警。在系统节能优化方面，以减少系统能耗、降低碳排放为目标，采用智能控制的上层控制优化，是一个有潜力的发展方向。目前，采用模型预测控制的原理实现智能化的设备调节和群控方案是可能的实现方法之一。

目前，大数据分析方法在实践中面临的主要问题为采集点位少、数据质量不高、信息收集不完善等。解决这些问题是进一步挖掘大数据在空调运维及运行优化中应用的关键。

7.5　标准政策引导保障

结合碳达峰、碳中和目标，建立合理的化学实验室及其设备与系统的低碳设计、低碳运行维护与管理、碳排放量核算与评价标准，并逐渐完善标准与政策体系，从而指导化学实验室的低碳化建设与使用，尤其是注重实际使用效果下的碳排放计算与评价，乃至评级，对化学实验室低碳设计、建设与使用都具有极其重要的意义。

7.5.1　政策引导

推广低碳化学实验室建设工作单靠建筑设计技术标准的手段远远不够，标准规划对使用者和建设者没有强制作用。低碳化学实验室的实现需要大量的资金投入，由于资金的短缺和激励政策的缺失，仅依靠立法的强制推行，难以从根源上转变使用者和建设者的主动行为，低碳化学实验室推行的宏伟目标难以实现。

在法律法规方面，在 1997 年相继通过的《中华人民共和国建筑法》和《中华人民共和国节约能源法》是国家法律，涉及能源的合理使用和节约能源，但缺乏强制性的规定。在《中华人民共和国建筑法》中仅提到国家支持建筑科学技术研究，鼓励节约能源和保护环境，提倡采用先进设备、新型建筑材料、先进技术、先进技术和现代化管理，不具备强制执行性，对低碳实验室建筑也没有提及。在 2007 年通过修订的《中华人民共和国节约能源法》第三章中特别提出合理使用与节约能源，大多也是鼓励和提倡的原则性规定，过于笼统，缺乏可操作性。由于配套法律法规体系的相对滞后，在建筑建设程序中，从规划设计、施工、监理再到质量监督等环节难以对低碳实验室严格监管，导致开发推广受限。此外，为避免低碳化学实验室推广过程中存在漏洞，使低碳化学实验室的推广工作进展受阻，必须建立保障与推动低碳化学实验室建设与发展的相关政策，如绩效考核体系、运行管理统计制度、监管制度、激励制度等。

7.5.2　标准保障

我国低碳标准化体系的发展正处于起步阶段，成长过程需要一步一个脚印地沉积，以及碳排放链条上各环节的积极贡献。标准是保证低碳化学实验室建设工作推广与持续发展的必要保障。对于化学实验室的低碳发展，需要探索出一条适合自身建筑特点的可持续低碳标准化之路。

要在一段时间内坚持和加快推进低碳化学实验室标准体系的构建。搭建具有指导性和标杆性的低碳标准体系，例如，可以通过建立化学实验室低碳设计标准、低碳运行维护与管理标准、碳排放量核算标准、低碳评价标准等手段可靠且有效推进化学实验室低碳发展。通过标准推动实现"实验室建设低碳化—实验过程低碳化—运行管理低碳化—安全低碳生态化"的发展思路。

7.5.2.1　建立化学实验室低碳设计标准

为加快实现碳达峰碳中和目标，应积极构建全方位、多层次的低碳建筑体系，推进城市绿色低碳发展。化学实验室作为城市绿色低碳发展的重要一环，应建立相关低碳设计标准。通过标准的规范化指导新建或改建一批低碳化学实验室，形成起到积极引领作用的示范，对推进低碳实验室建筑高质量发展具有重要意义。标准的编制通过规范对化学实验室的低碳规划与设计指引，推动其低碳建设步伐，全面指导化学实验室低碳设计工作，为化学实验室实现低碳目标提供科学指导，发挥标准的技术支撑与指导价值。

低碳化学实验室设计应立足于未来，结合当前国内外化学实验室建设前沿，同时能够与当前的实验室建设能力相契合，在"安全"的基础上，坚持简约高效、可持续发展原则，能体现低碳化学实验室对使用者的体贴和关心，增强人与自然的直接沟通，让使用者在健康舒适、安全有保障的环境下工作。主要表现在低碳化学实验室空间以及建筑物的使用功能上，实现空间上的包容性和综合性、功能上的适应性和可拓展性，保证低碳化学实验室在投入运行时能够供人们灵活使用。尽可能利用可再生能源，如太阳能、风能，增加智能化技术投入，引入计算机技术、无线通信技术等。

7.5.2.2 建立化学实验室低碳运行维护与管理标准

化学实验室的运行能耗较高，因此其低碳运行维护与管理会有较高的收益。在运行管理阶段可以考虑综合资源、技术、人为等多方因素，例如，充分利用地域资源和低碳能源；提高建筑围护结构的热工性能；提高供暖、空调、通风、照明等系统的使用效率；调整能源供给结构，对建筑能耗进行分项计量；合理利用太阳能、热泵等可再生能源技术；优化化学实验室用水的供水方式，节约水资源利用，提高非传统水源利用；采用有效措施避免管网损漏、采用高效节水器具；优化室内通风、采光、隔声、热湿等环境品质，使其更加健康宜人；加强对自然通风的利用，合理运行室内通风系统；改善室内空间的天然采光效果，人工采光采用节能光源，降低采光能耗；减少噪声干扰，对于有特殊需要的房间进行专门的隔声设计；设置独立的空调末端调节系统，提供舒适的室内热湿环境，减小空调能耗。

7.5.2.3 建立化学实验室碳排放量核算标准

化学实验室碳排放量的科学、准确计算是碳中和政策制定和执行的重要依据，涉及用能系统设计、运行、改造等全寿命周期阶段。碳排放量计算方法要满足简便、易用和准确的基本需求，在实际推广应用中要能够保证评价结果的一致性和权威性。目前我国已有一些相关碳排放计算标准，但是还未形成针对化学实验室这种特殊建筑的全寿命周期碳排放计算标准规范体系，可以在以下方面进一步考虑：

(1) 用能系统建造、运输、安装、运行等过程碳排放计算方法；
(2) 用能系统设计方案的碳排放评估方法；
(3) 用能系统运行过程中碳排放评估方法。

7.5.2.4 建立化学实验室低碳评价标准

化学实验室低碳评价可以反映减碳效果并对其进行评估，是相关减碳政策充分发挥作用和高效执行的前提。目前国内大部分技术标准仍大多关注用能系统能效或节能量评估，且评估方法较为粗放，可执行性有待提高。因此，在化学实验室低碳评价需要重点发展如下几个方面：

(1) 从关注能效或节能量评估转换到碳减排评估，并加强标准规范的体系性建设，兼顾气候区域、化学实验室的类型及新建与改建等差异性；
(2) 解决在实际采集数据维度或数据质量不高等情况下，进行碳减排效果的定量化、可靠性评估难题，进而形成简单易用的软件工具；
(3) 建立长效机制保障低碳评估的客观性、准确性、中立性、公平性和权威性，并进一步提高规范机制的可操作性和可执行性。

7.6 总　结

本章针对化学实验室可持续设计、建设和运营，从其建筑与内外部复杂系统间的关联性，如建筑本体、建筑材料、建筑气候、能源资源需求、用能系统和环境保护等多方面、多角度提出可持续发展建议。

本章参考文献

[1]　Li J，Dai X，Zhu L. TcOremediation by a cationic polymeric network[J]. Nature Communications，2018，9(3)：1-11.

[2]　Wang N，Tang DD，Shu J. An improved scheme for measuring C spin-lattice relaxation time：Targeting systems with marked difference in phase mobility or proton density [J]. Polymer Tes ting，2019(77)：1-5.

[3]　Song B，Sneha K，Li XH. Self-assembly of polycyclicsupramole-cules using linear metal-organic ligands [J]. Nature Communica- tions，2018，9(1)：1-9.

[4]　程思远，夏热冬冷地区住宅建筑新风热回收系统节能效果研究[D]. 南京：南京大学，2018.

[5]　李先庭等. 碳中和背景下我国空调系统发展趋势[J]. 暖通空调，2022，52(10)：61，75-83.

[6]　Johnson，Gregory R. HVAC Design for Sustainable Lab[J]. ASHRAE Journal，2008，50(9)：24-34.

[7]　李娟，尹奎超，宋孝春，等. 北京某高校实验楼通风空调设计[J]. 暖通空调，2015，45(9)：38-41.

[8]　李斌. 浅谈实验室通风与系统控制[J]. 内蒙古石油化工，2015，41(15)：73-75.

[9]　毛会敏. 某实验室变风量通风空调系统的设计及控制原理[J]. 福建建筑，2013(8)：112-114.

[10]　赵侠，李顺，陈婷. 生物化学实验室通风策略[J]. 暖通空调，2013，43(5)：18-21＋37.

[11]　张伟伟. 化学实验室通风设计相关问题分析[J]. 建筑热能通风空调，2010，29(1)：97-100.

[12]　中华人民共和国住房和城乡建设部. 民用建筑供暖通风与空气调节设计规范[S]：GB 50736—2012. 北京：中国建筑工业出版社，2012.

[13]　IPCC. Climate change and land：an IPCC special report on climate change，desertification，land degradation，sustainable land management，food security，and greenhouse gas fluxes in terrestrial ecosystems[R/OL]. Geneva：IPCC，(2019-08-08)[2021-10-29]. https：//www.ipcc.ch/srccl.

[14]　IPCC. Climate change 2013：the physical science basis，IPCC[M]. Cambridge：Cambridge University Press，2013.

[15]　南学平. 可持续发展建筑的理论与实践[J]. 山西建筑，2006，32(17)：29-30.

[16]　方翠兰. 浅析建筑节能问题[J]. 科技创新导报，2010(36)：43.

[17]　李兆坚，江亿. 我国广义建筑能耗状况的现状与思考[J]. 建筑学报，2006(7)：30-33.

[18]　刘庆开. 浅谈空调冷热输配系统节能技术[17]. 建材与装饰，2020(13)：9，11.

[19]　乔振勇，张展豪，张红，等. 某卷烟厂生产车间环控和动力系统节能潜力分析[J]. 建筑节能，2020，48(7)：150-155.

[20]　陈新锦. 电力柔性负荷调度研究[J]. 数字化用户，2017，23(50)：42-43.

[21]　JIANG S H. LIX T. LYU WH. et al. Numerical investigation of the energy efficiency of a serial pipe embedded external wall system considering water temperature changes in the pipeline[J]. Journal of building engineering，2020，31：101435.

[22]　SHEN C，LI X T. Energy saving potential of pipe embedded building envelope utilizing low-temperature hot water in the heating season[J]. Energy and buildings，2017，138：308-311.

[23]　SHEN C，LI X T. Solar heat gain reduction of double glazing window with cooling pipes embedded in venetian blinds by utilizing natural cooling[J]. Energy and buildings，2016，112：173-183.

[24]　闫帅，沈翀，李先庭，嵌管式窗户全年动态性能预测方法[J]. 暖通空调，2018，48(2)：18-23.

[25]　SHEN C，LI X T，YAN S. Numerical study on energy efficiency and economy of a pipeembedded glass envelope directly utilizing ground-source water for heating in diverse climates[J]. Energy conversion and management，2017，150：878-889.

[26]　ZHAI Y，MA Y G，DAVID S N，et al. Scalablemanufactured randomized lasspolymer hybrid metamaterial for daytime radiative cooling [J]. Science，2017，355：1062.

[27]　李斌斌. SiO_2 气凝胶材料在建筑墙体保温中的应用研究[J]. 广东建材，2021，37(3)：72-75.

[28]　虞光洁. 绿色建筑墙体的节能技术探讨[J]. 现代经济信息，2009(1)：138-139.

[29]　姜凯迪. 磁悬浮冷水机组在公共项目中的应用及研究[D]. 青岛：青岛理工大学，2019：15-21.

[30] HUANG S F，ZUO W D，LU H X，et al. Performance comparison of a heating tower heat pump and an air-source heat pump：a comprehensive modeling and simulation study[J]. Energy conversion and management，2019，180：1039-1054.

[31] 陈道俊，李强民. 送风对实验室排风柜气流控制的影响[J]. 发电与空调，2004，25(6)：22-4.

[32] 许钟麟，张益昭，张彦国，等. 关于生物安全实验室送、回风口上下位置问题的探讨[J]. 洁净与空调技术，2005(4)：6.

[33] 张占莲. 实验室气流组织形式对污染物分布影响的研究[D]. 广州：广州大学，2015.

[34] 马国远，段未，周峰. 泵驱动回路热管能量回收装置的工作特性[J]. 北京工业大学学报，2016，42(7)：7.

[35] 陈静. 实验室排风柜的安全特性及节能效果研究[D]. 上海：同济大学，2007.

[36] 阙炎振. 现代实验室通风控制研究[D]. 上海：同济大学，2003.

[37] 程健，于莲芝. 一种实验室通风柜控制器的设计[J]. 现代电子技术，2012(4)：3.

[38] 刘洪阳，贺强，赵力，等. 智能型变风量实验室通风柜的设计和研究[J]. 中国医疗设备，2008，23(11)：3.

附录 化学品管理

发达国家尤其是美国对于化学品管理，从建立法规入手，近一百年来已经逐步建立了较为完善的法律法规。欧盟则采取统一标准管理。近几十年来，国际上化学品风险评估技术有了显著的进展。这些工作主要是由一些国际组织来推动的，欧盟《化学品注册、评估、授权和限制》（REACH）法规的实施，极大地推动了化学品风险评估的开展，对化学品管理也产生重大影响。

欧盟化学品风险评估主要分为四个基本步骤：数据采集、效应评估（危险评估）、暴露评估、风险表征。REACH法规框架下风险评估主要包括数据采集、效应评估、PBT（持久性、生物蓄积性和毒性）和vPvB（高持久性和高生物蓄积）评估、暴露评估、风险表征五个部分。

我国从2003年发布《新化学物质环境管理办法》开始，借鉴REACH中的一些思路，提出了对生态毒性和涉及环境的部分暴露场景的研究。2010年左右，我国在医药卫生、农药等领域都有各自不同的评估，这些评估与欧盟的安全评估差距较大；医药的评估主要以临床前动物实验和临床的流行病学实验为基础，考虑药物本身的毒性，而不涉及暴露场景问题。较早展开的农药暴露评估，农业农村部农药检定所已开始与国外合作，尝试建立一些国内的暴露模型。国内早已开展的环境影响评价、职业危害评价等，这些评估根据自身的需要都有各自的侧重点。目前，我国安全评价从劳动安全卫生扩展为安全预评价、安全验收评价、安全现状评价和专项安全评价4种类型。

《新化学物质环境管理登记办法》（生态环境部令第12号）也于2020年2月17日公布，自2021年1月1日起施行。该办法是第二次修订，充分听取相关行业企业、地方管理部门和专家学者的意见和建议，并通过公开向社会征求意见、向世界贸易组织（WTO）进行通报等方式，广泛听取各方面意见和建议。本次修订重点围绕以下五个方面：一是聚焦环境风险，突出管控重点；二是优化申请要求，减轻企业负担；三是细化登记标准，完善审批要求；四是强化事中事后监管，提高管理效率；五是跟踪新危害信息，持续防范环境风险。

该办法规定对从事新化学物质研究、生产、进口和加工使用的相关企业事业单位，应采取有效措施，防范和控制新化学物质环境风险。主要责任和义务有以下几个方面：一是应当取得登记证或办理备案；二是应当防范和控制环境风险；三是应当落实跟踪管理要求；四是应当接受监督抽查。

1. 化学品概述

（1）化学品定义

谈及化学实验室，我们需要对与之紧密联系的化学品进行了解。

联合国环境规划署（UNEP）《关于化学品国际贸易资料交流的伦敦准则》对化学品的定义是：化学物质，无论是物质本身、混合物或是配制物的一部分，是制造的或从自然界取来的；还包括作为工业化学品和农药使用的物质。

国际劳工组织（ILO）《关于作业场所安全使用化学品公约》对化学品的定义是：各种化学元素和化合物以及混合物，无论其是天然的还是人工合成的。

《危险化学品安全管理条例》第三条：本条例所称危险化学品，具有毒害、腐蚀、爆炸、燃烧、助燃等性质，对人体、设施、环境具有危害的剧毒化学品和其他化学品。

国际劳工组织的国际职业安全与健康信息中心（ILO/CIS）和联合国国际化学品安全规划署（IPCS）1998年出版的《化学品安全培训模式》一书对危险化学品的定义，是指具有以下性质的化学品：

1）经急性、重复或长期暴露，能导致健康风险的极高毒性或毒性、有害性、腐蚀性、刺激性、致癌性、生殖毒性、能引起非遗传的出生缺陷以及致敏性；

2）燃烧和爆炸危险性，包括爆炸性、氧化性、极易燃、高度易燃或易燃性；

3）危害环境特性，包括对生物毒性、环境持久性和生物蓄积性。

《作业场所安全使用化学品公约》及其177号建议书对危险化学品的定义是：根据公约第6条被分类为危险的或者有适当资料表现其为危险的任何化学品。具有的特性包括：

1）毒性，包括对人体各部分的急性或慢性健康效应；

2）化学或物理特性，包括极易燃、爆炸性、氧化性和危险反应性；

3）腐蚀性和刺激性；

4）过敏和致敏效应；

5）致癌效应；

6）致畸和致突变效应；

7）对生殖系统的效应。

目前世界上大约有700多万种化学物质，其中常用的有7万多种；每年还有约1000多种新化学物质问世。化学工业已经成为世界经济的重要组成部分。在欧洲，巴斯夫集团2021财年销售额为786亿欧元，比上一年增长33%。与2020年相比增长了一倍以上。与2019年相比，增长了67%。在北美，陶氏2021年销售额550亿美元，经营性息税前利润95亿美元。在亚洲，中国中化2021年营业收入11086亿元，同比增长30%，净利润201亿元；万华化学2021年度实现营业收入约1455.38亿元，比上年增长98.19%，净利润已连续5年保持百亿元以上。

各种化学品，包括药品、农药、化肥、塑料、化纤、电子化学品、装饰材料、洗涤用品、化妆品和食品添加剂，已经渗透到人们生活的方方面面。

化学实验室需要考虑化学品的毒性和暴露程度，以及实验室排放物对环境的影响。

（2）化学品特性

人们除了关注化学品的使用功能外，还关注其毒性。化学品的毒性是指一种化学品使暴露者本人、未出生婴儿（如果暴露者是孕妇）以及暴露者子孙后代的身体受到伤害或中毒的潜在能力。

评价一种化学物质的毒性大小时，一般考虑的主要因素有：

1）暴露者吸收的化学物质数量或剂量；

2）暴露发生的途径（如吸入、经口摄入或经皮肤吸收）；

3）暴露的时间长短以及暴露的频率；

4）暴露引起伤害的类型和严重程度；

5）伤害是不可逆的还是可逆的。

（3）化学品管理

1998年8月联合国IPCS等机构出版的《国家化学品管理和安全计划的核心内容》中，概括提出了化学品安全管理的15项基本原则，即：

1）化学品安全的责任应当由社会各界来分担；

2）化学品可以并且应当被用来增进社会的可持续发展；

3）应当设定优先管理的重点事项；

4）应当考虑所有的重要化学污染源和排放途径以及化学品全生命周期；

5）任何国家或国际集团都不得由于自己使用的化学品及相关技术，或者化学品贸易活动危及到其他国家的安全；

6）应强调预防原则；

7）应采用预防性方法；

8）应对成本和效益以及风险进行评价，确保在充分知情的情况下做出决策；

9）应采用"谁污染谁付费"的原则；

10）应利用可提供的最佳科学信息开展评价工作；

11）应提供和采用适用的现代化技术；

12）政府部门、产业界、工人和公众都应能获取关于化学品安全、使用及其危害的信息；

13）化学事故的应急计划是化学品风险管理的内容之一；

14）应制定合适的中毒控制计划；

15）应促进化学品管理的国际合作与协调。

2. 国外化学品监管模式

（1）联合国

化学品的管理和安全运行是联合国及各国政府和机构都高度重视的事情，从法规制定、机构设置、监管机制、人员培训等各个方面采取措施，保证实验室正常使用，操作者职业安全，环境不被污染。国际上对于化学品的监管经历了几个阶段：

1972—1992 年是初级发展阶段，这一阶段管理化学品主要从危害评估到信息发布。著名的国际会议包括 1972 年的人类与环境会议，国际潜在有毒化学品登记中心（The International Register of Potentially Toxic Chemicals，IRPTC），国际化学品安全卡（International Programme on Chemical Safety，IPCS），蒙特利尔议定书，巴塞尔公约，以及会议所形成的文件。

1992—2002 年是规划统一阶段，这一阶段国际对化学品从风险评估向风险管理转变，制订的公约包括 1992 年的环境与发展大会，IPCS，跨组织化学品无害管理计划（Inter-Organization Programme for the Sound Management of Chemicals，IOMC），鹿特丹公约（Prior Imformed Consent，PIC），斯德哥尔摩公约（Persistent Organic Pollutants ，POPs）等。

2002 年至今是全球治理阶段，本阶段国际社会从制定公约走到全球战略，标志着世界范围的动作内容包括：2002 年的可持续发展大会，2020-WSSD 化学品（管理）目标等。

1）管理机构

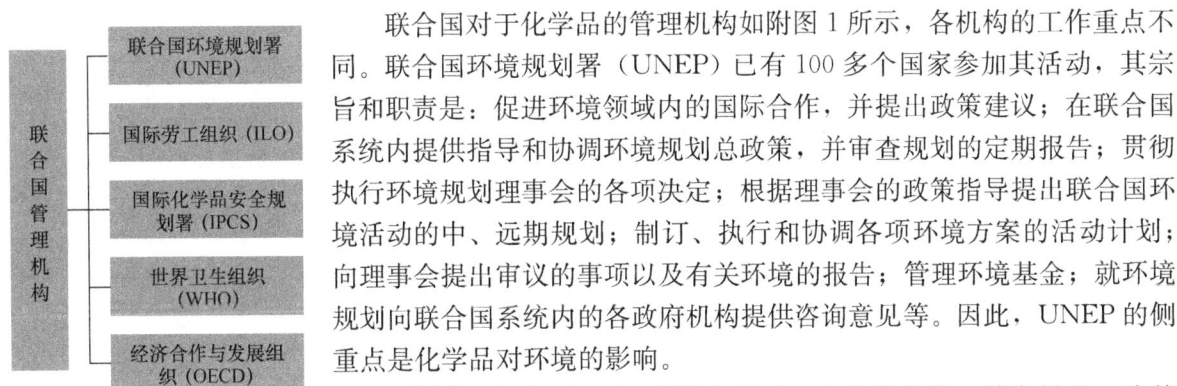

附图 1 联合国对化学品
的管理机构

联合国对于化学品的管理机构如附图 1 所示，各机构的工作重点不同。联合国环境规划署（UNEP）已有 100 多个国家参加其活动，其宗旨和职责是：促进环境领域内的国际合作，并提出政策建议；在联合国系统内提供指导和协调环境规划总政策，并审查规划的定期报告；贯彻执行环境规划理事会的各项决定；根据理事会的政策指导提出联合国环境活动的中、远期规划；制订、执行和协调各项环境方案的活动计划；向理事会提出审议的事项以及有关环境的报告；管理环境基金；就环境规划向联合国系统内的各政府机构提供咨询意见等。因此，UNEP 的侧重点是化学品对环境的影响。

国际劳工组织（ILO）是联合国的一个专门机构，其宗旨是：改善劳动条件；保证劳动者的职业安全与卫生。其职责是职业培训和职业康复；工作条件；管理发展；劳动统计和职业安全卫生；从事国际劳工立法、制订公约和建议书；提供援助和技术合作等。其关注点是化学品的职业接触危害与防护。

国际化学品安全规划署（IPCS）是由世界卫生组织、国际劳工组织和联合国环境规划署共同发起成立的有关化学品安全的国际合作机构，其主要任务有两方面，首先是开展化学品对人体健康和环境风险的评价，制定国际公认的测试、评价和预测化学品的人体与环境效应的方法；其次是帮助各国利用这些成果来加强对化学品紧急事故的应变能力。

世界卫生组织（WHO）是联合国下属的一个专门机构，只有主权国家才能参加，是国际上最大的政府间卫生组织。WHO 的宗旨是使全世界人民获得尽可能高水平的健康。其任务是指导和协调国际卫生工作，促进防治工伤事故及改善营养、居住、计划生育和精神卫生，提出国际卫生公约、规划、协定等。侧重于危化品工伤事故的防治。

经济合作与发展组织（OECD）的宗旨是促进成员国经济和社会的发展，帮助成员国政府制定和协调有关政策。

2）法律法规

联合国关于化学品的主要法规如附表 1 所示。

联合国关于化学品的法规　　　　　　　　　　　　　　　　　　　　　　附表 1

序号	法规名称	法规简介
1	IRPTC	国际潜在有毒化学品登记中心（The International Register of Potentially Toxic Chemicals，IRPTC），其宗旨是为人类合理使用化学品而搜集、贮存和交流化学品的各种数据，对潜在有毒化学品可能造成的危害提出全球性甲期预报。其任务是：有效利用各国及国际现有有关化学品对人类环境影响的资料，交流、评价有毒化学品的使用并提出管理方法；整理已登记的潜在有毒化学品资料，对其中尚未涉及的空白项目加强研究；为有效管理潜在有毒化学品，推荐全球的、国家的或地区的有关潜在有毒化学品的政策、法规、措施、标准和建议
2	IPCS	国际化学品安全卡（International Programme on Chemical Safety，IPCS），一套具有国际权威性和指导性的化学品安全信息卡片。其扼要介绍了 2000 多种常用危险化学物质的理化性质、接触可能造成的人体危害和中毒症状、如何预防中毒和爆炸、急救/消防、泄漏处置措施、储存、包装与标志及环境数据等数据，供在工厂、农业、建筑和其他作业场所工作的各类人员和雇主使用
3	蒙特利尔议定书	全称为《蒙特利尔破坏臭氧层物质管制议定书》（Montreal Protocol on Substances that Deplete the Ozone Layer），是联合国为了避免工业产品中的氟氯碳化物对地球臭氧层继续造成恶化及损害，承续 1985 年保护臭氧层维也纳公约的大原则，于 1987 年 9 月 16 日邀请所属 26 个会员国在加拿大蒙特利尔所签署的环境保护公约。该公约自 1989 年 1 月 1 日起生效
4	巴塞尔公约	全称为《控制危险废料越境转移及其处置巴塞尔公约》（Basel Convention on the Control of Transboundary Movements of Hazardous Wastes and Their Disposal），于 1989 年草拟、1992 年正式生效。它是一控制有害废弃物越境转移的国际公约。其主要目的为：减少有害废弃物之产生，并避免跨国运送时造成的环境污染；妥善管理有害废弃物之跨国运送，防止非法运送行为；提升有害废弃物处理技术，促进无害环境管理之国际共识
5	IOMC	跨组织化学品无害管理计划（Inter-Organization Programme for the Sound Management of Chemicals，IOMC）的宗旨是加强化学品领域的国际合作，提高相关机构的国际化学品方案的效能。协调相关机构联合或单独执行的政策和活动，从人类健康和环境的角度，实现化学品的正确管理。即确保到 2020 年，在化学品的生产和使用方式上，最大限度减小对环境和人类健康的重大负面影响
6	SAICM	国际化学品管理战略方针（Strategic Approach to International Chemicals Management，SAICM）为了解决那些因化学品暴露而造成的重大环境健康灾难的问题，并作出全球性的政治承诺，通过改革化学品的生产和使用方式，以期尽量减少这些危害的发生。激励和促进多方利益者共同努力去解决有毒化学品暴露的问题；在 SAICM 的框架下，提出关于化学安全的解决方案与各国政府所认可并支持的国际政策和框架相结合；SAICM 的范围涵盖了所有化学品公约中未能提及的物质和其他的问题；其化学品管理进程将在改革化学品生产和使用方式方面取得持续的、可衡量的进展，以防止其对环境和健康造成危害
7	PIC 公约	《关于在国际贸易中对某些危险化学品和农药采用事先知情同意程序的鹿特丹公约》（Convention on International Prior Informed Consent Procedure for Certain Trade Hazardous Chemicals and Pesticides in International Trade Rotterdam），简称《鹿特丹公约》或《PIC 公约》，其核心是要求各缔约方对某些极危险的化学品和农药的进出口实行一套决策程序，即事先知情同意（PIC）程序；明确规定，进行危险化学品和化学农药国际贸易各方必需进行信息交换

序号	法规名称	法规简介
8	POPs公约	持久性有机污染物（Persistent Organic Pollutants，POPs）是指对通过化学、生物和光解过程进行环境降解具有阻抗性的有机化合物。《关于持久性有机污染物斯德哥尔摩公约》包括相关规定要求、POPs筛选识别标准、将一种新化学品增补列入公约管控名单的审查程序、目前公约管控的全部POPs名单及其管制要求和特定豁免/可接受的用途等基本信息，是一项保护人类健康和环境免受持久性有机污染物影响的国际条约
9	GHS	《全球化学品统一分类和标签制度》（Globally Harmonized System of Classification and Labeling of Chemicals，简称GHS，又称"紫皮书"）是由联合国于2003年出版的指导各国建立统一化学品分类和标签制度的规范性文件，因此也常被称为联合国GHS。其第一部发布于2003年，每两年修订一次。GHS制度包括两方面内容：危害性分类和危害信息公示

（2）经济合作与发展组织（OECD）

1）管理机构

经济合作与发展组织（Organization for Economic Co-operation and Development，OECD），是由38个市场经济国家组成的政府间国际经济组织，旨在共同应对全球化带来的经济、社会和政府治理等方面的挑战，并把握全球化带来的机遇。成立于1961年，成员国总数38个，总部设在巴黎。

OECD的主要职能是研究分析和预测世界经济的发展走向，协调成员国关系，促进成员国合作。

2）法律法规

经济合作与发展组织认可并推动了《良好实验室规范》（Good Laboratory Practice，GLP）在各成员国之间的使用。GLP是从计划、实验、监督、记录到实验报告等一系列管理而制定的法规性文件，涉及实验室工作的所有方面。它主要是针对医药、农药、食品添加剂、化妆品、兽药等进行的安全性评价实验而制定的规范。制定GLP的主要目的是严格控制化学品安全性评价试验的各个环节，即严格控制可能影响实验结果准确性的各种主客观因素，降低试验误差，确保实验结果的真实性。

沈阳化工研究院安全评价中心（简称"沈阳院安评中心"）和沈阳化工研究院农药检验实验室（简称"沈阳院农药检验实验室"）2012年2月23日通过了OECD成员荷兰政府GLP认证认可。其中，沈阳院安评中心成为国内率先通过此项国际认证的安全性评价机构。两个机构所出具的相关评价数据将获得OECD成员的多边认可。

柏睿咨询的统计数据显示，截至2020年8月19日，中国境内27家实验室具备OECD GLP资质，14家同时具备境内外农药登记试验资质。

（3）美国

1）管理机构

美国对于化学品管理机构如附表2所示。

美国化学品管理机构　　　　　　　　　　　　　　　　　　　　　　　　　　　　附表2

序号	机构名称	机构简介
1	OSHA	美国职业安全与健康管理局（Occupational Safety and Health Administration，OSHA）负责制定危险交通设备、实验室及化学品的安全相关政策，发布OSHA标准。OSHA标准是在美国司法权管理范围内推行的职业安全与健康标准，其丰富的安全健康文化内容、严谨的安全管理哲学和科学经济的安全管理办法不仅得到了美国社会各行业的高度认可，也得到了世界的广泛推崇，特别是国际工程建设领域。OSHA的目标旨在通过发布和推行工作场所的安全和健康标准，阻止和减少因工作造成的生病、受伤和死亡，对"为雇员提供一个安全卫生的工作环境"负有一定责任（主要指导责任和监督责任）。OSHA在美国的角色制定和推行行业安全标准；提供安全培训、扩展培训和其他教育；与企业、个人建立合作机制；鼓励持续地改善工作场所的安全卫生条件

序号	机构名称	机构简介
2	NFPA	美国消防协会（National Fire Protection Association，NFPA）属非营利性国际民间组织，其宗旨是推行科学的消防规范和标准，开展消防研究、教育和培训；减少火灾和其他灾害，保护人类生命财产和环境安全，提高人们的生活质量。NFPA 45 为实验室使用化学品防火标准
3	NIOSH	美国国家职业安全卫生研究所（National Institute for Occupational Safety and Health，NIOSH）是由美国卫生、教育和福利部组建的，其宗旨是修订和制订新的职业安全卫生标准，培训职业安全卫生专业人员。总体目标：通过调查研究来降低与工作有关的疾病和伤害；通过干预、建议与能力建设来提升安全卫生的工作场所；通过国际合作来加强全球工作场所的安全与卫生
4	DOT	美国运输部（the united states department of transportation，DOT），负责管理危险品在公共交通道路上的运输，包括设立危险品运输的包装容器及标签标准
5	EPA	美国环保局（U. S. Environmental Protection Agency，EPA）是美国联邦政府的一个独立行政机构，主要负责维护自然环境和保护人类健康不受环境危害影响。其职责是根据国会颁布的环境法律制定和执行环境法规，从事或赞助环境研究及环保项目，加强环境教育以培养公众的环保意识和责任感
6	USCG	美国海岸警卫队（United States Coast Guard，USCG）是美国军队之一，主要负责国土防卫、海事法律执行、海上搜救、海上环境污染、近岸内河道维护、海上导航等事务
7	CPSC	美国消费品安全委员会（Consumer Product Safety Committee，CPSC）的责任是保护广大消费者的利益，通过减少消费品存在的伤害及死亡的危险来维护人身及家庭安全。主要职能：制定生产者自律标准，对于那些没有标准可依的消费品，制定强制性标准或禁令
8	FDA	美国食品药品监督管理局（Food and Drug Administration，FDA）由美国国会即联邦政府授权，是专门从事食品与药品管理的最高执法机关，也是一个由医生、律师、微生物学家、化学家和统计学家等专业人士组成的致力于保护、促进和提高国民健康的政府卫生管制的监控机构
9	ACGIH	美国政府工业卫生师协会（American Conference of Government Industrial Hygienists，ACGIH）是一个私营的、非盈利的、非政府法人机构，致力于劳动者的健康保护，其发布的职业接触阈限值是根据大量科学研究和文献资料制订的，具有较大的影响力，也是 OSHA 发布容许接触限值的重要参考依据
10	各州环境管理局	参与化学实验室等环境管理
11	各县委员会	参与化学实验室等环境管理
12	各学校职业健康与安全处	参与化学实验室环境管理

2）法律法规

美国政府颁布的法律法规主要有《职业安全和健康法案》（29 use 651）、《空气污染物》（29 CFR1910.12000）、《危险废物管理法》（40 CFR Parts 260~272）、《危险材料运输法》（48USC1801）、《有毒物质控制法》（TSCA）、《危害通报标准》（HAZCOM / HCS）。

（4）欧盟

1）管理机构

欧盟对化学品的管理机构，主管机关是欧洲化学品管理局（ECHA），另外欧洲药品管理局（EMA）负责对欧盟药品进行科学评估、监督和安全监控。此外，还有欧盟各国政府和各国化学品管理部门。ECHA 在 2021 年向欧盟执行机构欧盟委员会提出一项 20 年计划，在 20 年计划实施期间，将防止 50 万 t 微塑料排放到环境中。

2）法律法规

欧盟《关于化学品注册、评估、许可和限制的法规》（Registration，Evaluation and Authorization of Chemicals，REACH）于 2007 年 6 月 1 日正式实施。根据该法规要求，欧盟委员会将建立统一的化学品监控管理体系，并于 2012 年前完成所有相关化学品的管理。REACH 规定了实施时间表，还发布了高关注物质（Substances of Very High Concern，SVHC）清单，并且每半年更新一次。截至 2021 年 4 月 25 日，共发布了 25 批高关注物质（SVHC）清单。

REACH 第 13 条第（4）款规定，生态毒理学、毒理学的试验和理化分析应该符合 204/10/EC 号指令中关于良好实验室规范（GLP）的有关规定，即无论理化分析数据还是毒理学数据，必须来源于 GLP 实验室。

（5）德国

1）管理机构

德国涉及化学品安全和环境管理的机构如附表 3 所示。

德国联邦化学品主要管理机构

附表 3

机构名称	主要职责
联邦环境部	工业化学品申报、分类、风险评估、禁止和限制化学品、食品和烟草中农药残留、化学废物处置、污染防治等
联邦劳动和社会事务部	危险化学品分类、标签及包装、职业安全与卫生
联邦粮食、农业与林业部	农药和化肥等作物保护产品的登记和审查、禁用和限制使用
联邦卫生部	药品、兽药许可登记和食品卫生及添加剂审查管理
联邦运输和住房部	危险货物运输监管
联邦国防部	可作为化学武器的化学原材料的生产和监管

2）法律法规

德国化学品安全管理立法分三个层次：第一层次是遵守欧盟理事会颁布的欧盟法规或指令；第二层次是联邦政府制定的法律以及根据法律制定的法令、规章和技术规则；第三层次是各州在本辖区内制定的地方性法规，各州可以制定严于联邦法规的进一步规定。

德国危险化学品管理法规的特点是鼓励优先采用低风险的替代产品及工艺技术，其次是考虑在源头控制风险，最后才是采取个人防护装备。德国关于危险货物法令关于职业安全的规定，要求根据使用的危险物质类别确定应采取的防护措施。

3）监管机制

德国管理体制除附表 3 的行政机构外，还建立了众多主管当局和机构的协调管理机制，包括协调委员会和专家工作组。另外，还在各联邦当局下面设有化学品安全和环境管理的技术支持体系，配备大批合格实验室基础设施和化学品安全数据库信息系统。德国还建有众多与化学品安全利益相关的非政府组织和机构，如化学工业协会、工会、环境团体以及消费者保护机构。他们在化学品安全和环境管理上发挥了重要作用。

（6）澳大利亚

1）管理机构

澳大利亚化学品安全由联邦、州（或地区）以及地方政府三级行政管理，主管部门包括国家职业卫生和安全委员会，农业、渔业和林业部，国家农业和兽用化学品登记局，工业关系和小型企业部，卫生和老年护理部，环境和遗产部，运输部，工业化学品申报评价机构，司法部，外交和商务部等。

2）法律法规

澳大利亚除联邦立法外，各州也颁布了一系列涉及化学品安全和环境保护的州立法和规定。从 20 世纪 90 年代起，建立了全国统一的农药和兽药登记制度、工业化学品申报评价制度、"治疗用药品登记产品目录"和"生产许可证"制度。制订食品标准规范，监控管理食品添加剂和食品污染物。

3）监管机制

为了协调化学品安全管理战略、政策制定和执行，澳大利亚建立了联邦、州和地区政府间化学品管理政策协调机制，同时成立了"部门间协调委员会"来协助政策制定，政府通过召开听证会或成立审查委员会的形式来评价管理法规执行的情况。同时，建立了配合化学品安全管理的化学品测试评价合格实验室体系。

（7）日本

1）管理机构

日本对化学品的主管部门是厚生劳动省、经济产业省和环境省，三个部门依据化学物质审查与生产管理法（Act on the Evaluation of Chemical Substance and Regulation of Their Manufacture，简称CSCL 或化审法），共同负责实施和管理对人类健康或环境有潜在风险的工业化学品。

2）法律法规

日本化审法是世界上第一部提出对化学品采取评估和授权的法规。该法从多方面确立化学品安全监管制度和措施。日本主要化学品法规如附表 4 所示。

日本主要化学品管理法规　　　　　　　　　　　　附表 4

法律法规名称	主管部门	适用范围
化学物质审查与生产管理法	厚生劳动省、经济产业省、环境省	新化学物质生产和进口申报，对第一类、第二类特定物质进行申报
含有害物质家庭用品管理法	厚生劳动省	有害家用物品管理
医药品法	厚生劳动省	药品、化妆品、医疗器械的质量、药效和安全管理
饲料安全保证和质量改进法	农林水产省	饲料和饲料添加剂的安全和质量管理
有害有毒物质控制法	厚生劳动省	有害有毒物质的健康卫生管理
食品卫生法	厚生劳动省	食品和食品添加剂的卫生和健康危害管理
农用化学品控制法	农林水产省、环境省	农药登记、药效、安全和施用
肥料控制法	农林水产省	化学肥料产品质量和安全使用
爆炸品控制法	经济产业省	炸药、发射药和烟火安全管理
工业安全与卫生法	厚生劳动省	作业场所工人安全与健康，防止事故危害
高压气体安全法	经济产业省	压缩气体、液化气体等高压气体安全管理
禁止化学武器及特定化学品管理法	防务厅、外务省、经济产业省	可用于化学武器原料的有毒物质管理
促进掌握特定化学物质环境排放量及其改善管理办法	经济产业省、环境省	控制对健康和环境有害的指定化学物质的环境排放和报告要求
二噁英类物质特别措施法	环境省	二噁英类污染物标准和控制措施
海洋污染和海洋灾害预防法	环境省	有害液体；石油污染和船舶废弃物管理
大气污染防治法	环境省	大气污染防治和排放标准
水污染防治法	环境省	水污染防治和排放标准
废弃物处置与清扫法	环境省	固体废弃物处理处置
通过控制特定物质和其他措施保护臭氧法	经济产业省、环境省	破坏臭氧层物质管理
特定危险废物进出口控制法	经济产业省、环境省	特定危险废物管理
多氯联苯废物特别措施法	环境省	多氯联苯废物处理处置
农田土壤污染预防法	农林水产省、环境省	防止和消除特定危险物质对农田的污染

3）监管机制

厚生劳动省在化学品安全管理上拥有更多的职权。在新化学物质的安全评价方面，厚生劳动省负责毒性测试和评价，经济产业省负责降解性和积蓄性测试和评价，环境省负责生态学效应测试和评价工作。除了这些主管行政部门外，各部门还可以成立顾问委员会负责调查和审议重要行政管理事项，公众评论也是政府机构决策过程的必要程序。GLP 实验室是各类化学品检测的技术支持体系重要组成部分，行政部门规定国家合格实验室仪器设备和人员，并对其进行定期检查审核。

3. 我国化学品监管模式

我国已经基本建立起一套化学品监管体系，对涉及化学品的各环节进行有效管理。颁布了相关的法律法规，制定了管理条例，明确了监管机制。

（1）化学品管理

为了加强危险化学品的安全管理，预防和减少危险化学品事故，保障人民群众生命财产安全，保护环境，制定《危险化学品安全管理条例》（2011 年修订），基本规定如下：

1）危险化学品安全管理，应当坚持安全第一、预防为主、综合治理的方针，强化和落实企业的主体责任。

2）任何单位和个人不得生产、经营、使用国家禁止生产、经营、使用的危险化学品。

3）对危险化学品的生产、储存、使用、经营、运输实施安全监督管理的有关部门，依照相关规定履行职责。

4）负有危险化学品安全监督管理职责的部门依法进行监督检查。

5）县级以上人民政府应当建立危险化学品安全监督管理工作协调机制，支持、督促负有危险化学品安全监督管理职责的部门依法履行职责，协调、解决危险化学品安全监督管理工作中的重大问题。

6）任何单位和个人对违反本条例规定的行为，有权向负有危险化学品安全监督管理职责的部门举报。

国家鼓励危险化学品生产企业和使用危险化学品从事生产的企业采用有利于提高安全保障水平的先进技术、工艺、设备以及自动控制系统，鼓励对危险化学品实行专门储存、统一配送、集中销售。

（2）化学品管理机构

我国危险化学品管理制度体系由国家安全生产监督管理总局等部门按职责分工负责危化品安全监管，工业和信息化部负责行业管理。

（3）法律法规

化学实验室涉及行业广泛，实验种类多样，安全风险、污染程度差异化极大。由于化学实验室的上述特点，与之相关联的国家法律法规数量也非常多。

由全国人大颁布的对于危化品管理的法律有《中华人民共和国安全生产法》《中华人民共和国职业病防治法》《中华人民共和国危险化学品安全法（征求意见稿）》《中华人民共和国消防法》《中华人民共和国道路交通安全法》《中华人民共和国环境保护法》《中华人民共和国突发事件应对法》。

由国务院颁布的行政法规有《使用有毒物品作业场所劳动保护条例》《危险化学品安全管理条例》《农药管理条例》《特种设备安全监察条例》《安全生产许可证条例》《道路运输条例》《生产安全事故报告和调查处理条例》《易制毒化学品管理条例》。

由有关部门制定的规章主要有《危险化学品登记管理办法》《工作场所安全使用化学品规定》《危化品生产企业安全生产许可证实施办法》《危化品经营许可证管理办法》《非药品类易制毒化学品生产、经营许可办法》《危化品建设项目安全许可实施办法》《农药安全使用规定》《安全生产隐患排查治理暂行规定》《关于进一步加强危险化学品安全生产工作的指导意见》《生产安全事故信息报告和处置办法》《安全评价机构管理规定》《安全生产监管监察职责和行政执法责任追究的暂行规定》等。

关于危化品的安全标准主要包括《危险化学品目录》《危险化学品安全技术说明书编写规定》《危

险货物分类与品名编号》《化学品安全标签编写规定》《常用危险化学品储存通则》《危险货物运输包装通用技术条件》《危险化学品从业单位安全标准化通用规范》《危险场所电气防爆安全规范》等。

此外，在危化品生产、经营、工程设计、运输等环节也有相关安全法规和规定，可参阅所属部门网站或书籍。

受到篇幅限制，本章仅对部分法律法规进行简要介绍。

1)《中华人民共和国安全生产法》

《中华人民共和国安全生产法》2002 年 6 月 29 日第九届全国人民代表大会常务委员会第二十八次会议通过。根据 2009 年 8 月 27 日第十一届全国人民代表大会常务委员会第十次会议关于《关于修改部分法律的决定》第一次修正。根据 2014 年 8 月 31 日第十二届全国人民代表大会常务委员会第十次会议《关于修改〈中华人民共和国安全生产法〉的决定》第二次修正。根据 2021 年 6 月 10 日，第十三届全国人民代表大会常务委员会第二十九次会议《关于修改〈中华人民共和国安全生产法〉的决定》第三次修正。该法分为总则、生产经营单位的安全生产保障、从业人员的安全生产权利义务、安全生产的监督管理、生产安全事故的应急救援与调查处理、法律责任、附则共 7 章 119 条。

该法规定，安全生产工作坚持中国共产党的领导。生产经营单位的主要负责人是本单位安全生产第一责任人，对本单位的安全生产工作全面负责。其他负责人对职责范围内的安全生产工作负责。危险物品，是指易燃易爆物品、危险化学品、放射性物品等能够危及人身安全和财产安全的物品。重大危险源，是指长期地或者临时地生产、搬运、使用或者储存危险物品，且危险物品的数量等于或者超过临界量的单元（包括场所和设施）。

2)《中华人民共和国职业病防治法》

为了预防、控制和消除职业病危害，防治职业病，保护劳动者健康及其相关权益，促进经济社会发展，根据《中华人民共和国宪法》制定《中华人民共和国职业病防治法》。

2001 年 10 月 27 日第九届全国人民代表大会常务委员会第二十四次会议通过，根据 2011 年 12 月 31 日第十一届全国人民代表大会常务委员会第二十四次会议《关于修改〈中华人民共和国职业病防治法〉的决定》第一次修正，根据 2016 年 7 月 2 日第十二届全国人民代表大会常务委员会第二十一次会议《关于修改〈中华人民共和国节约能源法〉等六部法律的决定》第二次修正，根据 2017 年 11 月 4 日第十二届全国人民代表大会常务委员会第三十次会议《关于修改〈中华人民共和国会计法〉等十一部法律的决定》第三次修正，根据 2018 年 12 月 29 日第十三届全国人民代表大会常务委员会第七次会议《关于修改〈中华人民共和国劳动法〉等七部法律的决定》第四次修正。该法分为总则、前期预防、劳动过程中的防护与管理、职业病诊断与职业病病人保障、监督检查、法律责任、附则共 7 章 88 条。

3)《中华人民共和国危险化学品安全法（征求意见稿）》

为了加强对危险化学品的安全管理，保障人民生命、财产安全，保护环境，由应急管理部组织起草《中华人民共和国危险化学品安全法（征求意见稿）》。

在中华人民共和国境内生产、经营、储存、运输、使用危险化学品和处置废弃危险化学品，必须遵守该法和国家有关安全生产的法律、其他行政法规的规定。

该法征求意见稿所称危险化学品，包括爆炸品、压缩气体和液化气体、易燃液体、易燃固体、自燃物品和遇湿易燃物品、氧化剂和有机过氧化物、有毒品和腐蚀品等。

生产、经营、储存、运输、使用危险化学品和处置废弃危险化学品的单位（以下统称危险化学品单位），其主要负责人必须保证本单位危险化学品的安全管理符合有关法律、法规、规章的规定和国家标准的要求，并对本单位危险化学品的安全负责。

4)《使用有毒物品作业场所劳动保护条例》

《使用有毒物品作业场所劳动保护条例》是为保证作业场所安全使用有毒物品，预防、控制和消除职业中毒危害，保护劳动者的生命安全、身体健康及其相关权益，根据职业病防治法和其他有关法律、行政法规的规定制定。经 2002 年 4 月 30 日国务院第 57 次常务会议通过，由国务院于 2002 年 5 月 12 日发布并实施。该法分为总则、作业场所的预防措施、劳动过程的防护、职业健康监护、劳动者的权利与义务、监督管理、罚则、附则共 8 章 71 条。

5）《危险化学品安全管理条例》

2002 年 1 月 26 日国务院第 52 次常务会议通过了《危险化学品安全管理条例》（国务院令第 344 号），2011 年 2 月 16 日国务院第 144 次常务会议修订通过了新《危险化学品安全管理条例》（国务院令第 591 号），根据 2013 年 12 月 7 日国务院令第 645 号发布的《国家院关于修改部分行政法规的决定》修订。

为了加强危险化学品的安全管理，预防和减少危险化学品事故，保障人民群众生命财产安全，保护环境，制定该条例。

该条例所称危险化学品，是指具有毒害、腐蚀、爆炸、燃烧、助燃等性质，对人体、设施、环境具有危害的剧毒化学品和其他化学品。

危险化学品目录由国务院安全生产监督管理部门会同国务院工业和信息化、公安、环境保护、卫生、质量监督检验检疫、交通运输、铁路、民用航空、农业主管部门，根据化学品危险特性的鉴别和分类标准确定、公布，并适时调整。

6）《危险化学品登记管理办法》

为了加强对危险化学品的安全管理，规范危险化学品登记工作，为危险化学品事故预防和应急救援提供技术、信息支持，根据《危险化学品安全管理条例》，制定该办法。

该办法适用于危险化学品生产企业、进口企业（以下统称登记企业）生产或者进口《危险化学品目录》所列危险化学品的登记和管理工作。

该办法自 2012 年 8 月 1 日起施行。原国家经济贸易委员会 2002 年 10 月 8 日公布的《危险化学品登记管理办法》同时废止。

7）《工作场所安全使用化学品规定》

为了更好地实施第八届全国人民代表大会常务委员会第十次会议审议批准的《作业场所安全使用化学品公约》，有效控制危险化学品事故发生，保障劳动者的安全与健康，根据《中华人民共和国劳动法》和有关法规，制定了《工作场所安全使用化学品规定》。

8）《危险化学品目录（2015 版）》

危险化学品目录由国务院安全生产监督管理部门会同国务院工业和信息化、公安、环境保护、卫生、质量监督检验检疫、交通运输、铁路、民用航空、农业主管部门，根据化学品危险特性的鉴别和分类标准确定、公布，并适时调整。

《危险化学品目录（2015 版）》将原有的《危险化学品名录》和《剧毒化学品目录》合并。列入《危险化学品名录（2002 版）》的危险化学品有 3828 种，列入《剧毒化学品目录（2002 年版）》的剧毒化学品有 335 种，《危险化学品目录（2015 版）》将其合并后，共涉及危险化学品 2828 种。

（4）监管机制

我国危险化学品和农药的安全管理由国务院安全生产、生态环境部、农业农村部、发展改革委、卫生健康委、国家市场监督管理总局等众多主管部门共同实行监督管理。具体分工如下：

1）应急管理部门：负责危险化学品生产、经营企业以及工贸企业中使用危险化学品的监督管理工作；危险化学品生产许可证。

2）安部门：负责核发剧毒化学品购买许可证、剧毒化学品道路运输通行证，并负责危险化学品运输车辆的道路交通安全管理工作。

3）交通运输部门：负责危险化学品道路运输、水路运输的许可以及运输工具的安全管理；港口码头危险化学品的储存、经营企业的安全监督管理工作。

4）市场监管部门：负责危险化学品生产、经营企业营业执照的核发，以及危险化学品企业特种设备设施的监督管理工作。

　　5）生态环境部门：负责危险化学品废弃物品处置的监督管理工作。

　　6）教育部门：负责学校实验室危险化学品使用的监督管理工作。

　　7）科技部门：负责科研院所危险化学品使用的监督管理工作。

　　8）卫健部门：负责医疗机构危险化学品使用、危险化学品毒性鉴定的监督管理工作。

　　（5）国内外管理政策对比

　　关于化学品测试合格实验室（GLP）规范体系，于丽娜等学者对中美两国 GLP 管理体系进行了较详尽的对比分析，主要体现在以下几个方面：

　　1）我国化学品测试 GLP 管理体系概况

　　我国化学品测试实验室的管理工作起源于 1988 年。原国家环境保护局发布《关于〈开展有毒化学物质管理工作的报告〉的批复》（环人字〔88〕386 号）提出成立"国家环境保护局有毒化学品办公室"，其职责之一就是"合格实验室考核"；1994 年，发布了《关于加强化学品测试环境管理的通知》（环控〔1994〕379 号），提出实行《化学品测试合格实验室认可证》制度。2004 年，国家环境保护总局发布《化学品测试合格实验室导则》HJ 155—2004，参照经济合作与发展组织（OECD）的GLP 规范与国际标准化组织（ISO）的《检测与校准实验室能力认可规范》ISO 17025—2002，指导实验室的管理体系建设；同时发布的《化学品测试导则》HJ 153—2004 和《化学品测试方法》作为开展化学品测试工作的重要技术标准及相关支撑文件，主要参照 OECD 和 US EPA 的相关化学品测试方法制订，其为化学品测试数据的国际互认及化学品环境管理与国际接轨奠定了基础。2003 年，国家环境保护总局发布《新化学物质环境管理办法》，2010 年，环境保护部对该办法进行修订，规定：为新化学物质申报目的提供测试数据的境内测试机构，应当为环境保护部公告的化学物质测试机构，并接受环境保护部的监督和检查。国务院 2011 年 3 月发布的《危险化学品安全管理条例》规定：环境保护主管部门负责"组织危险化学品的环境危害性鉴定和环境风险程度评估"。依据以上 2 项法规要求，为保证测试数据质量，规范化学品 GLP 管理，环境保护部颁布了《化学品测试合格实验室管理办法》，并于 2012 年 4 月实施。

　　2）美国环保局（US-EPA）的 GLP 管理体系

　　美国 EPA 的 GLP 管理体系于 1983 年 12 月 29 日实施，主要涉及 6 个方面的指导文件：

　　① 化学品合格实验室规范导则（TSCA GLP）；

　　② 农药 GLP 补充文件（advisories），对 GLP 导则内容的补充合格实验室规范导则（FIFRA-GLP）；

　　③ 标准操作程序（SOP），为实验室提供参照的操作程序；

　　④ GLP 不符合项（violations），不符合项分为 3 类；

　　⑤ 问与答，对常见问题进一步解答。

　　3）中美化学品 GLP 实验室导则比对

　　我国《化学品测试合格实验室规范导则》与美国 EPA 发布的 GLP 管理体系对比如附表 5 所示。

中美化学品 GLP 导则比对

附表 5

《化学品测试合格实验室规范导则》	US-EPA GLP 管理体系
—	A—总则
1. 组织和管理	B—组织和管理
3. 设施	C—设施
4. 仪器、材料、试剂	D—设备
5. 测试系统	E—测试设施操作
6. 受试物和参比物	F—受试物、对照物和参比物
8. 项目计划书	G—项目计划书

《化学品测试合格实验室规范导则》	US-EPA GLP 管理体系
9. 测试项目的实施	—
10. 测试项目结果报告	J—记录和报告
11. 记录和材料的储存与保管	补充文件 3. 保留，4. 储存，5. 测试档案
12. 外部协助和供给（部分）	补充文件（advisories）1. 符合性监督
13. 环境与健康安全措施及应急保障	—
14. 多场所测试项目的组织和管理（部分）	—

4）中美化学品 GLP 检查体系比对

我国《化学品测试合格实验室规范导则》与美国 EPA 发布的 GLP 管理体系检查对比如附表 6 所示，可以看出，中美两国对 GLP 实验室实施检查存在差异，而 GLP 实验室在数量上的差距更大。

中美化学品 GLP 实验室检查对比　　　　　　　　　　　　　　　　　附表 6

对比项目	《化学品测试合格实验室规范导则》	US EPA GLP 管理体系
检查性质	首先是实验室的 GLP 资质及能力确认，然后进行针对项目的监督检查，公告结果、颁发证书	执法行为。检查实验室是随机的，定期公布被检查实验室名单、检查日期及运行状况，不颁发证书
规范	通过制订标准规范，再修订标准完善内容	先对管理体系框架做出规定，再通过 GLP 补充文件增加细节
检查内容	检查通过 GLP 的实验室，只是授予生态毒理测试项目的 GLP 证书，对于新化学物质常规申报要求的理化性质和健康毒理的测试项目，尚未开展相关测试机构的 GLP 检查，不能完全为行政管理提供有力支持	检查程序简化，被检查测试机构的理化性质、生态毒理和健康毒理各领域是一次性检查全部测试项目
检查结果判定	重点检查项，检查受试物和参比物、测试系统、设施建设等方面	发现不符合项是检查的重点。检查过程中发现的不符合项，按照严重程度分为严重偏离、存疑偏离、轻微偏离 3 类，以此判定是否存在违法行为
实验室管理	由测试机构提出申请后进行检查，符合要求的实验室授予证书	不进行行业资质认定，而是针对测试数据与测试报告实施强制性一次性整体检查；发现问题，进行行政处置
实验室数量	截至 2020 年 8 月，27 家	截至 2011 年，500 多家

5）我国化学品评估存在的问题

我国当前化学品评估存在的主要问题有：

① 综合评估较少，多为按领域评估；

② 评估深度不够，暴露评估和风险表征等深度评估不足；

③ 缺乏完善的评估程序和方法，限制了对于化学品综合风险评估；

④ 评估的普及程度低，开展评估的单位和涉及的化学品均有限。

在化学品管理方面，提出以下建议：

① 建立健全化学品安全法律法规和政策体系；

② 健全化学品安全监管体制和部门间协调机制；

③ 建立合格实验室技术支持体系，实验室数量满足监管需求；

④ 建设化学品信息管理系统；

⑤ 提高公众意识，鼓励公众知情参与化学品安全。

附录参考文献

［1］　师立晨，王如君，多英全. 我国危险化学品重大危险源安全监管存在问题及建议［J］. 中国安全生产科学技术，2014，10(12)：6.

［2］　万敏，陶强，崔鹏，等，危险化学品安全管理的国内外主要政策法规比对分析［J］. 中国安全生产科学技术，2013，9(4)：5.

［3］　李政禹. 国际化学品安全管理战略［M］. 北京：化学工业出版社，2006.

［4］　于丽娜，聂晶磊，霍立彬，等. 我国化学品测试合格实验室规范体系现状及与美国体系比对［J］. 环境工程技术学报，2015，1：79-84.

［5］　陈军，王磊，李运才，等. 欧盟化学品风险评估技术及其在我国的实施［J］. 中国安全生产科学技术，2010，6(4)：71-75.

［6］　李惠英. 浅谈危险化学品安全评价的现状［J］. 中国科技财富，2009，20：55.

［7］　中国化学品安全协会. 化学化工实验室安全评估指南：T/CCSAS 011-2021［S］. 北京：中国化学品安全协会，2021.